电机工程经典书系

交流电机设计

[美] 托马斯·A. 利波 (Thomas A. Lipo) 著
黄允凯　董剑宁　祝子冲　郭保成　译

机 械 工 业 出 版 社

本书侧重交流电机设计的基础理论和实践，内容包括：磁路和磁性材料、绕组磁动势和磁场分布、感应电机磁路与损耗、交流电机设计准则、冷却系统和散热、永磁同步电机、电励磁同步电机以及有限元分析方法等。全书在注重基本原理的同时，更加强调交流电机设计的方法、准则、经验和典型工程案例，旨在实现从基础理论到设计实践的过渡。

本书可作为高等院校电气工程专业电机方向研究生的教材和教辅用书，也可作为相关领域工程技术人员的参考书。

图书在版编目（CIP）数据

交流电机设计/(美) 托马斯·A. 利波（Thomas A. Lipo）著；黄允凯等译. —北京：机械工业出版社，2023. 11

（电机工程经典书系）

书名原文：Introduction to AC Machine Design

ISBN 978-7-111-73834-3

Ⅰ. ①交…　Ⅱ. ①托… ②黄…　Ⅲ. ①交流电机-设计　Ⅳ. ①TM340. 2

中国国家版本馆 CIP 数据核字（2023）第 168915 号

机械工业出版社（北京市百万庄大街 22 号　邮政编码 100037）

策划编辑：刘星宁　　责任编辑：刘星宁　杨　琼

责任校对：梁　园　张　征　　封面设计：马精明

责任印制：常天培

北京机工印刷厂有限公司印刷

2024 年 1 月第 1 版第 1 次印刷

169mm×239mm · 28 印张 · 544 千字

标准书号：ISBN 978-7-111-73834-3

定价：178.00 元

电话服务	网络服务
客服电话：010-88361066	机　工　官　网：www. cmpbook. com
010-88379833	机　工　官　博：weibo. com/cmp1952
010-68326294	金　　书　　网：www. golden-book. com
封底无防伪标均为盗版	机工教育服务网：www. cmpedu. com

译 者 序

随着先进设计和控制技术的发展，交流电机驱动系统在各领域获得了极为广泛的应用。本书英文版是 Thomas A. Lipo 博士数十年教学、科研和工业界工作的积累，对交流电机的基础理论和设计进行了系统阐述。本书内容丰富，通过学习可使读者加深对交流电机原理、特性和应用的理解，打通从基础理论到实际设计研究的能力瓶颈，解决目前设计人员过度依赖数值分析方法而导致的知识碎片化问题。Lipo 博士于 2020 年 5 月 8 日去世，为了纪念他，我们很荣幸地有机会将他的著作 *Introduction to AC Machine Design* 翻译为中文版呈现给读者。

本书的译者来自国内外多所高校。其中，东南大学电气工程学院黄允凯教授翻译了第 1 ~5 章，并负责全书的校译和统稿；代尔夫特理工大学董剑宁博士翻译了第 6 章、第 9 章和第 10 章；南京工业大学电气工程与控制科学学院祝子冲博士翻译了第 8 章；南京师范大学电气与自动化工程学院郭保成博士翻译了第 7 章。

外文书籍的翻译是一个艰难的再创作过程，翻译过程中各位译者一方面要忠实于原书作者的本意和撰写思路；另一方面要兼顾国内学者和工程技术人员的阅读习惯和既有知识体系，努力做到流畅阅读和领会。本书在翻译过程中修改了部分论述方式和表达习惯，并修正了原书中的一些瑕疵。受限于译者的能力，书中不妥之处仍在所难免，敬请读者指正。

译 者

前　言

本书中的材料来源于我自1980年以来在威斯康星大学每半年教授的研究生课程“交流电机设计”的教案。成书之前，这些资料多年来一直以教学为目的地在小范围内分发。随着本人的退休，这些资料的更新也已结束。

虽然在大多数培养方案中，电机设计课程经常被忽视，但它仍然是电气工程中最具挑战性的科目之一。由于几乎所有涉及该主题的重要文本早已绝版，我决定通过出版这些资料，使得对电机设计感兴趣的人能够获得必要的基础知识。

虽然有限元方法是一种强大的分析技术，但如果过早引入有限元，读者可能会无法充分地掌握电机理论的基本原理。本着这种想法，有限元的主题只包含在本书末尾。希望读者通过对本书基本原理的更深一步地理解，可以使用有限元等现代数学工具，并以更透彻的方式运用它们。

读者从一开始就可以感觉到，笔者深受 Alger、Liwschitz - Garik 等人的著作的影响。但愿本书有足够的新内容来保证笔者是一位“作者”，而不仅仅是这些巨匠们深刻见解的“编辑”。

我要特别感谢我的四位学生 Michael Klabunde、Xiaogang Luo、Wenbo Liu 和 Wen Ouyang，他们分别对第5、6、9和10章做出了重要贡献。另外，我要感谢日本鹿儿岛大学的 Katsuji Shinohara 教授和他的同事们对初稿的仔细审阅。最后，特别感谢 Rich Schiferl 对终稿的细致编辑。

Thomas A. Lipo
威斯康星州麦迪逊市

作者简介

Thomas A. Lipo 博士出生于威斯康星州密尔沃基市，一直从事交流电机与电力电子驱动领域的研究工作。他拥有马奎特大学电气工程学士和硕士学位，并获威斯康星大学博士学位。1969～1979 年，作为电气工程师，他在位于纽约州斯克内克塔迪的通用电气公司企业研发部下属的电力电子实验室工作，参与了领域内的一些前沿研究。1979 年，他离开通用电气公司到普渡大学担任全职教授。1981 年，他加入威斯康星大学麦迪逊分校，合作创立了电机与电力电子联盟（WEMPEC）并担任联盟共同主任和格兰杰电力电子与电机教授达 28 年。现在，他是威斯康星大学荣誉退休教授和佛罗里达州立大学研究教授㊀。

Lipo 博士对电机和电力电子领域的发展做出了杰出的贡献，他发表超过 700 篇学术论文，拥有 50 项专利，出版过 5 本专著并参编 8 本专著的部分章节。根据谷歌学术统计，他的著作已被引用超过 40000 次，H－index 为 106。他对新型电机拓扑做出了开创性研究，包括开关磁阻电机、多种类型的轴向磁通电机、自励磁同步电机、开绕组电机、游标电机和新型永磁电机。他在固态功率变换器领域的研究工作包括：谐振变换器、矩阵变换器和低开关数量低成本变换器等。

Lipo 博士是 IEEE 终身会士。1986 年，因其在电机驱动方面的工作获 IEEE 工业应用学会杰出成就奖。1990 年，因其对电力电子研究的贡献，他获得了 IEEE 电力电子学会授予的 William E. Newell Award。1995 年，为表彰其在电机方面的创新研究，IEEE 电力工程学会授予他 Nicola Tesla IEEE Field Award。Lipo 博士是英国皇家科学院院士、美国国家工程院院士和美国国家发明家科学院创始会员。2014 年，因对电力工程领域的贡献，他获得了 IEEE 颁授的最高奖——IEEE Medal in Power Engineering。

㊀ Lipo 博士 2020 年 5 月 8 日于家中去世。——译者注

目录

主要符号列表

符号	含　义
$\boldsymbol{A}$	矢量磁位（Wb/m）
A	面积（m^2）
$\boldsymbol{B}$	磁场的磁通密度矢量（Wb/m^2）
$b_{1/3}$	离槽最窄处 1/3 槽深位置处的宽度（m）
B_c	轭部磁通密度（Wb/m^2）
B_g	气隙磁通密度（Wb/m^2）
$B_{g,ave}$	一个槽距上沿气隙中心线的平均气隙磁通密度（Wb/m^2）
B_{gm}	永磁体产生的气隙磁通密度最大值（Wb/m^2）
B_{gm1}	永磁体产生的气隙磁通密度基波分量的幅值（Wb/m^2）
B_{g1}	气隙磁通密度基波分量的幅值（Wb/m^2）
b_o	槽开口宽度（m）
B_{top}，B_{mid}，B_{root}	齿部靠近气隙表面、中心线中点处、齿根部的磁通密度（Wb/m^2）
C	并联支路数
C_f	励磁绕组并联支路数
C_s	定子绕组并联支路数
C_h	热容（J/K）
C_{ir}	损耗密度（W/m^3）
c_p	比热［J/（kg·K）］
$\cos\phi_{gap}$	气隙处的功率因数
d_{cs}，d_{cr}	定子轭部的径向深度，转子轭部的径向深度（m）
d_e	实心铜条的等效深度（m）
d_p	等效趋肤深度（m）
d_m	磁体深度（磁体厚度）（m）
D_{is}，D_{ir}	定子冲片的内径，转子冲片的内径（m）
D_{os}，D_{or}	定子冲片的外径，转子冲片的外径（m）
d_{ss}，d_{sr}	定子槽的深度，转子槽的深度（m）
d_t	齿的深度（m）
$\boldsymbol{E}$	电场强度矢量（V/m）
e_b	每根导条的感应电压（V）
$\boldsymbol{F}$	安培力矢量（N）
$\mathcal{F}$	磁动势（MMF）（A-t）①

（续）

符号	含　义
$\mathcal{F}_{cr}$	转子轭部磁压降（A-t）
$\mathcal{F}_{cs}$	定子轭部磁压降（A-t）
f_e	定子电流频率（Hz）
$\mathcal{F}_g$	气隙磁压降（A-t）
$\mathcal{F}_{s1}$	定子磁动势基波分量幅值
$\mathcal{F}_{t(ave)}$	齿部的平均磁压降（A-t）
$\mathcal{F}_{ts}$，$\mathcal{F}_{tr}$	定子、转子齿部磁压降（A-t）
g	物理气隙长度（m）
g_e	考虑边缘效应和饱和影响的等效气隙长度（m）
h	谐波次数
h_k	槽谐波次数
$\boldsymbol{H}$	磁场强度矢量（A/m）
H_{top}，H_{mid}，H_{root}	齿顶部、中心处、根部的磁场强度（A/m）
$H_{t(ave)}$	齿平均磁场强度（A/m）
I	恒定（直流）电流（A）
i_a，i_b，i_c	a、b 和 c 相的瞬时电流（A）
i_b	导条电流（A）
i_e	端环中的电流（A）
I_d，I_q	直轴电流、交轴电流（A）
I_{mr}	导条电流的幅值（A）
$I_{r,har}$	考虑谐波磁场储能之后的等效电流
I_s	定子电流的幅值（A）
$\boldsymbol{J}$	电流密度矢量（A/m^2）
$\boldsymbol{J_m}$	体极化电流密度（A/m^2）
k_c	卡特系数
k_{ch}	同心绕组 h 次谐波绕组因数
k_{cu}	槽满率（以铜导体计）
k_{dh}	h 次谐波的分布因数
k_h	h 次谐波的绕组因数
k_{hys}	Steinmetz 系数
k_i	铁心叠压系数
$\boldsymbol{K_m}$	等效面极化电流
K_p	考虑槽漏磁对轭部饱和影响的系数
K_{pf}	磁极面损耗系数
k_{ph}	h 次谐波的节距因数
k_{sr}	转子面电流密度与定子面电流密度之比

（续）

符号	含　义
k_s，k_m，k_{s1}	槽系数
k_d，k_q，k_f	极面系数
k_{sh}	h 次谐波的斜槽因数
$\boldsymbol{K}$	面电流密度矢量（A/m）
K_s，K_r	定子面电流密度，转子面电流密度（A/m）
K_{s1}	定子面电流密度基波分量幅值（A/m）
$k_{\chi h}$	h 次谐波的开槽因数
L	电感（H）
L_b	每根导条的漏感（H）
$L_{b(har)}$	转子导条的谐波漏感（H）
L_{be}	计及端环电感的导条等效电感（H）
l_{cs}，l_{cr}	一个极距内定子、转子轭部的平均路径长度（m）
l_e	考虑径向通风管路边缘效应的轴向有效长度（m）
L_{ew}	端部漏感（H）
l_i	定子铁心的物理轴向长度（不考虑风道和边缘效应）（m）
L_{lk}	相带漏磁通产生的漏感（H）
L_{ls}	每相定子漏感（H）
L_{lT}，L_{lB}	上层线圈边、下层线圈边的槽漏感（H）
L_{lTB}	上层线圈边和下层线圈边槽漏感的互感分量（H）
L_{lr}	转子漏感（H）
L'_{lr}	以定子匝数和相数为基准的转子漏感（H）
L_{lsk}	斜槽漏感（H）
L_{lzz}	每相锯齿形漏感（H）
L_{ms}	定子磁化电感（H）
L_{md}	直轴磁化电感（H）
L_{mq}	交轴磁化电感（H）
L_{mr}	转子一相绕组的磁化电感（H）
l_{os}，l_{or}	单个定子、转子风道的轴向长度（m）
$L_{r,\ har}$	转子空间谐波对应的等效转子漏感（H）
l_s	含通风道的定子轴向长度（m）
L_{slot}	单个槽的漏感（H）
L_{sls}，L_{slm}	槽漏感的自感、互感分量（H）
L_{sr}	定转子绕组间的互感（H）
$\boldsymbol{m}$	磁偶极矩（A/m^2）
$\boldsymbol{M}$	磁极化矢量（A/m）
m	相数

（续）

符号	含义
N	匝数
N_s	相绕组串联总匝数
N_{se}	相绕组串联有效匝数
$N(\theta)$	绕组函数
n_s	槽内绕组匝数
N_t	每相绕组总匝数
O	极细导线组成的闭合线圈
P	极数
p	线圈跨距
$\mathcal{P}$	磁导（H）
$\mathcal{p}$	比磁导（H/m）
p_e	单位体积内的涡流损耗（W/m^3）
p_{ew}	对于端部漏感的比磁导（H/m）
$\mathcal{P}_g$	气隙磁导（H）
p_{hys}	单位体积内的磁滞损耗（W/m^3）
p_h	热流梯度（W/m^2）
p_i	单位体积内涡流和磁滞损耗之和（W/m^3）
$\mathcal{P}_p$	每极磁路的等效磁导
P_{mech}	机械功率（W）
$P_{r(surf)}$	转子表面损耗密度（W/m^2）
p_{rad}	辐射热流密度（W/m^2）
$\mathcal{P}_s$	槽磁导（H）
Q_b	每极每相线圈数
q	一个相带中的线圈边数（每极每相槽数）
q_c	电荷（C）
q_h	热量产生率（热密度）（W/m^3）
Q_h	热传导热流（W）
Q_c	热对流热流（W）
Q_r	热辐射热流（W）
R	两点之间的距离（m）
$\mathcal{R}$	磁阻（H^{-1}）
R_{ac}	转子导条交流电阻（Ω）
R_b	单根转子导条电阻（Ω）
R_{be}	计及端环电阻的导条等效电阻（Ω）
R_e	每个端环段的电阻（Ω）
R_h	导热热阻（K/W）

（续）

符号	含　义
r_{is}	定子内圆半径（m）
r_p	转子导条中第 p 层的电阻（Ω）
R_{rad}	辐射热阻（K/W）
$\mathcal{R}_t$	单个齿的磁阻（H^{-1}）
S_1，S_2	定子槽数，转子槽数
S	转差率
$\boldsymbol{S}$	表面积（m^2）
T_e	电磁转矩（N·m）
t_o	齿部宽度（m）
t_t，t_m，t_b	齿顶部、中心和底部的宽度（m）
$\boldsymbol{u}$	单位矢量
V	体积（m^3）
v	速度（m/s）
VA_{gap}	气隙处的伏安数（V·A）
V_L，V_R	转子导条上的感性电压降和阻性电压降（V）
V_m	磁化电感对应的电压［V（峰值）］
w	分布绕组的等效跨距（m）
W_m	磁场储能（J）
$W_{m,ave}$	定转子齿部区域的平均磁场储能（J）
W_{mp}	每极磁场储能（J）
X_{ac}	转子导条交流电抗（Ω）
X_{ls}，X_{lr}	定子总漏抗和转子总漏抗（Ω）
X_m	每相磁化电抗（Ω）
Z	Q 个线圈边对应气隙圆周的电角度范围
Z_b	阻抗基值（Ω）
α	极弧标幺值
α_o	趋肤深度的倒数（m^{-1}）
α_c	对流传热系数［W/(m^2·K)］
α_m	磁体宽度（rad）
α_r	辐射传热系数［W/(m^2·K)］
α_s	斜槽角度（rad）
β	电枢磁动势超前角（rad）
β_o	与槽开口相关的参数（rad）
χ	槽开口宽度（rad）
∇	梯度算子（m^{-1}）
∇^2	拉普拉斯算子（m^{-2}）

（续）

符号	含　义
$\nabla\times$	旋度算子（m^{-1}）
$\nabla\cdot$	散度算子（m^{-1}）
Δ	三角形的面积
ε	介电常数［$C^2/(N\cdot m^2)$］
Φ	磁通（Wb）
Φ_c	轭部磁通（Wb）
Φ_g	气隙磁通（Wb）
Φ_p	每极磁通（Wb）
Φ_t	单个齿的磁通（Wb）
γ	短距角（rad）
γ_o	趋肤效应常数（m^{-1}）
η_{gap}	不包含定子铜耗和铁耗的气隙效率
κ_a	加速因子
λ	磁链（Wb－t）
Λ	热导率［$W/(m\cdot K)$］
λ_{ms}	一相定子绕组交链的气隙磁链（Wb－t）
λ_{mr}	一相转子绕组交链的气隙磁链（Wb－t）
μ_0	磁导率（H/m）
υ	磁阻率（磁导率的倒数）（m/H）
θ	气隙圆周位置角（rad）
Θ	温度（K）
ω_e	定子电流角频率（rad/s）
ω_{rm}	机械角速度（rad/s）
Ω_s	同步转速（r/s）
ρ_c	电荷密度（C/m^3）
ρ	电阻率（$\Omega\cdot m$）
σ	电导率（Ω^{-1}/m）
σ_m	磁剪应力（N/m^2）
σ_o	与槽开口和气隙长度有关的参数
τ_p	极距（m）
τ_s，τ_r	定子槽距和转子槽距（m）
υ_e	线圈的端部长度与极距之比
ξ_o	$D_{os}^3 l_e$ 输出因数
ξ_r	$D_{os}^{2.5} l_e$ 输出因数
ζ	拉格朗日乘子

① A-t 指安匝，后同。

第 1 章

磁　　路

人类认识科学的同时就开始研究磁现象了。根据希腊哲学家亚里士多德（Aristotle）的记录，磁铁的吸引力在当时就已经为人所知。然而，直到16世纪，有关磁性的实验工作才正式开始。在当时活跃的科学家中，有发现地球磁性的吉尔伯特（Gilbert）、发明了伏打电池的伏打（Volta），以及将磁场与电流联系起来的奥斯特（Oersted），但是现代磁学理论的建立却始于毕奥（Biot）、萨伐尔（Savart）、安培（Ampere）和法拉第（Faraday）的工作，他们通过实验测量了两根载流导线之间的作用力，从而奠定了整个磁学理论的实验基础。

1.1　毕奥 - 萨伐尔定律

使用目前常用的单位和符号，这些先驱者们的实验可以简洁地表示为一个矢量方程。设 O_1 和 O_2 是由极细导线组成的闭合电流回路，导线中有直流电流流过，如图1.1所示。沿线圈 O_1 的坐标可以由 x_1、y_1、z_1 确定，同理，沿线圈 O_2 的坐标可以通过 x_2、y_2、z_2 确定。在 O_1 和 O_2 上各选一个元电流1和元电流2，对应的长度分别用矢量 $\mathrm{d}\boldsymbol{l}_1$ 和 $\mathrm{d}\boldsymbol{l}_2$ 表示。根据毕奥、萨伐尔和安培的实验，元电流1上的电流 I_1 对元电流2上的电流 I_2 的作用力的微分形式，用目前常用的符号来表示，如下式所示，单位为N。

$$\mathrm{d}\boldsymbol{F}_{21} = \left(\frac{\mu_0}{4\pi}\right)\frac{I_2\mathrm{d}\boldsymbol{l}_2 \times [I_1\mathrm{d}\boldsymbol{l}_1 \times \boldsymbol{u}_{r12}]}{R^2} \tag{1.1}$$

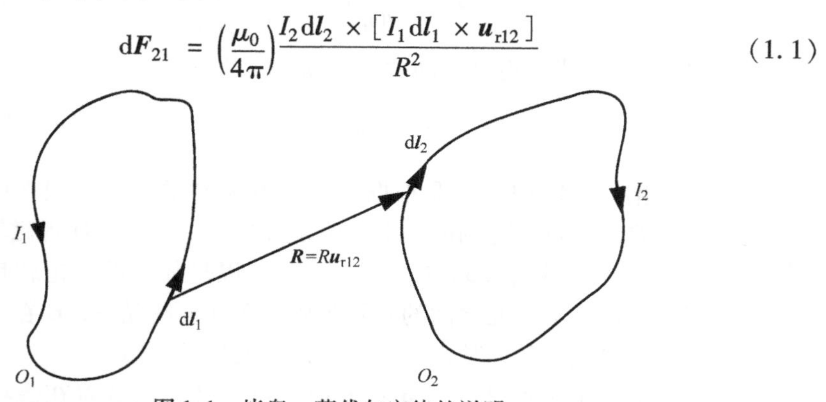

图1.1　毕奥 - 萨伐尔定律的说明

式中

$$R = \sqrt{(x_2 - x_1)^2 + (y_2 - y_1)^2 + (z_2 - z_1)^2}$$

$\boldsymbol{u}_{r12}$是从 $\mathrm{d}\boldsymbol{l}_1$指向 $\mathrm{d}\boldsymbol{l}_2$的单位矢量。本质上，这个力的作用是调整两个元电流的位置（即使 $\mathrm{d}\boldsymbol{l}_1$和 $\mathrm{d}\boldsymbol{l}_2$共线）。将该表达式沿线圈 O_1 积分，可计算施加在线圈 O_2 上的总力，表示为

$$\mathrm{d}\boldsymbol{F}_{21} = \frac{\mu_0}{4\pi}\oint_{O_1} \frac{I_2 \mathrm{d}\boldsymbol{l}_2 \times (I_1 \mathrm{d}\boldsymbol{l}_1 \times \boldsymbol{u}_{r12})}{R^2} \tag{1.2}$$

为了求出线圈 O_2 上的总作用力，只需进行二次积分，即可获得我们熟知的毕奥 - 萨伐尔定律或安培定律。

$$\boldsymbol{F}_{21} = \frac{\mu_0}{4\pi}\oint_{O_2}\oint_{O_1} \frac{I_2 \mathrm{d}\boldsymbol{l}_2 \times (I_1 \mathrm{d}\boldsymbol{l}_1 \times \boldsymbol{u}_{r12})}{R^2} \tag{1.3}$$

当力 $\boldsymbol{F}_{21}$以 N 为单位，电流以 A 为单位，在真空中进行试验时，比例常数 $\mu_0 = 4\pi \times 10^{-7}\mathrm{N/A^2}$（最终定义为 H/m）。因此，比例常数$\mu_0$被称为真空磁导率。通过力的相互性可以得到 $\boldsymbol{F}_{12} = -\boldsymbol{F}_{21}$。

1.2 磁场 *B*

数学对科学的重大贡献之一就是利用所谓的“场”来解释空间中的作用，这个概念一直困扰着早期的研究者。观察式（1.3），可将元电流 1 的电流在元电流 2 处产生的磁场矢量的微分形式 $\mathrm{d}\boldsymbol{B}_{21}$定义为

$$\mathrm{d}\boldsymbol{B}_{21} = \frac{\mu_0}{4\pi} \frac{I_1 \mathrm{d}\boldsymbol{l}_1 \times \boldsymbol{u}_{r12}}{R^2} \tag{1.4}$$

由整个线圈 O_1 产生的磁场为

$$\boldsymbol{B}_{21} = \frac{\mu_0}{4\pi}\oint_{O_1} \frac{I_1 \mathrm{d}\boldsymbol{l}_1 \times \boldsymbol{u}_{r12}}{R^2} \tag{1.5}$$

于是，式（1.3）变成了更简单的“*Bll*”形式，即

$$\boldsymbol{F}_{21} = \oint_{O_2} I_2 \mathrm{d}\boldsymbol{l}_2 \times \boldsymbol{B}_{21} \tag{1.6}$$

与式（1.3）相比，式（1.6）是根据电流和磁场 $\boldsymbol{B}$ 的相互作用来计算电流回路上的力。很重要的一点，磁场的基本单位是 N/(A · m)，这使得磁场线又被称为“力线”。请注意，在式（1.5）中，$\boldsymbol{u}_{r12}$和 R 可以是任意的。也就是说，不需要关注两个线圈上两个电流元之间的实际距离。在这种情况下，$\boldsymbol{B}$ 在空间任何地方的大小和方向都是确定的，从而构成了所谓的矢量场。

磁场公式的一个优点是，当 $\boldsymbol{B}$ 已知时，可以计算出放置在磁场中任意位置

处的载流导体所受的力，而不必考虑实际产生这个磁场的电流系统。

如果电流回路的横截面积不可以忽略，则可以得到矢量 $\boldsymbol{B}$ 的另一种表达方式，即

$$\boldsymbol{B}_{21}=\frac{\mu_0}{4\pi}\int_V\frac{\boldsymbol{J}\times\boldsymbol{u}_{r12}}{R^2}\mathrm{d}V \tag{1.7}$$

式中，V 是体积；矢量 $\boldsymbol{J}$ 是体电流密度，单位为 $\mathrm{A/m^2}$。

1.3 示例——磁通密度 B 计算

电机内磁通密度的计算构成了电机设计过程背后的基本原理。考虑一个简单的例子，一段长度为 L 的短导线流过沿着 z 轴方向的电流 I，如图1.2所示，式（1.4）变为

$$\mathrm{d}\boldsymbol{B}_{21}=\frac{\mu_0}{4\pi}\frac{I\mathrm{d}z\boldsymbol{u}_z\times\boldsymbol{u}_{r12}}{R^2} \tag{1.8}$$

根据矢量叉乘运算规则磁通密度必须垂直于 $\boldsymbol{u}_z$ 和 $\boldsymbol{u}_{r12}$ 构成的平面。

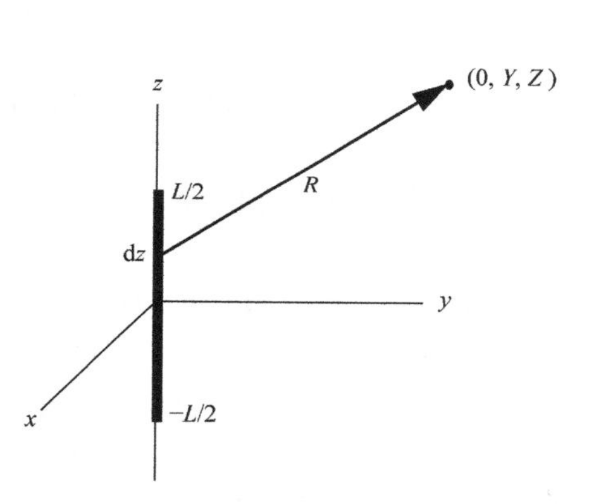

图1.2 短导线的磁场

在 $x=0$ 平面上任何一点的总磁场的大小为

$$B_{21}=\frac{\mu_0 I}{4\pi}\int_{-\frac{L}{2}}^{\frac{L}{2}}\frac{|\boldsymbol{u}_z\times\boldsymbol{u}_{r12}|\mathrm{d}z}{R^2} \tag{1.9}$$

在 $x=0$ 平面，单位矢量 $\boldsymbol{u}_{r12}$ 为

$$\boldsymbol{u}_{r12}=\frac{Y}{\sqrt{Y^2+(Z-z)^2}}\boldsymbol{u}_y+\frac{Z-z}{\sqrt{Y^2+(Z-z)^2}}\boldsymbol{u}_z \tag{1.10}$$

式中，Y 和 Z 分别表示 $x=0$ 平面上的一个任意点的坐标值。通过叉乘，式（1.9）变为

$$\boldsymbol{B}(0,Y,Z)=\frac{\mu_0 I}{4\pi}\int_{-\frac{L}{2}}^{\frac{L}{2}}\frac{Y\mathrm{d}z}{\sqrt[3]{Y^2+(Z-z)^2}}\boldsymbol{u}_x \tag{1.11}$$

求出积分得

$$\boldsymbol{B}(0,Y,Z)=\frac{\mu_0 I}{4\pi Y}\left[\frac{Z+\frac{L}{2}}{\sqrt{Y^2+\left(Z+\frac{L}{2}\right)^2}}-\frac{Z-\frac{L}{2}}{\sqrt{Y^2+\left(Z-\frac{L}{2}\right)^2}}\right]\boldsymbol{u}_x \tag{1.12}$$

关注与导线垂直的平面上处于导体中心线上的磁场，即 $Z=0$ 处的磁场为

$$\boldsymbol{B}(0,Y,0)=\frac{\mu_0 I}{4\pi Y}\left[\frac{L}{\sqrt{Y^2+\left(\frac{L}{2}\right)^2}}\right]\boldsymbol{u}_x \tag{1.13}$$

若为无限长的载流导线，即 $L\to\infty$，式（1.13）变为

$$\boldsymbol{B}(0,Y,0)=\frac{\mu_0 I}{2\pi Y}\boldsymbol{u}_x \tag{1.14}$$

该式与 Z 无关。当导线无限长时，根据对称性，磁场的通用表达式为

$$B=\frac{\mu_0 I}{2\pi R}\quad \mathrm{Wb/m^2} \tag{1.15}$$

式中，R 是场点与导线的径向距离；B 的方向由右手螺旋法则确定。

1.4　矢量磁位 A

为了简化磁场计算，可以引入矢量磁位的概念。很容易地看出下面的表达式是一个恒等式：

$$\frac{\boldsymbol{u}_{r12}}{R^2}=-\nabla\left(\frac{1}{R}\right) \tag{1.16}$$

式中，∇是梯度算子，定义为

$$\nabla=\frac{\partial}{\partial x}\boldsymbol{u}_x+\frac{\partial}{\partial y}\boldsymbol{u}_y+\frac{\partial}{\partial z}\boldsymbol{u}_z \tag{1.17}$$

利用式（1.16），式（1.7）可以写成

$$\boldsymbol{B}_{21}=\frac{\mu_0}{4\pi}\int_V \boldsymbol{J}\times\nabla\left(-\frac{1}{R}\right)\mathrm{d}V \tag{1.18}$$

梯度算子只与场点所处的位置有关，同时积分只在电流密度 $\boldsymbol{J}$ 所在区域上进行。根据另外一个恒等式，如果 f 是 x、y 和 z 的任一标量函数，$\boldsymbol{v}$ 是任一矢量，则

$$\nabla\times(f\boldsymbol{v})=f\nabla\times\boldsymbol{v}+\nabla f\times\boldsymbol{v} \tag{1.19}$$

式中，$\nabla\times$表示旋度算子。

然后，设 $f=1/R$，$\boldsymbol{v}=\boldsymbol{J}$，有

$$\nabla\times\left(\frac{\boldsymbol{J}}{R}\right)=\left(\frac{1}{R}\right)\nabla\times\boldsymbol{J}+\nabla\left(\frac{1}{R}\right)\times\boldsymbol{J} \tag{1.20}$$

在笛卡儿坐标系中，任一矢量 $\boldsymbol{F}$ 的旋度都可以表示成矩阵的行列式

$$\nabla\times\boldsymbol{F}=\det\begin{bmatrix}\boldsymbol{u}_x & \boldsymbol{u}_y & \boldsymbol{u}_z\\ \dfrac{\partial}{\partial x} & \dfrac{\partial}{\partial y} & \dfrac{\partial}{\partial z}\\ F_x & F_y & F_z\end{bmatrix} \tag{1.21}$$

在定义电场的概念（见1.7节）后，由式（1.41）和式（1.42）可知，式（1.20）右侧第一项为零（该结果假定电流分布不随时间变化，或者频率足够低，就像电机的典型情况一样）。因此，式（1.18）变为

$$\boldsymbol{B}_{21}=\nabla\times\frac{\mu_0}{4\pi}\int_V\frac{\boldsymbol{J}}{R}\mathrm{d}V \tag{1.22}$$

由于旋度和积分这两个运算是相互独立的，因此可以把旋度运算放在积分之外；也就是说，积分是在包含 $\boldsymbol{J}$ 的体积上进行的，而微分算子只针对场点运算。现在 $\boldsymbol{B}_{21}$ 等于一个函数的旋度，这个函数用 $\boldsymbol{A}$ 来表示

$$\boldsymbol{B}=\nabla\times\boldsymbol{A} \tag{1.23}$$

它的正式定义是

$$\boldsymbol{A}=\frac{\mu_0}{4\pi}\int_V\frac{\boldsymbol{J}}{R}\mathrm{d}V\quad \mathrm{Wb/m} \tag{1.24}$$

为了简单起见，$\boldsymbol{B}$ 的下标“21”不再使用了。$\boldsymbol{A}$ 为矢量磁位，需通过将被积函数沿坐标系分解为三个分量来计算。例如，$\boldsymbol{A}$ 的 x 分量为

$$\boldsymbol{A}_x=\frac{\mu_0}{4\pi}\int_V\frac{\boldsymbol{J}_x}{R}\mathrm{d}V \tag{1.25}$$

同理可得 $\boldsymbol{A}_y$ 和 $\boldsymbol{A}_z$。注意，x 方向上的矢量磁位仅由 x 方向上的电流分布决定。因此，计算磁场 $\boldsymbol{B}$ 的问题就简化为求解三个解耦的标量积分。

式（1.24）更为常用的形式是针对载流导线，如果忽略导线的截面积，可表示为

$$\boldsymbol{A}=\frac{\mu_0}{4\pi}\int_L\frac{\boldsymbol{I}}{R}\mathrm{d}\boldsymbol{l} \tag{1.26}$$

1.5　示例——从矢量磁位计算磁场

如图1.3所示，一根载流导线长度为 L，计算距离该导线中点垂直长度为 Y 处的矢量磁位和磁通密度。

由于电流只在 z 方向，所以矢量磁位只有一个 z 方向分量。根据对称性，式（1.26）简化为

$$A_z = \frac{\mu_0}{2\pi}\int_0^{\frac{L}{2}} \frac{I}{R}\mathrm{d}z \tag{1.27}$$

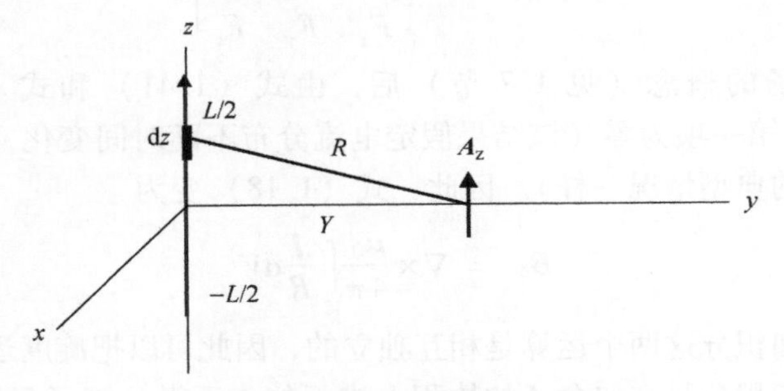

图 1.3　一个电流元的矢量磁位

因此

$$A_z = \frac{\mu_0 I}{2\pi}\int_0^{\frac{L}{2}} \frac{1}{\sqrt{Y^2 + z^2}}\mathrm{d}z \tag{1.28}$$

最后计算结果为

$$A_z = \frac{\mu_0 I}{4\pi}\ln\left(\frac{L}{2Y} + \sqrt{1 + \left(\frac{L}{2Y}\right)^2}\right) \tag{1.29}$$

式中，ln 表示自然对数。现在可以用矢量磁位计算磁通密度。根据式（1.23）

$$\boldsymbol{B} = \nabla \times \boldsymbol{A} \tag{1.30}$$

和式（1.21），如果 $\boldsymbol{A}$ 只有 z 轴分量，那么

$$\boldsymbol{B} = \frac{\partial A_z}{\partial y}\boldsymbol{u}_x - \frac{\partial A_z}{\partial x}\boldsymbol{u}_y \tag{1.31}$$

因为 A_z 不随 x 而变化，所以式（1.31）的第二项为 0，因此

$$B_x = \frac{\partial A_z}{\partial Y} = \frac{\mu_0 I}{2\pi Y}\left(\frac{\frac{L}{2}}{\sqrt{\left(\frac{L}{2}\right)^2 + Y^2}}\right) \tag{1.32}$$

这与式（1.13）相同。

1.6　磁通

磁场 $\boldsymbol{B}$ 可以用矢量磁位 $\boldsymbol{A}$ 的旋度来表示。同样从矢量微积分的角度来看，任何函数的旋度的散度总是零，即

$$\nabla\cdot(\nabla\times\boldsymbol{A})=0$$

其中，在笛卡儿坐标系中，散度算子定义为

$$\nabla\cdot\boldsymbol{F}=\frac{\partial F_x}{\partial x}+\frac{\partial F_y}{\partial y}+\frac{\partial F_z}{\partial z} \tag{1.33}$$

根据矢量磁位 $\boldsymbol{A}$ 的定义，那么磁场 $\boldsymbol{B}$ 的散度就等于零。

$$\nabla\cdot\boldsymbol{B}=0 \tag{1.34}$$

如果式（1.34）在一个体上进行积分

$$\int_V \nabla\cdot\boldsymbol{B}\mathrm{d}V=0 \tag{1.35}$$

因此，根据高斯定律，可得

$$\int_V \nabla\cdot\boldsymbol{B}\mathrm{d}V=\oint_S \boldsymbol{B}\cdot\mathrm{d}\boldsymbol{S}=0 \tag{1.36}$$

式中，S 为包围体 V 的表面。

在许多情况下，为了便于理解可将矢量场看作是一个“流动”的量，对于磁场来说，如式（1.36）所示，可以把磁场 $\boldsymbol{B}$ 想象成单位面积上“某物”的流动密度。在国际单位制中，将这个“某物”称为磁通，单位为 Wb。因此，磁场 $\boldsymbol{B}$ 的单位是 $\mathrm{Wb/m^2}$，当磁场在封闭面上进行积分时，封闭面的总磁通恒等于 0。在国际单位制中，$\boldsymbol{B}$ 的单位为 T，它恒等于 $\mathrm{Wb/m^2}$。这两个术语在本书中都有使用。

对于任意面 S，由一个封闭的边界 O 所限定，如图 1.1 所示。通过表面 S 的总磁通 Φ 表示为

$$\Phi=\int_S \boldsymbol{B}\cdot\mathrm{d}\boldsymbol{S} \tag{1.37}$$

穿过表面 S 的磁通，即与回路 O 交链的磁通，也被称为回路的磁链。交链回路 O 的磁通可以用矢量磁位 $\boldsymbol{A}$ 来表示。因为 $\boldsymbol{B}$ 是 $\boldsymbol{A}$ 的旋度，所以可以写成

$$\Phi=\int_S \boldsymbol{B}\cdot\mathrm{d}\boldsymbol{S}=\int_S \nabla\times\boldsymbol{A}\cdot\mathrm{d}\boldsymbol{S}$$

通过斯托克斯（Stokes）定理，上述表达式可以转化为回路的积分形式，即

$$\Phi=\int_S \nabla\times\boldsymbol{A}\cdot\mathrm{d}\boldsymbol{S}=\oint_O \boldsymbol{A}\cdot\mathrm{d}\boldsymbol{l} \tag{1.38}$$

该表达式有时比式（1.37）更便于计算，在本书后面阐述有限元分析时尤其有用。

1.7　电场 *E*

与上面讨论的磁场类似，一个电荷受到位于一定距离外的另一个电荷的作用力可以用直接作用在电荷上的电场来描述。力通常表示为单位“测试”电荷上

的力，即

$$\frac{\boldsymbol{F}_{21}}{q_2} = \frac{1}{4\pi\varepsilon}\int_V \frac{\boldsymbol{u}_{r12}\rho_c(V)}{R^2}\mathrm{d}V \tag{1.39}$$

式中，ρ_c是电荷密度，单位为 C/m^3；R 是距离，从微分电荷$\rho_c\mathrm{d}V$到计算 $\boldsymbol{E}$ 的场点；$\boldsymbol{u}_{r12}$是对应的单位矢量；ε 是材料的介电常数。单位矢量 $\boldsymbol{u}_{r12}$从电荷 1 指向场点处的电荷 2。

尽管力只存在于测试电荷 q_2上，但在由下面矢量给定的空间中，场无处不在：

$$\boldsymbol{E}_{21}(x,y,z) = \frac{1}{4\pi\varepsilon}\int_V \frac{\boldsymbol{u}_{r12}\rho_c(V)}{R^2}\mathrm{d}V \tag{1.40}$$

电场的基本单位是 N/C。真空中的介电常数值为 $\varepsilon_0 = (1/36\pi) \times 10^{-9}$ $C^2/(N \cdot m^2)$。

最后，当电场存在于导电材料内部时，根据欧姆定律，电场的存在会产生电流，即

$$\boldsymbol{J} = \sigma\boldsymbol{E} \tag{1.41}$$

根据式（1.40）电场 $\boldsymbol{E}$ 的定义，通过使用式（1.16）和矢量恒等式$\nabla \times \nabla(1/R) = 0$，如果$\rho_c$不随时间变化，可得

$$\nabla \times \boldsymbol{E} = 0 \tag{1.42}$$

式（1.42）对导体中的直流电流仍然有效，因为导线中每一点的电荷始终相同。

根据斯托克斯定理，式（1.42）具有如下性质

$$\int_S (\nabla \times \boldsymbol{E}) \cdot \mathrm{d}\boldsymbol{S} = \oint_O \boldsymbol{E} \cdot \mathrm{d}\boldsymbol{l} = 0 \tag{1.43}$$

式中，O 是表面积 S 的边界线。式（1.43）本质上表明 $\boldsymbol{E}$ 在任意两点之间的线积分与路径无关，因此电场被称为保守场。也就是说，在静态（非移动）电荷或稳定电流产生的电磁场中，带电粒子在封闭路径上移动时不会损失或获得能量。从实际意义上讲，如果将导体置于稳定电场中，在稳定状态下，导体中不会有电流流动。

仔细研究式（1.43）可以发现，电场具有“梯度”的性质，即它以“某个量/米”来表示。这个量正式的定义是伏特，在这种情况下，电场的单位是伏特/米，而伏特的基本单位是（牛顿·米)/库仑。以电压为单位来表示介电常数 ε_0，它的单位是库仑/(伏特·米)。

1.8　安培定律

安培定律是所有电机设计最基础的理论起点。虽然它经常表现为独立于毕奥－萨伐尔定律的定律，但实际上安培定律隐含在磁场 $\boldsymbol{B}$ 的定义中。根据

式（1.7）定义的 $\boldsymbol{B}$ 的旋度，用矢量恒等式的旋度等于散度的梯度减去拉普拉斯算子，就可以得到

$$\nabla\times\boldsymbol{B}=\nabla\times\nabla\times\frac{\mu_0}{4\pi}\int_V\frac{\boldsymbol{J}}{R}\mathrm{d}V \tag{1.44}$$

$$=\frac{\mu_0}{4\pi}\int_V\left[\nabla\nabla\cdot\frac{\boldsymbol{J}}{R}-\boldsymbol{J}\,\nabla^2\left(\frac{1}{R}\right)\right]\mathrm{d}V \tag{1.45}$$

微分运算放在积分的后面，是因为微分是针对 $\boldsymbol{B}$ 所在的场点而言，而积分只针对电流密度 $\boldsymbol{J}$ 存在的区域。

式（1.45）中的第一项可以写成

$$\int_V\nabla\nabla\cdot\frac{\boldsymbol{J}}{R}\mathrm{d}V=\nabla\int_V\nabla\cdot\frac{\boldsymbol{J}}{R}\mathrm{d}V \tag{1.46}$$

因为梯度和积分运算可以互换位置，所以将梯度算子从积分运算中提出。根据高斯定理，这个积分可以由下式代替：

$$\nabla\int_V\nabla\cdot\frac{\boldsymbol{J}}{R}\mathrm{d}V=-\nabla\oint_S\frac{\boldsymbol{J}}{R}\cdot\mathrm{d}\boldsymbol{S} \tag{1.47}$$

这个表达式中出现负号的原因是散度算子是针对定义 $\boldsymbol{B}$ 的点，而积分是针对定义电流密度 $\boldsymbol{J}$ 的体。表面 S 描述的是导体的外表面，并且没有电流从该表面流出。因此，点乘 $\boldsymbol{J}\cdot\mathrm{d}\boldsymbol{S}$ 在此表面为零，式（1.45）中的第一项为零。

$\boldsymbol{B}$ 的旋度表达式简化为

$$\nabla\times\boldsymbol{B}=-\frac{\mu_0}{4\pi}\int_V\boldsymbol{J}\,\nabla^2\left(\frac{1}{R}\right)\mathrm{d}V \tag{1.48}$$

式中，$\nabla^2=(\nabla\cdot\nabla)$是拉普拉斯算子，即

$$\nabla^2=\frac{\partial^2}{\partial x^2}+\frac{\partial^2}{\partial y^2}+\frac{\partial^2}{\partial z^2} \tag{1.49}$$

式中，坐标（x，y，z）表示场点坐标；R 是距离，从包含 $\boldsymbol{J}$ 的微分体积 $\mathrm{d}V$ 到计算 $\boldsymbol{B}$ 的点。类似地，可以将坐标（x'，y'，z'）定义为表示微分体积 $\mathrm{d}V$ 所在的点，相应的拉普拉斯算子为

$$\nabla'^2=\frac{\partial^2}{\partial(x')^2}+\frac{\partial^2}{\partial(y')^2}+\frac{\partial^2}{\partial(z')^2} \tag{1.50}$$

微分运算表明除奇异点处（即 $R\to0$）外，$\nabla^2(1/R)$处处为零。在奇异点处，点（x，y，z）和点（x'，y'，z'）重合，所以$\nabla^2(1/R)=\nabla'^2(1/R)$，其中上标符号表示相对于主变量的差异。由于$\nabla^2$可以等价地写为$\nabla\cdot\nabla$，所以式（1.48）也可以表示为

$$\nabla\times\boldsymbol{B}=-\lim_{R\to0}\frac{\mu_0}{4\pi}\int_V\boldsymbol{J}\,\nabla'\cdot\nabla'\left(\frac{1}{R}\right)\mathrm{d}V \tag{1.51}$$

根据高斯定理可得

$$\nabla\times\boldsymbol{B}=-\lim_{R\to 0}\frac{\mu_0}{4\pi}\oint_S\boldsymbol{J}\,\nabla'\left(\frac{1}{R}\right)\mathrm{d}\boldsymbol{S} \tag{1.52}$$

球坐标系中的表面积元为 $\boldsymbol{u}_n(R^2\sin\theta\mathrm{d}\phi\mathrm{d}\theta)$，其中 $\boldsymbol{u}_n$ 为垂直于 $\mathrm{d}\boldsymbol{S}$ 的单位矢量。$1/R$的梯度等于 $-\boldsymbol{u}_n/R^2$，这样积分就变成

$$\nabla\times\boldsymbol{B}=\lim_{R\to 0}\frac{\mu_0}{4\pi}\oint_S\boldsymbol{J}\sin\theta\mathrm{d}\phi\mathrm{d}\theta \tag{1.53}$$

由于小球的半径趋近于零，电流密度矢量 $\boldsymbol{J}$ 变为一个常数，可以移到积分外面，因此积分计算变得简单，结果为 4π。式（1.44）最终推导为安培定律

$$\nabla\times\boldsymbol{B}=\mu_0\boldsymbol{J} \tag{1.54}$$

安培定律的积分形式可由式（1.54）在任意非闭合曲面上的积分得到，流过该非闭合曲面的电流密度为 $\boldsymbol{J}$，因此

$$\int_S\nabla\times\boldsymbol{B}\cdot\mathrm{d}\boldsymbol{S}=\mu_0\int_S\boldsymbol{J}\cdot\mathrm{d}\boldsymbol{S} \tag{1.55}$$

式（1.55）的右边与流过曲面 S 的电流 I 成正比，利用斯托克斯定理，可以将左边修改为

$$\int_S(\nabla\times\boldsymbol{B})\cdot\mathrm{d}\boldsymbol{S}=\oint_O\boldsymbol{B}\cdot\mathrm{d}\boldsymbol{l} \tag{1.56}$$

式中，路径 O 为曲面 S 的外边缘，因此，安培定律的积分形式为

$$\int_O\boldsymbol{B}\cdot\mathrm{d}\boldsymbol{l}=\mu_0 I \tag{1.57}$$

1.9　磁场强度 H

到目前为止，本书讨论的都是真空中的磁场。材料内部每个原子里绕行的电子可以认为是一个电流环。在没有外加磁场的情况下，绕行的电子是随机分布的，对外不产生磁场（永磁体除外）。外加磁场的存在影响了电子排布，产生所谓的磁偶极矩 $\boldsymbol{m}$。偶极矩的大小等于电子绕行的圆环面积与环形电流大小的乘积，方向服从右手螺旋定则，即垂直于环形电流平面。

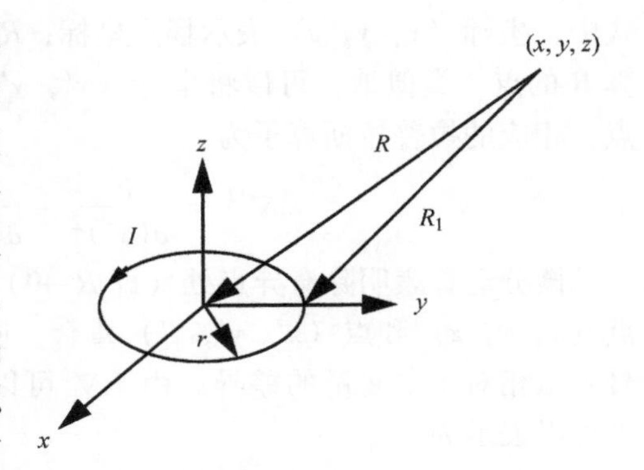

图 1.4　磁偶极矩

如果电流环位于 x、y 平面，电流方向为图 1.4 所示的逆时针方向，那么磁偶极

矩的定义为

$$\boldsymbol{m} = \pi r^2 I\boldsymbol{u}_z \quad \mathrm{A \cdot m^2}$$

这个环形电流段对应的矢量磁位是

$$\boldsymbol{A} = \frac{\mu_0 I}{4\pi}\oint_O \frac{\mathrm{d}\boldsymbol{l}}{R_1} \tag{1.58}$$

如果R^2远远大于r^2，那么

$$\frac{1}{R_1} \approx \frac{1}{R}\left(1 + \frac{rx}{R^2}\cos\phi' + \frac{ry}{R^2}\sin\phi'\right) \tag{1.59}$$

然后，对式（1.58）积分得到

$$\boldsymbol{A} = \frac{\mu_0 I r^2}{4R^3}(-y\boldsymbol{u}_x + x\boldsymbol{u}_y) \tag{1.60}$$

然而

$$\boldsymbol{u}_z \times \boldsymbol{R} = \boldsymbol{u}_z \times (x\boldsymbol{u}_x + y\boldsymbol{u}_y + z\boldsymbol{u}_z) = -y\boldsymbol{u}_x + x\boldsymbol{u}_y$$

因此，矢量磁位可以用矢量的形式表示为

$$\boldsymbol{A} = \frac{\mu_0 m}{4\pi}\boldsymbol{u}_z \times \frac{\boldsymbol{u}_\mathrm{r}}{R^2} \tag{1.61}$$

一般来说，如果磁化方向是任意的

$$\boldsymbol{A} = \frac{\mu_0 m}{4\pi}\boldsymbol{u}_m \times \frac{\boldsymbol{u}_\mathrm{r}}{R^2} \tag{1.62}$$

或者，根据式（1.16）

$$\boldsymbol{A} = -\frac{\mu_0 m}{4\pi}\boldsymbol{u}_m \times \nabla\left(\frac{1}{R}\right) \tag{1.63}$$

单个原子的磁偶极矩是$m\boldsymbol{u}_m$，乘以单位体积内的原子个数N_a，得到有限体积内的极化强度矢量$\boldsymbol{M}$的数学表达式为

$$\boldsymbol{M} = N_\mathrm{a}\boldsymbol{m} = N_\mathrm{a} m\boldsymbol{u}_m \quad \mathrm{A/m} \tag{1.64}$$

式（1.63）改写为

$$\boldsymbol{A}(x,y,z) = -\frac{\mu_0}{4\pi}\int_V \boldsymbol{M}(x',y',z') \times \nabla\left(\frac{1}{R}\right)\mathrm{d}V' \tag{1.65}$$

其中，在材料内$\boldsymbol{M}$是变化的，即是（x', y', z'）的函数；R表示材料外的场点（x, y, z）与材料内部的某点（x', y', z'）之间的距离。现在

$$\boldsymbol{M} \times \nabla\left(\frac{1}{R}\right) = -\boldsymbol{M} \times \nabla'\left(\frac{1}{R}\right) \tag{1.66}$$

和

$$\boldsymbol{M}(x',y',z') \times \nabla'\left(\frac{1}{R}\right) = \left(\frac{1}{R}\right)\nabla' \times \boldsymbol{M}(x',y',z') - \nabla' \times \frac{\boldsymbol{M}(x',y',z')}{R} \tag{1.67}$$

式（1.65）现在可以写成

$$\boldsymbol{A}=-\frac{\mu_0}{4\pi}\int_V\left(\frac{1}{R}\right)\nabla'\times\boldsymbol{M}(x',y',z')\mathrm{d}V'+\frac{\mu_0}{4\pi}\int_V\nabla'\times\frac{\boldsymbol{M}(x',y',z')}{R}\mathrm{d}V' \quad (1.68)$$

得到斯托克斯定理的一个推论，对于任意矢量场$\boldsymbol{M}$，有

$$\int_V\nabla'\times\frac{\boldsymbol{M}(x',y',z')}{R}\mathrm{d}V'=-\oint_S\frac{\boldsymbol{M}\times\boldsymbol{u}_n}{R}\mathrm{d}S \quad (1.69)$$

式中，$\boldsymbol{u}_n$是垂直于表面dS的单位矢量。最后

$$\boldsymbol{A}=\frac{\mu_0}{4\pi}\oint_S\frac{\boldsymbol{M}\times\boldsymbol{u}_n}{R}\mathrm{d}S+\frac{\mu_0}{4\pi}\int_V\left(\frac{1}{R}\right)\nabla'\times\boldsymbol{M}(x',y',z')\mathrm{d}V' \quad (1.70)$$

如果将矢量磁位的表达式与真实电流的表达式进行比较，可以将$\boldsymbol{M}\times\boldsymbol{u}_n$项解释为等效面极化电流密度$\boldsymbol{K}_m$。同样，磁化强度矢量的旋度$\nabla\times\boldsymbol{M}$是一个等效的体极化电流密度$\boldsymbol{J}_m$。矢量磁位的表达式变为

$$\boldsymbol{A}=\frac{\mu_0}{4\pi}\left(\oint_S\frac{\boldsymbol{K}_m}{R}\mathrm{d}S+\int_V\frac{\boldsymbol{J}_m}{R}\mathrm{d}V\right) \quad (1.71)$$

请注意，该式可以演变为三个只涉及$\boldsymbol{A}$、$\boldsymbol{K}_m$和$\boldsymbol{J}_m$的x、y和z分量的“解耦”方程。

现在考虑材料内部任意一点的磁通密度，它既有真实电流$\boldsymbol{J}$，又有磁化电流$\boldsymbol{J}_m$。根据式（1.22）

$$\boldsymbol{B}=\nabla\times\left(\frac{\mu_0}{4\pi}\int_V\frac{\boldsymbol{J}_m+\boldsymbol{J}}{R}\mathrm{d}V\right) \quad (1.72)$$

在第1.8节中，证明了$\nabla\times\boldsymbol{B}=\mu_0\boldsymbol{J}$。用类似的方法，有磁化电流时可得

$$\nabla\times\boldsymbol{B}=\mu_0(\boldsymbol{J}+\boldsymbol{J}_m) \quad (1.73)$$

由于$\boldsymbol{J}_m$等于$\boldsymbol{M}$的旋度，所以这个表达式可以写成

$$\nabla\times\left(\frac{\boldsymbol{B}}{\mu_0}-\boldsymbol{M}\right)=\boldsymbol{J} \quad (1.74)$$

该式表明，左侧的矢量$\boldsymbol{B}/\mu_0-\boldsymbol{M}$的来源只有真实电流$\boldsymbol{J}$。因此，有必要定义一个新的物理量，即磁场强度$\boldsymbol{H}$

$$\boldsymbol{H}=\frac{\boldsymbol{B}}{\mu_0}-\boldsymbol{M} \quad \mathrm{A/m} \quad (1.75)$$

由此可以确定

$$\mu=\frac{\mu_0}{1-\mu_0\left(\dfrac{\boldsymbol{M}}{\boldsymbol{B}}\right)} \quad (1.76)$$

在这种情况下

$$\boldsymbol{B}=\mu\boldsymbol{H} \quad (1.77)$$

或者

$$\boldsymbol{B} = \mu_r \mu_0 \boldsymbol{H} \tag{1.78}$$

式中，$\mu_r = \mu/\mu_0$为相对磁导率。最终得到安培定律的微分形式，即

$$\nabla \times \boldsymbol{H} = \boldsymbol{J} \tag{1.79}$$

由于$\nabla \cdot \boldsymbol{H} = -\nabla \cdot \boldsymbol{M}$，所以磁场强度的散度不等于零，与$\boldsymbol{B}$的散度为零有所不同，因此磁场强度有时也称为磁势梯度。

从式（1.79）出发，应用斯托克斯定理，得到了安培定律的一般积分形式

$$\int_S (\nabla \times \boldsymbol{H}) \cdot \mathrm{d}\boldsymbol{S} = \oint_O \boldsymbol{H} \cdot \mathrm{d}\boldsymbol{l} = \int_S \boldsymbol{J} \cdot \mathrm{d}\boldsymbol{S} = I \tag{1.80}$$

式中，I是由闭合回路O所包围的总电流。如果电流I是在导体内，流过闭合回路N次，则用NI代替式（1.80）中的I。

1.10 B和H的边界条件

在推导安培定律的微分形式时，指定的是材料内部的点，不是边界上的点。边界上的点存在一个附加的磁化电流分量$\boldsymbol{K}_m$，它是因为磁化矢量$\boldsymbol{M}$不连续而产生的，因此需对所得结果进行修正。考虑两个不同材料之间的边界面S，如图1.5所示，两个材料的磁导率分别为μ_1和μ_2。

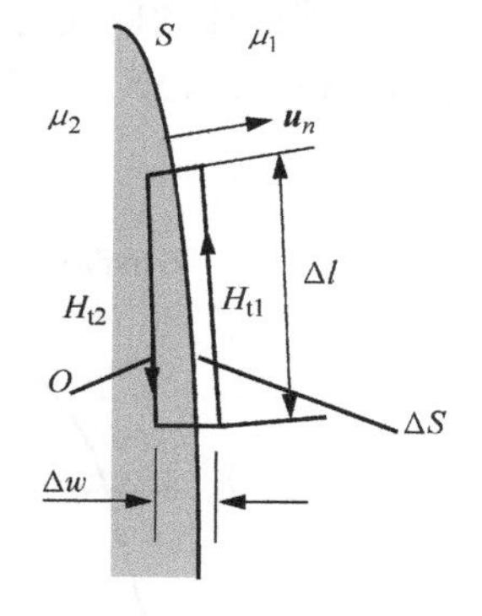

图1.5　$\boldsymbol{H}$的切向分量边界条件的确定

设在两种材料中与曲面S相切的$\boldsymbol{H}$的切向分量分别为H_{t1}和H_{t2}。由式（1.79）可得$\nabla \times \boldsymbol{H} = \boldsymbol{J}$，若路径$O$选择如图1.5所示，则安培定律的积分形式为

$$\int_{\nabla S} (\nabla \times \boldsymbol{H}) \cdot \mathrm{d}\boldsymbol{S} = \oint_{\Delta O} \boldsymbol{H} \cdot \mathrm{d}\boldsymbol{l} = \int_{\Delta S} \boldsymbol{J} \cdot \mathrm{d}\boldsymbol{S} \tag{1.81}$$

式中，ΔO为ΔS的外轮廓线。由于没有物理电流穿过该回路，所以这些表达式等于零。若Δw缩小到一个很小的、可以忽略的值，则$H_{t1}\Delta l - H_{t2}\Delta l = 0$，所以

$$H_{t1} = H_{t2} \tag{1.82}$$

这说明了在不含实际面电流$\boldsymbol{K}$的边界上，$\boldsymbol{H}$的切向分量必须是连续的。如果边界存在面电流$\boldsymbol{K}$，则式（1.82）变为

$$H_{t1} = H_{t2} = \boldsymbol{K} \tag{1.83}$$

其中，电流的正方向与路径O的绕行方向符合右手螺旋定则，以矢量形式表示为

$$\boldsymbol{u}_n \times (\boldsymbol{H}_1 - \boldsymbol{H}_2) = \boldsymbol{K} \tag{1.84}$$

尽管面电流实际是不存在的，但在电机设计中，式（1.83）常常用来描述真实的物理情况。

作为式（1.82）的推论，当没有面电流流过边界时，$\boldsymbol{B}$ 的切向分量在不同磁导率材料的边界上肯定是不连续的，即

$$\frac{B_{t1}}{\mu_1} = \frac{B_{t2}}{\mu_2} \tag{1.85}$$

如图 1.6 所示，$\boldsymbol{B}$ 和 $\boldsymbol{H}$ 的法向分量的边界条件也可以确定。

在这种情况下，根据式（1.36）

$$\oint_S \boldsymbol{B} \cdot \mathrm{d}\boldsymbol{S} = 0$$

针对如图 1.6 所示的小圆柱形，应用上式可得

$$B_{n1}\Delta S - B_{n2}\Delta S = (B_{n1s} + B_{n2s})(\pi\Delta r\Delta w)$$

式中，B_{n1}、B_{n2}分别为圆柱体的顶部和底部与材料 1 和材料 2 有关的磁场；B_{n1s} 和 B_{n2s}分别为圆柱体的侧面与材料 1 和材料 2 有关的磁场。如果圆柱体的高度非常小，则 $B_{n1}\Delta S = B_{n2}\Delta S$，于是有

$$B_{n1} = B_{n2} \tag{1.86}$$

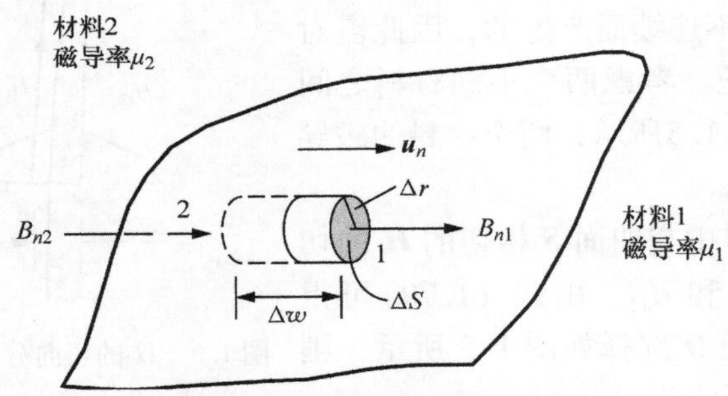

图 1.6　$\boldsymbol{B}$ 的法向分量边界条件的确定

用矢量形式，这个表达式等价于

$$\boldsymbol{u}_n \cdot (\boldsymbol{B}_1 - \boldsymbol{B}_2) = 0 \tag{1.87}$$

$\boldsymbol{H}$ 相应的边界条件为

$$\mu_1 H_{n1} = \mu_2 H_{n2} \tag{1.88}$$

可以发现，$\boldsymbol{B}$ 的法向分量是连续的，但 $\boldsymbol{H}$ 的法向分量不连续。

1.11　法拉第定律

迈克尔·法拉第（Michael Faraday）和约瑟夫·亨利（Joseph Henry）发现，在计算一个时变磁场中 $\boldsymbol{E}$ 的线积分时，由于交链线积分路径的磁场随时间变化，

所以电场变为非保守场。在这种情况下，式（1.43）可以修正为

$$\oint_O \boldsymbol{E} \cdot \mathrm{d}\boldsymbol{l} = -\frac{\mathrm{d}}{\mathrm{d}t}\int_S \boldsymbol{B} \cdot \mathrm{d}\boldsymbol{S} = -\frac{\mathrm{d}\boldsymbol{\Phi}}{\mathrm{d}t} \tag{1.89}$$

式中，O 为表面 S 的边界。从实用意义上讲，该式表明，时变磁场会产生一个额外的电场。因此，在时变磁场中放置闭合短路线圈时，线圈两端会产生电压。该电压的大小与线圈所交链的磁通的时间变化率成正比，进而在线圈中产生电流。负号的含义是，正方向电压产生的电流所形成的磁场会减小线圈交链的净磁通。

式（1.89）的微分形式可以利用斯托克斯定理将线积分替换为面积分，得到以下形式：

$$\oint_O \boldsymbol{E} \cdot \mathrm{d}\boldsymbol{l} = \int_S \nabla\times \boldsymbol{E} \cdot \mathrm{d}\boldsymbol{S} = -\frac{\mathrm{d}}{\mathrm{d}t}\int_S \boldsymbol{B} \cdot \mathrm{d}\boldsymbol{S} \tag{1.90}$$

或写成如下形式：

$$\int_S \left(\nabla\times \boldsymbol{E} + \frac{\mathrm{d}\boldsymbol{B}}{\mathrm{d}t}\right)\cdot \mathrm{d}\boldsymbol{S} = 0 \tag{1.91}$$

可以得到

$$\nabla\times \boldsymbol{E} = -\frac{\mathrm{d}\boldsymbol{B}}{\mathrm{d}t} \tag{1.92}$$

在导电回路中流动的电流也在导电材料内部产生与电流成正比的电场，这是欧姆定律的基础。欧姆定律表示的是一个点上的情况，而不是一段有限部分的平均值，其表达式为

$$\boldsymbol{J} = \sigma\boldsymbol{E} \tag{1.93}$$

式中，σ 是材料的电导率，单位为 A/(V · m) 或 $(\Omega \cdot \mathrm{m})^{-1}$。

1.12 运动产生的电场

线圈在静止的、非均匀磁场中运动，也可以产生变化的磁场，并交链该线圈，因此式（1.89）也同样适用于这种情况。线圈在磁场中运动的同时还存在另一种现象，即洛伦兹力，根据矢量方程，磁场中移动的电荷所受的力与电荷的速度和磁场的强度成正比

$$\boldsymbol{F} = q_{\mathrm{c}}\boldsymbol{v} \times \boldsymbol{B} \tag{1.94}$$

可以看出，力的作用方向与 $\boldsymbol{v}$ 和 $\boldsymbol{B}$ 都垂直。这只是毕奥 – 萨伐尔定律的等效形式，因为1A 的电流流过1m 导线，本质上等于 10^{-6}C 的电子以 10^6m/s 的速度移动。由下式可以看出，力的大小与电场强度成正比：

$$\frac{\boldsymbol{F}}{q_{\mathrm{c}}} = \boldsymbol{E} = \boldsymbol{v} \times \boldsymbol{B} \tag{1.95}$$

相应的磁场反过来会在线圈中感应出电压，根据欧姆定律，即式（1.93），该电压会在线圈中产生电流。这种感应电压被称为电动势（这种叫法其实并不准确，因为该量的基本单位是牛顿/库仑）。电动势的方向定义如图1.7所示，其产生的电流用来抵抗线圈交链磁通的变化。对磁通变化的抵抗能力，取决于线圈电阻的大小。如果线圈是超导体，线圈交链磁通就不会变化。移动线圈上受到的力与产生的电流（或反之亦然）之间的关系是机电能量转换原理的重要组成部分。

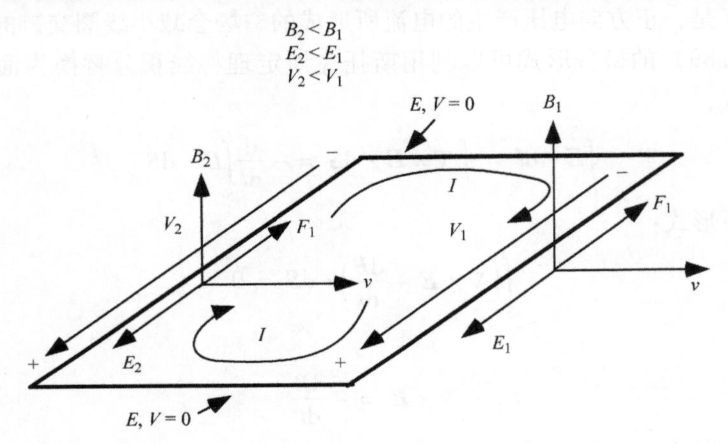

图1.7　移动线圈上的感应电压增加了与线圈交链的磁通。假定力施加在负电荷（电子）上

1.13　磁导、磁阻和磁路

在有磁性材料存在的情况下，涉及传导电流的一般静磁场边值问题，很难用解析法计算。幸运的是，在电机设计中，可以采用近似的方法来求解，分析过程与串并联电阻组成的直流电路相似。例如，考虑一个环形区域中的磁场，一个通有电流I的N匝线圈绕在矩形截面的环形铁心上，如图1.8所示。

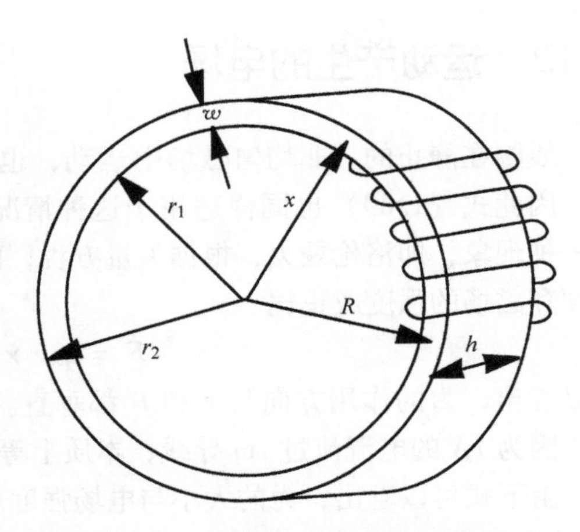

图1.8　绕有线圈的矩形截面磁环的磁通分布

由于对称性，磁场强度只有一个圆周方向的分量。在距中心x米处的任意一点，磁势场度为

$$H = \frac{NI}{2\pi x} \tag{1.96}$$

式中，N 为 H 所通过路径上的线圈匝数。因此在 x 处的磁通密度为

$$B = \mu H = \frac{\mu NI}{2\pi x} \tag{1.97}$$

然而，任何一点的磁通密度都等于 $\mathrm{d}\Phi/\mathrm{d}A$。横截面（$h\mathrm{d}x$）上的总磁通为

$$\mathrm{d}\Phi = B\mathrm{d}A = Bh\mathrm{d}x = \mu \frac{NIh}{2\pi}\frac{\mathrm{d}x}{x} \tag{1.98}$$

区域 A 通过的总磁通为

$$\begin{aligned}
\Phi &= \int_{r_1}^{r_2} \mu \frac{NIh}{2\pi}\frac{\mathrm{d}x}{x} \\
&= \mu \frac{NIh}{2\pi}\ln(r_2/r_1) \\
&= \mu \frac{NIh}{2\pi}\ln\left(\frac{R + w/2}{R - w/2}\right) \\
&= \mu \frac{NIh}{2\pi}\ln\left(\frac{1 + \dfrac{w}{2R}}{1 - \dfrac{w}{2R}}\right) \\
&= \mu \frac{NIh}{2\pi}\ln\left(1 + \frac{w}{R} + \frac{w^2}{2R^2} + \frac{w^3}{4R^3} + \cdots\right)
\end{aligned} \tag{1.99}$$

最终化简为

$$\Phi = \mu \frac{NI}{2\pi} h \frac{w}{R} \quad \text{假设 } w/R << 1 \tag{1.100}$$

当 $w/R = 0.2$ 时，$\ln[1 + w/R + w^2/(2R^2) + \cdots]$ 与 w/R 的误差在 0.3% 以内。因此，当铁心宽度 w 远小于平均半径 R 时，可以认为磁通密度分布是均匀的，因此

$$\Phi = \frac{\mu NIhw}{2\pi R} \tag{1.101}$$

考虑到铁心宽度 w 比 R 小，可以假设 H 在环面上的所有位置都是常数，并且等于它在中心的值。在这种情况下，由式（1.97）

$$\frac{\mu NI}{2\pi R} = B \tag{1.102}$$

和

$$hw = A \tag{1.103}$$

可得

$$\Phi = \frac{\mu NI}{2\pi R}A \quad (= BA) \tag{1.104}$$

注意，本例特意选择了一个矩形截面的环形铁心。圆形截面的情况也类似，但精确解涉及贝塞尔函数。在本书中，符号 A 将用于表示矢量磁位和横截面积。类似地，S 将用于表示表面积和感应电机的转差率，希望不会带来太多混淆。

式（1.104）可以改写为

$$\Phi = \left(\frac{\mu A}{2\pi R}\right)NI \tag{1.105}$$

式中，$A = hw$。NI 前面的系数是一个常数，大小取决于磁路的几何尺寸和磁导率。将这个常数定义为磁导

$$\mathcal{P} = \frac{\mu A}{2\pi R} \tag{1.106}$$

由于 $2\pi R$ 是磁路的长度，一般情况下可用 l 来表示。因此，一段磁路的横截面积不变且磁场均匀分布时，磁导的定义为

$$\mathcal{P} = \frac{\mu A}{l} \tag{1.107}$$

单位为韦伯/安匝或亨利。

还可以定义

$$\mathcal{F}_{12} = \int_1^2 H \cdot \mathrm{d}\boldsymbol{l} \tag{1.108}$$

式中，$\mathcal{F}_{12}$表示作用于点 1 和点 2 之间的磁动势（Magnetic Motive Force，MMF）。在 SI 单位制中 MMF 的单位是安培，但本书使用安匝作为单位，以提醒读者绕组匝数对该量的重要影响。当闭合路径 O 包围了一个通有电流 I 的 N 匝线圈，由安培定律可以得到

$$\mathcal{F} = NI \tag{1.109}$$

因此，一般情况下磁路中的磁通可以表示为

$$\Phi = \mathcal{P}\mathcal{F} \tag{1.110}$$

在实际电机中，磁导并不容易计算。如何处理这样的问题，就是电机设计中的艺术和科学。当磁通密度在横截面上变化时，一般采用式（1.110）的微分形式，在这种情况下

$$\mathrm{d}\Phi = \mathcal{F}\mathrm{d}\mathcal{P} \tag{1.111}$$

式中

$$\mathrm{d}\mathcal{P} = \frac{\mu \mathrm{d}A}{l}$$

总的磁导为

$$\mathcal{P} = \int_0^A \mu \frac{\mathrm{d}A}{l} \tag{1.112}$$

式中，l 经常是 A 的函数。

在矩形截面环形铁心的例子中，$\mathrm{d}A = h\mathrm{d}x$，$l = 2\pi x$。式（1.112）变为

$$\mathcal{P} = \int_{r_1}^{r_2} \mu \frac{h\mathrm{d}x}{(2\pi x)}$$

即

$$\mathcal{P} = \frac{\mu h}{2\pi}\ln\left(\frac{r_2}{r_1}\right)$$

在磁场分析中经常使用磁导的倒数，即磁阻

$$\mathcal{R} = 1/\mathcal{P} \tag{1.113}$$

如果横截面积 A 和磁导是常数，磁阻的大小与磁路长度有关：

$$\mathcal{R} = \frac{l}{\mu A} \tag{1.114}$$

磁阻的基本单位是安匝/韦伯。在 MKS 单位制中，磁阻的单位是逆亨利（H^{-1}）。在 SI 单位制中，并没有像用西门子（S）对应 Ω^{-1} 一样，用一个专门的名称对应 H^{-1}。因此，磁阻通常还是用基本单位来描述。本书中，优选 H^{-1} 作为磁阻单位。在电机分析的过程中，磁阻比磁导更常用。

1.14 示例——方形截面圆环

1. 一圆环为方形截面，平均半径为 R，计算其磁阻。圆环材料的磁导率 $\mu = 1\times10^{-4}$，$R = 50\mathrm{cm}$，$a = 2\mathrm{cm}$，如图 1.9 所示。磁阻 $\mathcal{R}$ 为

$$\mathcal{R} = \frac{l}{\mu A} = \frac{2\pi\times0.5}{1\times10^{-4}\times0.02^2} = 7.85\times10^{7}\mathrm{H}^{-1}$$

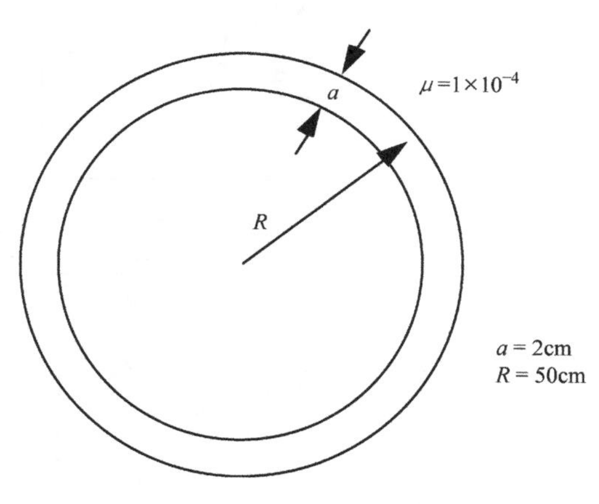

图 1.9 方形截面圆环例子

2. 有 1570 安匝均匀地绕在圆环上。其内部的磁通是多少？

$$\Phi = \mathcal{F}/\mathcal{R} = \frac{1570}{7.85\times10^{7}} = 2\times10^{-5}\mathrm{Wb}$$

3. 圆环中的磁通密度是多少？

$$B = \frac{\Phi}{A} = \frac{2 \times 10^{-5}}{0.02^2} = 0.05\mathrm{Wb/m^2}$$

1.15　多路径磁路

当磁路由同一材料，但横截面积不同的几段组成，或者磁路由几段不同磁导率的材料组成，各段的横截面积可以相同也可以不同，可通过求各段磁路的磁阻，相加得到磁路的总磁阻，最后将磁动势除以总磁阻得到磁通。与电路中的电阻计算一样，串联磁路的总磁阻等于各段磁阻相加之和。

并联磁路的总磁导等于并联各支路磁导的总和。总磁阻等于总磁导的倒数。当磁路更复杂时，可通过基尔霍夫定律来求解。例如，图 1.10a 所示的变压器铁心，在中间心柱上带有气隙。当 N_2匝线圈的电流为 I_2时，该线圈的磁通是多少？铁心的等效磁路如图 1.10b 所示。磁动势 N_1I_1 作用于磁路，与左铁心柱磁阻$\mathcal{R}_1$相串联。$\mathcal{R}_1$可分解成两个$\mathcal{R}_1/2$ 的磁阻。根据一般直流电路分析方法，可以列出下面两个等式：

$$N_1I_1 = \Phi_1(\mathcal{R}_1 + 2\mathcal{R}_2 + \mathcal{R}_g) - \Phi_2(2\mathcal{R}_2 + \mathcal{R}_g)$$
$$N_2I_2 = \Phi_2(\mathcal{R}_1 + 2\mathcal{R}_2 + \mathcal{R}_g) - \Phi_1(2\mathcal{R}_2 + \mathcal{R}_g) \quad (1.115)$$

解得

$$\Phi_2 = [N_1I_1(2\mathcal{R}_2 + \mathcal{R}_g) + N_2I_2(\mathcal{R}_1 + 2\mathcal{R}_2 + \mathcal{R}_g)]/[\mathcal{R}_1(\mathcal{R}_1 + 4\mathcal{R}_2 + 2\mathcal{R}_g)] \quad (1.116)$$

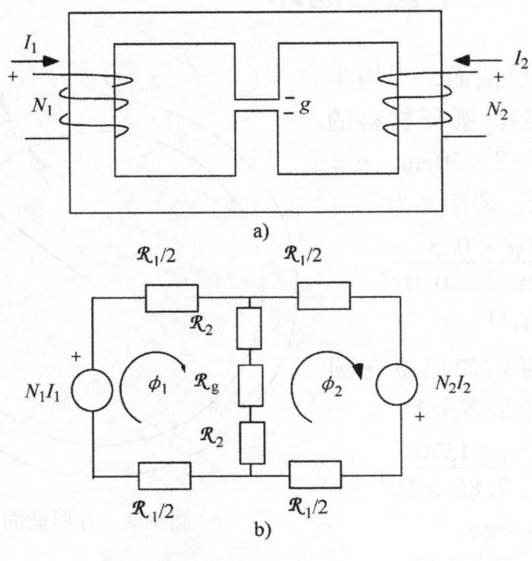

图 1.10　一种变压器铁心及其等效磁路

1.16 磁阻的一般表达式

现在假设一个磁导率均匀但形状任意的物体。如果可以近似计算磁力线，则可以定义包含指定数量磁力线的磁通管，其形状如图1.11所示。

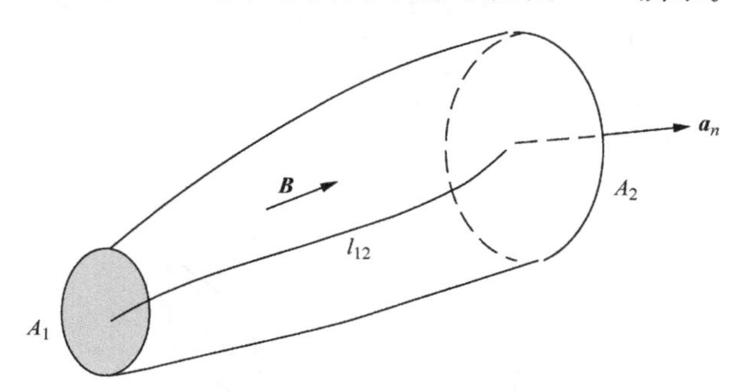

图1.11 一个任意的磁通管

A_1和A_2两个面之间的磁势差可以通过下式计算：

$$\int_{l_{12}} H \cdot \mathrm{d}\boldsymbol{l} = \mathcal{F}_1 - \mathcal{F}_2 \tag{1.117}$$

式中，l_{12}是沿着磁通管边缘或内部从A_1到A_2的路径。在磁通管中的磁通为

$$\int_A B \cdot \mathrm{d}\boldsymbol{S} = \boldsymbol{\Phi} \tag{1.118}$$

式中，A为A_1、A_2或磁通管任一位置的横截面积。定义A_1和A_2之间的磁阻为

$$\mathcal{R} = \frac{\int_{l_{12}} H \cdot \mathrm{d}\boldsymbol{l}}{\mu \int_A H \cdot \mathrm{d}\boldsymbol{S}} \tag{1.119}$$

虽然这个表达式在形式上很简单，但积分的值不容易确定，因为在进行积分之前需知道磁力线的位置。如果将磁通管的截面看作曲线四边形或矩形，可以使磁阻的计算更加准确，即假设磁通管横截面的角总是90°，但矩形的边允许为曲线。横截面的这种特性是等磁势线必须与磁力线成直角这一事实的自然结果。使用“曲线四边形”绘制磁场图是一种传统方法，在绘制磁场图时，如果始终保持等磁势线和磁力线之间的曲线（直角）关系，可以得到非常准确的结果。

考虑更准确的磁通管图1.12，其中A_i和A_{i+1}分别为等磁势面，它们之间的磁势差为$\Delta\mathcal{F}_s$。

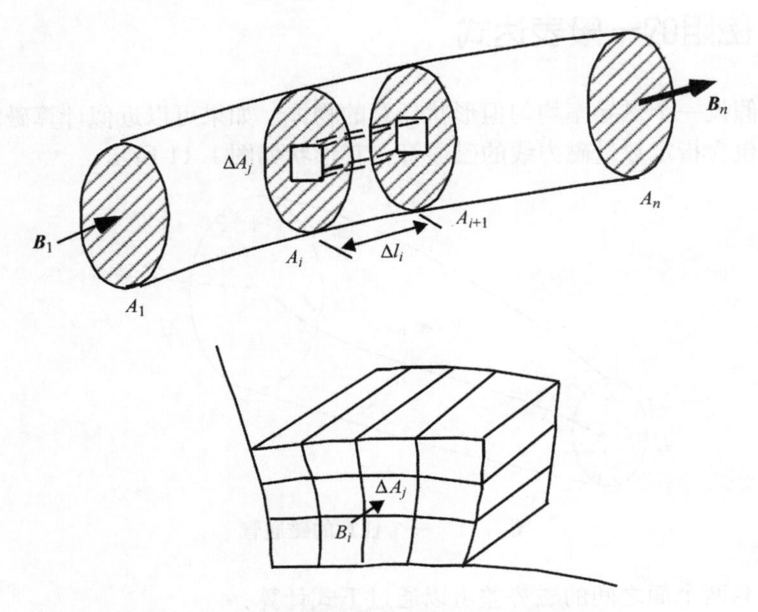

图 1.12　用来描绘磁通管的正交曲线四边形

A_i和A_{i+1}之间的区域可以分解为多个长度为Δl_i、横截面积为ΔA_{ij}的基本磁通管。任意一个基本磁通管的磁阻为

$$\mathcal{R}_i = \frac{\Delta \mathcal{F}_i}{\Delta \Phi_{ij}} = \frac{\Delta l_i}{\mu \Delta A_{ij}} \tag{1.120}$$

由于并联磁路的磁导是直接相加，所以A_i和A_{i+1}之间的总磁导为

$$\Delta \mathcal{P}_i = \sum_j \frac{\mu \Delta A_{ij}}{\Delta l_i} \tag{1.121}$$

相应的磁阻为

$$\Delta \mathcal{R}_i = \frac{1}{\sum_j \frac{\mu \Delta A_{ij}}{\Delta l_i}} \tag{1.122}$$

总磁阻为沿着磁通管总长度的每一小段磁阻的和

$$\mathcal{R} = \sum_i \frac{1}{\sum_j \frac{\mu \Delta A_{ij}}{\Delta l_i}} \tag{1.123}$$

该式仍然是磁路结构尺寸的函数，如果想要更详细地了解绘制磁通的曲线四边形方法，读者可以参考电磁场的相关书籍。

1.17 电感

在大多数实际情况下，磁通与N匝线圈相交链。可定义磁链λ为

$$\lambda = N\Phi \tag{1.124}$$

线圈的电感定义为“每安培电流产生的，与线圈交链的韦伯匝数”。每安培的磁链被正式定义为亨利。用数学表达式写为

$$L = \frac{\lambda}{I} = \frac{N\Phi}{I} \tag{1.125}$$

式中，L是电感，单位为H；N是线圈的匝数；Φ是与线圈交链的磁通，单位为Wb；I是线圈中的电流，单位为A。

如果电流I和磁通Φ对应同一线圈，相应的电感称为自感。当电流I和磁通Φ对应不同的线圈时，称之为互感。

自感常用的表达形式还有

$$L = \frac{N^2\Phi}{\mathcal{F}} \tag{1.126}$$

$$= N^2\mathcal{P} \tag{1.127}$$

如果横截面积和μ不变，则

$$L = \mu\frac{N^2A}{l} \tag{1.128}$$

电感与匝数的二次方成正比。由于电感单位已被正式定义为H，磁导率μ正式采用H/m的换算单位。

上述电感表达式的推导，是建立在磁路已确定的基础上，当磁通的路径不为螺线管时，电感的计算公式可以从场理论、磁力线、实验、拉普拉斯或泊松方程的数值解中推导。

1.18 示例——导线的内部电感

在1.3节中已经得到了无限长导线通入电流，产生的磁通密度为

$$\boldsymbol{B} = \frac{\mu_0 I}{2\pi R} \tag{1.129}$$

图1.13是导线更详细的视图，显示了半径为r的圆形导线的内部情况。如果假设单位为A/m^2的电流密度J沿导线长度方向，且在导线截面上均匀分布，则根据安培定律，沿半径为r的圆形路径C积分将得到

$$\oint_C \boldsymbol{H}\cdot \mathrm{d}\boldsymbol{l} = H_\phi 2\pi r = J\pi r^2 \quad 0 < r < R_w \tag{1.130}$$

式中，R_w是导线的半径。假设导线材料的相对磁导率为 1，则

$$B_\phi = \mu_0 H_\phi = \frac{\mu_0 J r}{2} \tag{1.131}$$

由于 J 是常数，导线中的电流 $I = J(\pi R_w^2)$，因此

$$B_\phi = \mu_0 I \frac{r}{2\pi R_w^2} \tag{1.132}$$

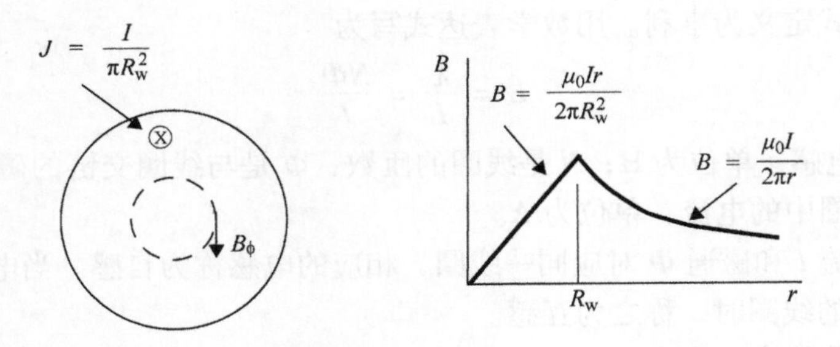

图 1.13　圆形导体内磁通密度和电感的计算

现在考虑导线内部半径为 r 的部分。长度为 l、厚度为 dr 的环形部分的磁通为

$$\mathrm{d}\Phi(r) = B_\phi l \mathrm{d}r \tag{1.133}$$

$$= \frac{\mu_0 I l}{2\pi} \frac{r}{R_w^2} \mathrm{d}r \tag{1.134}$$

该磁通只与电流 $I\frac{r^2}{R_w^2}$交链，因此对应的磁链为

$$\mathrm{d}\lambda = \frac{\mu_0 I l}{2\pi} \frac{r^3}{R_w^4} \mathrm{d}r \tag{1.135}$$

总磁链为

$$\lambda = \frac{\mu_0}{2\pi} I l \int_0^{R_w} \frac{r^3}{R_w^4} \mathrm{d}r \tag{1.136}$$

$$= \frac{\mu_0}{8\pi} I l \tag{1.137}$$

因此，长度为 L 的导线内部电感为

$$L_{\text{internal}} = \frac{\lambda}{I} = \frac{\mu_0}{8\pi} L \tag{1.138}$$

1.19 磁场储能

利用磁场能量计算电感是一种常用的简便方法。磁场中储存的能量可以表达为

$$W_m = \frac{1}{2}\int_V (\boldsymbol{B} \cdot \boldsymbol{H})\mathrm{d}V \tag{1.139}$$

即

$$W_m = \frac{1}{2}LI^2 \tag{1.140}$$

当 $\boldsymbol{B}$ 和 $\boldsymbol{H}$ 由同一个电流产生

$$L_{self} = \frac{1}{I^2}\int_V (\boldsymbol{B} \cdot \boldsymbol{H})\mathrm{d}V \tag{1.141}$$

式（1.141）的另一种形式更加有用。在电机分析中，可以假设磁场强度和磁通密度在气隙中仅有径向分量，且仅沿圆周方向变化。此外，由于 $H = B/\mu$，如果 $\mu \to \infty$，H 在铁心中可以假定为零。或者，可以通过适当增加等效气隙 g_e，使气隙磁动势略微增大来等效铁心中相对较小的磁动势压降。如果 θ 表示圆周方向，r 表示径向，l 表示轴向，在对圆柱形几何体的径向和轴向进行积分后，式（1.141）可写成

$$L_{self} = \frac{grl}{I^2}\int_0^{2\pi} B_g(I,\theta)H_g(I,\theta)\mathrm{d}\theta \tag{1.142}$$

由于气隙中的 H 可以看作常数，因此有

$$H_g g = \mathcal{F}_g \tag{1.143}$$

式中，$\mathcal{F}_g$表示作用在气隙中的磁动势。可以将这个表达式写为

$$L_{self} = \frac{rl}{I}\int_0^{2\pi} B_g(I,\theta)\,\frac{\mathcal{F}_g(I,\theta)}{I}\mathrm{d}\theta \tag{1.144}$$

或

$$L_{self} = \mu_0\,\frac{rl}{g}\int_0^{2\pi}\left[\frac{\mathcal{F}_g(I,\theta)}{I}\right]^2\mathrm{d}\theta \tag{1.145}$$

由于气隙 g 由空气组成，磁动势随电流成线性变化，因此它可以表示为电流和一个仅与 θ 相关的函数的乘积。因此，自感可以表达为

$$L_{self} = \frac{rl}{I}\int_0^{2\pi} B_g(I,\theta)N(\theta)\mathrm{d}\theta \tag{1.146}$$

或

$$L_{\text{self}} = \mu_0 \frac{rl}{g}\int_0^{2\pi} N(\theta)^2 \mathrm{d}\theta \tag{1.147}$$

新函数 $N(\theta) = F_{\mathrm{g}}(I,\theta)/I$ 被称为绕组函数，经常用于交流电机分析。

磁场储能也可以用于计算互感。当 $\boldsymbol{B}$ 和 $\boldsymbol{H}$ 由两个不同电流产生时

$$W_{\mathrm{m}} = \frac{1}{2}\int_V (\boldsymbol{B}_1 + \boldsymbol{B}_2)\cdot(\boldsymbol{H}_1 + \boldsymbol{H}_2)\mathrm{d}V \tag{1.148}$$

根据电路理论也可以得到

$$W_{\mathrm{m}} = \frac{1}{2}L_1 I_1^2 + L_{12}I_1 I_2 + \frac{1}{2}L_2 I_2^2 \tag{1.149}$$

比较式（1.148）和式（1.149），包含互感的项可以写成

$$L_{12}I_1 I_2 = \frac{1}{2}\int_V (\boldsymbol{B}_1\cdot\boldsymbol{H}_2 + \boldsymbol{B}_2\cdot\boldsymbol{H}_1)\mathrm{d}V \tag{1.150}$$

当 $\boldsymbol{B}_{\mathrm{s}}$ 和 $\boldsymbol{H}_{\mathrm{s}}$ 共线时，互感只在气隙中出现，并且是 θ 的函数，式（1.150）可简化为

$$L_{12} = \mu_0 \frac{rl}{g}\int_0^{2\pi} N_1(\theta)N_2(\theta)\mathrm{d}\theta \tag{1.151}$$

其中，$(B_1/\mu_0)g = H_1 g = \mathcal{F}_1$，$(B_2/\mu_0)g = H_2 g = \mathcal{F}_2$，且

$$N_1(\theta) = \frac{\mathcal{F}_1(\theta)}{I_1};\quad N_2(\theta) = \frac{\mathcal{F}_2(\theta)}{I_2} \tag{1.152}$$

如果两个绕组其中之一所产生的磁通密度已知，可以用下式计算互感 L_{12}：

$$L_{12} = \frac{rl}{I_1}\int_0^{2\pi} B_1((\theta)N_2(\theta))\mathrm{d}\theta \tag{1.153}$$

1.20　单位转换

电机电磁设计中经常碰到物理量单位的不同表示方法。这与本学科的历史发展有关。如今，常会用到三种单位制：SI 或 MKS 单位制（源于欧洲，现在全世界通用），CGS 单位制（小型变压器、永磁电机，以及小型分马力电机）和英制单位制（分马力电机，在美国早期时使用）。英制单位制使用英寸和英镑，是一种早期形式，而 CGS 单位制主要是物理学家使用。SI 单位制是当今首选的单位制。但是，鉴于以往的研究工作很多是基于其他单位制的，所以同时熟悉这三套单位制是很重要的。

在本书中，将使用SI单位制推导特定关系，然后根据需要将结果转换为不同的单位。例如，磁性材料的本构方程。

$$B(\mathrm{Wb/m^2}) = \mu_r\mu_0(\mathrm{H/m})H(\mathrm{A/m}) \tag{1.154}$$

将该等式乘以10^4，并将μ_0代入得

$$10^4 B(\mathrm{Wb/m^2}) = \mu_r[4\pi \times 10^{-3} H(\mathrm{A/m})] \tag{1.155}$$

如果定义

$$B(\mathrm{G}) = 10^4 B(\mathrm{Wb/m^2}) \tag{1.156}$$

和

$$H(\mathrm{Oe}) = 4\pi \times 10^{-3} H(\mathrm{A/m}) \tag{1.157}$$

在CGS单位制中

$$B(\mathrm{G}) = \mu_r H(\mathrm{Oe}) \tag{1.158}$$

式中，B和H的新单位分别是高斯（G）和奥斯特（Oe）。

现在考虑把它化为英制单位，式（1.154）两边同乘10^8，得

$$10^8 B(\mathrm{Wb/m^2}) = 10^8 \mu_r\mu_0, H(\mathrm{A/m}) \tag{1.159}$$

可以给磁通定义一个新单位，称为麦克斯韦（maxwell）或力线（line）。

$$1\mathrm{Wb} = 10^8 \text{lines 或 maxwells} \tag{1.160}$$

代入式（1.159）有

$$B\left(\frac{\text{lines}}{\mathrm{m^2}}\right) = \mu_r(40\pi)H(\mathrm{A/m}) \tag{1.161}$$

和

$$B\left(\frac{\text{lines}}{\mathrm{m^2}}\right) = B\left(\frac{\text{lines}}{\mathrm{in^2}}\right)\left(\frac{1\mathrm{in}}{2.54\mathrm{cm}}\right)^2\left(\frac{100\mathrm{cm}}{\mathrm{m}}\right)^2 \tag{1.162}$$

和

$$H(\mathrm{A/m}) = H(\mathrm{A/in})\left(\frac{1\mathrm{in}}{2.54\mathrm{cm}}\right)\left(\frac{100\mathrm{cm}}{\mathrm{m}}\right) \tag{1.163}$$

所以在英制单位中

$$B\left(\frac{\text{lines}}{\mathrm{in^2}}\right) = \mu_r 40\pi\left(\frac{2.54}{100}\right)^2\left(\frac{100}{2.54}\right)H\left(\frac{\mathrm{A}}{\mathrm{in}}\right)$$

$$B\left(\frac{\text{lines}}{\mathrm{in^2}}\right) = \mu_r\left(\frac{4\pi}{10}\right)2.54H\left(\frac{\mathrm{A}}{\mathrm{in}}\right) \tag{1.164}$$

在英制单位中，$(4\pi/10) \times 2.54 = 3.192$有时被称为“真空”磁导率。

磁路方程（1.110）也可以进行类似的推导，即

$$\Phi(\mathrm{Wb}) = \mathcal{P}(\mathrm{H})\mathcal{F}(\mathrm{A\text{-}t}) \tag{1.165}$$

两边同时乘以10^8，带入式（1.160）和式（1.107）

$$\Phi(\text{lines}) = 10^8 \times (4\pi \times 10^{-7})\mu_r \frac{A(\text{m}^2)}{l(\text{m})}\mathcal{F}(\text{A-t})$$

$$= 40\pi\mu_r\mathcal{F}(\text{A-t})\frac{A(\text{m}^2)}{l(\text{m})} \quad (1.166)$$

有

$$A(\text{m}^2) = A(\text{cm}^2)\left(\frac{1\text{m}}{100\text{cm}}\right)^2 \quad (1.167)$$

$$l(\text{m}) = l(\text{cm})\left(\frac{1\text{m}}{100\text{cm}}\right) \quad (1.168)$$

所以式（1.166）化为

$$\Phi(\text{lines}) = 0.4\pi\mu_r \frac{A(\text{cm}^2)}{l(\text{cm})}\mathcal{F}(\text{A-t}) \quad (1.169)$$

在 CGS 单位制中，吉尔伯特（gilbert）被定义为

$$\mathcal{F}(\text{gilberts}) = 0.4\pi\mathcal{F}(\text{A-t})$$

因此在 CGS 单位制中，磁路方程（1.169）变为

$$\Phi(\text{maxwells}) = \mu_r \frac{A(\text{cm}^2)}{l(\text{cm})}\mathcal{F}(\text{gilberts}) \quad (1.170)$$

在英制单位中，需要将长度单位转变为英寸

$$\Phi(\text{maxwells}) = \frac{0.4\pi \times \mu_r A(\text{in}^2)}{2.54 \times l(\text{in})}\mathcal{F}(\text{A-t}) \quad (1.171)$$

表 1.1 总结了磁路分析中的关键方程式，分别用三种单位制来表示。读者应该熟悉这些方程式。为了帮助读者厘清三种单位制之间的转换关系，图 1.14 用“流程图”的形式来说明这些重要物理量不同单位之间的关系。

表 1.1　磁路方程中不同单位制的比较

	MKS（SI）单位制	CGS 单位制	英制单位制
本构方程	$B=\mu_0\mu_r H$	$B=\mu_r H$	$B=\mu_0\mu_r H$
磁路欧姆定律	$\Phi=\mu_0\frac{\mu_r A}{l}\mathcal{F}$	$\Phi=\frac{\mu_r A}{l}\mathcal{F}$	$\Phi=\mu_0\frac{\mu_r A}{l}\mathcal{F}$
法拉第定律	$v=N\frac{\mathrm{d}\Phi}{\mathrm{d}t}$	$v=N\frac{\mathrm{d}\Phi}{\mathrm{d}t}\times 10^{-8}$	$v=N\frac{\mathrm{d}\Phi}{\mathrm{d}t}\times 10^{-8}$
真空磁导率	$\mu_0=4\pi\times 10^{-7}$	$\mu_0=1$	$\mu_0=\frac{4\pi}{10}\times 2.54=3.192$
	B　Wb/m^2	B　G	B　lines/in^2
	H　A-t/m	H　Oe	H　A-t/in
	Φ　Wb	Φ　lines（Maxwells）	Φ　lines
	$\mathcal{F}$　A-t/m	$\mathcal{F}$　Gb	$\mathcal{F}$　A-t/m

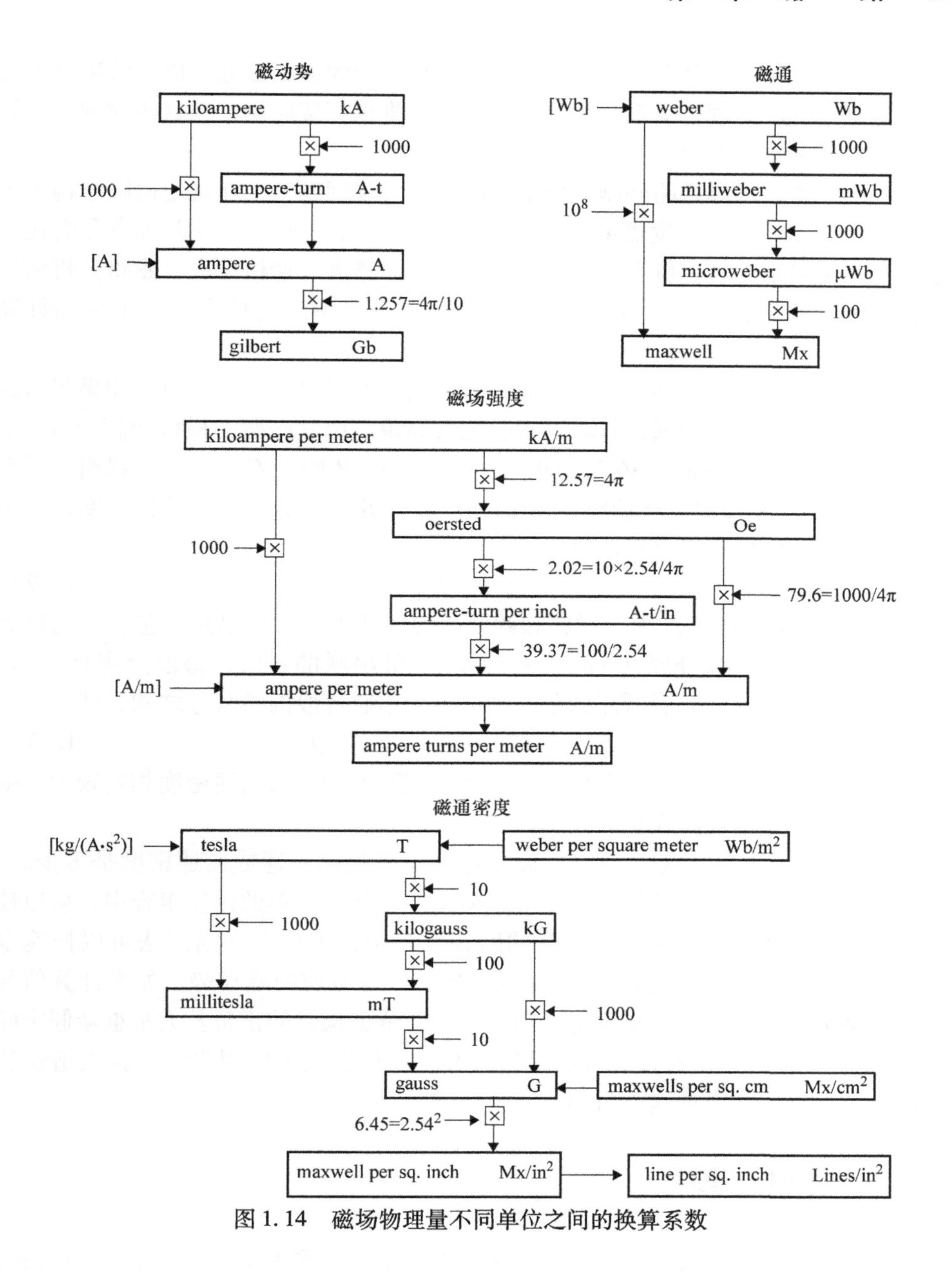

图 1.14 磁场物理量不同单位之间的换算系数

1.21 纯铁心磁路

电路与磁路的类比表明，磁动势、磁通、磁阻或磁导之间类似于欧姆定律的关系，为解决磁路问题提供一种直接的方法。然而，它们之间的实际关系要比之前简单例子所描述的复杂得多。由于磁路中存在较大的漏磁通，以及铁磁材料的磁阻与磁通密度的耦合关系，该方法在实际中难以直接应用，即这些物理量之间的实际关系是非线性的。

一般来说，求解磁路问题是为了解决两个关键问题：①在确定磁路结构中产生所需的磁通或磁通密度需要多少磁动势；②不同位置产生的磁动势合成在一起，会在磁路某个特定位置产生多少磁通或磁通密度。严格地说，磁路分析法只能得到通过磁路横截面积的平均磁通，要准确获得磁通的情况属于电磁场计算问题。

当问题是确定产生期望的总磁通或磁通密度所需多少磁动势时，如果忽略漏磁通或者估算一个漏磁通，计算过程会比较简单。串联磁路的横截面积为 A，平均磁通密度 $\boldsymbol{B}$ 等于总磁通 $\boldsymbol{\Phi}$ 与面积 A 的比值。由 $\boldsymbol{B}$ 确定 $\boldsymbol{H}$，需要用到相应材料的 $\boldsymbol{B}$ 与 $\boldsymbol{H}$ 的关系曲线。然后将该 $\boldsymbol{H}$ 值乘以假定 $\boldsymbol{B}$ 为常数的磁路路径长度，得出该路径两端之间的磁势差$\mathcal{F}_{\mathrm{ab}}$，即

$$\mathcal{F}_{\mathrm{ab}} = Hl_{\mathrm{ab}} \tag{1.172}$$

其中，a 到 b 的磁路长度中，材料和截面积均保持不变。如果路径包含不同种类的铁磁材料，则应该分成 $a-b$、$b-c$、$c-d$ 等串联的各段，每段分别计算 $\boldsymbol{H}$，以及该段路径的磁势差。所需的总磁动势等于串联各段的磁势差之和，即

$$\mathcal{F} = \mathcal{F}_{\mathrm{ab}} + \mathcal{F}_{\mathrm{bc}} + \mathcal{F}_{\mathrm{cd}} + \cdots + \mathcal{F}_{\mathrm{na}} \tag{1.173}$$

如果磁路结构比较复杂，使平均磁通密度与截面上的最大磁通密度相差较大，就需要采用更精细的磁路模型。

当问题是已知磁动势，计算在磁路不同位置处的磁通或磁通密度是多少时，即使忽略漏磁通，计算过程也不是那么简单。在某些简单的路径组合中，可以使用作图法，后文会有示例。在复杂的路径组合中，采用逐次逼近法可以快速求解。对于这类问题，首先假定一个磁通 $\boldsymbol{\Phi}_1$，计算所需的磁动势。如果计算值与已知磁动势之间的误差不在设定范围内，则需依据误差的正负及大小重新假定磁通值为 $\boldsymbol{\Phi}_2$，经过几次迭代就可以得到答案。在计算机上使用牛顿 - 拉夫逊迭代程序可以很方便地实现这一目的。

1.22 磁性材料

电机常用的材料有：用作铁心的磁性钢，通常是叠片叠压而成；铜或者铝，用作导体；用在导体表面和槽内的绝缘材料；高强度钢作为转轴的材料；钢或铜合金作为轴承的材料。大多数通用型电机使用的叠片都是“普通铁”或低碳钢。这类材料虽然价格低廉，但制造出的电机的效率并不高。近年来，高效率电机会采用更高质量的硅钢，成本也相应提高。钢中添加硅元素，有利于降低钢中的损

耗，但同时也会降低饱和磁通密度。用于电机的硅钢，硅含量一般在1%～4%之间。在60Hz、最大磁通密度为1.5×10^{4}G（1.5T）的交变磁场作用下，含硅3.25%的硅钢，损耗为0.6W/lb[㊀]；而含硅1%的硅钢，损耗为1.0W/lb。镍合金，如坡莫合金虽然损耗较低但价格昂贵，饱和磁通密度也较低。钴合金，如铁钴钒合金（含铁49%、钴49%和钒2%）的最大磁通密度超过2T，但也非常昂贵（7～8美元/lb），损耗也很大。

当铁心是通过将薄钢片经冲压、叠装而成时，铁心的横截面积并不能真正代表磁通经过的横截面积。由于叠片表面不平整，或为了避免叠片之间的循环电流（涡流）而涂上一层薄绝缘漆，叠片之间存在一个磁导率相当于空气的区域。为了考虑这种影响，铁心的有效横截面积等于铁心的横截面积乘以一个叠压系数。叠片厚度在0.014～0.025in[㊁]之间（14～25mil[㊂]）时，叠压系数在0.90～0.95之间。更薄的叠片，例如1～5mil厚，叠压系数为0.4～0.75。一般电机不使用小于14mil的叠片，除非铁耗特别大，特别薄的叠片一般用在电机工作频率非常高的场合，例如飞机发电机。

如今有一种新合金，称为非晶合金。这些材料代表了电磁材料的一种新的物质状态，即所谓的非晶态。普通窗玻璃是一种非晶态材料的典型例子。有一些新型非晶合金具有超过传统合金的磁性能。因此，它们是一类很有前景的新型软磁材料。这些合金中含有约80%的铁、镍、钴等铁素体元素，20%的硅、磷、硼、碳等玻璃元素。非晶合金的一个很好的例子是Fe80B20（Metglas公司产品），其中铁含量为80%，硼含量为20%。非晶合金的主要优点包括成本低（大约0.30美元/lb，而硅钢0.50美元/lb）、极低的铁心损耗（大概是最好硅钢的五分之一）、退火温度低、抗拉强度高。不过，这种新材料还没有成功地大规模应用在电机上，因为高抗拉强度也使材料难以冲压。此外，目前非晶合金材料的厚度只有1～2mil，这导致叠压系数很低，叠装很困难。

1.23 示例——变压器结构

图1.15所示的磁路结构与铁心变压器类似。铁心材料为29号（14mil）全处理钢。该材料的$B-H$曲线如图1.16所示。铁心叠高3in，叠压系数为0.91，励磁绕组为200匝。如果铁心中最大磁通密度为1.2T，那么需要的励磁电流大小是多少？漏磁通忽略不计。

㊀ 1lb≈0.45kg。

㊁ 1in＝0.0254m。

㊂ 1mil＝1/1000in＝25.4×10^{-6}m。

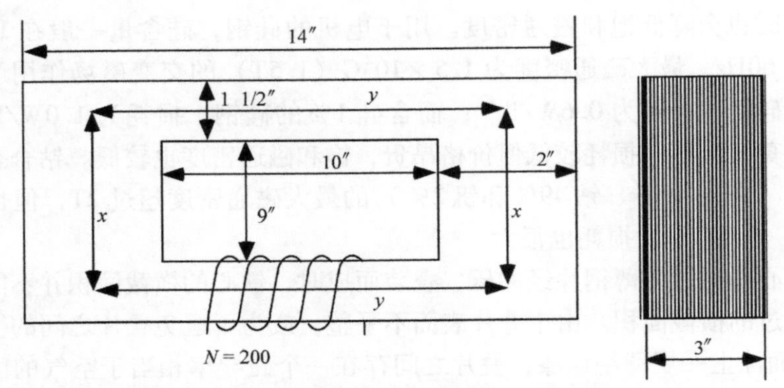

图 1.15 具有两个不同横截面积的铁心式变压器结构

解：

铁心柱 x 的截面积为 $2 \times 3 \times 0.91 = 5.46\text{in}^2$。磁轭 y 的截面积为 $1.5 \times 3 \times 0.91 = 4.1\text{in}^2$。

- 最大磁通密度会出现在截面最小的 y 中。如果 $B_y = 1.2\text{T}$，则在铁心柱 x 中，$B_x = 1.2 \times 4.1/5.46 = 0.9\text{T}$。
- 查图 1.16 中曲线可得，对于铁心柱 y 和 x 来说，磁场强度分别为 2.9Oe 或 5.8A-t/in 和 1.4Oe 或 2.85A-t/in。
- 图 1.15 中，两个 x 铁心柱的磁通路径平均长度之和为 21in，两个 y 铁心柱的磁通路径平均长度之和为 24in。
- 作用在两个 y 铁心柱上的磁动势之和为 $5.8 \times 24 = 140\text{A-t}$，作用在两个 x 铁心柱上的磁动势之和为 $2.85 \times 21 = 60\text{A-t}$。因此整个磁路的总安匝数为 $140 + 60 = 200$。
- 变压器铁心产生 1.2T 磁通密度所需的励磁电流为 $200/200 = 1.0\text{A}$。
- 铁心中的磁通为 $\Phi = B_y A_y = 1.2 \times 3 \times 1.5 \times 0.91 \times 0.0254^2 = 3.17\text{mWb}$。
- 饱和电感为 $L = N\Phi/i = 200 \times 3.17 \times 10^{-3}/1.0 = 0.63\text{H}$。

当指定的磁动势作用于铁心时，计算磁通就不这样简单了。例如，假设之前的计算结果是不知道的，并且铁心的励磁磁动势为 200 安匝。在这种情况下，需要估计每个铁心部分两端之间可能的磁动势压降。

- 由于铁心柱 y 的截面积远小于铁心柱 x 的截面积，所以 y 的磁通密度要大得多，并且大部分磁动势压降在这里。第一次估计，假设所有的磁动势都压降在铁心柱 y 上。因此，对应的磁场强度为 $200/24 = 8.3\text{A-t/in}$ 或 4.1Oe。
- 由图 1.16 可知，铁心柱 y 的磁通密度约为 1.3T。由比例关系可知，x 柱的磁通密度为 $(4.1/5.46) \times 1.3 = 0.97\text{T}$。由图 1.16 可知，铁心柱 x 需要的磁动势为 $1.6 \times 2.021 \times 21 = 68\text{A-t}$。整个磁路所需的磁动势为 $200 + 68 = 268$，当然，这个磁动势太大，不能满足安培定律。

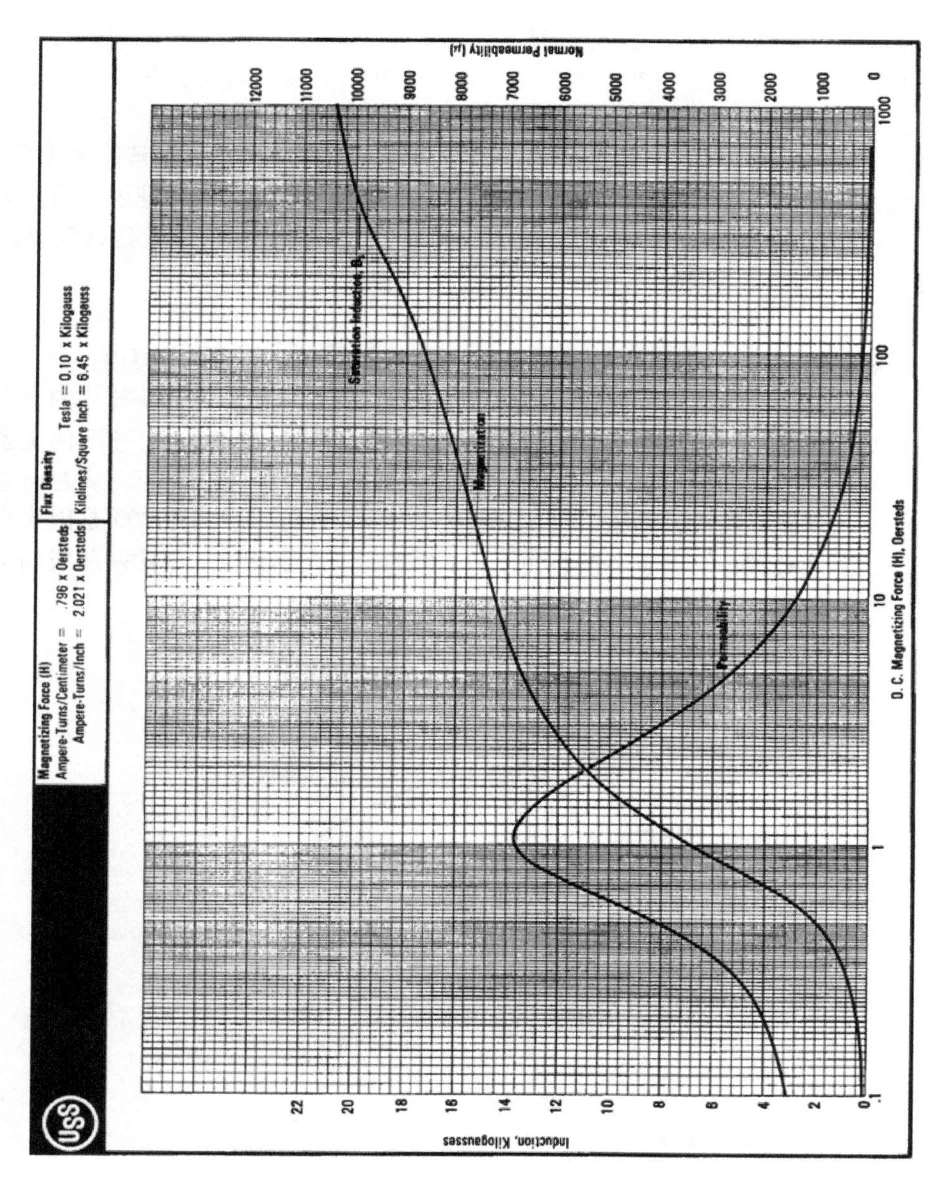

图 1.16　29 号 M27 全处理钢的 $B-H$ 曲线

- 第二次估计，磁动势在柱 x 和柱 y 中的磁动势压降可以通过取比值来计算。对于 y，假设$\mathcal{F}_y=(200/268)\times200=149$A-t，使得 $H_y=6.2$A-t/in 或 3.1Oe。第二次迭代产生 $B_y=1.22$T，从而得到在柱 x 处产生的磁通密度为 $B_x=(4.1/5.46)\times1.22=0.91$T。
- 柱 x 处对应的磁场强度为 1.45Oe 或 2.9 A-t/in。

- 柱 x 的磁动势压降为 $2.9 \times 21 = 61$A-t。
- 现在磁路的总磁动势压降为 $149 + 61 = 210$A-t，刚好略大于200A-t的正确值。作为第三次迭代，可以假设 $F_y = (149/210) \times 149 = 106$A-t。

由于 $B-H$ 曲线是一个简单的单调递增函数，该方法会在正确解附近振荡，但如果在数字计算机上实现，则会收敛很快。为了加快算法的收敛速度，可以对柱 y 的磁动势迭代方法进行改进，新估计值等于上一次估计值加上迭代误差的倍数：

$$\mathcal{F}_i = \mathcal{F}_{i-1} + \kappa_a(\mathcal{F}_{i(\mathrm{est})} - \mathcal{F}_{i-1}) \tag{1.174}$$

式中，κ_a是加速因子，大约为0.5；$\mathcal{F}_{i(\mathrm{est})}$是第 i 次迭代的磁动势计算值。

对于较简单的问题，也可以通过作图法求解。先确定磁路 x 和 y 部分的磁通与磁动势的关系，它们都是非线性的。图1.17绘制了 Φ_x与$\mathcal{F}_x$、Φ_y与$\mathcal{F}_y$的关系曲线，图中，柱 x 的横坐标从左到右，柱 y 从右到左。对柱 y 作图，从右向左画，也称为逆磁化曲线，其原点在柱 x 曲线的 $F=200$ 处。选择点200是因为它与外加的磁动势相等。由于两铁心柱 x 和 y 中的磁通大小相等，因此两曲线的交点就是本例的解。

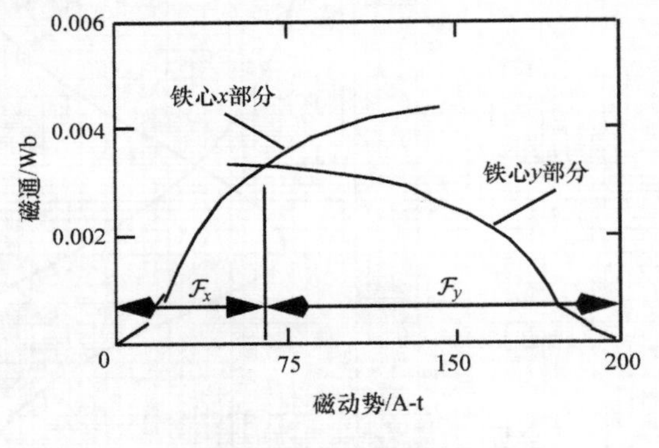

图1.17　图解法示例

1.24　含气隙磁路

电机的磁路包含了旋转部分，因此定转子之间必须存在气隙。另外，由于电机结构固有的局限性，经常还会出现其他气隙。通过在铁心电感器的结构中加入气隙，使其电感大小在整个工作范围内基本上与线圈中的电流大小无关。同时，与同绕组参数的空心电感器相比，铁心电感器的电感要大得多。

当磁路包含气隙时，气隙周围的磁通会发生扩散，如图1.18所示，气隙内的磁通密度呈非均匀分布，在气隙边缘附近的磁通称为边缘磁通。由于磁通的扩散，磁路中气隙的磁阻会与同尺寸纯空气的磁阻有所不同。由于铁的磁导率是空气磁导率的几千倍，即使是较小的气隙，相比于铁心部件，其磁阻也较大，使得定子与转子齿之间的磁动势相对较大。不直接在气隙附近的铁心部件之间也可能存在相对较大的磁动势。例如，在同步电机中，主磁通穿越极尖处的气隙边缘，由于气隙的磁阻较大，相当一部分磁通会直接从这个转子极流向相邻的转子极，构成转子漏磁通。这部分磁通有时会多达磁极铁心磁通的 25%，造成磁极的饱和。

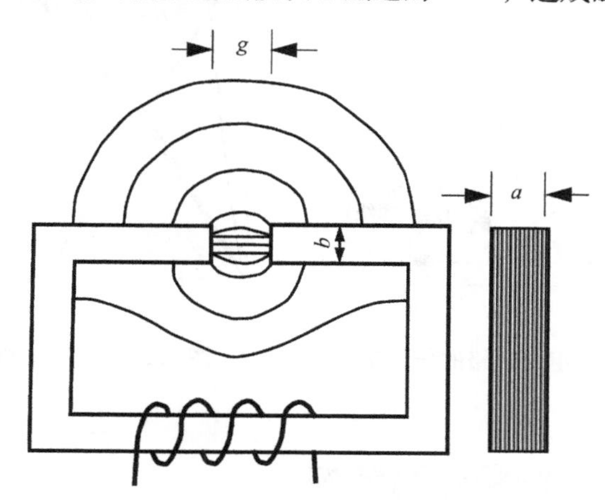

图 1.18　显示边缘磁通的磁路

当气隙相对于其横截面尺寸较短且具有平行面时，可以利用简单的修正系数来等效边缘效应。如果铁心横截面尺寸在气隙两侧相同，则假设等效气隙的长度 g 与实际气隙长度相同，但等效的截面积增大一些，为

$$A = (a + g)(b + g) \tag{1.175}$$

式中，a 和 b 为铁心的横截面尺寸。如果铁心横截面尺寸在气隙两侧不相同，一个面比另一个面的尺寸大得多，则使用 $2g$ 的修正量。经验表明，如果应用的修正量不超过截面物理尺寸的 1/5，这样计算出的结果都可以满足要求。

如果已知磁路上外加的总磁动势，则可以再次使用逐次逼近的方法来求解。第一次估计值可以考虑将所有的安匝都用来克服气隙的磁阻。还可以使用作图法。将 $\Phi_s - \mathcal{F}_s$ 的函数关系与 $\Phi_a - \mathcal{F}_a$ 的函数关系一起作图可求解，其中，s 表示铁心，a 表示气隙。具体如图 1.19 所示，其中 $\mathcal{F}_t$ 表示外加的总磁动势。气隙线与纵坐标的交点很容易确定，因为

$$\Phi_a = \frac{\mathcal{F}_a}{\mathcal{R}_a} = \frac{\mu_0 A}{g}\mathcal{F}_a \tag{1.176}$$

将不同 $\mathcal{F}_t$ 值情况下的逆气隙线与铁心饱和曲线的交点连接起来，就得到了整个装置的磁通与磁动势特性曲线，即装置的“饱和曲线”。该曲线也可以表示

不同磁通时，铁心饱和曲线与气隙线的总和，具体如图 1.20 所示。

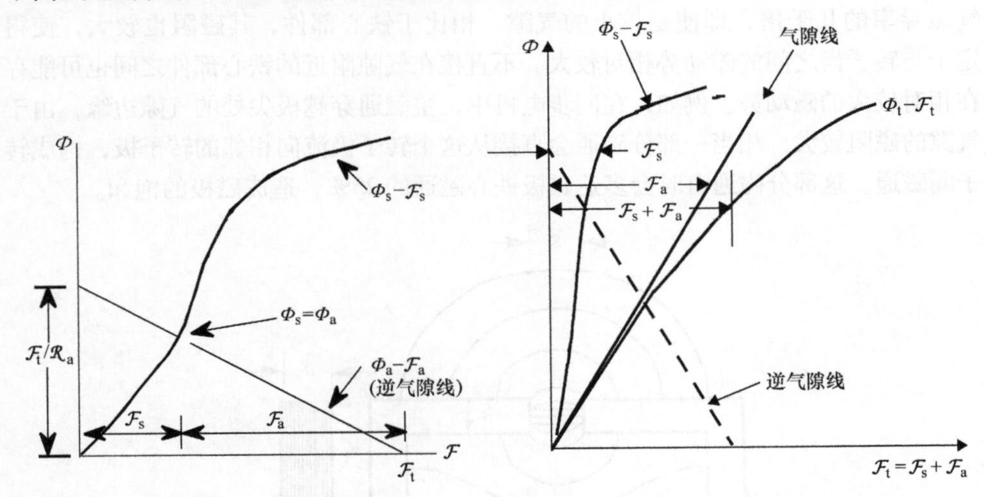

图 1.19　铁心与空气组合磁路的作图法　　　图 1.20　气隙线概念的说明

1.25　示例——饱和磁路结构

类似于图 1.18 的磁路结构是由厚度为 0.014in 的 29 号钢片叠压而成，叠高为 2in，尺寸 b 为 2.5in，气隙长度 g 为 0.10in。

磁路中铁心部分的平均长度为 30in。若外加的磁动势为 1400A-t，求磁通是多少？

采用 $2g$ 修正后的等效气隙面积为 $(2.0\times0.91+0.2)\times(2.5+0.2)=5.45\text{in}^2$。通过求解找到纵坐标上的交点

$$\Phi_{\mathrm{a}}=(\mu_0)\ \frac{A}{l}\mathcal{F}_{\mathrm{a}} \tag{1.177}$$

或

$$\Phi_{\mathrm{a}}=4\pi\times10^{-7}\times\left(\frac{5.45}{0.1}\right)\times\frac{1}{39.37}\times1400=2.44\text{mWb} \tag{1.178}$$

忽略气隙的磁动势压降，可得铁心的饱和曲线。铁心饱和曲线和逆气隙线如图 1.21 所示。两条曲线的交点为 2.2mWb。

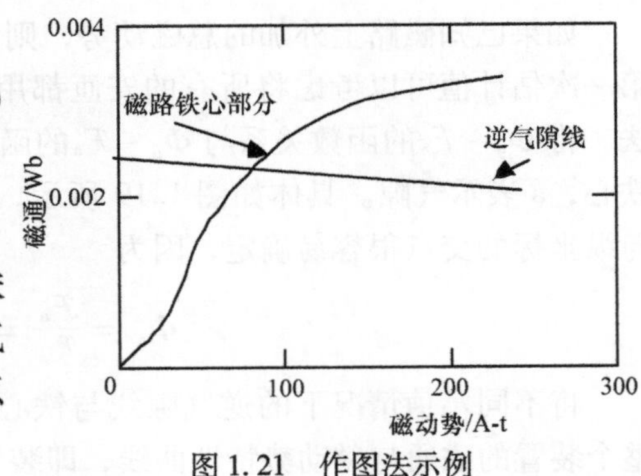

图 1.21　作图法示例

1.26 示例——混联铁心磁路计算

某些时候希望变压器一、二次线圈之间只有相对较小的磁耦合，其铁心结构如图1.22所示。这种几何形状在后续电机分析中也会碰到，用于计算通过齿和槽进入轭部的磁通。由于铁心材料的非线性，通过支柱 y 的磁通占总磁通的比例随磁饱和程度的大小而变化。

举例来说，假设柱 x 上绕有一个线圈，产生的磁通为3.8mWb，计算所需的安匝数。铁心材料是14mil厚的全处理钢片。叠压因子为0.91。路径 axb 和 azb 的平均长度为21in。中间铁心柱的平均长度为7.9in。

- 为了解决这一问题，首先计算铁心和气隙的截面积。对于铁心，面积为 $2\times2\times0.91=3.64\text{in}^2$。对于气隙，考虑边缘效应，面积为 $2.1\times2.1=4.41\text{in}^2$。

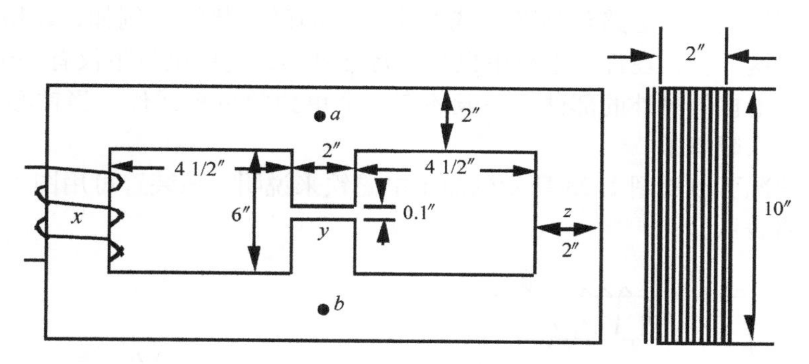

图1.22 具有串并联路径的磁路

- 计算得到柱 x 的磁通密度为 $0.00380/(3.64\times0.0254^2)=1.62\text{T}$。路径 axb 中达到此磁通密度所需的磁动势为 $83\times21=1743\text{A-t}$。83为图1.16上查得。

路径 axb 中3.8mWb的总磁通在 z 和 y 支柱之间分配，一部分从路径 azb 流通，另一部分从路径 ayb 流通，不管从哪个路径，a 到 b 的磁动势是相同的。磁通的分配可以通过假设一个暂定的磁通分布来计算，然后进行校正。假设气隙或柱 y 中的磁通，这样就可以计算产生这些磁通所必需的从 a 到 b 的磁动势。由于这个磁动势也作用于柱 z，就可以计算出柱 z 中的磁通，并与柱 y 中的磁通相加。将计算结果与已知的总磁通进行比较，若误差较大，则对气隙中假设的磁通值进行校正。该过程继续迭代直至收敛。

- 例如，假设0.80mWb的磁通存在于变压器的柱 y 中。y 中相应的磁通密度为 $0.00080/(3.64\times0.0254^2)=0.34\text{T}$。由于这是一个相对较小的磁通密度值，因此铁心中的磁动势压降相对于气隙的磁动势压降可以忽略不计。

- 由式（1.110）可得气隙中的磁动势为 $0.0008\times0.1/[0.0254\times(2+$

$0.1)^2\mu_0]=568$A-t。这个磁动势压降作用在柱 z 上产生了 $568/21=27$A-t/in 的磁化力，由图 1.16 可查出对应的磁通密度为 1.47T。

- 则 z 中对应的磁通为 $1.47\times3.64\times0.0254^2$Wb 或 3.5mWb。两个支柱的总磁通为 4.3mWb，略高于已知值 3.8mWb。
- 第二次估计，可以假设 $0.8\times3.8/4.3=0.71$mWb 作为柱 y 的磁通。按照这样的方法进行迭代，最后得到柱 y 中的磁通为 0.47mWb，柱 z 中的磁通为 3.33mWb。
- 最后计算得到柱 y 的磁动势压降为 333A-t。为了在柱 x 产生 3.8mWb，沿路径 $xaybx$ 的总磁动势压降为：$\mathcal{F}=1743+333=2076$A-t。

1.27　多绕组磁路

在很多情况下，磁路包括两个或两个以上的磁动势源。例如，1.15 节中的变压器就是这样。这在许多电机中也是非常常见的，这些电机不仅有一个励磁元件，而且在电机的另外的部件上一般还有一个单独的负载元件。当铁心饱和时，问题就不那么简单了。

基本情况可以用图 1.23 所示的简单电磁铁来说明。该装置可用图 1.24 所示的等效磁路表示。

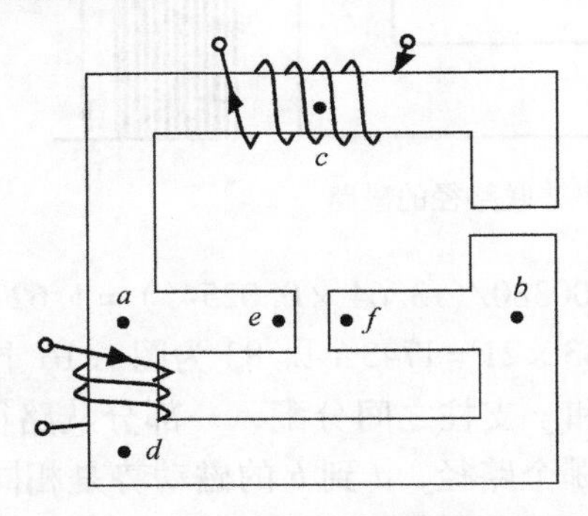

图 1.23　带有两个励磁源的电磁铁

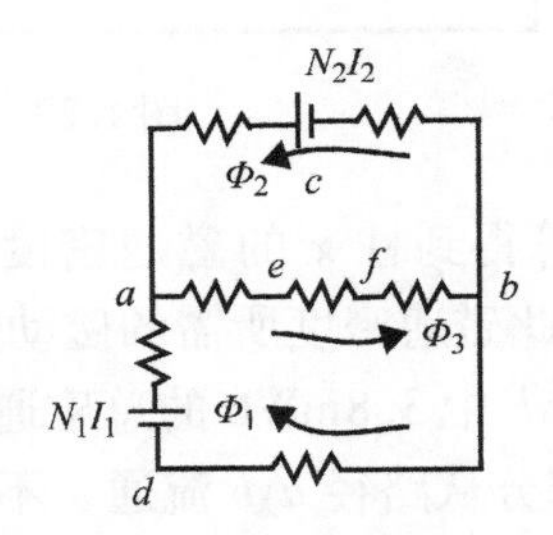

图 1.24　图 1.23 的等效磁路

在这种情况下，从 a 点到 b 点的磁动势压降可以用三个方程表示，即

$$\mathcal{F}_{ab}(\Phi_1)=N_1I_1-\mathcal{R}_{adb}(\Phi_1)\Phi_1 \tag{1.179}$$

$$\mathcal{F}_{ab}(\Phi_2)=N_2I_2-\mathcal{R}_{acb}(\Phi_2)\Phi_2 \tag{1.180}$$

$$\mathcal{F}_{ab}(\Phi_3)=\mathcal{R}_{aefb}(\Phi_3)\Phi_3 \tag{1.181}$$

式中

$$\Phi_1+\Phi_2=\Phi_3 \tag{1.182}$$

如图 1.25 所示，可以构造三个磁动势与磁通的关系曲线。

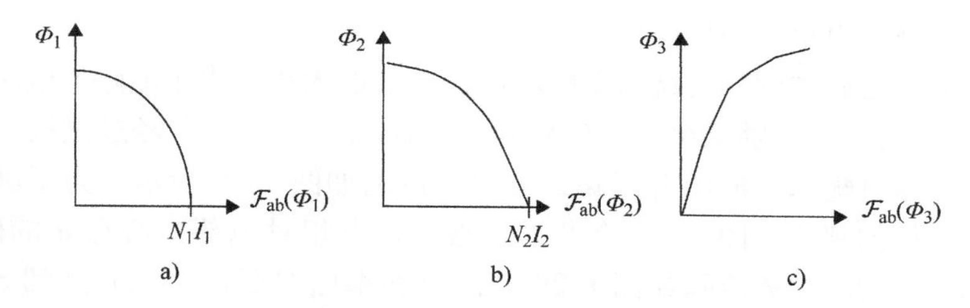

图1.25 三条磁路的磁通与磁动势的关系曲线：a）下部元件，b）上部元件，c）中部元件

显然，$\mathcal{F}_{ab}(\boldsymbol{\Phi}_1)=\mathcal{F}_{ab}(\boldsymbol{\Phi}_2)$。如果绘制 $\boldsymbol{\Phi}_1$ 和 $\boldsymbol{\Phi}_2$ 与 $\mathcal{F}_{ab}$ 的关系图，则 $\mathcal{F}_{ab}$ 的每一个值都可以计算出磁通 $\boldsymbol{\Phi}_3$，由此得到的结果如图1.26a所示。最后解是该曲线与图1.25c所示曲线的交点，如图1.26b所示。

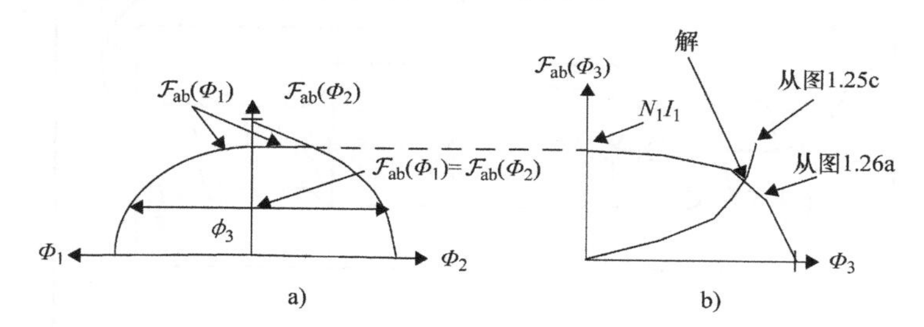

图1.26 求解双励磁问题的作图法

1.28 电机磁路

前几节所述的方法和简化假设，可以对简单几何结构的磁路计算给出符合一定精度要求的结果。虽然电机是一个相当复杂的对象，但之前讲述的基本原理是任何类型电机分析和设计的基础。图1.27是一个常见两极直流电机的磁路结构图，里面是电枢，通常由含硅1%~3%的硅钢片叠压而成，面向气隙的表面，开槽并嵌有绕组。外部是励磁部件，圆柱形部分是轭或框架，一般由铸铁或铸钢制成；突

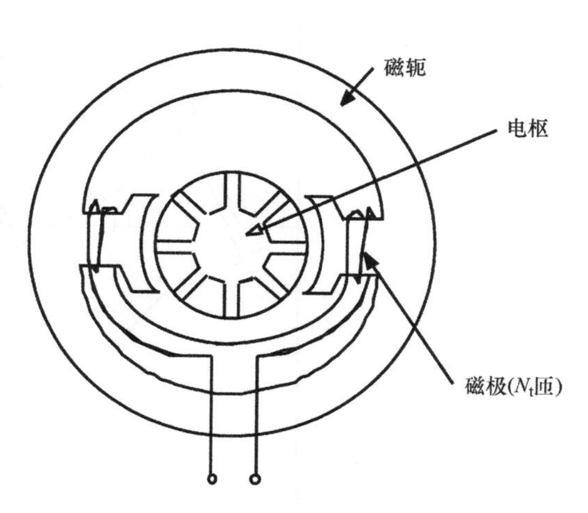

图1.27 直流电机的磁路

出部分是磁极，由钢片叠压而成。

当直流电压施加到励磁绕组上时，励磁电流的大小取决于电路的电阻。对于图 1.28 所示的极性，励磁绕组磁动势对应的磁通，从左向右经过磁极、气隙和电枢，然后通过轭部形成闭合回路，磁路示意图如图 1.28 所示。为了确定磁路中占主导地位的部分，图 1.29 绘出了磁路上各点相对轭部中心点 a 的磁动势。从 a 点到 b 点的磁动势压降如图 1.29 中的负斜率曲线所示。从 b 点到 c 点，情况类似但材料不同，所以斜率略有不同。气隙 $d-e$ 相对于铁心，有很大的磁动势压降。如果继续画完该路径的其余部分，返回 a 点，可以发现路径总的磁动势压降等于从 a 点到 f 点的 2 倍。

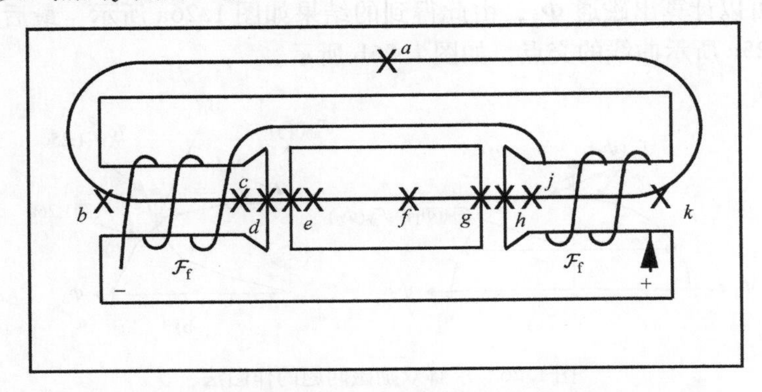

图 1.28　与图 1.27 对应的简化磁等效磁路

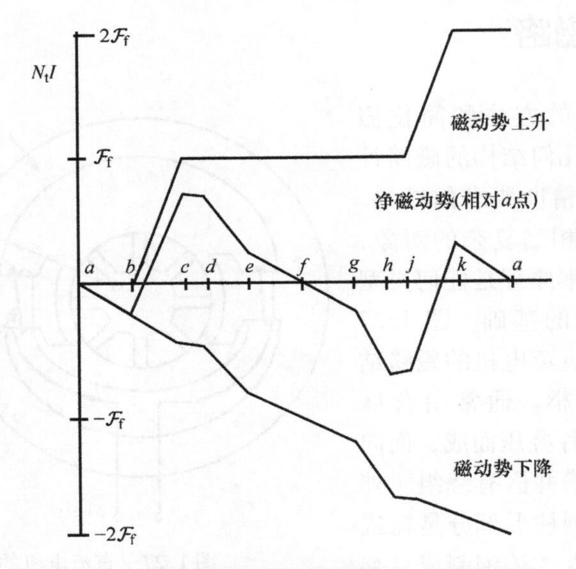

图 1.29　两极直流电机中的磁动势下降和上升

磁路中的磁动势压降由两磁极上的励磁绕组来提供，每个励磁绕组产生的磁动势与磁动势从 a 点下降到 f 点的大小相同。图 1.29 的上部曲线显示了绕组产生的磁动势上升。中间的磁动势曲线是上下两条曲线之和，给出了磁路中各点相对于 a 点的磁动势实际值。

由图 1.29 可以推断出几个要点。首先，注意 a 点和 f 点的磁动势是相同的，从 f 点到 a 点和 a 点到 f 点的磁动势是奇对称的。因此，可以推断出磁路计算可以在“每极”的基础上进行。其次，得到的曲线表明轭部所有点的磁动势大小接近，这说明从 b 点到 k 点的路径上，经空气漏掉的磁通很小。另外，磁极顶端的情况并非如此。越靠近气隙，磁动势的差异越大，直到在极尖处磁动势达到最大值。特别地，从一极顶部到另一极顶部的磁动势差为 $2N_tI$。由于相邻极靴顶部之间的距离相对较短，极间漏磁通可能是相当可观的。事实上，即使是一个好的电机设计方案，这种漏磁通一般也达到有用磁通的 10% ~20%。

1.29 励磁线圈位置的影响

到目前为止，对电感中线圈的准确摆放位置关注甚少。实际中，励磁线圈的位置对整体损耗以及得到的电感的精确值都有一定的影响。再次考虑图 1.18 的含有气隙的铁心磁路。图 1.30 显示了三种方案，其中方案 a 线圈放置在离气隙最远的支柱上，方案 b 线圈放置在有气隙的支柱上，方案 c 线圈放置在上支柱和下支柱上。在每种情况下，都将图中所示的 a 点到 f 点相对于 a 点的磁动势绘制出来。虽然未绘制磁通路径的剩余部分（沿铁心下部从 f 点回到 a 点），但它与上半部分是奇对称的。在方案 a 中，线圈位于远离气隙的一侧，铁心上半部分与下半部分之间的磁动势差要比 c 点到 d 点的磁动势差要大，从而导致不少磁通从上支柱经左支柱流通到下支柱再由附近的空气形成闭合。由于有效磁通是指流经气隙的磁通，因此这部分磁通可被看作漏磁通。

在图 1.30 的方案 b 中，磁动势只在气隙附近区域（d 点到 e 点）较大，导致“泄漏”磁通集中在该区域。如果电感设计的目的是在气隙区域产生一定量的磁通，那么这个方案将是最小和最轻的，因为大部分铁心路径不必支持这些额外的漏磁通。不过，这种结构往往并不是很好的选择，因为气隙周围的铜导线会因涡流效应而发热。损耗问题将在第 5 章中进行详细的讨论。

在方案 c 中，漏磁通要少一些。这时磁动势在上支柱和下支柱的整个长度上线性增加，因此总的平均磁动势差减小，导致漏磁通出现在方案 a 和 b 之间的某处。

虽然不是一个好的电感设计方案，但方案 b 确实可以在气隙中产生最大磁通。这一结论在电机设计中也同样有效而且重要，对于给定的安匝数，在气隙中

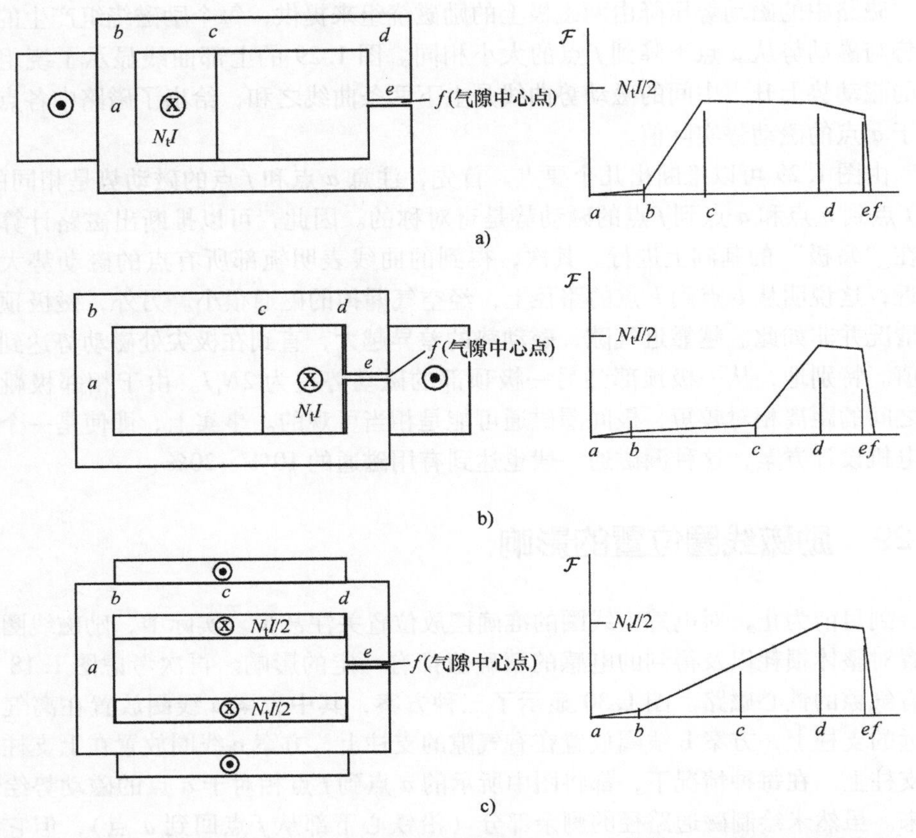

图 1.30　含气隙简单磁路上的三种绕组摆放位置，以及相对于 a 点的磁动势分布图

产生最大数量磁通的过程至关重要。方案 b 表明设计电机时，重要的是让励磁线圈尽可能接近气隙。因此，如果包含相同的安匝数，采用较多数量浅槽的方案比采用较少数量深槽的方案要好。同样地，在产生转矩方面，远离气隙的永磁体（内置式永磁体）方案比将永磁体固定在转子表面（即气隙中）的方案要差。更多关于电机设计这方面的有趣内容，将在后面的章节中介绍。

1.30　总结

本章对电磁场在电机设计中的应用作了简要但深入的回顾。尽管数学看起来令人生畏，但幸运的是，有了合理的假设，在设计过程中所需要的大部分计算可以不需要复杂的数学处理。一般来说，1.13 节中的内容可以作为电机设计的一个好起点。

参考文献

[1] R. Plonsey and R. E. Collin, *Principles and Applications of Electromagnetic Fields*, McGraw-Hill Book Company, Inc., 1961.

第2章

交流绕组的磁动势和磁场分布

在这一章里，首先介绍交流感应电机磁场的“势函数”，即定子磁动势，它主要用于磁化电机。在每相等效电路中，用磁化电感来表示。其次，该磁动势试图在气隙中合成正弦分布的旋转磁场，以便在感应电机转子中感应正弦电流，从而产生平滑、无脉动的转矩。正弦磁场只能由正弦磁动势产生。然而，由于槽数有限，以及槽中匝数只能为整数的限制，使得这一目标的实现具有挑战性，本章将对此进行说明。

2.1 两极电机整距绕组的磁动势和磁场分布

首先，假设有个单相整距绕组，每极有一个槽，如图2.1所示。图中的电流方向只表示某一时刻，并且假设沿电枢表面的气隙长度是一样的。图2.1还显示了载流导体产生的磁力线（磁通线）方向。所有的磁力线都只能包围一个线圈边，不可能同时将两个线圈边都包围进去，因为产生这样磁力线的磁动势等于0。

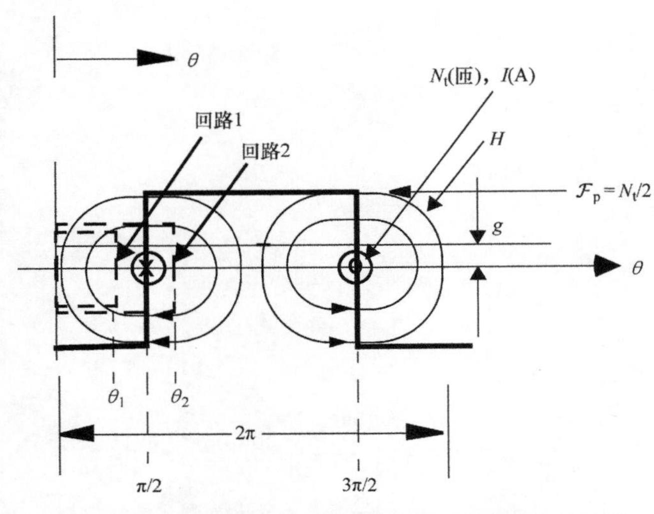

图2.1 整距线圈的磁动势和磁场强度随气隙位置的变化

因为所有磁力线包围的安匝数都是 N_tI，所以每条磁力线对应的磁动势也都是 N_tI，其中 N_t是磁力线包围的绕组匝数。每条磁力线的路径可分为两个对称部分，每部分磁路都由气隙、齿和轭组成，只是磁通方向相反。因此，磁动势计算可以只考虑穿越一次气隙，即只算磁路路径的一半（或者说对应一个磁极）。

磁场强度 $\boldsymbol{H}$ 沿着闭合回路的线积分，等于该回路包围的电流安匝数。可以把积分转变成分段累加，电机中的磁路可分成定子轭部、转子轭部、定子齿部、转子齿部、气隙五段。如果假设铁心没有饱和，那么铁心中的磁场强度就相对较小，可以忽略。图 2.1 中所示的回路 1，按顺时针方向可得

$$\oint \boldsymbol{H} \cdot \mathrm{d}\boldsymbol{l} = 0 \tag{2.1}$$

由于气隙很小，可以假设气隙磁场强度在径向保持不变，从而得到

$$[H(0) - H(\theta_1)]g = 0 \tag{2.2}$$

或

$$H(0) = H(\theta_1) \quad 0 \leqslant \theta_1 < \frac{\pi}{2} \tag{2.3}$$

式中，$H(0)$和 $H(\theta_1)$表示在回路 1 的两个垂直边位置，即圆周位置 0 和 θ_1处的气隙磁场强度。虽然无法求解出磁场强度，但式（2.3）表明在 $0 < \theta_1 < \pi/2$ 范围内，该式都会得到相同的结果，原因是闭合回路没有包围任何电流在内。

同样的方法计算回路 2

$$\oint \boldsymbol{H} \cdot \mathrm{d}\boldsymbol{l} = N_tI \tag{2.4}$$

得到

$$[H(0) - H(\theta_2)]g = N_tI \quad \frac{\pi}{2} \leqslant \theta_2 < \frac{3\pi}{2} \tag{2.5}$$

式中，$H(\theta_2)$在 $\pi/2 \leqslant \theta_2 < 3\pi/2$ 范围内保持不变，因为 $H(0)$和 N_tI 都是常数。

最后，如果积分回路进一步扩大，从 $\theta = 0$ 处的气隙开始，到 $3\pi/2 < \theta < 2\pi$ 处的气隙返回，那么

$$[H(0) - H(\theta_3)]g = 0 \quad \frac{3\pi}{2} < \theta_3 < 2\pi \tag{2.6}$$

然而，根据高斯定律，磁通密度在闭合表面上的积分为零，即

$$\oint_S \boldsymbol{B} \cdot \mathrm{d}\boldsymbol{S} = 0 \tag{2.7}$$

如果将该积分用于穿过气隙的圆柱，其顶部和底部位于电机区域之外，则可忽略除气隙面之外其他区域的积分：

$$\int_{\text{airgap surface}} \mu_0 H(\theta) l_s r_{is} \mathrm{d}\theta = 0 \tag{2.8}$$

式中，l_s是电机轴向长度（铁心叠厚加通风道的总长度）；r_{is}是定子内表面半径。沿着表面求积分，角度的上下界为θ_1和θ_2，因为$H(\theta_1)$和$H(\theta_2)$是常数，这个积分变成

$$[H(\theta_1)+H(\theta_2)]\pi l_s r_{is}=0 \tag{2.9}$$

于是

$$H(\theta_2)=-H(\theta_1) \tag{2.10}$$

根据式（2.3）和式（2.5）

$$H(\theta_1)g=\frac{N_t I}{2} \tag{2.11}$$

因为$H(\theta)g$表示在气隙任一位置θ处，定转子表面之间的磁动势，可以定义

$$\mathcal{F}_p(\theta)=H(\theta)g \tag{2.12}$$

所以气隙中

$$B_g(\theta)=\frac{\mu_0\mathcal{F}_p(\theta)}{g} \tag{2.13}$$

磁动势分布函数$\mathcal{F}_p(\theta)$对应整个磁路的一半，即完整两极磁路中一个磁极的磁动势。式（2.13）表明，在理想情况下，磁通密度曲线的形状基本上与气隙中每个位置的磁动势成比例。

如果用绕组所在的位置（图2.1中$\theta=\pi/2$处）作为沿着气隙外围计算圆周距离的原点，那么方波可以按照傅里叶级数进行分解，其中所有余弦项和偶数正弦项都为零。针对两极电机，结果是

$$\mathcal{F}_p(\theta)=\left(\frac{4}{\pi}\right)\left(\frac{N_t I}{2}\right)\left[\sin\theta+\frac{1}{3}\sin3\theta+\frac{1}{5}\sin5\theta+\cdots\right] \tag{2.14}$$

2.2 两极电机的短距绕组

当绕组的线圈跨距小于极距时，称为短距绕组。这种绕组之所以被广泛使用，是因为磁动势波形比整距绕组更接近正弦。另外，由于端部连接较短而节省了铜，并获得更大的线圈刚度，这在两极高速涡轮交流发电机中尤其重要，因为短路时端部会受到很大的应力作用。

短距绕组通常为双层绕组，但也有单层绕组的。短距绕组中，槽数可以不是极数的整数倍，从而在齿相对于极面移动时能更好地抑制磁通脉动，从而在很大程度上消除电压波形中的脉动。

一个简单的例子，图2.2所示为一短距绕组的磁动势分布，与图2.1相比，N_t匝线圈的两个线圈边各向中心移动了$\gamma/2$电角度㊀。h次磁动势谐波的幅值，用

㊀ 相当于短距角是γ。——译者注

电角度（注意与机械角度的差别）计算为

$$\mathcal{F}_{ph} = \frac{2}{\pi}\left[\int_{0}^{\gamma/2} 0\sin h\theta \mathrm{d}\theta + \int_{\gamma/2}^{(\pi-\gamma/2)} \frac{N_t I}{2}\sin h\theta \mathrm{d}\theta + \int_{(\pi-\gamma/2)}^{\pi} 0\sin h\theta \mathrm{d}\theta\right]$$

$$= \left(\frac{4}{\pi}\right)\left(\frac{N_t I}{2}\right)\frac{\cosh\dfrac{\gamma}{2}}{h}(h\text{ 为奇数})$$

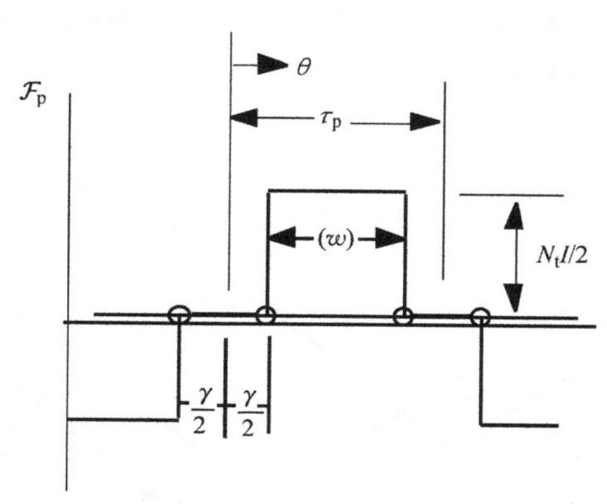

图 2.2　短距绕组的磁动势分布

因此，短距绕组，像图 2.2 这样的矩形分布，用傅里叶级数表示为

$$\mathcal{F}_p(\theta) = \sum_{h=1,3,5,\cdots}^{\infty} \mathcal{F}_{ph}\sin h\theta$$

$$\mathcal{F}_p(\theta) = \frac{4}{\pi}\frac{N_t I}{2}\left[\cos\frac{\gamma}{2}\sin\theta + \frac{1}{3}\cos\frac{3\gamma}{2}\sin 3\theta + \frac{1}{5}\cos\frac{5\gamma}{2}\sin 5\theta + \cdots\right] \tag{2.15}$$

比较式（2.15）和式（2.14），短距绕组中多了一个系数，对于 h 次谐波

$$k_{ph} = \cos\frac{h\gamma}{2}\quad (h\text{ 为奇数}) \tag{2.16}$$

可以把式（2.15）换一种形式来表示。如果 τ_p 表示沿气隙圆周表面测量的极距，w 是线圈跨距的实际宽度，那么对应的角度 γ 可以表示为

$$\gamma = \frac{\tau_p - w}{\tau_p}\pi = \pi\left(1 - \frac{w}{\tau_p}\right) \tag{2.17}$$

并且

$$\cos\frac{h\gamma}{2} = \cos\left[h\left(\frac{\pi}{2} - \frac{w}{\tau_p}\frac{\pi}{2}\right)\right] = \sin\frac{h\pi}{2}\sin h\left(\frac{w}{\tau_p}\frac{\pi}{2}\right)\quad (h\text{ 为奇数})$$

所以

$$\mathcal{F}_{ph} = \frac{4}{\pi}\left(\frac{N_t I}{2h}\right)\sin\frac{h\pi}{2}\sin\left[h\left(\frac{w}{\tau_p}\right)\frac{\pi}{2}\right] \tag{2.18}$$

定义绕组 h 次磁动势谐波的节距因数为

$$k_{ph} = \sin\left[\frac{hw}{\tau_p}\left(\frac{\pi}{2}\right)\right]\sin\left(\frac{h\pi}{2}\right)\quad (h\text{ 为奇数}) \tag{2.19}$$

$\sin(h\pi/2) = \pm 1$ 这一项在有的资料中并不包含在节距因数的定义中，因为有可能会造成混淆，不过本书中还是包含在内。由节距因数 k_{ph} 决定的磁动势各次谐波的相对大小如图 2.3 所示。

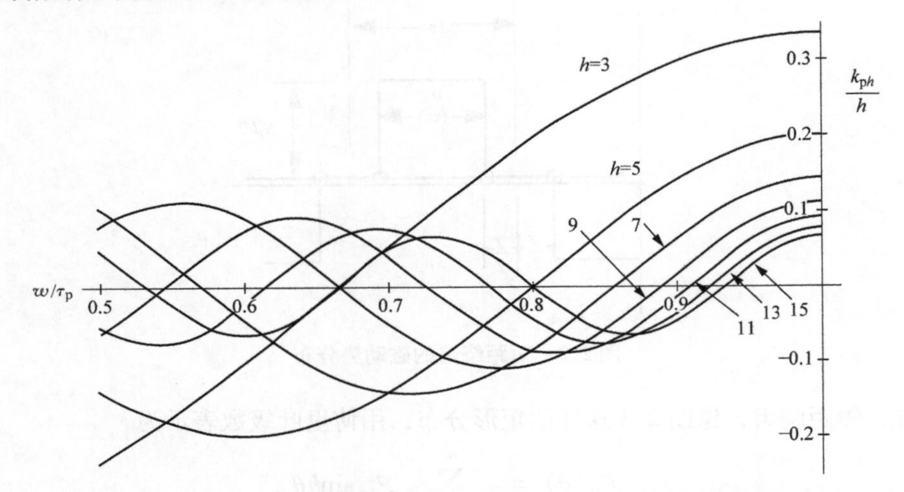

图 2.3　$h = 3, 5, 7, \cdots, 15$ 次谐波的节距因数与单位线圈跨距 w/τ_p 的关系

图 2.4 所示为一个三相电机的绕组展开图，每极槽数为 6，每个线圈短 2 个槽，即短距角为 60°电角度，或线圈跨距为 2/3 极距。每个线圈跨距都是一致的，这样便于大规模生产。线圈之间有交叠部分，因此这种结构也称为叠绕组。还可以注意到，在线圈跨距为 2/3 极距时，每个槽里的上、下层线圈边分属于不同相，这对绕组的漏电抗和磁动势都有影响。

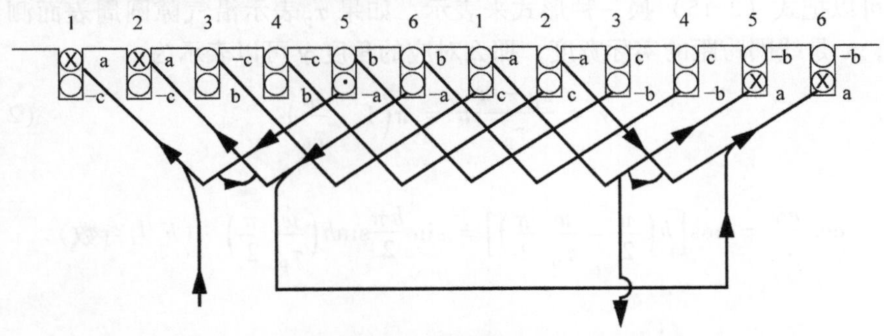

图 2.4　三相双层短距叠绕组（跨距为 2/3 极距）

2.3 分布绕组

除了通过绕组短距来削弱谐波之外，绕组还会分布在邻近的几个槽中，以便更好地利用电机气隙圆周上的可用空间。图 2.5 显示了双层绕组中一相绕组的分布情况，每极由四个线圈组成，总匝数为 N_t。需要说明的是，这样的绕组布局与实际情况不一定相符。为了便于分析，如图 2.6 所示，可以重新连接线圈，这并不会改变磁动势在气隙中的分布波形。

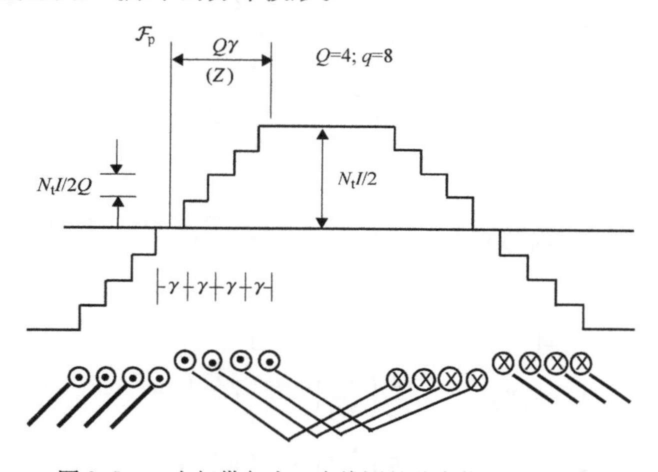

图 2.5　一个相带包含四个线圈的分布绕组的磁动势

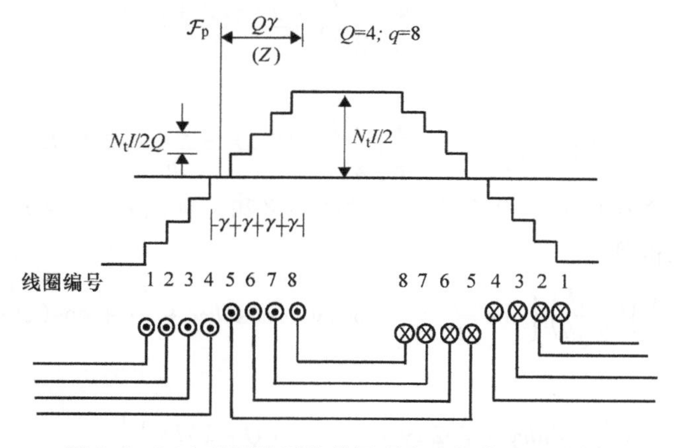

图 2.6　四个不同跨距的线圈所合成的绕组磁动势

如 2.2 节中讨论的（见图 2.2），每一个线圈的磁动势都是矩形分布，并且最大值相同，等于 $N_tI/2Q$，其中 Q 为每极的线圈数（本例中为 4）。有 $q=2Q$ 个线圈边组成一个相带，它是表示绕组布局的关键参数。注意，每一个线圈边与相邻线圈边之间的距离是 γ 电角度。由 2.2 节可知，从外部线圈到内部线圈，各个线圈的磁动势谐波的振幅分别为

线圈	h 次谐波幅值
1（外部）	$\dfrac{4}{\pi}\left(\dfrac{N_t I}{2Q}\right)\dfrac{\cos\left(\dfrac{h\gamma}{2}\right)}{h}$
2	$\dfrac{4}{\pi}\left(\dfrac{N_t I}{2Q}\right)\dfrac{\cos\left(\dfrac{3h\gamma}{2}\right)}{h}$
3	$\dfrac{4}{\pi}\left(\dfrac{N_t I}{2Q}\right)\dfrac{\cos\left(\dfrac{5h\gamma}{2}\right)}{h}$
⋮	⋮
Q（内部）	$\dfrac{4}{\pi}\left(\dfrac{N_t I}{2Q}\right)\dfrac{\cos h[\gamma/2+(Q-1)\gamma]}{h}$

(2.20)

也可写成

线圈	h 次谐波幅值
1（外部）	$\dfrac{4}{\pi}\left(\dfrac{N_t I}{2Q}\right)\dfrac{\cos h(\gamma/2)}{h}$
2	$\dfrac{4}{\pi}\left(\dfrac{N_t I}{2Q}\right)\dfrac{\cos h(\gamma/2+\gamma)}{h}$
3	$\dfrac{4}{\pi}\left(\dfrac{N_t I}{2Q}\right)\dfrac{\cos h(\gamma/2+2\gamma)}{h}$
⋮	⋮
Q（内部）	$\dfrac{4}{\pi}\left(\dfrac{N_t I}{2Q}\right)\dfrac{\cos h[\gamma/2+(Q-1)\gamma]}{h}$

(2.21)

绕组的总磁动势等于 Q 个线圈的磁动势之和，利用 $\cos(A+B)=\cos A\cos B-\sin A\sin B$，可以得到

$$\mathcal{F}_{ph}=\left(\frac{4}{\pi}\right)\left(\frac{N_t I}{2Qh}\right)\left\{\cos\frac{h\gamma}{2}[1+\cos h\gamma+\cos 2h\gamma+\cdots+\cos(Q-1)h\gamma]\right.$$
$$\left.-\sin\frac{h\gamma}{2}[\sin h\gamma+\sin 2h\gamma+\cdots+\sin(Q-1)h\gamma]\right\} \tag{2.22}$$

所有余弦项之和为（见参考文献［1］中的条目 420.2）

$$1+\cos h\gamma+\cos 2h\gamma+\cdots+\cos(Q-1)h\gamma=\sin\left[\frac{(Qh\gamma)}{2}\right]\frac{\cos\left[\frac{(Q-1)h\gamma}{2}\right]}{\sin\left[\frac{(h\gamma)}{2}\right]} \tag{2.23}$$

正弦项之和为（见参考文献［1］中的条目420.1）

$$\sin h\gamma+\sin 2h\gamma+\cdots+\sin(Q-1)h\gamma=\frac{\sin\left(\frac{Qh\gamma}{2}\right)\sin\left[(Q-1)\frac{h\gamma}{2}\right]}{\sin\left(\frac{h\gamma}{2}\right)} \tag{2.24}$$

把这些值代入式（2.22），可得

$$\mathcal{F}_{ph}=\left(\frac{4}{\pi}\right)\left(\frac{N_tI}{2Qh}\right)\frac{\sin\left(\frac{hQ\gamma}{2}\right)}{\sin\left(\frac{h\gamma}{2}\right)}\left\{\cos\left(\frac{h\gamma}{2}\right)\cos\left[(Q-1)\frac{h\gamma}{2}\right]-\sin\left(\frac{h\gamma}{2}\right)\sin\left[\frac{(Q-1)h\gamma}{2}\right]\right\} \tag{2.25}$$

进一步化简

$$\mathcal{F}_{ph}=\left(\frac{4}{\pi}\right)\left(\frac{N_tI}{2h}\right)\frac{\sin\left(\frac{hQ\gamma}{2}\right)}{Q\sin\left(\frac{h\gamma}{2}\right)}\cos\left(\frac{hQ\gamma}{2}\right)\quad (h\text{ 为奇数}) \tag{2.26}$$

定义绕组的 h 次谐波的分布因数

$$k_{dh}=\frac{\sin\left(\frac{hQ\gamma}{2}\right)}{Q\sin\left(\frac{h\gamma}{2}\right)}(h\text{ 为奇数}) \tag{2.27}$$

式中，$Q\gamma$ 表示 Q 个线圈边对应气隙圆周的电角度范围，也可以用 Q 个线圈边对应的弧长 Z 来表示。如果 τ_p 表示极距，那么

$$Q\gamma=\frac{Z}{\tau_p}\pi \tag{2.28}$$

h 次谐波的分布因数可以写成

$$k_{dh}=\left(\frac{1}{Q}\right)\frac{\sin\left(\frac{hZ}{2\tau_p}\pi\right)}{\sin\left(\frac{hZ}{\tau_p}\frac{\pi}{2Q}\right)}(h\text{ 为奇数}) \tag{2.29}$$

观察式（2.26）中的余弦项，从图2.5中可以看出，$Q\gamma$ 实际就是线圈的短距角，那么

$$Q\gamma/2 = \left(1 - \frac{w}{\tau_{\mathrm{p}}}\right)\frac{\pi}{2} \tag{2.30}$$

式中，w 是分布绕组的等效跨距。余弦项可变为

$$\cos\left(\frac{hQ\gamma}{2}\right) = \sin\left(\frac{hw}{\tau_{\mathrm{p}}}\frac{\pi}{2}\right)\sin\left(h\frac{\pi}{2}\right) \tag{2.31}$$

这就是 h 次谐波的节距因数，在式（2.19）中已经定义过了。最后，图 2.5 所示的绕组，h 次磁动势谐波表示为

$$\mathcal{F}_{\mathrm{p}h} = \frac{4}{\pi}\frac{N_{\mathrm{t}}I}{2h}k_{\mathrm{p}h}k_{\mathrm{d}h}(h\text{ 为奇数}) \tag{2.32}$$

$k_{\mathrm{p}h}$和 $k_{\mathrm{d}h}$分别由式（2.19）和式（2.29）给出。两个绕组因数可以合写为

$$k_{\mathrm{pd}h} = k_{\mathrm{p}h}k_{\mathrm{d}h} = \frac{\sin(hQ\gamma)}{2Q\sin\left(\frac{h\gamma}{2}\right)} = \left(\frac{1}{2Q}\right)\frac{\sin\left(\frac{hZ}{\tau_{\mathrm{p}}}\pi\right)}{\sin\left(\frac{hZ}{\tau_{\mathrm{p}}}\frac{\pi}{2Q}\right)}$$

在大多数情况下，每极每相槽数大于或等于 2 时，绕组分布几乎总是对称的。一般功率为几百马力，极数为 6 极或更少的三相电机都是这样的。因此，分布绕组磁动势的谐波分量可以写成整距绕组磁动势的谐波分量乘以分布因数和节距因数，这样把所有匝数都等效集中在一个槽中。

理论上来说，一个相带在一个极距中所占的比例可以是任意的。除非在特殊情况下，例如双速电机中，相带会超过一个极距，但这会导致绕组端部过长，并不实用。从对称绕组的角度考虑，60°和 120°相带对三相电机最合适，90°和 180°相带对两相电机最合适。表 2.1 给出了四种相带中磁动势基波的分布因数，从中可以发现，每相带两槽与更多槽，甚至无穷多槽相比，分布因数相差很小，特别是 60°相带中。与 120°相带相比，60°相带产生的电压更高，因此它是使用最广泛的绕组结构。

表 2.1　四种常用相带的基波绕组分布因数 k_{d1}

每相带槽或线圈边数 Q	相带（电角度）			
	60°	90°	120°	180°
1	1.000	1.000	1.000	1.000
2	0.966	0.924	0.866	0.707
3	0.960	0.911	0.844	0.667
4	0.958	0.906	0.837	0.654
5	0.957	0.904	0.833	0.648
∞	0.955	0.900	0.827	0.636

三相 60°相带绕组，其磁动势前 26 个谐波的分布因数大小见表 2.2。相比于

基波，其他谐波的分布因数随 Q 的增加迅速减小。基波的分布因数始终为正，谐波的分布因数可以为负，负号表示谐波的相位与基波相反。表中还可以看到，一些谐波的分布因数大小与基波的分布因数相等。这些谐波 h_k 称为槽谐波，它们的次数为

$$h_k = 6kQ \pm 1 \tag{2.33}$$

$$= 2kmQ \pm 1 \tag{2.34}$$

$$= \frac{2kS_1}{P} \pm 1 \tag{2.35}$$

式中，S_1 为定子槽数；m 为相数（本例中 $m=3$）。这样的分析对绕线式感应电机转子绕组同样适用，只需用 S_2 代替 S_1。对应 $k=1$ 的“一阶”槽谐波是造成噪声和“杂散损耗”最麻烦的因素之一，“杂散损耗”将在第5章详述。

表2.2 60°相带的谐波绕组分布因数

绕组谐波分布因数 k_{dh}						
h	$Q=2$	$Q=3$	$Q=4$	$Q=5$	$Q=6$	$Q=\infty$
1	0.966	0.960	0.958	0.957	0.957	0.955
3	0.707	0.667	0.654	0.646	0.644	0.636
5	0.259	0.217	0.205	0.200	0.197	0.191
7	-0.259	-0.177	-0.158	-0.149	-0.145	-0.136
9	-0.707	-0.333	-0.270	-0.247	-0.236	-0.212
11	-0.966	-0.177	-0.126	-0.110	-0.102	-0.087
13	-0.966	0.217	0.126	0.102	0.092	0.073
15	-0.707	0.667	0.270	0.200	0.172	0.127
17	-0.259	0.960	0.158	0.102	0.084	0.056
19	0.259	0.960	-0.205	-0.110	0.084	-0.059
21	0.707	0.667	-0.654	-0.247	-0.172	-0.091
23	0.966	0.217	-0.958	-0.149	-0.092	-0.041
25	0.966	-0.177	-0.958	0.200	0.102	-0.038
27	0.707	-0.333	0.654	0.646	0.236	0.071
29	0.259	-0.177	-0.205	0.957	0.145	0.033
31	-0.259	0.217	0.158	0.957	-0.197	-0.031
33	-0.707	0.667	0.270	0.646	-0.644	-0.058
35	-0.966	0.960	0.126	0.200	-0.957	-0.027
37	-0.966	0.960	-0.126	-0.149	-0.957	0.026
39	-0.707	0.667	-0.270	-0.247	-0.644	0.049

（续）

绕组谐波分布因数 k_{dh}						
h	$Q=2$	$Q=3$	$Q=4$	$Q=5$	$Q=6$	$Q=\infty$
41	−0.259	0.217	−0.158	−0.110	−0.197	0.023
43	0.259	−0.177	0.205	0.102	0.145	−0.022
45	0.707	−0.333	0.654	0.200	0.236	−0.042
47	0.966	−0.177	0.958	0.102	0.102	−0.020
49	0.966	0.217	0.958	−0.110	−0.092	0.019
51	0.707	0.667	0.654	−0.247	−0.172	0.038

2.4 同心绕组

尽管叠绕组在历史上是使用最多的，如今它们较多地用于几百马力以上的大型交流电机中，它们的线圈由铜棒制成（成型线圈），主要依靠人工将线圈插入槽中。对于功率较小的电机，线圈是由漆包线绕制的散嵌线圈，这更适合自动化生产。然而，线圈与线圈之间相互交叠的结构使自动化下线非常困难。一种用于替代叠绕组的同心绕组如图2.7所示。

在这种情况下，线圈以这样的方式嵌套，一相的所有线圈可以一次性自动插入槽中。

同心绕组的绕组系数计算方法与叠绕组一样。同心绕组一般占据整个极距（对于三相绕组，每极 $3Q$ 个槽），h 次谐波的幅值可由 Q 项求和得到。用与式（2.22）类似的方法可得

$$\mathcal{F}_{ph}=\left(\frac{4}{\pi}\right)\left(\frac{I}{2Qh}\right)\left\{\cos\frac{h\gamma}{2}[N_1+N_2\cos h\gamma+N_3\cos 2h\gamma+\cdots+N_Q\cos(Q-1)h\gamma]\right.$$
$$\left.-\sin\frac{h\gamma}{2}[N_2\sin h\gamma+N_3\sin 2h\gamma+\cdots+N_Q\sin(Q-1)h\gamma]\right\}\tag{2.36}$$

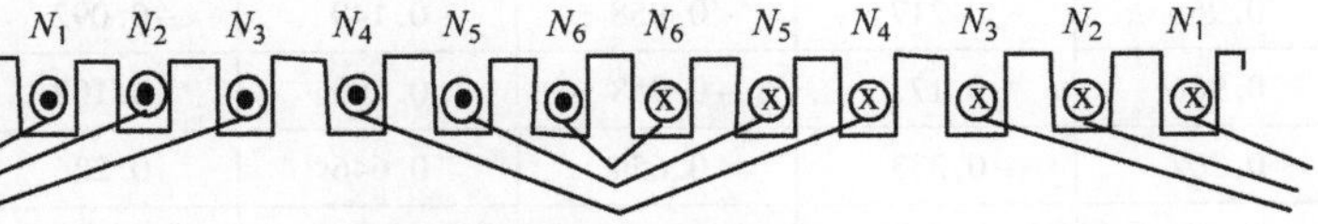

图2.7 180°相带的同心绕组排列（只显示一相）

归一化到总匝数 $N_t=(N_1+N_2+\cdots+N_Q)$，式（2.36）可写成

$$\mathcal{F}_{ph}=\left(\frac{4}{\pi}\right)\left(\frac{N_tI}{2Qh}\right)\left\{\cos\frac{h\gamma}{2}\left[\frac{N_1}{N_t}+\frac{N_2}{N_t}\cos h\gamma+\frac{N_3}{N_t}\cos 2h\gamma+\cdots+\frac{N_q}{N_t}\cos(Q-1)h\gamma\right]-\right.$$
$$\left.\sin\frac{h\gamma}{2}\left[\frac{N_2}{N_t}\sin h\gamma+\frac{N_3}{N_t}\sin 2h\gamma+\cdots+\frac{N_Q}{N_t}\sin(Q-1)h\gamma\right]\right\}\tag{2.37}$$

同心绕组 h 次谐波绕组因数为

$$k_{ch} = \cos\frac{h\gamma}{2}\left[\frac{N_1}{N_t} + \frac{N_2}{N_t}\cos h\gamma + \frac{N_3}{N_t}\cos 2h\gamma + \cdots + \frac{N_Q}{N_t}\cos(Q-1)h\gamma\right] - \sin\frac{h\gamma}{2}\left[\frac{N_2}{N_t}\sin h\gamma + \frac{N_3}{N_t}\sin 2h\gamma + \cdots + \frac{N_Q}{N_t}\sin(Q-1)h\gamma\right] \tag{2.38}$$

在图2.7显示的情况中，绕组的一相线圈边占据了电机180°相带上的所有槽。一般来说，同心绕组在每个极上可以占任意数量的槽。假设三相电机的相带可以从一个槽到每极槽数，当相带为120°~180°之间时，部分槽中的线圈分别归属于两个不同的相，而其余槽中的线圈分别归属于三个不同的相。相反，当相带为60°~120°之间时，部分槽中的线圈归属于同一相，而其余槽中的线圈归属于两个不同的相。如果相带是60°或120°，所有槽中的线圈归属于同一相或者两个不同的相。因此，这样的绕组易于绕制，使用最多。

可以利用线圈的匝数比 N_1/N_t、N_2/N_t 等来优化磁动势波形，减少谐波含量。参考文献［2］中介绍了这部分内容，定义谐波总失真率为

$$\mathrm{WTHD} = \frac{\sqrt{\sum_{h=2}^{\infty}\mathcal{F}_{ph}^2}}{\mathcal{F}_{p1}} \tag{2.39}$$

表2.3~表2.6显示了常见的60°和120°相带绕组的最佳匝数比例方案，Q 范围为3~6，N_t 范围为4~25。表格中各个槽的顺序是相带内从左到右。例如 $N_t=16$，$Q=6$，从表2.6中可以得到，线圈1的匝数 N_1 等于1，线圈2的匝数等于3，线圈3的匝数等于4，线圈4、5、6的匝数分别是4、3、1。其他相的绕组分布通过平移±120°电角度就可以实现。因为假设绕组是三相的，所以三次谐波在WTHD的计算中没有考虑。同心绕组的其他形式可以在参考文献［2，3］中查阅。

表2.3　60°相带 $Q=3$ 的同心绕组的最优匝数分布

N_t	N_1	N_2	N_3	k_{c1}	WTHD
9	3	3	3	0.9598	0.1134
10	3	4	3	0.9638	0.1183
11	4	3	4	0.9561	0.1151
12	4	4	4	0.9598	0.1134
13	4	5	4	0.9629	0.1166
14	5	4	5	0.9569	0.1142
15	5	5	5	0.9598	0.1134
16	5	6	5	0.9623	0.1156
17	6	5	6	0.9574	0.1138
18	6	6	6	0.9598	0.1134
19	6	7	6	0.9619	0.1151
20	7	6	7	0.9578	0.1136

表 2.4 60°相带 $Q=4$ 的同心绕组的最优匝数分布

N_t	N_1	N_2	N_3	N_4	k_{e1}	WTHD
12	3	3	3	3	0.9577	0.0898
13	3	4	3	3	0.9603	0.0947
14	4	3	3	4	0.9528	0.0909
15	4	4	3	4	0.9554	0.0911
16	4	4	4	4	0.9577	0.0898
17	4	4	5	4	0.9597	0.0930
18	5	4	4	5	0.9539	0.0900
19	5	4	5	5	0.9559	0.0904
20	5	5	5	5	0.9577	0.0898
21	6	4	5	6	0.9528	0.0918
22	6	5	6	6	0.9546	0.0896
23	6	5	6	6	0.9562	0.0901
24	6	6	6	6	0.9577	0.0898
25	7	5	6	7	0.9536	0.0908

表 2.5 120°相带 $Q=4$ 的同心绕组的最优匝数分布

N_t	N_1	N_2	N_3	N_4	k_{e1}	WTHD
4	1	1	1	1	0.8365	0.1633
5	1	2	1	1	0.8624	0.1743
6	1	2	2	1	0.8797	0.1480
7	1	2	3	1	0.8920	0.1582
8	1	3	3	1	0.9012	0.1468
9	1	3	4	1	0.9084	0.1540
10	1	4	4	1	0.9142	0.1480
11	1	4	5	1	0.9189	0.1531
12	2	4	4	2	0.8797	0.1480
13	2	4	5	2	0.8863	0.1506
14	2	5	5	2	0.8920	0.1468
15	2	5	6	2	0.8969	0.1493
16	2	6	6	2	0.9012	0.1468
17	2	6	7	2	0.9050	0.1490
18	2	7	7	2	0.9084	0.1473
19	3	6	7	3	0.8842	0.1490
20	3	7	7	3	0.8883	0.1470
21	3	8	7	3	0.8920	0.1481
22	3	8	8	3	0.8953	0.1467
23	3	8	9	3	0.8984	0.1478
24	3	9	9	3	0.9012	0.1468
25	3	9	10	3	0.9018	0.1479

表 2.6 120°相带 $Q=6$ 的同心绕组的最优匝数分布

N_t	N_1	N_2	N_3	N_4	N_5	N_6	k_{c1}	WTHD
6	0	1	2	2	1	0	0.9452	0.1018
7	1	1	1	2	1	1	0.8532	0.1159
8	1	1	2	2	1	1	0.8696	0.1045
9	0	2	2	3	2	0	0.9320	0.1089
10	0	2	3	3	2	0	0.9373	0.0997
11	1	2	2	3	2	1	0.8794	0.1026
12	1	2	3	3	2	1	0.8882	0.0961
13	1	2	3	4	2	1	0.8956	0.1001
14	1	2	4	4	2	1	0.9020	0.0988
15	1	3	4	3	3	1	0.8917	0.1013
16	1	3	4	4	3	1	0.8975	0.0962
17	1	3	4	5	3	1	0.9027	0.0974
18	1	3	5	5	3	1	0.9072	0.0957
19	1	3	6	5	3	1	0.9113	0.0984
20	2	3	5	5	3	2	0.8808	0.0980
21	1	4	6	5	4	1	0.9070	0.0975
22	1	4	6	6	4	1	0.9105	0.0957
23	1	4	6	5	4	1	0.9138	0.0969
24	2	4	6	6	4	2	0.8882	0.0961
25	2	4	6	7	4	2	0.8921	0.0971

2.5 槽口的影响

目前为止都是假定线圈的磁动势在定子内表面碰到槽口时会突然变化，但实际上槽口对磁动势有滤波作用。虽然很难确定磁动势在槽口上的确切变化，但通过假设单个集中线圈的磁动势在槽口上是线性变化的，如图 2.8 所示，可以很好地近似这种影响。任一 h 次磁动势谐波都可以用傅里叶级数表示为

$$\mathcal{F}_{ph} = \left(\frac{4}{\pi}\right)\frac{N_t I}{2}\left[\int_0^{\chi/2}\frac{\theta}{\frac{\chi}{2}}\sin h\theta \mathrm{d}\theta + \int_{\chi/2}^{\pi/2}\sin h\theta \mathrm{d}\theta\right] \tag{2.40}$$

假设只有奇数次谐波，求解可得

$$\mathcal{F}_{ph}=\left(\frac{4}{\pi}\right)\left(\frac{N_{t}I}{2h}\right)\frac{\sin\left(\frac{h\chi}{2}\right)}{\left(\frac{h\chi}{2}\right)} \tag{2.41}$$

定义开槽因数

$$k_{\chi h}=\frac{\sin\left(\frac{h\chi}{2}\right)}{\left(\frac{h\chi}{2}\right)} \tag{2.42}$$

这一项对所有绕组都适用，因此可以把它写到磁动势的表达式中。考虑槽口的影响，式（2.32）给出的磁动势谐波表达式可变为

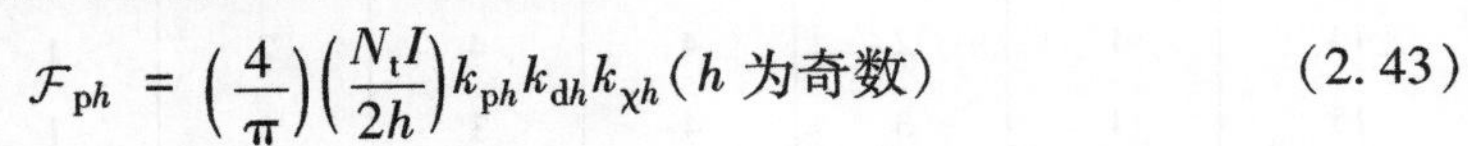

$$\mathcal{F}_{ph}=\left(\frac{4}{\pi}\right)\left(\frac{N_{t}I}{2h}\right)k_{ph}k_{dh}k_{\chi h}（h\text{ 为奇数}） \tag{2.43}$$

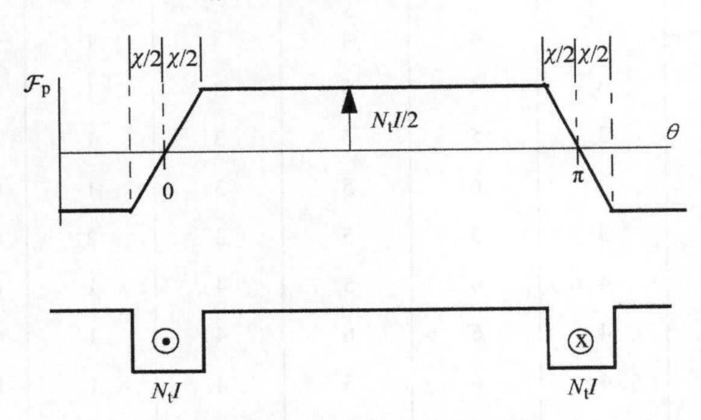

图 2.8　考虑开槽影响的整距集中线圈的磁动势

2.6　分数槽绕组

从前面的章节中，可以清楚地知道如果要减少槽谐波频率，应该尽可能增加每极每相槽数 Q。极数如果固定不变，增加 Q 就意味着增加槽数。在一些极数很大的电机中，即使 $Q=2$ 也会让槽数超出电机的允许范围。与其选择 $Q=1$，导致较大的槽谐波出现在 5 次和 7 次谐波上，不如选择 Q 为分数。例如，在大型水轮发电机中，Q 经常小于 1。分数槽绕组也越来越受到永磁电机的欢迎，由于永磁电机没有转子绕组，气隙磁动势的谐波畸变允许相对较大。

虽然分数槽绕组的槽数不是极数的倍数，但为了保持每相对称，槽数必须是相数的倍数。在三相电机的情况下，该约束规定槽的数量为 3 的倍数。例如，一台 10 极电机的三相绕组。如果选择 $Q=1$，那么电机需要 30 个槽以保持三相对

称。如果选择 $Q=2$，那么电机有60个槽，这对于大多数小型电机来说槽数太多了。相反，如果选择42个槽，则每极每相槽数 $Q=42/(3\times10)=7/5$。因此，每极有 $(7/5)\times3=21/5$ 个槽，这表明绕组排列需将21个槽分布在5极上，并且绕组模式将在5极后开始重复。$Q=7/5$ 表明，一相在连续5个极面下所占的槽数为1或2，并不相等。例如，连续5个极面下的槽数为2、1、1、2、1或1、1、2、2、1，两种组合方式都能满足要求。

为了确定哪种组合方式是最理想的，首先可以选择所有线圈节距都相同的组合。这个例子中，槽距角为 $10\times(180/42)=42\frac{6}{7}°$，如果线圈跨距是4个槽，那么短距角等于 $180-4\times42^6/7=8\frac{4}{7}°$，这应该是最好的选择了。通过式（2.16）可以得到绕组的基波节距因数为

$$k_{p1}=\cos\left(\frac{8.57}{2}\right)=0.997 \tag{2.44}$$

因为这个绕组是按21个槽进行重复的，所以将前21个槽的绕组展开图画出，如图2.9所示，其中某一相的第一个线圈从1槽跨到5槽（线圈跨距为4个槽，短距角为8.57°）。这个线圈称为线圈1。

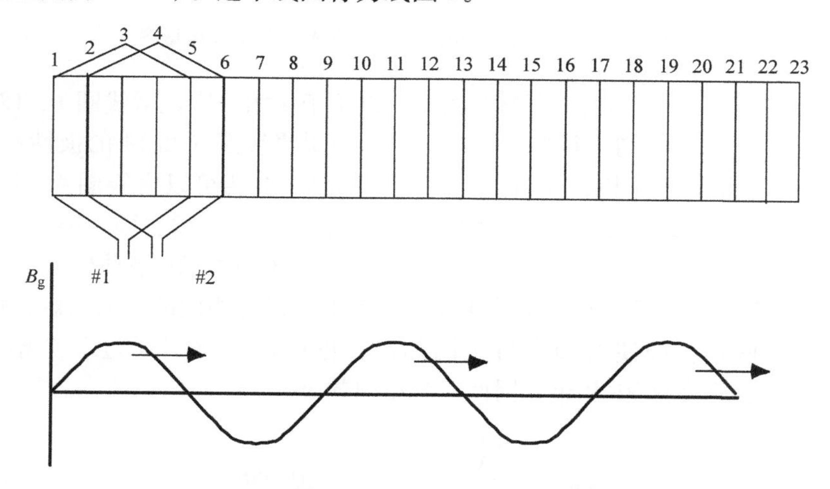

图2.9 电机的前21个槽展开图，两个线圈分别从1槽到5槽和从2槽到6槽

以线圈1作为参考，线圈2从2槽跨到6槽。假设气隙中有按正弦分布的10极旋转磁场，那么线圈2的感应电动势在相位上要滞后线圈1的感应电动势 $42\frac{6}{7}°$。这些感应电动势按正弦规律变化，可以用如图2.10所示的相量图来表示。线圈3从3槽跨到7槽，与线圈1相比，其感应电动势要滞后 $85\frac{5}{7}°$。将其他线圈，4槽到8槽，5槽到9槽，直到21槽到25槽的线圈感应电动势都画在相量图上，如图2.10所示，总共有21个相量。

现在可以找出属于一相的线圈了，比如a相。如果认为线圈1属于a相，那

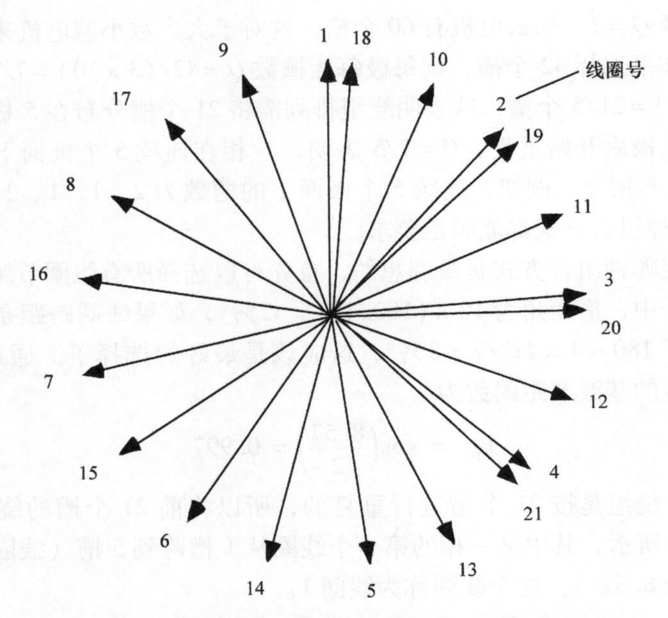

图 2.10 21 个线圈（跨距为 4）的感应电动势相量图

么接下来顺时针 60°范围内的所有线圈都可以用于 a 相。这包括线圈 1、18、10、2 和 19。三相 21 个线圈，每相应该有 7 个，如果将线圈 6 和 14 的极性反一下，那么它们正好也属于 a 相，如图 2.11 所示。同理，b 相可以由线圈 4、5、－8、－9、13、－17 和 21 组成。c 相由线圈－3、7、－11、－12、15、16 和－20 组成（负号表示更改线圈的极性）。图 2.12 显示了电机 5 极 21 槽部分上三相绕组的布局。当然，另外 5 个极下的绕组布局与前面 5 极是相同的。请注意，每个槽里有两个线圈边。即使线圈来自不同的极，也可以说绕组通过 7 个槽（$\gamma = 8\frac{4}{7}°$）形成了等效的 60°相带。因此，分布因数是

$$k_{d1} = \frac{\sin\left(7 \times \frac{60}{7 \times 2}\right)}{7\sin\left(\frac{60}{7 \times 2}\right)} = 0.956 \tag{2.45}$$

该绕组布局的节距因数和分布因数的乘积为

$$k_{p1}k_{d1} = 0.997 \times 0.956 = 0.953 \tag{2.46}$$

计算其他奇数次绕组谐波可以得到类似的结果。与真正的 $Q=7$ 的 60°相带绕组相比，分数槽绕组的漏抗会大不少。同样重要的是，分数槽绕组用于有短路类型绕组的电机时，如笼型感应电机或带有阻尼绕组的同步电机，起动过程中会出现额外的损耗。这是因为分数槽绕组不平衡磁动势产生的磁场，与短路性质的导条有相对运动，感应出的电流导致这些额外损耗的出现。

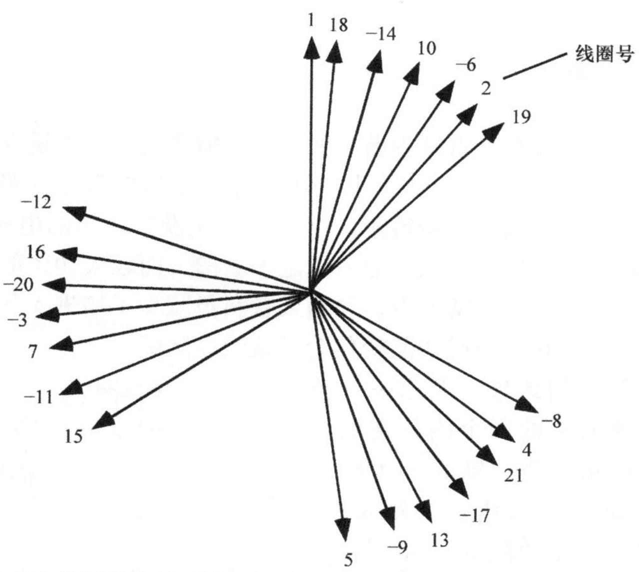

图 2.11　将部分线圈的极性反转后得到的 60°相带绕组以及相应的线圈感应电动势

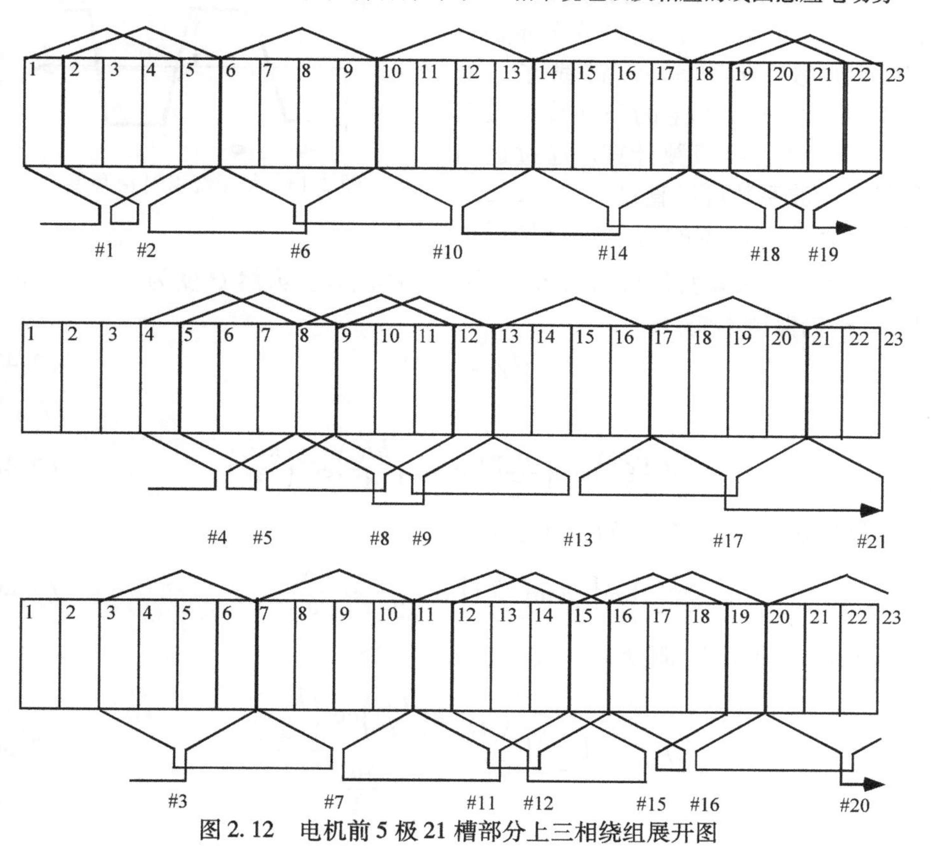

图 2.12　电机前 5 极 21 槽部分上三相绕组展开图

2.7　斜槽绕组

虽然短距和分布绕组具有减少谐波的效果，但槽谐波还大量存在。这种高阶谐波可以通过“斜”绕组进一步减少。笼型感应电机的转子一般会采用斜槽，以减少所谓的齿槽转矩或次同步转矩，这种转矩在没有斜槽的电机中普遍存在。此外，较小功率的凸极同步发电机会采用定子斜槽，而较大功率的低速凸极发电机会采用转子斜极。在这种情况下，斜槽或者斜极减少了槽进入和离开极面时磁极尖端边缘的磁通变化，而磁通的变化会导致噪声问题。

为了说明斜槽的效果，考虑一个整距线圈，即线圈所占的两个槽分在两个极面下。在这种情况下，铁心加工时应将每个叠片沿圆周方向错开一定角度，使整个槽“斜”一个角度 α_s。作用在气隙中的磁动势取决于线圈轴线的位置。然而，“平均而言”，磁动势分布还是一个矩形函数，但两边是斜线了，如图 2.13所示。由此产生的磁动势谐波分量可以通过傅里叶级数计算。通过适当的假设，谐波系数可以直接从式（2.26）中获得。特别要注意的是，当 Q 接近无穷大时，产生的磁动势波形为图 2.13 中的连续函数。虽然 Q 变为无穷大，但很明显，$Q\gamma$ 仍保持不变：

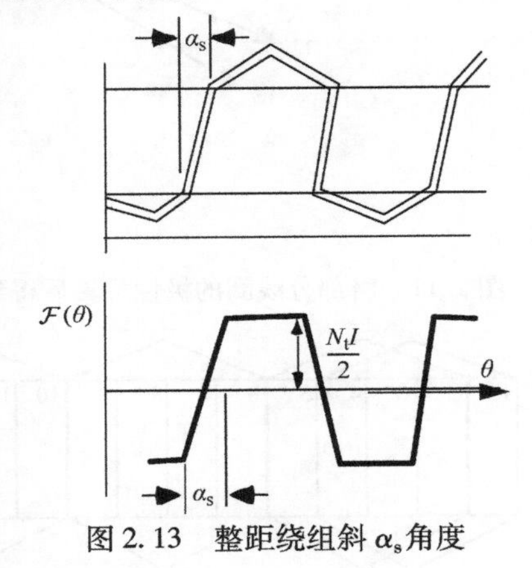

图 2.13　整距绕组斜 α_s 角度

$$Q\gamma = \alpha_s/2 \tag{2.47}$$

所以

$$\sin\left(\frac{hQ\gamma}{2}\right)\cos\left(\frac{hQ\gamma}{2}\right) = \sin\left(\frac{h\alpha_s}{4}\right)\cos\left(\frac{h\alpha_s}{4}\right) \tag{2.48}$$

γ 趋近 0，式（2.26）的分母变为

$$\lim_{\gamma\to 0}\left[Q\sin\left(\frac{h\gamma}{2}\right)\right] = \frac{Qh\gamma}{2} = \frac{h\alpha_s}{4} \tag{2.49}$$

因此，当槽数趋近于无限大时，式（2.26）变为

$$\mathcal{F}_{ph} = \left(\frac{4}{\pi}\right)\left(\frac{N_t I}{2h}\right)\frac{\sin\left(\frac{h\alpha_s}{4}\right)\cos\left(\frac{h\alpha_s}{4}\right)}{\frac{h\alpha_s}{4}} \tag{2.50}$$

因为

$$\sin\left(\frac{h\alpha_s}{4}\right)\cos\left(\frac{h\alpha_s}{4}\right) = \frac{1}{2}\sin\left(\frac{h\alpha_s}{2}\right)$$

所以式（2.50）化简为

$$\mathcal{F}_{ph} = \frac{4}{\pi}\left(\frac{N_t I}{2h}\right)\frac{\sin\left(\frac{h\alpha_s}{2}\right)}{\left(\frac{h\alpha_s}{2}\right)} \tag{2.51}$$

定义 k_{sh} 为 h 次谐波的斜槽因数

$$k_{sh} = \frac{\sin\left(\frac{h\alpha_s}{2}\right)}{\frac{h\alpha_s}{2}} \tag{2.52}$$

这个结果也可以写成另外一种有用的形式。还是用 Z 来表示每极下每相线圈边占据的弧长（见图2.5），τ_p 表示极距，于是

$$\frac{\alpha_s}{2} = \frac{Z}{\tau_p}\pi \tag{2.53}$$

k_{sh} 表示为

$$k_{sh} = \frac{\sin\left[h\left(\frac{Z}{\tau_p}\right)\pi\right]}{h\left(\frac{Z}{\tau_p}\right)\pi} \tag{2.54}$$

一个分布、短距带斜槽的绕组磁动势可以通过单独考虑这些效应来计算，也可以组合在一起，将四个因数乘在一起

$$\mathcal{F}_{ph} = \frac{4}{\pi}\frac{N_t I}{2h}k_{ph}k_{dh}k_{\chi h}k_{sh} \tag{2.55}$$

k_h 就被定义为绕组因数

$$k_h = k_{ph}k_{dh}k_{\chi h}k_{sh} \tag{2.56}$$

2.8 多对极、多并联支路绕组

至此，两极、单电流支路电机的磁动势分布已经讨论完毕。如何确定电机极数是在电机设计时来考虑，这个将在后文进行讨论。电机的极数通常大于2，因为两极电机绕组的端部太长，既浪费铜线，又会导致电机漏抗增大，这些都不是电机设计时所期望的。另外，两极电机的每极磁通较大，需要较大的铁心轭部，这会增加硅钢片用量，并且转子也没有足够的空间来增大轭部以容纳更多的每极

磁通。一般来说，对于 P 极电机，N_t 为每相串联匝数，那么 h 次磁动势谐波，即式（2.55）可写为

$$\mathcal{F}_{ph} = \frac{4}{\pi}\left(\frac{N_t I}{P}\right)\frac{k_{ph}k_{dh}k_{\chi h}k_{sh}}{h} \tag{2.57}$$

最后一个复杂的问题是，通常各极下的一相线圈不会全部串联起来构成一相绕组。考虑实际因素，例如有限的导线直径，会将两个或更多极下的线圈并联连接，以便在导线直径允许的情况下达到所需的电流。并联电路要求每条支路的电压必须相等，以避免环流的产生。这就要求并联支路数不能任意选取，极数与并联支路数的比值应该是一个整数。对于 P 极，并联支路数为 C 的一相绕组，其 h 次磁动势谐波的最终通用表达式为

$$\mathcal{F}_{ph} = \frac{4}{\pi}\left(\frac{N_t I}{CP}\right)\frac{k_{ph}k_{dh}k_{\chi h}k_{sh}}{h} \quad h = 1,3,5,7\cdots \tag{2.58}$$

式中，电流 I 是一相绕组的总电流，每条并联支路中的电流为 I/C。

2.9 三相绕组的磁动势分布

当电机由三相对称绕组励磁时，作用在电机磁路上的磁动势可以简单地看作是三个独立绕组磁动势的叠加。假设三相绕组完全一致，只在空间上互差 120°电角度，a、b、c 三个绕组的磁动势分别是

$$\mathcal{F}_a = \frac{4}{\pi}\left(\frac{N_t i_a}{CP}\right)\sum_{h=1,5,7,11\cdots} k_h \frac{\sin h\dfrac{P}{2}\theta}{h} \tag{2.59}$$

$$\mathcal{F}_b = \frac{4}{\pi}\left(\frac{N_t i_b}{CP}\right)\sum_{h=1,5,7,11\cdots} k_h \frac{\sin h\dfrac{P}{2}\left(\theta - \dfrac{4\pi}{3P}\right)}{h} \tag{2.60}$$

$$\mathcal{F}_c = \frac{4}{\pi}\left(\frac{N_t i_c}{CP}\right)\sum_{h=1,5,7,11\cdots} k_h \frac{\sin h\dfrac{P}{2}\left(\theta + \dfrac{4\pi}{3P}\right)}{h} \tag{2.61}$$

式中

$$k_h = k_{ph}k_{dh}k_{\chi h}k_{sh}$$

借助三角恒等式，式（2.59）~式（2.61）也可以写成

$$\mathcal{F}_a = \frac{4}{\pi}\left(\frac{N_t i_a}{CP}\right)\sum_{h\text{为奇数}} k_h \frac{\sin[(hP\theta)/2]}{h} \tag{2.62}$$

$$\mathcal{F}_b = \frac{4}{\pi}\left(\frac{N_t i_b}{CP}\right)\sum_{h\text{为奇数}} k_h\left[\frac{\sin[(hP\theta)/2]}{h}\cos\left(\frac{2h\pi}{3}\right) - \frac{\cos[(hP\theta)/2]}{h}\sin\left(\frac{2h\pi}{3}\right)\right] \tag{2.63}$$

$$\mathcal{F}_{\mathrm{c}} = \frac{4}{\pi}\left(\frac{N_{\mathrm{t}} i_{\mathrm{c}}}{CP}\right)\sum_{h为奇数} k_h\left[\frac{\sin[(hP\theta)/2]}{h}\cos\left(\frac{2h\pi}{3}\right) + \frac{\cos[(hP\theta)/2]}{h}\sin\left(\frac{2h\pi}{3}\right)\right] \tag{2.64}$$

三个磁动势相加可得

$$\mathcal{F}_{\mathrm{a}} + \mathcal{F}_{\mathrm{b}} + \mathcal{F}_{\mathrm{c}} = \frac{4}{\pi}\left(\frac{N_{\mathrm{t}}}{CP}\right)\sum_{h为奇数}\frac{k_h}{h}\left[i_{\mathrm{a}} + i_{\mathrm{b}}\cos\left(\frac{2h\pi}{3}\right) + i_{\mathrm{c}}\cos\left(\frac{2h\pi}{3}\right)\right]\sin[(hP\theta)/2] + \left(i_{\mathrm{c}}\sin\frac{2h\pi}{3} - i_{\mathrm{b}}\sin\frac{2h\pi}{3}\right)\cos[(hP\theta)/2] \tag{2.65}$$

现有

$$\cos\frac{2h\pi}{3} = -1/2 \quad h = 1,5,7,11\cdots$$

$$\cos\frac{2h\pi}{3} = 1 \quad h = 3,9,15\cdots$$

$$\sin\frac{2h\pi}{3} = \frac{\sqrt{3}}{2} \quad h = 1,7,13\cdots$$

$$\sin\frac{2h\pi}{3} = -\frac{\sqrt{3}}{2} \quad h = 5,11\cdots$$

$$\sin\frac{2h\pi}{3} = 0 \quad h = 3,9,15\cdots$$

如果电机没有中线引出，那么

$$i_{\mathrm{a}} + i_{\mathrm{b}} + i_{\mathrm{c}} = 0 \tag{2.66}$$

式（2.65）化简为

$$\mathcal{F}_{\mathrm{a}} + \mathcal{F}_{\mathrm{b}} + \mathcal{F}_{\mathrm{c}} = \frac{4}{\pi}\left(\frac{N_{\mathrm{t}}}{CP}\right)\sum_{h=1,5,7,11\cdots}\frac{k_h}{h}\left[\left(\frac{3i_{\mathrm{a}}}{2}\right)\sin[(hP\theta)/2] + \frac{\sqrt{3}}{2}(\pm 1)(i_{\mathrm{c}} - i_{\mathrm{b}})\cos[(hP\theta)/2]\right] \tag{2.67}$$

式中

$$(\pm 1) = 1 \quad h = 1,7,13\cdots$$

而

$$(\pm 1) = -1 \quad h = 5,11,17\cdots$$

因为电机没有中线引出，3 的整数次谐波全部抵消了。

现在考虑电流也是三相对称的正弦电流，那么

$$i_{\mathrm{a}} = I_{\mathrm{s}}\cos\omega_{\mathrm{e}} t \tag{2.68}$$

$$i_b = I_s\cos\left(\omega_e t - \frac{2\pi}{3}\right) \tag{2.69}$$

$$i_c = I_s\cos\left(\omega_e t + \frac{2\pi}{3}\right) \tag{2.70}$$

可以得到

$$\frac{\sqrt{3}}{2}(i_c - i_b) = -\frac{3}{2}I_s\sin\omega_e t \tag{2.71}$$

式（2.67）可写成

$$\mathcal{F}_a + \mathcal{F}_b + \mathcal{F}_c = \left(\frac{3}{2}\right)\left(\frac{4}{\pi}\right)\left(\frac{N_t I_s}{CP}\right)\sum_{h=1,5,7\cdots}\frac{k_h}{h}\{\sin[(hP\theta)/2]\cos\omega_e t - (\pm 1)\cos[(hP\theta)/2]\sin\omega_e t\} \tag{2.72}$$

进一步化简为

$$\mathcal{F}_a + \mathcal{F}_b + \mathcal{F}_c = \mathcal{F}_s = \left(\frac{3}{2}\right)\left(\frac{4}{\pi}\right)\left(\frac{N_t I_s}{CP}\right)\left[\sum_{h=1,7,13\cdots}\frac{k_h}{h}\sin\left(\frac{hP\theta}{2} - \omega_e t\right) + \sum_{h=5,11,17\cdots}\frac{k_h}{h}\sin\left(\frac{hP\theta}{2} + \omega_e t\right)\right] \tag{2.73}$$

因此，三相对称的电机中，一相绕组产生的是含有奇数次谐波的磁动势，三相绕组合成的却是包含正向旋转磁动势分量和负向旋转磁动势分量。这些磁动势分量具有相同的幅值，$h=1$，7，13，19…朝正向旋转，$h=5$，11，17…朝负向旋转。如果电机没有中线，对应于 $h=3$，9…的谐波分量不会存在，同理零序分量也不会存在。需要注意的是，每个磁动势谐波的幅值是单相绕组磁动势谐波幅值的3/2倍。h 大于1的磁动势谐波称为电机绕组的空间谐波。这些磁动势的旋转速度可以通过对正弦表达式中的参数求微分来计算。因此，h 次磁动势谐波的旋转速度为

$$\frac{\mathrm{d}\left(\frac{hP\theta}{2} - \omega_e t\right)}{\mathrm{d}t} = \left(\frac{hP}{2}\right)\frac{\mathrm{d}\theta}{\mathrm{d}t} - \omega_e$$

或

$$\frac{\mathrm{d}\theta}{\mathrm{d}t} = \frac{2\omega_e}{hP} \tag{2.74}$$

因此，每个谐波的同步机械速度是磁动势基波分量旋转速度的整分数。

2.10　等效两相电机概念

式（2.73）隐含了与三相电机建模的相关信息。仔细观察括号项的系数，它是单相公式（2.59）~式(2.61）中系数的 3/2 倍，在保证电机气隙中磁动势瞬时值不变的前提下，可以用等效的两相绕组代替物理三相绕组。认真观察式（2.67），可以推导出等效绕组的表达形式。该式是任意电流 i_a、i_b和 i_c在气隙中合成磁动势瞬时值的一般表达式。请注意，实际上此时的磁动势已根据 θ 分解为两个正交分量，即 $\sin h\theta$ 和 $\cos h\theta$。尽管这个概念可以扩展到有中线引出的电机，但这里不关心这个问题。因此，式（2.67）是在假设没有中线引出的情况下得到的。如果将 3/2 从方括号中拿出来，则会得到

$$\mathcal{F}_a+\mathcal{F}_b+\mathcal{F}_c=\left(\frac{3}{2}\right)\left(\frac{4}{\pi}\right)\left(\frac{N_t}{CP}\right)\sum_{h=1,5,7,11\cdots}\left[i_a\frac{k_h}{h}\sin\frac{hP\theta}{2}+\frac{1}{\sqrt{3}}(i_c-i_b)(\pm 1)\frac{k_h}{h}\cos\frac{hP\theta}{2}\right]\tag{2.75}$$

式（2.75）表明，如果定义两个假想电流 i_x和 i_y

$$i_x=i_a\tag{2.76}$$

$$i_y=\frac{1}{\sqrt{3}}(i_c-i_b)\tag{2.77}$$

对应的绕组分布分别为

$$N_x(\theta)=\frac{3}{2}\left(\frac{4}{\pi}\frac{N_t}{CP}\right)\sum_{h=1,5,7,11\cdots}\left(\frac{k_h}{h}\right)\sin\frac{hP\theta}{2}\tag{2.78}$$

和

$$N_y(\theta)=\frac{3}{2}\left(\frac{4}{\pi}\frac{N_t}{CP}\right)\sum_{h=1,5,7,11\cdots}(\pm 1)\left(\frac{k_h}{h}\right)\cos\frac{hP\theta}{2}\tag{2.79}$$

那么气隙中的磁动势瞬时值将保持不变。或者，如果式（2.76）和式（2.77）的右侧乘以 3/2，式（2.78）和式（2.79）的右侧除以 3/2，则电流可以表示为

$$i_x=\frac{3}{2}i_a\tag{2.80}$$

$$i_y=\frac{\sqrt{3}}{2}(i_c-i_b)\tag{2.81}$$

对应的绕组分布更改为

$$N_x(\theta)=\left(\frac{4}{\pi}\frac{N_t}{CP}\right)\sum_{h=1,5,7,11\cdots}\left(\frac{k_h}{h}\right)\sin\frac{hP\theta}{2}\tag{2.82}$$

和

$$N_y(\theta) = \left(\frac{4}{\pi}\frac{N_t}{CP}\right)\sum_{h=1,5,7,11\cdots}(\pm 1)\left(\frac{k_h}{h}\right)\cos\frac{hP\theta}{2} \tag{2.83}$$

同样，气隙中的磁动势将保持不变。这一原理构成了 d－q 轴理论的基础，其他书籍也会对其进行详细研究。在本书第 9 章，涉及同步电机分析的内容中需要用到这些理论。

2.11 总结

本章详细阐述了与感应电机设计相关的绕组磁动势问题。下一章将讨论由此产生的磁通及其相关等效电路参数、磁化电感等内容。

参考文献

[1] H. B. Dwight, *Tables of Integrals and Other Mathematical Data*, 4th edition, Macmillan, 1961.

[2] W. Ouyang, "Optimization of Winding Turns for Concentric Windings with 60 and 120 Degree Phase Belts," Technical Report, University of Wisconsin, May 2004.

[3] W. Ouyang, T. A. Lipo and A. El-Antably, "Analysis of Optimal Stator Concentric Winding Pattern Design," International Conference on Electrical Machines and Systems (ICEMS) Vol. 1, 2005, pp. 94–98.

第3章

基于磁路的主磁通计算

在确定了磁动势分布之后，现在要计算感应电机主磁路中的磁通和磁压降。第2章已经论述，一组对称的正弦电流会产生无限多个恒定幅值的旋转磁动势。可以进一步证明，转矩随电流的二次方而变化，因此相应的高次谐波磁通产生的平均转矩可以忽略不计。然而，这些谐波确实会与主磁通的基波分量相互作用，从而导致转矩脉动。因此，这些不需要的谐波磁通分量也归入“漏”磁通类别。一般来说，电机内高次空间谐波磁通被称为相带漏磁通，相应的电感被称为相带漏电感。这些漏电感将在第4章中详细介绍。

3.1 感应电机的主磁路

如果只考虑磁动势的基本分量，定子对称正弦电流产生的磁场在电机内形成对称的磁通路径。为了便于说明，图3.1显示了四极电机的情况。三相电机每极定子磁动势的基波幅值由式（2.73）给出，如下所示：

$$\mathcal{F}_{s1}=\frac{3}{2}\left(\frac{4}{\pi}\right)\left(\frac{N_t}{CP}\right)k_{p1}k_{d1}k_{s1}k_{\chi1}I_s \tag{3.1}$$

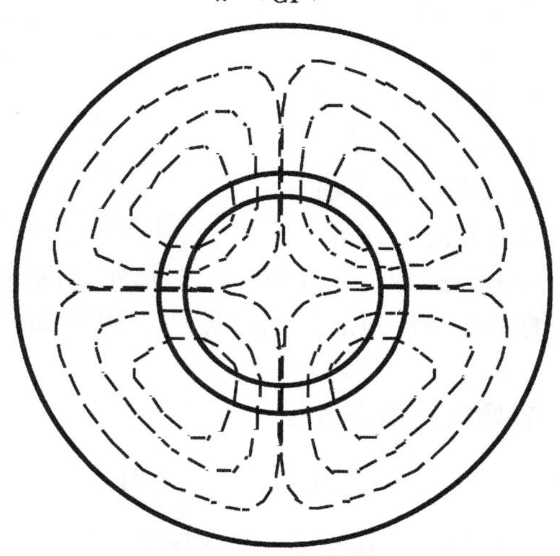

图3.1 四极电机磁场分布情况

式中，k_{p1}、k_{d1}、k_{s1}和$k_{\chi 1}$分别是磁动势基波的节距、分布、斜槽和开槽因数；$N_t/C=N_s$是每相C条并联支路中每条支路的串联匝数；I_s是每相电流的幅值，在星形联结中它就等于电机线电流的幅值。

从图3.1可以看出，每极磁通穿过两次转子齿、两次定子齿、两次气隙、一部分定子轭，还有一部分转子轭。假设磁通全部通过齿部进入轭部，从槽进入轭部的磁通忽略不计。对于这种情况，利用安培定律可以写出

$$2\mathcal{F}_{s1} = 2\mathcal{F}_{ts} + 2\mathcal{F}_{tr} + 2\mathcal{F}_{g} + \mathcal{F}_{cs} + \mathcal{F}_{cr} \tag{3.2}$$

式中，下标“ts”表示定子齿；“tr”表示转子齿；“cs”表示定子轭；“cr”表示转子轭；“g”表示气隙。在第1章中，假设励磁安匝数集中在铁心的某个位置。但是，对于电机而言，励磁磁动势是沿磁路分布而非集中于某个位置。此外，定子和转子表面都有槽，这使得气隙效应的校正比矩形铁心复杂得多。尽管如此，在适当考虑这些影响的情况下，第1章中阐述的方法仍适用。为此，需要仔细考虑磁路的三个关键区域，即气隙、齿和轭。

3.2　有效气隙和卡特系数

尽管气隙区域的磁导率是恒定的，但它的两侧都有铁表面。铁表面不是光滑平整的，而是在圆周方向上有凹槽，在轴向上有冷却管道。与使用更复杂的磁阻表达式不同，传统的做法是推导横截面积和长度的等效值，并继续使用第1章中推导的，用于计算均匀横截面磁路的表达式。

为了解释如何计算光滑铁表面和开槽铁表面之间空气路径的磁导，假设磁力线遵循图3.2所示的路径。为了方便，图中绘制了平行齿，并且假设进入齿边的磁力线先沿着实际气隙长度g的直线路径，再经过半径为r的圆弧。气隙轴向有效长度为l_e（轴向是指垂直于所示平面的方向）。“有效”一词的含义后文很快会解释。请注意，一个槽距宽度τ_s对应的气隙磁导由两部分组成：①未开槽表面和齿顶之间的磁导$\mathcal{P}_1$，以及②未开槽表面和齿一侧的槽开口b_o之间的磁导$\mathcal{P}_2$。

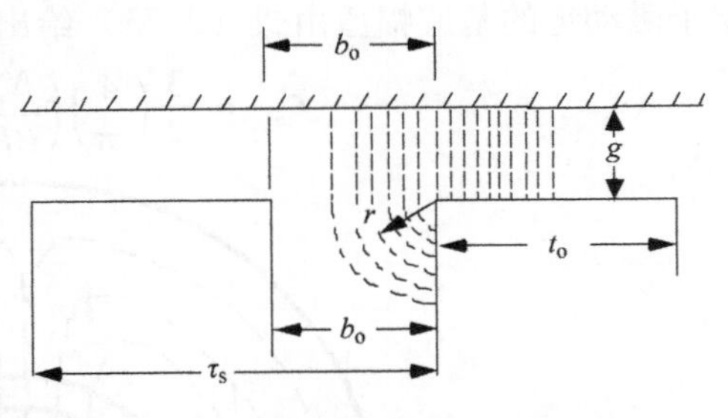

图3.2　进入开槽电枢的磁力线的大致形状

采用SI单位制，磁导$\mathcal{P}_1$简单表示为

$$\mathcal{P}_1 = \mu_0(\tau_s - b_o)\frac{l_e}{g} \quad \mathrm{H} \tag{3.3}$$

槽上方区域内任意一小段宽度$\mathrm{d}r$和长度l_e的磁导为

$$\mathrm{d}\mathcal{P}_2 = \frac{\mu_0 l_e \mathrm{d}r}{g + \left(\frac{\pi r}{2}\right)} \tag{3.4}$$

因此，齿一侧的总磁导为

$$\mathcal{P}_2 = \frac{2\mu_0}{\pi}\int_0^{b_o/2} \frac{l_e \mathrm{d}r}{\frac{2g}{\pi} + r} = \frac{2\mu_0 l_e}{\pi}\ln\left[\frac{g + \frac{\pi b_o}{4}}{g}\right] \tag{3.5}$$

槽和齿的总有效磁导为

$$\mathcal{P}_g = \mathcal{P}_1 + 2\mathcal{P}_2 = \mu_0 l_e\left\{\frac{\tau_s - b_o}{g} + \frac{4}{\pi}\ln\left[1 + \frac{\pi}{4}\frac{b_o}{g}\right]\right\} \tag{3.6}$$

有效磁阻是这个量的倒数。

现在可以用一个未开槽表面来等效实际开槽表面，它们具有相同的横截面积，但未开槽表面的气隙长度需要用“等效”气隙长度，以保证等效前后的气隙磁导不变：

$$\frac{\mu_0 \tau_s l_e}{g_e} = \mu_0 l_e\left\{\frac{\tau_o - b_o}{g} + \frac{4}{\pi}\ln\left[1 + \frac{\pi}{4}\frac{b_o}{g}\right]\right\} \tag{3.7}$$

由式（3.7）可以求出等效气隙长度 g_e

$$g_e = \frac{\tau_s}{\frac{\tau_s - b_o}{g} + \frac{4}{\pi}\ln\left[1 + \frac{\pi}{4}\frac{b_o}{g}\right]} \tag{3.8}$$

定义卡特系数 k_c

$$g_e = k_c g \tag{3.9}$$

式中

$$k_c = \frac{\tau_s}{\tau_s - b_o + \frac{4g}{\pi}\ln\left[1 + \frac{\pi}{4}\frac{b_o}{g}\right]} \tag{3.10}$$

式（3.5）的推导是假设磁通沿齿侧边均匀分布到深度 $b_o/2$。实际上，磁通密度是不均匀的，最高的磁通密度在齿表面附近，并且随着磁通进入齿中而下降。考虑到磁力线不完全遵循图3.2中假定的路径，通过保角映射可获得更精确的公式为

$$k_c = \frac{\tau_s}{\tau_s - \frac{2b_o}{\pi}\left\{\operatorname{atan}\frac{b_o}{2g} - \frac{g}{b_o}\ln\left[1 + \left(\frac{b_o}{2g}\right)^2\right]\right\}} \tag{3.11}$$

如果 b_o/g 数值较大，上式可近似为

$$k_c = \frac{\tau_s}{\tau_s - b_o + \frac{4g}{\pi}\ln\left[\frac{b_o}{2g}\right]} \tag{3.12}$$

注意，这个结果与之前得到的结果非常相似。在许多情况下，梅茨勒（Metzler）提出的对式（3.11）的简单近似就足够用了：

$$k_c \approx \frac{\tau_s}{\tau_s - \frac{b_o^2}{(5g + b_o)}} \tag{3.13}$$

b_o/g 从 1 到无穷大，近似值的误差都在 10% 以内。

对于使用开口槽的电机，有效气隙长度 g_e 可能比 g 大 70% ~80%。对于大多数实际电机，g_e 一般比 g 大 15% ~25%。如果气隙两侧都有开槽，则有效气隙长度可通过将实际气隙乘以两个卡特系数来计算，每个卡特系数可根据式（3.11）或式（3.12）计算得出。也就是说，对于定转子都开槽的电机，卡特系数是

$$k_c = k_{cs}k_{cr} \tag{3.14}$$

式中，k_{cs} 和 k_{cr} 分别为定子和转子开槽的卡特系数。

到目前为止，气隙磁导的计算一直基于铁磁材料磁导率无穷大的假设。现在考虑图 3.3a，它表示的是齿部高度饱和的情况。当齿部饱和时，除了前面根据图 3.2 计算的流向齿侧面的磁通外，还会有越来越多的磁通直接从气隙流向槽底。假设图 3.2 中的场是由两个平行场叠加而成，如图 3.3b 和图 3.3c 所示，这样可以更接近齿部饱和时的实际情况。槽和气隙中的合成场将更接近图 3.3a。当齿部磁通密度值较小时，齿顶和槽底之间的磁动势较小，只有少数磁力线从磁

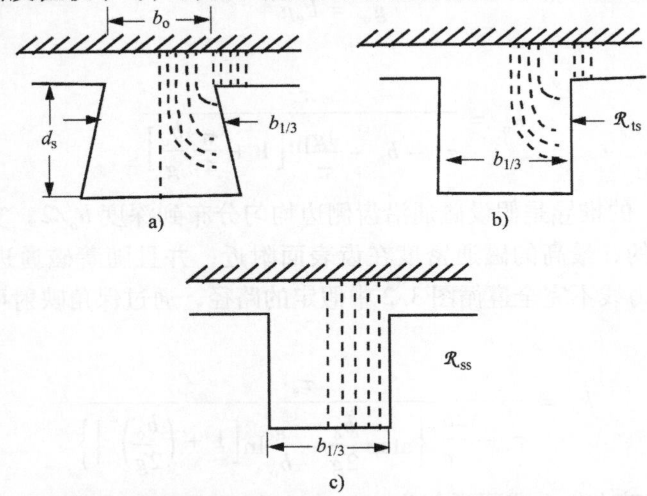

图 3.3　由于铁磁材料磁导率有限，齿部高度饱和后的磁通路径，a) ≈ b) + c)

极面不通过齿部就直接进入电枢轭部。然而，随着齿部磁通密度的增加，克服齿部磁阻增加所需的磁动势越来越大，更多的磁通将被转移到平行路径中，直接从磁极面进入槽的底部。

单个齿距内，槽部分的磁导可简写为

$$\mathcal{P}_s = \frac{\mu_0 l_e b_{1/3}}{g/2 + d_s} \tag{3.15}$$

式中，$b_{1/3}$为离槽最窄处 1/3 槽深位置处的宽度；d_s为槽深。当槽不是矩形时，用$b_{1/3}$代表槽宽，这种情况通常出现在转子槽中，其常为梯形。在大型电机中，定子槽形是矩形的，由于定子为圆柱形，所以齿部就不可能是平行齿了。而在采用散嵌绕组的小型电机中，情况正好相反，可以使用上述方法。可以观察到，式（3.15）中仅使用了一半气隙，另一半气隙用于计算相应转子（或定子）齿的磁导。图 3.4 给出了一个齿区域的等效磁路。请注意，等效磁路是以磁阻的形式给出的，磁阻就是本节前面所说磁导的倒数。图中，齿部磁阻$\mathcal{R}_t$还是未知数。

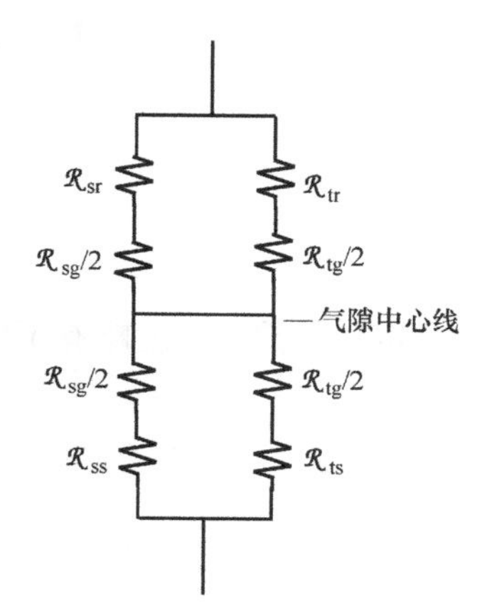

图 3.4　一个定子齿和转子齿区域内的等效磁路，假设齿和槽的宽度相同

3.3　有效长度

圆周上的开槽只是影响气隙磁导大小的因素之一。另一种形式的开槽发生在冷却管道占有轴向空间的电机中。当使用强制通风时，风扇或离心式鼓风机安装在转子的一端。冷却作用需要用到径向通风道，或通过在铁心叠片上打孔来构造的轴向通风道。由于在与叠片平面平行方向上的热导率比在该平面垂直方向上的热导率高 40 ~ 50 倍，因此首选径向通风道。由于难以向铁心中部提供冷空气，因此铁心较长的电机还需要使用轴向通风道。采用径向通风道时，风道宽度为 3/8 ~ 1/2in。为了保持足够的冷却，风道之间的距离一般不超过 6in。

考虑径向通风道对气隙磁导的影响，采用的方法与开槽类似，比较容易推导。式（3.14）采用简化的方式来表示开槽后的影响，同样的方法可用于计算无通风道电机的有效长度，接下来看到的方程将与此类似。如果需要，也可以使用类似于式（3.11）的表达式来更精确地表示有通风道后的影响[1]。根据这些方程式计算的有效长度与有效气隙长度以及式（3.8），一起用以计算等效后的气隙磁导，等效后的电机在圆周方向和轴向上都具有光滑铁表面。

一般来说，定子铁心和转子铁心的长度不需要相等，如下面的情况 2 所示。

为了简单起见，在本书的其余部分，将假定 $l_{is}=l_{ir}=(=l_i)$ ㊀。如果定转子铁心长度不相等，则会在文中专门说明。

1. 定转子铁心长度相同，没有通风道

$$l_e = l_i + 2g;\ l_i = l_{is} = l_{ir}$$

2. 定转子铁心长度略有不同，没有通风道

$$l_e = \frac{l_{is} + l_{ir}}{2} \quad (l_{is} \neq l_{ir})$$

$$\text{假设 } l_{is} < l_e < l_{is} + 8g$$

3. 定转子铁心具有同样的叠片长度、同样 n 个通风道

$$l_e = l_i + 2g + n\left(\frac{l_{0s} + l_{0r}}{2}\right)\left[\frac{5}{5+\dfrac{l_{0s}}{g}}\right]\left[\frac{5}{5+\dfrac{l_{0r}}{g}}\right]$$

式中，$l_i = l_1 + l_2 + l_3 + \cdots + l_{n+1}$。

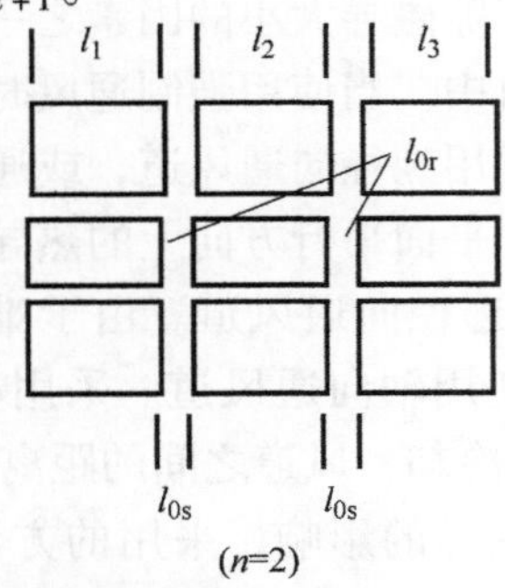

4. 定子有 n 个通风道，转子没有

$$l_e = l_i + 2g + nl_{0s}\left[\frac{5}{5+\dfrac{l_{0s}}{g}}\right]$$

㊀ 本书中的铁心长度是不含通风道的长度。——译者注

式中，$l_i = l_1 + l_2 + l_3 + \cdots + l_{n+1}$。

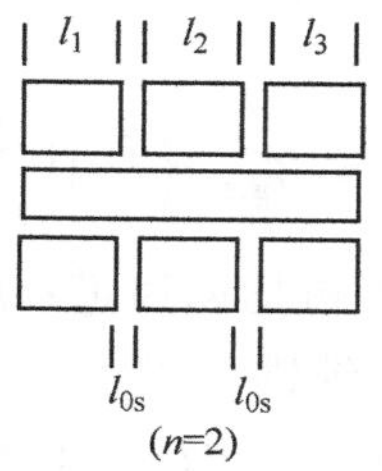

5. 定转子都有 n 个通风道，但并不对齐

$$l_e = l_i + 2g + \frac{n}{2}\left\{l_{0s}\left[\frac{5}{5+\frac{l_{0s}}{g}}\right] + l_{0r}\left[\frac{5}{5+\frac{l_{0r}}{g}}\right]\right\}$$

式中，$l_i = l_1 + l_2 + l_3 + \cdots + l_{n+1}$。

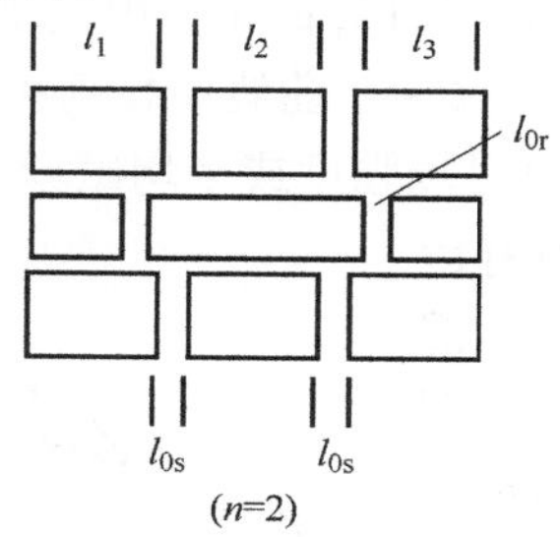

3.4　齿部磁阻计算

到目前为止，磁路计算只考虑了磁路的气隙部分，本节介绍定子（或转子）齿部磁阻的计算。由于铁磁材料的磁阻是非线性的，因此计算磁阻的前提是已知齿内磁通密度的实际大小。如果齿部最高磁通密度较低（小于1.4T），可以认为所有磁通都进入齿部，据此来计算齿部磁通密度。也就是说，在一个齿距内，所有进入电枢的磁通都将通过齿根进入轭部，这部分磁通计算时需要考虑卡特系数。如果最高磁通密度超过1.4T，或槽的深度相对于气隙长度较小，计算应考虑一部分磁通直接从气隙到槽底部，而不进入齿部，如3.3节所述。由于推导卡特系数时假设槽是无限深的，因此这部分磁通没有包括在卡特系数中。

定义 $B_{g,ave}$ 为一个槽距上沿气隙中心线的平均气隙磁通密度；B_{g1} 为气隙中心线处气隙磁通密度基波分量的幅值；B_{mid} 为在齿部中心线中点处的磁通密度；B_{top} 为齿部靠近气隙表面的磁通密度；B_{root} 为齿根部（磁通进入定子或转子轭部的位置）的磁通密度。

当齿部没有严重饱和时，可以简单地假设一个槽距内的所有磁通都进入齿部表面。在这种情况下，从槽进入轭部的磁通可以忽略不计。于是

$$B_{top}k_i t_t l_i = B_{g,ave}\tau_s l_e \tag{3.16}$$

得到

$$B_{top} = B_{g,ave}\left(\frac{\tau_s}{t_t}\right)\left(\frac{l_e}{k_i l_i}\right) \tag{3.17}$$

式中，l_i为电机铁心叠片长度，不包括通风道；k_i为铁心叠压系数，由于叠片之间有绝缘涂层和空气，$k_i l_i$才表示纯铁的长度。系数k_i的值在0.87～0.93之间，0.014in（14mil）厚的叠片为0.87，0.025in（25mil）厚的叠片为0.93。

只有当电机的直径相对于槽的深度非常大，或者当电机的齿部有意设计为具有平行边（如在采用散嵌绕组的小型电机中）时，才能认为每个齿在沿磁通方向上具有均匀横截面的假设是正确的。通常，定子齿和转子齿是梯形，这导致齿的顶部或根部会先饱和，这取决于是在定子齿还是在转子齿。当梯形齿部的倾斜程度比较明显时，最简单的方法是计算确定齿内三个点，即齿顶部、齿中部和齿根部的磁通密度，并从铁磁材料$B-H$曲线中找到相应的磁场强度。然后根据辛普森（Simpson）法则近似计算磁场强度或平均磁场强度。

为了简化计算，假设在所有齿部横截面中，磁通保持不变。齿部总长度（或深度）为d_t，齿顶部宽度为t_t，齿中部宽度为t_m，齿根部宽度为t_r，如图3.5所示。如果齿部形状更复杂，可以沿磁通方向选择更多点。

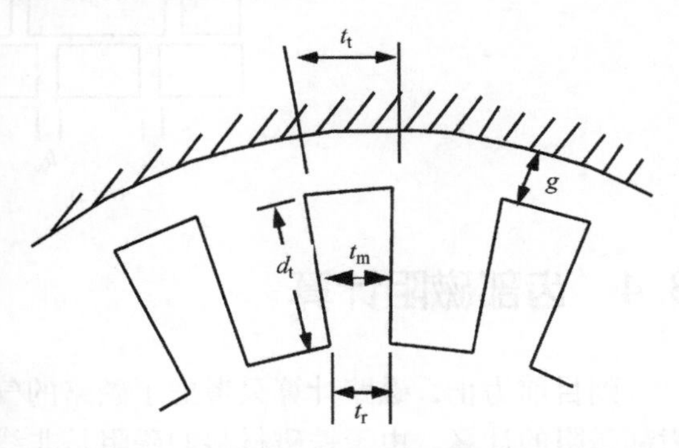

图3.5　梯形齿部磁动势计算示意图

设计时，首先从选择定子或转子齿的最大磁通密度值以及最大磁通密度出现的位置开始。在图3.5中，这一点明显位于齿根部。通过简单的比率可以得到齿部其他不同位置的磁通密度。通过选择多个此类值，可以获得特定类型磁性材料对应的B_{g1}值。或者，可以选定B_{g1}，并（近似）计算齿部各点的磁通密度。需要注意的是，此时对磁通密度基波分量幅值B_{g1}的值也是估算的，因为铁心磁导率的大小因齿而异，故气隙磁通密度的实际分布肯定是非正弦的。如果磁通密度的确切分布情况已经确定，估算可以更为准确。

假设B_{root}值已知，那么齿顶部和齿中部的值分别为

$$B_{top} = B_{root}\frac{t_r}{t_t} \tag{3.18}$$

$$B_{mid} = B_{root}\frac{t_r}{\left(\frac{1}{2}\right)(t_t + t_r)} \tag{3.19}$$

辛普森法则表明，函数 $y(x)$ 在 x 上的积分近似为

$$\int_0^x y(x)\mathrm{d}x = \frac{\Delta x}{3}\{y(0) + 4y(\Delta x) + 2y(2\Delta x) + 4y(3\Delta x)\cdots + 4y[(n-1)\Delta x] + y(n\Delta x)\} \tag{3.20}$$

式中

$$\Delta x = x/n$$

n 是一个偶数。在齿部，需要计算

$$H_{\mathrm{t(ave)}} = \frac{1}{d_{\mathrm{t}}}\int_0^{d_{\mathrm{t}}} H_{\mathrm{t}}(l)\mathrm{d}l$$

将式（3.20）中的 n 设为2，于是

$$H_{\mathrm{t(ave)}} = \frac{1}{d_{\mathrm{t}}}\left(\frac{d_{\mathrm{t}}}{2}\right)\left(\frac{1}{3}\right)[H_{\mathrm{t}}(0) + 4H_{\mathrm{t}}(d_{\mathrm{t}}/2) + H_{\mathrm{t}}(d_{\mathrm{t}})]$$

或

$$H_{\mathrm{t(ave)}} = \frac{1}{6}[H_{\mathrm{t}}(0) + 4H_{\mathrm{t}}(d_{\mathrm{t}}/2) + H_{\mathrm{t}}(d_{\mathrm{t}})] \tag{3.21}$$

如果将三个 H 替换为齿根部的 H_{root}，齿中部的 H_{mid}，以及齿顶部的 H_{top}，那么式（3.21）变为

$$H_{\mathrm{t(ave)}} = \frac{1}{6}H_{\mathrm{top}} + \frac{2}{3}H_{\mathrm{mid}} + \frac{1}{6}H_{\mathrm{root}} \tag{3.22}$$

齿部的磁压降为

$$\mathcal{F}_{\mathrm{t(ave)}} = \left[\frac{1}{6}H_{\mathrm{top}} + \frac{2}{3}H_{\mathrm{mid}} + \frac{1}{6}H_{\mathrm{root}}\right]d_{\mathrm{t}} \tag{3.23}$$

H_{top}、H_{mid} 和 H_{root} 的大小可通过 B_{top}、B_{mid} 和 B_{root} 在磁性材料非线性 $B-H$ 曲线上查得。

齿部区域的磁阻为

$$\mathcal{R}_{\mathrm{t}} = \frac{\mathcal{F}_{\mathrm{t(ave)}}}{\phi_{\mathrm{t}}} \tag{3.24}$$

式中

$$\phi_{\mathrm{t}} = B_{\mathrm{top}}t_{\mathrm{t}}k_il_i = B_{\mathrm{root}}t_{\mathrm{r}}k_il_i \tag{3.25}$$

因此

$$\mathcal{R}_{\mathrm{t}} = \frac{\mathcal{F}_{\mathrm{t(ave)}}}{B_{\mathrm{top}}t_{\mathrm{t}}k_il_i} \tag{3.26}$$

针对 B_{root} 的所有预估值重复计算 $\mathcal{R}_{\mathrm{t}}$，将在每极磁路上得到一个非线性磁阻。对于另一个开槽部件，即定子（或转子），也可以进行类似的计算。对于普通冷轧钢，定子齿中的磁通密度最大值一般不超过1.7T（约110kilolines/in^2），转子

齿不超过 1.8T（115kilolines/in^2）。对于硅钢，最大值分别为 1.6T 和 1.7T。

3.5　示例 1——齿部磁压降

现在计算一个齿距内气隙和转子齿中的磁压降。为便于分析，尺寸如图 3.6 所示。叠片的厚度为 0.014in（$k_i = 0.87$），材料为 29 号 M27 钢，其 $B-H$ 曲线如图 1.16 所示。由图 3.6 可以推出

$$\tau_s = 0.922\text{in} \quad l_i = 8.4\text{in}$$
$$b_o = 0.4\text{in} \quad l_o = 0.5\text{in}$$
$$d_t = 1.4\text{in} \quad g = 0.1\text{in}$$
$$t_t = 0.522\text{in} \quad t_r = 0.405\text{in}$$

a) 含有转子通风道的铁心尺寸

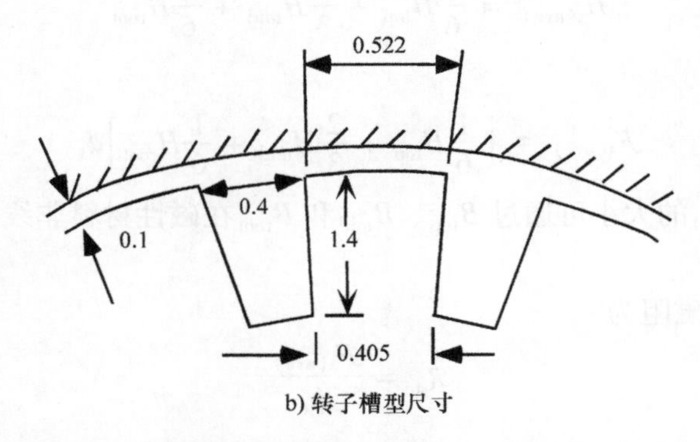

b) 转子槽型尺寸

图 3.6　计算气隙和转子齿磁压降所需的铁心和槽型尺寸，单位为 in

第一步是计算有效长度、宽度和深度。根据 3.3 节中情况 4 对应的方程式

$$l_e \approx 2g + l_i + nl_o\left[\frac{5}{5 + \dfrac{l_o}{g}}\right]$$

式中，l_o 为通风道开口宽度；l_i 为电机铁心叠片长度。代入数值可得

$$l_e = 0.2 + 8.4 + 2 \times 0.5\left[\frac{5}{5 + \frac{0.5}{0.1}}\right]$$

$$= 9.1\text{in}$$

由式（3.11）可得

$$k_c = \frac{\tau_s}{\tau_s - \frac{2b_o}{\pi}\left\{\text{atan}\left(\frac{b_o}{2g}\right) - \frac{g}{b_o}\left(\ln\left[1 + \left(\frac{b_o}{2g}\right)^2\right]\right)\right\}}$$

$$= \frac{0.922}{0.922 - \left(\frac{2 \times 0.4}{3.1416}\right)\left\{\text{atan}\left(\frac{0.4}{2 \times 0.1}\right) - \frac{0.1}{0.4}\ln\left[1 + \left(\frac{0.4}{2 \times 0.1}\right)^2\right]\right\}}$$

$$= 1.24$$

于是

$$g_e = k_c g = 0.124\text{in}$$

现在计算齿根部磁通密度为1.86T（120kilolines/in^2）时的磁压降。应注意的是，该磁通密度值会导致电机处于高度饱和的状态，并且在常规设计中该值已处于上限，本例仅作为高度饱和电机的一个示例。最终会发现，产生这么大磁通密度所需的电压会大于额定值。从图1.16所示低碳钢的 $B-H$ 曲线可以找到对应

$$B_{\text{root}} = 1.86\text{T}$$

的磁场强度为

$$H_{\text{root}} = 200\text{Oe} \times 0.796(\text{A-t/cm})/\text{Oe} = 160\text{A-t/cm}$$

本构方程为（第1章1.20节）

$$B_{\text{root}} = (4\pi \times 10^{-9})\mu_i H_{\text{root}}$$

μ_0以H/cm为单位。现在可以得到饱和铁磁材料的相对磁导率

$$\mu_i = \frac{1.86 \times 10^{-4}}{4\pi \times 10^{-9} \times 160} = 93$$

因此，根据式（3.16）计算出当齿根部磁通密度为1.86T时的气隙平均磁通密度

$$B_{g,\text{ave}} = B_{\text{top}}\left(\frac{k_i l_i}{l_e}\right)\left(\frac{t_t}{\tau_s}\right) = B_{\text{root}}\left(\frac{k_i l_i}{l_e}\right)\left(\frac{t_r}{\tau_s}\right)$$

或

$$B_{g,\text{ave}} = B_{\text{root}}\left(\frac{0.87 \times 8.4}{9.1}\right) \times \left(\frac{0.405}{0.922}\right)$$

$$= 1.86 \times 0.353 = 0.656\text{T}$$

齿顶部上方气隙中的磁通密度为

$$B_{gt} = \frac{k_i l_i}{l_e}\frac{t_r}{t_t}B_{root} = \frac{0.87\times 8.4}{9.1}\times\frac{0.405}{0.522}\times 1.86 = 1.15\text{T}$$

气隙的磁压降为

$$\mathcal{F}_{gt} = \frac{B_{g,ave}}{\mu_0}g_e = \frac{0.656}{4\pi\times 10^{-7}}\times 0.124\times\left(\frac{2.54}{100}\right) = 1644\text{A-t}$$

系数2.54/100是将in转换为m。

进入齿部的磁通为

$$\Phi_{gt} = B_{gt}l_e t_t = 1.15\times 9.1\times 0.522\times\left(\frac{2.54}{100}\right)^2 = 0.00352\text{Wb}$$

齿顶部上方气隙的磁阻为

$$\mathcal{R}_{gt} = \frac{\mathcal{F}_{gt}}{\Phi_{gt}} = \frac{1644}{0.00352} = 467\times 10^3\text{H}^{-1}$$

为了计算齿的磁阻，有必要首先计算齿上的磁压降。齿根部的磁通密度 $B_{root}=1.86\text{T}$，查图1.16所示的 $B-H$ 曲线可得

$$H_{root} = 160\text{A-t/cm}$$

由于齿宽从齿顶部到齿中部是呈线性逐渐变小

$$B_{mid} = B_{root}\left(\frac{0.405}{\frac{0.405+0.522}{2}}\right) = 1.65\text{T}$$

由 $B-H$ 曲线可得

$$H_{mid} = 44.5\text{A-t/cm}$$

按照比率，齿顶部的磁通密度是

$$B_{top} = B_{root}\left(\frac{0.405}{0.522}\right) = 1.44\text{T}$$

于是

$$H_{top} = 8\text{A-t/cm}$$

根据辛普森法则［式（3.22）］计算出齿部的平均磁场强度为

$$H_{t(ave)} = \frac{H_{top}}{6}+\frac{2H_{mid}}{3}+\frac{H_{root}}{6} = \frac{1}{6}\times 8+\frac{2}{3}\times 44.5+\frac{1}{6}\times 160 = 57.67\text{A-t/cm}$$

因此，齿部的平均磁压降为

$$\mathcal{F}_{t(ave)} = H_{t(ave)}d_t = 57.67\times 1.4\times 2.54 = 205.1\text{A-t}$$

最后得出转子齿部的磁阻为

$$\mathcal{R}_t = \frac{\mathcal{F}_{t(ave)}}{\Phi_r} = \frac{205.1}{3.52}\times 10^3 = 58\times 10^3\text{H}^{-1}$$

可以发现，该值约为气隙磁阻的12%。将定子齿部的磁压降（本例中未计算）

也考虑在内的话，齿部总磁压降约为气隙磁压降的25%。很明显，即使铁磁材料中的磁通密度为轻度饱和，铁磁材料中的磁压降也不能忽略。气隙、齿和槽的等效磁路如图3.7所示。

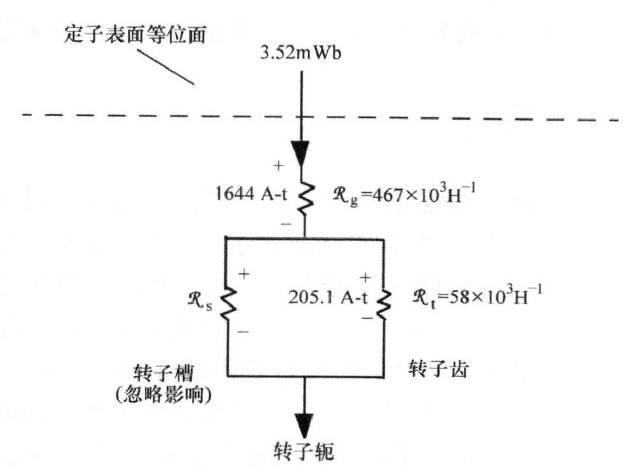

图3.7 $B_{root}=1.86T$ 时图3.6对应的气隙、槽和齿的等效磁路

考虑到气隙中的最大磁通密度，饱和效应可以通过计算距齿最窄部分1/3（本例中距齿根部1/3）齿深距离处的磁通密度和对应的磁场强度来近似计算。如果气隙磁通密度值与之前一样，那么对于图3.6中距齿根部1/3齿深的位置，假设磁导率无穷大，其磁通密度的近似计算公式为

$$B_{1/3} = \frac{B_{g,ave}}{\left(\frac{k_i l_i}{l_e}\right)\left[\frac{t_{1/3}}{\tau_s}\right]} \tag{3.27}$$

或

$$B_{1/3} = \left(\frac{t_r}{t_{1/3}}\right)B_{root} \tag{3.28}$$

用哪个公式取决于计算之前假设的是B_g还是B_{root}。$t_{1/3}$是距齿根部1/3齿深位置的齿宽，计算公式为

$$t_{1/3} = t_r + \frac{1}{3}(t_t - t_r) = 0.405 + \frac{1}{3}\times(0.522 - 0.405) = 0.444\text{in}$$

因此，假设齿根部的磁密$B_{root}=1.86T$，那么

$$B_{1/3} = \frac{0.405}{0.444}\times 1.86 = 1.7\text{T}$$

由第1章的$B-H$曲线可得

$$H_{1/3} = 80\times 0.796 = 64\text{A-t/cm}$$

于是

$$\mathcal{F}_{t(ave)} = H_{1/3}d_t = 64 \times 1.4 \times 2.54 = 227.6\text{A-t}$$

可以发现，该值与之前的计算结果205.1比较接近。虽然这种方法不适用于高度饱和条件，但当铁磁材料只有轻度饱和时，计算的准确性会显著提高。

3.6　轭部磁阻计算

齿部磁导与一个齿距上气隙磁通密度的关系在上一小节已计算完成。求解完整磁路就剩下计算轭部或磁路“背铁”部分的磁压降。图3.8表示每极有六个定子和转子槽的电机的等效磁路（一般来说，定子和转子的槽数不会相等，这种情况将在后面讨论）。可以为每个槽标识一个“磁通管”，电机一个极内的轭部可以提供所有磁通管的磁通。最外层通量管中的磁通在N极和相邻S极之间平均分配（见图3.1）。还要注意的是，每极槽数是偶数会导致每个极下任意时刻都有一个齿上没有磁通。也就是说，由于磁动势分布是对称的，当磁动势分布波形每半个周期中有偶数个“台阶”时，中心“台阶”处的磁动势为零。当每极槽数为奇数时，所有的齿在任意时刻都有磁通。

通过使用最外层的磁通管（齿3和3′）可以容易地计算轭部磁压降。由于轭部区域的磁性材料是非线性的，因此，与气隙磁通Φ_{g1}、Φ_{g2}和Φ_{g3}相对应的磁通管所代表的三个磁路并不是独立的，所以问题仍然复杂。此外，还存在漏磁通（在本例中由Φ_{sl1}、Φ_{sl2}和Φ_{sl3}代表），它们通过定子轭部就形成了闭合回路。因此，三个轭部磁阻中的每一个磁压降都是轭部磁通密度的函数，并且与在三条磁路中同时流通的磁通总量有关。尽管如此，可以通过假设气隙中的磁通密度已知且为正弦分布来求解这个问题。

从图3.9中可以看出，如果气隙磁通密度是正弦的，那么轭部磁通密度也是正弦的，也就是说，轭部磁通是气隙磁通密度的空间积分。特别是，如果P是极数，那么气隙磁通密度的空间分布可以写成

$$B_g(\theta_e) = B_{g1}\cos\left(\frac{P\theta}{2}\right) \tag{3.29}$$

式中，θ为气隙圆周位置。从图3.9可以看出，在气隙磁通密度达到最大值时，轭部磁通为零（$\theta_e = 0°$）。以该点作为坐标原点，在任意位置θ_e上，进入轭部的总磁通可以表示为

$$\Phi_c(\theta_e) = \int_0^{\theta=(2/P)\theta_e} B_{g1}\cos\left(\frac{P\theta}{2}\right) r l_e \mathrm{d}\theta \tag{3.30}$$

式中，r为从转子中心到由气隙中点定义的圆柱表面的半径。特别是，当

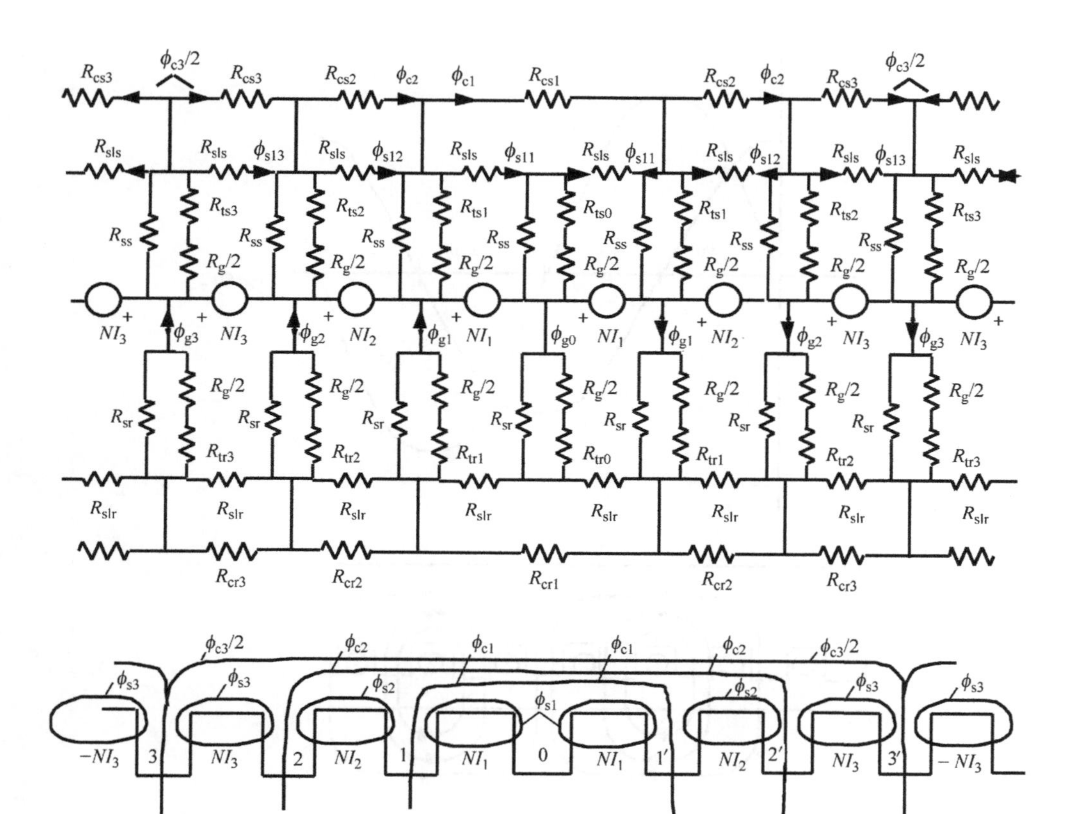

图 3.8　一台每极有六个定子和转子槽的异步电机等效磁路（含槽漏磁通）

$$\frac{P\theta}{2} = \theta_{\mathrm{e}} = \frac{\pi}{2}$$

或

$$\theta = \pi / P$$

时轭部磁通达到最大值。该点与气隙磁通密度最大值点相差 90°电角度。假设基波磁通最大值和气隙磁通幅值相同，则定子或转子轭部磁通根据式（3.30）可表示为

$$\Phi_{\mathrm{c}}(90^{\circ}) = \frac{2}{P} l_{\mathrm{e}} r B_{\mathrm{g1}}$$

进一步可写为

$$\Phi_{\mathrm{c}}(90^{\circ}) = \left(\frac{\tau_{\mathrm{p}}}{2} l_{\mathrm{e}}\right)\left(\frac{2}{\pi} B_{\mathrm{g1}}\right) \tag{3.31}$$

式中，$2B_{\mathrm{g1}}/\pi$ 是每极气隙磁通密度的平均值；$\tau_{\mathrm{p}} l_{\mathrm{e}}/2$ 是每极面积的一半，该面

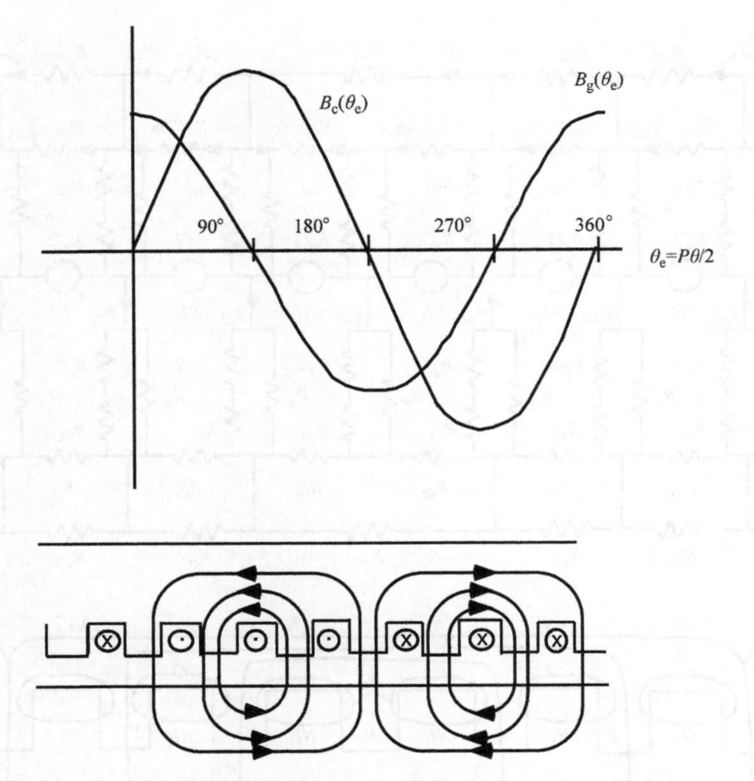

图 3.9　气隙和轭部磁通密度与气隙圆周表面位置（电角度）的关系

积上气隙磁通流向定子或转子轭部，正如图 3.9 中所示，每极磁通分成相等的两部分，一部分向左，另一部分向右，每个部分在轭部都有自己独立的回路。在 $\theta=\pi/P$（90°电角度）处，轭部磁通密度等于式（3.31）得到的磁通除以轭部的横截面积，结果为

$$B_c(90°)=\frac{\Phi_c(90°)}{d_c k_i l_i}=\frac{l_e(\tau_p/2)}{d_c k_i l_i}\left(\frac{2B_{g1}}{\pi}\right) \tag{3.32}$$

式中，d_c（d_{cs}或d_{cr}）为（定子或转子）轭部的径向深度；k_i 和 l_i 取定子或转子对应的值。轭部其他位置的磁通也可以用类似的方式计算。

如图 3.8 所示，轭部中的总磁通包含气隙磁通和漏磁通，气隙磁通穿过气隙经铁心形成闭合回路，漏磁通不进入气隙，但也通过轭部形成闭合回路。轭部任何位置的磁通等于气隙磁通与漏磁通之和。漏磁通计算虽然是下一章的主题，但在主磁通计算中需考虑漏磁通对轭部磁通的实际影响，特别是槽漏磁通，即图 3.8所示的漏磁通。参考文献［2，3］中指出，定子总漏抗可通过下式估算：当电机不饱和时

$$X_{1s} = \frac{(P/100)}{1 - \dfrac{P}{100}} X_m \tag{3.33}$$

当电机饱和时

$$X_{1s} = \frac{1.5(P/100)}{1 - 1.5\dfrac{P}{100}} X_m \tag{3.34}$$

在式（3.33）和式（3.34）中，X_m为对应气隙磁通的电抗（即磁化电抗）；X_{1s}为定子总漏抗。一般来说，槽漏抗只是定子总漏抗的一部分。假设槽漏磁通占总漏磁通的1/2，那么可以写出

$$\Phi_{cs} = \left(\frac{X_m + X_{1s}/2}{X_m}\right)\left(\frac{\Phi_g}{2}\right) \tag{3.35}$$

式中，Φ_{cs}和Φ_g分别为定子轭部和气隙的磁通。将式（3.34）代入式（3.35），易得

$$\Phi_{cs} = \frac{1 + K_p}{2K_p} \frac{\Phi_g}{2} \tag{3.36}$$

式中

$$K_p = 1 - \frac{1.5P}{100}$$

因此，考虑槽漏磁通影响，式（3.31）写为

$$\Phi_{cs}(90°) = \left(\frac{\tau_p l_e}{2}\right)\left(\frac{2B_{g1}}{\pi}\right)\frac{1 + K_p}{2K_p} \tag{3.37}$$

同样位置的轭部磁通密度是

$$B_{cs}(90°) = \frac{\tau_p(l_e/2)}{d_{cs}k_{is}l_{is}}\left(\frac{2B_{g1}}{\pi}\right)\frac{1 + K_p}{2K_p} \tag{3.38}$$

同样的系数也适用于计算轭部其他位置的磁通和磁通密度。可以类似地得到，转子轭部中的最大磁通密度为

$$B_{cr}(90°) = \frac{\tau_p(l_e/2)}{d_{cr}k_{ir}l_{ir}}\left(\frac{2B_{g1}}{\pi}\right)\frac{3K_p - 1}{2K_p} \tag{3.39}$$

类似的修正系数可用于计及转子漏磁通对转子轭部饱和的影响。

类似于考虑齿部饱和时用的方法，计算轭部磁压降时可将$B-H$曲线与辛普森法则结合使用。在开始计算之前先考虑一下，当齿部开始饱和时，气隙磁通会发生什么变化？显然，具有最大磁通密度的齿将先饱和，因此磁通密度分布波形将开始变为峰值为$B_{g,max}$的“平顶”正弦波，如图3.10所示。请注意，基波分量幅值B_{g1}将略大于$B_{g,max}$。现在假设齿3和3′的值为B_{g1}，并在此基础上计算磁路的磁动势，看看会发生什么情况。由于图3.8中齿3和3′中的磁通肯定过高，

因此得出的计算结果也会偏大。另一方面，如果假设气隙磁通密度是幅值为$B_{g,max}$的正弦分布，由于轭部磁通密度没有被准确计算，因此得到的整个磁路上的磁压降将会偏小，轭部磁压降也会是错误的。

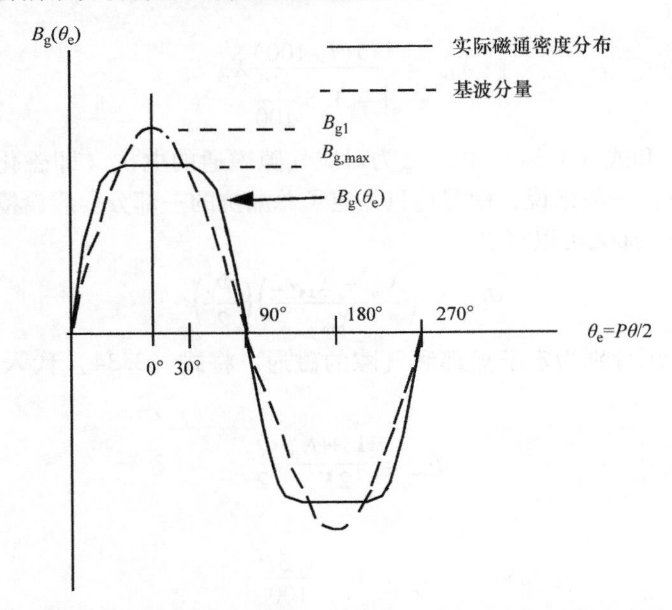

图 3.10　气隙磁通密度的实际分布波形和基波分量，忽略开槽影响

如果考虑气隙磁通密度正弦波的平顶化主要是因为 3 次谐波分量的存在，那么这个问题可以通过下述方法进行解决。从图 3.10 中可以看出，实际波形和基波分量在非常接近 30°的位置上有个交点。如果忽略 5、7 次等谐波，则正好是 30°。假设谐波分量与基波分量的幅值比是谐波次数的倒数，即 3 次谐波为 1/3，5 次谐波为 1/5，7 次谐波为 1/7 等，该交点更精确的值约为 37°。在实际中，该值介于 0° ~38.3°之间，根据 3、5、7 次谐波的相对含量及其相对极性（相移）可以计算得到。Lee[2]已经证明，30°是实际电机的合理选择。

由于磁通密度基波和实际磁通密度分布波形在圆周位置 30°处相交，如果假设磁通管的磁通密度平均值等于（$\sqrt{3}/2$）B_{g1}，以该点为中心的齿部磁压降的计算结果基本是正确的。因此，针对图 3.8 中的情况，应使用齿 2 和 2′对应的磁通管进行计算（虽然该例中的每极 6 槽是有意设置的，但实际上每极槽数等于任何值，这个方法都是适用的，因为磁动势可以通过旋转使 30°这一点正好位于齿部的中心）。由于开槽，磁通密度波形中的“波纹”可以看作是一种漏磁通，稍后将单独计算。值得注意的是，尽管消除了 3 次谐波对齿部磁动势计算的影响，但其影响并未在轭部计算中消除。通常，轭部磁通密度略低于齿部磁通密度，因此，由于3次谐波产生的额外磁通不会导致轭部磁压降有明显变化。如果情况不是这样，可以借助于迭代法，以便收敛到正确的结果。在这种情况下的求解方法留给感兴趣的读者[4]。

现在，计算感应电机主磁路磁压降的流程如下：

1）假设磁通密度基波分量的幅值为 B_{g1}，则离幅值点30°处的值为

$$B_g(30°) = B_{g1}(30°) = \frac{\sqrt{3}}{2}B_{g1} \tag{3.40}$$

2）通过式（3.17）计算相应的齿部磁通密度。

3）计算齿部和气隙的磁压降。

4）通过 B_{g1} 计算出定子轭部和转子轭部中 $\theta_e = 30°$、60°和90°位置的磁通密度。对于定子轭部，通过式（3.38）计算 $B_{cs}(90°)$，那么30°和60°位置处的磁通密度可以容易地得到

$$B_{cs}(60°) = B_{cs}(90°)\cos(30°) = \frac{\sqrt{3}}{2}B_{cs}(90°) \tag{3.41}$$

$$B_{cs}(30°) = B_{cs}(90°)\cos(60°) = 0.5B_{cs}(90°) \tag{3.42}$$

转子轭部中的计算与此类似。

5）以上这些值对应的磁场强度 H，可以通过铁磁材料的 $B-H$ 曲线获得。对于普通的钢片，定转子轭部的最大磁通密度一般低于1.4T。对于硅钢片，要再减小10%。

6）定转子轭部上 θ_e 从30°～150°区域内的平均磁压降可以用辛普森法则来计算。使用5个等距点计算长度 l_c 上函数 H_{core} 的平均值，用辛普森法则写为

$$H_{c(ave)} = \left(\frac{1}{l_c}\right)\left(\frac{l_c}{4}\right)\left(\frac{1}{3}\right)[H_c(30°) + 4H_c(60°) + 2H_c(90°) + 4H_c(120°) + H_c(150°)] \tag{3.43}$$

从对称性来看，有以下关系：

$$H_c(150°) = H_c(30°)$$
$$H_c(120°) = H_c(60°)$$

于是式（3.43）简化为

$$H_{c(ave)} = \frac{1}{6}H_c(30°) + \frac{2}{3}H_c(60°) + \frac{1}{6}H_c(90°) \tag{3.44}$$

这个方法对定子轭部 $H_{cs(ave)}$ 和转子轭部 $H_{cr(ave)}$ 的计算都适用。

7）在一个极距内，定子轭部的平均路径长度为

$$l_{cs} = \frac{\pi(D_{is} + 2d_{ss} + d_{cs})}{P} \tag{3.45}$$

式中，D_{is}为定子内径；d_{ss}为定子槽深；d_{cs}为定子轭部从定子槽底到定子外径的径向长度。

对于转子

$$l_{cr}=\frac{\pi(D_{or}-2d_{sr}-d_{cr})}{P} \tag{3.46}$$

式中，d_{sr}为转子槽深；d_{cr}为转子轭部从转子槽底到转子内径的径向长度；D_{or}为转子外径，即

$$D_{or}=D_{is}-2g \tag{3.47}$$

8）定转子轭部的磁压降分别为

$$\mathcal{F}_{cs(ave)}=H_{cs(ave)}\left(\frac{2}{3}l_{cs}\right) \tag{3.48}$$

和

$$\mathcal{F}_{cr(ave)}=H_{cr(ave)}\left(\frac{2}{3}l_{cr}\right) \tag{3.49}$$

9）将以上磁压降累加起来就得到了每极在30°位置处的总磁动势，可以写为

$$2\mathcal{F}_{s1}(30°)=2\mathcal{F}_{g}(30°)+2\mathcal{F}_{ts}(30°)+2\mathcal{F}_{tr}(30°)+\mathcal{F}_{cs(ave)}+\mathcal{F}_{cr(ave)} \tag{3.50}$$

10）与假定的磁通密度正弦波峰值对应的磁动势实际值为

$$2\mathcal{F}_{s1}(0°)=\frac{2}{0.866}\mathcal{F}_{s1}(30°)\quad[\text{等于式(3.1)中的}2\mathcal{F}_{s1}] \tag{3.51}$$

3.7 示例2——主磁路上的磁压降

一台250hp、8极、2400V、60Hz感应电机，其主要参数和尺寸（in）如下：

定子外径 $=D_{os}=31.5$in　　铁心总长度 $=9.25$in

定子内径 $=D_{is}=24.08$in　　定转子通风道数 $=2$（正对）

转子外径 $=D_{or}=24.0$in

转子内径 $=D_{ir}=19$in　　定转子通风道宽度 $=0.375$in

定子槽数 $=S_1=120$　　叠片厚度 $=0.014$in

转子槽数 $=S_2=97$　　钢片类型 $=29$号，M27钢

从以上数据可以推出

气隙 $=g=0.04$in

定转子叠片长度 $=l_{is}=l_{ir}=8.5$in

定转子铁心叠压系数 $=k_{is}=k_{ir}=0.93$

极距（用气隙弧长表示） $= \tau_p = 9.456\text{in}$

定子槽距 $= \tau_s = 0.630\text{in}$

转子槽距 $= \tau_r = 0.733\text{in}$

图 3.11 给出了定转子槽型的具体尺寸，从图中和上面的数据，可以推出以下数据。

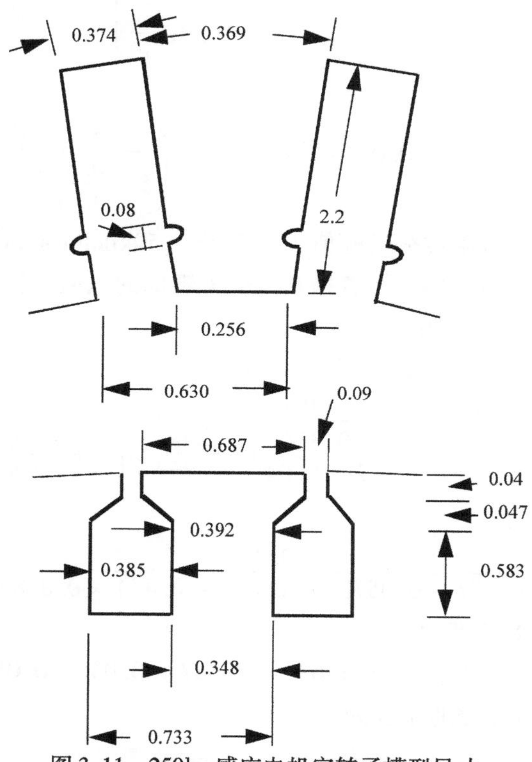

图 3.11　250hp 感应电机定转子槽型尺寸

对于定子：

槽深 $= d_{ss} = 2.2\text{in}$

轭部径向深度 $= d_{cs} = 1.51\text{in}$

齿顶宽度 $= t_{ts} = 0.256\text{in}$

齿底宽度 $= t_{bs} = 0.369\text{in}$

槽口宽度 $= b_{os} = 0.374\text{in}$

对于转子：

槽深 $= d_{sr} = 0.67\text{in}$

轭部径向深度 $= d_{cr} = 2.08\text{in}$

齿顶宽度 $= t_{tr} = 0.392\text{in}$

齿底宽度 $= t_{br} = 0.348\text{in}$

槽口宽度 $= b_{or} = 0.09\text{in}$

最后，定子的有效长度（本例中转子有效长度与定子的相同）可以按 3.3 节中的情况 3 来计算，重复一下相关公式

$$l_e = l_{is} + 2g + nl_0\left(\frac{5}{5+\frac{l_0}{g}}\right)^2$$

其中，$l_{0s} = l_{0r} = l_0$，可得

$$l_e = 8.5 + 2\times 0.04 + 2\times 0.375\times\left(\frac{5}{5+\frac{0.375}{0.04}}\right)^2 = 8.67\text{in}$$

如果气隙磁通密度基波分量幅值为 0.775T（50kilolines/in^2），那么所需的每极磁动势是多少？在本例中，沿着槽直接进入轭部的磁通将被忽略不计。

（1）气隙磁动势和磁阻

根据式（3.11），对应定子槽的卡特系数为

$$k_{cs} = \frac{0.63}{0.63 - 2\times\left(\frac{0.374}{\pi}\right)\left\{\text{atan}\left(\frac{0.374}{2\times 0.04}\right) - \frac{0.04}{0.374}\text{In}\left[1+\left(\frac{0.374}{2\times 0.04}\right)^2\right]\right\}} = 1.633$$

转子槽的卡特系数为

$$k_{cr} = \frac{0.777}{0.777 - 0.0573\times(0.844 - 0.444\times 0.818)} = 1.037$$

因此，气隙有效长度为

$$g_e = k_{cs}k_{cr}g = 1.633\times 1.037\times 0.04 = 0.0677\text{in}$$

离最大值 30°处的气隙磁通密度为

$$B_{g1}(30°) = \frac{\sqrt{3}}{2}B_{g1} = 0.866\times 0.775 = 0.671\text{T}$$

从此处进入定子齿部的气隙磁通为

$$\Phi_{ts} = B_{g1}(30°)\tau_s l_s = 0.671\times 0.63\times 8.67\times\left(\frac{2.54}{100}\right)^2 = 2.37\text{mWb}$$

因此，克服气隙磁阻所需的磁动势是

$$\mathcal{F}_g(30°) = \frac{B_{g1}(30°)}{\mu_0}g_e = \frac{0.67\times 0.0677}{4\pi\times 10^{-7}}\times\frac{2.54}{100} = 918.5\text{A-t}$$

对应一个定子齿的气隙磁阻为

$$\mathcal{R}_{gs} = \frac{g_e}{\mu_0 l_e\tau_s} = \frac{0.0677}{\mu_0\times 8.67\times 0.63}\times\frac{100}{2.54} = 388.4\times 10^3\text{H}^{-1}$$

或者，对应一个转子齿的气隙磁阻为

$$\mathcal{R}_{gr}=\frac{g_e}{\mu_0 l_e \tau_r}=\frac{0.0677}{\mu_0\times 8.67\times 0.777}\times\frac{100}{2.54}=314.8\times 10^3\mathrm{H}^{-1}$$

（2）定子齿和槽的磁动势和磁阻

定子齿中部的宽度为

$$t_{ms}=t_{ts}+\frac{1}{2}(t_{bs}-t_{ts})=0.256+\frac{1}{2}\times(0.369-0.256)=0.3125\mathrm{in}$$

定子齿顶部的磁通密度为

$$B_{top,s}=B_{g1}(30°)\frac{\tau_s l_e}{t_{ts}k_{is}l_{is}}=\frac{0.67\times 0.630\times 8.67}{0.2572\times 0.93\times 8.5}=1.81\mathrm{T}$$

该结果表明齿高度饱和，这种情况下，定子齿中容纳槽楔的“凹陷”可能不会明显影响计算结果。通常应仔细检查这种因磁通截面积减少而产生饱和的可能性。

由于齿顶的磁通密度已知，因此齿中部和齿根部的磁通密度可以按比率进行计算

$$B_{mid,s}=\frac{B_{top,s}t_{ts}}{t_{ms}}=\frac{1.81\times 0.256}{0.3125}=1.48\mathrm{T}$$

$$B_{root,s}=\frac{B_{top,s}t_{ts}}{t_{bs}}=\frac{1.81\times 0.256}{0.369}=1.26\mathrm{T}$$

根据 29 号 M27 钢的 $B-H$ 曲线（见图 1.16），可得相应的磁场强度为

$$H_{top,s}=222\mathrm{A\text{-}t/in}$$

$$H_{mid,s}=21\mathrm{A\text{-}t/in}$$

$$H_{root,s}=6.9\mathrm{A\text{-}t/in}$$

因此，定子齿部的平均磁场强度为

$$H_{ts(ave)}=\frac{1}{6}H_{top,s}+\frac{2}{3}H_{mid,s}+\frac{1}{6}H_{root,s}=52.15\mathrm{A\text{-}t/in}$$

相应的定子齿部平均磁压降为

$$\mathcal{F}_{ts(ave)}=H_{ts(ave)}d_{ss}=52.15\times 2.2=114.7\mathrm{A\text{-}t}$$

定子齿部的磁阻为

$$\mathcal{R}_{ts}=\frac{\mathcal{F}_{ts(ave)}}{\Phi_{ts}}=\frac{114.7}{0.00236}=48.5\times 10^3\mathrm{H}^{-1}$$

由于定子齿部高度饱和，因此在使用通用表达式（3.20）时，最好采用三个以上的齿部位置来计算，实际计算中使用合适的计算机算法很容易做到这一点。

(3) 转子齿和槽的磁动势和磁阻

简单起见，将转子槽看作具有固定宽度 $b_o = 0.385$ 的开口槽，由此带来的误差可以忽略不计。稍后可以检查该假设是否成立，如有必要，应对槽肩部分的磁压降进行修正。

齿中部的齿宽为

$$t_{mr} = t_{tr} - \frac{1}{2}(t_{tr} - t_{rr}) = 0.392 - \frac{1}{2} \times (0.392 - 0.348) = 0.370\text{in}$$

使用未经矫正的气隙磁通，那么转子齿顶部的磁通密度为

$$B_{top,r} = B_{gl}(30°)\frac{\tau_r l_e}{t_{tr} k_{ir} l_{ir}} = 0.67 \times \frac{0.777 \times 8.67}{0.392 \times 0.93 \times 8.5} = 1.46\text{T}$$

从这个结果可以推出

$$B_{mid,r} = B_{top,r}\frac{t_{tr}}{t_{mr}} = 1.46 \times \frac{0.392}{0.370} = 1.55\text{T}$$

$$B_{root,r} = B_{top,r}\frac{t_{tr}}{t_{rr}} = 1.46 \times \frac{0.392}{0.348} = 1.64\text{T}$$

使用 M27 钢的 $B-H$ 曲线，相应的磁场强度是

$$H_{top,r} = 10.2\text{A-t/in}$$

$$H_{mid,r} = 12.4\text{A-t/in}$$

$$H_{root,r} = 50\text{A-t/in}$$

因此

$$H_{tr(ave)} = \frac{1}{6}H_{top,r} + \frac{2}{3}H_{mid,r} + \frac{1}{6}H_{root,r} = 18.3\text{A-t/in}$$

注意，$H_{top,r}$ 相对较小，因此其对平均磁压降的贡献较小。例如，如果 $H_{top,r}$ 减小一半（5.1A-t/in），得到相应的 $H_{tr(ave)}$ 为 17.45A-t/in，差别只有 5%。因此，忽略转子槽肩的假设是合理的。

转子齿部的磁压降为

$$\mathcal{F}_{tr(ave)} = H_{tr(ave)} d_{or} = 18.3 \times 0.67 = 12.26\text{A-t}$$

进入转子齿的气隙磁通为

$$\Phi_{tr} = B_{gl}(30°)\tau_r l_e = 0.671 \times 0.777 \times 8.67 \times \left(\frac{2.54}{100}\right)^2$$

$$= 2.92\text{mWb}$$

转子齿部的磁阻为

$$\mathcal{R}_{tr} = \frac{\mathcal{F}_{tr(ave)}}{\Phi_{tr}} = \frac{12.26}{0.00292} = 4.20 \times 10^3\text{H}^{-1}$$

假设槽磁动势等于齿部磁压降与一半气隙磁压降之和

$$\mathcal{F}_{sr} = \mathcal{F}_{tr(ave)} + \frac{1}{2}\mathcal{F}_g(30°) = 12.26 + \frac{918.5}{2} = 471.5\text{A-t}$$

（4）定子轭部磁动势和磁阻

根据式（3.31）可得定子轭部的最大磁通为

$$\Phi_{cs} = \left(\frac{2}{\pi}B_{g1}\right)\left(\frac{\tau_p}{2}l_e\right) = \frac{2}{\pi} \times 0.775 \times \frac{9.456}{2} \times 8.67 \times \left(\frac{2.54}{100}\right)^2 = 13.0\text{mWb}$$

因此，根据式（3.32），轭部磁通密度基波分量最大值为

$$B_{cs}(90°) = \frac{\Phi_{cs}}{d_{cs}k_{is}l_{is}} = \frac{0.013}{1.76 \times 0.93 \times 8.5} \times \left(\frac{100}{2.54}\right)^2 = 1.69\text{T}$$

距最大值位置30°和60°处的磁通密度分别为

$$B_{cs}(60°) = \frac{\sqrt{3}}{2}B_{cs}(90°) = 1.47\text{T}$$

$$B_{cs}(30°) = \frac{1}{2}B_{cs}(90°) = 0.85\text{T}$$

由 $B-H$ 曲线得到定子铁心上这三个点的磁场强度，分别为

$$H_{cs}(90°) = 73\text{A-t/in}$$

$$H_{cs}(60°) = 10.2\text{A-t/in}$$

$$H_{cs}(30°) = 1.5\text{A-t/in}$$

那么，轭部磁路上 H 的平均值为

$$H_{cs(ave)} = \frac{1}{6}H_{cs}(90°) + \frac{2}{3}H_{cs}(60°) + \frac{1}{6}H_{cs}(30°) = 19.2\text{A-t/in}$$

定子轭部磁路计算长度可以按铁心平均直径处的极距来考虑

$$l_{cs} = \frac{\pi(D_{os} - d_{cs})}{P} = \frac{\pi}{8} \times (32 - 1.51) = 11.78\text{in}$$

定子轭部的磁压降为

$$\mathcal{F}_{cs(ave)} = H_{cs(ave)}\left(\frac{2}{3}l_{cs}\right) = 19.2 \times \frac{2}{3} \times 11.78 = 150.88\text{A-t}$$

定子轭部的等效磁阻为

$$\mathcal{R}_{cs} = \frac{\mathcal{F}_{cs(ave)}}{\Phi_{cs}} = \frac{150.88}{0.013} = 11.56 \times 10^3\text{H}^{-1}$$

（5）转子轭部磁动势和磁阻

忽略漏磁通，进入转子轭部的每极磁通与进入定子轭部的磁通大小一致，因此

$$\Phi_{cr} = 13.0\text{mWb}$$

那么，转子轭部磁通密度基波分量的最大值为

$$B_{cr}(90°)=\frac{\Phi_{cr}}{k_{ir}l_{ir}d_{cr}}=\frac{0.013}{0.93\times8.5\times2.58}\times\left(\frac{100}{2.54}\right)^2=0.794\mathrm{T}$$

于是

$$B_{cr}(60°)=\frac{\sqrt{3}}{2}B_{cr}(90°)=0.690\mathrm{T}$$

$$B_{cr}(30°)=\frac{1}{2}B_{cr}(90°)=0.397\mathrm{T}$$

由材料的 $B-H$ 曲线可得

$$H_{cr}(90°)=1.4\text{A-t/in}$$
$$H_{cr}(60°)=1.0\text{A-t/in}$$
$$H_{cr}(30°)=0.7\text{A-t/in}$$

轭部磁路上 H 的平均值为

$$H_{cr(ave)}=\frac{1}{6}H_{cr}(90°)+\frac{2}{3}H_{cr}(60°)+\frac{1}{6}H_{cr}(30°)=1.02\text{A-t/in}$$

转子轭部磁路计算长度可以按轭部平均直径处的极距来考虑

$$l_{cr}=(D_{ir}+d_{cr})\frac{\pi}{P}=(19+2.08)\times\frac{\pi}{8}=8.28\text{in}$$

于是

$$\mathcal{F}_{cr(ave)}=H_{cr(ave)}\left(\frac{2}{3}l_{cr}\right)=1.02\times\frac{2}{3}\times8.28=5.61\text{A-t}$$

并且

$$\mathcal{R}_{cr}=\frac{\mathcal{F}_{cr(ave)}}{\Phi_{cr}}=\frac{33.2}{0.0131}=430.0\mathrm{H}^{-1}$$

磁路总磁压降等于各段磁路磁压降之和，包括两个气隙、两个定子齿和转子齿以及定子轭部和转子轭部。如果气隙磁通密度要达到期望值，那么在30°位置所需的每极磁动势为

$$2\mathcal{F}_p(30°)=2\mathcal{F}_g(30°)+2\mathcal{F}_{tr}+2\mathcal{F}_{ts}+\mathcal{F}_{cr}+\mathcal{F}_{cs}$$
$$=2\times918.5+2\times12.26+2\times114.73+5.61+150.88$$
$$\mathcal{F}_p(30°)=1124\text{A-t}$$

那么，气隙磁通密度最大值约为0.775T（50kilolines/in^2）时，每极磁动势的对应值为

$$\mathcal{F}_p(0°)=\mathcal{F}_{p1}=\frac{2}{\sqrt{3}}\mathcal{F}_p(30°)=1298\text{A-t}$$

3.8　等效磁路

图3.12给出了3.7节中250hp电机每极的等效磁路。因为定转子的齿距不相等，因此对应一半气隙大小的定子侧和转子侧的气隙磁阻并不相等。由于定子

齿和转子齿的宽度不相同，因此在等效磁路的定子侧和转子侧的磁通“流动”量不同，因此出现了概念上的问题。

如果将实际转子齿槽替换为“等效”的齿槽，则可以消除这种概念上的问题，等效齿产生与实际转子齿相同的磁压降，但与定子齿具有相同的磁通。但是，这种为了实现更易理解的等效磁路而增加复杂性的做法并不是必要的。

在电机磁路分析中，等效磁路法可能与等效电路法在传统电路分析中的作用一样强大。然而，这种方法并没有被广泛采用，反而是 3.6 节中所述的混合求解方法用得更多，主要是因为这一问题历史悠久，而且强大的数字计算机算法直到最近才出现。如果将图 3.12 中四个非线性元件（定子轭、转子轭、定子齿和转子齿）的磁阻确定为磁通的函数，然后用计算机中标准非线性代数方程求解器进行求解，就可以得到理想的答案。虽然用传统方法迫切需要将计算的复杂性降到最低，但如果在数字计算机上使用等效磁路方法，就不是这样了。事实上，在计算机中几乎任何复杂的磁路都可以相对容易地建立起来，在齿和轭中遇到的凹陷或凸起问题（在 3.6 节中刻意回避了）也可以不太困难地进行处理。

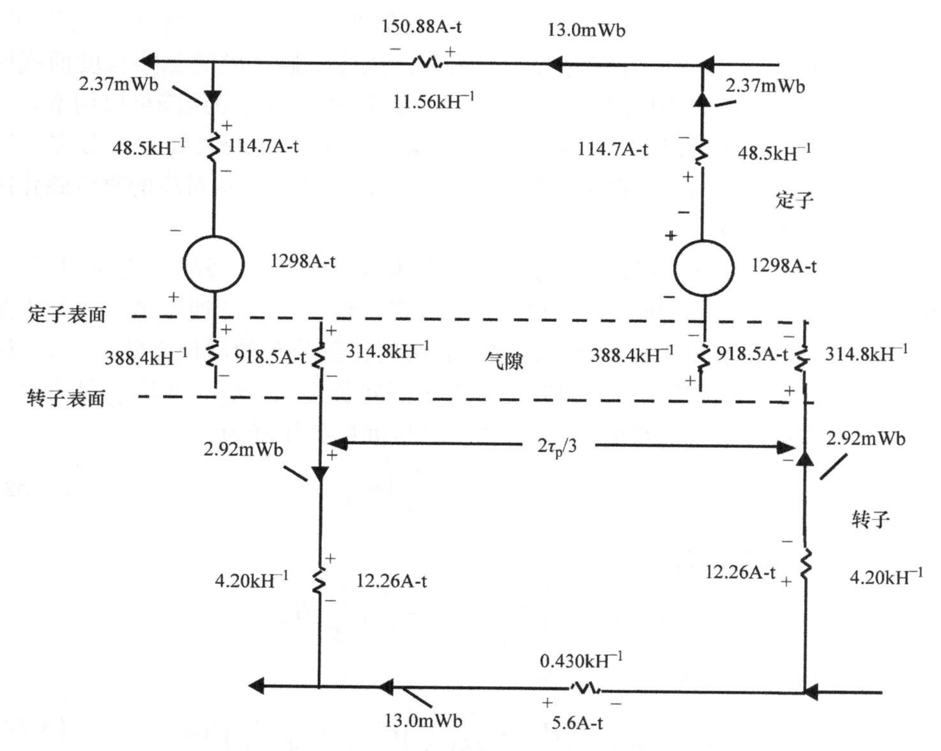

图 3.12　250hp 感应电机空载每极等效磁路，气隙磁通密度基波分量幅值为 0.775T 并忽略漏磁通

3.9 高饱和电机的磁场分布

一般来说，感应电机磁路中可饱和的部分包括定子齿、转子齿、定子轭和转子轭。根据不同的设计，这些部分中的任何一个或它们的任意组合都可以被设计为高度饱和。当施加正弦磁动势时，所得到的气隙磁通密度可以是平顶的，如图3.10所示，也可以是尖顶的，这取决于齿或轭的饱和程度。很明显，定子齿和转子齿的饱和是造成气隙磁通密度波形变平的主要原因。另一方面，轭部饱和会使气隙磁通密度波形变为尖顶波。如果轭部是饱和的，磁通密度沿轭部圆周上的分布基本是恒定的。由于轭部的磁通是气隙磁通密度的空间积分，对方波求导数得到电机气隙磁通密度波形是尖顶的（接近“脉冲”）。然而，在大多数实际电机中，齿部比轭部更饱和，因此气隙磁通密度的波形几乎都是平顶的。在这种情况下，谐波磁通造成的轭部磁压降可以忽略。

当电机高度饱和时，计算轭部磁压降的最简单方法如图3.13所示。如果轭部的磁通密度波形仍保持为正弦，曲线可近似为三条直线，端点分别为0°、45°、70°和90°。在这三个区间的每一区间中，认为磁通密度随磁路长度而线性变化。和在计算梯形齿磁压降时用的方法一样，每个区间的磁压降可以用辛普森法则来确定。或者，可以确定距离该区间末端（磁通密度最大处）三分之一区间长度处的磁通密度为等效磁通密度，然后使用该处铁磁材料对应的直流磁化曲线查得等效磁场强度。

图3.13中三个区间的等效磁通密度分别为 $B_c\sin30° = 0.5B_c$，$B_c\sin61.7° = 0.88B_c$ 和 $B_c\sin83.3° = 0.993B_c$，其中 B_c 是假定的最大轭部磁通密度，它并不足以让轭部进入高度饱和，也不会让轭部磁通密度正弦分布的假设无效。如果 H_{30} 表示30°位置的磁场强度（距离45°位置1/3区间长度），$H_{61.7}$ 和 $H_{83.3}$ 是另外两个区间段对应的等效磁场强度，那么0°~45°区间的磁压降为

$$\mathcal{F}_{c(0-45)} = \frac{1}{2}\left(\frac{l_c}{2}\right)H_{30} \tag{3.52}$$

0°~70°区间的磁压降为

$$\mathcal{F}_{c(0-70)} = \frac{1}{2}\left(\frac{l_c}{2}\right)H_{30} + \frac{5}{18}\left(\frac{l_c}{2}\right)H_{61.7} \tag{3.53}$$

0°~90°区间的磁压降为

$$\mathcal{F}_{c(0-90)} = \frac{1}{2}\left(\frac{l_c}{2}\right)H_{30} + \frac{5}{18}\left(\frac{l_c}{2}\right)H_{61.7} + \frac{2}{9}\left(\frac{l_c}{2}\right)H_{83.3} \tag{3.54}$$

式中，l_c 为定子轭部平均直径处的极距。计算定转子轭部的磁压降都可以用同样的方法。定子轭部磁压降的典型曲线如图3.14所示。需要指出的是，这条曲线

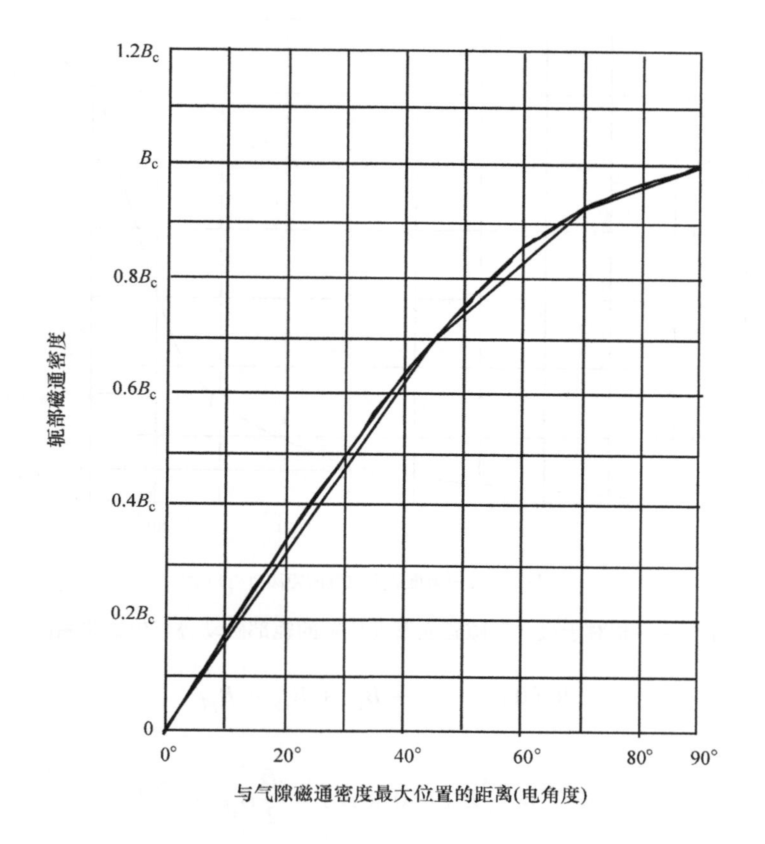

图3.13 定子或转子轭部磁通密度分布可用三段直线来近似

对应于3.7节的示例2，其中$\mathcal{F}_{cs(0-45)}=9.72$、$\mathcal{F}_{cs(0-70)}=61.7$、$\mathcal{F}_{cs(0-90)}=247.6$。针对转子轭部磁压降也可以得到类似的曲线。

接下来计算0°~90°之间任意位置θ处，由磁动势产生的气隙磁通密度。根据安培定律可得

$$\mathcal{F}_{gt}(\theta)=\mathcal{F}_{s1}\cos\theta-\mathcal{F}_{cs(\theta-90°)}(\theta)-\mathcal{F}_{cr(\theta-90°)}(\theta) \tag{3.55}$$

式中，$\mathcal{F}_{cs}(\theta)$和$\mathcal{F}_{cr}(\theta)$由图3.14得到，$\mathcal{F}_{gt}(\theta)$为对应点处定子齿、转子齿、气隙的磁压降之和；$\mathcal{F}_{s1}$由式（3.1）定义。

一般而言，虽然定子和转子轭部中的磁通密度可以近似为正弦波，但齿的饱和会使气隙磁通密度趋于平顶波（除非轭部比齿更饱和，此时气隙磁通密度变为尖顶波）。仅考虑基波、3、5、7次谐波的话，气隙磁通密度可以表示为

$$B_g(\theta_e)=B_{g1}\cos\theta_e+B_{g3}\cos3\theta_e+B_{g5}\cos5\theta_e+B_{g7}\cos7\theta_e \tag{3.56}$$

$\theta_e=0°$时，式（3.56）变为

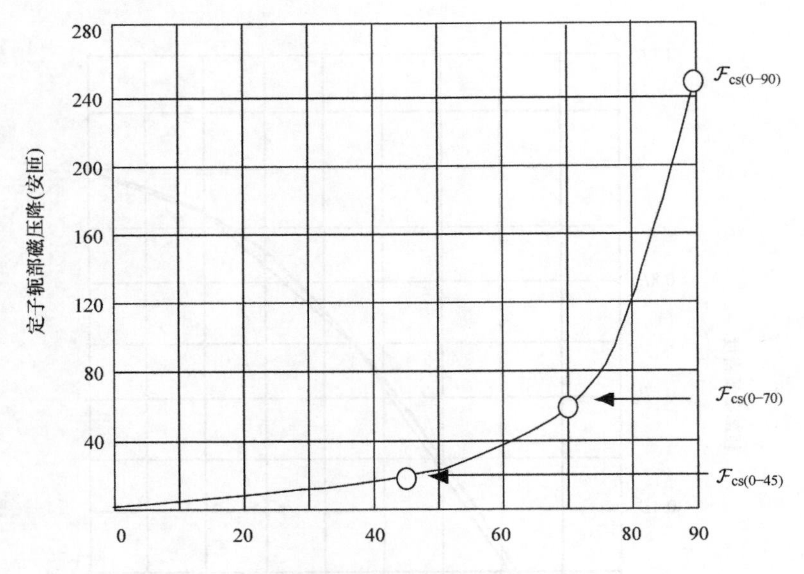

图 3.14 相对于最大气隙磁通密度位置的轭部磁动势与位置关系图

$$B_g(0) = B_{g1} + B_{g3} + B_{g5} + B_{g7}$$

$\theta_e = 30°$时

$$B_g(30°) = \frac{\sqrt{3}}{2}B_{g1} + 0 \times B_{g3} - \frac{\sqrt{3}}{2}B_{g5} - \frac{\sqrt{3}}{2}B_{g7}$$

$\theta_e = 60°$时

$$B_g(60°) = \frac{1}{2}B_{g1} - B_{g3} + \frac{1}{2}B_{g5} + \frac{1}{2}B_{g7}$$

联立上面三个式子可解出 B_{g1}

$$B_{g1} = \frac{1}{3}\left[B_g(0) + \sqrt{3}B_g(30°) + B_g(60°)\right] \tag{3.57}$$

现在可以使用迭代法来求解。

- 首先为定子齿或转子齿选择一个 B_{mid} 值，选择可能达到的最饱和值。对应的 $B_{g,ave}$ 值由式（3.17）和式（3.19）确定。迭代的初值可以选择$B_{g1} = B_{g,ave}$。
- 假设气隙磁通密度按正弦分布，可通过式（3.38）和式（3.39）计算 B_{cs}和 B_{cr}。
- 因为假定气隙中的谐波不影响轭部磁压降，所以定子和转子轭部磁压降固定不变，可得与图 3.14 相似的曲线。
- 根据式（3.55），将产生轭部基波磁通所必需的磁动势，加上产生对应

$B_{g,max}$的气隙磁通所需的磁动势，再加上定子齿部和转子齿部的磁动势，得到每极磁动势

$$\mathcal{F}_{s1} = \mathcal{F}_{gt}(0) + \mathcal{F}_{cs(0-90)} + \mathcal{F}_{cr(0-90)} \tag{3.58}$$

- 接下来计算在30°和60°位置的磁通密度，先计算这些位置上用来建立气隙磁通的磁动势，例如

$$\mathcal{F}_{gt}(30°) = \mathcal{F}_{s1}\cos(30°) - \mathcal{F}_{cs(30-90)} - \mathcal{F}_{cr(30-90)} \tag{3.59}$$

其中，$\mathcal{F}_{cs}$和$\mathcal{F}_{cr}$是从类似于图3.14的曲线上获得的轭部磁压降，如式（3.55)下面的文字描述。

- 从$\mathcal{F}_{gt}(30°)$和$\mathcal{F}_{gt}(60°)$计算对应的气隙磁通密度$B_g(30°)$和$B_g(60°)$。
- 用式（3.57）求解B_{g1}，并与之前假设的B_{g1}进行比较，如果结果差别较大，就重新假设$B_{g,max}$和B_{g1}，例如，$B_{g,max}=0.85B_{g1}$，继续迭代直到误差在1%之内。一般3~4次迭代就可以得到期望的结果。
- 得到正确的B_g（θ_e）后，空载时气隙磁通密度分布波形的谐波为

$$B_{g3} = -\frac{1}{3}[2B_g(60°) - B_g(0°)] \tag{3.60}$$

$$B_{g5} = \frac{1}{5}[2B_g(72°) - 2B_g(36°) + B_g(0°)] \tag{3.61}$$

$$B_{g7} = -\frac{1}{7}[2B_g(77.1°) - 2B_g(51.4°) + 2B_g(25.7°) - B_g(0)] \tag{3.62}$$

如果饱和时谐波非常大，足以影响轭部磁通密度分布波形，造成轭部磁通密度按正弦分布的假设不再成立。这种情况下，可得到一条轭部磁通与定子或者转子轭部圆周位置之间的新关系曲线，与图3.13类似。与正弦波相比，新曲线更接近尖顶波而不是平顶波。也就是说，轭部磁通密度幅值将略大于计算开始时假定的初始值。现在可以用新的轭部磁通密度函数重复计算轭部磁压降，使用迭代法直到结果收敛。

虽然确定这些饱和谐波并不是计算磁化电抗这一基本任务所必需的，但它们是造成杂散损耗的重要因素，这将在第5章中讨论。

3.10　磁化电抗计算

虽然感应电机主磁路的计算方法基本上已经完成，但定子槽中绕组的精确分布尚未确定，因此还无法确定提供给电机的电压和电流。现在假设定子槽中的绕组分布已确定，那么可得到磁动势的基波分量。也就是说，在电机P极中任意一个极的中心线处，三相绕组产生的每极磁动势的基波幅值由式（3.1）给出，并且

$$\mathcal{F}_{s1} = \left(\frac{3}{2}\right)\left(\frac{4}{\pi}\right)\left(\frac{k_1 N_t}{CP}\right) I_s \tag{3.63}$$

式中

$$k_1 = k_{p1} k_{d1} k_{\chi 1} k_{s1} \tag{3.64}$$

由于假设磁动势的$\mathcal{F}_{s1}$已知，并且绕组分布固定了节距因数、分布因数和斜槽因数以及总匝数、极数和并联支路数，因此很容易计算出每相需要的最大电流。

剩下的任务是将气隙中的气隙磁通密度与绕组的磁链联系起来，从而得到绕组的端电压。假设磁动势为正弦函数，即

$$\mathcal{F}_s(\theta) = \mathcal{F}_{s1}\cos\left(\frac{P\theta}{2}\right) \tag{3.65}$$

$\theta_e = (P/2)\theta$是沿定子靠气隙表面测量的周向角，单位为电角度，表示与图3.10中定义的最大值位置之间的距离。

回顾第2章，定子磁动势分布由a相、b相和c相的三个磁动势分布合成，它们在气隙圆周空间上互差120°电角度。当忽略谐波时，三相的磁动势分布也是正弦的。为了方便起见，让a相的磁轴与磁动势的正幅值$\mathcal{F}_p$重合，此时a相电流也达到最大值，根据式（2.58），a相的磁动势分布为

$$\mathcal{F}_a(\theta) = \frac{4}{\pi}\left(\frac{k_1 N_t}{CP}\right) I_s \cos\left(\frac{P\theta}{2}\right) \tag{3.66}$$

式中，I_s/C是a相C个并联支路中每条支路中的电流幅值。

如果三相电流合成的磁动势由式（3.63）给出，那么磁通密度在气隙中也具有相同的变化规律，即

$$B_g(\theta) = B_{g1}\cos\left(\frac{P\theta}{2}\right) \tag{3.67}$$

计算一极范围内，磁通密度$B_g(\theta)$与一相绕组交链的磁链时，由于电机实际磁场是由三相电流共同励磁的，因此相间的耦合需要考虑在内，另外还要考虑正弦绕组分布引起的谐波磁链。为此，最容易计算磁化电感的方法是，首先计算存储在与一相交链的气隙磁通（每极每相磁链）对应的一极气隙中的磁能。根据气隙磁通密度和一相绕组产生的磁场强度，每极磁能为

$$W_{mp} = \frac{1}{2}\int_{一极} \boldsymbol{B}_g \boldsymbol{H}_a \mathrm{d}V \tag{3.68}$$

在指定$\boldsymbol{B}_g$和$\boldsymbol{H}_a$为径向时，取点乘并注意到一相绕组产生的磁场强度可以表示为

$$\boldsymbol{H}_a = \left(\frac{2}{3}\right)\frac{\mathcal{F}_{s1}}{g}\cos\left(\frac{P\theta}{2}\right)$$

因为$\boldsymbol{B}_g$和$\boldsymbol{H}_a$只是θ的函数，积分可以化简为

$$W_{mp} = \left(\frac{1}{2}\right)B_{g1}\left(\frac{4}{\pi}\right)\left(\frac{k_1 N_t I_s}{CP}\right)\left(\frac{D_{is}}{2}\right)l_e\int_{-\frac{\pi}{P}}^{\frac{\pi}{P}}\cos^2\left(\frac{P\theta}{2}\right)d\theta \tag{3.69}$$

式（3.69）的计算结果为

$$W_{mp} = B_{g1}\frac{k_1 N_t I_s}{CP^2}D_{is}l_e \tag{3.70}$$

也可以写为

$$W_{mp} = \frac{1}{2}\left(\frac{k_1 N_t}{P}\right)\left(\frac{I_s}{C}\right)\left(\frac{2}{\pi}B_{g1}\right)(\tau_p l_e) \tag{3.71}$$

式中，极距为

$$\tau_p = \frac{\pi D_{is}}{P}$$

式（3.71）中的前两个乘积项可看作是每极的磁动势，而后两项对应于每极磁通密度的平均值乘以一个极的横截面积，即每极磁通。

因为 I_s/C 相当于每极下线圈组中的电流，所以每极存储的磁能也可以写为

$$W_{mp} = \frac{1}{2}\lambda_p\left(\frac{I_s}{C}\right) \tag{3.72}$$

因此，每极磁链为

$$\lambda_p = \left(\frac{k_1 N_t}{P}\right)\left(\frac{2}{\pi}B_{g1}\right)(\tau_p l_e) \tag{3.73}$$

对于对称绕组，每极的磁通是相同的。总磁链等于每个磁极的磁链乘以串联的磁极数，即

$$\lambda_{ms} = \left(\frac{P}{C}\right)\lambda_p = k_1\left(\frac{N_t}{C}\right)\left(\frac{2}{\pi}B_{g1}\right)(\tau_p l_e) \tag{3.74}$$

$$= k_1 N_s\left(\frac{2}{\pi}B_{g1}\right)(\tau_p l_e) \tag{3.75}$$

式中，N_s为每相串联匝数。

根据定义，每相的磁化电感等于每相绕组与气隙磁通交链的磁链与相电流的比值。因此，通过式（3.75）和式（3.63），磁化电感为

$$L_{ms} = \frac{\lambda_{ms}}{I_s} = \left(\frac{3}{2}\right)\left(\frac{4}{\pi}\right)\frac{k_1^2 N_s^2}{P}(\tau_p l_e)\left(\frac{\frac{2B_{g1}}{\pi}}{\mathcal{F}_{s1}}\right) \tag{3.76}$$

注意，“3/2”和“4/π”项与三相合成磁动势的定义一致（见式2.73）。一极内磁通密度按正弦分布，最大值为 B_{g1}，“$2B_{g1}/\pi$”为平均值。

出于分析的目的，可以定义一个等效气隙 g_e，该气隙将磁路中铁磁材料部分的磁压降和槽开口的影响考虑在内。假设所有磁压降都发生在该等效气隙上，

则根据安培定律可得

$$\frac{B_{g1}}{\mu_0}g_e = \mathcal{F}_{s1} \tag{3.77}$$

因此

$$\frac{B_{g1}}{\mathcal{F}_{s1}} = \frac{\mu_0}{g_e} \tag{3.78}$$

式中

$$g_e = k_{sat}k_c g \tag{3.79}$$

将这个结果代入式（3.76）得到

$$L_{ms} = \left(\frac{3}{2}\right)\left(\frac{8}{\pi^2}\right)\frac{k_1^2N_s^2}{P}\mu_0\frac{\tau_p l_e}{g_e} \tag{3.80}$$

或者

$$L_{ms} = \left(\frac{12}{\pi^2}\right)\frac{k_1^2N_s^2}{P}\mathcal{P}_p \tag{3.81}$$

式中，$\mathcal{P}_p$为每极磁路的等效磁导，有

$$\mathcal{P}_p = \mu_0\frac{\tau_p l_e}{g_e} \tag{3.82}$$

式（3.80）还有许多不同的表达形式。利用直径D_{is}，可以将L_{ms}写为

$$L_{ms} = \frac{12}{\pi}\left(\frac{k_1N_s}{P}\right)^2\mu_0\frac{D_{is}l_e}{g_e} \tag{3.83}$$

每相串联匝数的基波分量（有效匝数）为

$$N_{se} = \frac{4}{\pi}k_1\frac{N_t}{C} = \frac{4}{\pi}k_1N_s \tag{3.84}$$

于是

$$L_{ms} = \frac{3\pi}{4}\left(\frac{N_{se}}{P}\right)^2\mu_0\frac{D_{is}l_e}{g_e} \tag{3.85}$$

最后，用气隙表面半径r，可以将L_{ms}写为

$$L_{ms} = \frac{3}{2}\left(\frac{N_{se}}{P}\right)^2\mu_0(\pi)\frac{rl_e}{g_e} \tag{3.86}$$

一些教材中，在分析交流电机对外特性时[5]，会采用式（3.86）来推导电机的$d-q$参数。在这里仔细观察一下，可以注意到磁化电感与槽数无关，与极数的二次方成反比。因此，磁化电感随着极数的增加而迅速减小，使得感应电机的磁化电流在极数较多时变得过大。

3.11　示例 3——磁化电感计算

示例 2 中的 250hp 感应电机，还有如下定子绕组参数：

绕组联结	Y
并联支路数	1
线圈跨距	12
每相带线圈边数	5
每槽线圈边数	2
并绕根数	6

已知定子槽数是 120，极数是 8。因此每极槽数为

$$定子槽数/极数 = S_1/P = 120/8 = 15$$

绕组的跨距定义为

$$跨距 = w/\tau_p$$

一种更容易的计算方法是用绕组跨距除以极距：

$$跨距 = 每线圈跨距槽数/每极距槽数 = 12/15 = 0.8$$

利用这个结果，通过式（2.19）计算磁动势基波的节距因数

$$k_{p1} = \sin\left(\frac{\pi}{2}\frac{w}{\tau_p}\right) = \sin(0.8\pi/2) = 0.951$$

由于每极 15 个槽中，有 5 个槽中的导体属于同一相（$Q=5$），因此相带与极距的比值 Z/τ_p 也可以通过槽数比来计算

$$Z/\tau_p = 每相带槽数/每极距槽数 = 5/15 = 1/3$$

因此，根据式（2.29）或表 2.1，分布因数为

$$k_{d1} = \frac{1}{Q}\frac{\sin\left(\frac{Z}{\tau_p}(\pi/2)\right)}{\sin\left(\frac{Z}{\tau_p}\frac{\pi}{2Q}\right)} = \frac{1}{5}\frac{\sin(\pi/6)}{\sin(\pi/30)} = \frac{1}{5}\times\frac{0.5}{0.1045} = 0.9567$$

开槽因数的计算如下：

$$k_{\chi 1} = \frac{\sin(\chi/2)}{\chi/2}$$

式中

$$\chi = \frac{b_{os}}{\tau_p}180 = \frac{0.374}{9.456}\times 180 = 7.12°$$

因此

$$k_{\chi 1} = \frac{\sin(3.56°)}{3.56\times\frac{\pi}{180}} = 0.9993$$

开槽对磁动势基波分量的影响可以忽略不计，除非是开口槽电机且每极每相槽数较小。

由于定子绕组不会做斜槽，因此

$$k_{s1} = 1.0$$

电机定子绕组的总绕组因数为

$$k_1 = k_{p1}k_{d1}k_{x1}k_{s1} = 0.951 \times 0.9567 \times 0.9993 \times 1.0 = 0.91$$

每相绕组串联匝数为

$$\begin{aligned}\text{匝数/相位/并联支路数} &= (\text{槽数/相带/相位})(\text{匝数/线圈侧})(\text{线圈侧/槽数}) \\ &\quad \times \text{极数/并联支路数} \\ &= 5 \times 3 \times 2 \times 8/1 \\ N_t/C &= N_s = 240\end{aligned}$$

示例 2 中，气隙磁通密度要达到 0.775T，则需要的磁动势为 1495A-t。根据式（3.63），对应的每相电流最大值为

$$I_s = \frac{\mathcal{F}_{p1}}{\left(\frac{3}{2}\right)\left(\frac{4}{\pi}\right)\left(\frac{k_1 N_s}{P}\right)} = \frac{1495}{\frac{3}{2}\times\frac{4}{\pi}\times\frac{0.91\times 240}{8}} = 28.67\text{A} \tag{3.87}$$

根据式（3.76）可以求出每相的磁化电感为

$$L_{ms} = \left(\frac{3}{2}\right)\left(\frac{4}{\pi}\right)\frac{k_1^2 N_s^2}{P}\frac{\left(\frac{2}{\pi}B_{g1}\right)(\tau_p l_e)}{\mathcal{F}_{s1}}$$

$$= \frac{3}{2}\times\frac{4}{\pi}\times\frac{0.91^2\times 240^2}{8}\times\frac{\left(\frac{2}{\pi}\times 0.775\times 9.456\times 8.67\right)}{1495}\times\left(\frac{2.54}{1000}\right)^2$$

$$= 0.199\text{H}$$

前面提到过，实际气隙 g 可以用一个等效气隙来代替，这个等效气隙既考虑由定转子齿和通风道引起的磁通边缘效应，也可顾及齿部和轭部的饱和。对于本例，由式（3.78）可得该值为

$$g_e = \frac{\mu_0 \mathcal{F}_{s1}}{B_{g1}} = \frac{\mu_0\times 1495}{0.775}\times\left(\frac{100}{2.54}\right) = 0.0954$$

可以注意到，等效气隙是实际气隙 0.04in 的 2 倍多。前文所述，磁化电感的计算是通过假设气隙磁通密度基波分量幅值为 0.775T（50kilolines/in^2）来开始的。在实际电机中，该值已接近该类电机气隙磁通密度的上限，并且通过等效电路计算该磁通密度值所需的电压更为重要。如果电机电流的频率是 60Hz，磁化电感对应的峰值电压可以表示为

$$V_m = \omega_e L_{ms} I_s = 377\times 0.199\times 28.67 = 2151\text{V}$$

忽略漏抗，对应的线电压的有效值为

$$V_{1\text{-}1} \approx \frac{\sqrt{3}}{\sqrt{2}}V_m = 2630\text{V}$$

本例电机的额定电压为 2400V，从结果可以看出，该电机处于过励状态，电压超

额定值10%。

通常，仅需在额定电压条件下准确计算磁路，可根据式（3.74）近似计算气隙中的磁通密度，表示为

$$B_{g1} = \frac{\frac{\pi}{2}\lambda_p}{\left(\frac{k_1 N_t}{P}\right)(\tau_p l_e)} \tag{3.88}$$

其中

$$\lambda_p = \left(\frac{C}{P}\right)\left(\frac{V_{1-1}}{\omega_e}\right)\frac{\sqrt{2}}{\sqrt{3}} \tag{3.89}$$

因此

$$B_{g1} = \frac{\frac{\pi}{2}\sqrt{\frac{2}{3}}\frac{V_{1-1}}{\omega_e}}{(k_1 N_s)(\tau_p l_e)} \tag{3.90}$$

对于本例的250hp电机，额定线电压下的气隙磁通密度为

$$B_{g1} = \frac{\frac{\frac{\pi}{2}\times\sqrt{\frac{2}{3}}\times 2400}{377}}{0.91\times 240\times 9.456\times 8.67}\times\left(\frac{100}{2.54}\right)^2 = 0.707\text{T}$$

并不是3.7节中假设的0.775T。

3.12　总结

本章介绍了电机设计的一个关键步骤，即计算电机励磁电流产生的主磁通，它与转子感应电流相互作用，从本质上决定了感应电机的转矩，并且在任何类型电机中，主磁通都起着关键作用。

参考文献

[1] M. Liwschitz-Garik and C. C. Whipple, *A-C Machines*, 2nd edition, D.Van Nostrand Co. Inc., Princeton, 1961.

[2] C. H. Lee, “Saturation Harmonics of Polyphase Induction Machines,” *AIEE Transactions*, October 1961, pp. 597–603.

[3] B. J. Chalmers and R. Dodgson, “Waveshapes of flux density in polyphase induction motors under saturated conditions,” *IEEE Transactions on Power Apparatus and Systems*, vol. PAS-90, no. 2, March/April 1971, pp. 564–569.

[4] C. G. Veinott, *Theory and Design of Small Induction Motors*, McGraw-Hill, New York, 1959.

[5] D. W. Novotny and T. A. Lipo, *Vector Control and Dynamics of AC Drives*, Oxford University Press, New York, 1996.

第 4 章

基于磁路的漏抗计算

感应电机转矩的产生涉及气隙磁通与转子磁动势的相互作用。前文已经阐述了根据电机实际几何结构来计算气隙磁通和磁化电感的理论基础。根据一阶近似，气隙磁通是外加电压的函数，不会随机械负载的变化而发生很大的变化。转子磁动势会随转子（通常也随定子）电流而变化，因此在转矩产生中具有更大的主导作用。定子和转子电流大小主要和电机漏抗有关，并且一些电机关键性能参数，如堵转转矩、起动转矩和起动电流等都几乎与磁化电感无关，但与漏感密切相关。此外，一些关键电磁时间常数也几乎完全取决于电机的漏感（连同电阻）。漏感是由许多因素引起的，比磁化电感要复杂得多。本章将针对电机设计中这一复杂的主题展开。

4.1 感应电机的漏磁通分量

一般来说，感应电机的漏磁通主要由五部分组成。

1）槽漏磁通。槽漏磁通如图 4.1 所示，可以发现，该磁通从一个齿穿过槽到相邻齿，经槽下面的轭部返回形成闭合回路，并且交链槽内处于回路内的部分导体。

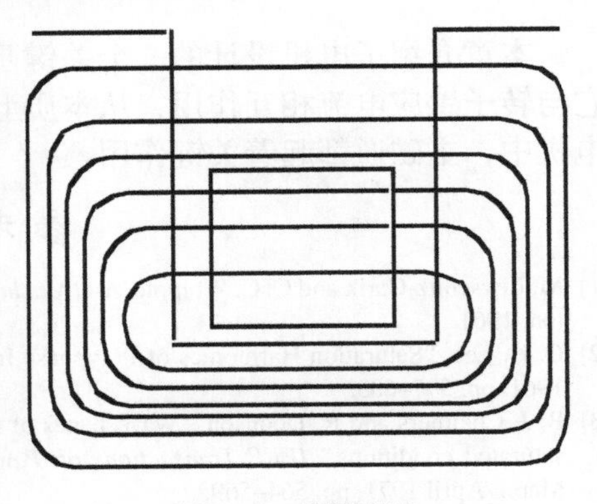

图 4.1 槽漏磁通

2）端部漏磁通。绕组端部产生的漏磁通与其他漏磁通有明显的不同，其磁路几乎完全在空气中。尽管如此，这部分漏磁通对应的漏抗在总漏抗中还是占据了相当比例，因为绕组中的很大一部分属于端部，例如两极电机中，定子绕组的55% ~ 75%位于端部区域。4 极、6 极和 8 极电机的相应值分别为 49% ~68%、43% ~ 60%和 39% ~52%。确定与实际绕组分布相关的端部漏磁通路径需要非常复杂的数学模型。因此，有时会用经验系数进行修正来提高计算准确性。

3）谐波或相带漏磁通。这种磁通是因为定子和转子磁动势分布不一样而导致的。由于相应的谐波磁通不会均匀地耦合定子和转子，最终导致它们产生一种形式的漏磁通。

4）锯齿形漏磁通。这种漏磁通以“之”字形方式穿过气隙从一个齿到另一个齿，如图4.2所示。可以观察到，漏磁通的大小取决于气隙长度和齿尖的相对瞬时位置。

5）斜槽漏磁通。只有当定子或转子绕组斜槽时，才会出现斜槽漏磁通。在给定的气隙磁通幅值下，斜槽本质上会导致定子和转子磁场耦合量减少，这样的结果与定子漏磁通增加的效果相同，因此被视为一种漏磁通。

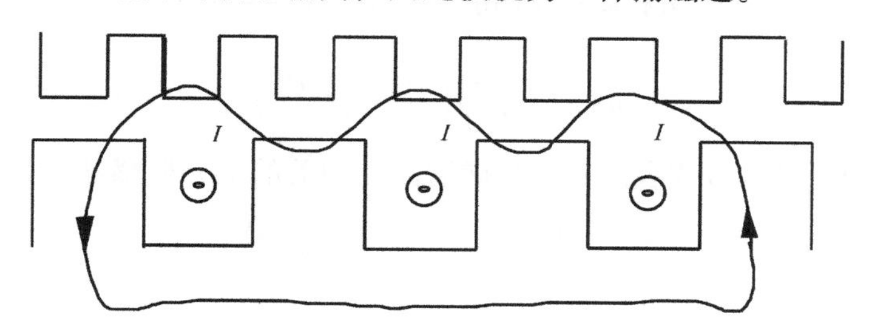

图4.2 一个相带内的锯齿形漏磁通

4.2 比磁导

实际电机中的漏磁场分布是一个复杂的三维问题，可以通过选择一个距离电机端部足够远的横截面，将该问题简化为二维。穿过槽的漏磁通是由槽中导体上的电流产生的。根据安培定律，槽中导体电流产生的漏磁磁动势等于铁磁材料上的磁压降加上槽中空气的磁压降。由于槽的宽度要比电机的气隙大很多倍，即使齿部为饱和状态，铁磁材料上的磁压降也只占总数的一小部分，因此可以忽略铁磁材料上的磁压降。磁通路径的磁导可通过将横截面积 $l_e \mathrm{d}x$ 上的所有磁通管相加进行计算，其中 l_e是计算定子槽漏磁通的电机有效长度，并将定子通风道附近和电机端部磁通的边缘效应考虑在内。

举例说明槽漏磁通的计算，考虑经过导体区域某一点的磁力线，如图4.3所示。忽略铁磁材料部分的磁压降，根据安培定律可得

$$\int_1^2 \boldsymbol{H} \cdot \mathrm{d}\boldsymbol{l} = n(x)\boldsymbol{I} \tag{4.1}$$

式中，点1和点2的位置如图4.3所示；$n(x)$为磁力线包围的导体数量。如果沿着点1到点2的路径上$\boldsymbol{H}$是常数，则

$$\boldsymbol{H}_y y = n(x)\boldsymbol{I} \tag{4.2}$$

或

$$\frac{B_y y}{\mu_0} = n(x)\boldsymbol{I} \tag{4.3}$$

微分区域 $l_e dx$ 以路径1-2为中心线，通过其的微分磁通为

$$d\Phi = B_y l_e dx = \mu_0 \frac{n(x) I l_e dx}{y} \tag{4.4}$$

磁通 $d\Phi$ 对应的磁链是

$$d\lambda = n(x) d\Phi = \mu_0 n(x)^2 \frac{I l_e dx}{y} \tag{4.5}$$

$$d\lambda = \mu_0 n_s^2 I \left[\frac{n(x)}{n_s}\right]^2 \frac{l_e dx}{y} \tag{4.6}$$

式中，n_s为槽中导体数或者匝数。与磁通路径相关的微分电感是

$$dL = \frac{d\lambda}{I} = \mu_0 n_s^2 \left[\frac{n(x)}{n_s}\right]^2 \frac{l_e dx}{y} \tag{4.7}$$

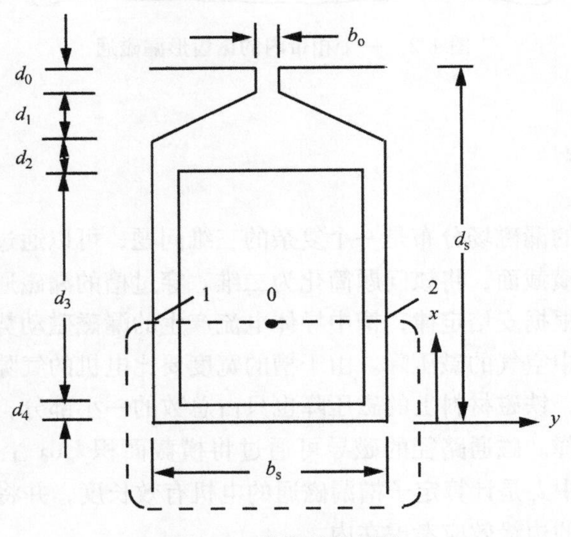

图4.3 槽漏抗的计算

通过电感的定义可得

$$dL = n_s^2 d\mathcal{P} \tag{4.8}$$

路径1-2上的有效微分磁导为

$$d\mathcal{P} = \mu_0 \left[\frac{n(x)}{n_s}\right]^2 \frac{l_e dx}{y} \tag{4.9}$$

可以观察到，在整个分析过程中，有效长度 l_e只是作为一个常数进行的。因此，将式（4.9）除以有效长度，可以定义一个二维磁导或比磁导为

$$dp = \mu_0 \left[\frac{n(x)}{n_s} \right]^2 \frac{dx}{y} \tag{4.10}$$

将式（4.10）沿着整个槽的深度做积分就可以得到总的比磁导

$$p = \mu_0 \int \left[\frac{n(x)}{n_s} \right]^2 \frac{dx}{y} \tag{4.11}$$

可以发现，当$0 < x < d_4$时，磁通路径包围的电流为零，因此槽导体下方的磁通正好为零。当$d_4 + d_3 < x < d_s$时，槽中所有导体都被交链，所以$n(x) = n_s$，式（4.10）简化为

$$dp = \mu_0 \frac{dx}{y} \tag{4.12}$$

图 4.4 中绘制了单位匝数与距图 4.3 槽底距离的函数关系图。这个量可以看作是一个标准化匝数函数，类似于第 1 章中定义的绕组函数。

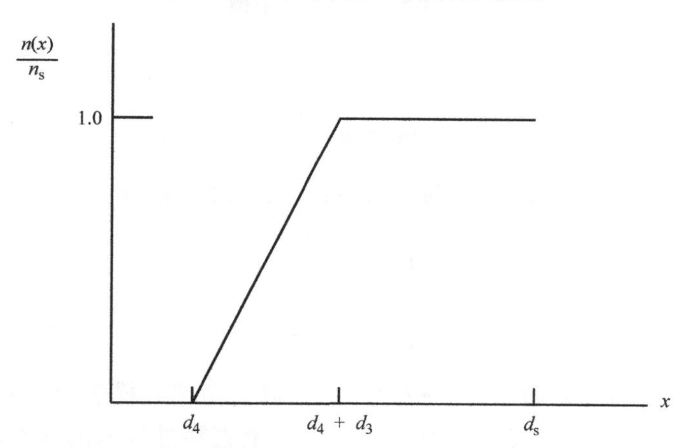

图 4.4　单位匝数与距图 4.3 槽底距离的关系曲线

4.3　槽漏磁导计算

首先，考虑图 4.5 所示的半闭口槽，这是感应电机定子最常用的槽形。当$d_4 < x < d_3 + d_4$时，漏磁通与总导体的一部分交链，比例是$(x - d_4)/d_3$。因此，根据式（4.11），该部分漏磁通的比漏磁导为

$$p_3 = \mu_0 \int_{d_4}^{(d_3+d_4)} \left(\frac{x - d_4}{d_3} \right)^2 \frac{dx}{b_s} \tag{4.13}$$

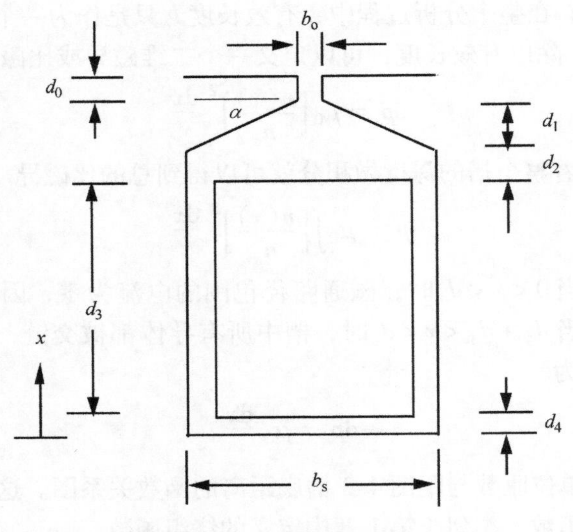

图 4.5 半闭口矩形槽

可化简为

$$p_3 = \mu_0 \frac{d_3}{3b_s} \tag{4.14}$$

对于深度 d_2 和 d_0 范围内的漏磁通，对应的比漏磁导为

$$p_2 = \mu_0 \frac{d_2}{b_s} \tag{4.15}$$

$$p_0 = \mu_0 \frac{d_0}{b_o} \tag{4.16}$$

对于深度 d_1 内的磁通，由于磁力线必须以直角离开槽表面，所以磁力线不会笔直穿过槽。但是，忽略此特性认为磁力线笔直穿过带来的误差也不会很大。于是，通过该区域的漏磁通路径长度可写为

$$y = b_s - \frac{(b_s - b_o)(x - d_2 - d_3 - d_4)}{d_1} \tag{4.17}$$

因此

$$p_1 = \int_{d_4+d_3+d_2}^{d_4+d_3+d_2+d_1} \frac{\mu_0 \mathrm{d}x}{b_s - (b_s - b_o)[(x - d_2 - d_3 - d_4)/d_1]} \tag{4.18}$$

可得

$$p_1 = \frac{\mu_0 d_1}{b_s - b_o} \ln\left(\frac{b_s}{b_o}\right) \tag{4.19}$$

如果需要，可以假设槽肩的磁力线为圆弧形来得到更准确的结果，求解方法与

3.2 节非常相似，得到的结果是

$$p_1 = \frac{\mu_0}{\pi - 2\alpha}\ln\left(\frac{b_s}{b_o}\right) \tag{4.20}$$

式中，α 为槽肩角，如图 4.5 所示。

因为四部分漏磁通路径是平行的，整个槽的比漏磁导就等于四个单项比漏磁导之和，于是

$$p_1 = \mu_0\left[\frac{d_3}{3b_s} + \frac{d_2}{b_s} + \frac{1}{\pi - 2\alpha}\ln\left(\frac{b_s}{b_o}\right) + \frac{d_0}{b_o}\right] \tag{4.21}$$

上面的计算都是假设槽中导体电流是均匀分布的。对于定子绕组，这个假设没有问题，因为定子线圈是由许多匝导线组成，槽中电流可以认为是均匀分布的。然而，对于笼型转子绕组，槽中只有一根导条，涡流可能会使比漏磁导减小，这取决于槽的深度和转子电流频率。这种现象称为深槽效应，将在第 5 章中进行进一步讨论。

第二个比漏磁导计算示例会难一些，考虑图 4.6 中所示的梯形槽。这种槽形在转子槽中使用广泛。根据之前的讨论，d_2、d_1 和 d_0 部分的比漏磁导为

$$p_{012} = \mu_0\left[\frac{d_2}{b_2 - b_1}\ln\left(\frac{b_2}{b_1}\right) + \frac{1}{\pi - 2\alpha}\ln\left(\frac{b_1}{b_o}\right) + \frac{d_0}{b_o}\right] \tag{4.22}$$

d_3 部分中，距槽底 x 处的漏磁通路径长度为

$$y = b_s - x\left(\frac{b_s - b_2}{d_3}\right) \tag{4.23}$$

在距离槽底 x 处，被磁力线包围的导条面积为

$$\begin{aligned} A(x) &= \int_0^x y\mathrm{d}x = \int_0^x \left[b_s - \frac{(b_s - b_2)}{d_3}\right]\mathrm{d}x \\ &= x\left[b_s - \frac{b_s - b_2}{d_3}\,\frac{(b_s - y)}{(b_s - b_2)}\,\frac{d_3}{2}\right] = \frac{x(y + b_s)}{2} \end{aligned} \tag{4.24}$$

导体的总面积为

$$A_c = A(x)\Big|_{x=d_3, y=b_2} = d_3\,\frac{(b_s + b_2)}{2} \tag{4.25}$$

因此，磁力线交链的导体面积占总面积的比例为

$$\frac{n(x)}{n_s} = \frac{A(x)}{A_c} = \frac{[x(y + b_s)]/2}{[d_3(b_s + b_2)]/2} = \frac{y + b_s}{b_2 + b_s}\left(\frac{x}{d_3}\right) \tag{4.26}$$

根据式（4.11），导体所占区域的比漏磁导为

$$p_3 = \mu_0\int_0^{d_3}\left(\frac{y + b_s}{b_2 + b_s}\right)^2\left(\frac{x}{d_3}\right)^2\frac{\mathrm{d}x}{y} \tag{4.27}$$

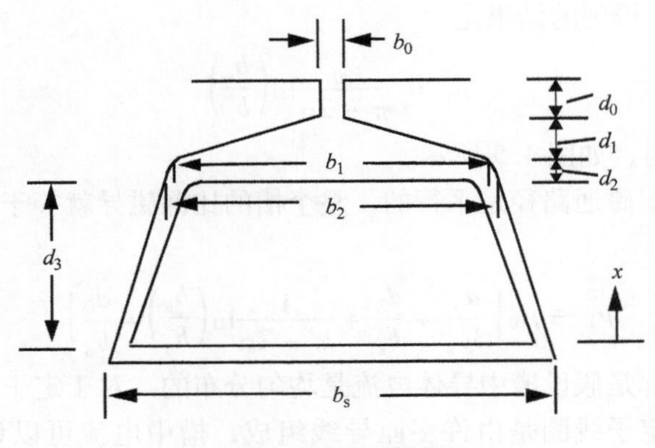

图 4.6　半闭口梯形槽

最终得到

$$p_3 = \mu_0 \frac{d_3}{b_s}\left[\frac{\beta^2 - \frac{\beta^4}{4} - \ln\beta - \frac{3}{4}}{(1-\beta)(1-\beta^2)^2}\right] \tag{4.28}$$

式中

$$\beta = \frac{b_2}{b_s}$$

梯形槽的总比漏磁导为 p_{012} 和 p_3 之和，分别由式（4.22）和式（4.28）定义。

最后一个示例是图 4.7 所示的圆形槽。同样，这也是一种广泛用于感应电机转子的槽形，尤其在大型电机中，直接将铜棒插入槽中，并与转子两侧的端环焊接在一起，形成笼型。槽口的比漏磁导为

$$p_0 = \frac{\mu_0 d_0}{b_o}$$

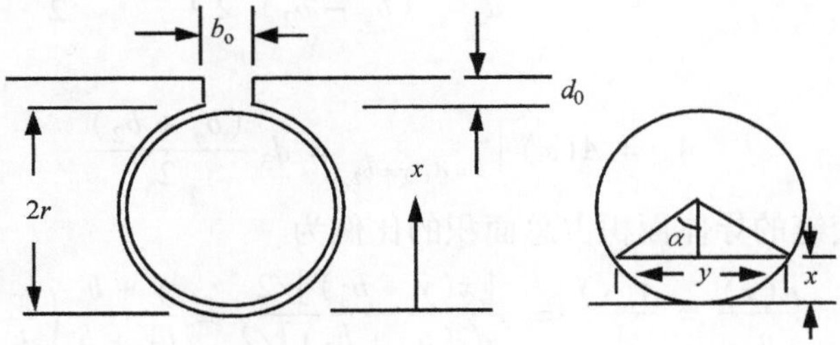

图 4.7　圆形槽

在圆形部分中，距离槽底部 x 处的漏磁通路径长度可以表示为

$$y = 2r\sin\alpha \tag{4.29}$$

式中

$$\alpha = \cos^{-1}\left(\frac{r - x}{r}\right) \tag{4.30}$$

或

$$x = r - r\cos\alpha$$

因此

$$\mathrm{d}x = r\sin\alpha\mathrm{d}\alpha \tag{4.31}$$

在距离槽底 x 处，被磁力线包围的导条面积为

$$A(x) = \int_0^x y\mathrm{d}x = \int_0^\alpha 2r^2\sin^2\alpha\mathrm{d}\alpha = \frac{r^2}{2}(2\alpha - \sin2\alpha) \tag{4.32}$$

因此，磁力线交链的导体面积占总面积的比例为

$$\frac{n(x)}{n_s} = \frac{A(x)}{A_c} = \frac{\frac{r^2}{2}(2\alpha - \sin2\alpha)}{\pi r^2} = \frac{\alpha - \frac{1}{2}\sin2\alpha}{\pi} \tag{4.33}$$

槽圆形部分的比漏磁导为

$$p_c = \mu_0\int_0^\pi\left(\frac{\alpha - \frac{1}{2}\sin2\alpha}{\pi}\right)^2\frac{r\sin\alpha}{2r\sin\alpha}\mathrm{d}\alpha = \frac{\mu_0}{2\pi^2}\int_0^\pi\left(\alpha - \frac{1}{2}\sin2\alpha\right)^2\mathrm{d}\alpha$$

可化简为

$$p_c = \mu_0\left(\frac{\pi}{6} + \frac{5}{16\pi}\right) \tag{4.34}$$

于是，整个槽的比漏磁导为

$$p_s = \mu_0\left(0.623 + \frac{d_0}{b_o}\right) \tag{4.35}$$

4.4　单层绕组的槽漏感

在许多电机中，一个定子槽里只有一个线圈边。那么，一个槽的槽漏感为

$$L_{\mathrm{slot}} = n_s^2 l_e p_s \tag{4.36}$$

式中，p_s为根据槽形计算出的比漏磁导；n_s为每槽导体数⊖。假设电机是三相电机，S是总槽数，则三相电机一个定子相带对应的漏感为

$$L_{\mathrm{phase\ belt}} = QL_{\mathrm{slot}} = \left(\frac{S}{3P}\right)L_{\mathrm{slot}} = \frac{S}{3P}n_s^2 l_e p_s \tag{4.37}$$

绕组一条并联支路的漏感等于一个相带的漏感乘上每条支路上的串联相带数

⊖　假定并绕根数为1。——译者注

$$L_{\text{circuit}} = \frac{P}{C} L_{\text{phase belt}} = \frac{S}{3C} n_s^2 l_e p_s \tag{4.38}$$

每相的漏感就等于 C 条并联支路漏感的并联

$$L_{\text{phase}} = L_{\text{circuit}}/C = \frac{S}{3C^2} n_s^2 l_e p_s \tag{4.39}$$

定子每相串联匝数 N_s 与每槽导体数有关

$$\text{每相串联匝数} = N_s = N_t/C = \frac{\text{线圈匝数} \times \text{每槽线圈数} \times \text{槽数}}{\text{相数} \times \text{并联支路数}}$$

三相电机每槽有 c 个线圈边，即 c 层绕组

$$N_s = \frac{n_c \times cS}{2 \times 3 \times C} = \frac{n_c c S}{6C} \tag{4.40}$$

式中，n_c 为每个线圈边的导体数，也就是每个线圈的匝数，每槽导体数 $n_s = n_c c$

$$n_s = \frac{6CN_s}{S} \tag{4.41}$$

因此，每相槽漏感可以写为

$$L_{\text{phase}} = \frac{S}{3} \frac{36N_s^2}{S^2} l_e p_s = 12N_s^2 l_e \frac{p_s}{S} \tag{4.42}$$

如果电机相数不是3，可以重新写为

$$L_{\text{phase}} = 4N_s^2 l_e \frac{m p_s}{S} \tag{4.43}$$

式中，m 为相数。虽然以上推导是针对定子槽漏感的，但对绕线式感应电机转子绕组的漏感也同样适用。需要注意的是，槽漏感并不像磁化电感那样，与极数成反比（见式3.83）。但它与槽数成反比，因此可以通过增加槽数来减小槽漏感。

4.5 双层绕组的槽漏磁导

双层绕组在感应电机和同步电机中都有非常广泛的应用。图4.8所示为一个典型的平行槽，其中T表示上层绕组的线圈边，B表示下层绕组的线圈边。由于与T连接的另一个线圈边将位于另一个槽的下层位置，反之亦然。因此槽漏感将由上层线圈边和下层线圈边的槽电感组成。如果线圈T和B属于同一相，则槽漏感中还有一项，该项是上层和下层线圈边之间互感的两倍。如果线圈T和B不属于同一相，则它们相互耦合，相与相之间将存在一个互感项。根据之前的章节，可以很容易地确定上层线圈边的槽比漏磁导为

$$p_T = \mu_0 \left[\frac{d_3}{3b_s} + \frac{d_2}{b_s} + \frac{d_1}{b_s - b_o} \ln\left(\frac{b_s}{b_o}\right) + \frac{d_0}{b_o} \right] \tag{4.44}$$

下层线圈边的槽比漏磁导为

$$p_{B} = \mu_0\left[\frac{d_5}{3b_s} + \frac{d_2 + d_3 + d_4}{b_s} + \frac{d_1}{b_s - b_o}\ln\left(\frac{b_s}{b_o}\right) + \frac{d_0}{b_o}\right] \tag{4.45}$$

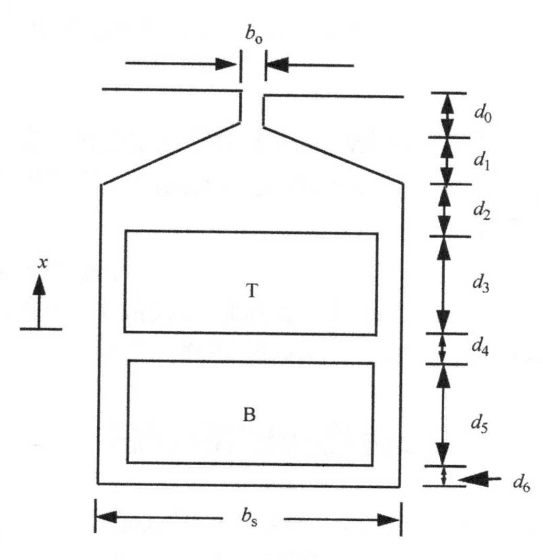

图 4.8　包含双层绕组的半闭口槽

槽中存在两个线圈边会导致线圈之间产生互感。现在要计算与此互感相对应的槽比漏磁导。首先确定上层线圈边电流产生的磁通与下层线圈边交链的情况。在距离上层线圈底部 x 处，高度为 $\mathrm{d}x$ 的无限小条带中的磁通为

$$\mathrm{d}\Phi = \mathcal{F}(x)l_e\mathrm{d}p(x) = \left(In_c\frac{x}{d_3}\right)\frac{\mu_0 l_e}{b_s}\mathrm{d}x \tag{4.46}$$

式中，I 为上层线圈中的导体电流，它产生的磁通交链下层线圈的所有导体，因此该磁通对应的磁链为

$$\mathrm{d}\lambda_{3m} = \mu_0 n_c^2 I\frac{l_e}{b_s}\frac{x}{d_3}\mathrm{d}x$$

与互磁通对应的总磁链为

$$\lambda_{3m} = \int_0^{d_3}\mathrm{d}\lambda_{3m} = \mu_0 n_c^2 I l_e\frac{d_3}{2b_s} \tag{4.47}$$

因此，导体部分对应互磁通的槽比漏磁导为

$$p_{3m} = \mu_0\frac{d_3}{2b_s} \tag{4.48}$$

在非导体部分，磁通由上层线圈的所有导体产生，并交链下层线圈的所有导体。因此，先前推导的表达式可用于 d_0、d_1 和 d_2 区域。相关的槽比漏磁导为

$$p_{0m} = \mu_0\frac{d_0}{b_o}$$

$$p_{1m} = \mu_0\frac{d_1}{b_s - b_o}\ln\left(\frac{b_s}{b_o}\right)$$

$$p_{2m} = \mu_0\frac{d_2}{b_s}$$

因此，对应互磁通的槽比漏磁导为

$$p_{\mathrm{TB}} = p_{0\mathrm{m}} + p_{1\mathrm{m}} + p_{2\mathrm{m}} + p_{3\mathrm{m}} = \mu_0\left[\frac{d_0}{b_{\mathrm{o}}} + \frac{d_1}{b_{\mathrm{s}} - b_{\mathrm{o}}}\ln\left(\frac{b_{\mathrm{s}}}{b_{\mathrm{o}}}\right) + \frac{d_2}{b_{\mathrm{s}}} + \frac{d_3}{2b_{\mathrm{s}}}\right] \tag{4.49}$$

即使在非线性磁路上对等性也是成立的，所以线圈“B”中电流产生的磁通交链线圈“T”的情况将与上面的计算结果相同。因此，相应的槽比漏磁导也是相等的

$$p_{\mathrm{TB}} = p_{\mathrm{BT}}$$

读者可以自行练习，通过假设线圈 B 中的微分磁通，并以前面讲述的方法来计算线圈 T 的磁链，然后验证这一结果。

4.6　双笼型绕组的槽漏感

感应电机的转子经常使用双笼型结构，如图 4.9 所示。通过设计上下笼的面积，可以控制上部和下部导条电流的相对分布，从而达到在不明显牺牲额定性能的基础上减小起动电流，对此现象更深入的讨论将在第 5 章中进行。随着转子电流频率的增加，导条电流趋向于在上部导条中流动。因此，当转子转差率较高（例如等于定子电流频率）时，上部导条的参数决定了起动时转子电路的特性。当电机转速接近额定转速时，转差率较低，两个导条的总横截面积决定了转子电路的特性。为了减小起动电流，上部导条的横截面积应该相对较小，如图 4.9所示。

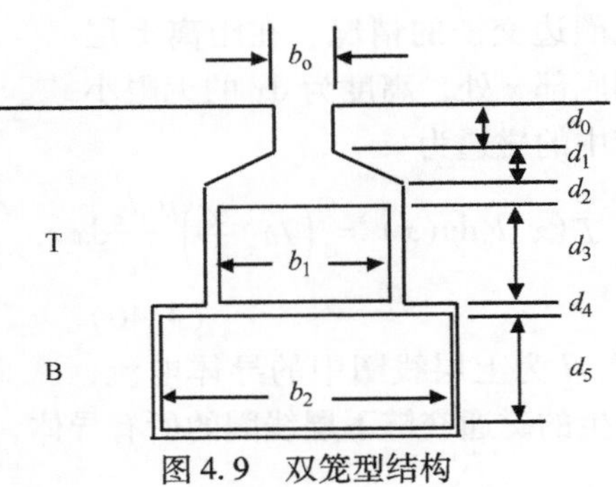

图 4.9　双笼型结构

通过类比，可以从式（4.44）、式（4.45）和式（4.49）中推导出图 4.9 中上部和下部导条的磁导。对于导条是矩形的双笼型转子，其中 b_1 和 b_2 为槽宽

$$p_{\mathrm{T}} = \mu_0\left[\frac{d_3}{3b_1} + \frac{d_2}{b_1} + \frac{d_1}{b_1 - b_{\mathrm{o}}}\ln\left(\frac{b_1}{b_{\mathrm{o}}}\right) + \frac{d_0}{b_{\mathrm{o}}}\right] \tag{4.50}$$

$$p_{\mathrm{B}} = \mu_0\left[\frac{d_5}{3b_2} + \frac{d_2 + d_3}{b_1} + \frac{d_4}{b_2} + \frac{d_1}{b_1 - b_{\mathrm{o}}}\ln\left(\frac{b_1}{b_{\mathrm{o}}}\right) + \frac{d_0}{b_{\mathrm{o}}}\right] \tag{4.51}$$

$$p_{\mathrm{TB}} = \mu_0\left[\frac{d_3}{2b_1} + \frac{d_2}{b_1} + \frac{d_1}{b_1 - b_{\mathrm{o}}}\ln\left(\frac{b_1}{b_{\mathrm{o}}}\right) + \frac{d_0}{b_0}\right] \tag{4.52}$$

交链上部导条和下部导条的漏磁通为

$$\lambda_{1\mathrm{T}} = L_{1\mathrm{T}}i_{\mathrm{T}} + L_{1\mathrm{TB}}i_{\mathrm{B}} \tag{4.53}$$

$$\lambda_{1\mathrm{B}} = L_{1\mathrm{TB}}i_{\mathrm{T}} + L_{1\mathrm{B}}i_{\mathrm{B}} \tag{4.54}$$

式中，$L_{1T}=n_c^2 l_{er} p_T$，l_{er}为转子等效长度。式（4.53）和式（4.54）表示一根转子导条的等效电路，如图 4.10 所示，导条电阻也包含在内。在没有其他频率影响的情况下，上部和下部导条的电阻 r_T和 r_B按常规方式计算。比如

$$r_T = \rho \frac{l_{br}}{d_3 b_1} \tag{4.55}$$

式中，ρ 为导条的电阻率，单位为 $\Omega \cdot m$；l_{br}为转子导条的长度。有趣的是，这种等效电路会产生负电感元件。例如

$$L_{1T} - L_{1TB} = -\mu_0 n_c^2 l_{br}\left[\frac{d_3}{6b_1}\right]$$

这里无需担心，因为描述两个电路磁链的回路方程最终会产生正电感系数。

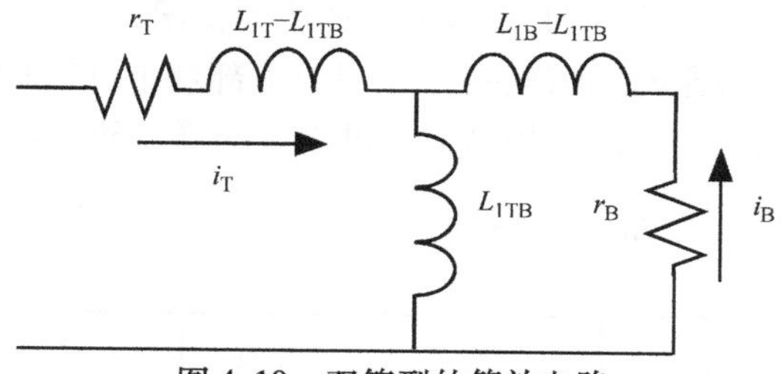

图 4.10　双笼型的等效电路

4.7　双层绕组的槽漏感

如果绕组是整距的，每个槽中的两个线圈边属于同一相。一个槽或者说两个线圈边对应的漏感为

$$L_{slot} = n_c^2 l_e (p_T + p_B + 2p_{TB}) \tag{4.56}$$

根据式（4.39），P 极 C 条并联支路的定子绕组，每相的漏感为

$$L_{phase} = \frac{S}{3C^2} n_c^2 l_e (p_T + p_B + 2p_{TB}) \tag{4.57}$$

可以注意到，由于采用双层绕组，每个线圈边的导体数 n_c是每槽导体数 n_s的一半。也可以用每个槽而不是每个线圈的导体数来表示槽漏感，式（4.57）可以写成

$$L_{phase} = \frac{S}{3C^2} n_s^2 l_e \left(\frac{p_T + p_B + 2p_{TB}}{4}\right) \tag{4.58}$$

式中 $(p_T + p_B + 2p_{TB})/4$ 可以看作是每槽有效比漏磁导，定义为

$$p_s = \frac{1}{4}(p_T + p_B + 2p_{TB})$$

于是

$$L_{\text{phase}} = \frac{S}{3C^2} n_s^2 l_e p_s \tag{4.59}$$

将每槽导体数与每相串联匝数的关系再次写出

$$N_s = \frac{n_s S}{6C}$$

那么

$$L_{\text{phase}} = 12 N_s^2 l_e \frac{p_s}{S} \tag{4.60}$$

这样和式（4.42）的表示形式就一样了。

只有当线圈跨距为整距时，上述槽漏电感表达式才有效。现在考虑一个更实际的情况，绕组为短距。图4.11显示了一种典型情况，60°相带，跨距介于2/3极距和极距之间。与整距时的情况一样，槽的下部和上部有同样数量的线圈边。因此，与槽下部线圈边相关的每相槽漏感可参考式（4.39）写为

$$L_{1B} = \frac{S}{3C^2} n_c^2 l_e p_B = \frac{S}{3C^2} n_s^2 l_e \left(\frac{p_B}{4}\right) \tag{4.61}$$

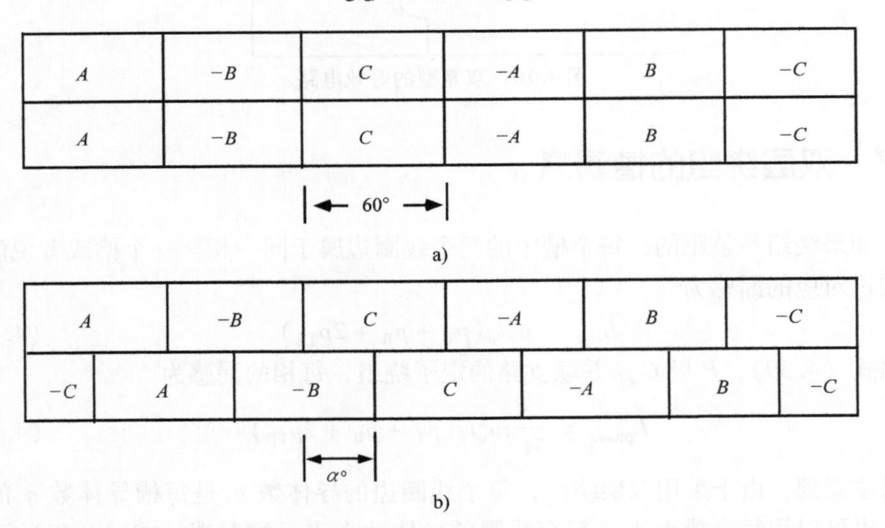

图4.11　绕组分布图：a）整距；b）短距，节距为（$2/3 < p < 1$），其中 $p = 1 - \alpha/180°$

对应槽上部线圈边的漏感为

$$L_{1T} = \frac{S}{3C^2} n_s^2 l_e \left(\frac{p_T}{4}\right) \tag{4.62}$$

槽的上部和下部线圈属于同相的话，线圈边之间的互感不会减小，当 $p = 1$ 时，结果与式（4.49）相同。当 $p = 2/3$ 时，该项为零。因此，当 $2/3 < p < 1$ 时，由互耦引起的漏感为

$$L_{1TB} = \frac{S}{3C^2} n_s^2 l_e \left[\left(\frac{3p-2}{4} \right) p_{TB} \right] \tag{4.63}$$

$$= 12N_s^2 \frac{l_e}{S} \left[\left(\frac{3p-2}{4} \right) p_{TB} \right]$$

$$= L_{1M}(3p-2) \tag{4.64}$$

式中

$$L_{1M} = 12N_s^2 \frac{l_e}{S} \left(\frac{p_{TB}}{4} \right) \tag{4.65}$$

由于定子绕组是对称的，所有三相漏磁的“自”分量为

$$L_{sls} = [L_{1T} + L_{1B} + 2L_{1TB}]$$

$$= \frac{S}{3C^2} n_s^2 l_e \left[\frac{p_T}{4} + \frac{p_B}{4} + \frac{p_{TB}}{2}(3p-2) \right] \tag{4.66}$$

$$= 12N_s^2 \frac{l_e}{S} \left[\frac{p_T}{4} + \frac{p_B}{4} + \frac{p_{TB}}{2}(3p-2) \right]$$

$$= 12N_s^2 \frac{l_e}{S} p_s \tag{4.67}$$

式中

$$p_s = \frac{p_T}{4} + \frac{p_B}{4} + \frac{p_{TB}}{2}(3p-2) \tag{4.68}$$

针对槽漏感，式（4.67）可以看作是式（4.43）的扩展，它将非整距绕组的影响考虑在内。当p不等于1时，很明显，由于槽磁通，三相之间存在相互耦合项。当$p=1$时，该项为零；当$p=2/3$时，达到最大值。借鉴之前的方法，不难得到任意两相之间互漏感的表达式为

$$L_{slm} = -\frac{S}{3C^2} n_s^2 l_e p_{TB} \frac{(3-3p)}{4}$$

$$= -12N_s^2 \frac{l_e}{S} p_{TB} \frac{(3-3p)}{4} \tag{4.69}$$

$$= -L_{1M}(3-3p) \tag{4.70}$$

式中的负号是因为上、下两个线圈的电流方向不一致所导致的。

当$1/3<p<2/3$时，可以从图4.11中验证，当互感增加到正最大值时，电感L_{1TB}保持为零。当$0<p<1/3$时，电感L_{1TB}减小至负最大值，而互感减小至零。一般来说，槽漏磁通的自感分量和互感分量可以表示为

$$L_{sls} = L_{1T} + L_{1B} + 2k_s(p)L_{1M} \tag{4.71}$$

$$L_{slm} = k_m(p)L_{1M} \tag{4.72}$$

式中，L_{1T}和L_{1B}是针对整距情况计算的，即

$$L_{1T} = 3N_s^2 l_e \frac{p_T}{S} \tag{4.73}$$

$$L_{1B} = 3N_s^2 l_e \frac{p_B}{S} \tag{4.74}$$

且

$$L_{1M} = 3N_s^2 l_e \frac{p_{TB}}{S} \tag{4.75}$$

k_s和k_m为线圈节距槽系数。当$2/3 < p < 1$时，槽系数由下式给出：

$$k_s = 3p - 2 \tag{4.76}$$

$$k_m = 3p - 3 \tag{4.77}$$

当$1/3 < p < 2/3$时

$$k_s = 0 \tag{4.78}$$

$$k_m = 3(1 - 2p) \tag{4.79}$$

当$0 < p < 1/3$时

$$k_s = 3p - 1 \tag{4.80}$$

$$k_m = 3p \tag{4.81}$$

图4.12绘制了槽系数k_s和k_m与节距p的关系。其他相带，例如120°相带，绕组的槽系数计算可以参考上面的计算来完成。

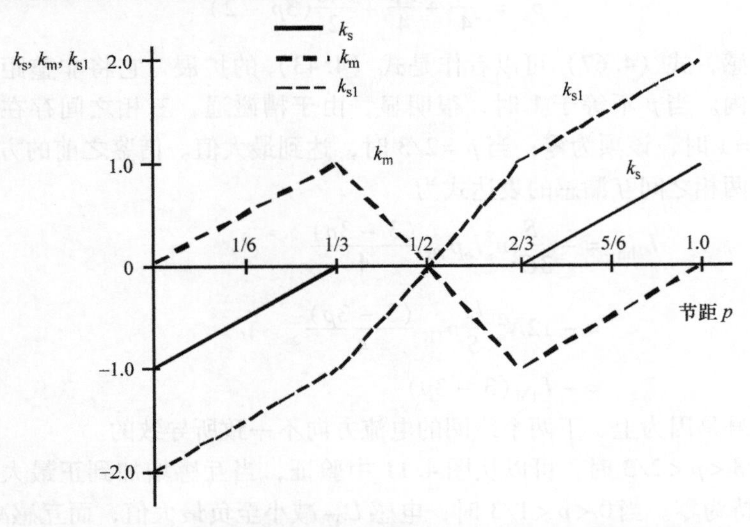

图4.12 60°相带绕组槽漏磁通的自感分量和互感分量的槽系数

三相中任两相都存在耦合，因此三相绕组槽漏磁链的表达式为

$$\lambda_{sla} = L_{sls} i_a + L_{slm} i_b + L_{slm} i_c \tag{4.82}$$

$$\lambda_{\text{slb}} = L_{\text{slm}} i_{\text{a}} + L_{\text{sls}} i_{\text{b}} + L_{\text{slm}} i_{\text{c}} \tag{4.83}$$

$$\lambda_{\text{slc}} = L_{\text{slm}} i_{\text{a}} + L_{\text{slm}} i_{\text{b}} + L_{\text{sls}} i_{\text{c}} \tag{4.84}$$

一般情况下，感应电机等效电路中不需要考虑这种类型的耦合。因为，当三相电机没有中线引出的时候

$$i_{\text{a}} = i_{\text{b}} + i_{\text{c}} = 0$$

代入式（4.82）~式（4.84），得

$$\lambda_{\text{sla}} = (L_{\text{sls}} - L_{\text{slm}}) i_{\text{a}} \tag{4.85}$$

$$\lambda_{\text{slb}} = (L_{\text{sls}} - L_{\text{slm}}) i_{\text{b}} \tag{4.86}$$

$$\lambda_{\text{slc}} = (L_{\text{sls}} - L_{\text{slm}}) i_{\text{c}} \tag{4.87}$$

因此，槽漏磁通的互感分量被消除了，由式（4.71）和式（4.72）可得

$$L_{\text{sls}} - L_{\text{slm}} = L_{1\text{T}} + L_{1\text{B}} + [2k_{\text{s}}(p) - k_{\text{m}}(p)] L_{1\text{M}} \tag{4.88}$$

或者简化为

$$L_{\text{slot}} = L_{1\text{T}} + L_{1\text{B}} + k_{\text{sl}}(p) L_{1\text{M}} \tag{4.89}$$

式中

$$L_{\text{slot}} \triangleq L_{\text{sls}} - L_{\text{slm}}$$

$$k_{\text{sl}}(p) \triangleq 2k_{\text{s}}(p) - k_{\text{m}}(p)$$

参考式（4.76）~式（4.81），当 $2/3 < p < 1$ 时

$$k_{\text{sl}}(p) = 3p - 1 \tag{4.90}$$

当 $1/3 < p < 2/3$ 时

$$k_{\text{sl}}(p) = 3(2p - 1) \tag{4.91}$$

当 $0 < p < 1/3$ 时

$$k_{\text{sl}}(p) = 3p - 2 \tag{4.92}$$

函数 $k_{\text{sl}}(p)$ 也画在图4.12中。

4.8 绕组端部漏感

4.8.1 镜像法

准确计算绕组端部在空气中的漏磁场是非常困难的，因为需要考虑相邻线圈和相邻相之间的相互影响，以及定转子绕组相互耦合的影响。最严格的方法可能是 Alger 提出的[1]。由于推导过程太复杂，这里就不重复了。本文将通过镜像法[2]来深入地讨论这个问题。

图4.13显示了一个无限长的线电流 I，与一铁磁材料表面距离为 d，该表面半无限大，相对磁导率为 u_{r}，电导率有限大。如果电流为交流电，会在铁磁材料表面感应出面电流。根据1.10节，穿过边界的 $\boldsymbol{H}$ 切向分量必须遵循

$$H_{ta} - H_{ti} = K_s \tag{4.93}$$

式中，H_{ta}和H_{ti}分别为$\boldsymbol{H}$在空气侧和铁磁材料侧的切向分量。假设一部分表面电流在铁磁材料表面流动，其余部分在空气表面流动。

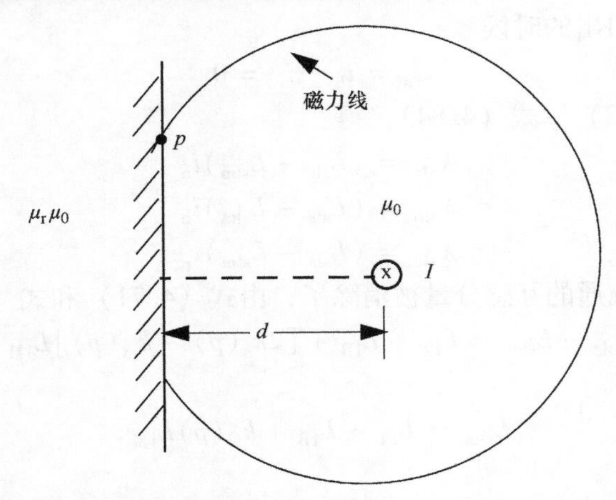

图4.13　平行于代表硅钢片铁心的半无限大铁磁材料表面的线电流

$$H_{ta} - H_{ti} = K_{sa} + K_{si} \tag{4.94}$$

在面对空气的表面上，电流K_{sa}会产生一个垂直于表面的磁场。类似地，K_{si}产生一个垂直于铁磁材料侧表面的磁场。根据1.10节，$\boldsymbol{B}$的法向分量必须在该边界上连续，因此在表面上的任何点有

$$B_{na} = B_{ni} \tag{4.95}$$

磁通密度大小与电流成正比，因此

$$B_{na} \propto \mu_0(K_{sa})$$

并且

$$B_{ni} \propto \mu_0\mu_r(K_{si})$$

式中，∝表示正比于。取两个磁通密度方程的比值，得

$$1 = \frac{K_{sa}}{\mu_r K_{si}}$$

因此

$$K_{si} = \frac{K_{sa}}{\mu_r}$$

式（4.94）变为

$$H_{ta} - H_{ti} = K_{sa}\left(1 + \frac{1}{\mu_r}\right) \tag{4.96}$$

或

$$\frac{B_{\text{ta}}}{\mu_0} - \frac{B_{\text{ti}}}{\mu_0\mu_{\text{r}}} = K_{\text{sa}}\left(\frac{1+\mu_{\text{r}}}{\mu_{\text{r}}}\right) \tag{4.97}$$

磁通密度的法向分量或切向分量在任何边界上都不会出现不连续性，因此最终

$$K_{\text{sa}} = \left(\frac{\mu_{\text{r}}-1}{\mu_{\text{r}}+1}\right)\frac{B_{\text{ta}}}{\mu_0} \tag{4.98}$$

镜像法是用一种等效方法来考虑这个问题。如果用空气取代铁磁材料，电流 I 将不再感应出电流，因为边界的两边都是空气。然而，如果假设在边界左侧距离 d 处存在一镜像电流，大小如式（4.99）所示，则可以得到相同的结果，即产生磁通密度的切向分量大小与式（4.98）相同。

$$I_i = \left(\frac{\mu_{\text{r}}-1}{\mu_{\text{r}}+1}\right)I \tag{4.99}$$

镜像电流的概念可以很容易地扩展到平行或垂直于铁磁材料表面的有限长度电流，以及如图4.14所示的圆形或者其他形状的电流。

在实际电机中，电流会流入铁磁材料中，即流进槽中，需要考虑铁磁材料磁导率不是无限大的情况。如图4.15a所示，考虑在半无限长的空气中涉及电流元件 I 的问题上增加一个导体。空气中的电流元件产生 $I(\mu_{\text{r}}-1)/(\mu_{\text{r}}+1)$ 的镜像电流，如图4.15b所示。如果再在铁磁材料侧加入假想的半无限长槽电流，如图4.15c所示。最终的结果将是完全抵消了空气中的电流元件，而在边界槽一侧的净电流值为

$$I + \frac{\mu_{\text{r}}-1}{\mu_{\text{r}}+1}I = \frac{2\mu_{\text{r}}}{\mu_{\text{r}}+1}I \tag{4.100}$$

图4.15c和图4.15d是相同的，因此图4.15d正确地表示了槽电流对完整解决方案的贡献。由此可见，当问题被完全在空气中的等效电流所取代时，在槽中实际电流 I 的相同位置上，铁磁材料具有增加电流 $I(\mu_{\text{r}}-1)/(\mu_{\text{r}}+1)$ 的效果。

4.8.2 散嵌线圈的绕组端部漏感

现在来求解散嵌绕组端部的漏磁场。由于散嵌线圈的导线是柔性的，可以假设绕组端部形状近似为矩形，如图4.16a所示。把槽电流考虑在内，基于镜像法的等效模型如图4.16b所示。原则上，可以将相对磁导率设置为无穷大来简化计算，使 $2I\mu_{\text{r}}/(\mu_{\text{r}}+1)$ 和 $I(\mu_{\text{r}}-1)/(\mu_{\text{r}}+1)$ 约等于 $2I$ 和 I，简化后的模型如图4.17a所示。然而，对绕组端部漏磁的测量表明，铁心叠片的导电性对漏磁具有非常显著的影响，因为在叠片表面上感应的涡流会“屏蔽”镜像电流。随着材料电导率的增加，相对磁导率相应降低。对大型电机的仔细测量表明，当相对磁导率介于0（无限导电片）和1（相当于空气）之间时，可获得更准确的结果[3,4]。等效模型如图4.17b或图4.17c所示。

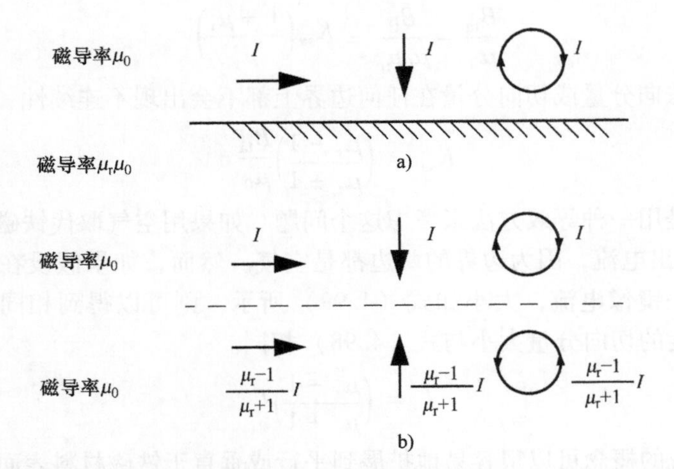

图 4.14　用虚拟镜像电流代替半无限大磁性材料平面：a）原始问题；b）等效问题

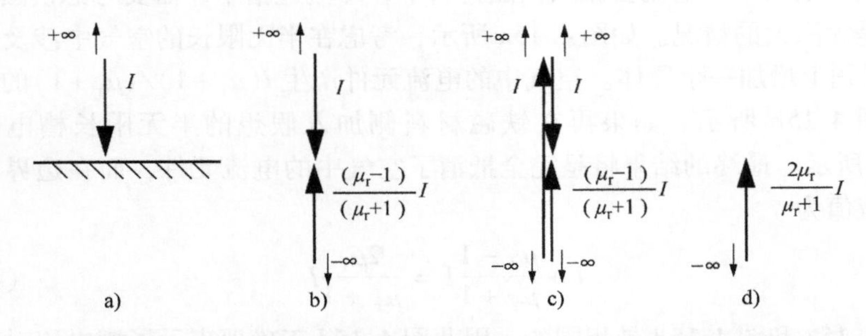

图 4.15　a）半无限长电流流向半无限大磁性材料平面；b）使用镜像方法的等效问题；c）加上一个无限长的槽电流；d）针对 c）的镜像法等效

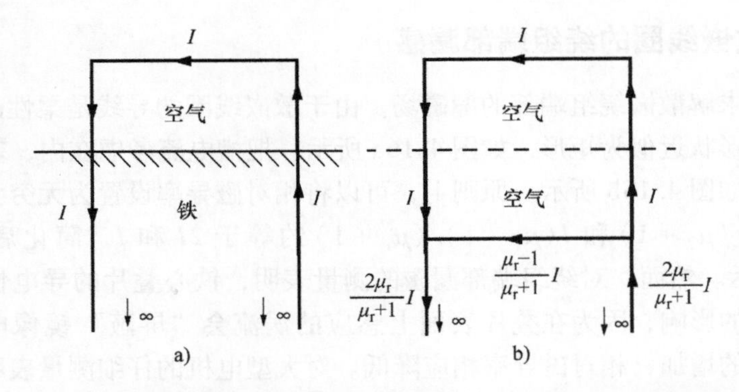

图 4.16　a）散嵌绕组中一个线圈的理想模型；b）基于镜像法的等效模型

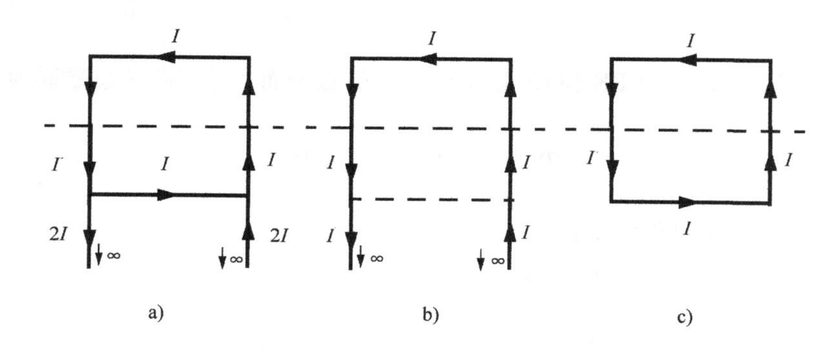

图 4.17　三种理想情况：a）$\mu_r = \infty$（理想铁磁材料）；b）$\mu_r = 1$（空气）；c）$\mu_r = 0$（完全导电体）

4.8.3　将定子铁心视为完全导电体的绕组端部漏感

首先考虑图 4.17c 的模型，重新绘制为图 4.18[4,7]。等效线圈的形状由四条直线组成。矩形 ABCD 表示一个绕组端部的内部区域，而矩形 ADFE 表示因为定子铁心的存在，线圈对应的镜像。绕组端部的电感应计算通过 ABCD 的磁通，而不是 ADFE。电机另一侧的绕组端部也具有相同的等效表示，但计算电感时应考虑交链 ADFEA 的磁通，而非 ABCDA。因此，绕组端部总电感可以通过计算交链整个 ABCDFEA 区域的磁通来求出。

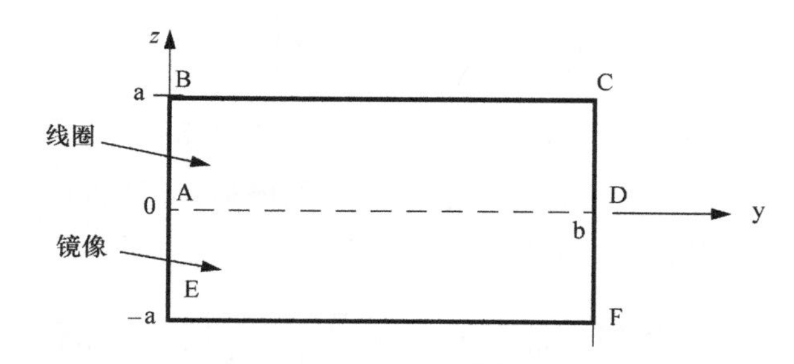

图 4.18　表示一个线圈两个端部区域的矩形回路

计算由 BE 段电流产生的磁场而交链回路 ABCDFEA 的磁通，可以采用第 1 章中介绍的有限长度导线电流产生的 B 大小，即由式（1.12）可得

$$\boldsymbol{B}(y,z)=\frac{\mu_0 I}{4\pi y}\left[\frac{z+a}{\sqrt{y^2+(z+a)^2}}-\frac{z-a}{\sqrt{y^2+(z-a)^2}}\right]\boldsymbol{u}_x \tag{4.101}$$

因此，根据对称性，由 BE 和 CF 段电流产生的磁场而交链回路的总磁通为

$$\Phi_{\mathrm{BE}}=\int_{-a}^{a}\int_{\varepsilon}^{b}B(y,z)\,\mathrm{d}y\mathrm{d}z \tag{4.102}$$

式中，ε 为绕组束最外侧半径[⊖]。

将 Φ_{BE} 的表达式进一步写为

$$\Phi_{\mathrm{BE}}=\frac{\mu_0 I}{4\pi}\int_{-a}^{a}\int_{\varepsilon}^{b}\frac{1}{y}\left(\frac{z+a}{\sqrt{y^2+(z+a)^2}}-\frac{z-a}{\sqrt{y^2+(z-a)^2}}\right)\mathrm{d}y\mathrm{d}z \tag{4.103}$$

根据参考文献［6］中的条目 221.01，计算内部积分，表达式简化为[7]

$$\begin{aligned}\Phi_{\mathrm{BE}}=\frac{\mu_0 I}{4\pi}\int_{-a}^{a}\Bigg\{&-\ln\left[\frac{a+z}{b}+\sqrt{\left(\frac{a+z}{b}\right)^2+1}\right]-\ln\left[\frac{a-z}{b}+\sqrt{\left(\frac{a-z}{b}\right)^2+1}\right]\\&+\ln\left[\frac{a+z}{\varepsilon}+\sqrt{\left(\frac{a+z}{\varepsilon}\right)^2+1}\right]+\ln\left[\frac{a-z}{\varepsilon}+\sqrt{\left(\frac{a-z}{\varepsilon}\right)^2+1}\right]\Bigg\}\mathrm{d}z\end{aligned} \tag{4.104}$$

将 $(a\pm z)/d$ 和 $(a\pm b)/\varepsilon$ 用虚拟变量 x 替换，根据参考文献［6］中的条目 525，可得

$$\begin{aligned}\Phi_{\mathrm{BE}}=\frac{\mu_0 I}{2\pi}\Bigg\{&-2a\ln\left[\frac{2a}{b}+\sqrt{\left(\frac{2a}{b}\right)^2+1}\right]+\sqrt{(2a)^2+b^2}\\&+2a\ln\left[\frac{2a}{\varepsilon}+\sqrt{\left(\frac{2a}{\varepsilon}\right)^2+1}\right]-2a-b\Bigg\}\end{aligned} \tag{4.105}$$

式中，已假设 ε 比 b 小很多，可以忽略不计（但不是零）。

计算由 BC 段电流产生的磁场而交链回路的磁通，可以将式（4.105）中的 $2a$ 和 b 进行交换，得到的结果是

$$\begin{aligned}\Phi_{\mathrm{CB}}=\frac{\mu_0 I}{2\pi}\Bigg\{&-b\ln\left[\frac{b}{2a}+\sqrt{\left(\frac{b}{2a}\right)^2+1}\right]+\sqrt{(2a)^2+b^2}\\&+b\ln\left[\frac{b}{\varepsilon}+\sqrt{\left(\frac{b}{\varepsilon}\right)^2+1}\right]-2a-b\Bigg\}\end{aligned} \tag{4.106}$$

⊖ 线圈半径。——译者注

因为对称，所以 $\Phi_{FC}=\Phi_{BE}$，$\Phi_{EF}=\Phi_{CB}$。交链回路的总磁通为

$$\Phi_{total}=2\Phi_{BE}+2\Phi_{CB} \tag{4.107}$$

因此，轴向长度为 a、周向跨度为 b 的单匝绕组端部的电感为

$$L_{ew1}=\frac{\Phi_{total}}{I}=\frac{\mu_0}{\pi}\left\{-2a\ln\left[\frac{2a}{b}+\sqrt{\left(\frac{2a}{b}\right)^2+1}\right]-b\ln\left[\frac{b}{2a}+\sqrt{\left(\frac{b}{2a}\right)^2+1}\right]\right.$$
$$\left.+2a\ln\left(\frac{4a}{\varepsilon}\right)+b\ln\left(\frac{2b}{\varepsilon}\right)+2\sqrt{4a^2+b^2}-2b-4a\right\}a,b\gg\varepsilon \tag{4.108}$$

电机两侧的端部都包括在内了。

4.8.4 将定子铁心视为空气的绕组端部漏感

如果将定子铁心看作空气[5]，如图4.19所示，线圈电流的镜像可以无限延伸到铁心中。将式（4.101）中的 $-a$ 逼近 $-\infty$，得到

$$\boldsymbol{B}(y,z)=\frac{\mu_0 I}{4\pi y}\left[\frac{z+a}{\sqrt{y^2+(z+a^2)}}\right]\boldsymbol{u}_x \tag{4.109}$$

由导线BE中电流产生的磁场，交链线圈的磁通可以表示为

$$\Phi_{BE}=\int_0^a\int_\varepsilon^b B(y,z)\,\mathrm{d}y\mathrm{d}z \tag{4.110}$$

或者

$$\Phi_{BE}=\frac{\mu_0 I}{4\pi}\int_0^a\int_\varepsilon^b\frac{1}{y}\left(\frac{z+a}{\sqrt{y^2+(z+a)^2}}-1\right)\mathrm{d}y\mathrm{d}z \tag{4.111}$$

进行积分

$$\Phi_{BE}=\frac{\mu_0 I}{4\pi}\left\{-\sqrt{a^2+b^2}+\sqrt{4a^2+b^2}-a+a\ln\left[\frac{2(a+\sqrt{a^2+b^2})}{b}\right]\right.$$
$$\left.-2a\ln\left[\frac{2a+\sqrt{4a^2+b^2}}{2b}\right]+a\ln\frac{\varepsilon}{b}+a\ln\left[\frac{4a}{\varepsilon}\right]\right\} \tag{4.112}$$

导线CB电流对应的磁通只有之前的一半

$$\Phi_{CB}=\frac{\mu_0 I}{4\pi}\left\{-b\ln\left[\frac{b}{2a}+\sqrt{\left(\frac{b}{2a}\right)^2+1}\right]+\sqrt{(2a)^2+b^2}\right.$$
$$\left.+b\ln\left[\frac{b}{\varepsilon}+\sqrt{\left(\frac{b}{\varepsilon}\right)^2+1}\right]-2a-b\right\} \tag{4.113}$$

线圈的总磁通为

$$\Phi_{total}=2\Phi_{BE}+\Phi_{CB} \tag{4.114}$$

把电机另外一侧的端部也考虑在内，最后端部电感为

$$L_{\mathrm{ew1}}=\frac{2\Phi_{\mathrm{total}}}{I} \tag{4.115}$$

$$\begin{aligned}L_{\mathrm{ew1}}=\frac{\mu_0}{2\pi}\Bigg\{&-2\sqrt{a^2+b^2}+3\sqrt{4a^2+b^2}-4a-b+2a\ln\left[\frac{2(a+\sqrt{a^2+b^2})}{b}\right]\\&-4a\ln\left[\frac{2a+\sqrt{4a^2+b^2}}{2b}\right]+2a\ln\frac{\varepsilon}{b}+2a\ln\left[\frac{4a}{\varepsilon}\right]\\&-b\ln\left[\frac{b}{2a}+\sqrt{\left(\frac{b}{2a}\right)^2+1}\right]+b\ln\left[\frac{b}{\varepsilon}+\sqrt{\left(\frac{b}{\varepsilon}\right)^2+1}\right]\Bigg\}\end{aligned} \tag{4.116}$$

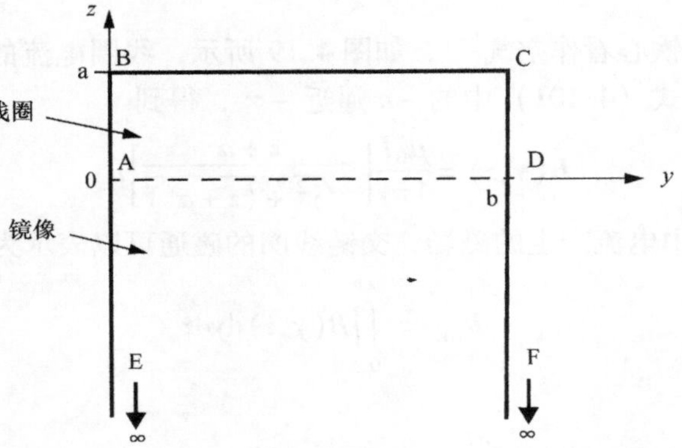

图4.19　当定子铁心看作空气时的绕组端部等效回路

式（4.108）和式（4.116）都可用于计算一相绕组的端部漏感，具体选择哪个，由读者来决定。参考文献［3］中对绕组端部漏磁的测量表明，铁心叠片的相对磁导率在0到1是比较合理的。因此，用式（4.108）和式（4.116）的平均值会更为准确。对于空气中含有端部的单匝线圈，式（4.108）和式（4.116）中电感的相对磁导率简单定义为$L_{\mathrm{ew1}}/\mu_0=\mathcal{P}_{\mathrm{ew1}}$，图4.20中绘制了铁心作为完美导体、空气和两者平均值等不同情况下电感相对磁导率的变化情况。

4.8.5　每相绕组的端部漏感

每槽导体数为n_s，每槽绕组端部漏感为

$$L_{\mathrm{ew,coil}}=n_s^2(L_{\mathrm{ew1}}+L_{\mathrm{internal}}) \tag{4.117}$$

其中，由式（1.138）可得

$$L_{\mathrm{internal}}=\frac{\mu_0}{8\pi}(4a+2b) \tag{4.118}$$

假设一个相带中一相有Q个槽，那么一个相带里一相线圈就是Q的一半，

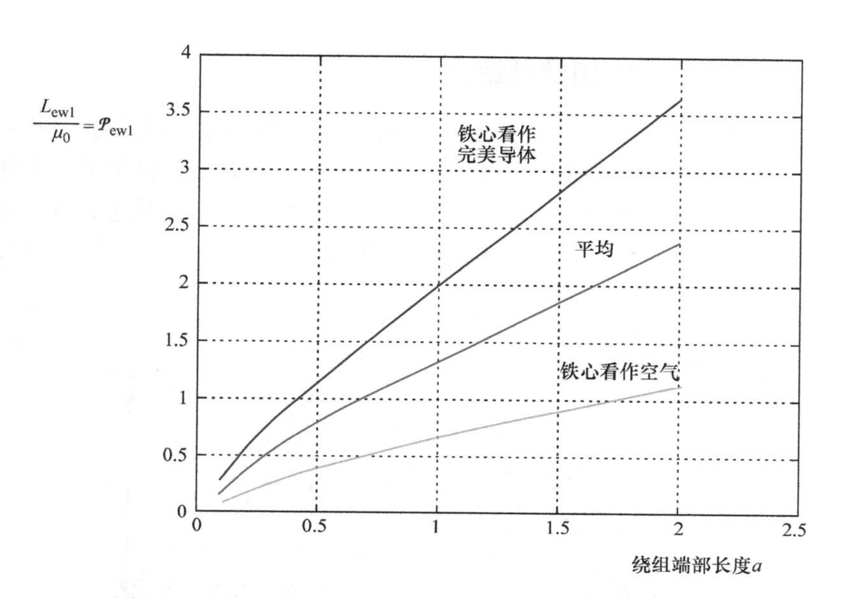

图 4.20　矩形端部的电感相对磁导率与端部长度 a 的变化关系，其中线圈跨距 $b=1$，线圈半径 $\varepsilon=0.1$

那么 $Q/2$ 个线圈的端部漏感为

$$L_{\text{ew,phase belt}}=Q(k_{d1}k_{p1}n_s)^2\frac{(L_{ew1}+L_{\text{internal}})}{2} \tag{4.119}$$

之前章节［见式（4.41）］中已经介绍过，三相电机中

$$n_s=\frac{6CN_s}{S} \tag{4.120}$$

并且

$$Q=\frac{S}{3P}$$

因此

$$L_{\text{ew,phase belt}}=\frac{S}{3P}\left(k_{d1}k_{p1}\frac{6CN_s}{S}\right)^2\frac{(L_{ew1}+L_{\text{internal}})}{2} \tag{4.121}$$

由式（4.38）和式（4.39）可以得到一条并联支路的端部漏感

$$L_{\text{ew,circuit}}=\frac{P}{C}L_{\text{ew,phase belt}} \tag{4.122}$$

$$=\left(\frac{P}{C}\right)\left(\frac{S}{3P}\right)\left(\frac{6C}{S}\right)^2(k_{d1}k_{p1}N_s)^2\frac{(L_{ew1}+L_{\text{internal}})}{2} \tag{4.123}$$

因此，用每相串联匝数 N_s 来表示一相绕组端部漏感为

$$L_{\text{ew,phase}}=\frac{6}{S}k_{d1}^2k_{p1}^2N_s^2(L_{ew1}+L_{\text{internal}}) \tag{4.124}$$

4.8.6 成型线圈的绕组端部漏感

以下公式来自参考文献［5］，部分是理论推导的结果，部分是经验总结的结果。图4.21显示了成型线圈的绕组端部区域的理想情况，包含了一个相带中的两个线圈，而每极每相槽数为Q。同样，当线圈分布在Q个槽上，并有短距时

$$L_{ew}=Q(k_{d1}k_{p1}n_s)^2p_{ew}l_{ew} \tag{4.125}$$

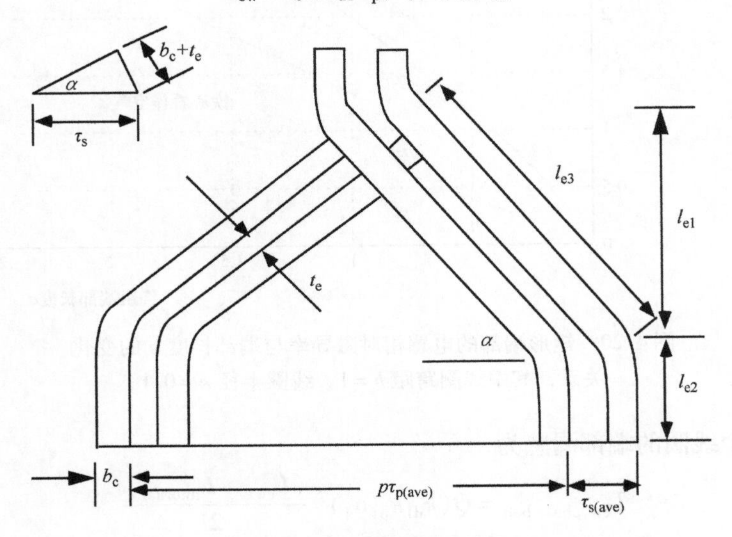

图4.21 成型线圈的绕组端部情况

式（4.125）表示的电感对应一个完整相带绕组的端部漏磁，其中包含了Q个槽和Q个线圈（双层绕组）。那么相应的每槽端部漏感为

$$L_{ew/slot}=L_{ew}/Q=k_{p1}^2k_{d1}^2n_s^2p_{ew}l_{ew} \tag{4.126}$$

对于如图4.21所示的电机（例如，定子采用成型绕组的电机），参考文献［5］建议的端部比漏磁导估算值为

$$p_{ew}=\mu_0\times1.2 \tag{4.127}$$

$$l_{ew}=2(l_{e2}+l_{e1}/2) \tag{4.128}$$

式中，系数2是因为线圈在电机的两侧都存在端部。当l_{e1}和l_{e2}的单位为in，$\mu_0=3.192\times10^{-8}$H/in时，可得

$$L_{ew/slot}=\mu_0k_{p1}^2k_{d1}^2n_s^2\times2.4\times[l_{e2}+l_{e1}/2] \tag{4.129}$$

l_{e1}和l_{e2}的含义如图4.21所示。在式（4.128）的推导中，将绕组端部漏磁看作空气中的旋转场，并且忽略铁心的存在。此外，假设磁力线是圆弧形的，并仅限于径向平面。请注意，绕组的跨距最大处为$\tau_{p(ave)}$，位于铁心端部叠片的表

面，跨距最小值为0，位于绕组端部的顶端。因此，式中使用了 $l_{e1}/2$ 作为有效长度。很明显，绕组端部电流产生的磁场并不是真正的二维场，还会有轴向分布的分量。通过绘制三维场的近似图，对轴向效应进行了实验研究。在理想化分析中忽略的轴向磁场效应，由常数2.4来表示。为了便于比较，当使用图4.20绘制的平均值时，相对磁导率2.4应在归一化的端部长度 $a=2$ 处。

图4.21中的 t_e 表示端部两个绝缘线圈圈边之间的距离。一般来说，为了在相邻线圈之间进行绝缘，这个量是可以控制的。如果 t_e 是固定的，可以从与 t_e 的关系中得到 l_{e1}

$$l_{e1}=\frac{p\tau_{p1}(b_c+t_e)}{2\sqrt{\tau_{s1}^2-(b_c+t_e)^2}} \tag{4.130}$$

式中，τ_{s1} 和 τ_{p1} 是在槽的中间而不是在槽的表面计算的槽距和极距；b_c 是在槽中成型导线的宽度，而不是槽本身的宽度；l_{e2} 的值还和电压有关，13200V的电机，取值范围为0.25～4in。

由式（4.39）可知，每相绕组端部漏感为

$$L_{ew}=\frac{S}{3C^2}L_{ew/slot} \tag{4.131}$$

对于三相电机，利用式（4.41）

$$n_s=\frac{6CN_s}{S}$$

用每相串联匝数 N_s 来表示一相绕组端部漏感为

$$L_{ew}=\mu_0\frac{S}{3C^2}\left(\frac{6CN_s}{S}\right)^2k_{p1}^2k_{d1}^2\times2.4\times(l_{e2}+l_{e1}/2) \tag{4.132}$$

$$=12\mu_0\frac{N_s^2}{S}k_{p1}^2k_{d1}^2\times2.4\times(l_{e2}+l_{e1}/2) \tag{4.133}$$

另一种计算成型线圈的绕组端部漏感的方法是使用基于4.8.3节和4.8.4节计算结果的近似值。假设两种情况下漏磁通交链的面积相同，通过简单的几何计算可以确定，如果将图4.18中的长度 a 设为图4.21中的 $l_{e2}+l_{e1}/2$，将 b 设为极距 $\tau_{p(ave)}$，则式（4.124）可直接使用。虽然这只是一个粗略的方法，但对于估算来说已经足够了。需要指出的是，利用Neumann积分[3,7]可以更精确地计算绕组端部漏感。这其中所涉及的工作，虽然在准确性上令人满意，但对于定子外层叠片上感应出的涡流，其所带来的不确定性影响很少能够被顾及。

4.8.7 笼型绕组的端部漏感

笼型绕组的端部区域如图4.22所示，参考文献［8］详述了笼型绕组端部漏磁的计算方法，它基于Grover公式[9]，该公式用于计算平均半径为 $D_b/2$ 的方

形截面圆环的自感。采用图 4.22 所示的符号，并假设一个横截面积为 $d_{be}t_{be}$ 的等效正方形，与 $\pi D_b/S_2$ 对应的端环面积相同，长度单位为 cm

$$L_{er}=\mu_0\frac{D_b}{2S_2}\left\{\frac{1}{2}\left[1+\frac{1}{6}\left(\frac{d_{be}t_{be}}{D_b^2}\right)\right]\ln\left[8\frac{D_b^2}{d_{be}t_{be}}\right]-0.8434+0.2041\left(\frac{d_{be}t_{be}}{D_b^2}\right)\right\}\text{H} \tag{4.134}$$

式中，$\mu_0=4\pi\times10^{-9}$。该表达式不包括转子导条伸出长度 l_{be} 的影响，但最终结果应顾及这种影响。当 $d_{be}/D_b<0.2$，横截面积较小时，该式适用；大于 0.2 时，可参照参考文献［9］的表 21。

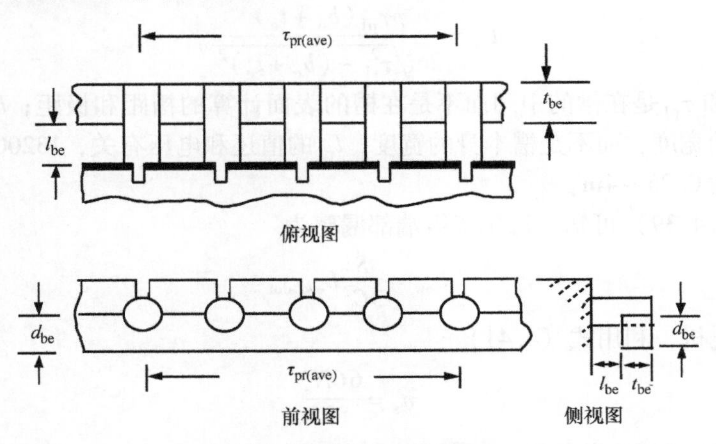

图 4.22 笼型绕组的端部区域

4.9 定子谐波或相带漏磁通

到目前为止，所有的分析计算都忽略了气隙磁通的谐波分量。定子绕组是由放置在有限数量槽中的线圈组成，磁通的波形不可能是正弦形的，因此要以某种方式来考虑这些不想要的谐波磁通分量的影响。由于谐波磁通不产生任何有用的功，所以可以将其视为漏磁通。在分析这些谐波漏磁通时，有必要将由于定子线圈数量有限而导致的磁动势谐波和开槽所导致的谐波加以区分。第一种情况对应的漏感称之为相带漏感，而第二种情况（将在 4.10 节中介绍）称之为锯齿形漏感。首先，考虑定子绕组产生的磁动势。第 2 章已经阐述了，除了磁动势的基波分量外，任何实际绕组都会在气隙中产生磁动势的空间谐波，这些谐波相对于定子以不同的速度旋转。主磁通对应的感应电动势决定了传输到转子上的有用功率。然而，磁动势的空间谐波也会在定子绕组中感应出电动势。这些电动势的幅值不同，但频率相同，因为它们都是由定子电流的基波分量产生的。此外，它们都是同相的，这意味着如果它们没有被相应的转子电流“短路”，它们将都是纯无功的。

根据第2章中的式（2.73）可得，绕组为P极C条并联支路，产生的气隙h次谐波磁动势为

$$\mathcal{F}_{ph}=\frac{3}{2}\frac{4}{\pi}\left(\frac{N_t}{CP}\right)\left(\frac{k_h}{h}\right)I_m \tag{4.135}$$

式中

$$k_h=k_{ph}k_{dh}k_{sh}k_{\chi h} \tag{4.136}$$

该磁动势对应的气隙磁通密度为

$$B_{gh}=\frac{\mu_0\mathcal{F}_{ph}}{g_e} \tag{4.137}$$

式中，g_e是考虑了饱和之后的气隙有效长度，在式（3.78）中定义。

h次磁动势谐波的极数为hP，确定相对应的匝数和磁通，然后通过积分求和可得每极磁链，即

$$\begin{aligned}\lambda_{ph}&=\int_0^{(2\pi)/(h\times P)}N_{ah}(h\phi)B_g(h\phi)l_e r\mathrm{d}\phi\\&=\frac{4}{\pi}\left(\frac{k_hN_t}{hP}\right)\int_0^{(2\pi)/(h\times P)}B_{gh}\cos^2\left(\frac{hP\phi}{2}\right)l_e r\mathrm{d}\phi\end{aligned}$$

第2章中介绍过，绕组函数N_{ah}与单位电流的磁动势$\mathcal{F}_{ph}$完全相同。整合后

$$\lambda_{ph}=\left(\frac{N_t}{P}\right)\left(\frac{k_h}{h^2}\right)\left(\frac{2B_{gh}}{\pi}\right)\tau_p l_e \tag{4.138}$$

所有hP极的总串联磁链为

$$\lambda_h=\frac{hP}{C}\lambda_{ph}=\left(\frac{N_t}{C}\right)\left(\frac{k_h}{h}\right)\left(\frac{2B_{gh}}{\pi}\right)\tau_p l_e \tag{4.139}$$

将式（4.135）和式（4.137）代入式（4.139）中，然后将结果除以定子绕组电流I_m，可以得到h次磁动势谐波的电感，结果为

$$L_h=\frac{3}{2}\left(\frac{8}{\pi^2}\right)\left(\frac{N_t^2}{C^2P}\right)\left(\frac{k_h^2}{h^2}\right)\frac{\mu_0\tau_p l_e}{g_e} \tag{4.140}$$

$$=\frac{3}{2}\left(\frac{8}{\pi^2}\right)\left(\frac{N_s^2}{P}\right)\left(\frac{k_h}{h}\right)^2\frac{\mu_0\tau_p l_e}{g_e} \tag{4.141}$$

由于相同的电流“流过”所有谐波电感，因此将每个谐波对应的电感串联相加得到磁动势谐波总漏感

$$L_{1k}=\frac{3}{2}\left(\frac{8}{\pi^2}\right)\left(\frac{N_s^2}{P}\right)\mu_0\frac{\tau_p l_e}{g_e}\left[\sum_{h=2}^{\infty}\left(\frac{k_h}{h}\right)^2\right] \tag{4.142}$$

将该结果与式（3.80）进行比较，可以将式（4.142）写成紧凑形式

$$L_{1\mathrm{k}} = L_{\mathrm{ms}}\left[\frac{1}{k_1^2}\sum_{h=2}^{\infty}\left(\frac{k_h}{h}\right)^2\right] \tag{4.143}$$

针对常用的三相60°相带绕组，图4.23给出了 $\sum\left(\frac{k_h}{h}\right)^2$ 与每极每相槽数 Q 的关系。从该图中可以看出，谐波漏磁通与每极每相槽数和线圈跨距有关，近似与 Q 的二次方成反比。

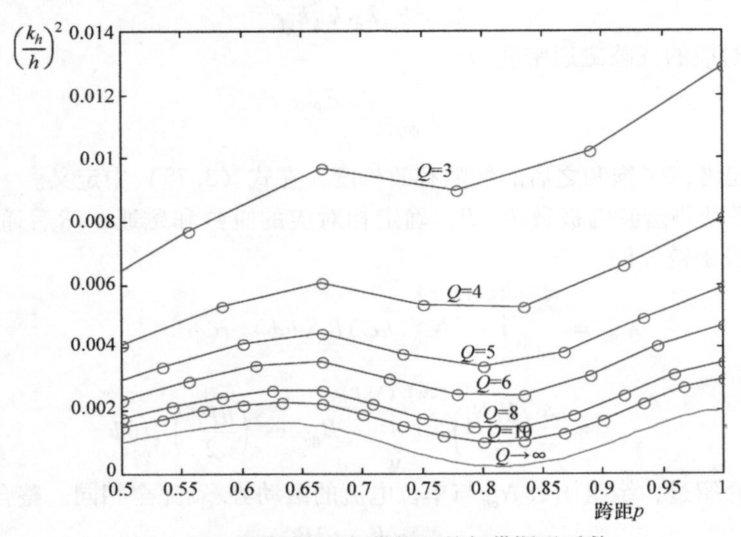

图4.23 整数槽60°相带绕组的相带漏磁系数

注：$Q=2$，$p=0.667$、0.833和1.0，$\sum\left(\frac{k_h}{h}\right)^2=0.0199$、0.0205和0.0265。

相对而言，谐波漏磁通的计算对于绕线转子电机会更重要一些。在笼型电机中，定子绕组磁动势的谐波分量在气隙中产生的谐波磁场将在转子中感应出电流，该电流将起到削弱定子谐波磁场的作用。尽管谐波磁通仍在气隙中，但数值非常小了，是定子谐波磁通和转子反向谐波磁通的总和。如果将转子电阻和电抗也考虑进来，这个问题会更加复杂。定子谐波磁通在笼型转子中感应出的电流，所产生的损耗称为相带谐波损耗，将在第5章中详述。虽然相带谐波损耗很重要，但对于笼型电机，相带漏感通常被忽略。

4.10 锯齿形漏感

考虑一个对称的感应电机，定子每槽导体数为 n_{s}，转子每槽导体数为 n_{r}。假设转子正好处于这样一个位置，一个转子齿的中心线与一个定子齿的中心线对

齐，如图 4.24a 所示。一般来说，与变压器不同，感应电机定子和转子的安匝数差异较大，它们之间的差异用来建立气隙中的旋转磁场。如果不考虑该差异（对应的锯齿形漏感为零），则定子和转子安匝数相等且相反。因此，定子电流感应的每单位长度气隙磁动势与由转子电流感应的每单位长度气隙磁动势相同，可得

$$\frac{n_s I_s}{\tau_s} = \frac{n_r I_r}{\tau_r} \tag{4.144}$$

现在考虑一条回路，如图 4.24a 中的路径 abcda，它包含一个定子槽和两个转子槽，当其穿过气隙时，沿着转子齿的中心线。根据安培定律

$$\mathcal{F}_{ab} + \mathcal{F}_{cd} = n_s I_s - 2n_r I_r \tag{4.145}$$

代入式（4.144），可简化为

$$\mathcal{F}_{ab} + \mathcal{F}_{cd} = n_s I_s \left(1 - \frac{2\tau_r}{\tau_s}\right) \tag{4.146}$$

假设磁动势是正弦变化的，因此至少有两个定子和转子齿处于（或接近）零磁动势。假设与点 a 对应的齿是零位点，那么如果式（4.144）成立，则点 b 也是零位点。因此，可以写出

$$\mathcal{F}_{ab} = 0 \tag{4.147}$$

$$\mathcal{F}_{cd} = n_s I_s \left(\frac{\tau_s - 2\tau_r}{\tau_s}\right) \tag{4.148}$$

但是，请注意 $2\tau_r - \tau_s$ 为回路上与零位点相邻的定子齿和转子齿中心线之间的距离。如果定义

$$2\tau_r - \tau_s = x \tag{4.149}$$

于是

$$\mathcal{F}_{cd} = n_s I_s \frac{x}{\tau_s} \tag{4.150}$$

式中，x 是从相应定子齿的中心测量的。这实际上是一个普遍的结果，即任何两个相对齿之间的磁势差等于定子每槽磁动势乘以两个齿中心线之间的距离与一个定子槽距之比。

在转子齿转过一个定子槽距的过程中，需要考虑三种情况：①转子齿与定子齿完全相对，如图 4.24b 所示；②转子齿部分与定子槽相对，如图 4.24c 所示；③转子齿与定子槽完全相对。

第一种情况中，$0 < x < (t_1 - t_2)/2$，定转子齿之间的磁动势根据式（4.150）可得

$$\mathcal{F}(x) = n_s I_s \frac{x}{\tau_s} \tag{4.151}$$

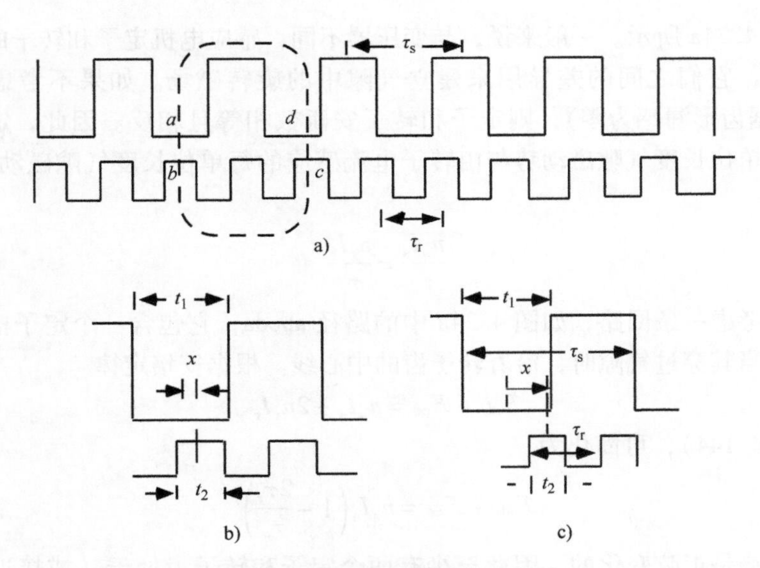

图 4.24　锯齿形漏感计算示意图

并且，磁导等于

$$\mathcal{P}(x)=\mu_0\frac{l_e t_2}{g_e} \tag{4.152}$$

因此，锯齿形漏磁通等于

$$\boldsymbol{\Phi}(x)=\mathcal{F}(x)\mathcal{P}(x) \tag{4.153}$$

或

$$\boldsymbol{\Phi}(x)=\mu_0 n_s I_s\frac{l_e t_2}{g_e}\frac{x}{\tau_s} \tag{4.154}$$

第二种情况中，$(t_1-t_2)/2<x<(t_1+t_2)/2$，两个齿之间的磁动势仍由式（4.150）计算，磁导为

$$\mathcal{P}(x)=\frac{\mu_0 l_e}{g_e}\left(\frac{t_1+t_2}{2}-x\right) \tag{4.155}$$

于是

$$\boldsymbol{\Phi}(x)=\mu_0 n_s l_s\frac{l_e}{g_e}\frac{x}{\tau_s}\left(\frac{t_1+t_2}{2}-x\right) \tag{4.156}$$

第三种情况，$(t_1+t_2)/2<x<\tau_s/2$，仍然按式（4.150）计算磁动势。这种情况下的磁导非常小，可以假设为0。因此，定转子齿之间的锯齿形漏磁通为

$$\boldsymbol{\Phi}(x)=\mathcal{F}(x)\mathcal{P}(x)=0$$

图 4.25 给出了转子齿磁动势与定子齿磁动势的关系、每个齿对应的磁导以及由此产生的磁通。很明显，只有用极其复杂的等效电路才能准确地表示这种特

性。然而，关于这种漏磁通瞬时特性的确切细节在这里并不重要，只需关注其总体影响。因此，允许将实际情况替换为产生相同平均磁场储能的等效情况。实际上，可以将锯齿形漏磁通的等效电感定义为

$$L_{zz/s}=\frac{W_{m,ave}}{\frac{1}{2}I_s^2} \tag{4.157}$$

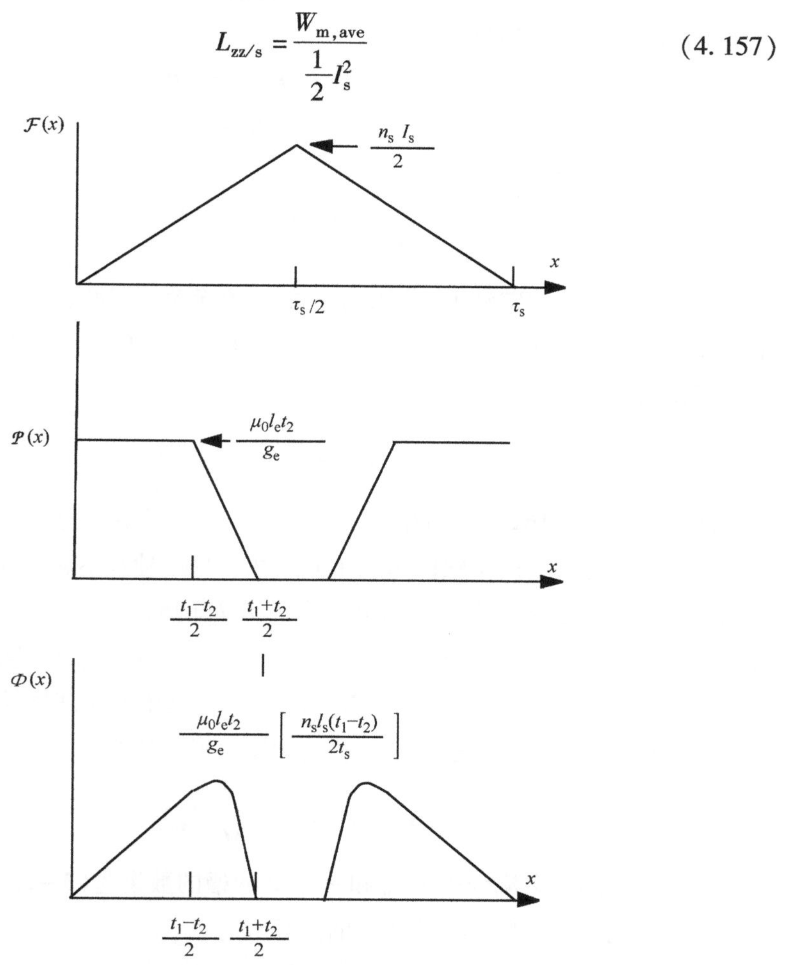

图4.25　锯齿形漏磁导的变化关系

式中，$W_{m,ave}$为$x=0$到$x=\tau_s/2$的移动过程中，定转子齿部区域的平均磁场储能，表达为

$$\begin{aligned}W_{m,ave}&=\frac{2}{\tau_s}\int_0^{(t_1-t_2)/2}(n_sI_s)^2\left(\frac{x}{\tau_s}\right)^2\mu_0\frac{l_et_2}{g_e}dx\\&+\frac{2}{\tau_s}\int_{(t_1-t_2)/2}^{(t_1+t_2)/2}(n_sI_s)^2\left(\frac{x}{\tau_s}\right)^2\left(\mu_0\frac{l_e}{g_e}\right)\left(\frac{t_1+t_2}{2}-x\right)dx\end{aligned} \tag{4.158}$$

计算结果为

$$W_{\mathrm{m,ave}}=\frac{\mu_0 l_{\mathrm{e}}(n_{\mathrm{s}}I_{\mathrm{s}})^2 t_1 t_2(t_1^2+t_2^2)}{12g_{\mathrm{e}}\tau_{\mathrm{s}}^3} \tag{4.159}$$

于是每槽的锯齿形漏感为

$$L_{\mathrm{zz/s}}=\frac{\mu_0 l_{\mathrm{e}} n_{\mathrm{s}}^2 t_1 t_2(t_1^2+t_2^2)}{6g_{\mathrm{e}}\tau_{\mathrm{s}}^3} \tag{4.160}$$

对应的比漏磁导为

$$p_{\mathrm{zz}}=\frac{\mu_0 t_1 t_2(t_1^2+t_2^2)}{6g_{\mathrm{e}}\tau_{\mathrm{s}}^3} \tag{4.161}$$

注意，该结果与所述定转子齿周围槽中的电流无关。因此，该结果适用于任何定子齿和槽。每相的锯齿形漏感的计算，类似于式（4.39）~式(4.42）的推导。对于三相电机，结果是

$$L_{1\mathrm{zz}}=\frac{12N_{\mathrm{s}}^2}{S_1}l_{\mathrm{e}}p_{\mathrm{zz}} \tag{4.162}$$

此时，式（4.162）仅适用于单层绕组。当电机绕组为两层时，存在两种类型的槽，一种是上下两个线圈边属于同一相，另一种是不属于同一相。假设锯齿形漏感不随时间变化，选择 a 相电流为最大 I_{m} 的时刻来进行分析。如果电机没有中性点引出，此时其他两相中的电流相等，为 $-I_{\mathrm{m}}/2$。参考图 4.11，上下层线圈边电流均为 I_{m} 的槽的数量为 $(3p-2)S_1/3$，其中 p 是线圈跨距。注意，所有这些线圈都属于 a 相。与这些线圈相关的锯齿形漏感为

$$L_{\mathrm{zz1}}=(3p-2)\frac{S_1}{3C^2}L_{\mathrm{zz/s}} \tag{4.163}$$

上下层线圈边电流分别为 I_{m} 和 $-I_{\mathrm{m}}/2$ 的槽的数量为 $(3-3p)S_1/3$。在考虑电流方向的情况下，作用在这些槽中的安匝数为

$$\frac{n_{\mathrm{s}}}{2}I_{\mathrm{m}}-\frac{n_{\mathrm{s}}}{2}\left(\frac{-I_{\mathrm{m}}}{2}\right)=\frac{3}{4}(n_{\mathrm{s}}I_{\mathrm{m}}) \tag{4.164}$$

因此，存储在相应转子和定子齿中的平均能量是上下线圈边电流都是 I_{m} 的槽对应的齿所存储能量的 9/16，因此这些齿的锯齿形漏感也是相应的 9/16 倍，表示为

$$L_{\mathrm{zz2}}=(3-3p)\left(\frac{S_1}{3C^2}\right)\left(\frac{9}{16}\right)L_{\mathrm{zz/s}}$$

因此，双层绕组的每相锯齿形漏感为

$$L_{1zz}=(3p-2)\left(\frac{S_1}{3C^2}\right)L_{zz/s}+(3-3p)\left(\frac{S_1}{3C^2}\right)\left(\frac{9}{16}\right)L_{zz/s} \tag{4.165}$$

计算可得

$$L_{1zz}=\frac{S_1}{3C^2}\frac{(21p-5)}{16}L_{zz/s} \tag{4.166}$$

$$=\frac{3N_s^2}{S_1}l_e\frac{(21p-5)}{4}p_{zz}\qquad 2/3<p<1 \tag{4.167}$$

注意，4.7节中讨论的互耦效应已包含在以上分析中。式（4.166）适用于线圈跨距大于或等于2/3的情况。当$1/3<p\leqslant 2/3$时，锯齿形漏感为一固定值，即

$$L_{1zz}=\left(\frac{27}{4}\right)N_s^2\frac{l_e}{S_1}p_{zz}\qquad 1/3<p<2/3 \tag{4.168}$$

当p小于1/3时，锯齿形漏感减小到零，这主要是理论上的完整性，表示为

$$L_{1zz}=\left(\frac{81p}{4}\right)N_s^2\frac{l_e}{S_1}p_{zz}\qquad 0<p<1/3 \tag{4.169}$$

以上分析是在假设定转子为开口槽的情况下进行的，如果定转子有半闭口槽，需在式（4.160）中使用齿部临近气隙表面的宽度。

漏磁通中的最后一项是斜槽漏磁通，将在转子等效电路详细讨论完成后介绍。

4.11　示例4——漏感计算

还是用示例2和3中的250hp电机，除了之前已经给出的数据，还有以下参数

定子导体：	裸尺寸	0.129 × 0.204in
	含绝缘	0.146 × 0.220in
定子槽绝缘：	宽度	0.145in
	深度	0.240in
每匝并绕根数：		1
层间绝缘厚度：		1/16in = 0.0625in
线圈跨距：		12/15 = 0.8
转子导体：		3/8 × 9/16in 导条
转子导条伸出槽外长度：		1 5/8in = 1.625in
定子线圈端部直线长度：		1 1/4in = 1.25in
转子斜槽：		1个定子槽距

利用上述数据，可以推出定子槽和转子槽中导体的排列方式。定子槽和转子槽配上线圈后的详细尺寸如图4.26所示。定子槽有三种不同的绝缘：①导体之间的绝缘；②线圈边之间的绝缘；③对地绝缘。由于对地电位通常很高（本例

为2400V），定子需要高压绝缘。转子的绝缘要求要低得多，因为每个槽实际上只有一匝，所以对地电位很低。在小功率电机中，用于将转子导条与叠片铁心隔离的绝缘材料可能只是在热处理过程中添加到转子导条或槽中的氧化物。笼型电机的转子铜总截面积一般选择在定子铜总截面积的60%～80%范围内，绕线式电机中这一比例在85%～90%范围内。主要的限制因素是导条的发热，这将限制电机起动期间的电流密度，转子电流密度应在$45kA/in^2$（$70A/mm^2$）以内，定子电流密度应在30～$35kA/in^2$（46～$54A/mm^2$）范围内，并且随电机尺寸的增加而增加。图4.26还显示了定子和转子绕组端部区域的详细情况。

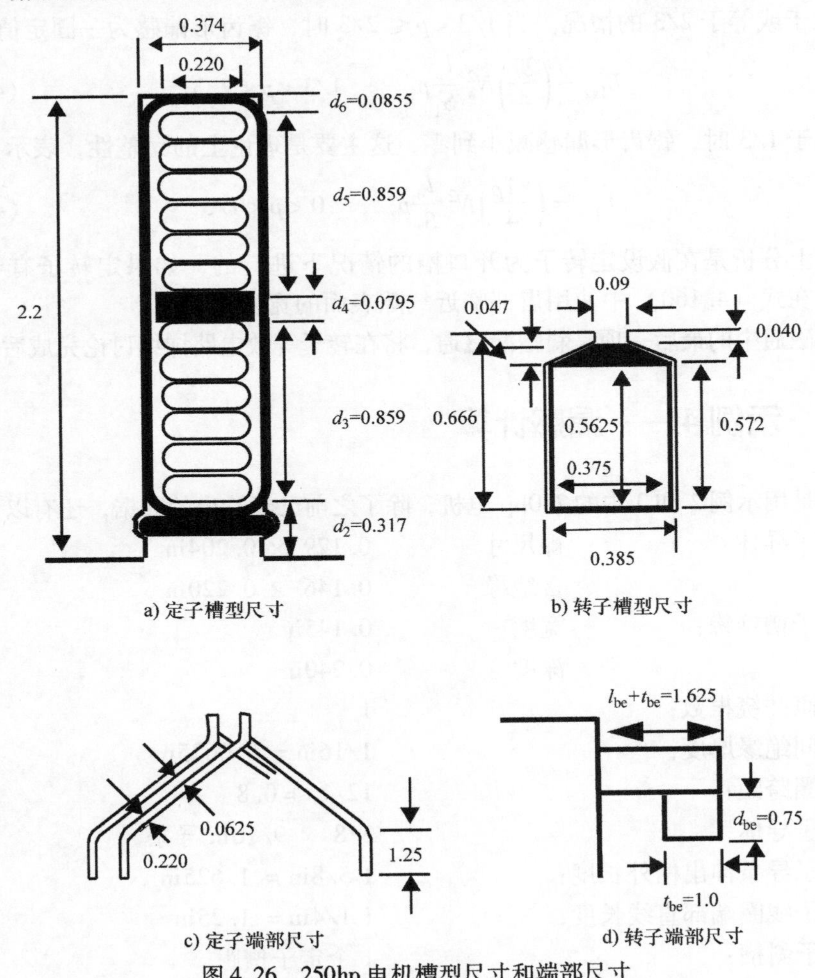

图4.26　250hp电机槽型尺寸和端部尺寸

（1）定子槽漏感

从图4.26中，定子绝缘导线到槽侧面的间隙为

$$(0.374-0.220)/2=0.077\text{in}$$

假设槽底的间隙与侧边的一样，图 4.8 中定义的 d_6 应该等于该间隙加上定子导体的绝缘厚度

$$d_6=0.077+(0.146-0.129)/2=0.0855\text{in}$$

d_5 表示从最底部导线到该层区域内最顶部导线的距离

$$d_5=5\times0.146+0.129=0.859\text{in}$$

上下层线圈边之间的距离 d_4 等于层间绝缘的厚度加上导体绝缘厚度的两倍

$$d_4=0.0625+(0.146-0.129)=0.0795\text{in}$$

对于开口槽，高度 d_0 和 d_1 为零。上层最顶部线圈上方的槽高度为

$$d_2=d_s-d_6-2d_5-d_4=2.2-0.0855-2\times0.859-0.0795=0.317$$

比漏磁导 p_{T}、p_{B}、p_{TB} 为

$$p_{\text{T}}=\mu_0\left[\frac{d_3}{3b_{\text{s}}}+\frac{d_2}{b_{\text{s}}}\right]=\mu_0\left[\frac{0.859}{3\times0.374}+\frac{0.317}{0.374}\right]=2.027\times10^{-6}\text{H/m}$$

$$p_{\text{B}}=\mu_0\left[\frac{d_5}{3b_{\text{s}}}+\frac{d_2+d_3+d_4}{b_{\text{s}}}\right]=\mu_0\left[\frac{0.859}{3\times0.374}+\frac{0.317+0.859+0.0795}{0.374}\right]=5.18\times10^{-6}\text{H/m}$$

$$p_{\text{TB}}=\mu_0\left[\frac{d_2}{b_{\text{s}}}+\frac{d_3}{2b_{\text{s}}}\right]=\mu_0\left[\frac{0.317}{0.374}+\frac{0.859}{2\times0.374}\right]=2.508\times10^{-6}\text{H/m}$$

由于比漏磁导表示的是比率，因此不需要将长度单位转换为国际单位制。

在第 3 章的示例 2 中，定子的有效长度已按 3.3 节的情况 3 计算得到，再重复一下相关公式

$$l_{\text{es}}=l_{\text{is}}+2g+nl_{\text{o}}\left(\frac{5}{5+\dfrac{2l_{\text{o}}}{g}}\right)^2$$

代入数据可得

$$l_{\text{es}}=8.5+2\times0.04+2\times0.375\times\left(\frac{5}{5+2\times\dfrac{0.375}{0.04}}\right)^2=8.5+0.08+0.09=8.67\text{in}$$

上层绕组、下层绕组以及上下层绕组互耦的每相槽漏感可以分别按式（4.73）~式（4.75）来计算得到，其中 N_{s} 在第 3 章的示例 3 中已经计算过。一相绕组中的上层线圈的漏感为

$$L_{1\text{T}}=\frac{2N_{\text{s}}^2l_{\text{e}}}{S_1}p_{\text{T}}=\frac{3\times240^2\times\left(\dfrac{8.67}{39.37}\right)}{120}2.027\times10^{-6}=0.643\text{mH}$$

下层线圈的漏感为

$$L_{1\text{B}}=\frac{3N_{\text{s}}^2l_{\text{e}}}{S_1}p_{\text{B}}=\frac{3\times240^2\times\dfrac{8.67}{39.37}}{120}5.18\times10^{-6}=1.643\text{mH}$$

上下层绕组之间的互感，按整距来计算的结果为

$$L_{1\mathrm{TB}}=\frac{3N_{\mathrm{s}}^{2}l_{\mathrm{e}}}{S_{1}}p_{\mathrm{TB}}=\frac{3\times240^{2}\times\dfrac{8.67}{39.37}}{120}2.508\times10^{-6}=0.795\mathrm{mH}$$

示例3中已确定定子线圈的跨距为0.8。根据式（4.90），互感的槽系数为

$$k_{\mathrm{s1}}=3p-1=3\times0.8-1=1.4$$

根据式（4.89），一相绕组的总槽漏感为

$$L_{\mathrm{ls1}}=L_{1\mathrm{T}}+L_{1\mathrm{B}}+k_{\mathrm{s1}}(p)L_{1\mathrm{M}}=0.643+1.643+1.4\times0.795=3.400\mathrm{mH}$$

（2）定子绕组端部漏感

根据已提供的附加信息，长度 l_{e2}（见图4.21）为1.25in。槽中上下层线圈之间的间距为0.0625in。如果在绕组端部区域也保持这样的间距，则图4.21中的 t_{e} 也为0.0625in。因此，根据式（4.130）

$$l_{\mathrm{e1}}=\frac{p\tau_{\mathrm{p1}}(b_{\mathrm{c}}+t_{\mathrm{e}})}{2\sqrt{\tau_{\mathrm{s1}}^{2}-(b_{\mathrm{c}}+t_{\mathrm{e}})^{2}}}$$

以定子槽中点为基准计算的极距为

$$\tau_{\mathrm{p1}}=\frac{\pi}{p}(D_{\mathrm{is}}+d_{\mathrm{s}})=\frac{\pi}{8}\times(24.08+2.2)=10.32\mathrm{in}$$

以定子槽中点为基准计算的槽距为

$$\tau_{\mathrm{s1}}=\frac{p\tau_{\mathrm{p1}}}{S_{1}}=\frac{8\times10.32}{120}=0.688\mathrm{in}$$

因此，绕组端部在斜线区域上的延伸长度为

$$l_{\mathrm{e1}}=\frac{0.8\times10.32\times(0.22+0.0625)}{2\sqrt{0.688^{2}-(0.22+0.0625)^{2}}}=1.859\mathrm{in}$$

每相定子绕组端部漏感由式（4.133）得出，即

$$L_{\mathrm{lew}}=12\mu_{0}\frac{N_{\mathrm{s}}^{2}}{S_{1}}k_{\mathrm{p1}}^{2}k_{\mathrm{d1}}^{2}\times2.4\times\left(l_{\mathrm{e2}}+\frac{l_{\mathrm{e1}}}{2}\right)$$

$$=\frac{12\mu_{0}}{120}\times240^{2}\times0.91^{2}\times2.4\times\left(\frac{1.25+1.859/2}{39.37}\right)$$

$$=0.796\mathrm{mH}$$

（3）相带漏感

由于电机转子为笼型，因此相带漏感基本为零。

（4）锯齿形漏感

锯齿形漏磁通对应的比漏磁导通过式（4.161）进行计算，即

$$p_{\mathrm{zz}}=\frac{\mu_{0}t_{\mathrm{ts}}t_{\mathrm{tr}}(t_{\mathrm{ts}}^{2}+t_{\mathrm{tr}}^{2})}{6g_{\mathrm{e}}\tau_{\mathrm{s}}^{3}}$$

参考图3.5，可以发现转子齿宽会随着槽深的增加而快速变小。当电机未饱和时，用气隙处的齿宽比较合适，而对于深度饱和，用根部的齿宽可能更好。然而，在第3章的示例2中了解到，假设空载气隙磁通密度为0.775T，转子齿不会非常饱和。因此，此处用气隙处的齿宽

$$p_{zz}=\frac{(4\pi\times10^{-7})\times0.256\times0.687\times(0.256^2+0.687^2)}{6\times0.0677\times0.630^3}=1.170\times10^{-6}\text{H/m}$$

由于$2/3<p<1$，采用式（4.167）可得

$$L_{1zz}=\frac{3N_s^2}{S_1}l_{es}\frac{(21p-5)}{4}p_{zz}=\frac{3\times240^2}{120}\times\frac{8.67}{39.37}\times\frac{21\times0.8-5}{4}\times(1.170\times10^{-6})=1.094\text{mH}$$

（5）转子每导条的槽漏感

到目前为止，还无法计算一相的转子漏感。然而，与一根转子导条相关的漏感可根据式（4.19）和式（4.21）进行计算

$$\begin{aligned}p_{s1}&=\mu_0\left[\frac{d_{3r}}{3b_{sr}}+\frac{d_{1r}}{(b_{sr}-b_{or})}\ln\left(\frac{b_{sr}}{b_{or}}\right)+\frac{d_{or}}{b_{or}}\right]\\&=\mu_0\left[\frac{0.5625}{3\times0.385}+\frac{0.047}{0.385-0.09}\log_e\left(\frac{0.385}{0.09}\right)+\frac{0.040}{0.09}\right]\\&=1.461\times10^{-6}\text{H/m}\end{aligned}$$

根据式（4.36），转子每导条的槽漏感为

$$L_b=n_s^2l_{er}p_{s1}=1^2\times\left(\frac{8.68}{39.37}\right)\times1.461\times10^{-6}=0.32\mu\text{H/bar}$$

l_{er}的大小需要考虑由于斜槽而导致的转子导条长度的少量增加，即

$$l_{er}=\frac{l_{es}}{\cos\left(\frac{2\pi}{S_1}\right)}=\frac{8.67}{\cos\left(\frac{2\pi}{120}\right)}=8.68\text{in}$$

（6）转子端环每段对应的漏感

转子端环每段对应的漏感可以通过式（4.134）来计算，即

$$L_e=\mu_0\frac{D_b}{2S_2}\left\{\frac{1}{2}\left[1+\frac{1}{6}\left(\frac{d_{be}t_{be}}{D_b^2}\right)\right]\ln\left[8\frac{D_b^2}{d_{be}t_{be}}\right]-0.8434+0.2041\left(\frac{d_{be}t_{be}}{D_b^2}\right)\right\}$$

从图4.26可以看出，以端环中间为基准计算转子直径为

$$D_b=D_{or}-2d_{sr}-d_{be}=24-2\times0.67-0.75=21.91\text{in}=55.65\text{cm}$$

$$\begin{aligned}L_e&=(4\pi\times10^{-9})\times\left(\frac{55.65}{2\times97}\right)\times\left(\left(\frac{1}{2}\right)\times\left(1+\frac{1}{6}\times\left(\frac{1\times0.75}{21.91^2}\right)\right)\right.\\&\quad\left.\times\ln\left(8\times\frac{21.91^2}{1\times0.75}\right)-0.8434+0.2041\times\frac{1\times0.75}{21.91^2}\right)\\&=0.01251\mu\text{H/端环段}\end{aligned}$$

计算电机参数的下一个任务是与刚刚计算的转子每导条的电感有关，接下来

要计算转子每相的漏感，这将是4.12节的主题。

4.12 笼型转子的每相有效电阻和电感

一组对称的多相定子绕组接在对称的正弦交流电源上，产生的对称电流会生成磁动势，其基波分量以同步速在气隙中旋转。磁动势的基波分量对应的气隙磁通产生有效的电机转矩，而磁动势的高次谐波对应的磁通不产生有效转矩，被看作是漏磁通。在第3章中已经计算了该磁动势产生的有效气隙磁通密度。现在把注意力转向转子中的感应电流，因为定子旋转磁场在交链定子绕组的同时也会交链转子绕组，从而在转子绕组中感应出电流。

绕线式感应电机，转子绕组由多个线圈组成，与定子绕组类似，因此参数计算方法也和定子绕组相同，不需再做进一步讨论了。对于笼型转子，问题明显不同，因为转子电流不是在线圈中流动，而是在短路的导条中流动。由于S_2个转子槽中的电流都是独立的，可以为每个转子网格回路列一个微分方程，总共S_2个方程联立求解，但这非常复杂，不实用，有必要研究更简单的等效方程，这些方程要能达到与S_2个转子电流等同的效果。由于每个定子极下感应的电流基本相同，因此没有必要保留所有S_2个电流。此外，当定子磁场转过导条时，相邻导条中的电流也几乎相同，仅在时间相位上相差一个转子齿距。

简单起见，假设在正弦旋转磁场的作用下，每个导条中的电流按正弦变化。一般来说，定子旋转磁场的幅度和速度并不是固定不变的，会受电源、负载转矩变化等外部影响而变化。如果这些变化的时间常数很小，可以假设系统处于准稳态。此时，所有转子导条电流的幅值相同，并且相邻导条的电流相位差为以电角度表示的一个转子齿距，即角度为

$$\frac{\pi P}{S_2}=\frac{\pi\tau_r}{\tau_p} \tag{4.170}$$

式中，S_2为转子槽的数量；P为定子（和转子）的极数。笼型绕组可以看作是一个多相绕组，其相数m_2与每极下转子槽的数量相同，即$m_2=S_2/P$。一般来说，这个数字不一定是整数，实际上为了减小先前所说的齿槽转矩，还需要尽量避免其为整数值。此处假设m_2为整数仅为方便描述导条电流分布，图4.27所示为每极6根导条的简单情况。

导条之间端环段的电流等于两个相邻导条之间的电流差，因此在准稳态下也是正弦的，并且相邻两端环段电流之间也有固定的相位差。如果让

R_b，L_b = 每根导条的电阻和漏感

R_e，L_e = 每个端环段的电阻和漏感

i_b = 导条电流

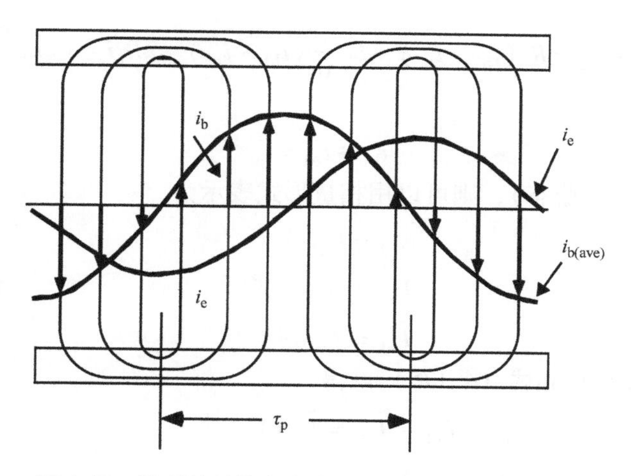

图 4.27 笼型转子的电流路径（每极6根导条为例）

i_e = 端环段中的电流

e_b = 每根导条的感应电压

电机的笼型转子可以用如图4.28所示的平面电路表示。将基尔霍夫电压定律应用于网格回路1，可得

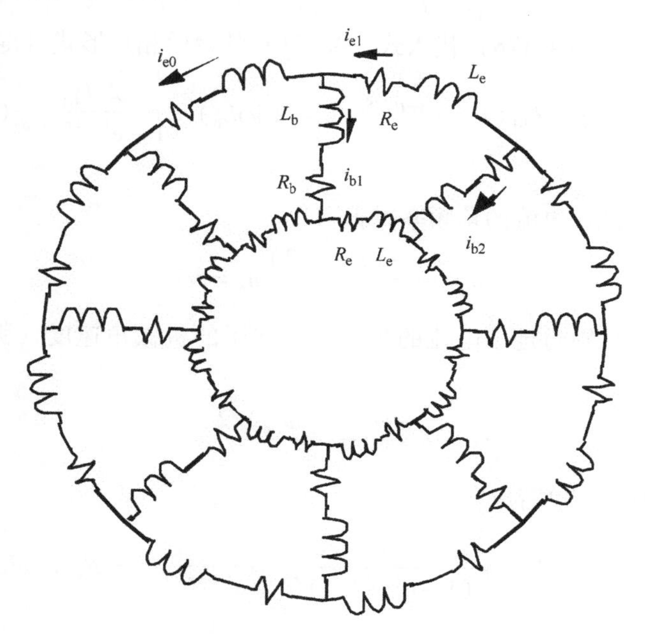

图 4.28 每对极8根导条情况下的笼型转子平面电路网格回路图

$$e_{b1}-e_{b2}=R_b(i_{b1}-i_{b2})+L_b\frac{d}{dt}(i_{b1}-i_{b2})+2R_e i_{e1}+2L_e\frac{di_{e1}}{dt} \tag{4.171}$$

并且

$$i_{b1}+i_{e0}=i_{e1} \tag{4.172}$$

假设为稳态（或准稳态），则可以用相量形式表示为

$$\widetilde{E}_{b2}=\widetilde{E}_{b1}e^{(j\pi P)/S_2} \tag{4.173}$$

$$\widetilde{I}_{b2}=\widetilde{I}_{b1}e^{(j\pi P)/S_2} \tag{4.174}$$

$$\widetilde{I}_{e1}=\widetilde{I}_{e0}e^{(j\pi P)/S_2} \tag{4.175}$$

由式（4.172）和式（4.175）可得

$$\widetilde{I}_{b1}=\widetilde{I}_{e1}-\widetilde{I}_{e0}=\widetilde{I}_{e1}(1-e^{(-j\pi P)/S_2}) \tag{4.176}$$

或

$$\widetilde{I}_{e1}=\frac{\widetilde{I}_{b1}}{1-e^{(-j\pi P)/S_2}} \tag{4.177}$$

并且由式（4.173）和式（4.174）可得

$$\widetilde{E}_{b1}-\widetilde{E}_{b2}=\widetilde{E}_{b1}(1-e^{(j\pi P)/S_2}) \tag{4.178}$$

$$\widetilde{I}_{b1}-\widetilde{I}_{b2}=\widetilde{I}_{b1}(1-e^{(j\pi P)/S_2}) \tag{4.179}$$

将式（4.173）~式（4.178）代入式（4.171）的等效相量形式可得

$$\widetilde{E}_{b1}(1-e^{(j\pi P)/S_2})=\widetilde{I}_{b1}(1-e^{(j\pi P)/S_2})(R_b+j\omega L_b)+\frac{2\widetilde{I}_{b1}}{1-e^{(-j\pi P)/S_2}}(R_e+j\omega L_e) \tag{4.180}$$

式中，ω 为转子感应电流的角频率，表示为

$$\omega=\frac{\omega_e-(P\omega_{rm}/2)}{\omega_e}\omega_e=S\omega_e \tag{4.181}$$

式中，ω_e和 ω_{rm}分别为定子电流的角频率和转子的机械角速度（弧度每秒）；S 为转差率

$$S=\frac{\omega_e-(P\omega_{rm})/2}{\omega_e}$$

式（4.180）可以写成

$$\widetilde{E}_{b1}=\widetilde{I}_{b1}(R_b+j\omega L_b)+\frac{2\widetilde{I}_{b1}}{(1-e^{(j\pi P)/S_2})(1-e^{(-j\pi P)/S_2})}(R_e+j\omega L_e) \tag{4.182}$$

由于

$$(1-e^{(j\pi P)/S_2})(1-e^{(-j\pi P)/S_2})=e^{\frac{j\pi P}{2S_2}}(e^{\frac{-j\pi P}{2S_2}}-e^{\frac{j\pi P}{2S_2}})(e^{\frac{-j\pi P}{2S_2}})(e^{\frac{j\pi P}{2S_2}}-e^{\frac{-j\pi P}{2S_2}}) \tag{4.183}$$

于是这一项变为

$$= -\left(e^{\frac{j\pi P}{2S_2}} - e^{\frac{-j\pi P}{2S_2}}\right)^2 = -\left[2j\sin\left(\frac{(\pi P)}{2S_2}\right)\right]^2 = 4\sin^2\left(\frac{\pi P}{2S_2}\right) \tag{4.184}$$

因此，网格回路电路方程简化为

$$\widetilde{E}_{b1} = \widetilde{I}_{b1}(R_b + j\omega L_b) + \widetilde{I}_{b1}\left[\frac{R_e + j\omega L_e}{2\sin^2[(\pi P)/(2S_2)]}\right] \tag{4.185}$$

由式（4.185）可知，端环增加了导条的电阻和电感，其大小与二分之一转子槽距角的正弦的二次方成反比。定义 R_{be} 和 L_{be} 为导条等效电阻和等效电感，即

$$R_{be} = R_b + \frac{R_e}{2\sin^2[(\pi P)/(2S_2)]} \tag{4.186}$$

$$L_{be} = L_b + \frac{L_e}{2\sin^2[(\pi P)/(2S_2)]} \tag{4.187}$$

根据这个结果，图 4.28 的网格回路电路可以用如图 4.29 所示的等效电路代替，其中端环的电阻和电感已经被包含在转子导条参数中。利用对称性，这个八网格回路电路中的电流只需通过一极所对应的四个网格回路来求解，如图 4.29 所示。

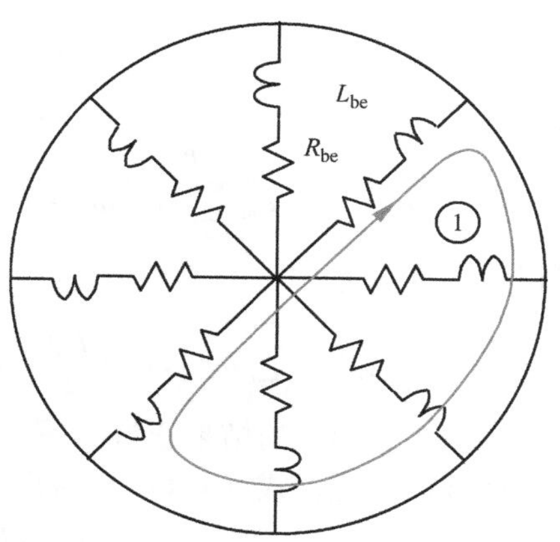

图 4.29　将端环参数融入导条参数后的八网格回路等效电路图

4.13　转子气隙磁动势的基波分量

只计算转子磁动势基波时只需考虑一个转子网格回路即可，如果电机为 P 极而不是图 4.29 中简单的两极，则每一对转子极都存在如图 4.29 所示的网格回路。对于网格回路 1 和它在其他转子极对中具有同相位的网格回路来说

$$\mathcal{F}_{b1} = \frac{4}{\pi}\frac{i_{b1}}{2}\sin\frac{P\theta}{2} \quad 0 \leqslant \theta < 2\pi \tag{4.188}$$

式中，θ 为沿着转子表面计算的机械角度，$0 \leqslant \theta < 2\pi$，并且

$$i_{b1} = I_{mr}\sin\omega t \tag{4.189}$$

对于相邻的下一个网格回路

$$\mathcal{F}_{b2} = \frac{4}{\pi}\frac{i_{b2}}{2}\sin\left(\frac{p\theta}{2} - \frac{\pi P}{S_2}\right) \tag{4.190}$$

式中

$$i_{b2}=I_{mr}\sin\left(\omega t-\frac{\pi P}{S_2}\right) \tag{4.191}$$

按照这样的方法可以得到第 S_2/P 个网格回路

$$\mathcal{F}_{bn}=\frac{4}{\pi}\frac{i_{bn}}{2}\sin\left[\frac{P\theta}{2}-\left(\frac{S_2}{P}-1\right)\frac{\pi P}{S_2}\right] \tag{4.192}$$

$$i_{bn}=I_{mr}\sin\left[\omega t-\left(\frac{S_2}{P}-1\right)\frac{\pi P}{S_2}\right] \tag{4.193}$$

所有 S_2/P 个磁动势基波相加，得到总的为

$$\mathcal{F}_{pr}=\sum_{k=1}^{S_2/P}\mathcal{F}_{bn} \tag{4.194}$$

或

$$\mathcal{F}_{pr}=\frac{2}{\pi}I_{mr}\sum_{k=1}^{S_2/P}\sin\left[\omega t-(k-1)\frac{\pi P}{S_2}\right]\sin\left[\frac{P\theta}{2}-(k-1)\frac{\pi P}{S_2}\right] \tag{4.195}$$

可以进一步写为

$$\mathcal{F}_{pr}=\frac{1}{\pi}I_{mr}\left\{-\sum_{k=1}^{S_2/P}\cos\left[\omega t+\frac{P\theta}{2}-2(k-1)\frac{\pi P}{S_2}\right]+\sum_{k=1}^{S_2/P}\cos\left(\omega t-\frac{P\theta}{2}\right)\right\} \tag{4.196}$$

第一个累加和的结果正好为零，因为它对应于一组在 P 极上相位均匀分布的正弦波。因此，式（4.196）简化为

$$\mathcal{F}_{pr}=\left(\frac{1}{\pi}\right)\left(\frac{S_2}{P}\right)I_{mr}\cos\left(\omega-\frac{P\theta}{2}\right) \tag{4.197}$$

S_2必须是整数，但每极导条数 S_2/P（转子相数）不必是整数。为了简化分析，假设每极导条数为整数。然而，可以证明，如果每极导条数为分数，结果是相同的。

每极导条数一般为非整数，以防止次同步齿槽或堵转扭矩，它可能会妨碍电机达到额定速度，而以低于额定速度运行。第6章将更详细地讨论这一现象。

4.14 转子谐波漏感

由于转子槽数也是有限多个，因此除了式（4.197）所表示的磁动势基波分量之外，定子磁动势在转子上感应出的电流所产生的磁动势还包括许多谐波分量。电流只考虑基波，随时间的变化由式（4.193）表示。较高次的空间谐波是通过式（4.188）和式（4.190）中的参数乘以谐波次数 h 来表示（如果每极导条数是整数，h 的值将等于 5、7、11 等）。

由转子导条电流基波分量产生的磁动势空间谐波分量可以写成

$$\mathcal{F}_{prh}=\frac{2}{\pi}\sum_{h}\sum_{k=1}^{S_2/P}I_{rh}\sin\left[\omega t-(k-1)\frac{\pi P}{S_2}\right]\sin\left[\frac{hP\theta}{2}-h(k-1)\frac{\pi P}{S_2}\right] \tag{4.198}$$

利用三角恒等式，式（4.198）可以展开为

$$\mathcal{F}_{\mathrm{pr}h} = \frac{1}{\pi}\sum_{h} I_{\mathrm{r}h}\left\{\sum_{k=1}^{S_2/P}\cos\left[\omega t - \frac{hP\theta}{2} + (k-1)\gamma_1\right] - \cos\left[\omega t + \frac{hP\theta}{2} - (k-1)\gamma_1\right]\right\} \tag{4.199}$$

式中

$$\gamma_1 = (h-1)\frac{\pi P}{S_2}$$

$$\gamma_2 = (h+1)\frac{\pi P}{S_2}$$

展开两个余弦项可得

$$\begin{aligned}\mathcal{F}_{\mathrm{pr}h} = \frac{1}{\pi}\sum_{h} I_{\mathrm{r}h}\Bigg\{&\cos\left(\omega t - \frac{hP\theta}{2}\right)\sum_{k=1}^{S_2/P}\cos(k-1)\gamma_1 - \sin\left(\omega t - \frac{hP\theta}{2}\right)\sum_{k=1}^{S_2/P}\sin(k-1)\gamma_1 \\ &- \cos\left(\omega t + \frac{hP\theta}{2}\right)\sum_{k=1}^{S_2/P}\cos(k-1)\gamma_2 - \sin\left(\omega t + \frac{hP\theta}{2}\right)\sum_{k=1}^{S_2/P}\sin(k-1)\gamma_2\Bigg\}\end{aligned} \tag{4.200}$$

根据参考文献［6］中的条目420.2和420.1

$$\sum_{k=1}^{q}\cos(k-1)\alpha = \frac{\sin\left(\frac{q\alpha}{2}\right)}{\sin\left(\frac{\alpha}{2}\right)}\cos\left[\frac{(q-1)}{2}\alpha\right]$$

$$\sum_{k=1}^{q}\sin(k-1)\alpha = \frac{\sin\left(\frac{q\alpha}{2}\right)}{\sin\left(\frac{\alpha}{2}\right)}\sin\left[\frac{(q-1)}{2}\alpha\right] \quad \alpha \neq 0$$

使用式（4.200）中的这些结果，在改变变量后，得出

$$\begin{aligned}\mathcal{F}_{\mathrm{pr}h} = \frac{1}{\pi}\sum_{h=1}^{\infty} I_{\mathrm{r}h}\Bigg\{&\frac{\sin\left[(h-1)\frac{\pi}{2}\right]}{\sin(\gamma_1/2)}\left[\cos\left(\omega t - \frac{hP\theta}{2}\right)\cos\left(\frac{S_2-P}{2P}\gamma_1\right)\right. \\ &\left.- \sin\left(\omega t - \frac{hP\theta}{2}\right)\sin\left(\frac{S_2-P}{2P}\gamma_1\right)\right] - \frac{\sin\left[(h+1)\frac{\pi}{2}\right]}{\sin(\gamma_2/2)} \\ &\times\left[\cos\left(\omega t + \frac{hP\theta}{2}\right)\cos\left(\frac{S_2-P}{2P}\gamma_2\right) + \sin\left(\omega t + \frac{hP\theta}{2}\right)\sin\left(\frac{S_2-P}{2P}\gamma_2\right)\right]\Bigg\}\end{aligned} \tag{4.201}$$

式中，γ_1，$\gamma_2 \neq 2n\pi$，n 是整数或零。

更仔细地检查该结果，首先可以发现，对于所有奇数 h，花括号内表达式的系数为零，因此，由于转子槽等间距排列，导条电流的磁动势空间谐波均为奇数次，且总和为零。另一方面，如果 $\gamma_1 = 2n\pi$，则 $\gamma_2 = 2n\pi + 2\pi(P/S_2)$，式（4.199）变为

$$\mathcal{F}_{prh} = \frac{1}{\pi}\sum_h I_{rh}\left\{\sum_{k=1}^{S_2/2}\cos\left[\omega t - \frac{hp\theta}{2} + (k-1)2n\pi\right] - \cos\left[\omega t + \frac{hP\theta}{2} - (k-1)\left(2n\pi + 2\pi\frac{P}{S_2}\right)\right]\right\} \tag{4.202}$$

可化简为

$$\mathcal{F}_{prh} = \frac{S_2}{\pi P}\sum_h\left\{I_{rh}\cos\left(\omega t - \frac{hP\theta}{2}\right)\right\};\ h = \frac{2nS_2}{P} + 1 \tag{4.203}$$

并且，$n = 1, 2, \dots, \infty$。同样地，如果 $\gamma_2 = 2n\pi$，式（4.201）可化简为

$$\mathcal{F}_{prh} = \frac{S_2}{\pi P}\sum_h\left\{I_{rh}\cos\left(\omega t - \frac{hP\theta}{2}\right)\right\};\ h = \frac{2nS_2}{P} - 1 \tag{4.204}$$

对于 n 的每个值，h 取式（4.203）和式（4.204）给出的两个值。例如，如果 $S_2 = 36$ 和 $P = 2$，当 $n = 1$ 时，$h = 35$ 和 37。还要注意，通过设置 $n = 0$，从式（4.203）中获得基波分量（$h = 1$）。

为了确定与该磁动势分量相关的电感，在研究锯齿形漏抗时使用的能量法可以在这里继续使用。由磁动势产生的磁场存储定义为

$$W_m = \frac{1}{2}L_{r,har}I_{r,har}^2 = \int_V \frac{1}{2}\mu_0 \sum_h H_h^2 dV$$

式中，$L_{r,har}$ 和 $I_{r,har}$ 分别为考虑谐波磁场储能之后的等效电感和电流。

因此，与 S_2 根导条转子绕组中一相有关的磁场能量为

$$W_{m/phase} = \frac{1}{2}\ \frac{L_{r,har}I_{r,har}^2}{(S_2/P)} = \int_V \frac{1}{2}\mu_0 \sum_h \frac{H_h^2}{(S_2/P)} dV$$

然而，$H_h g_e = \mathcal{F}_{prh}$，其中 $\mathcal{F}_{prh}$ 是由式（4.203）和式（4.204）定义的 h 次磁动势谐波分量。每相磁场能量的两倍可以扩展为

$$\frac{L_{r,har}I_{r,har}^2}{S_2/P} = \int_V \frac{\mu_0}{(S_2/P)}\sum_h\left(\frac{S_2 I_{rh}}{\pi P g_e}\right)^2\left[\cos\left(\omega t \pm \frac{hP\theta}{2}\right)\right]^2 dV \tag{4.205}$$

式中，余弦项中用加号还是减号，取决于是否满足式（4.203）或式（4.204）。代入径向和轴向长度后得

$$\frac{L_{r,har}I_{r,har}^2}{(S_2/P)} = \int_0^{2\pi}\frac{\mu_0 S_2}{P}\left(\sum_h\left(\frac{I_{rh}}{\pi g_e}\right)^2\left[\cos\left(\omega t \pm \frac{hP\theta}{2}\right)\right]^2\right)\left(\frac{D_{or}}{2}\right)l_e g_e d\theta \tag{4.206}$$

在进行最终积分时，每个具体的 h 都会明确对应为加号或者减号（不是两个都有）。然而，由于余弦项外面是二次方，求和中每个项的结果最终不取决于相角 $hP\theta/2$ 的极性。式（4.206）简化为

$$\frac{L_{r,har}I_{r,har}^2}{S_2/P}=\frac{\mu_0 S_2}{2P}\left[\sum_h\left(\frac{I_{rh}}{\pi g_e}\right)^2\right]D_{or}l_e g_e\pi$$

可继续写为

$$\frac{L_{r,har}}{(S_2/P)}=\mu_0\left(\frac{D_{or}l_e}{\pi g_e}\right)\left(\frac{S_2}{2P}\right)\left[\sum_h\left(\frac{I_{rh}}{I_{r,har}}\right)^2\right]\tag{4.207}$$

另外有

$$\pi D_{or}=P\tau_{p2}$$

式（4.207）可以表示为

$$\frac{L_{r,har}}{(S_2/P)}=\mu_0\left(\frac{\tau_{p2}l_e}{2\pi^2 g_e}\right)S_2\left[\sum_h\left(\frac{I_{rh}}{I_{r,har}}\right)^2\right]\tag{4.208}$$

转子极距是以转子槽中点为基准进行计算的。

最后，如果假设导条中的谐波电流随谐波次数 h 成反比减少，则转子每相的相带漏感可以写为

$$L_{r,har/phase}=\mu_0\left(\frac{1}{2\pi^2}\right)\left(\frac{\tau_{p2}l_e}{g_e}\right)S_2\left[\sum_h\left(\frac{1}{h^2}\right)\right]\tag{4.209}$$

式中，h 由式（4.203）和式（4.204）给出。图 4.30 中绘制了系数 $\sum_h\left(\frac{1}{h^2}\right)$ 与转子每极槽数 S_2/P 之间的关系。请注意，横坐标是连续的，即每极槽数可取非整数值。

为了将以上计算与槽和端部漏感计算的式（4.187）同时进行，可以用每导条而不是每相的电感来表示式（4.209），该式除以极数，得到

$$L_{b(har)}=\mu_0\left(\frac{\tau_{p2}l_e}{g_e}\right)\left(\frac{1}{2\pi^2}\right)\left(\frac{S_2}{P}\right)\sum_{\substack{n=-\infty\\(n\neq 0)}}^{\infty}\left(\frac{1}{\frac{2nS_2}{P}+1}\right)^2\tag{4.210}$$

式中，参数 h 已使用式（4.203）替换为 n，它取所有正值和负值，但不包括 0。这里使用有效气隙 g_e来顾及槽开口的影响，因为槽开口导致的漏磁会影响气隙中的磁通，而电机铁心中的磁通不会受到明显影响。

该方程的准确性取决于实际谐波电流如何随频率变化。虽然定子磁动势波形中的高次谐波也会感应出转子电流，进而影响漏磁通，但这种影响不大，只需在计算损耗时来考虑，这将在第 5 章中进行讨论。

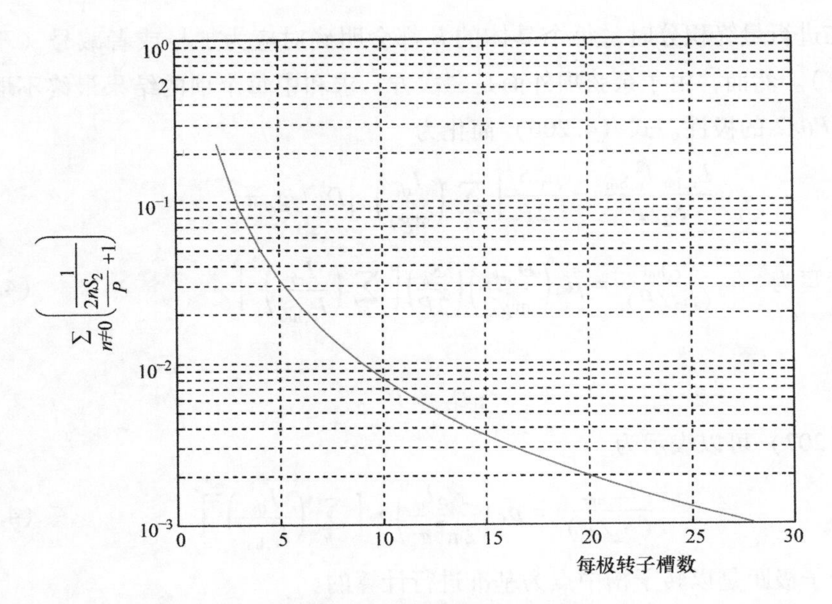

图 4.30 谐波漏磁系数与每极转子槽数 S_2/P 的关系

4.15 互感计算

由式（4.197）得出的转子磁动势在气隙中建立了第二个磁场，对应的磁通也同时交链定子和转子绕组。需要计算转子电流产生的磁场与定子一相绕组的相互耦合，根据 3.10 节的方法，对应转子磁动势方程（4.197）的气隙磁通密度为

$$B_{gr} = \mu_0 \frac{\mathcal{F}_{pr}}{g_e} \tag{4.211}$$

转子所有相绕组产生的合成磁场与定子三相绕组交链，一相绕组的每极磁链为

$$\lambda_{psr} = \int_0^{(2\pi)/P} N_a(\theta) B_{gr}(\theta) l_e \left(\frac{D_{is}}{2}\right) d\theta \tag{4.212}$$

根据之前的讨论可得

$$N_a(\theta) = \frac{\mathcal{F}_a(\theta)}{(I_s/C)} = \frac{4}{\pi}\left(\frac{k_1 N_t}{P}\right)\cos\left(\frac{P\theta}{2}\right) \tag{4.213}$$

替换 $B_{gr}(\theta)$ 和 $F_a(\theta)$ 后，式（4.212）变为

$$\lambda_{psr} = \frac{4}{\pi}\left(\frac{k_1 N_t}{P}\right)\left(\frac{S_2}{\pi P}\right) \int_0^{(2\pi)/P} I_r \cos\left(\frac{P\theta}{2}\right)\cos\left(\omega_e t - \frac{P\theta}{2}\right)\frac{\mu_0}{g_e} l_e \left(\frac{D_{is}}{2}\right) d\theta \tag{4.214}$$

由于转子本身是旋转的，因此转子电流产生的旋转磁场相对于定子绕组的角频率也为定子电流频率（ω_e）。上式化简为

$$\lambda_{psr} = \frac{2}{\pi}\left(\frac{k_1 N_t}{P}\right)\left(\frac{S_2}{\pi P}\right)\left(\frac{\pi}{P}\right)\left(\frac{\mu_0 l_e D_{is}}{g_e}\right) I_r \cos\omega_e t \tag{4.215}$$

或者，引入极距

$$\tau_p = \frac{\pi D_{is}}{P}$$

式（4.215）变为

$$\lambda_{psr} = \frac{2}{\pi^2}\left(\frac{k_1 N_t S_2}{P^2}\right)\left(\frac{\mu_0 \tau_p l_e}{g_e}\right) I_r \cos\omega_e t \tag{4.216}$$

一相绕组的串联总磁链为

$$\lambda_{sr} = \frac{P}{C}\lambda_{psr} = \frac{2}{\pi^2}\left(\frac{k_1 N_t S_2}{PC}\right)\left(\mu_0 \frac{\tau_p l_e}{g_e}\right) I_r \cos\omega_e t \tag{4.217}$$

根据定义，定转子绕组间的互感是

$$L_{sr} = \frac{\lambda_{sr}}{I_r \cos\omega_e t} \tag{4.218}$$

或

$$L_{sr} = \frac{2}{\pi^2}\left(\frac{k_1 N_s S_2}{P}\right)\left(\frac{\mu_0 \tau_p l_e}{g_e}\right) \tag{4.219}$$

式中

$$N_s = \frac{N_t}{C}$$

这个结果可以和式（3.80）相比较。

用类似的方法，可以计算定子电流产生的磁动势交链转子一相绕组的磁链

$$\lambda_{rs} = \int_0^{(2\pi)/P} N_{b1}(\theta) B_{g1}(\theta) l_e \left(\frac{D_{or}}{2}\right) d\theta \tag{4.220}$$

式中

$$N_{b1}(\theta) = \frac{2}{\pi}\sin\frac{P\theta}{2} \tag{4.221}$$

根据式（2.73），三相 P 极电机定子电流基波分量产生的磁动势为

$$\mathcal{F}_{p1} = \frac{6}{\pi}\frac{k_1 N_s}{P} I_s \sin\left(\frac{P\theta}{2} - \omega_e t\right)$$

之前已经有

$$B_{g1} = \mu_0 \frac{\mathcal{F}_{p1}}{g_e}$$

为方便起见，设 $t=0$，求解时，定子磁动势产生的磁场交链一个转子网格回路电路的磁链为

$$\lambda_{rs} = \int_0^{(2\pi)/P} \frac{2}{\pi}\sin\left(\frac{P\theta}{2}\right)\left[\frac{\mu_0}{g_e}\frac{6}{\pi}\frac{k_1 N_s}{P}I_s\sin\left(\frac{P\theta}{2}\right)\right]l_e\left(\frac{D_{or}}{2}\right)d\theta$$

于是

$$\lambda_{rs} = \frac{6}{\pi^2}\left(\frac{k_1 N_s}{P}\right)I_s\left(\frac{\mu_0 l_e \tau_p}{g_e}\right) \tag{4.222}$$

因此

$$L_{rs} = \frac{6}{\pi^2}\left(\frac{k_1 N_s}{P}\right)\frac{\mu_0 l_e \tau_p}{g_e} \tag{4.223}$$

L_{rs} 代表的互感对应的磁通是由定子三相对称绕组产生的合成磁场，并且交链转子一相绕组。注意该表达式与 L_{sr} 的不同，L_{sr} 表示由转子所有电流产生的合成磁场交链定子一相绕组对应的互感。

最后要计算的电感是转子一相绕组的磁化电感。该量是通过将所有转子绕组电流产生的合成气隙磁通密度在一个转子相绕组对应的空间上积分得到。通过这种方式，转子两相之间的“相互耦合”也被考虑在内。

例如，选择转子导条“b1”代表的转子相作为参考，根据式（4.188）可得

$$\mathcal{F}_{b1} = \frac{4}{\pi}\left(\frac{i_{b1}}{2}\right)\sin\frac{P\theta}{2}$$

因此，根据式（1.147），绕组函数分布为

$$N_{b1}(\theta) = \frac{2}{\pi}\sin\frac{P\theta}{2} \tag{4.224}$$

由气隙磁通密度 B_{gr1} 产生，交链转子一相绕组的磁链为

$$\lambda_{mr} = \int_0^{2\pi} N_{b1}(\theta)B_{gr1}(\theta)l_e\frac{D_{or}}{2}d\theta \tag{4.225}$$

可化简为

$$\begin{aligned}\lambda_{mr} &= \int_0^{2\pi}\left[\frac{2}{\pi}\sin\left(\frac{P\theta}{2}\right)\right]\left(\frac{\mu_0}{g_e}\right)\left(\frac{S_2}{\pi P}\right)I_r\cos\left(\omega_e t - \frac{P\theta}{2}\right)l_e\frac{D_{or}}{2}d\theta \\ &= \frac{1}{\pi}\left(\frac{\mu_0 l_e D_{or}}{g_e}\right)\left(\frac{S_2}{P}\right)I_r\sin(\omega_e t) \\ &= \left(\frac{1}{\pi^2}\right)\left(\frac{S_2}{P}\right)\left(\frac{\mu_0 \tau_p l_e}{g_e}\right)I_r\sin(\omega_e t)\end{aligned} \tag{4.226}$$

与这个磁链对应的磁化电感为

$$L_{mr} = \frac{\lambda_{mr}}{I_r\sin(\omega_e t)}$$

或

$$L_{mr}=\left(\frac{1}{\pi^2}\right)\left(\frac{S_2}{P}\right)\frac{\mu_0\tau_p l_e}{g_e} \tag{4.227}$$

目前，交链定子一相和交链转子一相的磁链都已经计算出来了。前文已经假设转子为正弦电流，表明电机处于正弦激励下的稳态运行。这些“每相”方程式可以用相量形式来表示

$$\widetilde{\lambda}_s=L_{ls}\widetilde{I}_s+L_{ms}\widetilde{I}_s+L_{sr}\widetilde{I}_r \tag{4.228}$$

$$\widetilde{\lambda}_r=L_{lr}\widetilde{I}_r+L_{mr}\widetilde{I}_r+L_{rs}\widetilde{I}_s \tag{4.229}$$

式中，L_{ls}为定子每相漏感，为槽漏感、端部漏感、相带漏感和锯齿形漏感的总和［式（4.89）、式（4.133）、式（4.143）和式（4.166）］；L_{lr}为转子每相漏感［式（4.36）、式（4.134）、式（4.187）和式（4.210）］，表达式为

$$L_{lr}=2(L_{be}+L_{b(har)}) \tag{4.230}$$

电感L_{ms}、L_{sr}和L_{mr}分别由式（3.80）、式（4.219）和式（4.227）计算。代入后得到

$$\widetilde{\lambda}_s=L_{ls}\widetilde{I}_s+\frac{12}{\pi^2}\frac{(k_1N_s)^2}{P}\mathcal{P}_p\widetilde{I}_s+\frac{2}{\pi^2}\frac{k_1N_sS_2}{P}\mathcal{P}_p\widetilde{I}_r \tag{4.231}$$

$$\widetilde{\lambda}_r=L_{lr}\widetilde{I}_r+\frac{6}{\pi^2}\frac{(k_1N_s)^2}{P}\mathcal{P}_p\widetilde{I}_s+\frac{1}{\pi^2}\frac{S_2}{P}\mathcal{P}_p\widetilde{I}_r \tag{4.232}$$

式中，每极磁导$\mathcal{P}_p$为

$$\mathcal{P}_p=\mu_0\frac{\tau_p l_e}{g_e}$$

整理式（4.231），提出相同部分，可写成

$$\widetilde{\lambda}_s=L_{ls}\widetilde{I}_s+\frac{12}{\pi^2}\frac{k_1^2N_s^2}{P}\mathcal{P}_p\times\left(\widetilde{I}_s+\frac{S_2}{6k_1N_s}\widetilde{I}_r\right) \tag{4.233}$$

参考变压器一次、二次绕组的归算，量$S_2/(6k_1N_s)$也可以看作是一种变比。然而，由于定子和转子的相数不同，因此该问题要更复杂一些。为了易于理解，可改写成

$$\frac{S_2}{6k_1N_s}=\frac{S_2/P}{3}\frac{1/2}{k_1N_s/P}\quad(\text{相数/极})(\text{匝数/相}) \tag{4.234}$$

定义一个以定子匝数为基准的转子电流修正值

$$\widetilde{I}'_r=\frac{S_2}{6k_1N_s}\widetilde{I}_r \tag{4.235}$$

将其代入转子磁链方程

$$\widetilde{\lambda}_r=\frac{6k_1N_s}{S_2}(2L_{be}+2L_{b(har)})\widetilde{I}'_r+\frac{6}{\pi^2}\frac{k_1N_s}{P}\mathcal{P}_p\widetilde{I}_s+\frac{6k_1N_s}{\pi^2P}\mathcal{P}_p\widetilde{I}'_r \tag{4.236}$$

左右两边都乘以 $2k_1N_s$，互感系数变得和式（4.233）中一样

$$2k_1N_s\,\tilde{\lambda}_r=\frac{12k_1^2N_s^2}{S_2}(2L_{be}+2L_{b(har)})\tilde{I}'_r+\frac{12}{\pi^2}\frac{k_1^2N_s^2}{P}\mathcal{P}_P(\tilde{I}_s+\tilde{I}'_r) \quad (4.237)$$

定义

$$\tilde{\lambda}'_r=\frac{k_1N_s}{(1/2)}\tilde{\lambda}_r \quad (4.238)$$

$$L_m=\frac{12}{\pi^2}\frac{k_1^2N_s^2}{P}\mathcal{P}_p \quad (4.239)$$

$$L'_{lr}=\frac{24k_1^2N_s^2}{S_2}(L_{be}+L_{b(har)}) \quad (4.240)$$

定子和转子磁链方程表示为

$$\tilde{\lambda}_s=L_{ls}\tilde{I}_s+L_{ms}(\tilde{I}_s+\tilde{I}'_r) \quad (4.241)$$

$$\tilde{\lambda}'_r=L'_{lr}\tilde{I}'_r+L_{ms}(\tilde{I}_s+\tilde{I}'_r) \quad (4.242)$$

式中，带单引号的变量为通过有效匝数比变换之后，以定子匝数为基准的等效量，有效匝数比不仅包括定子和转子的匝数，还包括定子和转子的相数。

用类似的方法来描述给定网格回路的电压方程，即式（4.185）

$$\tilde{V}_{rl}(=0)=2r_{be}\tilde{I}_r+\mathrm{j}\omega\,\tilde{\lambda}_r \quad (4.243)$$

以定子匝数为基准进行变换，结果是

$$\tilde{V}'_r(=0)=r'_r\tilde{I}'_r+\mathrm{j}\omega\,\tilde{\lambda}'_r \quad (4.244)$$

式中

$$\tilde{V}'_r=2k_1N_s\tilde{V}_r \quad (4.245)$$

$$r'_r=\frac{12k_1^2N_s^2}{S_2}r_r \quad (4.246)$$

式中，$r_r=2r_{be}$；$\tilde{\lambda}'_r$的定义在上面。

4.16 示例5——转子相漏感计算

使用4.14节的结果，现在可以确定转子漏磁通对每相而不是每根导条的影响。再次以250hp的电机为例，根据式（4.187），每个转子网格回路的有效漏感为

$$L_{lr}=2(L_{be}+L_{b(har)})=2L_b+\frac{L_e}{\sin^2\left(\dfrac{\pi P}{2S_2}\right)}+2L_{b(har)}$$

从示例2中得知，该电机为8极，97个转子槽。从示例4中，每根导条的槽漏

感和端部漏感计算结果为

$$L_b = 0.32\mu\text{H}$$

$$L_e = 0.01252\mu\text{H}$$

此外，根据式（4.210），转子的相带漏感为

$$\begin{aligned}L_{b(har)} &= \mu_0\left(\frac{\tau_{p2}l_e}{g_e}\right)\left(\frac{1}{2\pi^2}\right)\left(\frac{S_2}{P}\right)\sum_{n=-\infty,n\neq0}^{\infty}\left(\frac{1}{\dfrac{2nS_2}{P}+1}\right)^2\\&= \mu_0\left(\frac{9.425}{39.37}\times\frac{8.68}{0.0677}\right)\times\frac{1}{2\pi^2}\times\frac{97}{8}\times0.006\\&= 0.142\mu\text{H}\end{aligned}$$

系数 0.006 由图 4.30 得出。因此，包括端环电流和谐波漏磁通影响的等效转子相漏感为

$$L_{lr} = 2\left[0.32+\frac{0.01252}{2\sin^2\left(\dfrac{8\pi}{2\times97}\right)}+0.142\right]\times10^{-6} = 1.654\mu\text{H}$$

根据式（4.240），归算到定子侧的转子每相漏感为

$$L'_{lr} = \frac{12k_1^2N_s^2}{S_2}L_{lr} = \frac{12\times0.91^2\times240^2}{97}\times1.654\times10^{-6} = 9.7\text{mH}$$

4.17　斜槽漏感

前面讨论的四种类型漏感在电机中是始终存在的，而斜槽漏感只有当定子或转子绕组在圆周方向上故意扭曲或“倾斜”的情况下才有。斜槽一般是用来减少由磁动势空间谐波引起的磁通脉动。这些脉动如果得不到充分抑制，不仅会产生令人讨厌的噪声，还会产生明显的负转矩，这是由定子和转子谐波磁场之间的堵转效应产生的，这些谐波磁场的旋转方向与主磁场的方向相反。这些负转矩也称为寄生转矩，如果不尽量减小，将在转矩 - 转速曲线中产生明显的下陷，并影响转子在起动期间的平稳加速。这些下陷如果严重的话，可能会导致次同步运行或在谷点附近低速“爬行”。

另一方面，斜槽会使电机总漏感增加，从而减小了起动转矩和堵转转矩。分析漏感增加的原因，可以先分析没有斜槽时定子和转子之间的耦合情况，然后引入斜槽，并分析对旋转磁场的影响。

在没有斜槽的情况下，根据式（4.241）和式（4.242）可以写出定子一相与转子一相（例如定子 a 相与转子 a 相）之间的耦合方程

$$\lambda_{as} = L_{ls}i_{as} + L_{ms}(i_{as} + i'_{ar}) \tag{4.247}$$

$$\lambda'_{ar} = L'_{lr}i'_{ar} + L_{ms}(i_{as} + i'_{ar}) \tag{4.248}$$

这里已经将转子中的变量归算到定子侧了。

定子或转子绕组（或两者）的斜槽只会影响定子和转子之间的相互耦合。有斜槽时，磁链方程可以写为

$$\lambda_{as} = L_{ls}i_{as} + L_{ms}i_{as} + k_{s1}L_{ms}i'_{ar} \tag{4.249}$$

$$\lambda'_{ar} = L'_{lr}i'_{ar} + k_{s1}L_{ms}i_{as} + L_{ms}i'_{ar} \tag{4.250}$$

式（4.249）和式（4.250）可以写成以下形式

$$\lambda_{as} = L_{ls}i_{as} + L_{ms}i_{as} + k_{s1}^2 L_{ms}\frac{i'_{ar}}{k_{s1}} \tag{4.251}$$

$$k_{s1}\lambda'_{ar} = k_{s1}^2 L'_{lr}\frac{i'_{ar}}{k_{s1}} + k_{s1}^2 L_{ms}\left(i_{as} + \frac{i'_{ar}}{k_{s1}}\right) \tag{4.252}$$

然后可以重新排列为下面的形式

$$\lambda_{as} = L_{ls}i_{as} + (1 - k_{s1}^2)L_{ms}i_{as} + k_{s1}^2 L_{ms}\left(\frac{i'_{ar}}{k_{s1}} + i_{as}\right) \tag{4.253}$$

$$k_{s1}\lambda'_{ar} = k_{s1}^2 L'_{lr}\frac{i'_{ar}}{k_{s1}} + k_{s1}^2 L_{ms}\left(i_{as} + \frac{i'_{ar}}{k_{s1}}\right) \tag{4.254}$$

如果定义

$$\lambda''_{ar} \underline{\Delta} k_{s1}\lambda'_{ar};\ i''_{ar} \underline{\Delta} \frac{i'_{ar}}{k_{s1}};\ L''_{lr} \underline{\Delta} k_{s1}^2 L'_{lr};\ L''_{ms} \underline{\Delta} k_{s1}^2 L_{ms}$$

于是

$$\lambda_{as} = L_{ls}i_{as} + (1 - k_{s1}^2)L_{ms}i_{as} + L''_{ms}(i''_{ar} + i_{as}) \tag{4.255}$$

$$\lambda''_{ar} = L''_{lr}i''_{ar} + L''_{ms}(i''_{ar} + i_{as}) \tag{4.256}$$

带双引号是指考虑转子斜槽影响的转子变量。定子磁链方程中存在一个与（$1 - k_{s1}^2$）成比例的额外项，这是由斜槽引起的

$$L_{lsk} = (1 - k_{s1}^2)L_{ms} \tag{4.257}$$

$$= L_{ms}\left\{1 - \left[\frac{\sin\ (\alpha_s/2)}{\alpha_s/2}\right]^2\right\} \tag{4.258}$$

如果 α_s 足够小，那么

$$\sin\alpha_s/2 = \frac{\alpha_s}{2} - \frac{1}{3!}\left(\frac{\alpha_s}{2}\right)^3$$

并且

$$\left[\frac{\sin\alpha_s/2}{\alpha_s/2}\right]^2 = \left[1 - \frac{\alpha_s^2}{24}\right]^2 = 1 - \frac{\alpha_s^2}{12} + \frac{\alpha_s^4}{24^2} \approx 1 - \frac{\alpha_s^2}{12} \tag{4.259}$$

因此，近似可得

$$L_{lsk} = \frac{\alpha_s^2}{12}L_{ms} \tag{4.260}$$

同样，对于转子 a 相，电路的电压方程可以写成

$$k_{s1}v'_{ar}=k_{s1}^2r'_r\left(\frac{i'_{ar}}{k_{s1}}\right)+\frac{d}{dt}(k_{s1}\lambda'_{ar}) \tag{4.261}$$

接着变为

$$v''_{ar}=0=r''_ri''_{ar}+\frac{d\lambda''_{ar}}{dt} \tag{4.262}$$

式中

$$r''_r=k_{s1}^2r'_r \tag{4.263}$$

值得一提的是，用于计算斜槽漏感的方法不是唯一的。事实上，可以证明，如果互感中的有效匝数设置为 $k_{s1}N_s$，则转子方程中会出现一个斜槽漏感项

$$L_{lsk}=L_{ms}\frac{1-k_{s1}^2}{k_{s1}} \tag{4.264}$$

如果将 $\sqrt{k_{s1}}N_s$ 定义为有效匝数，在定子和转子方程中会出现相等的斜槽漏感。这种方法在某些书中使用（例如，参考文献［1］），在本书中，斜槽漏感只出现在定子磁链方程中。

4.18　示例 6——斜槽效应计算

继续使用前面示例中 250hp 电机的参数。现在假设转子槽斜一个定子槽距。由于定子每极有 15 个槽，因此斜槽角 α_s 为

$$\alpha_s=\frac{180°}{15}=12°$$

根据式（4.258）得出由斜槽引起的电感为

$$L_{lsk}=L_{ms}\left\{1-\left[\frac{\sin(\alpha_s/2)}{\alpha_s/2}\right]^2\right\}=L_{ms}\left\{1-\left[\frac{\sin(\pi/30)}{\pi/30}\right]^2\right\}=0.199\times(1-0.9963)=0.736\text{mH}$$

由于斜槽，原则上应该修改磁化电感和转子漏感。当考虑斜槽时

$$L''_{ms}=k_{s1}^2L_{ms}=0.9963\times0.199=0.198\text{mH}$$

因为 k_{s1} 的值很接近 1，所以可以忽略这种变化，除非斜几个槽距。

定子总漏感等于槽漏感、端部漏感、相带漏感、锯齿形漏感和斜槽漏感的总和，即

$$L_{ls}=L_{ls1}+l_{lew}+L_{lbt}+L_{lzz}+L_{lsk}=3.4+0.796+0.0+1.094+0.736=6.026\text{mH} \tag{4.265}$$

为了便于比较，可以将电机电感用标幺值形式来表示。对于 250hp、2400V、60Hz 的电机，阻抗基值为

$$Z_b=\frac{V_{llb}^2}{P_b}=\frac{2400^2}{746\times250}=30.88\Omega$$

那么，定子漏抗、转子漏抗和磁化电抗的标幺值分别为

$$X_{\text{ls(pu)}}=\frac{\omega_e L_{\text{ls}}}{Z_b}=\frac{377\times 0.00603}{30.88}=0.074\text{p. u.}$$

$$X_{\text{lr(pu)}'}=\frac{377\times 0.0099}{30.88}=0.12\text{p. u.}$$

$$X_{\text{m(pu)}}=\frac{377\times 0.198}{30.88}=2.42\text{p. u.}$$

总漏抗的标幺值为 0.074p. u. + 0.12p. u. = 0.194p. u.，对于大多数实际电机，该值在 0.15 ~ 0.3p. u. 之间。对于这个功率等级的电机，磁化电感的标幺值一般在 2.0 ~ 3.0p. u. 之间。

4.19 总结

准确计算笼型感应电机的漏感是一项极具挑战性的任务。在过去的一个世纪里，许多电机设计方面的研究都致力于这一主题。虽然现代计算工具，如有限元方法，可以自动计算漏磁通的整体影响，但从电机整体磁通分布图中能获得的关于漏磁通的信息却很少。本章旨在让读者更好地理解与电机设计相关的复杂问题，而这与漏感的计算密切相关。

参考文献

[1] P. L. Alger, *The Nature of Induction Machines*, 2nd edition, Gordon and Breach Publishers, 1970.

[2] P. Hammond, "Electric and Magnetic Images," Monograph No. 379, Institution of Electrical Engineers, London, May 1960, pp. 306–313.

[3] D. Ban, D. Zarko, and I. Mandic, "Turbo generator end-winding leakage inductance calculation using a 3-D analytical approach based on the solution of Neumann integrals," *IEEE Transactions on Energy Conversion*, vol. 20, no. 1, March 2005, pp. 98–105.

[4] G. A. Campbell, "Mutual inductances of circuits composed of straight wires," *Physical Review*, vol. 5, 1915, pp. 452–458.

[5] M. Liwschitz-Garik and C. C. Whipple, *Electric Machinery, 2nd edition, vol. 2, AC Machines*, Van Nostrand Publishers, 1961.

[6] H. B. Dwight, *Tables of Integrals and Other Mathematical Data*, 4th edition, Macmillan, 1961.

[7] C. R. Paul, *Inductance Loop and Partial*, John Wiley & Sons, 2010.

[8] S. Williamson and M. A. Muller, "Calculation of the impedance of rotor cage end rings," IEE Proceedings-B, vol. 140, no. 1, January 1993.

[9] F. W. Grover, "Inductance Calculations," Dover Publications, New York, 1946.

第5章

感应电机损耗计算

完整描述感应电机等效电路的最后一步是计算绕组电阻和对应各种损耗的等效电阻。导线对于具有均匀横截面且长度已知的导线，用基本电路理论就可以计算出绕组电阻，此时看来计算电阻是一件很简单的任务。实际上，并没有这么简单，损耗计算可能是电机设计中最困难和最具挑战性的工作。由于这方面内容太多并且非常复杂，无法在本书中都做详细讨论，因此本章大部分内容是从定性的角度来讨论。

5.1 引言

一般来说，感应电机的损耗由五部分组成

1）定子导体损耗；

2）转子导体损耗；

3）基本铁耗；

4）杂散损耗；

5）摩擦和通风损耗。

除去摩擦和通风损耗属于机械损耗外，其他的电机损耗都源于两种基本物理现象：导体中的欧姆损耗（上述1和2）和叠片中的磁损耗（上述3）。而磁损耗包括磁滞损耗（真正的磁损耗）和涡流引起的欧姆损耗。第四部分损耗，即杂散损耗，由于非均匀气隙和绕组非正弦分布所导致的所有电磁损耗，它在电机空载和负载时都存在，可以想象，这种损耗是所有损耗中最复杂的部分。

理论上，可以求解麦克斯韦方程组，从而得到铁心和导体中每个位置的磁场和电场，这样可以很准确地计算出所有电磁损耗。不过，即使拥有高性能计算机，这仍然是一项艰巨的任务。另一种方法是将损耗看作是由独立现象所引起的，每种现象都以相对简单的物理方式进行处理。然后，可以将物理参数简化为一组电路元素，例如等效电路中的电阻和电抗。不幸的是，因为饱和导致的非线性使损耗现象实际上并不独立。任何新的研究理论想要通过测试结果来验证都是非常困难的，因为一般情况下，只能测量到电机的总损耗或者几个损耗分量的和。虽然几个重要的损耗分量已经可以通过实验来进行分离，但这项工作还没有进展到对电机工程师有很大作用的程度。

5.2　导体中的涡流效应

一般情况下，导体的欧姆损耗是比较容易计算的。如果考虑导体中的实际电流分布是不均匀的话，这个问题就会变得很复杂。第 4 章已经讨论了槽中载流导体产生的槽漏磁通。可以发现，和槽顶部的导体相比，与槽底部的导体交链的磁通更多。因此，底部导体会感应出更高的电压，导致顶部和底部导体之间的电位差。如果这两个导体彼此绝缘，那么绝缘介质将承受这种电位差。如果这两个导体并联连接在一起，这种电位差会在两个平行导体形成的回路上产生环流。这样的环流被称为涡流，它们在导体上产生额外的铜损耗，称为涡流损耗。当这种现象在导体表面附近引起电流流动时，也称为趋肤效应。

为了研究这个问题，首先考虑一个实心导体，其高度 d 和宽度 b 位于深度 d_s 和宽度 b_s 的开口槽中，如图 5.1 所示。在导体中，安培定律表明

$$\nabla \times \boldsymbol{H} = \boldsymbol{J} \tag{5.1}$$

采用国际单位制，从磁性材料的本构方程可以得到

$$\boldsymbol{H} = \frac{\boldsymbol{B}}{\mu_0} \tag{5.2}$$

并且

$$\boldsymbol{J} = \boldsymbol{E}/\rho \tag{5.3}$$

式中，电阻率 $\rho = 1/\sigma$。式（5.1）两边都求旋度

$$\nabla \times \nabla \times \left(\frac{\boldsymbol{B}}{\mu_0}\right) = \nabla \times \left(\frac{\boldsymbol{E}}{\rho}\right) \tag{5.4}$$

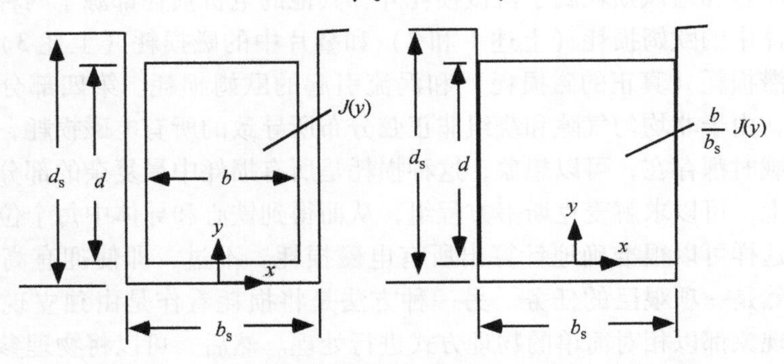

图 5.1　转子导条结构和用于分析的等效排列

根据法拉第定律的矢量形式

$$\nabla\times\boldsymbol{E}=-\frac{\partial\boldsymbol{B}}{\partial t}$$

和矢量代数中的一个恒等式

$$\nabla\times\nabla\times\boldsymbol{V}=\nabla(\nabla\cdot\boldsymbol{V})-\nabla^2\boldsymbol{V}$$

式中，$\boldsymbol{V}$是任何矢量。式（5.4）可以表示为

$$\nabla\times(\nabla\cdot\boldsymbol{B})-\nabla^2\boldsymbol{B}=\frac{\mu_0}{\rho}\left(-\frac{\partial\boldsymbol{B}}{\partial t}\right) \tag{5.5}$$

磁通守恒或磁场的高斯定律表明

$$\nabla\cdot\boldsymbol{B}=0$$

因此，式（5.5）简化为

$$\nabla^2\boldsymbol{B}=\frac{\mu_0}{\rho}\frac{\partial\boldsymbol{B}}{\partial t} \tag{5.6}$$

如果再次假设所有磁力线如第4章所述那样笔直穿过槽，则磁通密度只有一个x分量，该分量仅是深度y的函数，如图5.1所示。因此，对于矩形槽内的磁场，要求解的偏微分方程为

$$\frac{\partial^2 B_x}{\partial y^2}=\frac{\mu_0}{\rho}\frac{\partial B_x}{\partial t} \tag{5.7}$$

对于载流区域外的磁场，可以将式（5.7）简化为

$$\frac{\partial^2 B_x}{\partial y^2}=0 \tag{5.8}$$

由于区域中的电流密度$\boldsymbol{J}$为零，因此可以通过其他方式求解槽上方区域中的磁场。

同时求解式（5.7）和式（5.8）是一个困难的问题，因为两个区域中的解必须在边界处，即在$x=b_s/2$和$x=b/2$处相等。在实际应用中，导体和槽壁之间的空间非常小，可以用等效的方法来求解，保持槽中的总电流不变，认为电流沿槽深均匀分布，并在幅值上减小，也就是说

$$J_e=\left(\frac{b}{b_s}\right)J_a \tag{5.9}$$

有了这个电流密度值，现在可以在整个槽宽$-b_s/2<x<b_s/2$上求解式（5.7）。

由于激励是正弦的，因此也可以假设响应在时间上也是正弦的，即

$$B_x(x,y,t)=\mathrm{Re}[\widetilde{B}_m(x,y)e^{j\omega t}]$$

因此

$$\frac{\partial B_x}{\partial t}=\mathrm{Re}[j\omega\widetilde{B}_m(x,y)e^{j\omega t}]$$

式（5.7）可以写成下面形式

$$\mathrm{Re}\left[\frac{\partial^2}{\partial y^2}\widetilde{B}_{\mathrm{m}}(x,y)\mathrm{e}^{\mathrm{j}\omega t}\right]=\frac{\mu_0}{\rho}\mathrm{Re}[\mathrm{j}\omega\,\widetilde{B}_{\mathrm{m}}(x,y)\mathrm{e}^{\mathrm{j}\omega t}] \tag{5.10}$$

只考虑括号内量的实部，并去掉旋转时间复函数 $\mathrm{e}^{\mathrm{j}\omega t}$，则式（5.10）变为

$$\frac{\partial^2}{\partial y^2}\widetilde{B}_{\mathrm{m}}=\frac{\mathrm{j}\omega\mu_0}{\rho}\widetilde{B}_{\mathrm{m}} \tag{5.11}$$

式中，磁通密度$\widetilde{B}_{\mathrm{m}}$是复数。

式（5.11）的通解为

$$\widetilde{B}_{\mathrm{m}}(x,y)=\widetilde{P}\cosh(\gamma_{\mathrm{o}}y)+\widetilde{Q}\sinh(\gamma_{\mathrm{o}}y) \tag{5.12}$$

式中

$$\gamma_{\mathrm{o}}=\sqrt{\frac{\mathrm{j}\omega\mu_0}{\rho}} \tag{5.13}$$

因为当 $y=0$ 时，$B=0$，所以

$$\widetilde{B}_{\mathrm{m}}(x,0)=\widetilde{P}\cosh(0)+\widetilde{Q}\sinh(0) \tag{5.14}$$

$$0=\widetilde{P}\cdot 1+\widetilde{Q}\cdot 0$$

因此$\widetilde{P}=0$。或者，当 $y=d$ 时，所有电流都被包围，并且

$$\frac{\widetilde{B}_{\mathrm{m}}(x,d)}{\mu_0}b_{\mathrm{s}}=I_{\mathrm{m}}$$

于是

$$\frac{\mu_0 I_{\mathrm{m}}}{b_{\mathrm{s}}}=\widetilde{Q}\sinh(\gamma_{\mathrm{o}}d)$$

还有

$$\widetilde{Q}=\frac{\mu_0 I_{\mathrm{m}}}{b_{\mathrm{s}}}\frac{1}{\sinh(\gamma_{\mathrm{o}}d)} \tag{5.15}$$

因此，磁通密度幅值的复数解为

$$\widetilde{B}_{\mathrm{m}}=\frac{\mu_0 I_{\mathrm{m}}}{b_{\mathrm{s}}}\frac{\sinh(\gamma_{\mathrm{o}}y)}{\sinh(\gamma_{\mathrm{o}}d)} \tag{5.16}$$

根据安培定律

$$\nabla\times\overline{H}=\overline{J} \tag{5.17}$$

在这种情况下，简化为复数形式

$$\frac{\partial}{\partial y}\widetilde{H}_x=\widetilde{J}_{\mathrm{e}} \tag{5.18}$$

或者由

$$\widetilde{H}_x=\frac{\widetilde{B}_{\mathrm{m}}}{\mu_0}$$

可得

$$\widetilde{J}_{e}=\frac{1}{\mu_0}\frac{\partial \widetilde{B}_{m}}{\partial y} \tag{5.19}$$

将式（5.16）代入式（5.19），槽中的等效电流密度为

$$\widetilde{J}_{e}=\frac{\gamma_o I_m}{b_s}\left[\frac{\cosh(\gamma_o y)}{\sinh(\gamma_o d)}\right] \tag{5.20}$$

回想一下，实际电流密度与等效电流密度的关系为

$$\widetilde{J}_{a}=\frac{b_s}{b}\widetilde{J}_{e}$$

因此导体中的实际电流密度为

$$\widetilde{J}_{a}=\frac{\gamma_o I_m}{b}\left[\frac{\cosh(\gamma_o y)}{\sinh(\gamma_o d)}\right] \tag{5.21}$$

由于这两种效应同时作用于导条电流上，因此沿导条的总电压降可以从欧姆定律和法拉第定律中得到。在任意高度 y 处，沿导条长度的总电阻压降 IR 为

$$\widetilde{V}_{R}=\int_{0}^{l_i+nl_o}\widetilde{E}\cdot \mathrm{d}l$$

注意，此处使用的是转子实际长度，包括未嵌入铁心中的导条部分（对应于通风道和端部延长部分）。定义 $l_b=l_i+nl_o$

$$\widetilde{V}_{R}=\rho\,\widetilde{J}_{a}\int_{0}^{l_b}\mathrm{d}l$$

或

$$\widetilde{V}_{R}=\frac{\gamma_o\rho I_m l_b}{b}\left[\frac{\cosh(\gamma_o y)}{\sinh(\gamma_o d)}\right] \tag{5.22}$$

请注意，电阻压降在槽顶部为最大值。

从槽内高度 y 上方穿过，并与 y 下方电流交链的总磁通为

$$\widetilde{\phi}_{m}(y)=\int_{0}^{l}\int_{y}^{b}\widetilde{B}_{m}\mathrm{d}y\mathrm{d}z=\frac{\mu_0 I_m l_b}{\gamma_o b_s}\left[\frac{\cosh(\gamma_o d)-\cosh(\gamma_o y)}{\sinh(\gamma_o d)}\right] \tag{5.23}$$

因此在任意高度 y 处，沿导条长度的总电感压降 IX 为

$$\widetilde{V}_{L}=\frac{\partial}{\partial t}\int_{0}^{l}\int_{y}^{b}\widetilde{B}_{m}\mathrm{d}y\mathrm{d}z$$

或者用复数来表示

$$\widetilde{V}_{L}=\mathrm{j}\omega\,\widetilde{\phi}_{m}$$

因此

$$\widetilde{V}_{L}=\frac{\mathrm{j}\omega\mu_0}{\gamma_o}\frac{I_m l_b}{b_s}\left[\frac{\cosh(\gamma_o d)-\cosh(\gamma_o y)}{\sinh(\gamma_o d)}\right]$$

请注意，无功压降在槽顶部为零，在槽底部为最大值。

在任意高度 y 处，沿导条的总压降为电感和电阻压降之和，即

$$\begin{aligned}\widetilde{V}_{\text{bar}} &= \widetilde{V}_{\text{R}} + \widetilde{V}_{\text{L}} \\ &= \frac{\gamma_{\text{o}}\rho I_{\text{m}} l_{\text{b}}}{b}\left[\frac{\cosh(\gamma_{\text{o}}y)}{\sinh(\gamma_{\text{o}}d)}\right] + \frac{\text{j}\omega\mu_0}{\gamma_{\text{o}}}\frac{I_{\text{m}} l_{\text{b}}}{b_{\text{s}}}\left[\frac{\cosh(\gamma_{\text{o}}d) - \cosh(\gamma_{\text{o}}y)}{\sinh(\gamma_{\text{o}}d)}\right]\end{aligned} \tag{5.24}$$

但是

$$\frac{\text{j}\omega\mu_0}{\gamma_{\text{o}}} = \frac{\text{j}\omega\mu_0}{\sqrt{(\text{j}\omega\mu_0)/\rho}} = \rho\sqrt{\frac{\text{j}\omega\mu_0}{\rho}} = \rho\gamma_{\text{o}} \tag{5.25}$$

如果

$$\frac{l_{\text{b}}}{b} \approx \frac{l_{\text{b}}}{b_{\text{s}}} \tag{5.26}$$

那么

$$\widetilde{V}_{\text{bar}} \approx \frac{\gamma_{\text{o}}\rho I_{\text{m}} l_{\text{b}}}{b}\frac{\cosh(\gamma_{\text{o}}d)}{\sinh(\gamma_{\text{o}}d)} \tag{5.27}$$

注意，沿导条长度上的总压降是恒定的，这是因为所有导条电流都是并联的。虽然式（5.26）的假设很少成立，但如果没有进行简化假设并解决了这个问题，该结果就是一个精确等式，不是约等于了。

假设式（5.27）就是一个等式，可以用导条直流电阻来表示，导条直流电阻为

$$R_{\text{dc}} = \frac{\rho l_{\text{b}}}{bd} \tag{5.28}$$

因此，导条的有效阻抗为

$$\widetilde{Z}_{\text{bar}} = \frac{\widetilde{V}_{\text{bar}}}{I_{\text{m}}} = R_{\text{dc}}\left[\frac{(\gamma_{\text{o}}d)\cosh(\gamma_{\text{o}}d)}{\sinh(\gamma_{\text{o}}d)}\right] \tag{5.29}$$

阻抗的实部代表了导条的交流电阻，可用下式计算

$$R_{\text{ac}} = \alpha_{\text{o}} d R_{\text{dc}}\left[\frac{\sinh(2\alpha_{\text{o}}d) + \sin(2\alpha_{\text{o}}d)}{\cosh(2\alpha_{\text{o}}d) - \cos(2\alpha_{\text{o}}d)}\right] \tag{5.30}$$

式中

$$\alpha_{\text{o}} = \sqrt{(\omega\mu_0)/(2\rho)}$$

阻抗的虚部代表导条的电抗，表示为

$$X_{\text{ac}} = \alpha_{\text{o}} d R_{\text{dc}}\left[\frac{\sinh(2\alpha_{\text{o}}d) - \sin(2\alpha_{\text{o}}d)}{\cosh(2\alpha_{\text{o}}d) - \cos(2\alpha_{\text{o}}d)}\right] \tag{5.31}$$

对于 $\alpha_{\text{o}} d$ 非常小和非常大的值（分别为频率的低值和高值），考虑式（5.30）和式（5.31）的渐近线是非常有用的。

当 $\alpha_{\text{o}} d$ 很小时，式（5.30）和式（5.31）变为

$$R_{ac} \approx R_{dc}\left[1+\frac{4}{45}(\alpha_o d)^4-\frac{4}{4725}(\alpha_o d)^8+\cdots\right] \qquad (\alpha_o d)<1.5 \qquad (5.32)$$

$$X_{ac} \approx \frac{2}{3}(\alpha_o d)^2 R_{dc}\left[1-\frac{8(\alpha_o d)^4}{315}+\frac{32(\alpha_o d)^8}{31185}+\cdots\right] \qquad (\alpha_o d)<1.5 \qquad (5.33)$$

括号前面的系数可以写成

$$\frac{2}{3}(\alpha_o d)^2 R_{dc} = \left(\frac{2}{3}\right)\left[\sqrt{\frac{\omega\mu_0}{2\rho}}d\right]^2 \frac{\rho l_b}{d \cdot b} = \omega\left[\frac{\mu_0 d l_b}{3b}\right]$$

于是式（5.33）变为

$$X_{ac} \approx \omega L_{dc}\left[1-\frac{8(\alpha_o d)^4}{315}+\frac{32(\alpha_o d)^8}{31185}+\cdots\right] \qquad (\alpha_o d)<1.5 \qquad (5.34)$$

因此，随着频率的下降，电阻和电抗的交流值也下降，直至它们的直流值。

如果$\alpha_o d$很大，式（5.30）和式（5.31）可以近似为

$$R_{ac} = \alpha_o d R_{dc} \qquad (5.35)$$

和

$$X_{ac} = \alpha_o d R_{dc} = \frac{3}{2}\frac{\omega L_{dc}}{\alpha_o d} \qquad (5.36)$$

注意，随着频率（或导条深度）的增加，电阻和电抗接近相等。阻抗的幅值随着频率的二次方根而增加，同时相位角逐渐接近45°。通过使用式（5.28），式（5.35）可以表示为

$$R_{ac} = \frac{\rho l_b}{bd}(\alpha_o d) = \rho\left(\frac{l_b}{b(1/\alpha_o)}\right) \qquad (5.37)$$

因此，如果频率足够高，可以用与直流电阻相同的方式计算交流电阻，用等效深度$1/\alpha_o$代替导条的实际深度d，$1/\alpha_o$被称为趋肤深度，导体通入交流电，导致导体内部的电流分布不均匀的现象称为趋肤效应。

75℃时，铜的电阻率为$2.1\times10^{-6}\Omega\cdot\text{cm}$，因此电流频率为60Hz时，铜导条的趋肤深度为

$$1/\alpha_o = \sqrt{\frac{2\times(2.1\times10^{-6})}{(4\pi\times10^{-9})\times377}} = 0.9416\text{cm} = 0.3707\text{in}$$

请注意，由于电抗在高频下随着频率二次方根的增加而增加，因此槽电感实际上与频率的二次方根成反比。图5.2给出了R_{ac}、X_{ac}和L_{ac}相对于其直流值的归一化数值与$\alpha_o d$的关系。这些曲线与一阶超前或滞后电路的伯德图具有相同的特征，但它们是频率二次方根的函数。

转子导条的趋肤效应也称为“深槽效应”。利用这种现象，可以改善笼型感应电机的起动性能。转子上有两种方法来利用趋肤效应，一种是转子槽型采用细

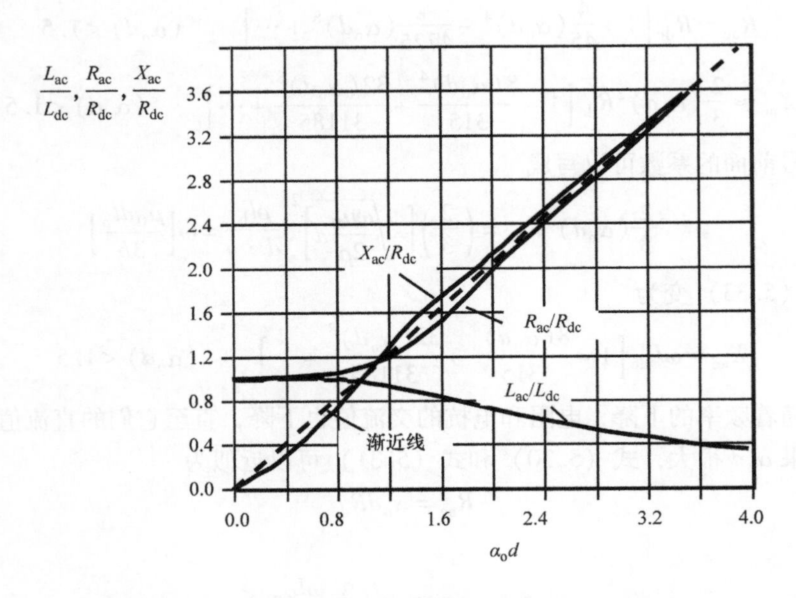

图 5.2　导条的归一化电感、电阻和电抗与 $\alpha_o d$ 的关系

长形的深槽结构；另一种是采用双笼型结构，靠近气隙的上笼型槽面积比较小，下笼型槽比较细长。一些常用的笼型转子槽如图 5.3 所示。在选择单个深槽的面积，或者双笼型上下槽面积的总和时，应保证在较小转差率时，I^2r 损耗不超过电机所需效率和散热极限的允许量。由于转差率在正常工作状态下非常小，转子上没有趋肤效应，因此深槽转子和双笼型转子电机在正常负载下的特性与前面讨论的圆形槽或浅形槽转子电机一样。然而，两种转子的特性在转差率较大时完全不同，比如，在静止时，转子电流频率与定子电源频率相同。这种情况下，可将式（5.20）给出的电流密度视为均匀（平均）电流和环流的叠加，环流在上笼条流动为正向，在下笼条流动为负向，其方向与槽漏磁通的时间变化率相反。趋肤效应迫使电流在位于槽上部的导体区域内流动，有效电阻是圆形槽或浅形槽转子的许多倍（一般为 3~4 倍）。在双笼型转子中，上笼条的电阻通常比下笼条的电阻高，这样使起动时的有效电阻变大。

随着电机加速，转子电流频率降低，导致漏抗和转子导条的电阻降低，趋肤效应的影响变小。在转差率较小和额定转差率时，转子电流的频率非常小，漏抗和电阻取其直流值。电流均匀分布在深槽上，或者在双笼型转子中，电流按两个笼的直流电阻之比进行分配。因此，具有显著趋肤效应的电机的起动性能类似于外接电阻的绕线式感应电机的起动性能。

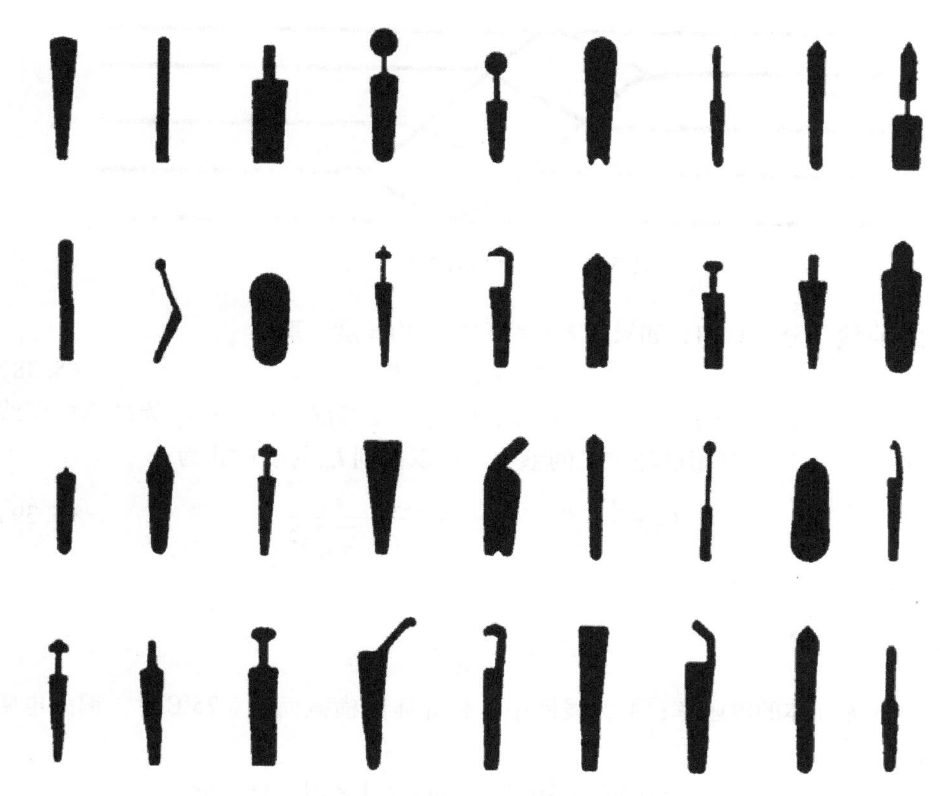

图 5.3　利用趋肤效应的笼型转子槽

5.3　定子电阻计算

虽然转子导条中的趋肤效应在设计高起动转矩电机时有一定作用，但定子导体中的趋肤效应除了产生额外的损耗外，没有其他作用。由于趋肤效应随着导体截面积的增加而增加，因此可以通过将导体分为多股并联的“股线”来减少这种效应。显然，股线间必须相互绝缘，这种方法才会有效。

在功率非常大的电机中，最小股线的尺寸仍然会产生可观的趋肤效应。如果将并联的股线在槽内进行换位，使每根绞线在整个槽深度上均匀分布，这样可以大幅度减小趋肤效应。图 5.4 中给出了换位的示意图，这种换位导线称为罗贝尔线棒，它的制造成本非常昂贵，仅用于对效率要求特别高的大功率电机中。

通过使用并联股线和换位，定子导体中的涡流可以减小到一个较小的值。一相绕组电阻的计算，可以先估算一匝线圈的平均长度，然后根据绕组连接形式，计算串联和并联的线圈个数后再计算电阻。一匝线圈的长度可以简化为一个菱形

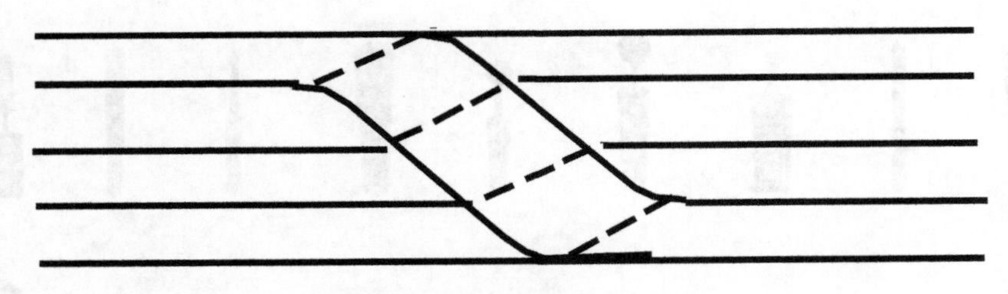

图 5.4 罗贝尔线棒换位示意图

的六个直线部分的总和，如果l_c表示线圈的平均长度，那么

$$l_c = 2l_s + 4l_{e2} + 4l_{e3} \tag{5.38}$$

式中，l_s为包含通风道的定子铁心长度；l_{e2}为线圈端部直线长；l_{e3}为端部的斜线长。参考图 4.21，利用已经定义的参数，可以得到l_{e3}的表达式为

$$l_{e3} = \frac{p\tau_{p(ave)}}{2}\frac{\tau_{s(ave)}}{\sqrt{\tau_{s(ave)}^2 - (b_c + t_e)^2}} \tag{5.39}$$

一个线圈的电阻就为

$$r_c = \frac{\rho n_c l_c}{A_c}$$

式中，ρ 为导体的电阻率；A_c为线圈中一根导体的横截面积。75℃时，铜的电阻率为

$$\rho_{cu} = 0.825 \times 10^{-6}\Omega \cdot \text{in} = 2.1 \times 10^{-6}\Omega \cdot \text{cm}$$

按照标准要求，需要计算绕组在 75℃时的电阻。对于三相电机，在一个极距上串联连接的线圈电阻为

$$r_{cp} = \frac{S_1}{3P}r_c$$

如果有 P/C 个极下的线圈串联在一起，那么 C 条并联支路中的一条支路的电阻为

$$r_b = \frac{P}{C}r_{cp} = \frac{S_1}{3C}r_c$$

那么 C 条并联支路构成的一相绕组的电阻为

$$r_s = \frac{r_b}{C} = \frac{S_1}{3C^2}r_c \tag{5.40}$$

$$= \left(\frac{S_1}{3C^2}\right)\frac{\rho n_c l_c}{A_c} \tag{5.41}$$

对于两层绕组，每槽导体数是每个线圈匝数的两倍，则式（5.41）可以用更简单的形式来表示。每槽导体数通过式（4.41）与三相电机的每相串联匝数相关，

$$n_s = \frac{6CN_s}{S_1}$$

代入式（5.41），每相电阻可表示为

$$r_s = \frac{S_1}{3C^2}\left(\frac{n_s}{2}\right)\frac{\rho l_c}{A_c} = \frac{S_1}{3C^2}\left(\frac{3CN_s}{S_1}\right)\frac{\rho l_c}{A_c} = \left(\frac{N_s}{C}\right)\rho\frac{l_c}{A_c} \tag{5.42}$$

5.4　示例7——定子和转子的电阻计算

继续使用前面示例中的250hp电机。根据已提供的信息，可以得到计算定子电阻所需的尺寸和参数，具体为

每相串联匝数 = N_t = 240

并联支路数 = $C=1$

极距 = $p=0.8$

以槽径向中点为基准计算的极距 = $\tau_{p(ave)}$ = 10.324in

以槽径向中点为基准计算的槽距 = $\tau_{s(ave)}$ = 0.688in

包含通风道的定子铁心长 = $l_i + 2l_o$ = 9.25in

线圈端部直线长（参考4.11节） = l_{e2} = 1.25in

线圈间距（参考图4.21） = t_e = 0.0625in

线圈厚度（参考图4.21） = b_c = 0.220in

导体横截面积（参考4.11节） = A_c = 0.129×0.204×0.97 = 0.02553in^2

导体面积中的系数0.97是考虑了导体四周的圆角。根据式（5.39）计算绕组端部斜线部分的长度

$$l_{e3} = \frac{0.8\times10.32\times0.688}{2\sqrt{0.688^2-(0.0625+0.22)^2}} = 4.527\text{in}$$

因此，线圈的平均长度由式（5.38）得出

$$l_c = 2\times9.25+4\times1.25+4\times4.527 = 41.61\text{in}$$

定子电阻根据式（5.42）进行计算

$$r_s = \frac{0.825\times10^{-6}\times240\times41.61}{1\times0.02553} = 0.323\Omega \quad @75℃$$

现在计算趋肤效应的影响。根据5.2节的讨论，在75℃、60Hz的激励下，铜条的趋肤深度为

$$1/\alpha_o = 0.3707\text{in}$$

于是

$$\alpha_o = 2.6976\text{in}^{-1}$$

本例中，定子导体的厚度为0.129in，因此

$$\alpha_o d = 2.6976 \times 0.129 = 0.348$$

因为 $\alpha_o d$ 远小于1.5。可以用式（5.32）计算交流电阻的近似值

$$r_{s(ac)} \approx r_{s(dc)} \left[1 + \left(\frac{4}{45}\right)(\alpha_o d)^4\right] = 0.323 \times (1 + 0.0013)$$

或者

$$r_{s(ac)} = 0.323\Omega(\text{考虑趋肤效应的影响})$$

一般情况下，趋肤效应对定子电阻的影响可以忽略不计。将式（5.33）的系数（即8/315）与式（5.32）的系数（即4/45）进行比较，可以得出结论，趋肤效应对槽漏电感的影响远小于对电阻的影响，也可以忽略这种影响。

以下参数来自示例3和4，可用于计算转子电阻：

包含通风道的实际长度	$l_{b1} = 9.25\text{in}$
定转子有效长度	$l_{es} = l_{er} = 8.67\text{in}$
导条宽度	$b = 0.375\text{in}$
导条深度	$d = 0.5625\text{in}$
端环区域	$t_{be} = 1.0\text{in}$
转子导条两端端部总长	$d_{be} = 0.75\text{in}$
转子导条端部延长长度	$l_{be} = 0.375\text{in}$
转子平均极距	$\tau_{p2} = 8.604\text{in}$
转子槽数	$S_2 = 97$

根据这些参数，可以确定不包括端环部分的转子导条长度为

$$9.25 + 2 \times 0.375 = 10.50\text{in}$$

除此长度外，还要考虑端环部分。因为电流从导条流到端环的距离为 t_{be}。如果将该值取为（1/3）t_{be}，则转子导条的有效长度，包括因斜槽产生的微小附加长度为

$$l_b = \frac{10.5 + 2 \times \frac{1}{3} \times 1}{\cos(2\pi/120)} = 11.18\text{in}$$

因此，一根转子导条的电阻为

$$r_b = \frac{11.18 \times 0.825 \times 10^{-6}}{0.375 \times 0.5625} = 43.7\mu\Omega$$

以端环中点为基准计算转子齿距，利用 τ_{p2} 可得

$$\tau_{r2} = \frac{P}{S_2}\tau_{p2} = \frac{8}{97} \times 8.604 = 0.71\text{in}$$

一个转子槽距范围对应的转子端环电阻为

$$r_e = \frac{\tau_{r2}\rho}{t_{be}d_{be}} = \frac{0.71 \times (0.825 \times 10^{-6})}{1 \times 0.75} = 0.781 \times 10^{-6}\Omega$$

因此，根据式（4.186）计算转子导条的有效电阻为

$$r_{be}=r_b+\frac{r_e}{2\sin^2\left(\frac{\pi}{2}\frac{P}{S_2}\right)}=\left[43.7+\frac{0.781}{2\sin^2\left(\frac{\pi\times8}{2\times97}\right)}\right]\times10^{-6}=(47.7+23.40)\times10^{-6}=67.10\mu\Omega$$

转子一相的电阻为

$$r_r=2r_{be}=134.2\mu\Omega$$

根据式（4.246）可得归算至定子侧的转子一相电阻为

$$r_r'=\frac{12k_1^2N_s^2}{S_2}r_r=\frac{12\times0.91^2\times240^2}{97}\times134.2\times10^{-6}=0.792\Omega$$

最后，还要考虑斜槽的影响。补偿斜槽所需的系数与计算转子漏感时所用的系数相同。根据4.17节的式（4.263），可得

$$r_r''=k_{s1}^2r_r'=0.9963^2\times0.792=0.786\Omega$$

该电阻值在整个负载条件范围内都有效，因为在接近同步速时，转子导条中感应电流的频率很低。然而在起动时，转子导条的电流频率为60Hz，趋肤效应比较显著。通过计算，转子导条的 $\alpha_o d$ 为1.52。参考图5.2，表明趋肤效应对改善电机起动性能确实很重要。

虽然电流路径的空气部分也存在趋肤效应，但该效应不如槽部分显著。因此，可以通过下面的假设来近似实际情况，即趋肤效应仅发生在槽区域，并且趋肤效应的影响程度由转子槽漏磁通的有效长度来决定。

导条包括铁心和通风道部分的直流电阻为

$$r_{b(dc)}=\frac{l_e\rho}{bd}$$

根据之前的工作，转子槽（不包括通风道）但包括斜槽的有效长度为

$$l_{er}=8.68\text{in}$$

因此，根据长度的比率，导条铁心部分的直流电阻为

$$r_{bi(dc)}=\frac{8.68}{11.18}\times43.7\times10^{-6}=33.93\mu\Omega$$

由于 $\alpha_o d>1.5$，不能使用近似公式（5.32）。采用式（5.30）来计算交流电阻

$$r_{bi(ac)}=(\alpha_o d)r_{bi(dc)}\left[\frac{\sinh(2\alpha_o d)+\sin(2\alpha_o d)}{\cosh(2\alpha_o d)-\cos(2\alpha_o d)}\right]$$

$$=1.517\times33.93\times\left[\frac{10.366+0.1074}{10.414+0.9942}\right]\times10^{-6}$$

$$=47.25\mu\Omega$$

转子每相的有效电阻等于槽中导条部分的电阻、通风道和端部处导条电阻、相应端环电阻之和的两倍。

$$r_{\mathrm{r}}=2\left(r_{\mathrm{bi(ac)}}+\frac{l_{\mathrm{b}}-l_{\mathrm{er}}}{l_{\mathrm{b}}}r_{\mathrm{b(dc)}}+\frac{r_{\mathrm{e}}}{2\sin^2\left(\dfrac{\pi}{2}\dfrac{P}{S_2}\right)}\right)$$

$$r_{\mathrm{r}}=2\left[47.25+\frac{11.18-8.68}{11.18}\times 43.7+23.40\right]\times 10^{-6}=160.8\mu\Omega$$

归算到定子侧并考虑斜槽之后的电阻为

$$r''_{\mathrm{r}}=\frac{12\times 0.91^2\times 0.9963^2\times 240^2}{97\times 1^2}\times 160.8\times 10^{-6}=0.942\Omega(\text{起始值})$$

请注意，趋肤效应使起动时的电阻增加了约20%。当然，趋肤效应随着转速升高而不断变化，因此转子电阻也随着转速变化。如果 $\alpha_{\mathrm{o}}d$ 值较小，导条的交流电阻与直流电阻的关系为

$$r_{\mathrm{ac}}\approx r_{\mathrm{dc}}\left[1+\frac{4}{45}(\alpha_{\mathrm{o}}d)^4\right]\tag{5.43}$$

如果定义

$$\alpha_{\mathrm{o}}=\sqrt{\frac{2\pi\times f_{\mathrm{e}}\mu_0}{2\rho}}\tag{5.44}$$

对于转差率$\mathcal{S}$，交流电阻可写为

$$r_{\mathrm{ac}}=r_{\mathrm{dc}}\left[1+\frac{4}{45}(\alpha_{\mathrm{o}}d)^4\mathcal{S}^2\right]$$

用下面的形式求解

$$\frac{r_{\mathrm{ac}}-r_{\mathrm{dc}}}{r_{\mathrm{dc}}}=\frac{4}{45}(\alpha_{\mathrm{o}}d)^4\mathcal{S}^2\tag{5.45}$$

因此，如果 $\alpha_{\mathrm{o}}d$ 值较小，可以假设电阻随转差率的二次方变化。图5.5中给出了转子电阻随转差率的变化曲线，$\mathcal{S}=1$ 时电阻为0.942，$\mathcal{S}=0$ 时电阻为0.786。

当趋肤效应不大且基本上遵循式（5.45）时，可以在等效电路中采用下面的方式来表示转子电阻。根据式（5.45），转子交流电阻相较于直流电阻的增加值可以表示为

$$\Delta r_{\mathrm{r}}=r_{\mathrm{ac}}-r_{\mathrm{dc}}=\frac{4}{45}(\alpha_{\mathrm{o}}d)^4\mathcal{S}^2r_{\mathrm{dc}}\tag{5.46}$$

于是

$$r_{\mathrm{ac}}=r_{\mathrm{dc}}+\Delta r_{\mathrm{r}}\tag{5.47}$$

在每相等效电路中，转子电阻可以表示为

$$\frac{r_{\mathrm{ac}}}{\mathcal{S}}=\frac{r_{\mathrm{dc}}}{\mathcal{S}}+\Delta r_{\mathrm{r0}}\mathcal{S}\tag{5.48}$$

式中，Δr_{r0}是$\mathcal{S}=1$ 时转子电阻的增加值，在式（5.46）中将$\mathcal{S}$设为1即可得到。在本例中，$\Delta r_{\mathrm{r0}}=(0.942-0.786)=0.156$。

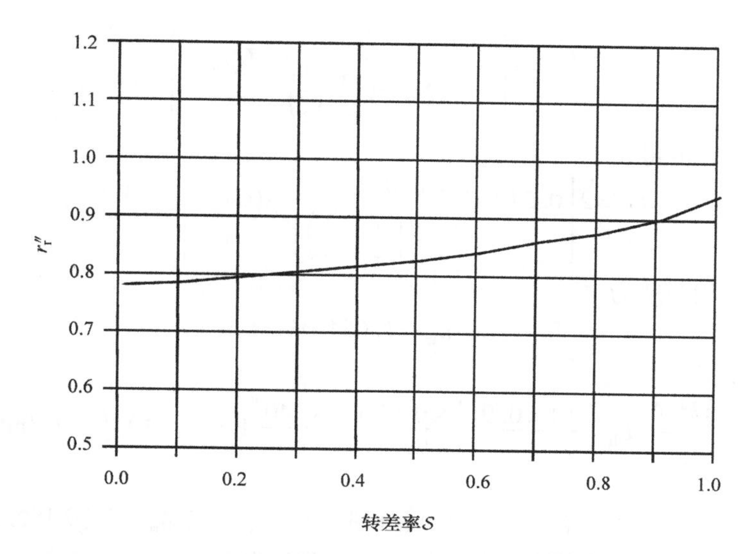

图5.5　由于深槽效应250hp电机转子电阻随转差率的变化曲线

完成了定子和转子电阻随频率变化的研究后，还要记住转子漏感也受趋肤效应的影响。漏感的相应交流值可由式（5.31）计算得出

$$X_{ac}=(\alpha_o d)r_{dc}\left[\frac{\sinh(2\alpha_o d)-\sin(2\alpha_o d)}{\cosh(2\alpha_o d)-\cos(2\alpha_o d)}\right]$$

$$=1.517\times 33.93\times\left[\frac{10.366-0.1074}{10.414+0.9942}\right]\times 10^{-6}$$

$$=46.29\mu\Omega$$

因此

$$L_{ac}=X_{ac}/\omega_e=(46.29/377)\times 10^{-6}=0.1228\mu\text{H}$$

需要强调的是，刚刚计算的交流电感仅针对穿过导条的漏磁通，而与穿过槽并交链整个导条的磁通相关的漏电感并不受影响。参考示例4，一根导条的漏感计算可以先计算单位长度的比漏磁导，即

$$p_{s1}=\mu_0\left[\frac{d_{3r}}{3b_{sr}}+\frac{d_{1r}}{(b_{sr}-b_{or})}\ln\left(\frac{b_{sr}}{b_{or}}\right)+\frac{d_{or}}{b_{or}}\right]$$

请注意，该方程中只有第一项对应的漏磁通会穿过导条。其余部分的磁导为

$$p_{s1(\text{air})}=\mu_0\left[\frac{0.047}{0.385-0.09}\ln\left(\frac{0.385}{0.09}\right)+\frac{0.040}{0.09}\right]=0.849\times 10^{-6}\text{H/m}$$

因此每根导条的有效槽漏感为

$$L_b=p_{s1(\text{air})}l_e+L_{ac}=\left(0.849\times\frac{8.68}{39.37}+0.1228\right)\times 10^{-6}=0.310\mu\text{H}$$

再将端环和谐波漏磁通的影响考虑在内，那么导条的有效漏感为

$$L_{\mathrm{lr}}=2\left[L_{\mathrm{b}}+\frac{L_{\mathrm{e}}}{2\sin^2\left(\frac{\pi}{2}\frac{P}{S_2}\right)}+L_{\mathrm{b(har)}}\right]$$

代入数值计算可得

$$L_{\mathrm{lr}}=2\left[0.310+\frac{0.01251}{2\sin^2\left[\frac{\pi}{2}\left(\frac{8}{97}\right)\right]}+0.142\right]\times10^{-6}$$

于是转子一相漏感为

$$L_{\mathrm{lr}}=1.654\mu\mathrm{H}$$

归算到定子侧

$$L''_{\mathrm{lr}}=\frac{12k_1^2k_{\mathrm{S1}}^2N_{\mathrm{s}}^2}{S_2}L_{\mathrm{lr}}=\frac{12\times0.91^2\times0.9963^2\times240^2}{97}1.654\times10^{-6}=9.7\mathrm{mH}(\text{起始值})$$

该结果可与示例 5 中计算得到的 9.9mH 进行比较，转子漏感仅减少 2.2%。

如果 $\alpha_o d$ 较小，交流电抗与直流电抗的关系为

$$X_{\mathrm{ac}}=\omega L_{\mathrm{ac}}=\omega L_{\mathrm{dc}}\left(1-\frac{8}{315}(\alpha_o d)^4\right)$$

或

$$L_{\mathrm{ac}}=L_{\mathrm{dc}}\left[1-\frac{8}{315}(\alpha_o d)^4\right]$$

如果定义 αd 是 $\alpha_o d$ 在起动时的值，那么

$$\alpha d=(\alpha_o d)\sqrt{\mathcal{S}}$$

或

$$L_{\mathrm{ac}}=L_{\mathrm{dc}}\left[1-\frac{8}{315}(\alpha_o d)^4\mathcal{S}^2\right]$$

$$\frac{L_{\mathrm{ac}}-L_{\mathrm{dc}}}{L_{\mathrm{dc}}}=-\frac{8}{315}(\alpha_o d)^4\mathcal{S}^2$$

因此，交流电感与直流电感的差值随转差率的二次方而减小。图 5.6 给出了不含

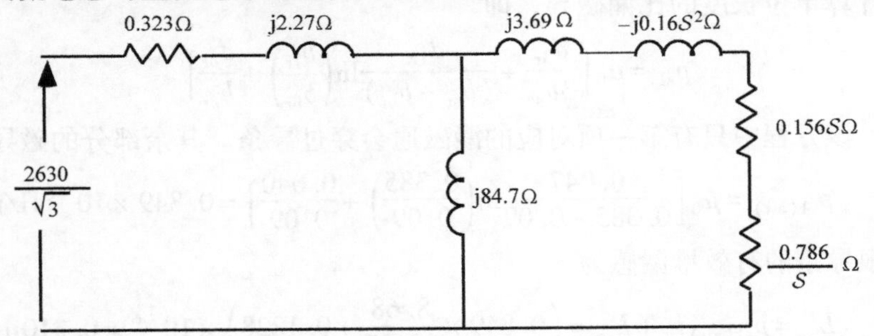

图 5.6　考虑深槽效应的 250hp 电机每相等效电路，线电压 2630V、60Hz

铁耗（待讨论）的250hp 电机的等效电路。请注意与转差率相关的转子参数。因为转子漏感的变化很小，在本例中是可以忽略的，但为了完整起见，还将其包括在内了。

5.5　不规则导条形状电机的转子参数

通过研究放置在铁心中矩形导条的特性，已经表明，随着电流频率的增加，转子导条中的趋肤效应有增加等效电阻和减小等效电感的效果。转子电阻的增加有助于改善笼型电机的起动性能，几乎所有传统电机设计（NEMA 设计 B、C 和 D）都通过选择特殊的转子导条形状来改善电机的起动性能。图 5.3 给出了一些常用的形状。

除了某些特殊情况外，转子一般不会选择闭口槽形式。那么针对任意横截面形状的转子导条，可使用下面的方法计算其参数。将转子导条分为 n 层，如图 5.7 所示，假设导条的所有层具有相同的轴向长度。如果层数足够多，则可以假设这些层都是矩形，这样，第 p 层的电阻 r_p 可由下式确定

$$r_p = \frac{\rho l_e}{b_p h_p} \tag{5.49}$$

同样地，第 p 层的电抗由该层的几何形状、μ_0 和转差率决定：

$$X_p = S\omega_e \mu_0 \frac{l_e h_p}{b_p} \tag{5.50}$$

假设 I_k 是第 k 层的电流，与第 p 层交链的磁通可以表示为

$$\widetilde{\Phi}_p = \mu_0 \frac{l_e h_p}{b_p} \sum_{k=p+1}^{n} \widetilde{I}_k \tag{5.51}$$

在稳态下

$$r_{p+1}\widetilde{I}_{p+1} - r_p \widetilde{I}_p = \mathrm{j}S\omega\Phi_p \tag{5.52}$$

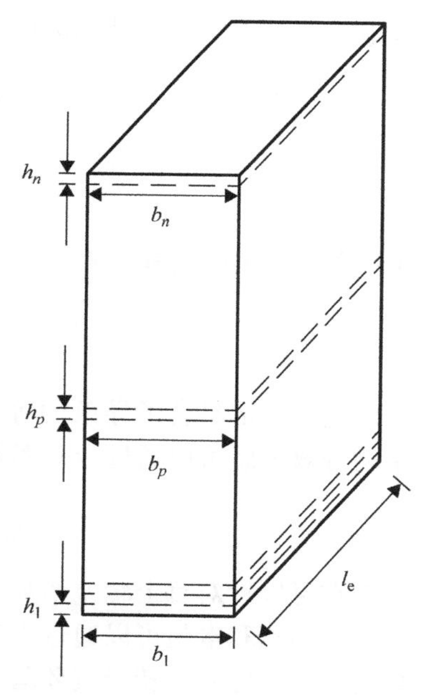

图 5.7　矩形导条被分成 n 个部分。虽然以矩形导条为例，但该方法适用于任何导条形状

通过上述方程可以确定转子导条第 p 层中的电流表达式。该式需利用之前转子导条层的信息，

$$\widetilde{I}_p = \frac{r_{p+1}}{r_p}\widetilde{I}_{p+1} - \mathrm{j}\frac{X_p}{r_p}\sum_{k=1}^{p}\widetilde{I}_k \tag{5.53}$$

该式可以形成图 5.8 所示等效电路的回路方程。计算所有电抗值需要对转子导条第一层（外部）中的电流进行初始假设。可以假设任意大小的电流流过该层，取 1A 更便于计算。然后确定各层的电抗和电阻。同时，确定流经所有部件的电流。

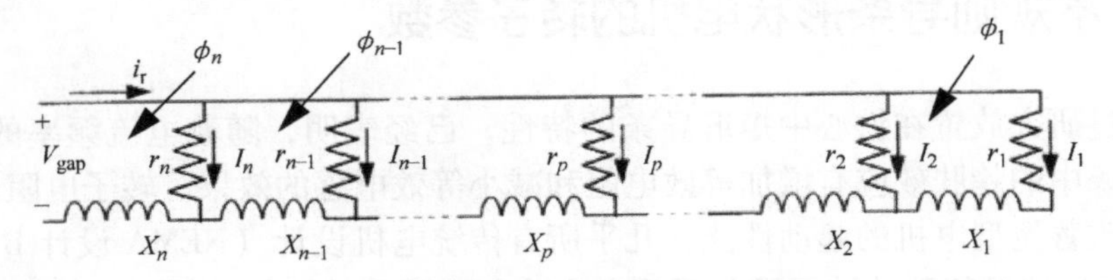

图 5.8　转子导条多层模型的等效电路

等效电路"外部"端子处的电压（V_{gap}）可通过以下公式确定

$$\widetilde{V}_{gap} = r_n \widetilde{I}_n + jX_n \widetilde{I}_r \tag{5.54}$$

式中

$$\widetilde{I}_r = \sum_{k=1}^{n} \widetilde{I}_k \tag{5.55}$$

转子导条等效电路的等效阻抗$\widetilde{Z}_{b,in}$为

$$\widetilde{Z}_{b,in} = \frac{\widetilde{V}_{gap}}{\widetilde{I}_r} = r_{b,in} + jS\omega_e L_{b,in} \tag{5.56}$$

$\widetilde{Z}_{b,in}$的实部是转子导条的等效电阻，而虚部是转子导条的等效电抗。转子导条的等效电感可以通过转差率来计算，即

$$L_{b,in} = \frac{\mathrm{Imag}(\widetilde{Z}_{b,in})}{S\omega_e} \tag{5.57}$$

现在可以针对每个转差率数值计算单个转子导条的等效电阻和电感。单个转子导条的漏感和电阻可以通过 4.15 节的方法计算等效电路参数 X'_{lr}和 r'_r。还需要计算转子端环电阻、转子端环漏感、谐波漏感和有效定转子匝数比等参数。

这个算法可在 MATLAB® 中编程实现，代码如附录 A 所示，其中使用的是 250hp 电机的相关参数。假设定子电阻和漏感以及磁化电感与图 5.6 相同。转子导条的分层数要足够细，以保证结果收敛。在该示例中，至少需要分 10 层。

电机运行范围内计算的等效转子电阻范围为 0.82 ~ 0.946Ω，在高转差率下最高。计算的转子漏感范围从高转差率条件下的 0.0197H 到小转差率条件件的 0.0198H。

为确定这个算法的有效性，分别在三种情况下计算了稳态转矩 - 速度曲线。图 5.9 和图 5.10 分别绘制了每种情况下的转子电阻和转子漏感与转差率的关系。这三种情况是：

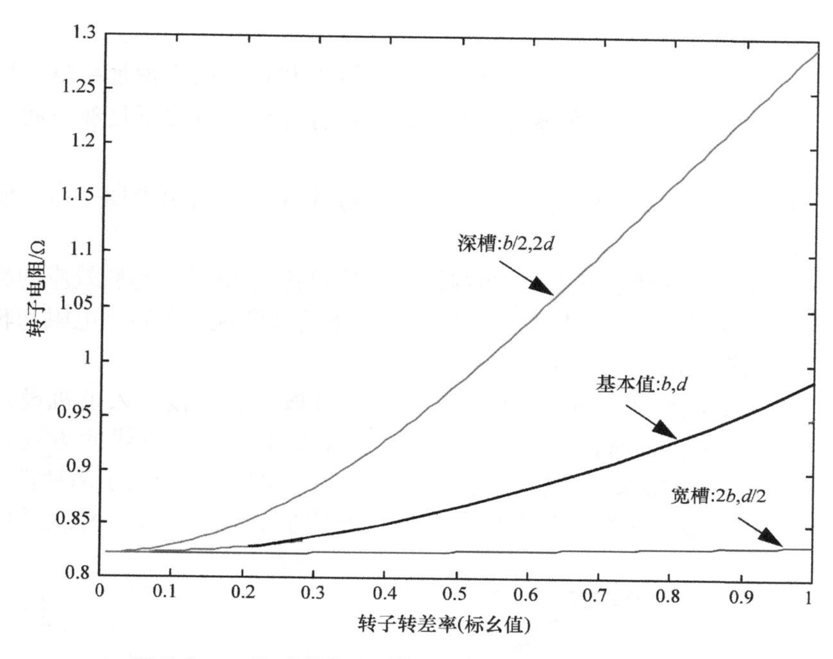

图5.9　三种不同情况下转子导条电阻与转差率的关系

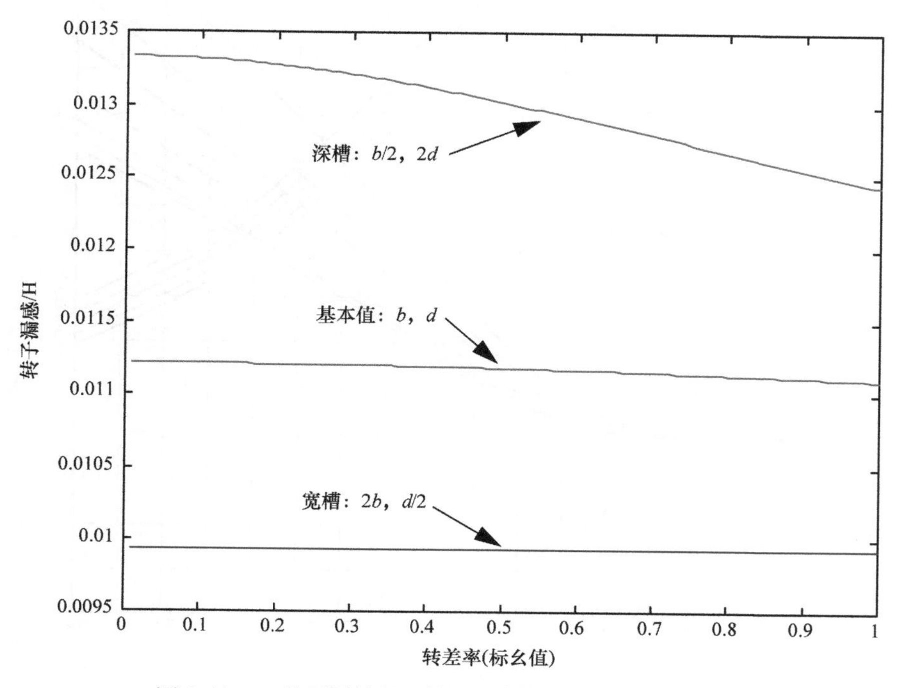

图5.10　三种不同情况下转子导条漏感与转差率的关系

1）基本情况：与图 5.6 相同。

2）宽槽情况：只改变了转子导条尺寸。与 A 相比，槽宽增加一倍，槽深减小一半。（这是一种不符合实际的情况，因为没有为转子齿留下足够空间，只是为了示例而选择的）

3）深槽情况：只改变了转子导条尺寸。与 A 相比，槽深增加一倍，槽宽减小一半。

三种情况可以在转差率很低的时候具有相同的转子电阻。趋肤效应的影响随着转子导条的相对深度的增加而显著增加。以下两幅图说明了转子电阻和转子漏感如何随导条形状的变化而变化。

由于不规则导条形状的计算相对简单，可将该算法直接嵌入电机设计代码中；也可以“离线”进行计算，通过查表或者多项式拟合曲线的方法。软件 MATHEMATICA®可用来进行多项式拟合。图 5.11 和图 5.12 给出了两种常用导条形状的电阻和电感变化图，其他导条形状也与它们类似。注意，趋肤效应对于

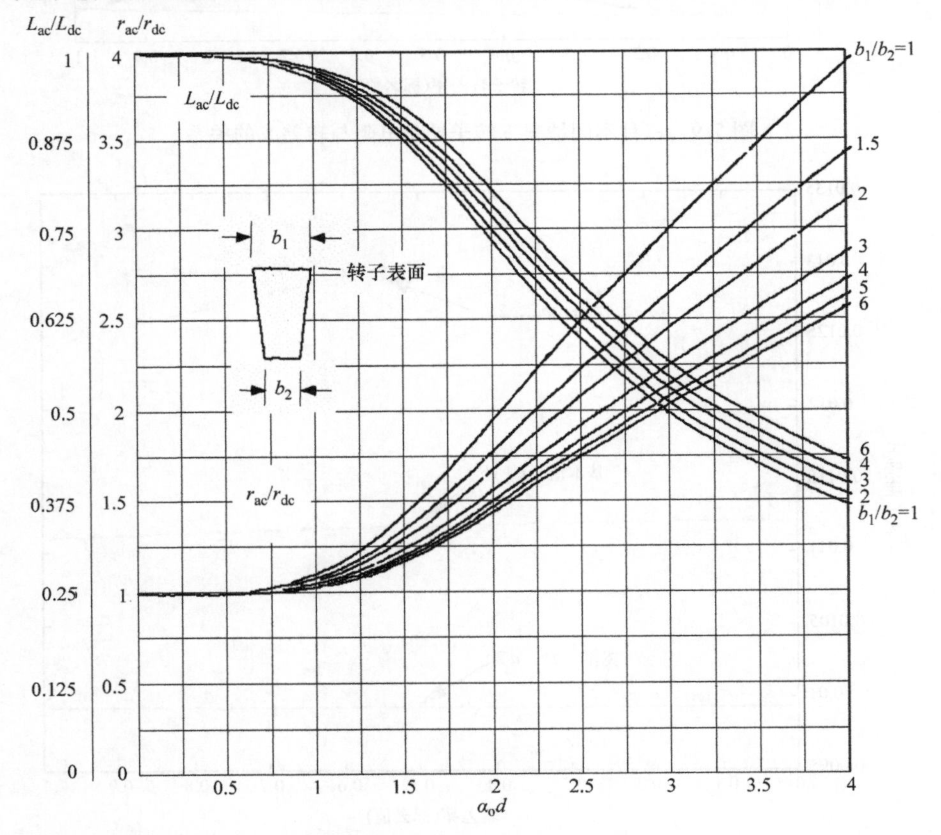

图 5.11 倒梯形导条的电阻和电感随 $\alpha_o d$ 的变化关系，其中 d 是导条深度，$\alpha_o=\sqrt{(\omega\mu_0)/(2\rho)}$

图5.12中的梯形导条更为显著，因为导条的狭窄部分靠近转子表面。转子漏感的值略低于从解析算法得到的结果，因为该算法中忽略了导条上方部分槽漏感的影响。

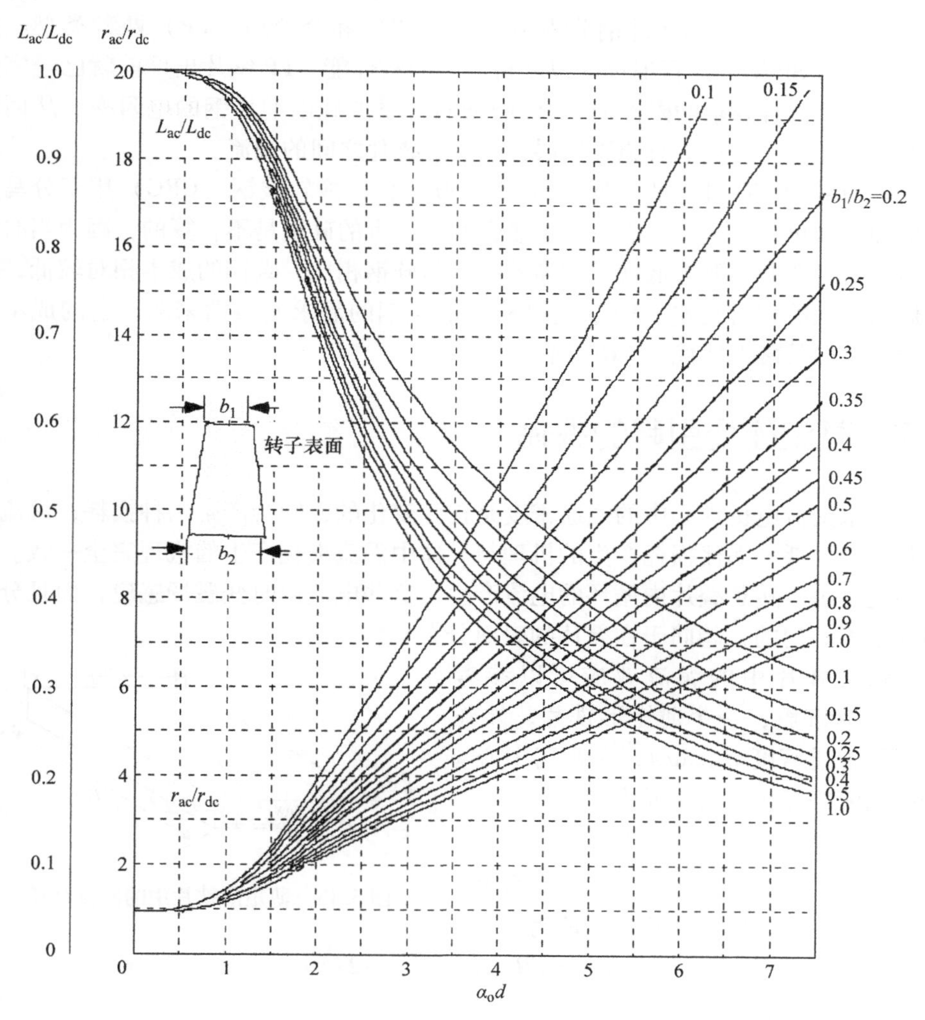

图5.12 梯形导条的电阻和电感随$\alpha_o d$的变化关系，其中d是导条深度，$\alpha_o = \sqrt{(\omega\mu_o)/(2\rho)}$

5.6 电工钢的类型

电工钢可分为三类：晶粒取向（GO）硅钢、无取向（NO）硅钢和电机叠片优质（MLQ）钢。GO硅钢中晶粒排列方向与轧制方向基本一致。与横向相比，轧制方向上具有优异的磁性能，这源于铁沿晶格立方体边缘的优异磁性。GO 钢片用于大型高效电力和配电变压器以及大型高速发电机。

NO 硅钢中晶粒随机排列，具有各向同性的磁性能。这些钢用于旋转电机，如电动机和发电机。NO 硅钢分为半处理（SP）和全处理（FP）两种类型。最终用户要对 SP 钢片进行退火，以获得所需的磁性能。FP 钢片出厂前就已经完成退火，具有符合要求的磁性能。NO 硅钢通常添加硅以增加钢的电阻率，从而减少涡流损耗；一般还配有绝缘涂层，以减少叠片之间的涡流。

MLQ 钢是 NO 硅钢的一种。20 世纪 50 年代，冷轧碳钢（CRC）用于分马力电机和间歇负载电机的铁心。这些场合使用昂贵的硅钢是不合算的，因为当时的小型电机行业并不要求低铁耗和高效率。与硅钢相比，碳钢的成本相对较低，但它们的磁性能相对较差。MLQ 钢是从对电工钢的需求发展而来的，它的成本低于硅钢，但其磁性能优于 CRC 钢。

5.7 基波磁场引起的铁耗

如果交流电机铁心中的磁通密度是正弦变化的，则会产生两种损耗；涡流损耗和磁滞损耗。涡流损耗产生的机理与导体中涡流损耗产生的机理完全一致。涡流损耗是由定转子叠片内循环的电流产生，这些电流由时变磁场感应，而且分布同样是不均匀的，趋向于在叠片的表面分布。

铁心叠片中的涡流效应可以参考图 5.13来理解，一个薄矩形铁片，外施一正弦磁通密度 $B_m \sin\omega t$，在距离中心 x 处的电流路径包含的磁通为

$$\Phi(x)=2x[L-(t-2x)]B_m \tag{5.58}$$

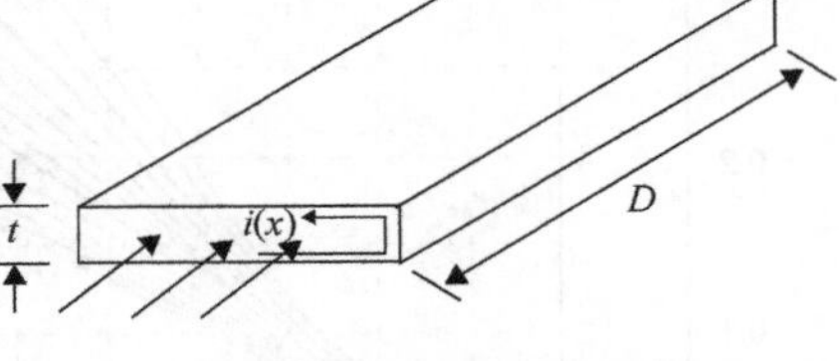

图 5.13 薄矩形铁片中的涡流路径

该电流路径内感应电动势的幅值为

$$E_m=\omega B_m 2x[L-(t-2x)] \tag{5.59}$$

此路径的电阻为

$$\mathrm{d}R(x)=\rho_{\text{iron}}\left(\frac{2[L-(t-2x)]}{D\mathrm{d}x}+\frac{4x}{D\mathrm{d}x}\right) \tag{5.60}$$

或

$$\mathrm{d}R(x)=\rho_{\text{iron}}\left(\frac{2L-2t+8x}{D\mathrm{d}x}\right) \tag{5.61}$$

对应的损耗为

$$\mathrm{d}P_{\mathrm{e}}=\frac{E_{\mathrm{m}}(x)^2}{2\mathrm{d}R(x)}=\frac{\omega^2B_{\mathrm{m}}^2\{2x[L-(t-2x)]\}^2D\mathrm{d}x}{2\rho_{\mathrm{iron}}(2L-2t+8x)} \tag{5.62}$$

如果相比于L，t和x都较小，于是

$$\mathrm{d}P_{\mathrm{e}}=\frac{\omega^2B_{\mathrm{m}}^2x^2DL}{\rho_{\mathrm{iron}}}\mathrm{d}x \tag{5.63}$$

铁片中的总涡流损耗为

$$P_{\mathrm{e}}=\int_0^{\frac{t}{2}}\frac{\omega^2B_{\mathrm{m}}^2x^2DL}{\rho_{\mathrm{iron}}}\mathrm{d}x \tag{5.64}$$

$$=\omega^2B_{\mathrm{m}}^2\frac{t^3}{24\rho_{\mathrm{iron}}}DL \tag{5.65}$$

因此，单位体积的涡流损耗可以表示为

$$p_{\mathrm{e}}=\frac{\pi^2f_{\mathrm{e}}^2B_{\mathrm{m}}^2t^2}{6\rho_{\mathrm{iron}}}\quad \mathrm{W/m^3} \tag{5.66}$$

式中，ρ_{iron}为磁性材料的电阻率；B_{m}为磁通密度最大值；f_{e}为频率；t为铁片的厚度。厚度在限制涡流损耗方面非常重要，因为它在式（5.66）中以二次方的形式出现。叠片越薄涡流就越小，但叠压系数k_{i}也会越小，装配成本增加，因此厚度小于0.014in的叠片使用得很少。对于工作频率较高的电机，例如400Hz交流发电机，采用更薄的叠片是设计首选。

第二种铁耗，即磁滞损耗，与连续反转磁性材料的分子偶极子所涉及的能量有关。该损耗与材料的磁滞回线面积和每秒反转的次数，即频率的乘积成比例。可以用下面的形式来表示单位体积的磁滞损耗

$$p_{\mathrm{hys}}=K_{\mathrm{hys}}f_{\mathrm{e}}B_{\mathrm{m}}^{k_{\mathrm{hys}}}\quad \mathrm{W/m^3} \tag{5.67}$$

式中，指数K_{hys}称为Steinmetz系数，在Steinmetz时代，这个系数等于1.6。对于大多数现代磁性材料，这个系数为2。

总铁耗是磁滞损耗和涡流损耗之和，可表示为

$$p_{\mathrm{i}}=(K_{\mathrm{hys}}f_{\mathrm{e}}+K_{\mathrm{e}}f_{\mathrm{e}}^2)B_{\mathrm{m}}^2\quad \mathrm{W/m^3} \tag{5.68}$$

式中，K_{hys}已经设置为2。图5.14和图5.15分别为两种不同冷轧低碳钢的涡流损耗和磁滞损耗曲线。图中为英制单位，其中1.0T = 64.5kilolines/in^2，1in^3 = 16.387cm^3。当叠片厚度是0.025in时，涡流损耗大约要比磁滞损耗高50%。厚度降低到0.0185in时，磁滞开始超过涡流损耗。图5.16所示为含硅3%的硅钢的铁耗曲线。

但是，式（5.68）仅在计算变压器铁耗时有较好的准确性，而无法准确计算电机的铁耗。这个问题的主要原因是空间谐波产生的磁通密度变化率（dB/dt）要远大于相同幅值正弦波磁通密度的变化率。这导致涡流损耗的上升速度远

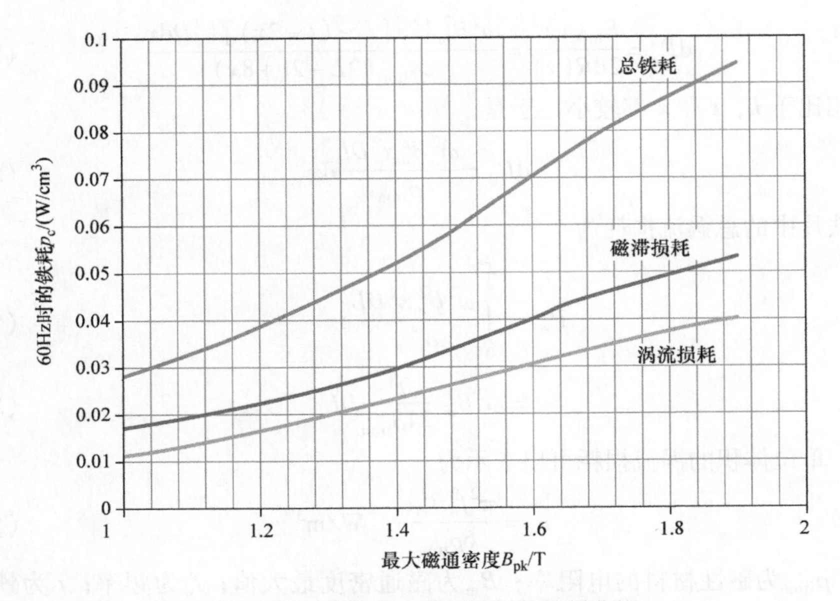

图 5.14 0.0185in 冷轧低碳钢的铁耗曲线

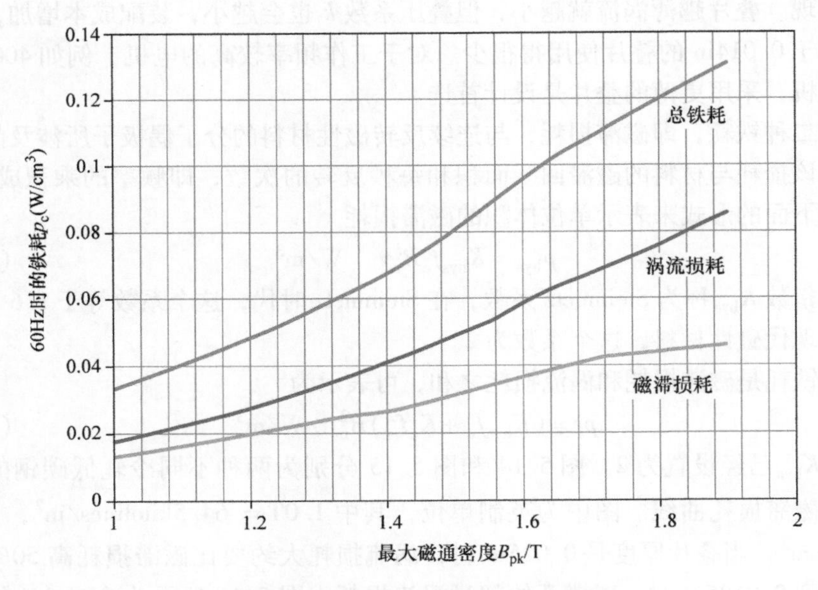

图 5.15 0.025in 冷轧低碳钢的铁耗曲线

远快于磁通密度基波分量的二次方，而电机高度饱和部分的 Steinmetz 系数可能为 6 或更高，而不是 2 了。此外，由于不可能将磁通仅限制在叠片的平面上，例如在端部区域，磁场会产生额外的涡流损耗。最后，常数 K_{hys} 和 K_e 是在实验室

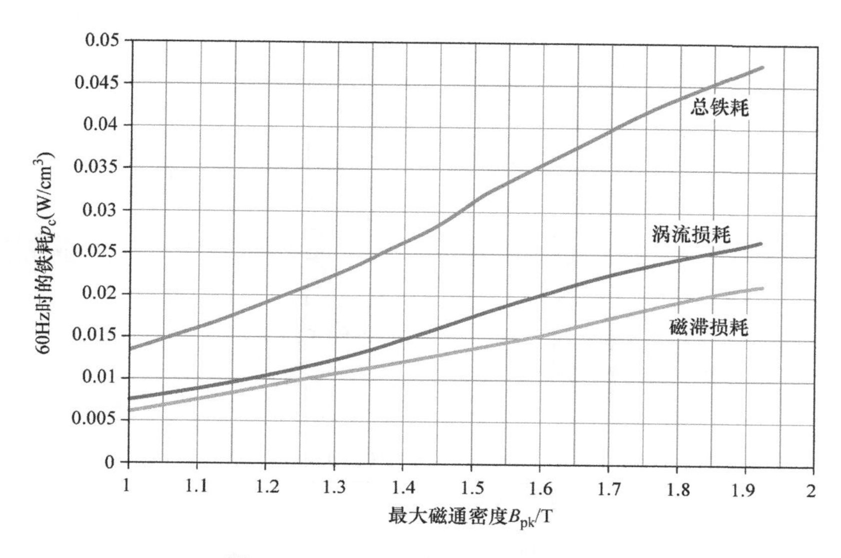

图5.16　0.025in 3%硅钢的铁耗曲线

通过测试预先制备的样品而获得的，无法直接测试实际电机铁心而获得。还有一些额外的附加损耗，包括由于冲压造成的叠片边缘上的毛刺，会使叠片之间发生接触并产生额外的涡流损耗。还有叠片间的局部应力，例如，由于冲压，应力出现在螺栓孔附近和齿的表面，导致这些区域的磁滞损耗增加。这些影响可通过在实验室样本测量的损耗上额外增加30%～40%来考虑。附加损耗影响小型感应电机的效率可达2.5%。如果在某一磁通密度和频率上精确测量了铁耗，那么在频率和磁通密度与参考值变化不大的情况下，铁耗可以用下式来估算

$$\text{基本铁耗}_2 = \text{基本铁耗}_1\left(\frac{\text{volts/Hz}_2}{\text{volts/Hz}_1}\right)^{2.5}\left(\frac{f_2}{f_1}\right)^{1.4} \tag{5.69}$$

5.8　杂散负载损耗和杂散空载损耗

感应电机的杂散负载损耗和杂散空载损耗的计算是一个非常复杂的问题，需要精确处理之前讨论中特意避开的一些问题，即转子和定子表面开槽导致气隙不均匀的问题，以及这些槽中绕组产生磁动势谐波的问题。如要计算这些问题导致的损耗，需要借助于比常用的双回路等效电路更复杂的等效电路，如图5.17所示。

为了了解这些问题的复杂性，有必要对等效电路中各个项的含义进行简要讨论。

1）磁导变化导致的损耗。两个磁性材料表面，一个开槽，一个不开槽，在

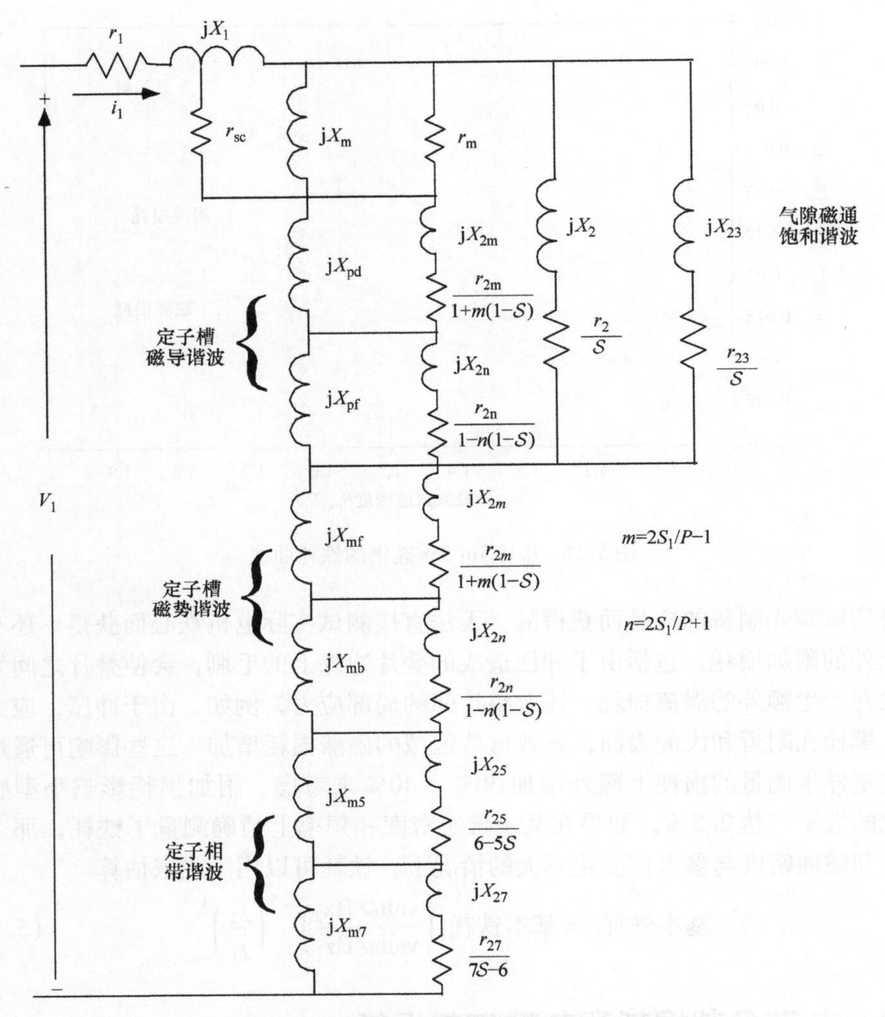

图 5.17　多相感应电机的通用等效电路

它们之间的气隙中有磁动势穿过，并且两者之间有相对运动。由于开槽表面中的槽引起的周期性磁导变化，导致从未开槽表面处观察，看到的是一个局部变化的磁场。磁导变化的幅度与槽的几何形状有关，变化的频率与旋转速度有关。特别的是，定子开槽会导致转子导条中出现额外的电流，这会产生欧姆损耗。这个电流主要受转子导条电抗的限制，该电抗远大于其电阻。除了铜耗之外，定子开槽引发的磁导变化还会导致涡流在转子铁心叠片中流动，从而产生额外的损耗。当转子和定子都开槽时，定子齿和转子齿中都会出现这些额外的损耗。该问题在电路中用两个网格表示，这两个网格通过将磁导波分解为正向旋转分量和负向旋转

分量而获得。一般来说，磁导波可以表示为

$$\mathcal{P}_s = \mathcal{P}_0 + \mathcal{P}_1\cos(S_1\theta) \tag{5.70}$$

如果电流为三相对称的正弦电流，将只考虑磁动势正向旋转的分量。可以从式（2.73）得到定子每极磁动势的基波分量，为以下形式的行波

$$\mathcal{F}_a + \mathcal{F}_b + \mathcal{F}_c = \frac{3}{2}\left(\frac{4}{\pi}\right)\left(\frac{k_1N_tI_m}{CP}\right)\sin\left(\frac{P}{2}\theta - \omega_e t\right) \tag{5.71}$$

将以上两式相乘，得到定子电流导致气隙中旋转磁通的表达式。其中，第一项包含磁导$\mathcal{P}_0$，是正常恒定振幅、正弦分布并同步旋转的波。第二项为

$$\Phi_p = \Phi_m\sin\left(\frac{P}{2}\theta - \omega_e t\right)\cos(S_1\theta) \tag{5.72}$$

式中

$$\Phi_m = \frac{3}{2}\left(\frac{4}{\pi}\right)\left(\frac{k_1N_tI_m}{CP}\right)\mathcal{P}_1 \tag{5.73}$$

这一项可以展开为

$$\Phi_p = \frac{\Phi_m}{2}\left[\sin\left(\frac{P}{2}\theta - \omega_e t + S_1\theta\right) + \sin\left(\frac{P}{2}\theta - \omega_e t - S_1\theta\right)\right] \tag{5.74}$$

第一项表示以电角速度 $\omega_e/(1+(2S_1)/P)$ 与主磁通同向旋转的波，即正向旋转，但速度低于同步速。第二项是以电角速度 $\omega_e/((2S_1)/P-1)$ 与主磁通反向旋转的波。对应正向旋转的波，转差率为

$$\mathcal{S}_f = \frac{\omega_e/(1+(2S_1)/P) - \omega_r}{\omega_e/(1+(2S_1)/P)} = 1 - \left(1 + \frac{2S_1}{P}\right)(1-\mathcal{S}) \tag{5.75}$$

式中，$\mathcal{S}$为基波磁场的转差率。类似的方法可计算出反向旋转波的转差率

$$\mathcal{S}_b = 1 + \left(\frac{2S_1}{P} - 1\right)(1-\mathcal{S}) \tag{5.76}$$

第3章中，利用保角映射方法计算了卡特系数，采用同样的方法可以计算每个齿上脉动的气隙磁通密度的谐波分量。该方法假设每个齿由磁动势激励，并且磁动势在一个齿距上是不变的。如图5.18所示，槽的存在使槽口处的磁通密度明显下降，从而导致磁通密度波形中的谐波，以及前面讨论过的平均磁通量的减少。气隙磁通密度的前三阶槽谐波分量，用槽口宽与槽距之比的函数来表示，如图5.19所示。图中β_o是一个齿上磁通密度脉动峰峰值的一半除以最大磁通密度，如图5.20所示，并以方程形式近似表示为

$$\beta_o = \frac{1}{2}\left[1 - \frac{1}{\sqrt{1 + \left(\frac{b_o}{2g}\right)^2}}\right] \tag{5.77}$$

这些谐波与槽脉动波形的傅里叶变换系数有关，不要与磁通密度的基波分量

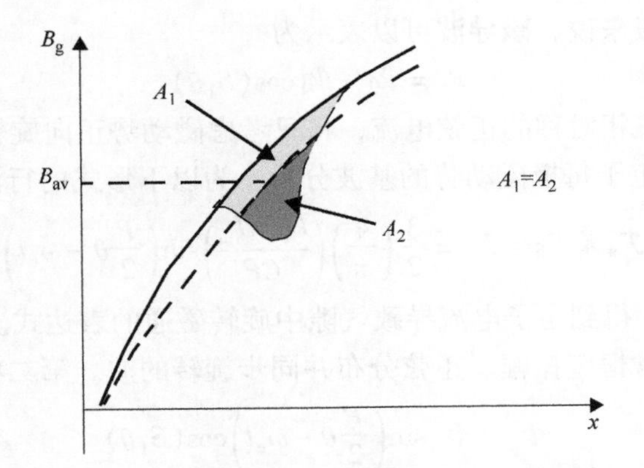

图 5.18 每个齿距上平均磁通密度的选择方法

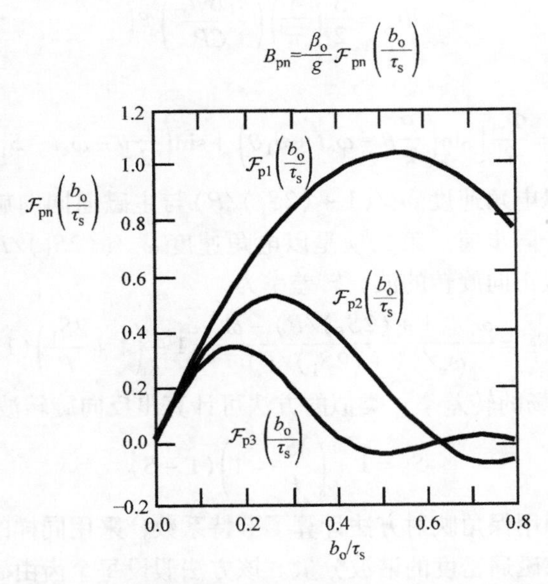

图 5.19 前三阶槽谐波分量，b_o为槽口宽度，τ_s为槽距

B_{g1}混淆。

式（5.70）中的磁导$\mathcal{P}_1$可从图 5.19 中获得。由于式（5.73）中磁通Φ_m的振幅为

$$\Phi_m = B_{p1}A_{s+t} = B_{p1}\tau_s l_e \tag{5.78}$$

由图 5.19 可得

$$\Phi_m = \frac{\beta_o}{g}\mathcal{F}_{p1}\left(\frac{b_o}{\tau_s}\right)\tau_s l_e \tag{5.79}$$

因此

$$\mathcal{P}_1=\frac{\Phi_{\mathrm{m}}}{\mathcal{F}_{\mathrm{p1}}}=\beta_{\mathrm{o}}\frac{\tau_{\mathrm{s}}l_{\mathrm{e}}}{g} \tag{5.80}$$

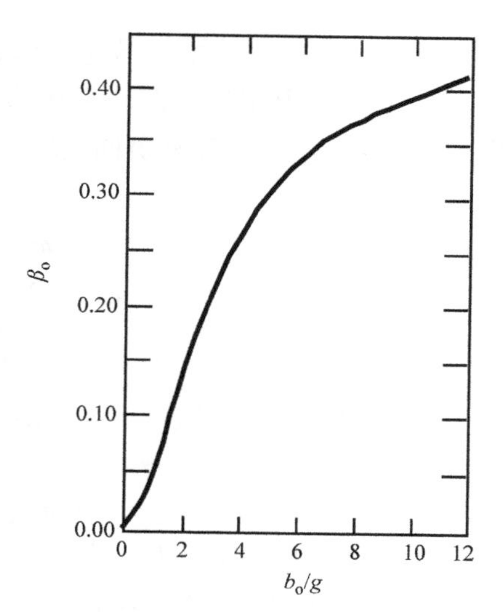

图 5.20　槽口宽度和气隙长度之比与 β_{o} 的关系曲线

槽磁导谐波的影响可并入图 5.17 所示的每相等效电路中。图 5.17 中的 X_{pb}表示的电抗对应于由负向旋转槽磁导谐波（$m=2S_1/P-1$）产生的电压。该电抗是通过将一个槽的磁导转换为相电感而得到的，其过程与式（4.42）计算槽漏感的过程相同。等效该电压作用的电路元件为电抗 $X_{2\mathrm{m}}$和电阻 $r_{2\mathrm{m}}$。$X_{2\mathrm{m}}$是限制笼型转子电流的电抗。$r_{2\mathrm{m}}$是与 $X_{2\mathrm{m}}$串联的电阻，用于计算槽磁导谐波的损耗。这两个量的计算方法与 4.15 节中计算 L_{lr}和 r_{r}的方法相同。另外根据 5.5 节中讨论的深槽效应，这些参数与频率有关。X_{pf}、X_{2n}和 r_{2n}是对应正向旋转槽磁导谐波的参数，含义与之前的一样。由于槽磁导谐波是气隙磁通的函数，而非电流的函数，这些电路元件在图 5.17 中是与励磁支路串联在一起的。

2）槽磁动势谐波导致的损耗。绕组磁动势中的高次谐波也会导致转子绕组和铁心中的损耗。其中槽磁动势谐波与槽磁导谐波具有相同的阶数，可以用式（2.35）来表示。槽磁动势谐波损耗与负载电流而不是励磁电流成比例，因为这些谐波来自绕组磁动势波形的傅里叶分解，而不是气隙磁通密度波形的傅里叶分解。这些谐波在转子绕组和转子铁心中引起损耗，计算的方法与之前类似，通过将气隙磁动势谐波分解为正向旋转分量和负向旋转分量，分别去计算。结果与之前的也非常相似，因为槽磁动势谐波是一对极下槽数的倍数，槽磁导谐波也是如此。

电抗 X_{mb}对应由负向旋转槽磁动势谐波（$m=2S_1/P-1$）产生的电压。$X_{2\mathrm{m}}$是锯齿形电抗，用来限制由磁动势谐波电压产生的电流。$r_{2\mathrm{m}}$是串联电阻，代表损耗。$X_{2\mathrm{m}}$和 $r_{2\mathrm{m}}$的组合在两种情况下都存在，因为在物理上，笼型受到来自两个不同源的相同阶次谐波的作用，即气隙磁导的变化和磁动势的非正弦。在这种情况下，电路元件必须与定子电阻和电感串联，因为这些损耗的大小明显取决于定子磁动势的振幅。

3）相带谐波磁场导致的损耗。第 4 章中提到，笼型异步电机不存在对应定子磁动势高次谐波的漏抗，因为笼条会起到短路这些谐波磁通的作用。这些电流也会产生损耗，称之为相带谐波损耗，需要考虑它们带来的影响。在图 5.17 中，X_{m5}对应定子相带产生的 5 次谐波电压，X_{m7}对应 7 次谐波电压。由于相带谐波磁场的幅值随次数增加而迅速下降，7 次谐波之后的磁动势谐波一般被忽略。电抗 X_{25}和 X_{27}限制相带谐波磁场感应出的电流大小，r_{25}和 r_{27}用于计算相带谐波损耗。由于 5 次谐波是负向旋转，且极数是基波的 5 倍，因此 5 次谐波的转差率为

$$\mathcal{S}_5=\frac{\dfrac{\omega_e}{5}+\omega_r}{\dfrac{\omega_e}{5}}=1+5\frac{\omega_r}{\omega_e}=6-5\mathcal{S}$$

对于正向旋转的 7 次谐波，很容易获得相应的结果。相关的 5 次和 7 次谐波电感可根据式（4.141）来计算。

4）饱和导致的损耗。这种损耗是由于饱和，通常是齿部饱和，所造成的气隙磁通密度非正弦所导致的。因此，磁通密度波形中包含明显的 3 次谐波分量（和其他奇次谐波），这会在转子导条中感应出额外的电流。由于这些谐波与基波分量同步旋转，因此它们不同于以次同步速度旋转的槽谐波。参考文献［1］讨论了饱和所导致的损耗计算和相应的等效电路参数。

5.9 定子开槽所导致的铁心表面损耗计算

通过图 5.21a，可以看到开槽所导致的气隙磁通密度的变化，其中气隙磁通密度绘制为气隙圆周位置的函数，这些变化会导致额外的铁耗。图 5.21b 中，每个槽距内与 B_{g1}偏移量的平均值可以由卡特系数计算。

只用图 5.18 中的基波分量近似求得的气隙槽纹波磁通密度如图 5.22 所示。假设气隙磁场是正弦分布的，但受到定子开槽的影响会产生纹波。注意，这里假设转子表面光滑，并忽略了磁动势谐波，它们将单独考虑。如果从该波形中减去基波分量，则得到图 5.21b 中的槽纹波磁场的波形。可以观察到，由于特定齿中的纹波分量与该齿距上的平均磁通密度相关，因此槽纹波磁场在槽与槽之间略有不同。图 5.21b 所示的波形仅是某一时刻的，当基波磁场在气隙旋转时，每个齿上的槽纹波磁场随时间的变化波形最终也将呈现出如图 5.21 所示的样子。

现在来求槽基波磁动势在转子表面产生的磁场分布。由于磁场是旋转的，在一个周期内，每个定子齿上的磁场分布将按图 5.21b 中的每个“半周期”波形进行脉动。事实上，磁场脉动的振幅变化在时间上是平滑的。因此，由于槽基波磁动势的存在，在一个定子齿距上出现的脉动磁场可以写成

$$B_{gp0}=B_{p1}\cos\left(\frac{2\pi x}{\tau_s}\right)\cos(\omega_e t)\qquad -\tau_s/2<x<\tau_s/2 \tag{5.81}$$

式中，B_{p1}为对应气隙基波磁通密度峰值位置上的槽纹波最大磁通密度。

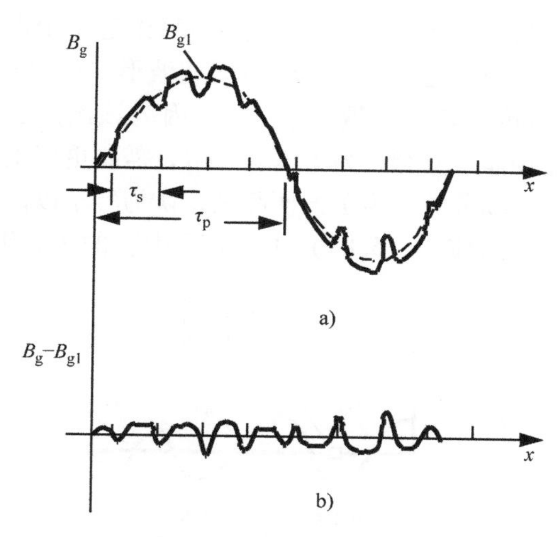

图5.21　a)忽略磁动势高次谐波之后的气隙磁通密度分布波形；
b）减去基波分量之后的磁通密度分布波形

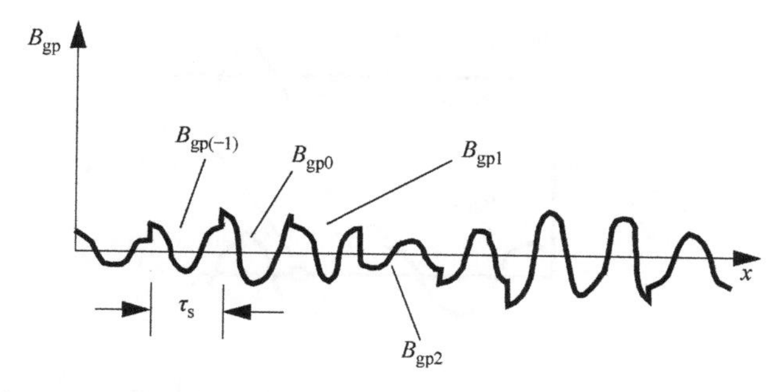

图5.22　利用基波分量近似计算得到的槽纹波磁场分布波形

式（5.81）表明，气隙中的磁通密度在空间中呈正弦分布，但正弦波的幅值在时间上以定子电流频率变化。其他定子齿对应的脉动磁场与式（5.81）类似，但在时间上相移了适当数量的槽间距。例如，磁场旋转方向上相邻齿对应的脉动磁场为

$$B_{gp(1)}=B_{p1}\cos\left(\frac{2\pi x}{\tau_s}\right)\cos\left(\omega_e t-\frac{\pi\tau_s}{\tau_p}\right)\qquad \tau_s/2<x<3\tau_s/2 \tag{5.82}$$

于是，相邻的第 n 个齿对应的气隙磁通密度为

$$B_{gp(n)}=B_{p1}\cos\left(\frac{2\pi x}{\tau_s}\right)\cos\left(\omega_e t-\frac{n\pi\tau_s}{\tau_p}\right)\quad n=1,2,\cdots,2\tau_p/\tau_s$$

$$(2n-1)\frac{\tau_s}{2}<x<(2n+1)\frac{\tau_s}{2} \tag{5.83}$$

当转子表面上的某一特定位置以转子速度旋转经过定子齿时，它以对应于转差率的速度依次遇到每一个定子槽距上的单周期波形。如果转子以同步速旋转，图 5.22 中的波形将与转子表面位置“锁定”，因为该波形也以同步速度旋转。精确求解转子表面磁场非常复杂，为了深入了解，需要更仔细地分析仅考虑一个定子齿距的转子瞬时磁场分布。为了方便起见，认为转子以同步速旋转，选择具有最大纹波磁通密度［对应式（5.81）中的 0 号齿］的区域作为研究对象。

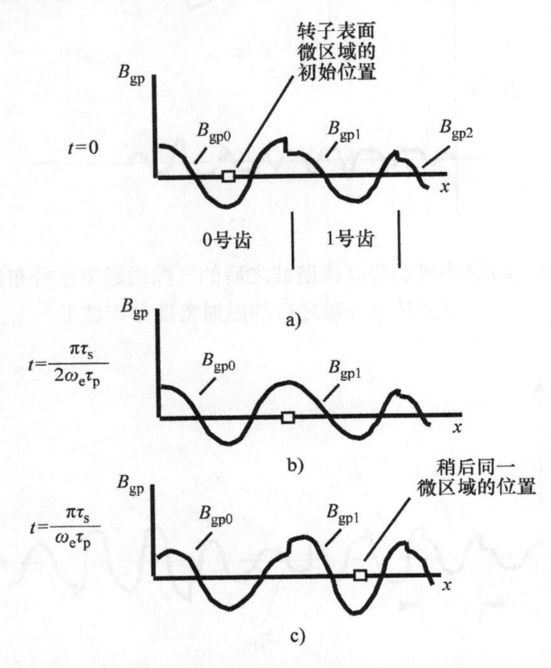

图 5.23　转子表面微区域在两个定子槽之间移动时的磁通密度分布：a）$t=0$ 时的对准位置；b）对准在两槽中间的位置；c）$t=(P\pi)/(\omega_e S_1)$ 时的对准位置

$t=0$ 时，转子表面某个微区域与 0 号齿对齐，如图 5.23a 所示，此时纹波磁通密度为最小值。$t=\pi\tau_s/2\omega_e\tau_p$ 时，转子上这个微区域移动到与 0 号齿和 1 号齿中间对齐的位置，如图 5.23b 所示，此时磁通密度最大。$t=\pi\tau_s/\omega_e\tau_p$ 时，移动到与 1 号齿对齐的位置，如图 5.23c 所示。接着，这个微区域似乎要移动到图 5.22 中的另一个（稍低的）“周期”。然而，转子与定子磁场是同步旋转的。因此，在这个时刻，1 号槽中的绕组电流将会与 $t=0$ 时 0 号槽中的绕组电流完全相同。后续的槽中电流也会按照这样的规律进行变化。例如，这时 2 号槽中的电流将会等于 1 号槽在 $t=0$ 时的电流大小。因此，穿透该微区域的磁通密度恢复到 $t=0$ 时的值。实际上，磁通密度会按照同一余弦波形连续循环变化，如图 5.24 所示。由于微区域左侧的转子表面也会经历相同的变化，仅在时间上略

微延迟，因此，该效果可以解释为施加在转子表面上的行波，形式为

$$B_{\mathrm{gp1}}=B_{\mathrm{p1}}\cos\left[\frac{2S_1}{P}\left(\omega_{\mathrm{e}}t-\frac{\pi x}{\tau_{\mathrm{p}}}\right)\right] \tag{5.84}$$

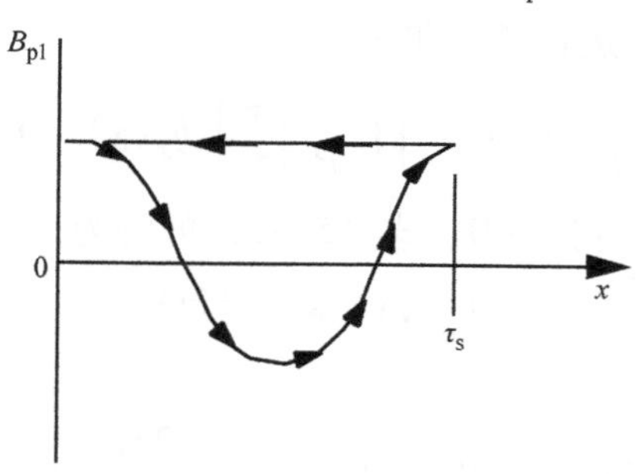

图5.24　转子表面某一微区域上的磁通密度周期变化情况

x、y和z表示等值笛卡儿坐标系的切向、径向和轴向。用麦克斯韦方程求解转子铁心中的磁通密度

$$\nabla\times\boldsymbol{B}=\boldsymbol{J}/\mu_{\mathrm{i}} \tag{5.85}$$

由于$\boldsymbol{B}$是径向方向的，会在轴向上感应出电流。由于铁心是叠压的，电流不能在这个方向上流动（除非假设涡流足够小，不会对磁场产生实质性影响）。因此，式（5.85）的z向（轴向）分量变为

$$\frac{\partial}{\partial y}B_{\mathrm{px}}-\frac{\partial}{\partial x}B_{\mathrm{py}}=0 \tag{5.86}$$

通过对称性可以推断$\boldsymbol{B}$的z分量为零，并且由于磁通密度处处连续

$$\nabla\cdot\boldsymbol{B}=0$$

或者

$$\frac{\partial}{\partial x}B_{\mathrm{px}}+\frac{\partial}{\partial y}B_{\mathrm{py}}=0 \tag{5.87}$$

式（5.86）和式（5.87）对x求导并相减，可得

$$\frac{\partial^2}{\partial x^2}B_{\mathrm{px}}+\frac{\partial^2}{\partial y^2}B_{\mathrm{px}}=0 \tag{5.88}$$

如果式（5.86）和式（5.87）相对于y求导并相加，则得到

$$\frac{\partial^2}{\partial x^2}B_{\mathrm{py}}+\frac{\partial^2}{\partial y^2}B_{\mathrm{py}}=0 \tag{5.89}$$

这些方程的形式表明有调和解。由于磁通密度必须连续穿过转子表面，那么如果增加y表示渗透到转子

$$B_{\mathrm{py}}(y)\mid_{y=0}=B_{\mathrm{py}}(0)=B_{\mathrm{p1}}\cos\left[\frac{2S_1}{P}\left(\omega_{\mathrm{e}}t-\frac{\pi x}{\tau_{\mathrm{p}}}\right)\right] \tag{5.90}$$

因此，假定对于转子体内的任意点 x、y，有

$$B_{\mathrm{py}}(x,y)=B_{\mathrm{p1}}b_y(y)\cos\left[\frac{2S_1}{P}\left(\omega_{\mathrm{e}}t-\frac{\pi x}{\tau_{\mathrm{p}}}\right)\right] \tag{5.91}$$

将此式代入式（5.89），进行微分和化简

$$\frac{\partial^2}{\partial y^2}b_y(y)-\left[\left(\frac{2S_1}{P}\right)\frac{\pi}{\tau_{\mathrm{p}}}\right]^2 b_y(y)=0 \tag{5.92}$$

由于当 $y\to\infty$ 时 $B_{\mathrm{py}}(x,\ y)\to 0$，式（5.92）的解为

$$b_y(y)=\mathrm{e}^{-\left(\frac{2S_1}{P}\frac{\pi}{\tau_{\mathrm{p}}}y\right)} \tag{5.93}$$

因此，

$$B_{\mathrm{py}}(x,y)=B_{\mathrm{p1}}\mathrm{e}^{-\left(\frac{2S_1}{P}\frac{\pi}{\tau_{\mathrm{p}}}y\right)}\cos\left[\frac{2S_1}{P}\omega_{\mathrm{e}}t-\frac{\pi x}{\tau_{\mathrm{p}}}\right] \tag{5.94}$$

从式（5.86）可以确定

$$B_{\mathrm{px}}(x,y)=-B_{\mathrm{p1}}\mathrm{e}^{-\left(\frac{2S_1}{P}\frac{\pi}{\tau_{\mathrm{p}}}y\right)}\sin\left[\frac{2S_1}{P}\omega_{\mathrm{e}}t-\frac{\pi x}{\tau_{\mathrm{p}}}\right] \tag{5.95}$$

将穿透常数或等效深度定义为

$$d_{\mathrm{p}}=\frac{\tau_{\mathrm{p}}}{\pi}\frac{P}{2S_1}=\frac{\tau_{\mathrm{s}}}{2\pi} \tag{5.96}$$

可以注意到，B_{px} 和 B_{py} 相差90°。因此，转子内部 x、y 点处的磁场振幅为

$$B_{\mathrm{r0}}(x,y)=\sqrt{2}B_{\mathrm{p1}}\mathrm{e}^{-\frac{y}{d_{\mathrm{p}}}} \tag{5.97}$$

这表明磁通密度在 x 方向（切向方向）上处处均匀，但在 y 方向（进入转子的径向方向）上呈指数下降。当转子同步旋转时，式（5.97）仅适用于对应于最大（和负最大）磁通密度的定子槽距上。式（5.97）中的下标 0 表示，该解适用于图 5.24 中的 0 号定子齿距对应的转子表面。

如果将 d_{p} 用作等效趋肤深度，则转子中的损耗可以写成损耗密度乘以转子体积。回顾 5.5 节，铁耗随磁通密度的二次方而变化。因此，转子表面这一特定区域的损耗为

$$P_{\mathrm{r0}}=\left(\frac{2\pi D_{\mathrm{or}}}{S_1}\right)k_{\mathrm{ir}}l_{\mathrm{i}}d_{\mathrm{p}}\left(\frac{B_{\mathrm{p1}}}{B_{\mathrm{g1}}}\right)^2 C_{\mathrm{ir}} \tag{5.98}$$

式中，l_{i} 为转子铁心的长度；k_{ir} 为转子铁心的叠压系数；B_{g1} 为气隙磁通密度的基波幅值；C_{ir} 为转子铁心材料在磁场大小为 B_{g1}、频率为 $(2S_1/P)(\omega_{\mathrm{e}}/2\pi)$ 的条件下测量得到的单位体积损耗密度。

通过相同的方式，可以获得一个极下其他齿距上的损耗。由于相邻齿的平均磁通密度呈正弦变化，因此纹波磁通密度也呈正弦变化。其他齿的计算公式可以参照已有公式写出，例如，对于 1 号齿

$$B_{r1}=\sqrt{2}B_{p1}\cos\left(\frac{\pi P}{S_1}\right)e^{\frac{-y}{d_p}} \tag{5.99}$$

转子这一部分的损耗为

$$P_{r1}=\left(\frac{2\pi D_{or}}{S_1}\right)k_{ir}l_i d_p\left(\frac{B_{p1}}{B_{g1}}\right)^2\cos^2\left(\frac{\pi P}{S_1}\right)C_{ir} \tag{5.100}$$

转子表面的所有损耗可以写为

$$P_{r(surf)}=\sum_{n=0}^{S_1/P-1}P\left(\frac{2\pi D_{or}}{S_1}\right)k_{ir}l_i d_p\left(\frac{B_{p1}}{B_{g1}}\right)^2\cos^2\left(\frac{n\pi P}{S_1}\right)C_{ir} \tag{5.101}$$

经过一些因式分解后可得

$$P_{r(surf)}=2[\pi D_{or}k_{ir}l_i d_p]\left(\frac{B_{p1}}{B_{g1}}\right)^2 C_{ir}\sum_{n=0}^{S_1/P-1}\frac{\cos^2\left(\frac{n\pi P}{S_1}\right)}{(S_1/P)} \tag{5.102}$$

方括号内的系数为转子表面总体积。可以看出，式（5.102）中的累加和等于0.5，与槽/极的具体数值无关

$$P_{r(surf)}=\pi D_{or}k_{ir}l_i d_p\left(\frac{B_{p1}}{B_{g1}}\right)^2 C_{ir} \tag{5.103}$$

为了方便可以将式（5.103）中的等效深度 d_p 替换为用定子槽距来等效表示［见式（5.96)］。另外，到目前为止，计算中都忽略了可能存在的转子槽开口。可以通过转子齿的厚度与转子槽距的比率来减少与表面损耗相对应的体积，来修正槽开口导致的材料的减少。因此，最后

$$P_{r(surf)}=0.5D_{or}k_{ir}l_i\tau_s\left(\frac{t_{or}}{\tau_r}\right)C_{ir}\left(\frac{B_{p1}}{B_{g1}}\right)^2 \tag{5.104}$$

式中，t_{or} 为气隙表面处转子齿顶的等效宽度。

到目前为止，只计算了一阶槽谐波。同样的方法可以用来计算其他高次槽谐波的损耗，结果的形式也与式（5.104）类似，因此，考虑所有谐波的损耗表达式为

$$P_{r(surf)}=0.5D_{or}k_{ir}l_i\tau_s\left(\frac{t_{or}}{\tau_r}\right)\sum_{n=1}^{\infty}C_{ir,n}\left(\frac{B_{pn}}{B_{g1}}\right)^2 \tag{5.105}$$

请注意，由于损耗系数 C_{ir} 是频率的函数，因此将其写在累加项中。由于损耗系数 C_{ir} 是两个变量的函数，即气隙磁通密度 B_{g1} 和频率，因此求解有一定的困难。从式（5.68）可以看出，磁滞损耗随频率变化，涡流损耗随频率的二次方变化。磁滞和涡流损耗的相对权重取决于材料厚度，并且总损耗与频率成指数关系，指数介于 1 和 2 之间。如果假设 C_{ir} 随频率的 v 次方变化，由于槽谐波频率都是基波的整数倍，因此式（5.105）可以写成

$$P_{r(surf)}=0.5D_{or}k_{ir}l_i\tau_s\left(\frac{t_{or}}{\tau_r}\right)C_{ir}\left(\frac{B_{p1}}{B_{g1}}\right)^2\left[1+2^{\nu}\left(\frac{B_{p2}}{B_{p1}}\right)^2+3^{\nu}\left(\frac{B_{p3}}{B_{p1}}\right)^2+\cdots\right]$$

$$n=1,\cdots,\infty \tag{5.106}$$

定义定子槽开口的磁极面损耗系数为

$$K_{\mathrm{pfs}}=\left(\frac{B_{\mathrm{p1}}}{B_{\mathrm{g1}}}\right)^{2}\sum_{n=1}^{\infty}n^{\nu}\left(\frac{B_{\mathrm{pn}}}{B_{\mathrm{p1}}}\right)^{2} \tag{5.107}$$

于是式（5.106）变为

$$P_{\mathrm{r(surf)}}=0.5D_{\mathrm{or}}k_{\mathrm{ir}}l_{\mathrm{i}}\tau_{\mathrm{s}}\left(\frac{t_{\mathrm{or}}}{\tau_{\mathrm{r}}}\right)C_{\mathrm{ir}}K_{\mathrm{pfs}} \tag{5.108}$$

图5.25中绘制了三种不同的槽开口大小对应的K_{pf}。下标“s”已从图5.26中删除，因为曲线同样适用于转子和定子齿的损耗。

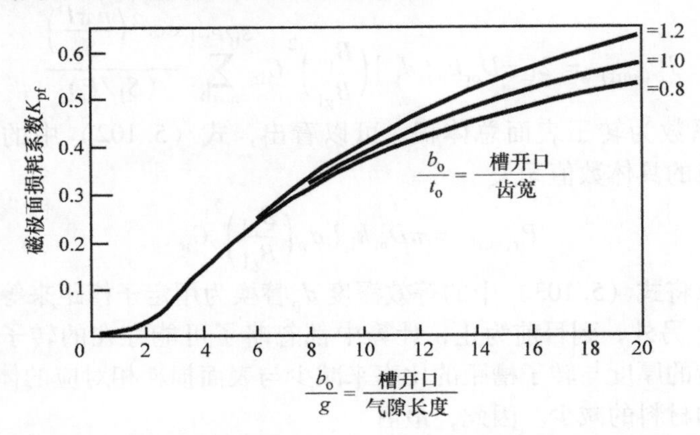

图5.25　槽开口和气隙长度之比与磁极面损耗系数K_{pf}的关系

前文已述，损耗系数C_{ir}表示在频率$2S_1f_e/P$和磁通密度B_{g1}条件下每单位体积的转子损耗。由于损耗随磁通密度而变化，不可能针对每一个气隙磁通密度值都去测量C_{ir}。可以将式（5.108）用以下形式来表达

$$P_{\mathrm{r(surf)}}=0.5D_{\mathrm{or}}k_{\mathrm{ir}}l_{\mathrm{i}}\tau_{\mathrm{s}}\left(\frac{t_{\mathrm{or}}}{\tau_{\mathrm{r}}}\right)C_{\mathrm{ir}}K_{\mathrm{pfs}}\left(\frac{B_{\mathrm{p1}}}{B_{\mathrm{ref}}}\right)^{2} \tag{5.109}$$

式中，C_{ir}是在磁通密度参考值B_{ref}处的测量值；B_{ref}通常取为100kilolines/in^2（1.55T）。图5.26显示了三种不同厚度电工钢片的C_{ir}随频率变化的曲线图。在这里，下标“r”被删除，因为曲线可用于计算定子和转子齿损耗。图5.26可用于估算在式（5.106）中的ν，例如$\nu=1.71$。

当转子也像定子一样开槽时，定子表面也会出现损耗。通过类似的方法，可以简单地从式（5.109）中得到相应的计算公式，具体为

$$P_{\mathrm{s(surf)}}=0.5D_{\mathrm{is}}k_{\mathrm{is}}l_{\mathrm{i}}\tau_{\mathrm{r}}\left(\frac{t_{\mathrm{os}}}{\tau_{\mathrm{s}}}\right)C_{\mathrm{is}}K_{\mathrm{pfr}}\left(\frac{B_{\mathrm{p1}}}{B_{\mathrm{ref}}}\right)^{2}\quad \mathrm{W} \tag{5.110}$$

针对式（5.109）和式（5.110），还可以进一步进行讨论。回想一下，前文

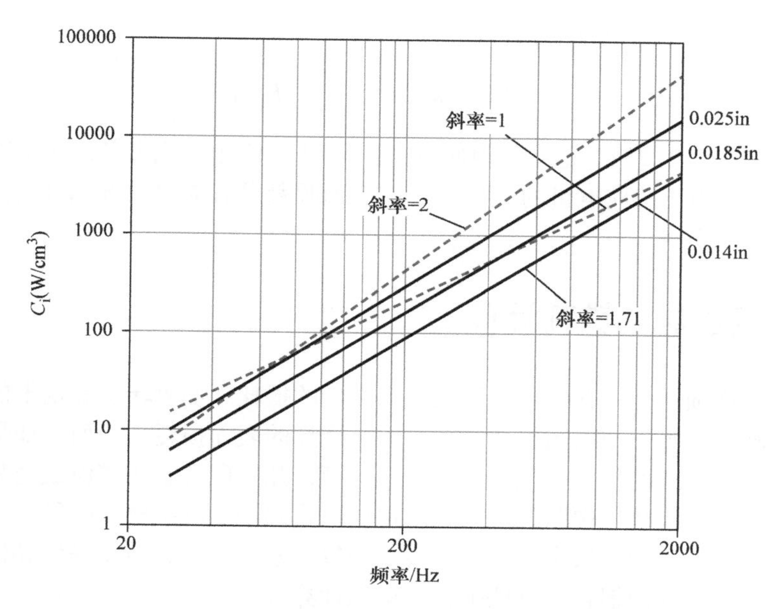

图 5.26 硅钢片的损耗系数 C_i 与频率的关系，磁通密度最大值为 1.55T（100kilolines/in^2）

所述的损耗计算是在转子以同步速旋转的特定情况下进行的。同步速旋转表示电机处于空载条件，因此当电机带负载时，结果是否会改变？这会引起疑问。再次考虑用于先前推导的一个定子齿距下的转子表面区域。当转子有转差时，这个区域开始遇到图 5.23 所示的单周期余弦波形。转子表面区域中的损耗，其正确表达式应该为与每个波形相关的损耗的加权平均值。对式（5.106）的研究表明，在求累加和的时候已经包含了这样的平均。因此，如果转差率很小，式（5.109）和式（5.110）仍然是准确的。当转差率较大的时候，频率调制效应对损耗有一定影响，会导致计算结果的准确性下降。当转子静止时，“槽频率”等于定子电流频率［见式（5.81）］。如果需要，可以使用对应该频率的 C_{ir} 和 C_{is} 值来校正这种频率的影响。

$$\left[\frac{2S_1}{P}+\left(1-\frac{2S_1}{P}\right)\mathcal{S}\right]f_e \tag{5.111}$$

式中，$\mathcal{S}$ 为转差率；f_e 为定子电流频率。通过使用下面这一项，式（5.109）和式（5.110）也可以表示为与速度相关的形式。

$$\left[1+\left(\frac{P}{2S_1}-1\right)\mathcal{S}\right]^{\nu}$$

在这种情况下，C_{ir} 和 C_{is} 保持与同步转速时的槽频率，即 $2S_1f_e/P$，相对应的损耗密度值。

由于许多电机设计者选择使用气隙磁通密度的平均值而不是峰值作为关键参

数，因此式（5.110）可以替换为

$$P_{r(surf)} = (\pi^2/8) D_{is} k_{is} l_i \tau_s \left(\frac{t_{or}}{\tau_r}\right) C_{ir} K_{pfs} \left(\frac{B_{g1(ave)}}{B_{ref}}\right)^2 \tag{5.112}$$

系数 $\pi^2/8 = 1.234$。也有其他研究人员采用了不同的假设[2]，该系数也可为 1.65 和 2.0。由于感应电机的气隙较小，表面损耗往往是杂散损耗的主要来源，会占到20% ~30%。

5.10　齿部脉动铁耗计算

除了表面损耗外，开槽还会引起其他类型的损耗。如果转子和定子的槽数相等，那么转子中唯一的高频损耗就是上一节计算的表面损耗。然而，如果转子槽的数量是定子槽的两倍，并且转子也为开口槽，几乎所有定子谐波磁通都会围绕转子槽。因此，被槽口中断的谐波磁通也可以找到一条围绕槽的路径，而围绕槽的磁力线数量取决于每极定子槽数和转子槽数之差。显然，转子导体和槽周围的铁心中会产生额外的损耗。这些损耗要单独计算。

齿脉动损耗的问题可以通过图 5.27 来解释，它显示了定子与转子齿对齐的

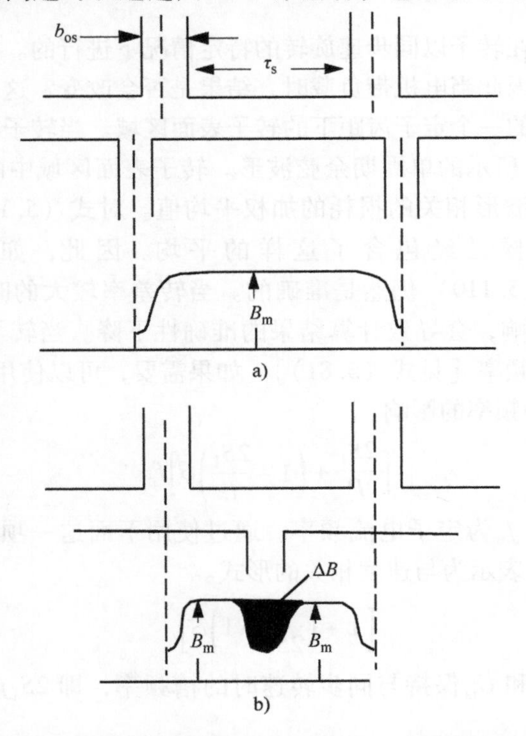

图 5.27　用于阐述磁场脉动的定子与转子齿对齐的两种情况

两种情况。出于示例目的，假设定子齿宽大于转子齿宽。当 $t=0$ 时，某一转子齿与定子齿对齐，如图 5.27a 所示。片刻之后，在 $t=t_1$ 时，转子齿的中心线与定子槽对齐。在 $t=2t_1$ 时，情况与 $t=0$ 时相同。通过前两种情况的比较，很明显，在 $t=0$ 处进入转子齿的磁通将多于 $t=t_1$。这两种情况之间的差异构成了一种磁通脉动，它沿着齿部向下传递，并最终与转子导体交链。因此，会产生额外转子铜耗、定子铁耗和转子铁耗。

为了研究这个问题，再次假设转子以同步速旋转，并且转子表面是光滑的。与上一节的问题非常相似，转子齿上的磁场脉动量也与齿部平均磁通量成比例。选择位置在磁通密度峰值 B_{g1} 处的转子齿作为研究对象。当转子齿与定子齿对齐时，转子齿上的磁通密度等于 B_{g1}。磁通密度一直保持该值，直到定子槽边缘开始扫到转子齿。然后，转子齿部的磁通量突然下降到一个较小的值，并保持该值直到定子槽边缘扫到转子齿的另一侧。如图 5.28 所示，转子齿部磁通随时间的变化近似为矩形。该波形的平均值可根据卡特系数计算。由于图 5.28 中的谐波分量会导致损耗，很明显，当转子槽距正好是定子槽距的一半时（转子槽的数量是定子槽的两倍），谐波最严重。

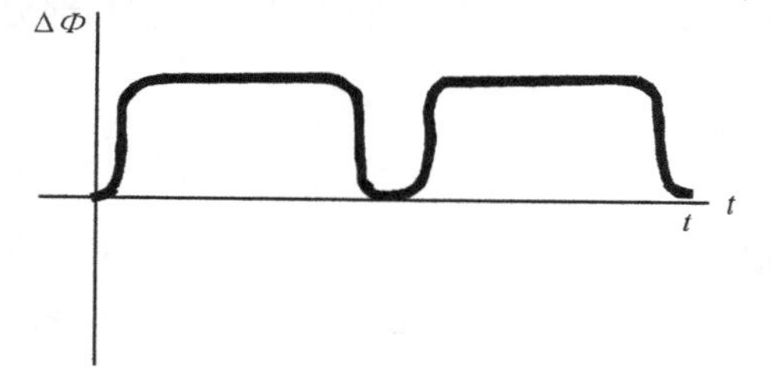

图 5.28 齿磁通脉动波形

通过求解图 5.27 所示的区域 ΔB，可以求得定子槽转过转子槽期间的磁通变化 $\Delta\Phi$。由于磁通密度分布很复杂，必须通过数值计算确定磁场脉动和穿过槽的最大磁通之间的关系。可以证明，一个转子齿距上的磁场脉动可以写成下面的形式[3]：

$$\Delta\Phi = b_{os} l_{es} \beta_o \sigma_o B_{g1} \tag{5.113}$$

式中，B_{g1} 为所考虑齿上方的最大磁通密度。β_o 和 σ_o 分别如图 5.20 和图 5.29 所示。

对图 5.28 进行傅里叶分解，可以得到磁通变化的基波，具体为

$$\Delta\Phi_{1p} = \left(\frac{2}{\pi}\right) b_{os} l_e \beta_o \sigma_o B_{g1} \sin\left(\frac{S_1}{S_2}\pi\right) \tag{5.114}$$

基波的频率等于定子槽的机械角频率 $[(2S_1)/P]\omega_e$。

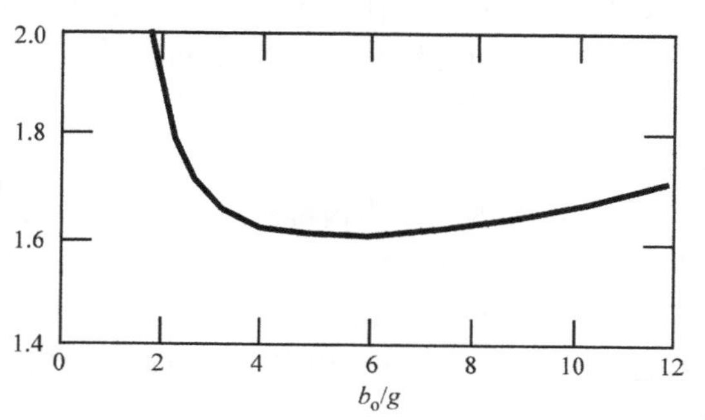

图 5.29 槽开口和气隙长度之比与 σ_o 的关系

齿内的磁通密度为

$$B_{\rm lt} = \frac{\Delta \Phi_{\rm 1p}}{l_{\rm i} t_{\rm r(ave)}}$$

式中，$t_{\rm r(ave)}$为转子齿部宽度的平均值。于是

$$B_{\rm lt} = \left(\frac{2}{\pi}\right)\frac{b_{\rm os}}{t_{\rm r(ave)}}\frac{l_{\rm e}}{l_{\rm i}}\beta_{\rm o}\sigma_{\rm o}B_{\rm g1}\sin\left(\frac{S_1}{S_2}\pi\right) \tag{5.115}$$

将每个转子齿的损耗经加权求和得到转子齿部总铁耗，权重系数由齿相对于极距的正弦位置来计算。转子齿部总铁耗的计算公式为

$$P_{\rm tr} = \pi D l_{\rm i} d_{\rm tr} C_{\rm ir}\left(\frac{B_{\rm 1t}}{B_{\rm g1}}\right)^2 \sum_{n=0}^{S_2/P-1} \frac{\cos^2\left(\dfrac{n\pi P}{S_2}\right)}{\dfrac{S_2}{P}} \tag{5.116}$$

式中，$d_{\rm tr}$为转子齿部的深度。累加和部分正好还是等于1/2。最终计算公式可以表示为

$$P_{\rm tr} = \left(\frac{2}{\pi}\right) D l_{\rm e} d_{\rm tr} C_{\rm ir}\left(\frac{l_{\rm e}}{l_{\rm i}}\right)\left(\frac{b_{\rm os}}{t_{\rm r(ave)}}\right)^2 \beta_{\rm o}^2\sigma_{\rm o}^2\sin^2\left(\frac{S_1}{S_2}\pi\right) \tag{5.117}$$

损耗密度$C_{\rm ir}$再次与槽频率$2S_1f_{\rm e}/P$和气隙磁通密度$B_{\rm g1}$有关。通过假设损耗随磁通密度的二次方变化，损耗密度可以再次依据一个参考值来计算，相应的表达式为

$$P_{\rm tr} = \left(\frac{2}{\pi}\right) D l_{\rm e} d_{\rm tr} C_{\rm ir}\left(\frac{l_{\rm e}}{l_{\rm i}}\right)\left(\frac{b_{\rm os}}{t_{\rm r(ave)}}\right)^2 \beta_{\rm o}^2\sigma_{\rm o}^2\left(\frac{B_{\rm g1}}{B_{\rm ref}}\right)^2\sin^2\left(\frac{S_1}{S_2}\pi\right) \tag{5.118}$$

与之前一样，$B_{\rm ref}$通常为1.55T（100 kilolines/in^2）。如果转子开槽，定子齿脉动损耗可以用类似的表达式计算。此外，还可以针对波形中的高次谐波对齿部磁通密度进行校正。由于方波的谐波振幅与谐波次数n成反比，因此更准确的$B_{\rm t}$是

$$B_{\rm t}^2 = B_{\rm 1t}^2\left[1 + \left(\frac{1}{3}\right)^{3-\nu} + \left(\frac{1}{5}\right)^{5-\nu} + \cdots\right] \tag{5.119}$$

式（5.119）中括号内的项可以作为额外系数包含在式（5.116）中。由于将磁通脉动近似为方波存在一定误差，因此只有式（5.119）中的前几项才具有重要意义。同样，所得结果在小转差和零转差（同步速度）下有效。如果需要，可以使用5.9节中的系数，即式（5.110），对因频率变化导致的损耗变化进行校正。

一些研究人员认为齿部脉动铁耗可以被忽略，因为在转子导条中流动的电流（待计算）往往会抵消磁通脉动。这在只有感应电流的导条上是成立的，而在有趋肤效应发生时并不成立。事实上，可以证明，当脉动频率足够大，以致高频假设成立时［式（5.36）和式（5.37）］，槽电流产生的齿部磁通实际上会增加齿部总磁通。

如前所述，转子齿中的脉动磁通也会导致笼型电机转子导条上的谐波损耗。

转子导条电流是交链该导条的磁通随时间变化的结果。图5.30显示了相邻的转子齿依次扫过定子的情况。再次假设转子表面光滑无明显开槽。图5.30a中可以看到两个相邻转子齿中包含一个特定转子槽，假设转子以同步速旋转，左侧齿（#1齿）槽正好与气隙磁通峰值相对应。图5.30b显示了这两个转子齿的磁通变化情况。可以发现右侧齿（#2齿）的磁通脉动在时间上滞后上一个转子齿一定的时间，正好等于转过一个转子槽距所需的时间。此外，由于气隙磁通密度在空间上呈正弦分布，因此，#2齿的磁通脉动幅值有所减小。

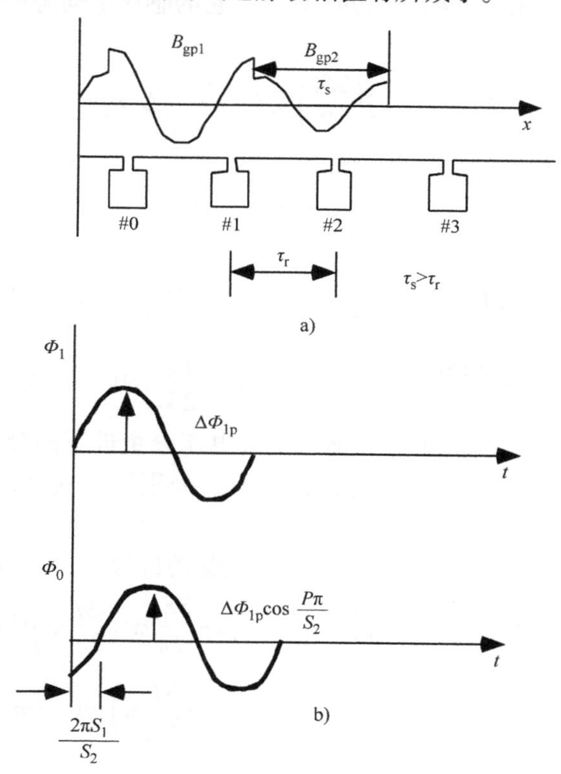

图5.30 两个相邻转子齿上的磁通脉动情况

#1齿上磁通脉动的基波为

$$\Delta\Phi_1(t)=\Delta\Phi_{1p}\cos\left(\frac{2S_1}{P}\omega_e t\right) \tag{5.120}$$

式中，$\Delta\Phi_{1p}$由式（5.114）计算。那么#2齿上磁通脉动的基波可写为

$$\Delta\Phi_2(t)=\Delta\Phi_{1p}\cos\left(\frac{2S_1}{P}\omega_e t-2\pi\frac{S_1}{S_2}\right)\cos\left(\frac{P\pi}{S_2}\right) \tag{5.121}$$

从式（5.120）中减去式（5.121），可以得到交链转子导条的磁通脉动量。经过一定的代数运算，结果可以写成

$$\Delta\Phi_1(t)-\Delta\Phi_2(t)=-\Delta\Phi_{1\mathrm{p}}\left[\sin\left(\frac{2S_1}{P}\omega_\mathrm{e}t-\frac{S_1}{S_2}\pi+\frac{P\pi}{2S_2}\right)\sin\left(\frac{S_1}{S_2}\pi-\frac{P\pi}{2S_2}\right)\right.$$
$$\left.+\sin\left(\frac{2S_1}{P}\omega_\mathrm{e}t-\frac{S_1}{S_2}\pi-\frac{P\pi}{2S_2}\right)\sin\left(\frac{S_1}{S_2}\pi+\frac{P\pi}{2S_2}\right)\right] \tag{5.122}$$

由于槽频率与基频的调制，新出现了两项。

#1 齿和#2 齿之间的导条，称为#1 导条，它的感应电动势可以用相量形式表示为

$$\widetilde{E}_{\mathrm{bp(bar1)}}=\mathrm{j}\left(\frac{2S_1}{P}\right)\omega_\mathrm{e}(\Delta\widetilde{\Phi}_1-\Delta\widetilde{\Phi}_2) \tag{5.123}$$

可以用两个电压分量表示

$$\widetilde{E}_{\mathrm{bp(bar1)}}=\widetilde{E}_{\mathrm{bp1}}+\widetilde{E}_{\mathrm{bp2}} \tag{5.124}$$

式中

$$\widetilde{E}_{\mathrm{bp1}}=\left(\frac{2S_1}{P}\right)\omega_\mathrm{e}\Delta\widetilde{\Phi}_{1\mathrm{p}}\sin\left(\frac{S_1}{S_2}\pi-\frac{P\pi}{2S_2}\right)\mathrm{e}^{\mathrm{j}\left[-\frac{S_1}{S_2}\pi+\frac{P\pi}{2S_2}\right]} \tag{5.125}$$

$$\widetilde{E}_{\mathrm{bp2}}=\left(\frac{2S_1}{P}\right)\omega_\mathrm{e}\Delta\widetilde{\Phi}_{1\mathrm{p}}\sin\left(\frac{S_1}{S_2}\pi-\frac{P\pi}{2S_2}\right)\mathrm{e}^{\mathrm{j}\left[-\frac{S_1}{S_2}\pi-\frac{P\pi}{2S_2}\right]} \tag{5.126}$$

笼型电机中脉动电流的解与之前对基波电流分量进行的分析（见 4.12 节）的方式大致相同。但是，需要进行两次求解，分别针对式（5.124）中的每个分量。

例如，#1 导条边上的 #2 导条，它的磁通脉动量为

$$\Delta\Phi_2(t)-\Delta\Phi_3(t)=-\Delta\Phi_{1\mathrm{p}}\left[\sin\left(\frac{2S_1}{P}\omega_\mathrm{e}t-\frac{3S_1}{S_2}\pi+\frac{3P}{2S_2}\pi\right)\sin\left(\frac{S_1}{S_2}\pi-\frac{P}{2S_2}\pi\right)\right]$$
$$+\sin\left(\frac{2S_1}{P}\omega_\mathrm{e}t-\frac{3S_1}{S_2}\pi-\frac{3P}{2S_2}\pi\right)\sin\left(\frac{S_1}{S_2}\pi+\frac{P}{2S_2}\pi\right) \tag{5.127}$$

对应的感应电动势用相量形式表示为

$$\widetilde{E}_{\mathrm{bp(bar2)}}=\widetilde{E}_{\mathrm{bp1}}\mathrm{e}^{\mathrm{j}\pi\left[-\frac{3S_1}{S_2}-\frac{3P}{S_2}\right]}+\widetilde{E}_{\mathrm{bp2}}\mathrm{e}^{\mathrm{j}\pi\left[-\frac{3S_1}{S_2}-\frac{3P}{S_2}\right]} \tag{5.128}$$

除了相移使用了不同的表达式外，求解的方式与基波电流基本相同。端环的影响可以采用之前的方法。在包括端环的影响后，上述解用导条电流来表示可简化为

$$\widetilde{E}_{\mathrm{bp1}}=\widetilde{I}_{\mathrm{bp1}}\left[R_\mathrm{b}+\mathrm{j}\left(\frac{2S_1}{P}\right)\omega_\mathrm{e}L_\mathrm{b}\right]+\widetilde{I}_{\mathrm{bp1}}\left[\frac{R_\mathrm{e}+\mathrm{j}\left(\frac{(2S_2)}{P}\right)\omega_\mathrm{e}L_\mathrm{e}}{2\sin^2\left(\frac{S_1}{S_2}\pi-\frac{P\pi}{2S_2}\right)}\right] \tag{5.129}$$

$$\widetilde{E}_{bp2}=\widetilde{I}_{bp2}\left[R_b+j\left(\frac{2S_1}{P}\right)\omega_e L_b\right]+\widetilde{I}_{bp2}\left[\frac{R_e+j\left(\frac{(2S_2)}{P}\right)\omega_e L_e}{2\sin^2\left(\frac{S_1}{S_2}\pi+\frac{P\pi}{2S_2}\right)}\right] \tag{5.130}$$

式中，导条中的总电流为$\widetilde{I}_{bp1}$和$\widetilde{I}_{bp2}$的相量和。下标的“(#1)”部分已从这些方程中删除，因为它们对所有导条都适用。因此，S_2个转子导条的损耗为

$$P_{prc}=0.5\mathrm{Re}[\widetilde{E}_{bp1}\widetilde{I}^*_{bp1}+\widetilde{E}_{bp2}\widetilde{I}^*_{bp2}] \tag{5.131}$$

式中，星号表示这个量的共轭。0.5 系数的出现是因为假设的是峰值而不是方均根值。另外，趋肤效应已考虑在内，因此 R_b和 L_b需在槽频率为 $2S_1(\omega_e/P)$的情况下进行计算。这种损耗只存在于笼型转子导条中，对于定子导体或绕线式异步电机的转子导体可以忽略，因为当槽中的导体串联连接时，感应电动势相互抵消了。

杂散损耗的计算确实很复杂，针对这一问题的研究工作仍在持续进行。需要强调的是，这里只研究了铁耗的一小部分，即由于定子开槽导致的转子铁耗和铜耗（仅是 5.8 节开头提到的 4 种情况之一）。幸运的是，这些损耗在不同类别的电机中大致保持不变，因此可以测量它们并用于一系列电机的设计中。常用的方法是对基波铁耗和铜耗进行修正，来考虑这些损耗的影响。如果把在某一电流和频率下测量得到的杂散损耗作为参考，那么其他电流和频率下的杂散损耗可以表示为

$$杂散损耗_2=杂散损耗_1\left(\frac{I_2}{I_1}\right)^2\left(\frac{f_2}{f_1}\right)^{1.4} \tag{5.132}$$

表 5.1 列出了各种电机的杂散负载损耗和杂散空载损耗。

表 5.1　交流电机中的铁耗情况

	基波损耗（%）	由于非正弦磁场（冲压、应力、毛刺）导致的附加损耗（%）	杂散空载损耗（%）	杂散负载损耗占输出功率的比例（%）
定转子槽型为半开口型的异步电机	100	30~40	50~70	0.3~0.6
定子为开口槽，转子为半闭口槽的异步电机	100	30~40	120~160	0.3~0.6
凸极同步电机	100	40~60	50~70	0.1~0.2
隐极转子汽轮发电机（4 极）	100	30~40	40~50	0.05~0.15
隐极转子汽轮发电机（2 极）	100	15~25	25~35	0.05~0.15

5.11 摩擦损耗和通风损耗

轴承摩擦损耗是旋转电机中不可避免的损耗。轴承摩擦损耗的大小取决于轴承上的压力、轴承处的表面线速度以及轴承和轴之间的摩擦系数。通风损耗也由旋转产生，取决于转子的表面线速度、转子直径、铁心长度，还与电机结构相关。虽然可以或多或少地计算出摩擦损耗，但通风损耗需要根据实际测试结果来确定。图 5.31 和图 5.32 显示了通过对不同类型电机进行大量测试后得出的摩擦

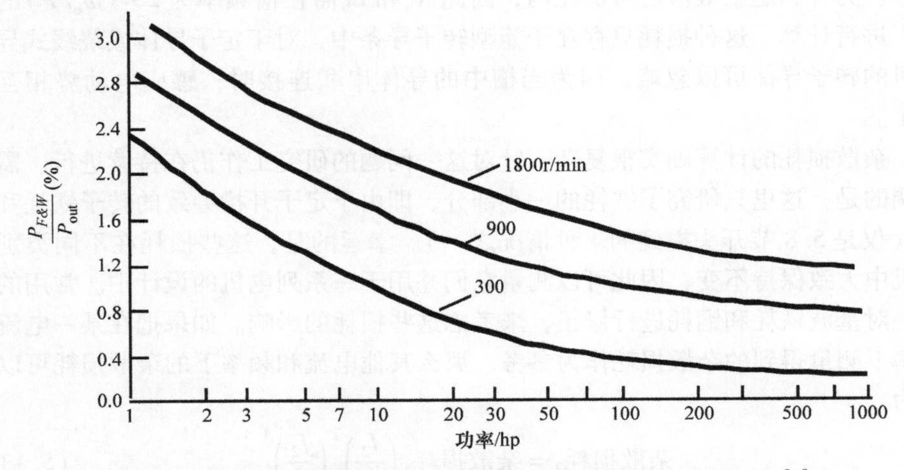

图 5.31 感应电机摩擦损耗和通风损耗与输出功率、转速的关系[4]

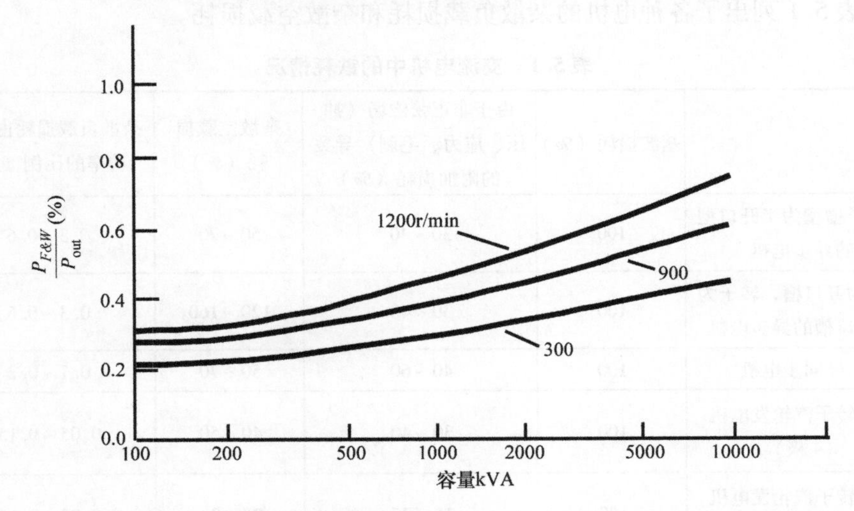

图 5.32 同步电机摩擦损耗和通风损耗与输出功率、转速的关系[4]

损耗和通风损耗的典型值，它们可用于这些损耗的近似计算。如果已知某一参考速度下的摩擦损耗和通风损耗，可以根据以下经验公式计算出其他速度时的损耗值。

$$\text{摩擦和通风损耗}_2 = \text{摩擦和通风损耗}_1\left(\frac{\text{速度}_2}{\text{速度}_1}\right)^2 \tag{5.133}$$

5.12　示例 8——铁耗电阻计算

图 5.16 给出了 0.025in，3% 硅钢片的铁耗特性曲线，数据中包含了涡流损耗和磁滞损耗，单位是 W/lb 而不是 W/in^3。为了转换为有用的单位，要先知道叠片的密度，可取典型值 0.276 lb/in^3。首先考虑与 250hp 示例电机定子齿损耗对应的铁耗等效电阻的计算。

S_1 个定子齿所占的体积可以用以下积分来计算

$$V_{\text{teeth}} = S_1 k_{\text{is}} l_{\text{is}} \int_0^{d_s} \left[t_t + \left(\frac{t_t + t_r}{d_s} \right) x \right] d_s$$

各种量的数值可以参考图 3.11 确定。求出积分，公式变为

$$V_{\text{teeth}} = S_1 k_{\text{is}} l_{\text{is}} \left(\frac{t_t + t_r}{2} \right) d_s$$

代入具体数值后得

$$V_{\text{teeth}} = 120 \times 0.97 \times 8.5 \times \left(\frac{0.256 + 0.369}{2} \right) \times 2.2$$

$$= 680.2\text{in}^3$$

根据第 3 章中的示例 2，气隙磁通密度基波分量是 0.775T，在齿顶部、中部和底部的磁通密度为

$$B_t = 1.86\text{T} = 119790\text{lines/in}^2$$

$$B_m = 1.52\text{T} = 98040\text{lines/in}^2$$

$$B_b = 1.29\text{T} = 83205\text{lines/in}^2$$

注意，这些值与距 B_g 最大值 30° 位置处的磁通密度有关。由于电机处于严重饱和，这些值也可以被视为齿中 B 的最大值。

从图 5.16 中可查得对应的损耗密度分别为

$$p_t = 0.72\text{W/in}^3$$

$$p_m = 0.52\text{W/in}^3$$

$$p_b = 0.38\text{W/in}^3$$

使用辛普森法则，定子齿中的损耗约为

$$P_{\text{teeth}}=\left(\frac{1}{6}p_{\text{e}}+\frac{2}{3}p_{\text{m}}+\frac{1}{6}p_{\text{r}}\right)V_{\text{teeth}}=\left(\frac{0.72}{2}+\frac{2}{3}\times0.52+\frac{0.38}{6}\right)\times680.2=360.5\text{W}$$

该数值为未修正值，没有考虑制造缺陷和非正弦波形。

参考表5.1，对于定子采用开口槽和转子采用半闭口槽的感应电机，附加损耗会使总铁耗增加30%～40%。确切的数值取决于许多未知因素，如制造工艺等，可以通过实验来确定。如果估算损耗会增加35%，则齿部损耗的修正值为

$$P_{\text{teeth}}=1.35\times360.5=487\text{W}$$

从示例2可以确定，电机线电压为2550V时，气隙磁通密度为0.775T。在空载时，如果忽略电阻，该电压施加在定子漏感和磁化电感上。定子齿损耗大致取决于气隙磁通，因为槽漏磁通通过槽中的空气闭合，而端部漏磁通更是和这项损耗无关。因此，根据示例3，对应487W齿损耗的等效电阻为

$$r_{\text{t}}=\frac{V_{\text{gap}}^2}{P_{\text{teeth}}}=\frac{2550^2}{487}=13350\Omega$$

现在考虑定子轭部的损耗。定子轭部的体积为

$$V_{\text{core}}=k_{\text{is}}l_{\text{i}}\frac{\pi}{4}[D_{\text{os}}^2-(D_{\text{os}}-2h_{\text{cs}})^2]=\pi k_{\text{is}}l_{\text{i}}h_{\text{cs}}(D_{\text{os}}-h_{\text{cs}})$$

代入具体数值后得

$$V_{\text{core}}=\pi\times0.97\times8.5\times1.76\times(32-1.76)=1378.6\text{in}^3$$

参考示例2，定子轭部磁通密度的最大值为1.69T，改变单位

$$B_{\text{cs}}=109000\text{lines/in}^3$$

从图5.16找到对应的损耗密度为

$$p_{\text{c}}=0.65\text{W/in}^3$$

再次使用35%作为校正系数来考虑基波之外的附加损耗，于是

$$P_{\text{core}}=1.35p_{\text{c}}V_{\text{core}}=1.35\times0.65\times1378.6=1210\text{W}$$

由于定子槽漏磁通要通过定子轭部闭合，因此，忽略电阻，由电压产生的对应轭部损耗的磁通包括轭部磁通和槽漏磁通两部分。那么，对应1210W轭部损耗的等效电阻为

$$r_{\text{c}}=\left(\frac{L_{\text{m}}+L_{\text{ls1}}}{L_{\text{m}}+L_{\text{ls}}}\right)^2\frac{V_{1-1}^2}{P_{\text{core}}}=\frac{(0.223+0.003355)^2\times2550^2}{(0.223+0.00651)^2\times1210}=5226\Omega$$

应注意，转子齿和转子轭部也存在铁耗。在正常运行状态下，与该损耗相关的频率远低于60Hz，因此远小于定子铁耗。可以将转子铁耗包含在上述35%的“不可估量”因素中。

现在来考虑杂散损耗。首先，可以计算出一个电阻来对应杂散负载损耗。参考表5.1，对于定子开口槽、转子半闭口槽电机，杂散负载损耗为额定输出的

0.3% ~0.6%。对于示例的250hp 电机，可使用0.4%。在额定负载条件下的额定电流可以通过将额定输出功率除以额定电压、预估的功率因数和效率来近似计算

$$I_b = \frac{P_s}{\sqrt{3}V_{(1-1)} \times 功率因数 \times 效率} = \frac{746 \times 250}{\sqrt{3} \times 2400 \times 0.93 \times 0.9} = 53.6\text{A}$$

对应负载损耗的等效电阻是电流的函数，因此应与负载电流串联，而不是与端电压并联。对应0.4%额定功率的杂散负载损耗等效电阻为

$$r_{sll} = \frac{0.004P_b}{3I_b^2} = \frac{0.004 \times 746 \times 250}{3 \times 53.6^2} = 0.086\Omega$$

最终铁耗等效电阻的计算还要考虑杂散空载损耗。在这种情况下，需要计算出现在磁化电感支路上的电阻，因为该损耗分量是由气隙磁通产生的。应注意，负载时的损耗电阻是与定子电流串联，它在空载时也会产生损耗，因为磁化电流也会经过该电阻。由于串联电阻很小，电机的磁化电流可简单地用下式近似

$$I_m = \frac{V_{1-1}}{\sqrt{3}(X_{ls} + X_m)}$$

式中，X_{ls}和X_m分别为在60Hz时对应L_{ls}和L_m的电抗，代入具体数值后得

$$I_m = \frac{2550}{\sqrt{3} \times 377 \times (0.006654 + 0.223)} = 17.0\text{A}$$

空载时，电阻r_{ll}对应的损耗为

$$P_l = 3I_m^2 r_{ll} = 3 \times 17^2 \times 0.086 = 74.6\text{W}$$

参考表5.1，对于定子开口槽、转子半闭口槽电机，杂散空载损耗为基波铁耗的120% ~160%之间。这里取140%，那么杂散空载损耗为

$$P_{nl} = 1.4 \times (487 + 1210) = 2376\text{W}$$

扣去已经计算过的部分

$$P_{nl} - P_l = 2376 - 74.6 = 2301\text{W}$$

因此，与磁化支路连接，对应上述损耗的等效电阻为

$$r_{nl} = \left(\frac{V_{1-1}^2}{P_{nl} - P_l}\right)\left(\frac{L_{ms}}{L_{ms} + L_{ls}}\right)^2 = \frac{2550^2}{2301} \times \left(\frac{0.223}{0.223 + 0.006654}\right)^2 = 2665\Omega$$

由于电阻r_c取决于定子轭部总磁通量，因此在逻辑上它可以放置在定子支路上，以便包括定子漏抗的槽漏抗部分。然而，这种方式很少使用，因为槽漏感相比磁化电感，数值很小。然后，电阻r_{nl}、r_c和r_t可以并联，形成一个等效铁耗电阻r_i，该电阻可解释为与气隙磁通相关的铁耗。此电阻为

$$r_i = \frac{1}{1/r_{nl} + 1/r_c + 1/r_t} = 1/(1/2665 + 1/5226 + 1/13350) = 1559\Omega$$

示例中250hp感应电机每相等效电路的最终版本如图5.33所示，图中数值已四舍五入为三位有效数字，并且忽略了转差率对转子漏感的影响。请注意，整个计算是基于气隙磁通密度为0.775T的假设（示例2）。在示例3的计算中发现，如果要产生这样的气隙磁通密度，电压要超过额定电压（线电压2400V）9%以上。在实际设计计算中，这个过程经常要迭代数次，以保证计算出的电压在额定电压的±10%范围内。磁化电感随电压的变化可以用空载（零转差）电压与磁化电流的关系图来表示。

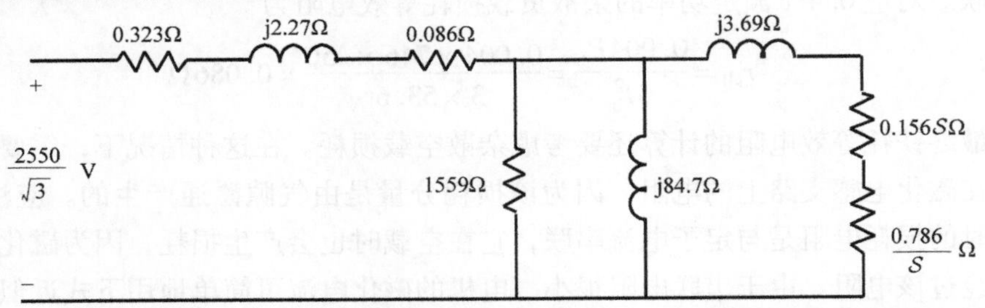

图5.33 60Hz时250hp感应电机的每相等效电路，包含了基波铁耗和杂散损耗

5.13 总结

电机中的损耗是机电能量转换过程的必然结果。由于热问题是大多数电机设计的最终限制因素，因此准确预测损耗成为决定电机是否满足其预期用途的关键因素。即使在今天，通过最好的方法计算损耗之后，还是会使用“安全系数”，以确保电机符合其规格要求。本章仅仅是对这一复杂问题的简要介绍。

参考文献

[1] Y. Liao and T.A. Lipo, “Effect of saturation third harmonic on the performance of squirrel-cage induction machines,” *Electric Machines and Power Systems*, vol. 22, no. 2, March/April 1993, pp. 155–172.

[2] P. L. Alger, G. Angst, and E. J. Davies, “Stray-load losses in polyphase induction machines,” *Trans AIEE*, June 1959, pp. 349–355.

[3] B. Heller and V. Hamata, *Harmonic Field Effects in Induction Machines*, Elsevier Scientific Publishing Co., Amsterdam, 1977.

[4] M. Liwschitz-Garik and C.C. Whipple, *Electric Machinery, Vol. 2 AC Machines*, 2nd edition, Van Nostrand Publishers, 1961.

第 6 章

设 计 原 理

电机的设计既是一种技术也是一门科学。设计过程中要考虑太多种因素以至于不存在固定的准绳。任何设计都必须在一系列相冲突的需求中取得折中。因而电机设计问题没有唯一的解，基于相同规格的设计也可能因不同设计者对特定需求的偏重而有所不同。

电机设计很大程度上是个迭代的过程。简而言之，设计过程的一个或多个步骤需要重复进行以得到想要的结果。比如，当设计一个给定功率的电动机时，需要首先估计它的效率。当设计完成后，我们才能够验证效率。初始的估计和最终的结果之间的误差必须在期望的范围内。否则必须对初始值和部分设计进行必要的调整。类似的迭代也可能出现在优化某些部分设计的过程中。经验越丰富的设计人员，就能够越快速地处理这些迭代过程。一般而言，这是因为他们能够给出更好的初始假设。这种对迭代过程的依赖从一定程度上也促进了高速电子计算机在电机设计中的应用。

6.1 设计因素

影响电机设计的因素可分为以下几类。

1）经济因素。在其他所有设计因素均相同的情况下，经济因素将决定所设计电机是否有销路，因此大多数情况下这会是压倒一切的因素。显然为使设计方案更具竞争力，设计必须保证制造成本也达到最小化。电机的设计必须与车间已有的加工装备兼容，同时尽量采用无需长采购周期或高价格的材料。用更高的成本总能设计出性能更好的电机，但最适合应用的电机是初始成本加上预期工作寿命中损耗和维护成本最低的。近年来上升的电价引发了对初始成本和运营成本的重新权衡，这也推动了开发比过去更高效的设计方案。

2）材料限制。材料的性能和成本上的限制决定了电机的性能和尺寸。磁性材料和绝缘材料一直在不断发展。新兴材料在过去已对电机设计产生了颠覆性的影响，这一趋势在未来亦将持续。

3）设计规范。电机的设计、性能、材料使用往往要符合电气电子工程师学会（Institute of Electrical and Electronics Engineers，IEEE）或其他类似组织颁布的规范。在美国，电机制造商成立了国家电气制造协会（National Electrical Manufacturers Association，NEMA），并制定了功率等级从 1 到 450hp 的交流和直流电机的尺寸、性能和测试的相关标准。此外，因其规定了由制造经济性主导的标准线规、绝缘厚度等，每个电机制造商各自的标准也尤为关键。NEMA 规定了标准直径，但有时也需特殊直径以达到适合给定应用的最佳尺寸。

4）特殊因素。一些具有特殊需求的应用中，需要优先考量某些特殊的因素。比如飞机发电机的设计需满足重量最小化且可靠性最大化的需求。设计牵引电机时则偏重可靠性和易维修性。对打印机电机而言，最重要的因素可能是噪声最小化。起动大型压缩机的电机则需具备带高惯性负载起动的能力，并且能够承受起动过程中的严重发热。因此，这类应用的首要考量往往是每安培电流的起动转矩。

5）理论因素。这类因素包括电磁和机械设计中一切可量化的细节。这些因素将会在本章接下来的各节中详细讨论。

6.2　电机制造标准

电机设计者通常不会面对没有尺寸限制的设计任务。这些限制大概率是与应用相关。比如机车中的牵引电机必须配合轨道车辆下方的空间。对电动机和发电机标准外形与尺寸的要求催生了 NEMA 标准。一般用途电机若想获得批准必须满足其中的特定规范。最新的 ANSI/NEMA 标准是 MG1 - 2009（R2010）版，其中包含了一些最新修订。NEMA 标准规定了电机的额定功率、转速、电压以及频率。标准的电机设计可按照性能分类。按 NEMA 标准设计的笼型感应电机的典型转矩 - 转速曲线如图 6.1 所示。

图中可见四种级别的电机。A 级电机是“大众化”的普通电机，具有一般的起动转矩和起动电流。该级别电机最大转矩一般设计为 200% ~250% 的额定转矩。该级别下的大尺寸电机往往需要特殊的起动设备。此级电机经常由 B 级电机替代。B 级电机具有一般的起动转矩和较低的起动电流。该级别电机中 300hp 及以下的可直接接电源起动。与 A 级电机相比，B 级电机的效率、功率因数及最大转矩稍低。该级电机的转子往往采用深槽结构。B 级电机是感应电机中最常用的一种。C 级电机起动转矩大、起动电流小，大多采用双笼型结构。其起动转矩是额定转矩的 175% ~200%，最大转矩不低于额定转矩的 185%。该级电机转差率低、效率高，适用于起动转矩较大的应用场合。D 级电机具有非常高的起动转矩，其设计可容许高转差率。该级别电机应用于加速惯性负载，或驱动飞轮（如冲压机）之类的应用。其笼型一般具有较大电阻，并且采用黄铜笼型条。表 6.1 和表 6.2 总结了最常用的两种电机：NEMA A 级和 B 级的起动电流和起动转矩数据。图 6.2 给出了一系列 1800r/min、NEMA B 级电机的转矩 - 转速曲线。

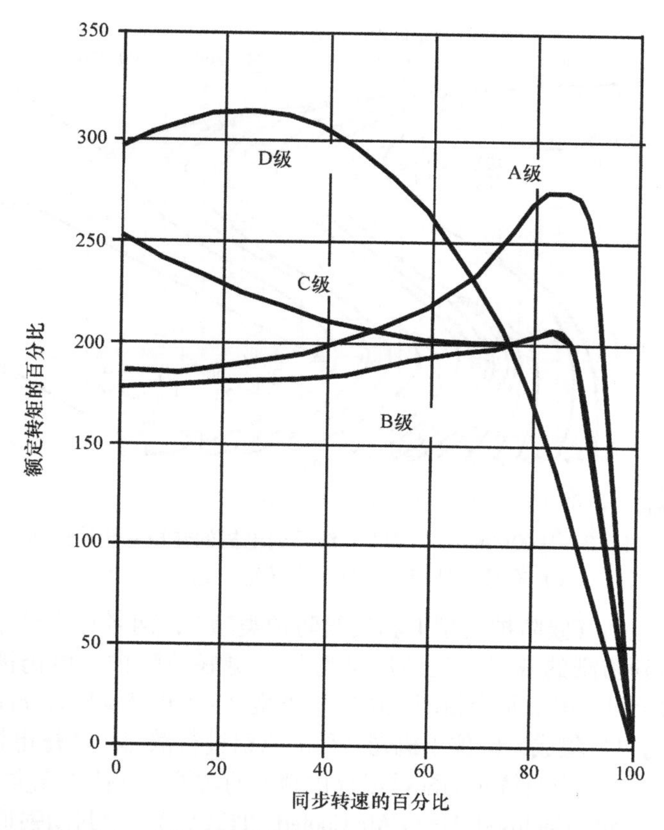

图6.1 NEMA 标准笼型感应电机的转矩－转速曲线

表6.1 起动电流标幺值（NEMA B 级）

hp = 1	2	3	5	10	25	100
I_{start} = 10.3	9	7.6	6.9	5.8	5.5	5.5

表6.2 起动转矩标幺值（NEMA A 级和 B 级）

hp	P = 2	4	6	8	20	12
5	1.35	1.35	1.35	1.25	1.2	1.15
20	1.35	1.35	1.35	1.25	1.2	1.15
40	1.25	1.35	1.35	1.25	1.2	1.15
100	1.0	1.35	1.35	1.25	1.2	1.15
200	1.0	1.15	1.35	1.25	1.2	1.15

电机也可按照其外壳类型分类。NEMA 标准规定了 20 种不同的机壳类型，可分为两大类：具有通风孔，可引入外部冷却空气进入电机内部的开放式电机；以及内部空气完全由机壳封闭的全封闭电机。最常见的开放式电机是防滴电机，其外壳可保护电机免受从垂直于机体的方向滴落的水或其他液滴的影响。其他的

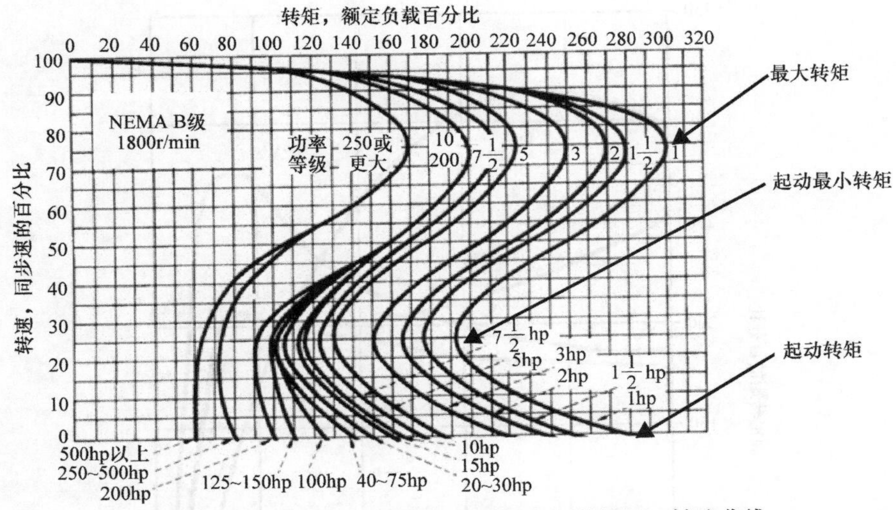

图 6.2 1800r/min、NEMA B 级系列电机的转矩－转速曲线
（标有最大转矩、起动最小转矩、起动转矩）

开放电机类型包括气候防护类型 1 和气候防护类型 2，两者在设计中采用了额外防护措施以达到防溅的效果，比防滴类型具有更好的防护，但仍被用作室内电机。最常用的全封闭电机是全封闭风扇冷却类型（Totally Enclosed Fan Cooled，TEFC），其采用与电机集成，但位于机壳外部的风扇进行散热。防爆电机或防尘防爆电机则采用加强的机壳及特殊的配件以提供额外的防护。其他机壳类型包括全封闭空－空冷却（Totally Enclosed Air to Air Cooled，TEAAC）、全封闭强迫风冷（Totally Enclosed Force Ventilated，TEFV）、全封闭水空冷却（Totally Enclosed Water to Air Cooled，TEWAC）以及全封闭管道冷却（Totally Enclosed Pipe Cooled，TEPC）。

NEMA 规定了以下标准的功率等级：0.5、0.75、1、1.5、2、3、5、7.5、10、20、25、30、40、50、60、75、100、125、150、200、250、300、350、400、450 和 500hp。可以发现功率等级是按对数规律上升的。从 NEMA 标准电机的设计者角度出发，主要考量是尽可能地利用一样的叠片，或是在同一外径 D_{os} 下，用尽量少的叠片类型来制造一系列感应电机。NEMA 标准电压与功率等级的关系见表 6.3。

表 6.3 电机的推荐电压

额定电压/V	推荐的功率范围/hp
230 或 460	100 及以下
460 或 575	100 ~ 600
2300	200 ~ 4000
4000	400 ~ 7000
6600	1000 ~ 12000
13200	3500 ~ 25000

NEMA 标准的一个主要目的是通过“机座号”规定电机的外形尺寸，从而使原始设备制造商（Original Equipment Manufacturer，OEM）和终端用户能够在不大幅改变联轴器、安装支架等前提下，可直接从多个制造商选择产品。图 6.3 给出了 NEMA 标准中防滴电机的标准外形尺寸字母标注。图 6.3 中的大部分尺寸并未由 NEMA 标准给定。其中有些影响实际应用的尺寸，如螺栓孔之间的距离等则由 NEMA 标准给定。就设计人员而言，最重要的参数是轴中心高度，其实质上确定了给定机座号电机的直径。表 6.4 所示为这类规定尺寸中的一部分。注意机座号的前两个数字正好是图 6.4 中轴中心高度 D 的 4 倍。因此，一个电机以 in 为单位的定子外径差不多等于机座号前两位数字的一半。

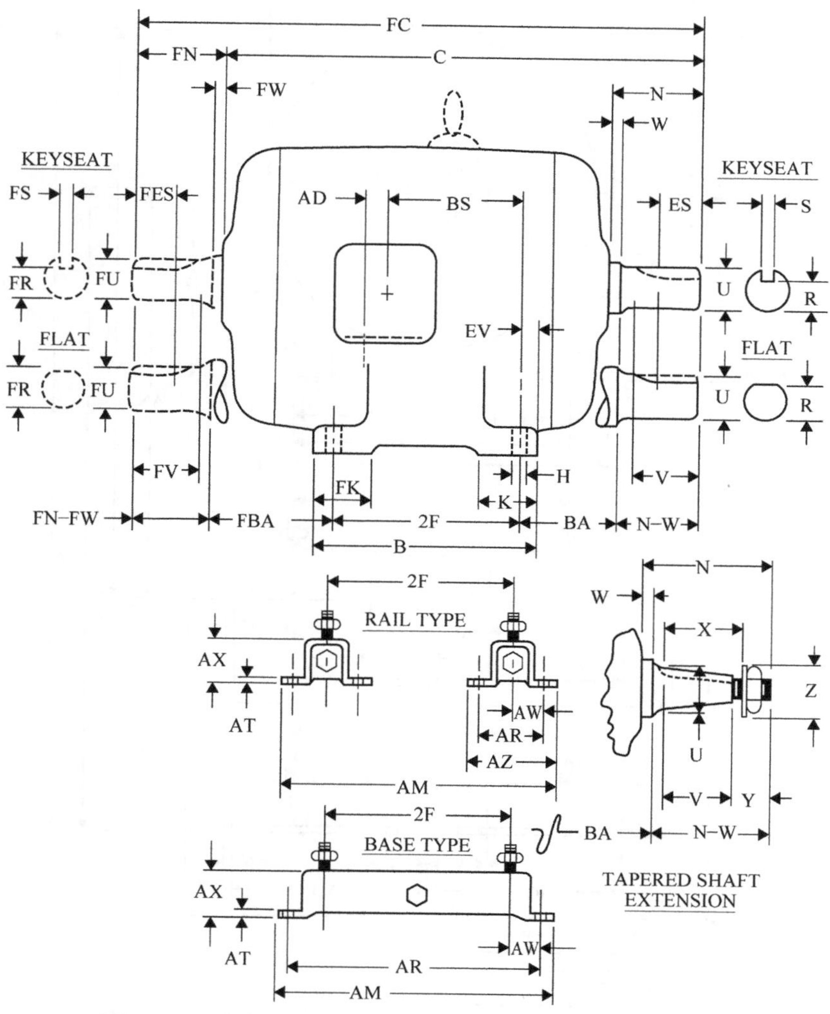

图 6.3 开放式防滴笼型感应电机的尺寸字母标识 – 侧视图

表 6.4　NEMA 标准机座号以及对应的轴中心高度 D 和轴伸直径 U（单位：in）

机座号	D	U	机座号	D	U
140	3.50	7/8	360	9.00	2 3/8
160	4.00	1	400	10.00	2 7/8
180	4.50	1 1/8	440	11.00	3 3/8
210	5.00	1 3/8	500	12.50	
250	6.25	1 5/8	580	14.50	
280	7.00	1 7/8	680	17.00	
320	8.00	2 1/8			

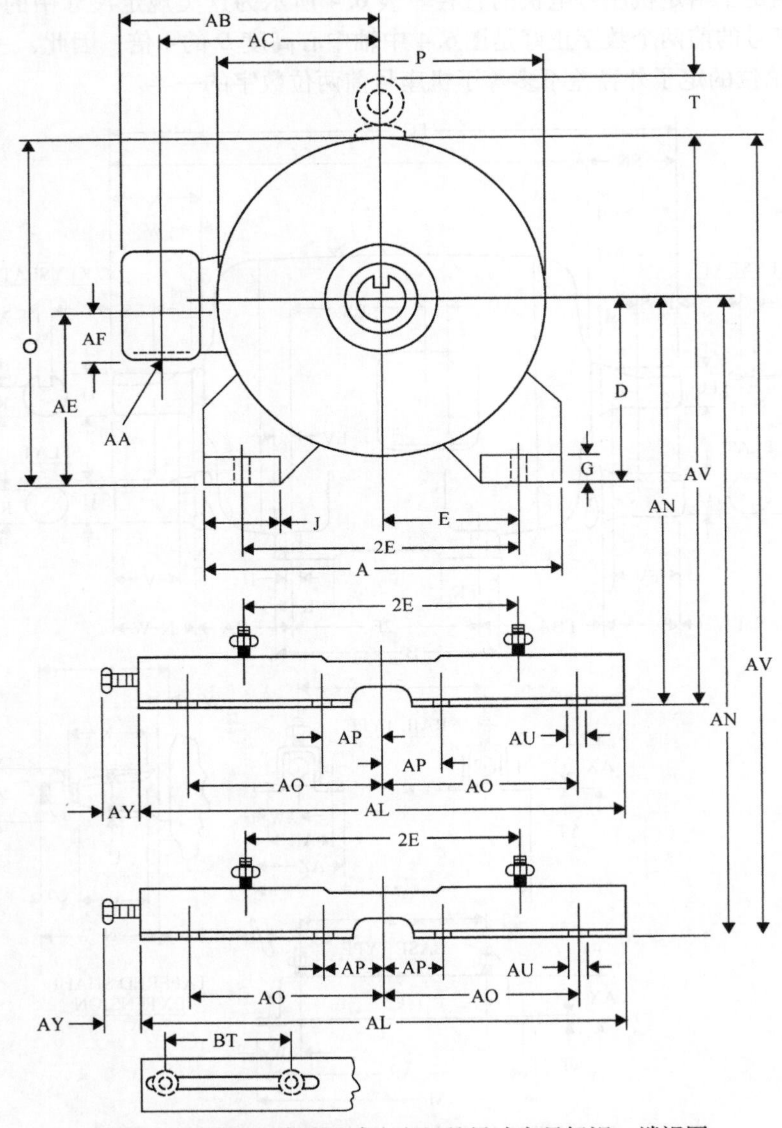

图 6.4　开放式防滴笼型感应电机的尺寸字母标识 – 端视图

6.3 主要尺寸特征

电机设计中的理论因素可分为五方面：电气、磁、介电、热及机械。

1）电气。为使电机与其供电电源兼容，需规定电机的电压、频率和相数。此外，有时也需规定额定负载下的最低功率因数。在这些数据的基础上，设计者必须确定电机的联结方式（Y或△）、绕组形式（波绕组或叠绕组、单层或多层、散嵌绕组或成型绕组等）以及绕组因数。其他重要的电气特征还有绕组的电流密度、铜耗以及短路电流。

2）磁。在磁设计方面需考虑以下因素：确定齿和轭部的最大磁通密度、由磁场产生的铁耗、由规定的过电压导致的磁饱和的影响、磁化电感和漏电感的计算、齿槽形状以及谐波影响的计算（杂散损耗、空载损耗以及谐波转矩）。

3）介电。电场对电机的设计也会产生重要影响。相关的重要考量包括：选择合适的匝间、线圈间、线圈与地之间的绝缘厚度以使电机既能承受持续电压，也能承受浪涌电压（如雷击）。其他考量包括确定合适的引出线方式、选择合适的电刷以防止闪络等。

4）热。电机运行产生的热量如不能顺利散出会导致其毁坏。尽管相关的考量与机械工程更为相关，但这一问题并非不重要。关键的考量包括：选择合适的冷却介质（空气、水、氢）、确定散热通道及其间距、离心式风扇设计、计算温升、设计冷却箱和散热器（如适用）。

5）机械。主要的机械设计考量包括计算临界转速、声振动模式、旋转轴在正常速度和超速条件下的机械应力，计算角动量以及计算短路时绕组尤其是其端部的受力情况。

墨菲定律指出以上会彼此耦合，充分理解需要终身投入。以上所述很多微妙之处永远无法由计算机算法实现，因此电机设计将始终是一种令人兴奋且具有挑战性的工程专业。

6.4 D^2L 输出因数

众所周知，电机转矩与每极磁动势和每极磁通之积成正比。对应给定体积的铜线和铁心，两者不能无限制地增大，因此两者的“密度”拥有确定的上限，且电机产生的转矩也可用这两个密度来表征。若假定定子电阻和漏感上的压降可以忽略，则可推导出输出功率与电流密度和磁通密度之间的重要关系。

6.4.1 埃森法则

考虑一台每相有 C 个并联支路的三相电机。若由正弦电源供电，电机的输入功率可写为相量形式

$$P_S = \frac{3}{2}\mathrm{Re}(\widetilde{V}_s \widetilde{I}_s^{\dagger}) \tag{6.1}$$

式中，V_s和 I_s为定子电压和电流的额定相幅值；“†”代表复数的共轭。若忽略定子电阻，则进入气隙的功率与输入功率有相同的形式，即

$$P_{gap} = P_s = \frac{3}{2}\mathrm{Re}(\widetilde{V}_{gap} \widetilde{I}_s^{\dagger}) \tag{6.2}$$

气隙电压幅值可由气隙磁链幅值求得，为

$$V_{gap} = \omega_e \lambda_m = \omega_e k_1 N_s \Phi_g \tag{6.3}$$

式中，Φ_g为每个极下穿越气隙的磁通幅值。因此，若忽略定子电阻，在气隙处测得的电机输入功率为

$$P_s = \frac{3}{2}\omega_e k_1 N_s \Phi_g I_s \cos\phi_{gap} \tag{6.4}$$

气隙每极磁通的值可由气隙磁通密度基波幅值得到

$$\Phi_g = \frac{2}{\pi}B_{g1}(\tau_p l_e) = \frac{2}{\pi}B_{g1}\left(\frac{\pi D_{is} l_e}{P}\right) = \frac{2D_{is} l_e}{P}B_{g1} \tag{6.5}$$

式中，l_e为定子铁心叠片的有效长度，考虑了叠片间隙和边缘效应的影响，但不包含通风道。定子槽中的导体密度可借由一个表征每单位长度气隙上平均电流的表达式来计算。若假定三相对称，则电机每个线圈中的平均峰值电流均相同。结合绕组因数并假定每个槽均等填充，定子内径单位长度上的电流幅值为

$$K_{s1} = \frac{S_1 n_s k_1 (I_s/C)}{\pi D_{is}} = \frac{S_1}{\pi D_{is}}\left(\frac{6CN_s}{S_1}\right)k_1\left(\frac{I_s}{C}\right) \tag{6.6}$$

$$= \frac{6k_1 N_s I_s}{\pi D_{is}} \tag{6.7}$$

将式（6.5）和式（6.7）代入式（6.4），可得以下伏安表达式

$$VA_{gap} = \frac{3}{2}\omega_e k_1 N_S\left(\frac{2D_{is} l_e B_{g1}}{P}\right)\left(\frac{\pi D_{is} K_{s1}}{k_1 6N_s}\right)$$

或

$$VA_{gap} = \left(\frac{\pi}{2}\right)\frac{\omega_e}{P}(D_{is}^2 l_e) B_{g1} K_{s1} \tag{6.8}$$

电机的频率可由同步转速求得，即

$$f_e = \frac{\Omega_s P}{120} \tag{6.9}$$

式中，Ω_s为电机同步转速，单位为 r/min 或 RPM。因此式（6.8）也可写为

$$VA_{gap} = \left(\frac{\pi^2}{120}\right)\Omega_s(D_{is}^2 l_e)B_{g1}K_{s1} \tag{6.10}$$

电机的气隙功率则可定义为

$$P_{gap} = VA_{gap}\cos\phi_{gap} \tag{6.11}$$

式中，$\cos\phi_{gap}$为气隙处的功率因数。电机轴上的输出功率则为

$$P_{mech} = VA_{gap}\eta_{gap}\cos\phi_{gap} \tag{6.12}$$

式中，η_{gap}是由气隙处所观察的电机效率，也即考虑了转子铁耗、铜耗以及杂散损耗的效率。因此，最终可得

$$P_{mech} = \left(\frac{\pi^2}{120}\right)\Omega_s(D_{is}^2 l_e)B_{g1}K_{s1}\eta_{gap}\cos\phi_{gap} \tag{6.13}$$

式（6.10）和式（6.13）表达了任何交流或直流电机以伏安表示的输入和输出功率，有时也被称作埃森法则[1]。仔细研究这些结果从而理解每一项对电机设计的影响是大有裨益的。显然对一个固定的伏安输入而言，可将 $\cos\phi_{gap}$定为1从而最大化输出功率，但只有电机转子漏感很小时才能逼近这一结果，这也意味着气隙磁通密度的基波 B_{g1}要与每极磁动势基波$\mathcal{F}_{p1}$正交于电机气隙中。此外，也可以通过提高以下四个量中的任一个来提高输入和输出功率：

1）交流面电流密度的基波分量幅值 K_{s1}。

面电流密度由导体的 I^2R 损耗、冷却介质的有效性以及绝缘材料容许的温升等限制。

2）磁通密度基波分量幅值 B_{g1}。

磁通密度由所用材料的饱和点、磁滞和涡流损耗、杂散负载和空载损耗，以及冷却介质有效性等限制。

3）以 $\min^{-1}$为单位的同步转速 Ω_s。

同步转速由旋转部件中的旋转应力，直流、同步或绕线式感应电机中电刷所带来的问题，以及特定应用对性能的要求等限制。

4）$D_{is}^2 l_e$项。

若不存在散热通道，则物理长度 l_s与 l_e（铁心长度加上边缘效应影响）一致，且该项与电机转子体积的公式相比仅差了一个常数 $\pi/4$。因电机定子的铜铁体积与转子的铜铁体积大致相等，这一项也粗略地等于电机总的有效体积。

6.4.2 磁剪应力

由于 K_{s1}、B_{g1}和 Ω_s有明确的上限，增大电机功率会不可避免地增大铜铁用量。式（6.13）可写成另一种形式[2]

$$\frac{P_{\mathrm{mech}}}{(D_{\mathrm{is}}^2 l_{\mathrm{e}})\Omega_{\mathrm{s}}\eta_{\mathrm{gap}}\cos\phi_{\mathrm{gap}}}=\left(\frac{\pi^2}{120}\right)K_{\mathrm{s1}}B_{\mathrm{g1}} \tag{6.14}$$

上式中右手项仅在相对较小的范围内变化，因而该项也被称作电机的输出常数[2]。实际上输出常数并非真的是一个常数，而是随着额定功率的增大而增大。这是由多方面的原因导致的：功率更大时往往采用更好的磁性材料和绝缘材料；与小型电机相比，大型电机在转速一致的情况下极距较大从而具有更良好的散热条件；以及大型电机具有更长的绕组端部和更高的空气流速等。此外电压的影响也不容忽略，更高的电压需要更大的绝缘空间，因此给导体剩余的空间就会被压缩。

将式（6.13）除以转子转速，可得转矩是$D_{\mathrm{is}}^2 l_{\mathrm{e}}$的函数，即

$$T_{\mathrm{e}}=\frac{P_{\mathrm{mech}}}{2\omega_{\mathrm{e}}/P} \tag{6.15}$$

$$T_{\mathrm{e}}=\left(\frac{\pi}{4}\right)(D_{\mathrm{is}}^2 l_{\mathrm{e}})B_{\mathrm{g1}}K_{\mathrm{s1}}\eta_{\mathrm{gap}}\cos\phi_{\mathrm{gap}} \tag{6.16}$$

这里值得注意的是，传统感应电机和同步电机的转矩基本上与极数无关。

式（6.14）中的量（$K_{\mathrm{s1}}B_{\mathrm{g1}}$）/2 代表了面电流密度与气隙磁通密度的乘积，也经常用作比较不同电机的品质因数。该乘积的标称单位为安培每米乘以特斯拉（A/m · T）。但参考第 1 章中的式（1.6），用基本单位表示时，1T = 1N/(A · m)，则该乘积可用基本单位表示为牛顿每平方米，即 $\mathrm{N/m^2}$，也就是帕斯卡（Pascal，Pa）。该量与压强等效，因此可称作磁剪应力 σ_{m}。

正式定义磁剪应力为

$$\sigma_{\mathrm{m}}=\frac{K_{\mathrm{s1}}B_{\mathrm{g1}}}{2}=K_{\mathrm{s(rms)}}B_{\mathrm{g1(rms)}} \tag{6.17}$$

则以 Nm 为单位的输出转矩可用磁剪应力以及其余的关键电机参数表示为

$$T_{\mathrm{e}}=\left(\frac{\pi}{2}\right)(D_{\mathrm{is}}^2 l_{\mathrm{e}})\sigma_{\mathrm{m}}\eta_{\mathrm{gap}}\cos\phi_{\mathrm{gap}} \tag{6.18}$$

输出功率

$$P_{\mathrm{mech}}=\left(\frac{\pi^2}{60}\right)\sigma_{\mathrm{m}}(D_{\mathrm{is}}^2 l_{\mathrm{e}})\Omega_{\mathrm{s}}\eta_{\mathrm{gap}}\cos\phi_{\mathrm{gap}} \tag{6.19}$$

或者，已知转子体积为

$$V_{\mathrm{rotor}}=\frac{\pi D_{\mathrm{or}}^2 l_{\mathrm{e}}}{4}\approx\frac{\pi D_{\mathrm{is}}^2 l_{\mathrm{e}}}{4} \tag{6.20}$$

则转矩可表示为

$$T_{\mathrm{e}}=2V_{\mathrm{rotor}}\sigma_{\mathrm{m}}\eta_{\mathrm{gap}}\cos\phi_{\mathrm{gap}} \tag{6.21}$$

式中，忽略了气隙长度的微小影响。

图 6.5 所示为感应电机的磁剪应力与极距的相关性[2]。与其他类型电机相

比，其磁剪应力相对较小。导致这一劣势的原因是转子面电流密度与定子轻载时的电流密度几乎相等。温升约束限制了总的电流负荷。然而高性能伺服电机的磁剪应力往往高达 20kN/m^2（20kPa）。永磁电机不存在转子电流所带来的劣势，其典型磁剪应力则为 40～60kN/m^2。磁剪应力高达 100kN/m^2 的液冷电机也有报道。磁剪应力也经常由英制单位表示，1kN/m^2 = 0.145lbf/in^{2}或反之，1lbf/in^2 = 6.895kN/m^2。

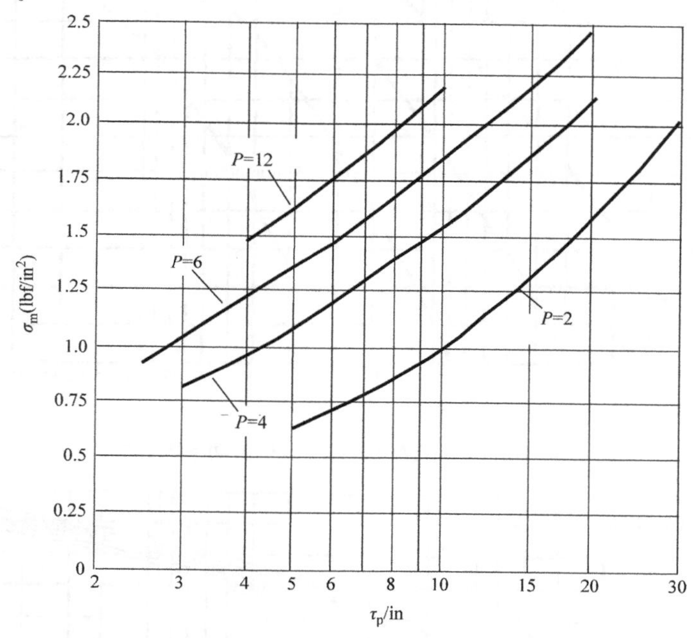

图 6.5 以 lbf/in^{2}为单位的典型感应电机磁剪应力 σ_m随极距 τ_p的变化（改编自参考文献［2］）

选定磁剪应力 σ_m之后，可在电机输入伏安值以及速度已知的情况下，确定电机所需的体积；或在给定 D_{is}、l_e和 Ω_s的条件下计算电机的输入伏安值。若给定的是输出功率而非输入伏安值，需估算电机功率因数以及效率来确定其输入。一般而言，这类数据可由类似电机的经验或公开发表的曲线来估算。图 6.6 和图 6.7给出了对应 NEMA B 级电机的这类典型曲线，其对应起动转矩为 115%～150%的额定转矩，起动电流为额定电流的 500%～1000%的感应电机。其他 NEMA级别的电机也有类似的曲线。

参考文献［3］采用幂回归技术得出图 6.6 中的功率因数曲线，可由下式近似

$$\cos\phi = 1.131 P_{mech}^{0.015} P^{-0.08} f^{-0.07} \tag{6.22}$$

式中，P_{mech}是以 W 为单位的额定机械输出功率；P 是电机极数；f 是电机频率（假定为 60Hz）。

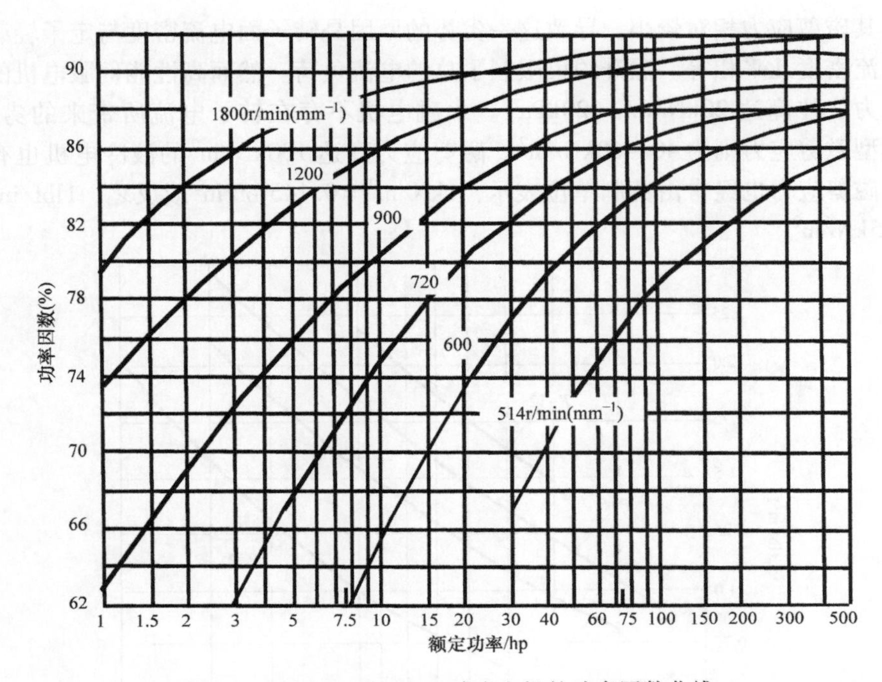

图 6.6 NEMA B 级 60Hz 感应电机的功率因数曲线

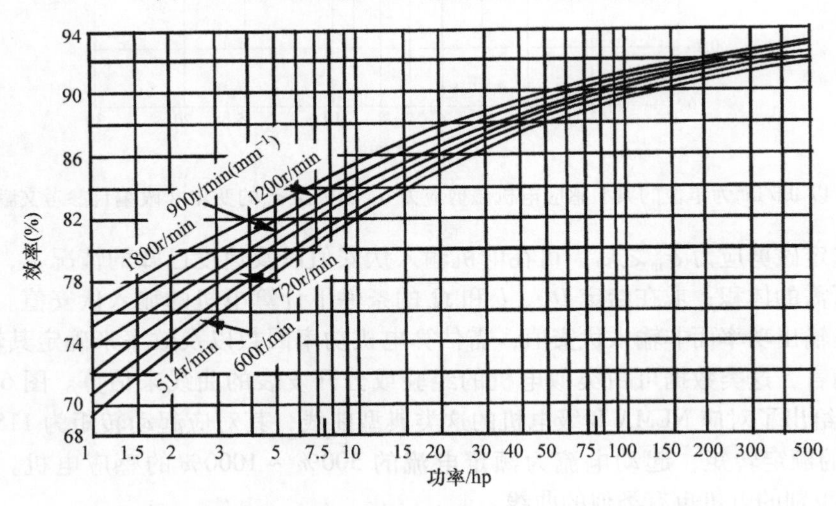

图 6.7 NEMA B 级 60Hz 感应电机的效率曲线

电机出线端功率因数可由气隙功率因数得到，因

$$V_{\mathrm{gap}} I_{\mathrm{s}} \cos\phi_{\mathrm{gap}} = V_{\mathrm{s}} I_{\mathrm{s}} \cos\phi - r_{\mathrm{s}} I_{\mathrm{s}}^{2} \tag{6.23}$$

则有

$$\cos\phi_{\text{gap}} = \frac{V_{\text{s}}}{V_{\text{gap}}}\cos\phi - \frac{r_{\text{s}}I_{\text{s}}}{V_{\text{gap}}} \tag{6.24}$$

假定定子侧阻抗压降为感性，可得

$$\cos\phi_{\text{gap}} = \frac{1}{1-\dfrac{I_{\text{s}}X_{\text{ls}}}{V_{\text{s}}}}\cos\phi - \frac{(r_{\text{s}}I_{\text{s}})/V_{\text{s}}}{1-\dfrac{I_{\text{s}}X_{\text{ls}}}{V_{\text{s}}}} \tag{6.25}$$

进一步选定额定电压和电流为标幺化的基准值，则有

$$\cos\phi_{\text{gap}} = \frac{1}{1-\dfrac{X_{\text{ls}}}{Z_{\text{b}}}}\cos\phi - \frac{\dfrac{r_{\text{s}}}{Z_{\text{b}}}}{1-\dfrac{X_{\text{ls}}}{Z_{\text{b}}}} \tag{6.26}$$

最终可得

$$\cos\phi_{\text{gap}} = \frac{1}{1-X_{\text{ls,pu}}}\cos\phi - \frac{r_{\text{s,pu}}}{1-X_{\text{ls,pu}}} \tag{6.27}$$

式（6.27）可将出线端的功率因数修正为气隙处的功率因数。电抗标幺值一般在0.08～0.15，电阻标幺值则在0.02～0.05。因此，忽略式（6.27）中的第二项以简化表达式通常是可接受的。

图6.7中的NEMA标准效率数据也可由以下解析式估算[3]：

$$\eta = 0.712P_{\text{mech}}^{0.03}P^{-0.025}f^{-0.01} \tag{6.28}$$

该式可通过添加$r_{\text{s,pu}}/(1-X_{\text{ls,pu}})$项将出线端的效率修正为气隙处的效率。

可以通过不同电机的磁剪应力对其进行比较。但需要注意的是，对感应电机而言，用作品质因数的面电流密度K_{s}仅与定子侧相关。更实际的对比应该既考虑定子侧也考虑转子侧的面电流密度，从而保证所有待比较电机的铜耗相等。这时总的面电流密度应为

$$K_{\text{sr}} = K_{\text{s}} + K_{\text{r}} = K_{\text{s}}\left(1+\frac{K_{\text{r}}}{K_{\text{s}}}\right) = K_{\text{s}}(1+k_{\text{sr}}) \tag{6.29}$$

式中，k_{sr}可由下式估算[3]：

$$k_{\text{sr}} = 1.107P_{\text{mech}}^{0.0116}P^{-0.062}f^{-0.054} \tag{6.30}$$

参考文献［4］给出了在某生产商的标准电机和高效电机上测得的效率和功率因数。图6.8～图6.11给出了这些标称值，可在实际设计中作为功率因数和效率的参考值。

6.4.3 长径比

图6.12中的曲线给出了铁心等效长度与极距比值，也即长径比。这一比值对电机的散热非常重要，因此不可随意选取。为证明这一事实，可想象当损耗和

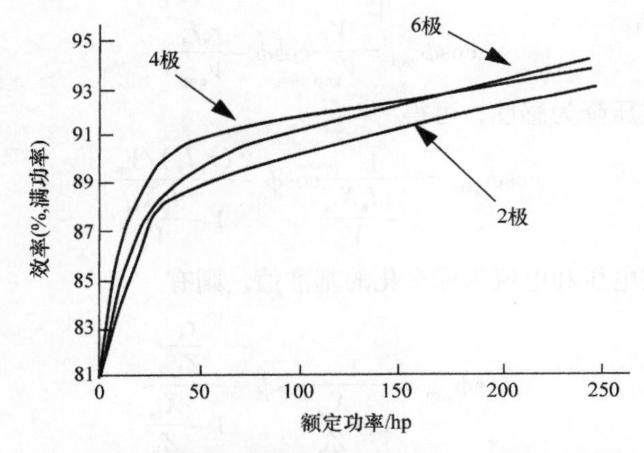

图 6.8　某生产商的标准 B 级笼型感应电机的效率[4]

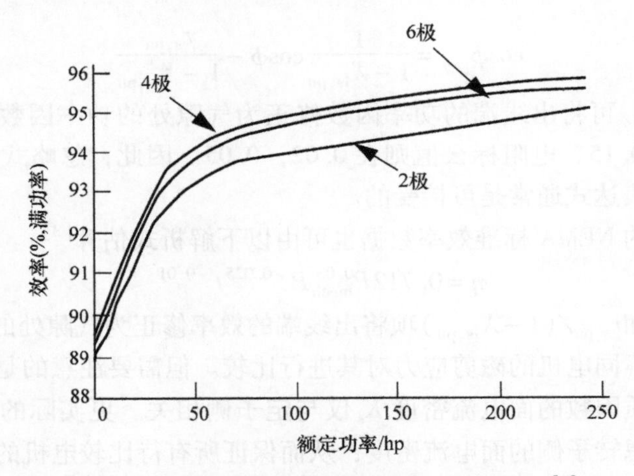

图 6.9　某生产商的高效笼型感应电机的效率[4]

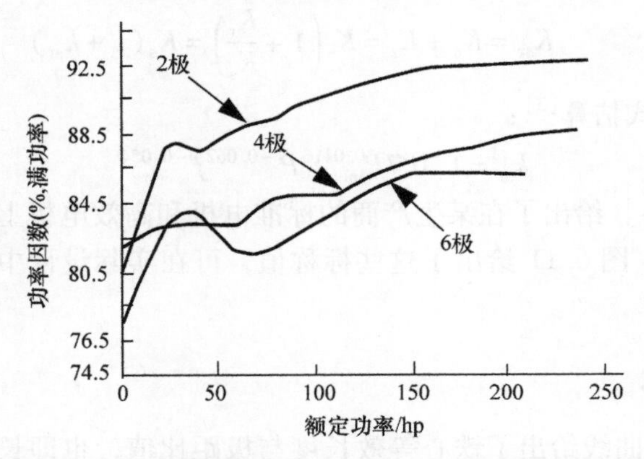

图 6.10　图 6.8 中某生产商的标准 B 级笼型感应电机的功率因数[4]

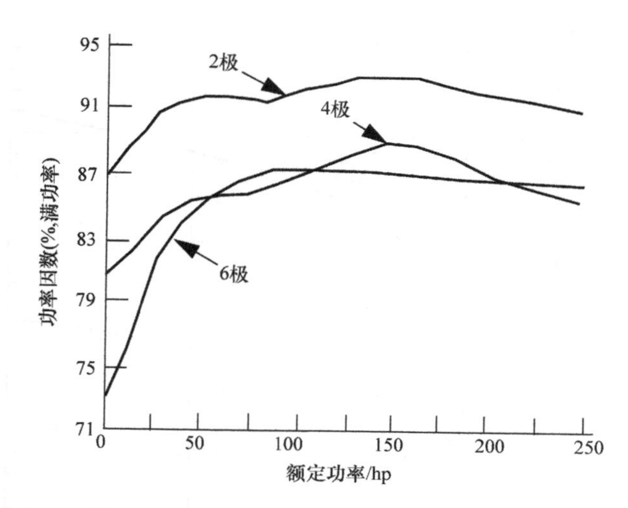

图6.11 图6.9中某生产商的高效笼型感应电机的功率因数[4]

冷却气流固定时，散热问题决定了电机定子内表面面积不能小于某一最小值。由此可知

$$P\tau_p l_e = A_{bore}(\text{常数}) \tag{6.31}$$

或

$$\pi^2 \frac{D_{is}^2}{P}\left(\frac{l_e}{\tau_p}\right) = A_{bore}$$

由此可得定子内直径为

$$D_{is} = \frac{1}{\pi}\sqrt{PA_{bore}\frac{1}{l_e/\tau_p}} \tag{6.32}$$

因此，定子内直径与长径比的二次方根成反比。当电机重量为主要考虑因素时，则可选取较大的 l_e/τ_p，这是因为转子体积为

$$V_r = \frac{\pi}{4}D_{is}^2 l_e = A_{bore}\frac{D_{is}}{4} = \frac{\sqrt{P}}{4\pi}A_{bore}^{3/2}\frac{1}{\sqrt{l_e/\tau_p}} \tag{6.33}$$

因而，当定子内圈面积 S_o 由散热需求确定后，电机的重量（或者说体积）以及相应的成本随着 l_e/τ_p 的增大而降低。增加长径比显然也降低了转子惯量。这对控制和伺服应用特别有利。采用较大的 l_e/τ_p 的代价是增大了定子面电流密度 K_s。若长径比太大，电机变成细长形，散热就更加困难，而过小的长径比则会使电机变成扁平状。这种情况下，较大的绕组端部漏感会严重影响电机的最大转矩。长径比需在这两种极端之间取得折中，一般取在 1.0～2.0 这一范围内，如图6.12所示。

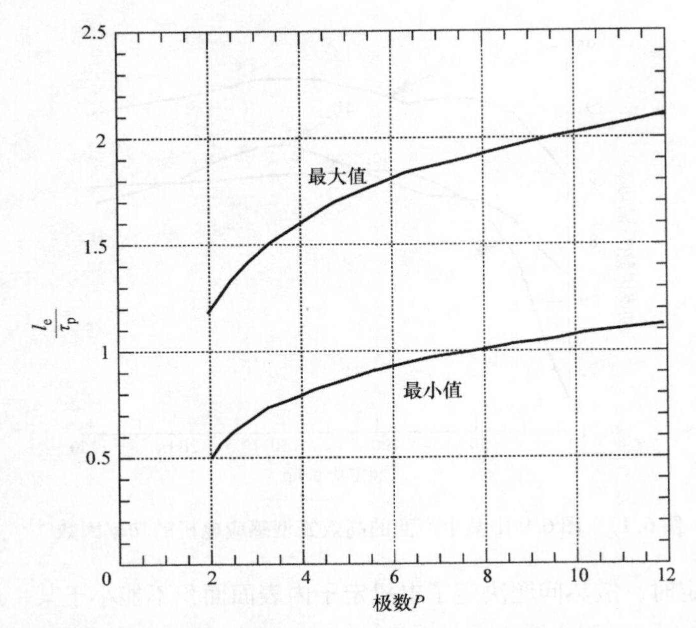

图6.12 推荐的感应电机铁心等效长度与极距比值（长径比）随极数的变化（源自参考文献［2］）

6.4.4 阻抗基准值

由式（6.3）可得气隙处的电压幅值为

$$V_{gap} = \omega_e k_1 N_s \Phi_p \tag{6.34}$$

式中，每极磁通为

$$\Phi_p = \frac{2D_{is}l_e}{P}B_{g1} \tag{6.35}$$

由此可得

$$V_{gap} = \frac{2}{P}N_s k_1 B_{g1} D_{is} l_e \omega_e \quad \text{V(峰值)} \tag{6.36}$$

为方便起见，把这一结果作为标幺化的电压基值 V_b。定子相电流与面电流密度的关系见式（6.7），即

$$K_{s1} = \frac{6k_1 N_s I_s}{\pi D_{is}} \tag{6.37}$$

由此可知

$$I_s = \frac{\pi D_{is} K_{s1}}{6k_1 N_s} \quad \text{A(峰值)} \tag{6.38}$$

计算式（6.36）和式（6.38）的比，并采用额定条件下的 B_{g1} 和 K_{s1}，可得电机的阻抗基值为

$$Z_{\mathrm{b}}=\frac{V_{\mathrm{b}}}{I_{\mathrm{b}}}=\frac{12(k_1N_{\mathrm{s}})^2B_{\mathrm{g1}}l_{\mathrm{e}}\omega_{\mathrm{e}}}{\pi PK_{\mathrm{s1}}}\quad \Omega \tag{6.39}$$

该值可用于根据关键设计数据将电机参数进行归一化或标幺化。

6.5 D^3L 输出因数

尽管 D^2L 公式已在电机设计中广泛应用，但还有几个重要因素没有考虑。比如，电机的尺寸受整个定子尺寸的影响，其中包括定子内径和外径的比、槽和齿的尺寸、铁心不同部分的磁通密度、气隙磁通密度以及导体本身的实际电流密度等。磁剪应力仅包括气隙磁通密度 B_{g1} 和定子面电流密度 K_{s1}。这些气隙量与电机内部的磁通和电流密度存在其他的联系。另外，由式（6.14）所得的 D^2L 量仅给出了气隙直径的估值，而非定子外直径，相比转子直径，它更经常作为约束变量。这一问题可通过引入基于导体电流密度的输出因数的修正形式来解决。导体电流密度可用 $J_{\mathrm{s(rms)}}$ 表示，单位为 A/mm^2[5]。

如图 6.13 所示，若 D_{is}、D_{os}、t_{s} 和 d_{cs} 分别代表定子内直径、外直径、齿宽和轭部厚度，则定子齿部和轭部的磁通密度可表示为

$$B_{\mathrm{ts}}=\left(\frac{\pi}{2}\right)\frac{P\Phi_{\mathrm{p}}}{S_1t_{\mathrm{s}}k_{\mathrm{is}}l_{\mathrm{i}}} \tag{6.40}$$

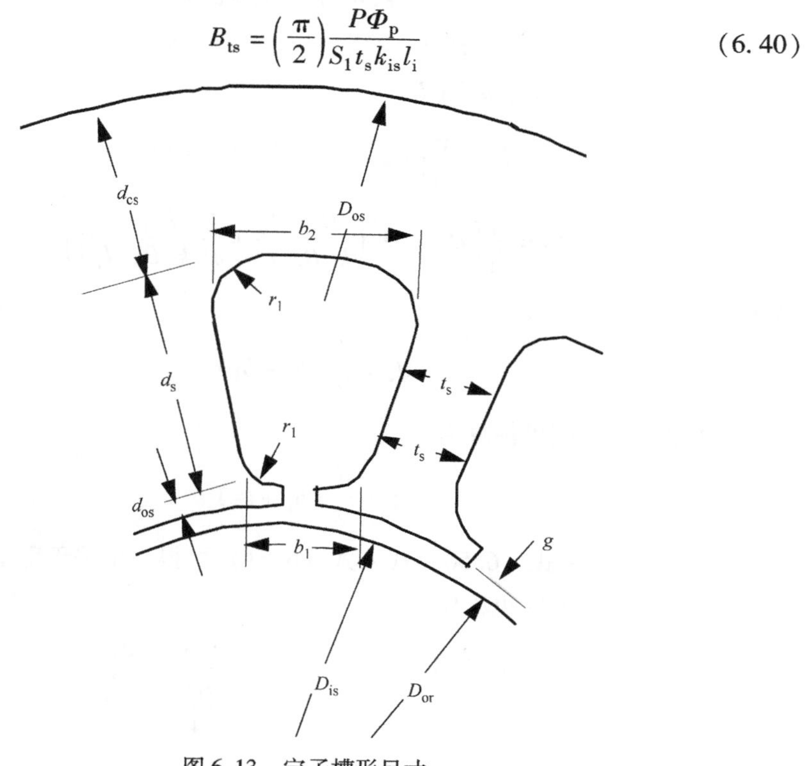

图 6.13 定子槽形尺寸

$$B_{cs}=\frac{\Phi_p}{2}\left(\frac{1}{d_{cs}k_{is}l_i}\right) \tag{6.41}$$

式中，k_{is}为定子铁心实际长度（除去径向冷却风道，但包含叠片间隙）与铁心物理长度l_i的比值；Φ_p为每极磁通［见式（6.4）］。此外，由式（6.5）可得

$$B_{g1}=\frac{P\Phi_p}{2D_{is}l_e} \tag{6.42}$$

通过对以上三式作比可得到

$$t_s=\frac{\pi D_{is}}{S_1k_{is}}\left(\frac{B_{g1}}{B_{ts}}\right)\left(\frac{l_e}{l_i}\right) \tag{6.43}$$

$$d_{cs}=\frac{D_{is}}{Pk_{is}}\left(\frac{B_{g1}}{B_{cs}}\right)\left(\frac{l_e}{l_i}\right) \tag{6.44}$$

定子外直径与槽深的关系为

$$D_{os}=D_{is}+2(d_{os}+d_s+d_{cs}) \tag{6.45}$$

而与槽宽和轭部厚度关系为

$$\pi(D_{is}+2d_{os})=(t_s+b_1)S_1 \tag{6.46}$$

$$\pi(D_{os}-2d_{cs})=(t_s+b_2)S_1 \tag{6.47}$$

通过以上方程可求得b_1、b_2和d_s

$$b_1=\frac{\pi}{S_1}\left[D_{is}\left(1-\frac{B_{g1}}{k_{is}B_{ts}}\frac{l_e}{l_i}\right)+2d_{os}\right] \tag{6.48}$$

$$b_2=\frac{\pi}{S_1}\left[D_{os}-D_{is}\left(\frac{B_{g1}}{k_{is}B_{ts}}\frac{l_e}{l_i}+\frac{2}{P}\frac{B_{g1}}{k_{is}B_{cs}}\frac{l_e}{l_i}\right)\right] \tag{6.49}$$

以及

$$d_s=\frac{S_1}{2\pi}(b_2-b_1) \tag{6.50}$$

定子槽的面积则可估算为

$$A_s=\frac{d_s}{2}(b_1+b_2) \tag{6.51}$$

将式（6.48）~式（6.50）代入式（6.51）可得一个关于定子内外径之比的二次方程。该比值有时也称作裂比。

$$a\left(\frac{D_{is}}{D_{os}}\right)^2-2b\left(\frac{D_{is}}{D_{os}}\right)+1=\frac{S_1A_s}{\frac{\pi D_{os}^2}{4}}+\frac{\delta_1}{D_{os}^2} \tag{6.52}$$

式中

$$a=\left(\frac{B_{g1}}{k_{is}B_{ts}}\frac{l_e}{l_i}+\frac{2}{P}\frac{B_{g1}}{k_{is}B_{cs}}\frac{l_e}{l_i}\right)^2-\left(1-\frac{B_{g1}}{k_{is}B_{ts}}\frac{l_e}{l_i}\right)^2$$

$$b=\left(\frac{B_{g1}}{k_{is}B_{ts}}+\frac{2}{P}\frac{B_{g1}}{k_{is}B_{cs}}\right)\frac{l_e}{l_i} \tag{6.53}$$

$$\delta_1=4\left[d_{os}^2+D_{is}d_{os}\left(1-\frac{B_{g1}}{k_{is}B_{ts}}\frac{l_e}{l_i}\right)\right]$$

可见一旦确定气隙与齿部，以及气隙与轭部之间的磁通密度比值，a 和 b 就固定了。若式（6.52）中右侧第一项中的除数和被除数都乘以铁心长度 l_i，则被除数即为电机铁心中为导体所预留的体积（即定子槽体积），而除数则代表需购买的铁心材料体积。右侧第二项则是对应槽口所需材料的修正系数，其值相对较小。

由式（6.4）可得电机的额定功率为

$$VA_{gap}=3\pi f_e k_1 N_s \Phi_p I_s \tag{6.54}$$

式中

$$\Phi_p=\frac{2D_{is}l_e}{P}B_{g1} \tag{6.55}$$

相电流幅值 I_s 与电流密度的关系为

$$J_{s(rms)}=\frac{3\sqrt{2}N_s I_s}{S_1 A_{cu}} \tag{6.56}$$

式中，A_{cu} 为槽面积中由导体占据的部分，即

$$A_{cu}=k_{cu}A_s$$

式（6.54）可由气隙磁通密度、电流密度以及槽面积写为

$$VA_{gap}=\sqrt{2}\pi f_e k_1\frac{D_{is}l_e}{P}(S_1 k_{cu}A_s)B_{g1}J_{s(rms)} \tag{6.57}$$

忽略式（6.52）中右侧的第二项，求解 S_1A_s，并将之代入式（6.57）可得到以下基于裂比的表达式

$$VA_{gap}=\frac{\sqrt{2}\pi^2}{4}f_e\frac{k_1k_{cu}}{P}\left[a\left(\frac{D_{is}}{D_{os}}\right)^3-2b\left(\frac{D_{is}}{D_{os}}\right)^2+\frac{D_{is}}{D_{os}}\right](D_{os}^3l_e\cdot B_{g1}J_{s(rms)}) \tag{6.58}$$

该式给出了基于 $D_{os}^3l_e$ 的尺寸方程。考虑机械转速，由式（6.9）可知

$$\frac{VA_{gap}}{\Omega_{mech}}=\frac{\sqrt{2}\pi^2}{480}(k_1k_{cu})\left[a\left(\frac{D_{is}}{D_{os}}\right)^3-2b\left(\frac{D_{is}}{D_{os}}\right)^2+\frac{D_{is}}{D_{os}}\right](D_{os}^3l_e)[B_{g1}J_{s(rms)}] \tag{6.59}$$

显然对于给定的伏安值和转速要求，为得到最小的 $D_{os}^3l_e$，方括号中的多项式的值需最大化。输入伏安值与以瓦特为单位的输出功率有以下关系

$$P_{out}=VA_{gap}\eta_{gap}\cos\theta_{gap} \tag{6.60}$$

式中，η_{gap} 为气隙处的效率，即忽略定子铜耗和铁耗的效率。类似地，$\cos\theta_{gap}$ 为

气隙处观察到的功率因数（也就是说，θ_{gap}为定子电流相对于气隙电压的相位角）。则式（6.59）可写为输出功率的形式

$$\frac{P_{out}}{\Omega_{mech}}=\frac{VA_{gap}}{\Omega_{mech}}\eta_{gap}\cos\theta_{gap} \tag{6.61}$$

也即

$$\frac{P_{out}}{\Omega_{mech}}=\frac{\sqrt{2}\pi^2}{480}(k_1k_{cu})(\eta_{gap}\cos\theta_{gap})\left[a\left(\frac{D_{is}}{D_{os}}\right)^3-2b\left(\frac{D_{is}}{D_{os}}\right)^2+\frac{D_{is}}{D_{os}}\right](D_{os}^3l_e)(B_{g1}J_{s(rms)}) \tag{6.62}$$

或简化为

$$\frac{P_{out}}{\Omega_{mech}}=\xi_o D_{os}^3 l_e \tag{6.63}$$

ξ_o量称作D_o^3L输出因数。显然式（6.62）方括号中的量对电机的优化至关重要。定义函数

$$f_o(D_{is}/D_{os})=\left[a\left(\frac{D_{is}}{D_{os}}\right)^3-(2b)\left(\frac{D_{is}}{D_{os}}\right)^2+\frac{D_{is}}{D_{os}}\right] \tag{6.64}$$

图6.14所示为函数f_o（D_{is}/D_{os}）随D_{is}/D_{os}变化的曲线。在给定$B_{cs}/B_{ts}=0.8$的条件下，曲线的峰值代表在某个特殊B_{g1}/B_{ts}和D_{os}时，$D_{os}^3l_e$的最优值（极小值）。[5] D_{is}的最优值可通过在固定D_{os}为常数，令式（6.64）对D_{is}的微分为0求得，即

$$\frac{\partial f_o(D_{is}/D_{os})}{\partial D_{is}}=0=3a\frac{D_{is}^2}{D_{os}^3}-4b\frac{D_{is}}{D_{os}^2}+\frac{1}{D_{os}} \tag{6.65}$$

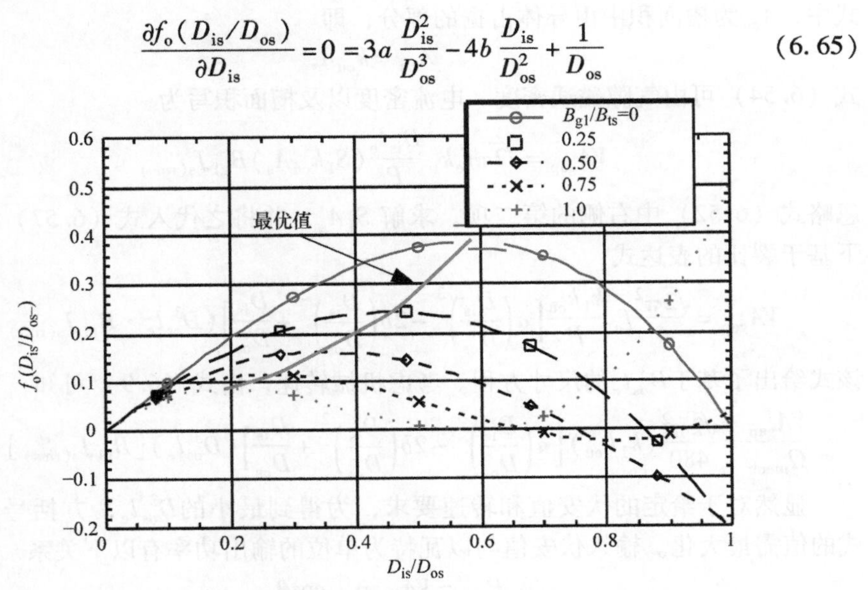

图6.14　$B_{cs}=0.8B_{ts}$，$P=4$时输出函数$f_o(D_{is}/D_{os})$随D_{is}/D_{os}的变化

因此

$$\left.\frac{D_{is}}{D_{os}}\right|_{最优值}=\frac{2b\pm\sqrt{4b^2-3a}}{3a} \tag{6.66}$$

图6.15给出了$f_o(D_{is}/D_{os})$的最优值随极数变化的规律。注意D_{is}/D_{os}的最优值随着极数的增加而增大，意味着定子更趋近于环形。当极数大于6时，$f_o(D_{is}/D_{os})$的最大值随极数的增加而缓慢增大，这说明定子用铁量在极数大于6时会随之缓慢减少。这主要是由于随着极数的升高，每极磁通降低，所需的轭部截面积也随之减小。

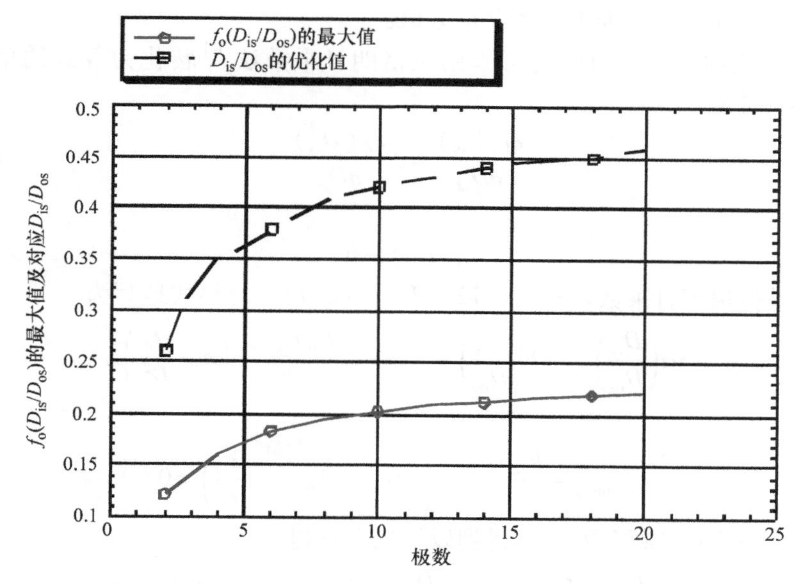

图6.15 极数对输出函数$f_o(D_{is}/D_{os})$的影响（磁通密度$B_{cs}=0.8B_{ts}$，$B_{g1}/B_{ts}=0.5$）

尽管图6.15给出了优化结果，但这些结果只在电流密度$J_{s(rms)}$固定，而非面电流密度$K_{s(rms)}$固定时成立。在电机极数较少时，由式（6.66）的优化结果可得到好的设计方案。但随着极数的增加，由于超过了面电流密度（发热）的限制，因此得到的设计性能则会逐渐变差。该问题可通过在式（6.64）的基础上引入不等式约束解决。面电流密度与电流密度的关系为

$$K_{s(rms)}=\frac{k_{cu}A_sS_1}{\pi D_{is}}J_{s(rms)} \tag{6.67}$$

忽略δ_1，由式（6.52）可知

$$a\left(\frac{D_{is}}{D_{os}}\right)^2-2b\left(\frac{D_{is}}{D_{os}}\right)+1=\frac{4S_1A_s}{\pi D_{os}^2} \tag{6.68}$$

求解A_s，并将结果代入式（6.67）可得

$$K_{s(rms)}=\frac{k_{cu}J_{s(rms)}}{4}\left(aD_{is}-2bD_{os}+\frac{D_{os}^2}{D_{is}}\right) \tag{6.69}$$

这时问题变为求解 $D_{is(opt)}$，以使下式最大化

$$f(D_{is})=a\frac{D_{is}^2}{D_{os}^2}-2b\frac{D_{is}^2}{D_{os}}+D_{is} \tag{6.70}$$

且受制于

$$g(D_{is})=K_{s(max)}^*-\frac{k_{cu}J_{s(rms)}}{4}\left(aD_{is}-2bD_{os}+\frac{D_{os}^2}{D_{is}}\right)\geqslant 0 \tag{6.71}$$

式中，$K_{s(max)}^*$ 是规定的面电流密度最大值。

该不等式约束的极值问题可借助拉格朗日乘数法[6]转化为等式约束问题。就此而言即求解

$$\frac{\partial f(D_{is})}{\partial D_{is}}=\zeta\frac{\partial g(D_{is})}{\partial D_{is}} \tag{6.72}$$

并满足

$$g(D_{is})=0 \tag{6.73}$$

式中，ζ 是拉格朗日乘数。式（6.72）和式（6.73）可显式地写为

$$3\alpha\left(\frac{D_{is}}{D_{os}}\right)^2-4b\left(\frac{D_{is}}{D_{os}}\right)+1=-\zeta\frac{k_{cu}J_{s(rms)}}{4}\left(a-\frac{D_{os}^2}{D_{is}^2}\right) \tag{6.74}$$

且满足

$$K_{s(max)}^*-\frac{k_{cu}J_{s(rms)}}{4}\left(aD_{is}-2bD_{os}+\frac{D_{os}^2}{D_{is}}\right)=0 \tag{6.75}$$

将式（6.75）乘以 D_{is}，可得到以下二次方程

$$\frac{k_{cu}J_{s(rms)}}{4}\left[a\frac{D_{is}^2}{D_{os}^2}-2b\frac{D_{is}}{D_{os}}+1\right]-\frac{K_{s(max)}^*}{D_{os}}\left(\frac{D_{is}}{D_{os}}\right)=0 \tag{6.76}$$

求解可得

$$\frac{D_{is}}{D_{os}}=\frac{b}{a}+\frac{2K_{s(max)}^*}{ak_{cu}J_{s(rms)}D_{os}}\pm\sqrt{\left(\frac{b}{a}+\frac{2K_{s(max)}^*}{ak_{cu}J_{s(rms)}D_{os}}\right)^2-\frac{1}{a}} \tag{6.77}$$

从式（6.74）中求解 ξ 可得

$$\xi=\frac{3a\left(\dfrac{D_{is}}{D_{os}}\right)^2-4b\left(\dfrac{D_{is}}{D_{os}}\right)+1}{\dfrac{k_{cu}J_{s(rms)}}{4}\left[\left(\dfrac{D_{os}}{D_{is}}\right)^2-a\right]} \tag{6.78}$$

寻找 D_{is}/D_{os} 最优值的过程是首先假定一个暂定的 D_{os}，之后由式（6.76）求解 D_{is}/D_{os}，并将结果代入式（6.78）。式（6.77）中的加号给出的 $D_{is}/D_{os}>1$，因此须采用减号。若 ξ 是负值，则 D_{is}/D_{os} 的解即为最优值。若 ξ 是正值，需要

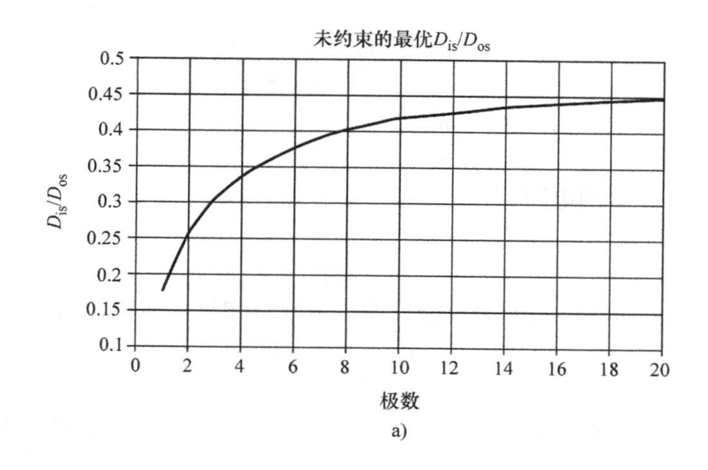

a)

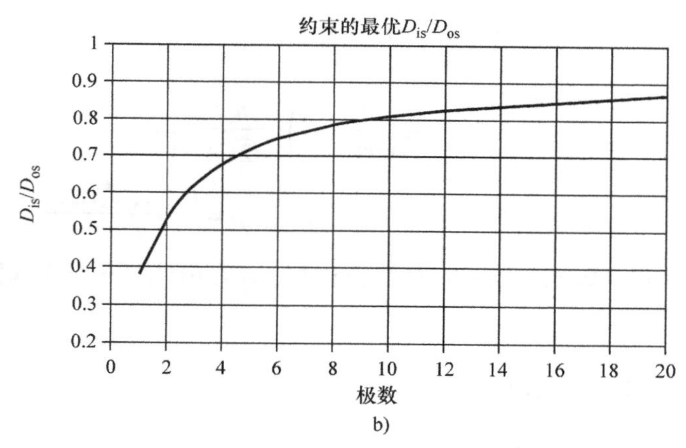

b)

图 6.16 不同条件下 D_{is}/D_{os}的对比：a）无约束；b）有面电流密度 $K_{s(rms)}$ 约束

降低 $J_{s(rms)}$ 或增大 D_{os} 以获得可行的解。图 6.16 对比了在 $B_{g1}/B_t=0.5$、$B_c/B_{g1}=0.8$、$K_{s(rms)}=50\text{A/mm}$（1270A/in）以及 $J_{s(rms)}=5\text{A/mm}^2$（3225A/in^2）时，无约束以及有 K_s约束时的最优值。注意在有约束时，D_{is}/D_{os}接近 1 而非 0.5，这表示考虑面电流密度约束时，电机定子更接近径向厚度较小的环形。最后 D_{is}可由已知的 D_{os}和 D_{is}/D_{os}算得。若该 D_{is}与所需值，比如通过式（6.13）求得的值有偏差，则可进行迭代以收敛至所需值。

6.6 损耗密度

如前文已述，须对面电流密度施加约束以防止过热。由于电机的散热能力与散热面积有关，从优化角度来讲每单位面积的损耗是对损耗更为方便的表达方式。由式（6.6）可知，沿定子内圆单位长度上的电流（面电流密度）为

$$K_s = \frac{S_1 n_s (I_s/C)}{\pi D_{is}} = \frac{I_s}{C} \frac{n_s}{\pi(D_{is}/S_1)} \tag{6.79}$$

$$= \frac{I_s}{C} \frac{n_s}{\tau_s} \tag{6.80}$$

每根导体在槽内部分的电阻是

$$r_{sl} = \frac{\rho l_s}{A_{cu}} \tag{6.81}$$

式中，l_s为包含径向冷却风道的定子长度。由此可知每槽的铜耗为

$$P_{sl} = n_s^2 \frac{I_s^2}{2C^2} r_{sl} = n_s^2 \frac{\rho l_s}{A_{cu}} \frac{I_s^2}{2C^2} \tag{6.82}$$

某个给定槽产生的热由对应一个槽距的表面损耗来表示。因此，气隙表面单位面积的损耗为

$$P_{diss} = \frac{P_{sl}}{\tau_s l_s}$$

$$= \left(\frac{I_s}{\sqrt{2}C} \frac{n_s}{\tau_s}\right)\left(\frac{n_s I_s}{\sqrt{2}CA_{cu}}\right)\rho \tag{6.83}$$

$$= K_{s(rms)} J_{s(rms)} \rho = \frac{K_{s(rms)} J_{s(rms)}}{\sigma} \tag{6.84}$$

式中，$K_{s(rms)}$为式（6.7）对应的有效值；$J_{s(rms)}$为由式（6.56）定义的导体截面积上的电流密度。

6.7 $D^{2.5}L$尺寸公式

将$D_{os}^3 l_e$和$D_{is}^2 l_e$两个尺寸公式相乘，并对结果求二次方根可得电机输出转矩的另一个有用表达式

$$\frac{P_{out}}{\Omega_{mech}} = \sqrt{\xi_o \xi_r} \sqrt{D_{os}^3 D_{is}^2 l_e^2} \tag{6.85}$$

式中

$$\xi_r = \frac{\sqrt{2}\pi^2}{120} k_1 (K_{s(rms)} B_{g1}) \eta_{gap} \cos\phi \tag{6.86}$$

另由式（6.62）

$$\xi_o = \frac{\sqrt{2}\pi^2}{480}(k_1 k_{cu})\left[a\left(\frac{D_{is}}{D_{os}}\right)^3 - 2b\left(\frac{D_{is}}{D_{os}}\right)^2 + \frac{D_{is}}{D_{os}}\right] J_{s(rms)} B_{g1} (\eta_{ag} \cos\phi_{ag}) \tag{6.87}$$

式（6.85）可写为

$$\frac{P_{out}}{\Omega_{mech}} = \sqrt{\xi_o \xi_r \left(\frac{D_{is}}{D_{os}}\right)^2} D_{os}^{2.5} l_e \tag{6.88}$$

上式可简化为

$$\frac{P_{\mathrm{out}}}{\Omega_{\mathrm{mech}}}=\xi_{\mathrm{o}(2.5)}D_{\mathrm{os}}^{2.5}l_{\mathrm{e}} \tag{6.89}$$

式中

$$\xi_{\mathrm{o}(2.5)}=\frac{\sqrt{2}\pi^2}{240}k_1B_{\mathrm{g1}}\eta_{\mathrm{gap}}\cos\phi_{\mathrm{gap}}\sqrt{k_{\mathrm{cu}}K_{\mathrm{s(rms)}}J_{\mathrm{s(rms)}}}\left[\frac{D_{\mathrm{is}}}{D_{\mathrm{os}}}\sqrt{f_{\mathrm{o}}\left(\frac{D_{\mathrm{is}}}{D_{\mathrm{os}}}\right)}\right] \tag{6.90}$$

$f_{\mathrm{o}}(D_{\mathrm{is}}/D_{\mathrm{os}})$函数由式（6.64）定义。6.6节中已证明$K_{\mathrm{s(rms)}}J_{\mathrm{s(rms)}}$与单位表面积的定子$I^2R$损耗（忽略绕组端部对应的损耗）成正比，与电机的温升密切相关。因此，若该乘积固定，在电机尺寸随其他要求变化时，其散热能力保持不变。图6.17绘制了以下函数的曲线。

$$\left(\frac{D_{\mathrm{is}}}{D_{\mathrm{os}}}\sqrt{f_{\mathrm{o}}\left(\frac{D_{\mathrm{is}}}{D_{\mathrm{os}}}\right)}\right)$$

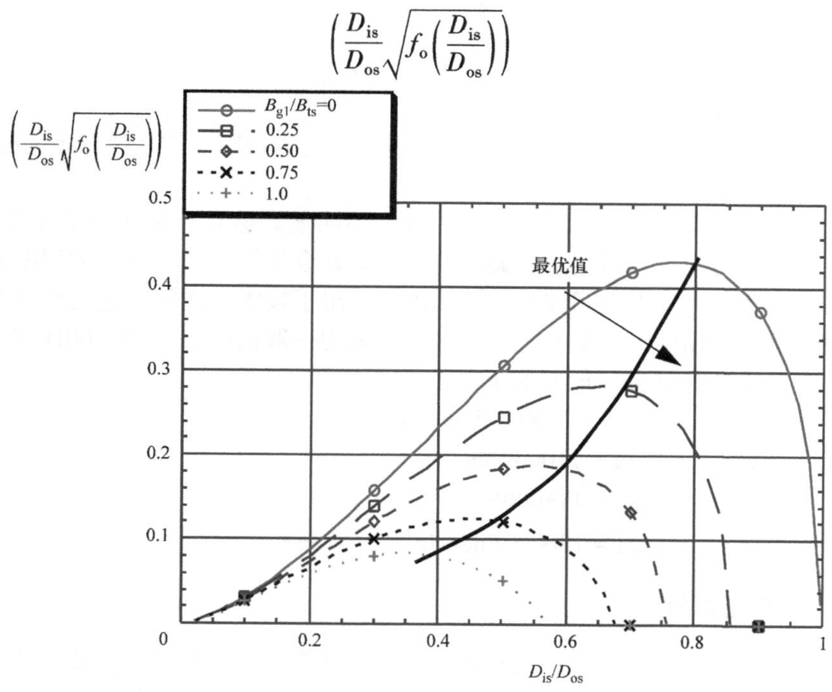

图6.17　$B_{\mathrm{cs}}=0.8$和$P=4$时输出函数$\left(\frac{D_{\mathrm{is}}}{D_{\mathrm{os}}}\sqrt{f_{\mathrm{o}}\left(\frac{D_{\mathrm{is}}}{D_{\mathrm{os}}}\right)}\right)$随$D_{\mathrm{is}}/D_{\mathrm{os}}$变化的曲线

6.8　磁负荷的选取

磁负荷的选取受若干参数的影响，适用于各种类型电机。

6.8.1　铁心中的最大磁通密度

任何铁心部件内的磁通密度都要低于某明确定义的最大值以避免饱和。一个

好的电机设计方案中，最大磁通密度往往在齿部。齿部的磁通密度大约为气隙磁通密度乘以齿宽与槽距之比，即

$$B_o \approx \frac{\tau_s}{t_o} B_{g1} \tag{6.91}$$

若齿部最窄处的磁通密度需要低于限定值，则 B_{g1} 的最大值也确定了。对一般电工钢而言，齿部磁通密度的最大值一般在 1.55 ~ 1.9T（100000 ~ 123000lines/in^2），而轭部的磁通密度一般在 1.4 ~ 1.7T（90000 ~ 110000lines/in^2）之间。这些取值对应的工作频率是 60Hz，频率更高就必须进行调整。频率对允许的齿部磁通密度的影响可大致由下式估算[3]

$$B_{ts} = 5.47 f^{-0.32} \tag{6.92}$$

相应的气隙磁通密度是

$$B_{g1} = \frac{B_{ts}}{k_{is}}\left(1 - \frac{b_o}{\tau_s}\right) \tag{6.93}$$

式中，b_o 为槽口宽度；k_{is} 为定子冲片叠压系数；τ_s 为槽距。初始值可定为 $b_o/\tau_s \approx 0.5$，$k_{is} \approx 1$，这时 $B_{g1} = 0.5B_{ts}$。

大型电机的直径较大，因此齿部的锥度不明显。但在直径较小的小电机中，齿部锥度非常明显，因而定子齿尖和转子齿根处会先饱和。此外，大型电机槽满率较高，因此绝缘所占空间较小，这给齿部留出了较大的空间。这是小型电机的气隙磁通密度往往低于大型电机的原因。当采用一般的电工钢时，60Hz 频率下，感应电机内最高的 B 值一般要低于以下值：

定子轭部 $B_{cs} = 1.6\text{T} \approx 105000\text{lines/in}^2$

转子轭部 $B_{cr} = 1.7\text{T} \approx 110000\text{lines/in}^2$

定子齿部 $B_{ts} = 1.8\text{T} \approx 115000\text{lines/in}^2$

转子齿部 $B_{tr} = 1.9\text{T} \approx 120000\text{lines/in}^2$

6.8.2 磁化电流

电机的磁化电流直接与迫使磁通进入气隙和铁心所需的磁动势成正比。气隙所需的磁动势与气隙磁通密度就是简单的正比关系。然而铁心的磁通密度与选定的磁负荷有关。若所选磁负荷较低，铁心的磁通密度也较低，在 B-H 曲线上工作在拐点以下的线性部分，所需的磁动势很小甚至可以忽略。但这也表示铁心材料没被充分利用。若采用较大的磁负荷（磁通密度），则所需的磁动势会显著增加。因此，较高的磁负荷会导致磁化磁动势和磁化电流增加。较好的折中方案是设计一个轻微饱和、留有可容忍 10% 过电压的电机（NEMA 标准）。

电机的铁耗也和频率相关。因而对于高速电机（高频电机），必须降低磁负荷以降低铁耗从而能够获得合理的效率。在 60Hz 电机中，典型的气隙磁通密度峰值可选为 0.8T（53000lines/in^2），而在 400Hz 伺服电机中，相应的值则仅为前

者的一半。因为输出功率随尺寸增大而升高的速度大于磁损耗升高的速度，所以随着尺寸的增大，磁负荷也应适当增大，6.12 节还会讨论这一话题。图 6.18 给出了 3～150hp 的标准感应电机和高效率感应电机的典型气隙磁通密度值[7]。

在无更多信息的情况下，若工作频率为 50Hz 或 60Hz，可用下式确定气隙磁通密度的初始值，

$$B_{g1}=0.464\tau_p^{1/6} \tag{6.94}$$

式中，τ_p的单位为 cm；B_{g1}的单位为 T。

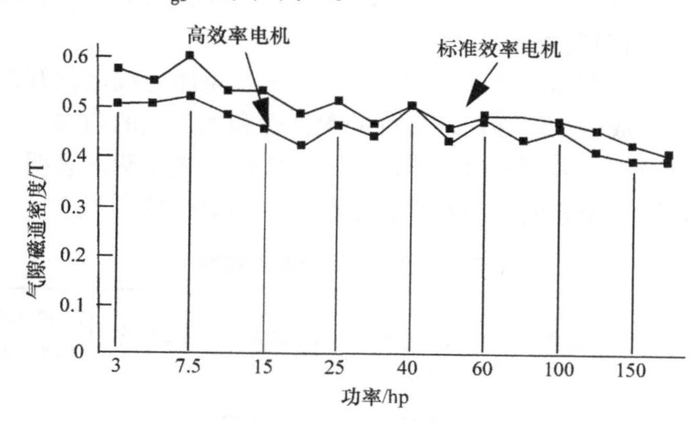

图 6.18 某制造商系列电机的气隙磁通密度（64.5kilolines/in^2 = 1T）

6.9 电负荷的选取

尽管电路中不存在磁路中的饱和现象，但在确定电负荷时导体内的损耗也需仔细考虑。限制电机电负荷的因素有以下几点。

6.9.1 额定电压

与直觉相反的是，槽内部空间通常更多地被空气而非铜导体占据。除了装配所需的可使线圈滑入槽内的“游隙”外，匝与匝之间、线圈之间以及导体相对地（即铁心）之间必须存在绝缘。所需的对地绝缘除了承受正常的过电压外，还需承受由闪电和线路开关引起的电涌，因而占据了槽可用空间的很大一部分。IEEE 标准测试要求电机必须能够在正常工作温度下，承受持续 1min 的高于两倍额定值 1000V 的过电压。导体截面积相对于可用槽面积的标幺值通常在 0.2～0.4 范围内。对地绝缘、线圈间绝缘及导线绝缘的厚度见表 6.5，它们都随额定电压的升高而增大，因此可用导体面积随额定电压升高而降低。

当前用于交流电机调速的脉宽调制逆变器给电机设计人员在绝缘方面提出了新挑战。这种情况下，电机绝缘系统要承受高达每秒 20000 次的电压阶跃冲击。

实际上，这些阶跃冲击振荡非常快，表明其与电机绝缘系统的电容发生了共振。这可导致两倍于逆变器直流母线电压的脉冲。因此，当电机标称 460V 的交流电源由类似标称的逆变器替换时，整流得到的 650V 直流可导致电机两线之间高于 1200V 的过电压。当逆变器开关频率高于 5000Hz 时，这种瞬变的幅值与快速变化率叠加在一起会导致绝缘系统寿命降低高达 90%，从统计数据来看，寿命的降低会随开关频率的增加而加速。NEMA MG1 标准定义了一般电机可接受的阶跃上升沿为 $V_{peak} \leqslant 1000V$，上升时间 $\geqslant 2\mu s$，而"逆变器级别"电机相应的值为 $V_{peak} \leqslant 1600V$，上升时间 $\geqslant 0.1\mu s$。

一种在原有底漆和面漆之间添加了屏蔽层的新型漆包线已被开发出来。这种由三层不同材料组成的涂层在保证良好的柔韧性和加工性的前提下，极大地改善了抵抗快速上升时间、高频和过电压的能力。实验室老化测试表明，这种新型漆包线抵抗逆变器瞬态损害的能力高达普通漆包线的 200 倍[7, 8]。

表 6.5　散嵌电机的圆形铜线

AWG	裸线直径 /in	重绝缘 /in	三重绝缘 /in	四重绝缘 /in	玻璃绝缘 /in	25 摄氏度每 1000ft 重量 /lb	每 1000ft 电阻/Ω
	0.0605	0.0634	0.0652	0.0662	0.0662	11.10	2.80
15	0.0517	0.0600	0.0617	0.0628	0.0628	9.87	3.24
	0.0538	0.0557	0.0585	0.0594	0.0594	8.76	3.65
16	0.0508	0.0537	0.0552	0.0563	0.0563	7.81	4.10
	0.0480	0.0508	0.0524	0.0534	0.0534	6.97	4.59
17	0.0453	0.0481	0.0498	0.0506	0.0506	6.21	5.15
	0.0427	0.0454	0.0470	0.0480	0.0480	5.52	5.80
18	0.0403	0.0430	0.0445	0.0455	0.0455	4.91	6.51
	0.0380	0.0406	0.0422	0.0432	0.0432	4.37	7.32
19	0.0359	0.0385	0.0399	0.0410	0.0410	3.90	8.21
	0.0339	0.0364	0.0379	0.0390	0.0390	3.48	9.20
20	0.0320	0.0345	0.0358	0.0370	0.0370	3.10	—
	0.0302	0.0326	0.0340	0.0352	0.0352	2.76	—
21	0.0285	0.0309	0.0322	0.0334	0.0334	2.46	—
22	0.0253	0.0276	0.0288	0.0301	0.0301	1.94	—
23	0.0226	0.0248	0.0260	0.0273	0.0273	1.55	—
24	0.0201	0.0222	0.0230	0.0243	—	1.22	—
25	0.0179	0.0199	0.0212	0.0219	—	0.97	—

6.9.2　电流密度约束

存在几种确定定子绕组面电流密度 K_s 的可行方法。其稳态值可由绕组绝缘允许温升下，散热系统带走定子热量（包含铜耗及铁耗）的能力所约束。另一种方法是，要达到特定的效率，限定绕组的损耗标幺值。以上两种方法，都是要在一定的定子绕组损耗 P_{sw} 下，确定电机及绕组尺寸以达到给定的转矩。

考虑串联匝数为 N_s 的定子绕组。三相绕组的基波面电流密度幅值可由式（6.7）得到，即

$$K_{s1}=\frac{6}{\pi}\frac{k_1 N_s}{D_{is}}I_s \quad \mathrm{A/m} \tag{6.95}$$

通过分配绕组所占空间来达到既定的绕组损耗目标[9]。槽宽一般定为 $b_s\approx 0.5\tau_s$ 以获得单位气隙面积上力的最优值。槽深定义为 d_s。对散嵌绕组电机而言，导体面积与槽面积的比 k_{cu} 一般在 0.3 ~ 0.5 范围内。因此，可将绕组等效成厚度为 d_e 的实心导体

$$d_e\approx k_{cu}d_s\frac{b_s}{\tau_s} \tag{6.96}$$

图 6.19 所示为线圈的一匝，其跨距约为 $1/P$ 定子内圈周长。线圈的端部长度与极距 τ_p 之比 v_e 一般在 1.4 ~ 1.8 之间。定子绕组可等效为长度为 l_c 的实心导体

$$l_c=l_s+v_e\frac{(\pi D_{is})}{P} \tag{6.97}$$

定子铜耗则可表示为

$$P_{s,cu}=\rho_{cu}\pi D_{is}d_e l_c J_{s(rms)}^2 \quad \mathrm{W} \tag{6.98}$$

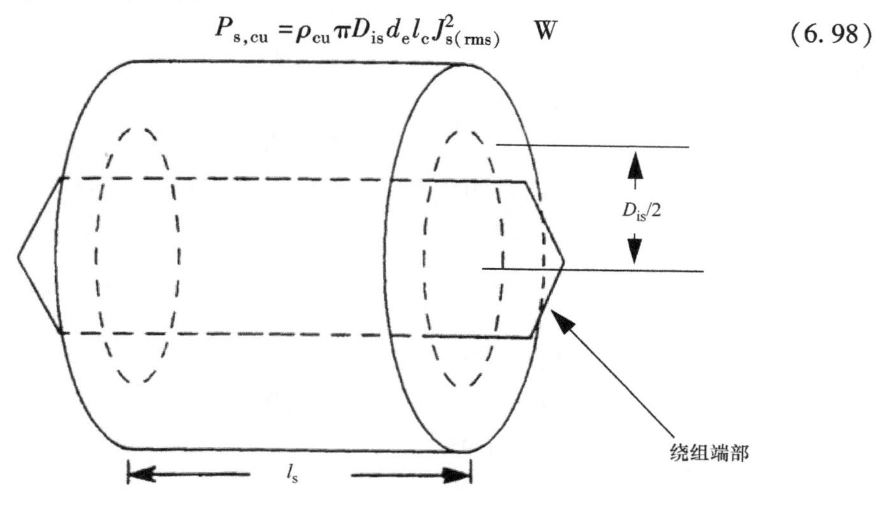

图 6.19　典型的定子线圈

式中，ρ_{cu}为铜导体的电阻率。从导体的等效厚度出发，电流密度 $J_{s(rms)}$ 与面电流密度峰值的关系为

$$J_{s(rms)} = \frac{K_{s1}}{\sqrt{2}d_e} \quad A/m^2 \tag{6.99}$$

结合式（6.95）、式（6.97）、式（6.98）以及式（6.99），定子铜耗 $P_{s,cu}$ 可直接用面电流密度 K_s 表示为

$$P_{s,cu} = \left(\frac{\pi}{2}\right)\frac{D_{is}\rho_{cu}}{k_{cu}d_s}\left(\frac{\tau_s}{b_s}\right)\left[l_s + v_e\frac{(\pi D_{is})}{P}\right]K_{s1}^2 \quad W \tag{6.100}$$

这一结果可以用额定机械功率为基值进行标幺化。从式（6.13）可知，额定功率为

$$P_{mech} = \left(\frac{\pi}{2}\right)\frac{\omega_e}{P}k_1(D_{is}^2 l_e)B_{g1}K_{s1}\eta_{gap}\cos\phi_{gap} \tag{6.101}$$

并且 B_{g1} 和 $K_{s(rms)}$ 为其额定值。然后用式（6.100）除以式（6.101）可得

$$P_{s,cu(pu)} = \frac{(P\rho_{cu})\left(\frac{\tau_s}{b_s}\right)\left[l_s + v_e\frac{(\pi D_{is})}{P}\right]K_{s1}}{k_{cu}k_1\omega_e(D_{is}l_e)d_sB_{g1}\eta_{gap}\cos\phi_{gap}} \quad pu \tag{6.102}$$

在电机的尺寸确定之前，还有一些其他的因素需要注意。但在目前阶段先来看一个 20kW、4 极、1800r/min、定子绕组损耗标幺值为 0.02 的电机设计样例。

因此，已知条件为

$$P_{s,cu(pu)} = 0.02$$

$$P = 4$$

$$\rho_{cu} \approx 1.68 \times 10^{-8}\Omega \cdot m$$

$$\omega_e = 377 rad/s$$

选取以下参数

$$B_{g1} = 0.8$$

$$l_s = D_{is} \quad （选定形状 l_s/\tau_p = P/\pi）$$

$$l_e = 1.05 l_s$$

$$v_e = 1.6$$

$$\frac{\tau_s}{b_s} = 2$$

$$k_{cu} = 0.7$$

$$d_s = 0.11 D_{is} \quad （选定比例）$$

$$k_1 = 0.95$$

$$\eta_{gap} = 0.93$$

$$\cos\phi_{gap} = 0.9$$

在假定磁通密度 B_{g1} 的条件下，首先设计转子来确定气隙处的效率和功率因数。

将以上数值代入式（6.100）和式（6.101），可得

$$D_{is}K_{s1}^2 = 2.586\times10^8\text{A}^2/\text{m} \tag{6.103}$$

$$D_{is}^3K_{s1} = 192.1\text{A}\cdot\text{m}^2 \tag{6.104}$$

由此可得

$$K_{s1} = \sqrt[5]{\frac{(2.586\times10^8)^3}{192.1}} = 39.0\times10^3\text{A/m} \tag{6.105}$$

$$D_{is} = \sqrt[5]{\frac{192.1^2}{2.586\times10^8}} = 0.170\text{m} \tag{6.106}$$

$$J_{s(rms)} = \frac{K_{s1}}{\sqrt{2}d_e} = \frac{K_{s1}}{\sqrt{2}k_{cu}d_s\left(\dfrac{b_s}{\tau_s}\right)}$$

$$J_{s(rms)} = \frac{39000}{\sqrt{2}\times0.7\times(0.11\times0.170)\times0.5} = 4.21\times10^6\text{A/m}^2 \tag{6.107}$$

6.9.3 电流密度代表值

表6.6和表6.7分别给出了某制造商的ODP和TEFC电机定子面电流密度 $K_{s(rms)}$ 以及定子电流密度 $J_{s(rms)}$ 的参考值。如果没有类似的参考数据，可用下式来确定 $K_{s(rms)}$ 的初始值

$$K_{s(rms)} = 100\tau_p^{2/3} \tag{6.108}$$

式中，τ_p 的单位为m；$K_{s(rms)}$ 为有效值，单位为A/mm。

表6.6 NEMA标准ODP电机的 $K_{s(rms)}$ 和 $J_{s(rms)}$ 参考值（单位分别为A/mm和A/mm²）

hp	$P=2$		$P=4$		$P=6$	
	$K_{s(rms)}$	$J_{s(rms)}$	$K_{s(rms)}$	$J_{s(rms)}$	$K_{s(rms)}$	$J_{s(rms)}$
1	14	4.8	14	4.35	14	4.0
5	21	4.35	21	4.0	21	3.7
10	24	4.35	24	4.0	24	3.7
50	32	4.35	28	4.0	27	3.7
100	34	4.35	31	4.0	28	3.7
500	36	4.35	32	4.0	29	3.7

表 6.7 NEMA 标准 TEFC 电机的 $K_{s(rms)}$ 和 $J_{s(rms)}$ 参考值（单位分别为 A/mm 和 A/mm^2）

hp	$K_{s(rms)}$	$J_{s(rms)}$			
		$P=2$	$P=4$	$P=6$	$P=8$
1	11.5	5.4	4.5	3.7	3.4
5	21	5.1	4.3	3.6	3.25
10	24	5.0	4.2	3.6	3.1
50	26	3.1	3.7	3.4	3.0
100	26	2.3	2.3	2.5	2.6
500	26	2.3	2.3	2.0	2.0

笼型异步电机，转子导条和端环中的电流一般限制在 8A（rms）/mm^2［5000A（rms）/in^2］。而在绕线式异步电机中，转子绕组的电流密度一般可比定子绕组高 20%～30%。全封闭电机的取值一般在 1～5A（rms）/mm^{2}范围内，而风扇冷却电机可达 8～10A（rms）/mm^2。液冷电机根据冷却方式的不同电流密度可达更高的值。如通过机壳冷却，可达 10～20A（rms）/mm^2，而导体直接冷却电机则高达 30～40A（rms）/mm^2。电流密度最大允许值无疑要从热的角度考量确定，这将在第 7 章论述。

这里需注意，以上所给出的均为参考值。真正电机可达到的电流密度完全取决于采用的冷却方案。一般而言，针对无外界冷却的全封闭异步电机，激进的设计方案能采用高达 5A（rms）/mm^{2}的电流密度。定子表面强制风冷的电机则可承受 7.5～9A（rms）/mm^{2}的电流密度。当采用具有轴向或径向的定子风道（或同时转子也有风道）的风冷方案时，电流密度可达到 14～15A（rms）/mm^2。最后，若采用液冷［采用水、油、水乙二醇（Water Ethylene－Glycol，WEG）等介质，采用冷却管道或绕组端部喷淋方案］，电流密度可增至 20A（rms）/mm^{2}或以上。每种情况下的面电流密度也相应随之升高。

若式（6.94）和式（6.108）分别用作气隙磁通密度和面电流密度的代表值，并假定效率、功率因数以及长径比，则式（6.13）可直接给出极距随输出功率变化的函数。图 6.20 给出了采用图 6.6 和图 6.7 中的效率和功率因数，以及将图 6.12 中的虚线作为长径比 l_e/τ_p时的结果。

在遵守磁通密度和电流密度约定（式（6.94）和式（6.108））的前提下，观察电机的额定值如何变化。由式（6.10）可知，电机体积随着极距的二次方而增大，因而若保持长度不变，增加极距（也即直径），则有

$$T_e=\frac{P_{mech}}{\Omega_s}\propto\tau_p^{(2+1/6+2/3)}=\tau_p^{17/6} \tag{6.109}$$

这几乎是极距或直径的三次方。另一方面，若电机的长度增加，而保持极距

（即直径）不变，则 B_{g1} 和 $K_{s(rms)}$ 保持为常数，从而有

$$T_e = \frac{P_{mech}}{\Omega_s} \propto l_i \tag{6.110}$$

这是一个线性关系。式（6.109）和式（6.110）可用作为获取满意设计方案而制定的尺寸缩放规则。

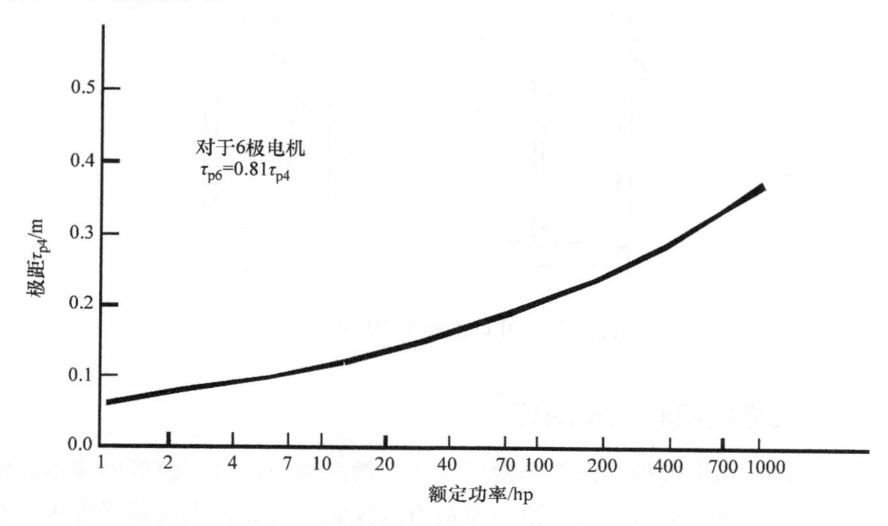

图 6.20　极距随额定功率变化的估算曲线

6.10　定子结构的实用考量

有两种定子槽形应用最为广泛：开口槽和半闭口槽。如图 6.21 所示，开口槽适用于成型绕组，而半闭口槽适用于散嵌绕组。开口槽一般用于功率在 100hp 及以上，特别是线圈匝数较小，或电压较高（2300V 及以上）的大型电机。高压电机需要在线圈嵌入槽内前处理好对地绝缘，因此需要开口槽结构。与闭口槽相比，开口槽显著地增加了等效气隙，从而导致较小的磁化电抗和较低的功率因数。开口槽结构会增加槽谐波和磁导谐波，对转矩脉动和杂散损耗也有较大影响。开口槽的另一个特点是它可配合凹进去的槽楔，从而为冷却气流提供额外的通道。

半闭口槽在爬电或绝缘厚度方面非常有限。爬电距离约等于槽楔的厚度，也为槽中相间绝缘的厚度。因此，半闭口槽结构很少在电压为 550V 以上的场合中使用。由于槽中绕组的爬电距离有限，散嵌绕组通常不会在端部设置较大的爬电距离。例如，槽绝缘通常仅超出铁心端部 1/4in，若槽绝缘未居中，甚至这一距离也要打折扣。有时槽绝缘末端会添加套管以提供额外的绝缘。如果电机会暴露

在潮湿的空气中，则开放式结构电机采用散嵌绕组就会面临较大的风险，最好采用 TEFC 结构。槽的槽口宽与导线绝缘后的直径有重要关系。一般而言，开口应大于该直径的两倍，从而避免在交叉线插入时损坏导线绝缘，并大大降低嵌线所需时间。

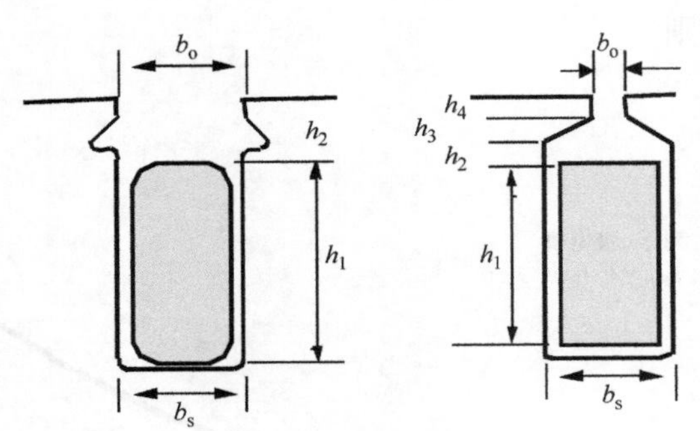

图 6.21　开口槽和半闭口槽结构

6.10.1　散嵌绕组和成型绕组

除具有较高功率因数和较低杂散损耗外，散嵌绕组还具有较低的成本。绕组首先被整理成其最终形状，再一匝一匝地嵌入预先放置在槽内的槽绝缘中。在材料利用率方面，同一额定电压下，散嵌绕组中导体面积约占 30% 的总槽面积，而对成型绕组而言约为 50%。在设计中应当采用这些百分比，除非有关于槽填充物的更准确数据。成型绕组要求槽的两条边平行，这也意味着齿是锥形的，这会导致齿部磁通密度不均匀，因此其空间优势在一定程度上会被较差的齿部铁心利用率所抵消。

另一个将散嵌绕组限制在小尺寸电机应用的原因是难以支撑绕组端部。在较大型电机中，浪涌电流或短路电流所导致的力可能会非常大。端部绑扎本身不能为散嵌绕组提供足够的支撑，特别在两极电机中，甚至一股线的移动都会导致整个线圈束松动。因而必须依靠浸漆来牢固地固定线端。浸漆会因发热而软化，这在另一方面限制了在过载保护切除电源前散嵌电机堵转的时间。在成型绕组电机中，绕组端部的支撑也是一个大问题，对极对数较低的电机尤为如此。这种情况下，绕组端部较长，每极安匝数较高，从而导致线圈间的力往往较大。除一般电机均会采用的交叉绑扎外，还会采用一个或多个支撑环作为额外支撑，从而给绕组绑带提供额外的预应力以增强结构刚度。绑带本身则采用经过 permafil 环氧树脂处理，随后烘烤固化的玻璃纤维带。

散嵌绕组和成型绕组之间还存在另外一个不同点：连接方式不同。前者，尤其在 25hp 及以下电机中，往往同相的若干线圈在不断线的前提下一同绕制。该组线圈与其他相的线圈组一起，可逐个嵌入槽中，无需任何剪线。这样得到的定子绕组避免了很多额外的连接，便于大规模生产。成型绕组则要求对电机的每个线圈均进行连接操作。

6.10.2 三角形和星形联结

三角形和星形联结的电机均有广泛的应用。一般而言，采用哪种取决于哪种连接可得到最优的每线圈匝数。电机更大时，每线圈匝数减少，从而使相带间串并联的选择变得更为有限，因此选择哪种连接会更为重要。教科书中经常这样写到，三角形联结中，绕组中感应的三次谐波电压可导致相间环流。尽管这是事实，但通过仔细选取节距因数，并控制饱和程度，这一现象导致的损耗可控制在可忽略的水平。星形联结的一个主要优势是在过载保护可能有限的场合。若电机因某根电源线断开而导致堵转，星形联结电机的线电流与其对应的三角形联结电机一致。但在三角形联结电机内，与断开线无连接的相的电流则为与断开线有连接的两相中电流的两倍。最终结果是三角形联结电机中，三相总损耗与对应星形联结电机中两个导通相的总损耗相当。但在三角形联结中，与断开线无连接的相的最大电流比星形联结导通的两相中任意一相的最大电流都大15%，这会导致三角形联结中一相的温升要比星形联结中高33%。因此实际应用中若这种情况非常关键的话，过载保护必须随之调整。

6.10.3 叠片间绝缘

与其他任何电机种类一样，感应电机叠片间的绝缘也相当重要。一般来说，对60Hz两极电机而言，叠片间的感应电压约为每英寸1 1/2V。长度为6in及以下的短铁心电机的叠片间绝缘可依靠硅钢片退火时产生的氧化层。而当铁心长度在12in及以上时，则需一个更可靠的、受控的绝缘方案，应考虑硅钢片涂漆。对转子而言，转差率较低，因而叠片间感应电压较小，但仍需进行绝缘处理，否则谐波磁通会显著增大负载损耗。比如，若叠片间绝缘以及转子导条与叠片之间的绝缘失效，则转子斜槽也随之失效。

6.10.4 选取定子槽数

尺寸给定的叠片，定子槽数S_1由最大转矩、起动电流、允许温升等电机性能要求所决定。对极数较少的小电机而言，为保证相间的对称，选用每极每相槽数为整数的S_1。因此，24、36、48、54、60和72槽较为常用。

一般情况下，槽数是越少越好，因为制造成本随槽数以及随之而来所需插入的线圈数目的增加而升高。但也有另外许多因素倾向于选择较多的槽数。首先，或许也是最重要的一点，最大转矩与电机的漏抗成反比。由于槽漏抗、端部漏抗和锯齿形漏抗均与电机槽数成反比，因此需要采用较多的定子槽数。此外，较多的槽数可使所设计的绕组分布具有更小的磁动势谐波，从而降低相带漏感以及杂散负载损耗。最后，将线圈集中在较少的槽内会导致发热集中，从而产生散热问题。

另一方面，槽数不能任意增多，因为定子齿宽较窄会带来结构上的问题。槽数较多时槽面积随之缩小，受绝缘及槽口所占空间以及槽满率等因素的影响，想达到同样的电负荷 $K_{s(rms)}$ 会更为困难。定子齿宽也受所选槽宽相对于可用槽距比例的影响。显然，与槽距相较，太窄的齿宽会导致齿部高度饱和。此外，因绕组端部相对叠片的出发角度 α 直接和槽宽与槽距的比例相关（见图4.21），齿宽太窄会导致绕组端部问题。因此，一般选取槽数时需保证齿宽在 1/4 ~ 1in 之间。槽宽槽距比则一般在 0.4 ~ 0.6 之间，从而可推荐采用 0.5 作为设计出发点。

6.10.5 有效材料尺寸的选取

尽管特定的设计可能会仅从应用角度出发选取电机的直径和长度，但电机设计人员往往受限于要选择符合 NEMA 标准的机座号。NEMA 标准仅规定了电机的总长度和宽度，极少涉及对设计人员而言重要的工作尺寸，即气隙直径以及铁心有效长度。表 6.8 和表 6.9 可用作选取电机重要有效尺寸的指南。这些尺寸考虑了机座、散热风扇、标准轴等，通常可以获得可接受的设计方案。散热通道长度（如有的话）则没有考虑。

表 6.8 典型 NEMA 标准电机的推荐直径、最大铁心长度和气隙长度（一）

（单位：in）

机座号	极数	最大定子外直径 (D_{os})	最小转子直径 (D_{ir})	最大铁心长度 (l_i)	气隙长度
250	2	10 - 1/2	1 - 7/8	4 - 1/2	0.025
	4	10 - 1/2	1 - 7/8	5 - 1/4	0.017
	6/8	10 - 1/2	1 - 7/8	4	0.018
280	2	11 - 3/4	2 - 1/4	5 - 1/2	0.027
	4	11 - 3/4	2 - 1/4	6 - 1/2	0.018
	6/8	11 - 3/4	2 - 1/4	7	0.020
320	2	13 - 1/2	2 - 5/8	6	0.030
	4	13 - 1/2	2 - 5/8	8	0.020
	6/8	13 - 1/2	2 - 5/8	8	0.022
360	2	15 - 1/4	3 - 1/4	6 - 3/4	0.033
	4	15 - 1/4	3 - 1/4	7 - 1/4	0.028
	6/8	15 - 1/4	3 - 1/4	7 - 1/2	0.024

表6.9 典型NEMA标准电机的推荐直径、最大铁心长度和气隙长度（二）

（单位：in）

机座号	极数	最大定子外直径 (D_{os})	最小转子直径 (D_{ir})	最大铁心长度 (l_i)	气隙长度
400	2	17	3-7/8	7-1/2	0.045
	4	17	3-7/8	8-1/4	0.032
	6/8	17	3-7/8	8-1/4	0.025
440	2	18-3/4	4-3/8	10-1/2	0.050
	4	18-3/4	4-3/8	14	0.035
	6/8	18-3/4	4-3/8	14	0.028

6.10.6 选取导线尺寸

即使是最大的电机制造商也有库存问题，因此电机设计者应尽可能地利用现有库存来实现好的设计。通常当所需的线径不存在时，可使用两个或多个相同或不同直径的导体以获取所需的导体截面积。这种并联使用的导体通常称作股线，而使用这种并联导体的工艺则称作“多根并绕”。虽然并非所有的线径和绝缘厚度在特定场合中都可用，但表6.5中的数值仍具代表性。AWG符号代表标准线规（American Wire Gauge，美国线规），但可以看出，铜线的尺寸不一定非要符合AWG标准。重绝缘线一般用于100hp及以下电机的B级或F级绝缘，而四重涂层线则用于100hp以上电机以及大多数绕线转子中。三重涂层线则用于H级绝缘的定子和绕线转子中。玻璃纤维绝缘线用于高压（2300V）电机中。A级和B级绝缘主要使用有机材料如丝织物、纤维素、石棉和云母等，而F级和H级绝缘则由无机材料如玻璃纤维、特氟龙以及硅基复合材料等组成。

6.10.7 确定气隙长度

图6.22所示为感应电机推荐的气隙长度和机械极限，极数为2~16[9]。气隙长度不能低于该机械极限以维持机械公差所需的定转子间必要的间距。高效率电机的气隙通常比标准效率电机稍大，以降低杂散损耗。因磁化电感随气隙增大而减小，这会导致功率因数降低。气隙长度随极距和极数的变化可由下式估算[3]

$$g=3\times10^{-3}\left(\sqrt{\frac{P}{2}}\right)\tau_p \tag{6.111}$$

图6.23给出了从3~200hp的系列电机设计的气隙长度。

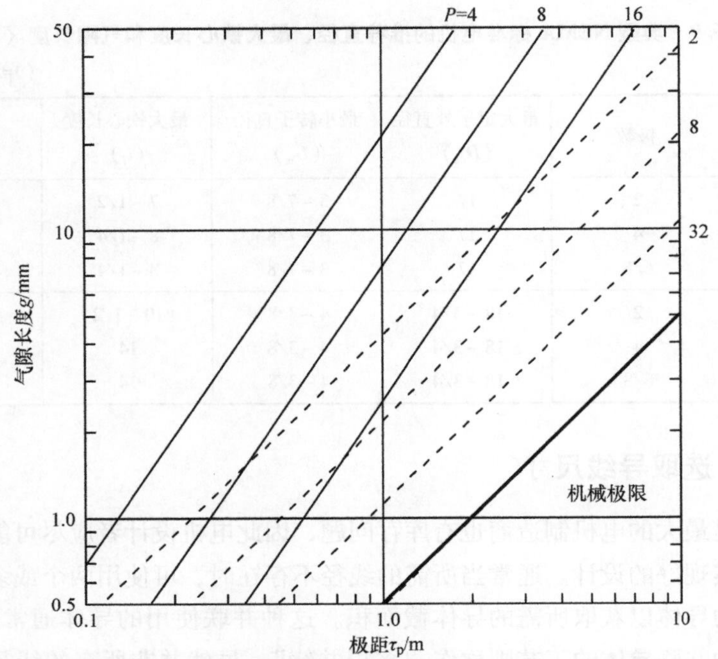

图 6.22 笼型感应电机（虚线）以及同步电机（实线）气隙随极距 τ_p 和极数 P 变化的曲线[10]

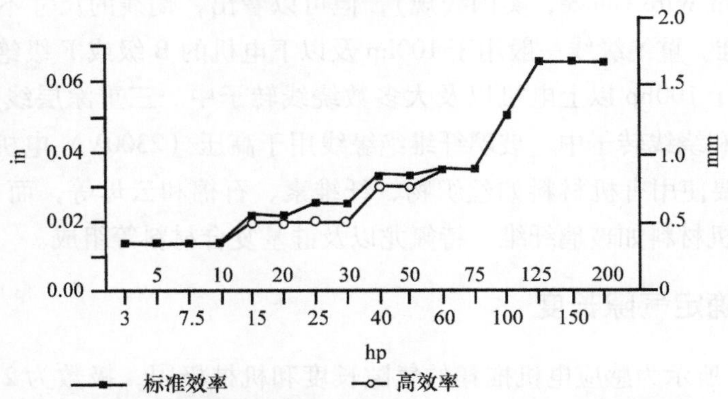

图 6.23 标准效率和高效率电机用 in 和 mm 表示的气隙长度

6.11 转子结构

转子结构的问题主要集中在转子槽数 S_2 的选取上。有丰富的文献资料探讨这一问题。在很多情况下，选取的规则是基于对谐波分析结果的定性评估，但在实际测试中，这些分析中的固有假设又无法成立。非常不幸但又是事实的是，定量计算是非常困难的。选取转子槽数的规则只能在考虑特定的性能时按好坏分类。通常某个选择对某个设计目标是好的，但对另一个设计目标而言则是坏的。以下内容是从 Alger、Kuhlman 和 Veinott 的著作[11-13]中摘录的。

6.11.1 需避免的槽配合

以下槽配合已证实会导致噪声或振动问题：

$$S_1 - S_2 = \pm 2 = \pm(P \pm 1) \text{和} \pm(P \pm 2)$$

以下槽配合可能会在转矩-转速曲线中产生尖峰：

$$S_1 - S_2 = \pm P$$

$$= -2P \text{或} -5P$$

以下组合可能会导致齿槽转矩问题，从而导致电机卡在零速状态：

$$S_1 - S_2 = 0 \quad \text{或} \quad = \pm mP$$

式中，m 为整数。齿槽所带来的转矩分量是转子位置的函数，而转矩尖峰则是转子速度的函数。因此尖峰本质上是由不同于基波极数的磁场（磁动势谐波）引起的，而齿槽转矩是由磁阻变化而导致的。

一般来说，如果 S_2 避开以上组合，并且可被极数整除，则电机的噪声可以最小化，但这种选择有时会导致齿槽转矩问题。保证 S_2 和 S_1 的差距在 20% 或以上，也有助于解决噪声问题。若 S_2 比 S_1 大，转子漏感和电阻在归算至定子侧时会变小，从而导致较大的最大转矩和起动电流，反之亦然。另一方面，制造成本，特别是铸造转子的成本，随着转子槽数的增大而增大。对铸造转子，或当转子导条绝缘成问题的时候，可选取比 S_1 小的 S_2 从而降低杂散损耗。但如此带来的降低幅度仅约为 15%。当前小电机中最常用的组合为 $S_1 - S_2 = \pm 2P$，并通过转子斜一个槽距的方式解决该组合固有的转矩尖峰问题。表 6.10 推荐了不同极数电机的定/转子槽配合，这些数据来自于多种资料。

表 6.10 推荐的定/转子槽配合

极数	定/转子槽数
2	36/26，28，或 44 48/38，40，或 56 54/46 60/52，68，或 78
4	36/26，28，或 44 48/34，38，40，或 56 60/34，44，46，或 76 72/58
6	36/46 或 48 48/58，60，64，或 68 54/42 或 66 72/54，58，84，或 88
8	36/48 或 52 48/58 或 64 54/70 72/58 或 88
10	72/58，88，或 92
12	72/58 或 92

6.11.2 起动和堵转时的转子发热问题

与定子相比，转子有可能会先达到其极限热应力。铸铝转子中的泡沫状孔隙可导致局部高电流密度，从而可能在堵转时像熔丝一样熔断。双笼型转子因其设计所限，上笼的导条截面积通常远小于下笼，而更易因热极限失效。为解决这一问题，当前的设计多采用如图 6.24 所示的结构，在两个笼之间铸造一个集成的散热通道，从而使上笼的热能够及时地传导到下方。注意上下导条间的连接是偏离中心的。这样通过将转子冲片每隔 1in 左右进行反转，可破坏轴向的电气连接，从而保持双笼型转子的优势。与此同时，径向良好的热传导得以保持，以保证热量向下导条传递。

图 6.24 具有良好散热能力的双笼型转子的非对称转子结构

6.12 设计流程

本章已经概述了为得到感应电机合理设计方案可采用的多种方法。一个具体的设计方案可能会涉及多种约束，因此不可能有放之四海而皆准的通用设计方法。下面将详细介绍一种设计流程，它已经成功应用于大多数定子外径被约束的场景中。

开始之前，首先分析如图 6.25 所示的经典等效电路及其相量图。定子电流可分为两部分，磁化铁心的分量以及产生转矩的分量。其中$\widetilde{I}_{sm}$是第 2 章中磁动势$\mathcal{F}_{p1}$的电路等效。其在气隙中感生了电压$\widetilde{E}$，从而产生了转子电流$\widetilde{I}'_r$。转子电流的极性和气隙电压有以下关系

$$-\widetilde{E}=\frac{\widetilde{I}'_r r'_r}{S}+\mathrm{j}\,\widetilde{I}'_r X'_{1r} \tag{6.112}$$

转子电流$\widetilde{I}'_r$产生的气隙磁通完全被定子电流负载分量$\widetilde{I}_{st}$产生的磁通所抵消。因

此，面电流密度 K_s 可等效地分为磁化分量 K_{sm} 和转矩分量 K_{st}。两者本质上（但并不完全）是正交的。定子面电流的转矩分量被相等（但反相）的转子面电流 K_r 抵消。

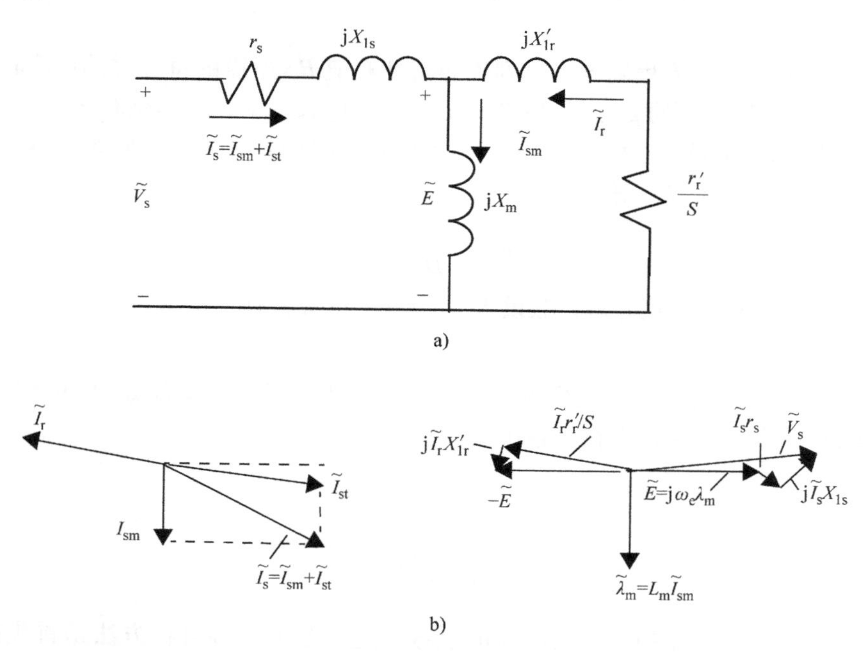

图6.25 a）笼型感应电机的等效电路；b）电流和电压的相量图

现有一个感应电机的设计任务，需满足以下特性：线电压 $V_{ll,(rms)}$、输出功率 P_{out}、角频率 ω_e，极数 P 和定子外径 D_{os}，则可按以下流程进行设计：

1）由式（6.15）计算所需的电磁转矩。

2）首先假定槽宽与齿宽一致，再由定子硅钢片的 $B-H$ 曲线确定齿部磁通密度 B_t。对低碳钢而言，该值通常为1.6~1.8T（见图1.16）。

3）计算气隙磁通密度的基波幅值。一个简单但具有合理精度的方法是假定气隙磁通密度是定子槽和定子齿磁通密度的平均值，也即 $B_{g1}=B_t(b_s/\tau_s)=0.5B_t$（见图6.18）。

4）确定所需的面电流密度 K_s（见图6.5、表6.6及表6.7）。或者选取气隙磁剪应力 σ_m 值，从而结合第3）步确定的 B_{g1} 确定相应的 K_s。一般剪应力在5~20kPa范围内，更高的值需要更高效的散热。

5）将第4步中的 K_s 设为 K_s^*，选取所需的 $J_{s(rms)}$，并由式（6.77）求解 D_{is}/D_{os} 的最优值。

6）由式（6.78）确定求得的 D_{is}/D_{os} 是否可行。如不可行，必须调整$J_{s(rms)}$。

7）已知晓D_{os}和D_{is}/D_{os}后，从式（6.62）求解l_e。检查长径比$l_e/\tau_p = (Pl_e)/(\pi D_{is})$，以确定电机是否太过细长。如是电机散热困难，需放松D_{os}的限制。

8）按第3章的流程确定为达到磁通密度幅值B_{g1}所需的每极磁动势$\mathcal{F}_{p1}$。可通过将式（3.77）中的g_e定为2～3倍的物理气隙长度g来快速估算$\mathcal{F}_{p1}$。

9）计算$\mathcal{F}_{p1}$对应的定子面电流密度的磁化分量K_{sm}。两者关系可从式（3.63）和式（6.7）导出为

$$K_{sm} = \frac{P}{D_{is}}\mathcal{F}_{p1}$$

10）计算K_s的转矩分量，假设K_s两个分量正交，有

$$K_{st} = \sqrt{K_s^2 - K_{sm}^2}$$

11）计算对应磁化电感的磁导［见式（3.76）］以及定子漏感［见式（4.265）以及第4章中相关各小节］

$$\mathcal{P}_m = \frac{L_{ms}}{N_s^2}$$

$$\mathcal{P}_{ls} = \frac{L_{ls}}{N_s^2}$$

12）计算为达到端电压V_{ll}所需的匝数。这一步的一种可行方法是首先确定相电压$V_s = V_{ll}/\sqrt{3}$，再计算比例

$$\frac{V_s}{V_m} = \frac{L_{ls}(I_{st} + I_{sm}) + L_{ms}I_{sm}}{L_{ms}I_{sm}}$$

或

$$= \frac{L_{ls}}{L_{ms}} + \frac{L_{ls}}{L_{ms}}\left(\frac{I_{st}}{I_{sm}}\right) + 1$$

以确定V_m。因I_{st}和I_{sm}分别与K_{st}和K_{sm}成正比，且L_{ls}/L_{ms}比例与匝数无关，则

$$\frac{V_s}{V_m} = \frac{\mathcal{P}_{ls}}{\mathcal{P}_{ms}} + \frac{\mathcal{P}_{ls}}{\mathcal{P}_{ms}}\left(\frac{K_{st}}{K_{sm}}\right) + 1$$

磁导之比可简单地计算或估算。典型值为0.15。

13）对应V_m的气隙磁链为

$$\lambda_m = \frac{V_m}{\omega_e}$$

14）此时由于

$$\lambda_m = L_{ms}I_{sm}$$

可由式（3.76）和式（3.87）得到

$$\lambda_m = \left[\left(\frac{3}{2}\right)\left(\frac{8}{\pi^2}\right)\frac{k_1^2 N_s^2}{P}(\tau_p l_e)\left(\frac{B_{g1}}{\mathcal{F}_{p1}}\right)\right]\left[\frac{\mathcal{F}_{p1}}{\left(\frac{3}{2}\right)\left(\frac{4}{\pi}\right)\left(\frac{k_1 N_s}{P}\right)}\right]$$

最终简化为

$$\lambda_m = \left[2(k_1 N_s)\left(\frac{D_{is} l_e}{P}\right)B_{g1}\right]$$

这一结果可用于求解所需的串联匝数 N_s。这时仔细地确定绕组排布、并联支路、每匝并绕根数等即可完成整个定子设计。

15）开始转子设计前，必须明确定子安匝的负载分量被等值却反相的转子安匝所抵消，也即

$$K_r = K_{st}$$

16）归算至定子侧的转子电感和电阻可由式（4.240）和式（4.246）计算。此时必须确定导条的形状和槽数。由于

$$\frac{\lambda_{lr}}{\lambda_m} = \frac{L_{lr} I_r}{L_{ms} I_{sm}} = \left(\frac{L'_{lr}}{L_{ms}}\right)\left(\frac{K_{st}}{K_{sm}}\right)$$

该式可用于在第14）步结果的基础上求解转子漏磁链。随之可计算转子漏感上的压降

$$V_{lr} = \omega_e \lambda_{lr}$$

L'_{lr}/L_{ms}的比值一般在0.1~0.2范围内。

17）气隙电压中产生转矩的分量为

$$V_r = \sqrt{V_m^2 - V_{lr}^2}$$

18）之后转矩可算得为

$$T_e = \left(\frac{3P}{4}\frac{V_r^2}{r'_r}\mathcal{S}\right)\Big/\omega_e$$

该式可用于计算产生所需转矩而需要的转差率。其中 r'_r可由式(4.246）估算。转子 I^2R 损耗则为

$$P_{r,loss} = \frac{3V_r^2}{2r'_r}$$

若该值过大，则必须调整转子导条形状降低损耗和转差率以达到期望值。这可通过重复第17步和第18步来实现。

6.13 尺寸改变对电机性能的影响

电机设计过程相当复杂，因此系列电机的设计往往先精细设计一个电机，然后通过简单的缩放来得到其他相似但不同功率的设计方案。比较两台具有相同设

计，相同转速、磁通密度、电流密度的电机，但所有尺寸比均为 k:1，可得到如下结论：

1）重量。由于铁心和导体部件的线性尺寸均按 k 倍缩放，则第二个电机的重量变为原来的 k^3 倍。

2）端部电压。铁心面积、每极磁通按 k^2 缩放，若串联匝数不变，电压也会按 k^2 缩放。大多数情况下，必须对串联匝数进行调整以满足给定的端电压约束。这种情况下定子线圈匝数必须按 k^2 反向缩放。

3）负载电流。假定散热充分，电机的载流能力也按与导体面积成正比的关系增加，即按 k^2 增加。此时若定子匝数缩小 k^2 倍，但导体面积不缩小，则电机的载流能力增加至原来的 k^4 倍。

4）输入 kVA 容量。由于电流和电压均增大至 k^2 倍，输入功率会增加至 k^4 倍。在调整匝数以保持电压不变后，这一系数并不改变。

5）电阻。当匝数不变时，导体截面积增大至 k^2 倍。但由于导体的长度增大至 k 倍，因此电阻会减小 k 倍。当匝数减小 k^2 倍后，总体上截面积增加的倍数变为 $k^2 \times k^2 = k^4$，而导体长度会按 $k/k^2 = 1/k$ 变化。因此，若新电机的额定电压保持不变，电阻会降低 k^5 倍。

6）铜耗。由于电流的二次方增大 k^4 倍，而电阻降低 k 倍，则铜耗会增加 k^3 倍。当电压保持不变时，电流的二次方增大为 k^8 倍，而电阻降低 k^5 倍，由此可知铜耗一样会增加 k^3 倍。

7）铁耗。由于铁心的磁通密度保持不变，但体积增大至 k^3 倍，铁耗也会同样地增加至 k^3 倍。改变匝数时磁通密度保持不变，铁耗并不受匝数变化的影响。

8）输出功率。由于输入功率变为 k^4 倍而铁耗变为 k^3 倍，则输出功率变为 $k^4 - ak^3$ 倍，此处 a 为当 $k = 1$ 时的电机损耗标幺值。由此可知输出功率增加略低于 k^4 倍。注意这一结论本质上与式（6.109）中令 τ_p 和 l_i 同时等比例缩放时所得到的结论一致。

9）效率。由于效率是输出输入功率的比值，则可知效率按 $(k^4 - ak^3)/k^4 = 1 - a/k$ 变化。于是当 k 变大时效率逼近 1。这一结果表明，当电负荷和磁负荷保持恒定时，增大尺寸总会提高电机的效率。这也部分解释了为何分马力电机效率在 60% 左右，而大型涡轮发电机效率要高于 98%。注意当匝数改变时，效率和输出功率名义上并不会变化。

10）电感。由于磁路的面积按 k^2 变化，而长度按 k 倍变化，则电感会增大至 k 倍。与此同时已证明当匝数保持恒定时电阻会减小 k 倍。当定子匝数变为 $1/k^2$ 倍以保持额定电压恒定时，电机的电感会减小 k^3 倍，而非增大 k 倍。

11）磁化电流。若气隙的磁通密度保持不变，迫使磁通进入气隙的磁动势则与气隙长度 g 成正比。因此磁化磁动势按 k 倍变化，而负载电流按 k^2 变化，这导致磁化电流占负载电流的百分比降低至原来的 $1/k$。这解释了为何感应电机的性能随尺寸变大而改善。这也解释了为何随着电机变大，永磁电机变得不再理想。这是由于影响感应电机空载损耗的磁化电流的弊端不再显著。

12）磁场储能。由于磁化电流和电感均随尺寸线性增大，主磁场储能将增大至原来的 k^3 倍，且磁场储能并不受匝数变化影响。与此同时，负载电流增大 k^2 倍，漏磁场中的储能则会增大 k^5 倍。这导致了大型电机，尤其是在其故障期间的保护问题。

13）功率因数。忽略漏感的作用，功率因数可由比例 $I_{\mathrm{load}}/\sqrt{I_{\mathrm{load}}^2+I_{\mathrm{mag}}^2}$ 估算。由于 I_{load} 按 k^2 变化而 I_{mag} 按 k 倍变化，则功率因数变化倍数为

$$pf=\frac{k^2}{\sqrt{k^4+k^2}}=\frac{k}{\sqrt{1+k^2}}$$

表明其会随着电机变大而缓慢增大。

14）时间常数。由于电阻降低而电感升高，电机的电气时间常数（暂态、次暂态等）将增大 k^2 倍。当定子匝数改变而不改变总导体面积时，电气时间常数仍按 k^2 变化。这一事实对电机的瞬态行为有重要的影响，也解释了为何大型电机比小型电机更难以控制。

15）最大转矩。由于电压按 k^2 增大而电感按 k 倍增大，最大转矩则按 k^3 增大。然而，由于输出功率增大了几乎 k^4 倍，这表明电机的过载能力降低。这一结论表明若仅是简单地按 k 倍缩放时，当 k 太大时，最终会导致不合理的设计。这一问题在定子匝数调整时依然存在。

控制漏电抗在设计任何一种电机时都非常重要。一般来说，我们需找到随电机增大而使漏电感保持不变的方法。这通常可通过增大槽数使之大概与气隙直径成正比的方式实现。

16）功率密度。由于体积增大 k^3 倍而输入功率增大 k^4 倍，功率密度则会增大 k 倍。这意味着大型电机在利用磁性材料方面更为有效，且解释了涡轮发电机越来越大的趋势。

17）温度。由于损耗增大 k^3 倍，但可用的散热面积仅增大 k^2 倍，温度则会增大 k 倍。这可能导致温升超出电机温升极限，因此简单按 k 倍缩放尺寸不一定会得到满意的热设计。这一点也导致大型电机中需采用更高效的冷却技术。

通常在原设计上的修改仅涉及电机的长度或直径的调整，而非同时改变两

者。表6.11给出了与前述相同的各参数，在保持N或调整N以维持端电压恒定时，随着长度l和直径D变化的趋势。

表6.11 电机在B和J保持不变时，各量随l和D变化的趋势

参数	符号或比例	B、J、N恒定	B、J、V恒定
电压	$V \propto N \cdot D \cdot l$	$l \cdot D$	1
匝数	N	1	$1/(l \cdot D)$
电流	$I \propto D^2/N$	D^2	$l \cdot D^3$
输入功率	$V \cdot I$	$l \cdot D^3$	$l \cdot D^3$
电阻	$R \propto N^2 \cdot l/D^2$	$l \cdot D^2$	$1/(l \cdot D^4)$
损耗	I^2R	$l \cdot D^2$	$l \cdot D^2$
输出功率	$V \cdot I - I^2R$	$l \cdot (D^3 - aD^2)$	$l \cdot (D^3 - aD^2)$
磁化电感	$L_m \propto N^2 \cdot A_m/l_{mpath}$	l	$1/(l \cdot D^2)$
漏电感	$L_1 \propto N^2 \cdot A_1/l_{1path}$	l	$1/(l \cdot D^2)$
磁化电流	$I_m \propto V/L_m$	D	$l \cdot D^2$
磁化磁场储能	$W_m \propto L_m \cdot I_m^2$	$l \cdot D^2$	$l \cdot D^2$
漏磁场储能	$W_1 \propto L_1 \cdot I^2$	$l \cdot D^4$	$l \cdot D^4$
电气时间常数	$\tau_e \propto L_m/R$	D^2	D^2
最大转矩	$T_{pk} \propto V^2/L_1$	$l \cdot D^2$	$l \cdot D^2$
功率密度	$(VA)/(Vol)$	D	D
温升	$\Theta \propto (I^2R)/A_{surf}$	D	D
功率因数	I/I_m	D	D

6.14 总结

本章展示了为满足电机所有性能要求而进行设计的复杂性。读者需注意，本章仅仅处理了最基本的问题。许多其他的因素也非常重要，包括噪声、机械共振、转子旋转应力、临界机械转速、制造公差等。也包括下一章要介绍的温升问题。电机设计师显然是一种极具挑战性和严格要求的职业，但同时也是让人收获满满的职业。希望本章至少能够引导一部分读者走向这一收获满满的旅程。

参考文献

[1] W. B. Essen, "Notes on the design of multipolar dynamos,"*Journal of the Institution of Electrical Engineers*, vol. 20, no. 93, 1891, pp. 265–293.

[2] M. Liwschitz-Garik and C. C. Whipple, *Electric Machinery*, 2nd edition, vol. 2, Van Nostrand Publishers, 1961.

[3] S. Huang, J. Luo, F. Leonardi, and T. A. Lipo, "A general approach to sizing and power density equations for comparison of electrical machines," *IEEE Transactions on Industry Applications*, vol. 34, no. 1, January/February 1998, pp. 92–97.

[4] P. Pillay, "Applying energy-efficient motors in the petrochemical industry," *IEEE Industry Applications Magazine*, vol. 3, no. 1, January/February 1997, pp. 32–40.

[5] V. B. Honsinger, "Sizing equations for electrical machinery," *IEEE Transactions on Energy Conversion*, vol. EC-2, no. 1, March 1987, pp. 116–121.

[6] J. C. Hsu and A. U. Meyer, *Modern Control Principles and Applications*, McGraw-Hill Book Co., New York, 1968.

[7] A. H. Bonnett, "Quality and reliability of energy-efficient motors," *IEEE Industry Applications Magazine*, vol. 3, no. 1, January/February 1997, pp. 22–31.

[8] D. Van Son, and J. C. Kauffman, "Inverter-fed motors improved with transient resistant windings," *Advanced Motor Drive News*, vol. 3, no. 3, Summer 1996, pp. 4–5.

[9] T. Sebastian, G. R. Slemon, and M. A. Rahman, "Modelling of permanent magnet synchronous motors," *IEEE Transactions on Magnetics*, vol. MAG-22, no. 5, September 1986, pp. 1069–1071.

[10] H. De Jong, *AC Motor Design: Rotating Magnetic Fields in a Changing Environment*, Hemisphere Publishing Co., 1989.

[11] P. L. Alger, *Induction Machines: Their Behavior and Uses*, 2nd edition, Gordon and Breach Science Publishers, New York, 1965.

[12] J. H. Kuhlman, *Design of Electrical Apparatus*, 2nd edition, John Wiley and Sons, New York, 1940.

[13] C. G. Veinott, *Theory and Design of Small Induction Motors*, McGraw-Hill Book Co., New York, 1959.

第7章

热设计

电机不仅具有复杂的三维电磁结构，还具有复杂的空间流体动力分布，冷却气体（典型的是空气）流经其旋转和静止部件，将不同电机部件中的热量带走。电机中的三维热流不仅取决于导体、铁心和绝缘材料的导热性，还取决于电机空间中用于热交换的接触面大小。

了解电机内的温度分布对电机设计极为重要，特别是电机的设计工作点在其热极限或接近其热极限时。良好的热设计可以在几乎不增加制造成本的情况下提高电机的额定功率。近年来，有限元计算已成功地用于三维气体流动和热计算中。然而，经典的热设计方法仍然在日常实践中使用，是电机热设计的起点。

7.1 热问题

在电机机电能量的转化过程中，不可避免地伴随着电能和机械能向热能的单向转化。电机常见的电流密度为2.5～15A/mm^2，对应的损耗体密度为0.15～5MW/m^3。电机中的损耗毫无疑问地使电机各部分的温度升高。冷却的目的是通过散热来限制温升。为保证电机的预期寿命，必须限制电机部件的温升在允许范围内，特别是绕组的温升。温度升高会导致绕组绝缘的机械和电气强度下降，导致其过早失效。此外，极端的时间和/或空间温度循环会导致槽内导体与铁心产生不可接受的运动，造成绝缘与导体分离，并由此产生电机故障。

要确定电机内的温度分布，设计人员需对冷却介质的机电（损耗）特性和电机内磁性材料、导体和绝缘材料的热特性有很好的预估。首先，必须根据电机的尺寸和损耗来确定热源的分布。冷却气体流量（特别是电机各个部分的流动速度）必须确定为风扇性能、气体热特性和电机几何尺寸的函数。用这种方法得到的气体速度来确定电机在气体与铁心和导体接触面上的对流换热系数。对流换热系数和导热系数以及热源分布最终决定了电机内的温度分布。

7.2 温度限制和最大温升

绝缘系统的寿命与温度息息相关，即使是最好的绝缘，如果工作温度远超允许的最高温度，也会很快失效。图7.1给出了四种绝缘等级的温度与预期寿命之间的关系。实验表明，绝缘材料的工作温度每超允许的最高温度10℃，绕组绝缘寿命就要减半。20000h的标称寿命是指各种绝缘等级电机在允许的工作温度下的预期寿命。绝缘等级A、B、F和H的最高温度分别为105℃、130℃、155℃和180℃，见表7.1。

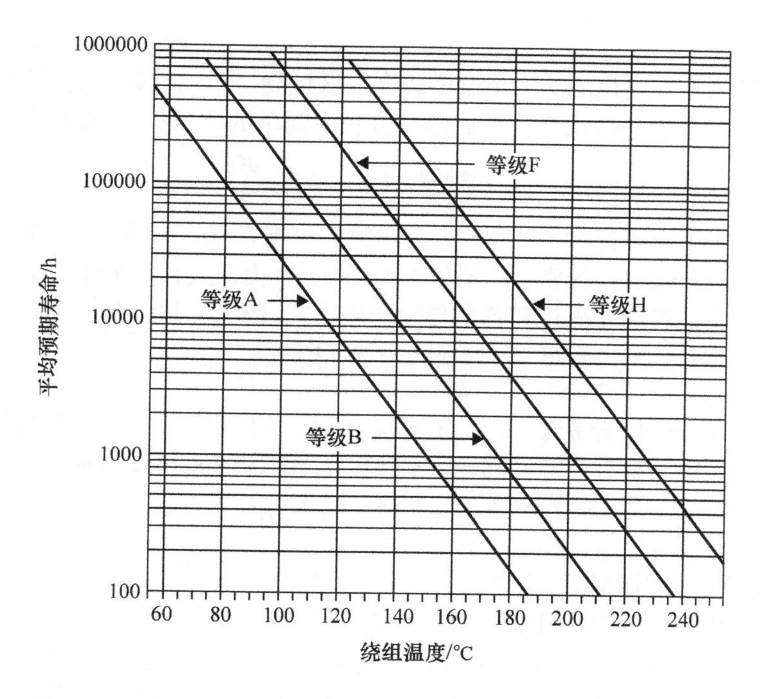

图7.1 温度与绝缘系统的寿命曲线（根据IEEE 177和101标准）

表7.1 不同绝缘等级防滴漏和全封闭感应电动机额定负载时的最高温度

绝缘等级 A	105℃
绝缘等级 B	130℃
绝缘等级 F	155℃
绝缘等级 H	180℃

绕组绝缘直接接触电机最热的载流导体。绕组的温度可以通过测量其电阻来确定。但是，这种方法只能得到绕组的平均温度。为了估算最热点温度（可能的最高绝缘温度），测试得出的绕组温度需要增加一个修正量，推荐值见表7.2（℃和K的温度差异是相同的）。

表 7.2 最热点温度估算时的温度增加值

绝缘等级	A	B	F	H
$\Delta\Theta$/(℃或 K)	5	10	15	15

7.3 热传导

热传导的特征是热流从一个温度较高的区域到一个温度较低的区域。稳态温度分布 $\Theta(x, y, z)$ 一般由热扩散偏微分方程或简单的热方程[1]来表示

$$\nabla \cdot (\nabla \Lambda \Theta) + q_{\mathrm{h}} = \rho_{\mathrm{m}} c_{\mathrm{p}} \frac{\partial \Theta}{\partial t} \tag{7.1}$$

式中，Θ 为温度，单位为℃或 K；q_{h}为热量产生率，单位为 W/m^3；Λ 为热导率，单位为 W/(m · K)；ρ_{m}为密度，单位为 kg/m^3；c_{p}为比热容，单位为 J/(kg · K)。在稳态下，假设笛卡儿坐标和各向异性介质，式（7.1）可以写成

$$\Lambda_x \frac{\partial^2 \Theta}{\partial x^2} + \Lambda_y \frac{\partial^2 \Theta}{\partial y^2} + \Lambda_z \frac{\partial^2 \Theta}{\partial z^2} = -q_{\mathrm{h}}(x,y,z) \tag{7.2}$$

式中，Λ_x、Λ_y 和 Λ_z 分别表示 x、y 和 z 方向上的热导率。对于各向同性介质（$\Lambda_x = \Lambda_y = \Lambda_z$）和没有热源的问题（$q_{\mathrm{h}} = 0$），式（7.2）可以写成

$$\frac{\partial^2 \Theta}{\partial x^2} + \frac{\partial^2 \Theta}{\partial x^2} + \frac{\partial^2 \Theta}{\partial x^2} = 0 \tag{7.3}$$

式（7.3）为拉普拉斯微分方程，其中$\nabla \cdot \nabla \Theta = 0$。

如果体内没有热量产生，那么拉普拉斯方程可以通过设置温度梯度$\nabla \Theta$ 为常数来求解。这个常数可以用热流梯度 p_{h} 来表示，它对应于单位面积热量在表面上传递的速率。对于各向同性介质，

$$p_{\mathrm{h}} = -\Lambda \nabla \Theta \tag{7.4}$$

对于简单的一维热分布，可以进一步得到

$$p_{\mathrm{h}x} = -\Lambda_x \frac{\partial \Theta}{\partial x} \tag{7.5}$$

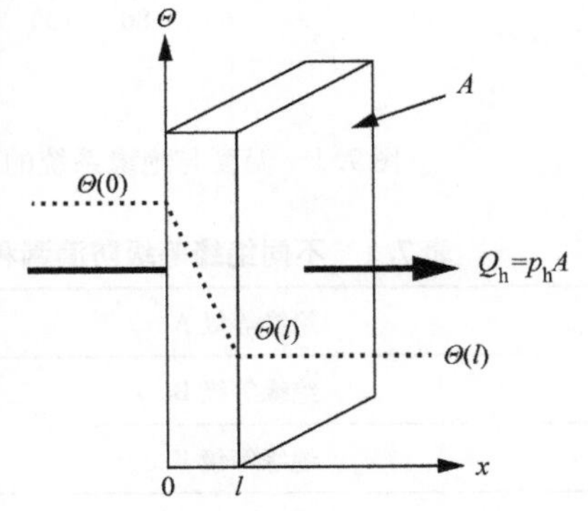

图 7.2 一维热流通过厚度为 l 的平板

这可以通过一个例子来说明（见图 7.2），即无源热流通过厚度为 l，横截面积为 A 的平板。

7.3.1 矩形板的简单热传导

去掉多余的下标 x，对于图 7.2 中的简单平板，可以将式（7.5）写为

$$p_{\mathrm{h}}=\frac{Q_{\mathrm{h}}}{A}=-\Lambda\frac{\partial\Theta}{\partial x} \tag{7.6}$$

或者

$$\frac{\partial\Theta}{\partial x}=-\frac{Q_{\mathrm{h}}}{A\Lambda} \tag{7.7}$$

这个一阶微分方程的解是

$$\Theta(x)=-\frac{Q_{\mathrm{h}}}{A\Lambda}x+C \tag{7.8}$$

式中，常数 C 由边界条件决定，当 $x=0$ 时 $\Theta(x)=\Theta(0)$，所以 $C=\Theta(0)$。距离热量进入平板的面越远，平板上的温度就越低，与距离成比例下降。

平板上的温度降落 $\Delta\Theta=\Theta(0)-\Theta(l)$ 可以表示为

$$\Delta\Theta=\frac{l}{A\Lambda}Q_{\mathrm{h}} \tag{7.9}$$

定义平板的热阻 R_{h} 为

$$R_{\mathrm{h}}=\frac{l}{A\Lambda} \tag{7.10}$$

可以得到热传导的欧姆定律

$$\Delta\Theta=R_{\mathrm{h}}Q_{\mathrm{h}} \tag{7.11}$$

笛卡儿坐标下的热传导定律完全类似于电路中的欧姆定律，它们之间的类比关系见表7.3。

表7.3 热流和电流之间的类比

电路	热传导
电阻负载中的电流	热流
$I=\frac{VA\sigma}{l}=\frac{V}{R}$	$Q_{\mathrm{h}}=\frac{\Theta A\Lambda}{l}=\frac{\Theta}{R_{\mathrm{h}}}$
电流 I/A	热流 Q_{h}/W
电压 V/V	温度 Θ/K
导体截面积 A/m^2	热路径截面积 A/m^2
导体长度 l/m	热路径长度 l/m
电导率 σ/[A/(V·m)]	热导率 Λ/[W/(K·m)]
电阻 $R=\frac{l}{\sigma A}$ (V/A)	热阻 $R_{\mathrm{h}}=\frac{l}{\Lambda A}$ (K/W)
电容 $C=\varepsilon A/d$(A·s/V)	$C_{\mathrm{h}}=mc_{\mathrm{p}}$(W·s/K)
电流密度 $J=\frac{I}{A}$	热流密度 $p_{\mathrm{h}}=\frac{Q_{\mathrm{h}}}{A}$
电流密度 $J/(\mathrm{A/m^2})$	热流密度 $p_{\mathrm{h}}/(\mathrm{W/m^2})$

7.3.2 圆柱体的热传导

大多数电机本质上可等效为圆柱体，因此电机中的热流是沿轴向和径向的。常用圆柱体部件如图 7.3 所示。典型的径向热流大多产生在支撑结构中，例如定子外壳。当部件本身没有热量产生时，热流可以简单地视为梯度形式。在圆柱体坐标系中，径向的热流方程为

$$\frac{1}{r}\frac{\partial}{\partial r}\left(\Lambda_{\mathrm{r}} r\frac{\partial\Theta}{\partial r}\right)=0 \tag{7.12}$$

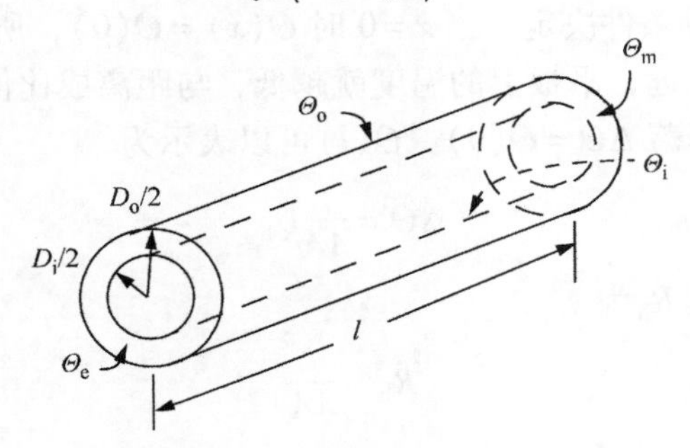

图 7.3 常用圆柱体部件

方程的一般解为

$$\Theta(r)=C_1\ln(r)+C_2 \tag{7.13}$$

将边界条件应用于方程，得到

$$\Theta_{\mathrm{i}}=C_1\ln\left(\frac{D_{\mathrm{i}}}{2}\right)+C_2 \tag{7.14}$$

和

$$\Theta_{\mathrm{o}}=C_1\ln\left(\frac{D_{\mathrm{o}}}{2}\right)+C_2 \tag{7.15}$$

式中，Θ_{i}和Θ_{o}分别为内表面和外表面的已知温度。因此，求解 C_1 和 C_2，所得的温度分布可以写成

$$\Theta(r)=\frac{\Theta_{\mathrm{o}}-\Theta_{\mathrm{i}}}{\ln\left(\frac{D_{\mathrm{o}}}{D_{\mathrm{i}}}\right)}\ln\left(\frac{2r}{D_{\mathrm{o}}}\right)+\Theta_{\mathrm{o}} \tag{7.16}$$

圆柱体坐标系中沿径向的单位热流为

$$\Lambda\,\nabla\Theta=\Lambda_{\mathrm{r}}\left(\frac{\partial\Theta}{\partial r}\right)=p_{\mathrm{h}} \tag{7.17}$$

计算微分并带入式（7.17），结果为

$$\Lambda_r\left(\frac{\Theta_o-\Theta_i}{\ln\left(\frac{D_o}{D_i}\right)}\right)\frac{1}{r}=p_h \tag{7.18}$$

在 $r=D_i/2$ 和 $r=D_o/2$ 之间的任何圆柱面区域通过的总热流都等于总热流 Q_h。因此

$$Q_h=p_h 2\pi rl=\Lambda_r\left(\frac{\Theta_o-\Theta_i}{\ln\left(\frac{D_o}{D_i}\right)}\right)2\pi l \tag{7.19}$$

定义圆柱体结构中径向热流的热阻

$$R_{h,rad}=\frac{\ln\left(\frac{D_o}{D_i}\right)}{\Lambda_r(2\pi l)} \tag{7.20}$$

式（7.19）可同样表示为

$$Q_h=\frac{\Theta_o-\Theta_i}{R_{h,rad}} \tag{7.21}$$

当热量沿轴向流动时，热量流过的横截面积为

$$A=\pi\left(\frac{D_o^2}{4}-\frac{D_i^2}{4}\right) \tag{7.22}$$

轴向温度变化简化为

$$\Delta\Theta=\Theta_m-\Theta_e=\frac{4Q_h}{\Lambda_{ax}}\frac{l}{\pi(D_o^2-D_i^2)} \tag{7.23}$$

式中，Θ_m 和 Θ_e 为圆柱体两端的温度。在这种情况下，轴向热流的热阻为

$$R_{h,ax}=\frac{4l}{\Lambda_{ax}\pi(D_o^2-D_i^2)} \tag{7.24}$$

7.3.3　内部均匀热源的热传导

对于电机的大部分组件，热量是在材料内部产生的。看一个例子，一块平板铁心，内部有涡流和磁滞损耗产生，如图7.4所示，在其两侧进行冷却。假设温度仅在一个方向上变化，泊松偏微分方程可以写为

$$\Lambda_z\frac{\partial^2\Theta}{\partial z^2}=-q_h \tag{7.25}$$

式中，q_h 为热密度，单位为 W/m^3。方向“z”通常表示电机沿轴向的热流。

积分两次后

$$\Theta(z)=-\frac{q_h}{2\Lambda_z}z^2+C_1z+C_2 \tag{7.26}$$

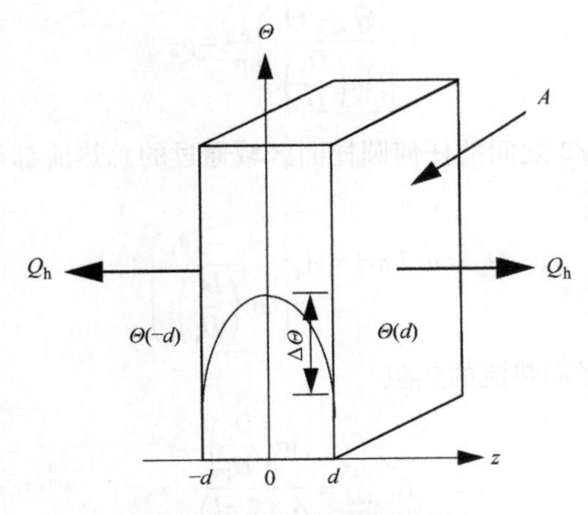

图 7.4　两侧散热体冷却

在 $z=0$ 处假设 $\Theta=\Theta_i$，于是

$$C_2=\Theta_i$$

还假设在 $z=0$ 的表面没有热流通过，因此，根据式（7.5）

$$-\Lambda_z\frac{\partial}{\partial z}\Theta(z)=p_{h,z}(z) \tag{7.27}$$

或，根据式（7.26）

$$\Lambda_z\left(\frac{q_h}{\Lambda_z}z-C_1\right)=p_{h,z}(z) \tag{7.28}$$

当 $z=0$，$p_{h,z}(0)=0$，所以很明显

$$C_1=0$$

方程的解变成

$$\Theta(z)=-\frac{q_h}{2\Lambda_z}z^2+\Theta_i \tag{7.29}$$

由于平板左侧的温度等于其右侧的温度，即 $\Theta(d)=\Theta(-d)$，因此可以得到平板中的温度分布

$$\Theta(z)=\Theta(d)+\frac{q_h}{2\Lambda_z}(d^2-z^2) \tag{7.30}$$

最高温度（$z=0$）处的温升为

$$\Delta\Theta=\frac{q_h}{2\Lambda_z}d^2 \tag{7.31}$$

圆柱体中轴向热流的结果与之相同，因此该结果可用于确定电机中心相对于绕组端部部分的温升。

因此，平板的单位体积的功率损耗可写为

$$q_h=\frac{Q_p}{V_p}=\frac{Q_p}{A_p 2d} \tag{7.32}$$

式中，V_p为平板的体积；Q_p为平板中的总热损失。因此，从平板中部到端部的温度可以表示为

$$\Delta\Theta_s=Q_p\left(\frac{d}{4\Lambda_z A_p}\right) \tag{7.33}$$

式中，Λ_z为z方向的热导率。由于$2d=l$，l为平板的长度，代入上式得

$$\Delta\Theta_s=Q_p\left(\frac{l}{8\Lambda_z A_p}\right) \tag{7.34}$$

或者，简化为

$$\Delta\Theta_s=Q_p R_p \tag{7.35}$$

式中，R_p为平板的热阻，定义为

$$R_p=\frac{l}{8\Lambda_z A_p} \tag{7.36}$$

当电机尺寸在轴向（z方向）上无变化，且无外部热源时，可以使用类似的方法来确定具有内部热源的任一部件的温度降落和热阻。例如，对于定子绕组和笼型转子，可以将A_p设置为定子线圈或转子导条的横截面积。此外，当没有外部热源时，该方法还可用于计算定转子齿部和轭部沿轴向的温度降落。例如，对于定子轭部，面积A_p对应于轭部的环形横截面积$(\pi/4)(D_{os}^2-D_{bs}^2)$，其中$D_{os}$和$D_{bs}$分别表示轭部的外径和定子槽底部的内径。

7.3.4 示例9——定子绕组热

小型电机常见的冷却方式是间接形式的，即产生的热量从电机中部经定子沿轴向流向电机的端部，在端部进行热交换。电机绕组中部与端部之间的温升可通过以下数据进行计算：

- 绕组电流密度：$J=4\text{A/mm}^2$；
- 电机铁心轴向长度：$l_i=0.4\text{m}$；
- 电机绕组温度：100℃；
- 铜的热导率：$\Lambda_{cu}=360\text{W/(m·K)}$；
- 铜在100℃时的电阻率：$\rho=1/\sigma=2.27\times10^{-8}\ \Omega\cdot\text{m}$。

解：

铜线的单位体积铜耗为

$$q_h=\frac{J^2}{\sigma}=(4\times10^6)^2\times2.27\times10^{-8}=363\text{kW/m}^3 \tag{7.37}$$

根据式（7.31），电机中部相对于端部环境的温升为

$$\Delta\Theta = \frac{q_h}{2\Lambda_z}d^2 = \frac{363 \times 10^3}{2 \times 360} \times 0.2^2 = 20\text{K} \tag{7.38}$$

7.3.5 内部均匀热源的一维热传导

在大多数实际情况中，外部热源会进入电机的某个组件，此时7.3.3节的结果不再适用。以图7.2中的矩形平板为例，平板中有均匀的热源，但额外的热量进入了平板的一侧。根据泊松方程

$$\Lambda_x \frac{\partial^2 \Theta}{\partial x^2} + \Lambda_y \frac{\partial^2 \Theta}{\partial y^2} + \Lambda_z \frac{\partial^2 \Theta}{\partial z^2} = -q_h(x, y, z) \tag{7.39}$$

假设温度分布还是一维的，并且q_h在整个平板内均匀地产生

$$\Lambda_z \frac{\partial^2 \Theta}{\partial z^2} = -q_h \tag{7.40}$$

第一次积分

$$\Lambda_z \frac{\partial \Theta}{\partial z} = -q_h z + C_1 \tag{7.41}$$

第二次积分

$$\Lambda_z \Theta(z) = -q_h \frac{z^2}{2} + C_1 z + C_2 \tag{7.42}$$

常数C_1和C_2可以通过边界条件来求解。在$z=0$处，假设$\Theta(z)=\Theta_1$，因此$C_2=\Lambda_z\Theta_1$，于是

$$\Lambda_z \Theta(z) = -q_h \frac{z^2}{2} + C_1 z + \Lambda_z \Theta_1 \tag{7.43}$$

在$z=d$处，假设$\Theta(z)=\Theta_2$，在这种情况下

$$\Lambda_z \Theta_2 = -q_h \frac{d^2}{2} + C_1 d + \Lambda_z \Theta_1 \tag{7.44}$$

或者

$$C_1 = \frac{\Lambda_z}{d}(\Theta_2 - \Theta_1) + \frac{q_h d}{2} \tag{7.45}$$

因此，方程的解是

$$\Lambda_z \Theta(z) = -\frac{q_h z^2}{2} + \frac{\Lambda_z}{d}(\Theta_2 - \Theta_1) z + \frac{q_h d}{2} z + \Lambda_z \Theta_1 \tag{7.46}$$

$z=0$和$z=d$之间的温度平均值为

$$\Lambda_z \Theta_{12\text{ave}} = \frac{1}{d}\int_0^d \Lambda_z \Theta(z)\,\mathrm{d}z \tag{7.47}$$

$$= -\frac{q_h}{2d}\int_0^d z^2 \mathrm{d}z + \frac{1}{d}\left[\frac{\Lambda_z}{d}(\Theta_2 - \Theta_1) + \frac{q_h d}{2}\right]\int_0^d z\mathrm{d}z + \Lambda_z \Theta_1 \tag{7.48}$$

$$= -\frac{q_h d^2}{6} + \Lambda_z\left(\frac{\Theta_2 - \Theta_1}{2}\right) + \frac{q_h d^2}{4} + \Lambda_z \Theta_1 \tag{7.49}$$

$$= \frac{q_h d^2}{12} + \Lambda_z\left(\frac{\Theta_2 + \Theta_1}{2}\right) \tag{7.50}$$

$Q_h = A2dq_h$是平板内产生的总热量，其中A是横截面积，然后

$$\Theta_{12,\text{ave}} = \frac{Q_h d}{24\Lambda_z A} + \left(\frac{\Theta_2 + \Theta_1}{2}\right) \tag{7.51}$$

将热阻的z分量定义为

$$R_{h,z} = \frac{d}{24\Lambda_z A} \tag{7.52}$$

$$\Theta_{12,\text{ave}} = \frac{\Theta_1 + \Theta_2}{2} + Q_h R_{h,z} \tag{7.53}$$

接下来推导一个与式（7.53）等价的等效热路。考虑图7.5所示的热路，其中热阻R还未知。从等效热路，可以写出

$$\Theta_1 = R_{h,z}Q_1 + R_{h,z}Q_2 + \Theta_2 \tag{7.54}$$

和

$$\Theta_1 = R_{h,z}Q_1 - RQ_h + \Theta_{12,\text{ave}} \tag{7.55}$$

但是

$$Q_2 = Q_1 + Q_h \tag{7.56}$$

将此约束代入式（7.54），得到

$$\Theta_1 = 2R_{h,z}Q_1 + R_{h,z}Q_h + \Theta_2 \tag{7.57}$$

将式（7.57）代入式（7.55）中消掉Q_1，结果为

$$\Theta_1 = [(\Theta_1 - \Theta_2) - R_{h,z}Q_h]\frac{1}{2} - RQ_h + \Theta_{12,\text{ave}} \tag{7.58}$$

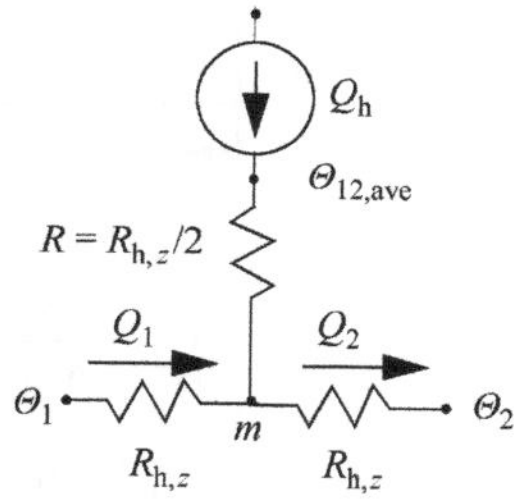

图7.5 内部热源的一维热传导等效热路

进一步

$$\frac{\Theta_1 + \Theta_2}{2} + \left(\frac{R_{h,z}}{2} + R\right)Q_h = \Theta_{12,\text{ave}} \tag{7.59}$$

选择$R = 1/2R_{h,z}$，然后

$$\frac{\Theta_1 + \Theta_2}{2} + R_{h,z}Q_h = \Theta_{12,\text{ave}} \tag{7.60}$$

这与式（7.53）相同。

应当注意，含有热阻$R_{h,z}/2$的支路与热源（等效为电流源）相接，这仅在计算平板平均温度时有用。如果不需要，可以将图7.5中的热源直接接到中心点“m”处。

7.3.6 内部均匀热源的二维和三维热传导

现在考虑二维热流的情况。通常，精确计算温度分布是很复杂的[1-8]。然而，通过假设两个方向上的热流是独立的，可以获得合理的近似值。两个方向的热路可以按照图 7.6 所示进行连接。在某些情况下，两个方向上的热流经过的横截面积几乎相等，即 $h \approx w$，此时可将图 7.6 所示的等效热路合理近似为图 7.7。

很明显，这个概念还可以扩展到三维热传导，而且从二维扩展到三维的方式也很清楚。然而，随着复杂性的增加，出现较大误差的可能性也在增大。幸运的是，二维等效热路足以用来描述常用电机中的所有主要传热路径。

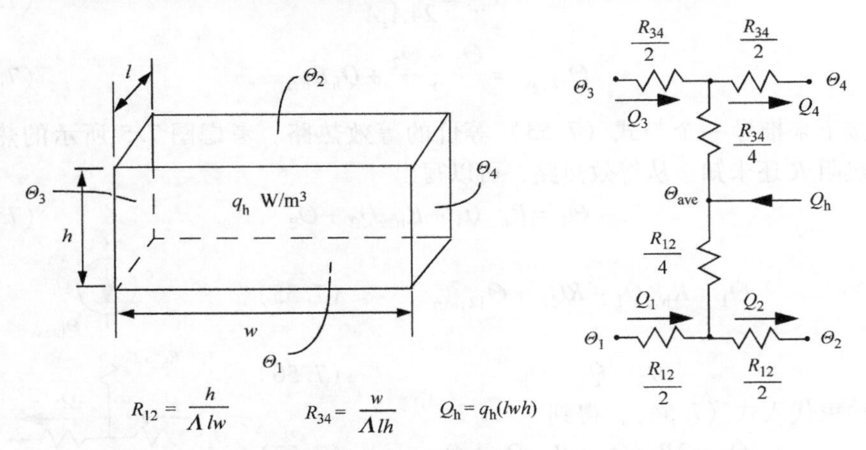

图 7.6 内部均匀热源的二维热传导和对应的等效热路

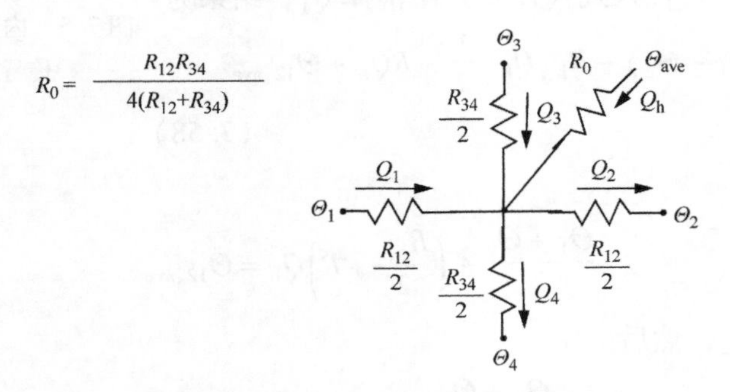

图 7.7 当 $w \approx h$ 时的简化二维等效热路

7.3.7 定子齿上的二维热流计算

定子齿中的热量传递是典型的二维热流。图 7.8 给出了定子齿的常见几何形状。在热分布的粗略估计中，可以用具有相同横截面积和相同径向长度的等效形状来等效齿的实际几何形状，如图 7.8a 中的虚线所示。参考文献［4，5］中还可以找到更为准确的齿部几何形状模型，但精度并没有太大的提高。

一个定子齿的热回路如图 7.8 所示。在大多数实际情况中，所有 S_1 个定子齿产生的热量都相同。因此，齿侧面的温度将是相同的。事实上，定转子齿中的热流一般不向周向传递。这样的话，可以简化叠片平面上每个定子齿的热流。所有定子齿的等效热路变为具有 S_1 个相同分支的热路。这些相同的支路组合在一起形成图 7.8d 所示的简单热路。在这种情况下，所有定子齿的总发热被注入热阻网络，热阻的大小要除以齿数。这样，图 7.8b 和图 7.8d 的结果是相同的。

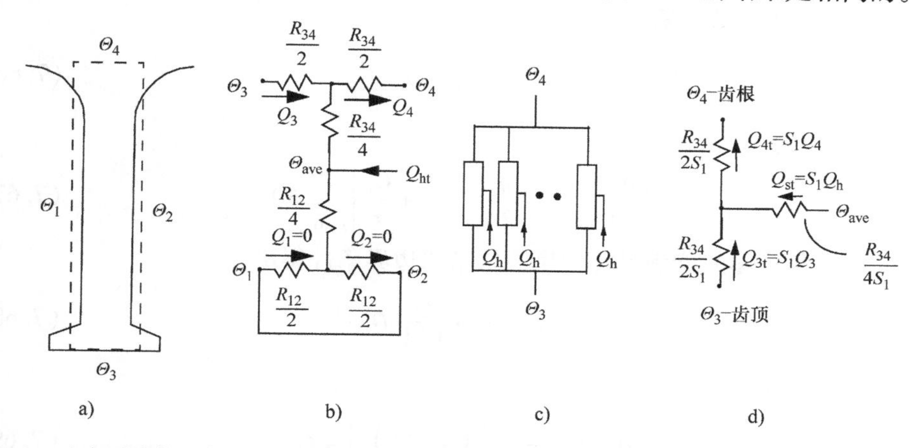

图 7.8 a）定子齿的几何形状（实线）和等效矩形（虚线）；b）齿的热路；c）代表所有定子齿的 S_1 条分支热路；d）考虑径向热流的所有定子齿简化热路

7.3.8 内部热源的圆柱固体的径向热流

电机本质上可等效为圆柱体，通常需要在圆柱体坐标系中计算热流。当圆柱体内部产生热量时，问题要比平板更为复杂。最简单的情况是内径为零，物体是一个简单的实心圆柱体。转子轴就是这样的情况，由于不能用硅钢片叠压制作，某些情况下，转子轴会有较大的损耗。

对于发热，式（7.1）可以用泊松方程的圆柱体坐标系形式表示为

$$\varLambda_{\mathrm{r}}\frac{\partial^2\varTheta}{\partial r^2}+\frac{\varLambda_{\mathrm{r}}}{r}\frac{\partial\varTheta}{\partial r}+\frac{\varLambda_\theta}{r^2}\frac{\partial^2\varTheta}{\partial\theta^2}+\varLambda_z\frac{\partial^2}{\partial z^2}(\varTheta)=-q_{\mathrm{h}} \tag{7.61}$$

如果热量仅径向流动，泊松方程简化为轴对称形式

$$\frac{1}{r}\frac{\partial}{\partial r}\left(r\frac{\partial\varTheta}{\partial r}\right)=-\frac{q_{\mathrm{h}}}{\varLambda_{\mathrm{r}}} \tag{7.62}$$

将两边乘以 r 并积分得到

$$r\frac{\mathrm{d}\Theta}{\mathrm{d}r}=-\frac{q_{\mathrm{h}}r^2}{2\Lambda_{\mathrm{r}}}+C_1 \tag{7.63}$$

将此结果除以 r 并进行第二次积分，得到

$$\Theta(r)=-\frac{q_{\mathrm{h}}r^2}{4\Lambda_{\mathrm{r}}}+C_1\ln(r)+C_2 \tag{7.64}$$

圆柱体的中心位置温度最高，因此

$$\left.\frac{\partial\Theta}{\partial r}\right|_{r=0}=0 \tag{7.65}$$

在圆柱体的外表面有

$$\Theta\left(\frac{D_{\mathrm{o}}}{2}\right)=\Theta_{\mathrm{o}} \tag{7.66}$$

式（7.65）得出

$$\left.\frac{\partial\Theta}{\partial r}\right|_{r=0}=-\left.\frac{q_{\mathrm{n}}r}{2\Lambda_{\mathrm{r}}}\right|_{r=0}+\left.\frac{C_1}{r}\right|_{r=0}=0 \tag{7.67}$$

显然，C_1 必须为零才能满足此约束。从第二边界条件得出

$$C_2=\Theta_{\mathrm{o}}+\frac{q_{\mathrm{h}}}{16\Lambda_{\mathrm{r}}}D_{\mathrm{o}}^2 \tag{7.68}$$

因此，温度分布为

$$\Theta(r)=\frac{q_{\mathrm{h}}D_{\mathrm{o}}^2}{16\Lambda_{\mathrm{r}}}\left[1-\left(\frac{2r}{D_{\mathrm{o}}}\right)^2\right]+\Theta_{\mathrm{o}} \tag{7.69}$$

温度的平均值是通过将储存在圆柱体中的热量等同到一个等效体来求得的，在该等效体中的温度相等，并且与圆柱体储存的热量相同。储存在两个物体中的热量将相等，

$$\int_{\mathrm{vol}}C_{\mathrm{h}}\Theta(r)r(\mathrm{d}\theta)(\mathrm{d}r)\mathrm{d}l=C_{\mathrm{h}}\Theta_{\mathrm{rad,ave}}\frac{\pi}{4}D_{\mathrm{o}}^2l \tag{7.70}$$

式中，C_{h} 为热容。由于热分布不会随 θ 或轴向长度变化，式（7.70）简化为

$$\Theta_{\mathrm{rad,ave}}=\frac{8}{D_{\mathrm{o}}^2}\int_0^{\frac{D_{\mathrm{o}}}{2}}\Theta(r)r\mathrm{d}r \tag{7.71}$$

计算积分得到

$$\Theta_{\mathrm{rad,ave}}=\frac{q_{\mathrm{h}}D_{\mathrm{o}}^2}{32\Lambda_{\mathrm{r}}}+\Theta_{\mathrm{o}} \tag{7.72}$$

圆柱体内产生的总热量与热密度有关

$$\frac{Q_{\mathrm{h}}}{2}=q_{\mathrm{h}}d\frac{\pi}{4}D_{\mathrm{o}}^2 \tag{7.73}$$

于是最终得到

$$\Theta_{\mathrm{rad,ave}}=\frac{1}{\Lambda_{\mathrm{r}}}\frac{Q_{\mathrm{h}}}{(16\pi d)}+\Theta_{\mathrm{o}} \tag{7.74}$$

在这种情况下，热阻为

$$R_{\mathrm{h,rad}}=\frac{1}{\Lambda_{\mathrm{r}}(16\pi d)} \tag{7.75}$$

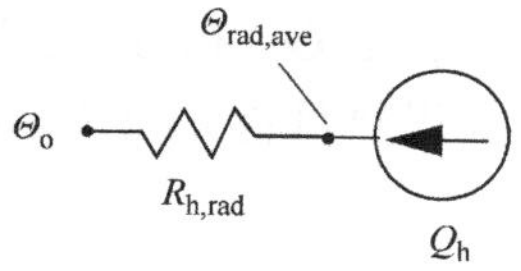

图7.9 带有内部热源的实心圆柱体中径向热流的等效热路

图7.9显示了体内均匀发热的圆柱体的等效热路。重要的是，这里的长度 d 等于圆柱体轴向长度的1/2（$2d=l$），而 Q_{h} 是整个圆柱体的热量。

当热量也从圆柱体轴向散热时，7.3.5节的内容显然适用。回想一下，对于这种情况，一般形式是

$$R_{\mathrm{h,ax}}=\frac{d}{24\Lambda_{\mathrm{ax}}A} \tag{7.76}$$

对于圆柱体横截面，长度 d 再次对应于铁心叠长的一半，A 是圆柱体的横截面积，即对于圆柱体来说

$$R_{\mathrm{h,ax}}=\frac{d}{6\pi D_{\mathrm{o}}^{2}\Lambda_{\mathrm{ax}}} \tag{7.77}$$

包含径向和轴向热流的等效热路如图7.10a所示，其中，Θ_{e1}、Θ_{e2}是叠压铁心两端的温度，Θ_{m}是铁心中点的温度。在大多数情况下，可以假设电机两侧冷却均匀。这样的话，$\Theta_{\mathrm{e1}}=\Theta_{\mathrm{e2}}$，通过对称性，$\Theta_{\mathrm{m}}=\Theta_{\mathrm{o}}$。等效热路可以简化为图7.10b的形式。这里还是假设中点连接热源，并且不考虑叠压铁心内的平均温度。

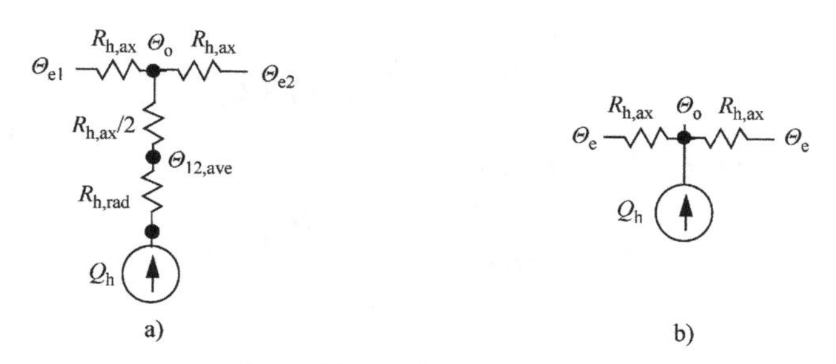

图7.10 a）包含径向和轴向热流的圆柱体等效热路；b）假设圆柱体两端冷却相同的简化等效热路

7.3.9 均匀热源的圆柱壳的热流

一般圆柱体几何形状的示意图如图7.3所示。现在假设热量从温度 Θ_{i} 的内表面径向流向温度 Θ_{o} 的外表面，并从温度 Θ_{m} 的内表面轴向流向温度 Θ_{e} 的较冷表面。定子或转子铁心就是这样的圆柱体。如果电机具有简单的冷却结构，没

有风道，则 Θ_m 和 Θ_e 分别对应于铁心中心和铁心端部的温度。

如果热量首先只从径向向外流出，那么热流还是由式（7.62）表示，即

$$\frac{\partial^2\Theta}{\partial r^2}+\frac{1}{r}\frac{\partial\Theta}{\partial r}=-\frac{q_h}{\Lambda_r} \tag{7.78}$$

式中，Λ_r为径向方向（即叠片平面内）的热导率。

得到的解与式（7.64）有相同的形式，即

$$\Theta(r)=-\frac{q_h r^2}{4\Lambda_r}+C_1\ln(r)+C_2 \tag{7.79}$$

用 D_i 表示在定子槽顶部测得的定子铁心直径或转子铁心内径。D_o 表示定子铁心的外径或转子槽底部测得的转子直径。假设热量仅从内表面流向外表面。因此，当 $r=D_i/2$ 时，则内表面上的热流为零。数学上，这意味着内表面的温度梯度为零。在圆柱体坐标系中

$$\left.\frac{\partial\Theta}{\partial r}\right|_{r=\frac{D_i}{2}}=0 \tag{7.80}$$

根据式（7.79）

$$\left.\frac{\partial\Theta}{\partial r}\right|_{r=\frac{D_i}{2}}=\left.-\frac{q_h r}{2\Lambda_r}+\frac{C_1}{r}\right|_{r=\frac{D_i}{2}}=0 \tag{7.81}$$

求解 C_1

$$C_1=\frac{q_h D_i^2}{8\Lambda_r} \tag{7.82}$$

因此

$$\Theta=-\frac{q_h r^2}{4\Lambda_r}+\frac{q_h D_i^2}{8\Lambda_r}\ln(r)+C_2 \tag{7.83}$$

当 $r=D_o/2$ 时，则 $\Theta(D_o/2)=\Theta_o$，因此

$$\Theta_o=-\frac{q_h D_o^2}{16\Lambda_r}+\frac{q_h D_i^2}{8\Lambda_r}\ln\left(\frac{D_o}{2}\right)+C_2 \tag{7.84}$$

在这种情况下

$$C_2=\Theta_o+\frac{q_h D_o^2}{16\Lambda_r}-\frac{q_h D_i^2}{8\Lambda_r}\ln\left(\frac{D_o}{2}\right) \tag{7.85}$$

因此，完整的解是

$$\Theta(r)=\frac{q_h}{4\Lambda_r}\left(\frac{D_o^2}{4}-r^2\right)+\frac{q_h D_i^2}{8\Lambda_r}\ln\left(\frac{2r}{D_o}\right)+\Theta_o \tag{7.86}$$

温度的平均值可以通过将圆柱体中存储的热量等同到一个等效体来求得，在该等效体中温度始终相同，并且与圆柱体储存的热量相同。在这种情况下，储存在两个物体中的热量将相等

$$\int_{vol} C_h \Theta(r) r(d\theta)(dr)dl = C_h \Theta_{rad,ave} \frac{\pi}{4}(D_o^2 - D_i^2) l \tag{7.87}$$

由于热分布不会随 θ 或轴向长度变化，式（7.87）简化为

$$\Theta_{rad,ave} = \frac{8}{(D_o^2 - D_i^2)} \int_{\frac{D_i}{2}}^{\frac{D_o}{2}} \Theta(r) r dr \tag{7.88}$$

利用式（7.79），解为

$$\Theta_{rad,ave} = -\frac{q_h}{32\Lambda_r}(D_o^2 + D_i^2) + \frac{D_o^2 \ln\left(\frac{D_o}{2}\right) - D_i^2 \ln\left(\frac{D_i}{2}\right)}{D_o^2 - D_i^2} C_1 - \frac{C_1}{2} + C_2 \tag{7.89}$$

式中，C_1和 C_2分别由式（7.82）和式（7.85）定义。

将常数 C_1和 C_2代入式（7.89），得到

$$\Theta_{rad,ave} = \frac{q_h}{32\Lambda_r}\left[D_o^2 - 3D_i^2 + \frac{4D_i^4}{D_o^2 - D_i^2} \ln\left(\frac{D_o}{D_i}\right)\right] + \Theta_o \tag{7.90}$$

由一半铁心形成的半个圆柱体产生的总热量为

$$\frac{Q_h}{2} = q_h d \frac{\pi}{4}(D_o^2 - D_i^2) \tag{7.91}$$

于是径向平均温度可以用总热量表示为

$$\Theta_{rad,ave} = \frac{Q_h}{16\pi\Lambda_r d}\left[1 - \frac{2D_i^2}{D_o^2 - D_i^2} + \frac{4D_i^4}{(D_o^2 - D_i^2)^2} \ln\left(\frac{D_o}{D_i}\right)\right] + \Theta_o \tag{7.92}$$

定义铁心径向的等效热阻为

$$\Theta_{h,rad} = \frac{1}{16\pi\Lambda_r d}\left[1 - \frac{2D_i^2}{D_o^2 - D_i^2} + \frac{4D_i^4}{(D_o^2 - D_i^2)^2} \ln\left(\frac{D_o}{D_i}\right)\right] \tag{7.93}$$

式（7.92）可写成以下形式

$$\Theta_{rad,ave} = Q_h R_{h,rad} + \Theta_o \tag{7.94}$$

因此，图 7.9 中给出的等效热路同样适用于这种情况。

轴向的热流也可以通过在轴向求解泊松方程来计算，即

$$\frac{\partial^2 \Theta}{\partial z^2} = -\frac{q_h}{\Lambda_z} \tag{7.95}$$

式中，Λ_z为叠压方向的热导率。该解类似于式（7.46），

$$\Theta(z) = -\frac{q_h z^2}{2\Lambda_z} + \frac{1}{d}(\Theta_e - \Theta_m) z + \frac{q_h d}{2\Lambda_z} z + \Theta_m \tag{7.96}$$

这里，热源取轴向长度 l 的中心，即 $l = 2d$。Θ_m 取电机中心或径向空气散热风道表面的温度。该温度可被作为铁心的平均温度，而 Θ_e 是电机两端铁心表面的平均温度，或者，如果有两个以上的风道，则是风道之间定子段较冷一侧的温度。

与式（7.50）类似，铁心轴向的平均温度为

$$\Theta_{\mathrm{ax,ave}}=\frac{q_{\mathrm{h}}d^2}{12\Lambda_z}+\left(\frac{\Theta_{\mathrm{m}}+\Theta_{\mathrm{e}}}{2}\right) \tag{7.97}$$

或者用铁心产生的总热量 Q_{h} 来表示

$$\Theta_{\mathrm{ax,ave}}=\frac{Q_{\mathrm{h}}d}{6\pi\Lambda_z(D_{\mathrm{o}}^2-D_{\mathrm{i}}^2)}+\left(\frac{\Theta_{\mathrm{m}}+\Theta_{\mathrm{e}}}{2}\right) \tag{7.98}$$

同样，定义铁心轴向的等效热阻为

$$R_{\mathrm{h,ax}}=\frac{d}{6\pi\Lambda_z(D_{\mathrm{o}}^2-D_{\mathrm{i}}^2)} \tag{7.99}$$

这样，轴向的平均温度变为

$$\Theta_{\mathrm{ax,ave}}=Q_{\mathrm{h}}R_{\mathrm{h,ax}}+\left(\frac{\Theta_{\mathrm{m}}+\Theta_{\mathrm{e}}}{2}\right) \tag{7.100}$$

式（7.60）、式（7.94）和式（7.100）清楚地给出了与实心圆柱体中相同的热流等效热路（见图7.10）。如果需要，可以将圆柱体分成若干部分。显然，随着轴向长度被细分为越来越小的分段，精度会提高。一般情况下，只需将铁心沿轴向分成两段就可以获得合理的估计值。

应该注意，径向和轴向的温度分布是独立计算的。这种方法是对一个复杂问题的简化。实际上，径向上的平均温度沿轴向也会变化。然而，对式（7.92）的检验表明，如果温度差 $\Theta_{\mathrm{i}}-\Theta_{\mathrm{o}}$ 在轴向上沿着圆柱体移动时保持不变，那么这种方法对于任意长度 l 都是有效的。在常用的交流电机中，几乎所有热路都满足这一特性。

表7.4和表7.5给出了电机和变压器中常用材料的热导率 Λ。表7.6给出了通过电机部分导电和导磁组件的热流密度的典型值。

表7.4　一些绝缘材料的热导率 Λ

材料	Λ/[W/(m·K)]	材料	Λ/[W/(m·K)]
玻璃纤维	0.8～1.2	Mica－Synthetic 树脂	0.2～0.3
石棉	0.2	环氧树脂	0.64
云母	0.4～0.6	聚四氟乙烯	0.2
诺梅克斯	0.11	清漆	0.26
聚酰亚胺胶带	0.12	典型绝缘系统	0.2
水	0.6～0.68	氢气	0.156～0.183
纸	0.05～0.15	空气	0.025～0.03

表 7.5 电机常用金属材料的热导率 Λ

金属	Λ/[W/(m·K)]	金属	Λ/[W/(m·K)]
铸铁	40~46	铜	360
钢（结构）	35~45	铝	200~220
不锈钢	25~30	黄铜/青铜	100~110
M-22	22	M-27	24
M-36	27~28	M-43	34
M-45	40	叠片的垂直方向	0.6
铁氧体磁体	4.5	Sm-Co 磁体	10
钕铁硼	9		

表 7.6 电机部分组件的典型热流密度 p_h （单位：W/cm²）

槽内间接冷却的绕组	0.15
铁心叠片	0.4
实心铁	2.5
直接风冷导体	4.0
直接水冷导体	9.0

7.4 平面上的热对流

电机中发生对流换热的情况好比是一个热管，管内有冷却流体流过。热量从表面传递到冷却流体，其温升 $\Delta\Theta$ 根据下式计算

$$\Delta\Theta = \frac{Q_c}{c_p\rho_m\left(\frac{dV}{dt}\right)} \tag{7.101}$$

式中，Q_c为从热表面传递到冷却流体的热功率，单位为 W；dV/dt 为冷却流体的流量，单位为 m^3/s；$c_p\rho_m$为单位密度物质的热容量，单位为 $J/(m^3 \cdot K)$。电机中冷却流体的温升 $\Delta\Theta$ 在 15~40℃之间，冷却气体的入口温度通常限制在 40℃。不同绝缘等级下冷却气体的最大温升值见表 7.7。

表 7.7 环境温度 40℃时的冷却气体最大温升 （单位:℃）

绝缘等级	A	B	F	H
交流绕组	75	80	100	125
直流绕组（一般情况）	75	80	100	125
转子励磁绕组	—	90	110	—

对流换热发生在电机中与冷却流体接触的表面上。用 Θ_s(℃) 表示表面温度，Θ_c(℃)表示冷却流体温度，从热表面传递到冷却流体的功率是

$$Q_c = \alpha_c A(\Theta_s - \Theta_c) = \alpha_c A \Delta\Theta \tag{7.102}$$

式中，A 为表面积，单位为 m^2；α_c为对流换热系数。α_c的值在自由对流换热时，可由空气冷却的 $7W/(m^2 \cdot K)$变化到液冷时的几千。在自由对流换热时，α_c的值加上热辐射（见表7.11）的对流换热系数α_r，得到最终的对流换热系数$\alpha_{res} = \alpha_c + \alpha_r$ [约 $15W/(m^2 \cdot K)$]用于电机外壳的自然冷却。

在标准大气压下，湍流介质中空冷平板表面的对流换热系数可通过以下经验公式确定

$$\alpha_{c,a} = 7.8 v^{0.78} \tag{7.103}$$

式中，v 为空气速度，单位为 m/s（$1bar = 1.02kgf/cm^2$）[⊖]。在标准大气压和给定空气速度 v 的条件下，已知 $\alpha_{c,a}$的值就可以推出其他气体在同样条件下的对流换热系数 $\alpha_{c,g}$

$$\alpha_{c,g} = \alpha_{c,a}\left(\frac{\Lambda_g}{\Lambda_a}\right)^{0.22}\left(\frac{c_g\rho_g}{c_a\rho_a}\right)^{0.78} \tag{7.104}$$

式中，Λ 为热导率；$c\rho$ 为单位密度物质的热容量（见表7.8）。

表7.8　标准大气压下各种介质相对于空气的冷却特性的比较，α_{ref}是标准大气压下空气的对流换热系数

	相对密度 ρ_m/pu	相对单位密度物质的热容量 $c_p\rho_m$/pu	相对对流换热系数 α_c/α_{ref}	相对风摩耗	风扇相对功率
1bar 空气	1	1	1	1	1
1bar 氢气	0.107	1	1.49	0.148	0.107
2bar 氢气	0.214	2	2.56	0.258	0.214
4bar 氢气	0.427	4	4.4	0.449	0.427
1bar 氦气	0.138	0.74	1.17	0.209	0.138
1bar 二氧化碳	1.528	1.27	1.08	1.344	1.528
1bar 氮气	0.967	1.03	1.02	0.966	0.967
水	935	3880	43	N/A	N/A
冷却油	740	1550	5	N/A	N/A

对流换热系数取决于固体介质与冷却流体之间传热表面的几何形状、冷却流体的热参数及其速度。当从标准大气压 1bar 变到其他压力时，需要重新计算气体热参数，应注意

⊖　$1bar = 10^5 Pa$，$1kgf/cm^2 = 0.0980665MPa$。

- 气体密度 ρ 与压力成比例；
- 运动黏度 ν 与压力成正比，热导率 Λ 与压力无关；
- 比热容 c 与压力无关；
- 单位密度物质的热容量 $c\rho$ 与压力成正比。

表7.8和表7.9说明了式（7.104）的特性，其中表7.9给出了标准大气压的空气和不同压力下的氢气的对流换热系数之比。可以发现，相同压力下的氢气对流换热系数比空气高约50%。

表7.9 不同压力下的氢气与标准大气压下的空气的对流换热系数之比

p/bar	1	2	3	4	5	6
$\alpha_{H2}/\alpha_{air,1\ bar}$	1.49	2.56	3.51	4.40	5.23	6.03

当平面由气体冷却变为液体时，对流换热系数可以表示为

$$\alpha_c = 0.0568\,(c_p\rho_m)^{0.78}\left(\frac{\Lambda}{l}\right)^{0.22}\nu^{0.78} \tag{7.105}$$

式中，l 为在冷却流体流动方向上的表面长度；v 为冷却流体的速度。

式（7.11）表明穿过物体的热流量与温度有关，通过式（7.102）可以定义一个代表对流换热的等效热电阻

$$\Delta\Theta = Q_c R_{conv} \tag{7.106}$$

式中

$$R_{conv} = \frac{l}{\alpha_c A_{conv}} \tag{7.107}$$

7.5 气隙的热传递

气隙的热传递主要是传导和对流共同作用。气隙的传热效果取决于气隙中的气流是层流还是湍流。一般转速下运行的电机，气流通常为层流。层流情况下定子和转子之间气隙的热阻可表示为

$$R_{ag} = \frac{g}{\Lambda_{air}\pi D_{is} l_i} \tag{7.108}$$

其中，Λ_{air} 从表7.4中获得。当为湍流时，热阻明显降低。设计转速较高的电机（>3600r/min）时，应考虑这种情况，读者可参考相关文献了解更多信息[4]。

7.6 辐射传热

一般来说，完全被动冷却的电机只能通过自然气流和辐射来散热。这种冷却形式效果非常差，仅用在功率较小的电机中。

在大多数情况下，在电机正常运行期间，热辐射对电机散热贡献不大。原因是电机表面（产生热辐射的地方）与周围环境（热量被辐射到的地方）之间的温差相对较小。根据 Stefan – Boltzmann 定律，辐射的热流密度正比于

$$p_{\mathrm{rad}} = c_{\mathrm{rad}}\left[\left(\frac{\Theta_{\mathrm{s}}}{100}\right)^4 - \left(\frac{\Theta_{\mathrm{a}}}{100}\right)^4\right]\mathrm{W/m^2} \tag{7.109}$$

式中，Θ_{s}为产生热辐射的表面的绝对温度，单位为 K；Θ_{a}为其周围环境的绝对温度。对于绝对黑体，c_{rad}等于 5.8W/(m^2·K^4)，在常用电机的表面上 c_{rad}等于 5W/(m^2·K^4)。零摄氏度对应的绝对温度为 273.1K。

辐射引起的热流密度有时也用辐射换热系数 α_{r}表示。α_{r}的大小与环境温度 Θ_{α}和电机表面的温升 $\Delta\Theta$ 有关，具体见表 7.10。温升 $\Delta\Theta$、辐射换热系数 α_{r}、辐射热量的表面积 A_{rad}和辐射热量 Q_{r}的关系可表示为

$$\Delta\Theta = \frac{Q_{\mathrm{r}}}{\alpha_{\mathrm{r}} A_{\mathrm{rad}}} \tag{7.110}$$

辐射等效热阻定义为

$$\Delta\Theta = Q_{\mathrm{r}} R_{\mathrm{rad}} \tag{7.111}$$

式中

$$R_{\mathrm{rad}} = \frac{1}{\alpha_{\mathrm{r}} A_{\mathrm{rad}}} \tag{7.112}$$

表 7.10　对应辐射的等效辐射换热系数 α_{r}（单位：W/(m^2·K)）

环境温度 Θ_{a}/℃	温度上升 $\Delta\Theta$/K			
	10	30	50	100
10	0.957	3.18	5.88	15.1
20	1.06	3.51	6.47	16.5
30	1.17	3.87	7.1	18.0

7.7　冷却方法和系统

从上一章已经了解到，根据电机缩放定律，电机的额定功率与其尺寸的三次方成正比。回想一下，一台电机散热的冷却面积却与电机尺寸的二次方成正比。这说明电机功率越大，需要从冷却表面散热的损耗就越多，即通过冷却表面的热流密度越高。因此，当电机额定功率增加时，必须加强电机冷却。提高电机冷却能力的常用方法是[10]：

- 增加冷却表面积，例如采用径向冷却风道；
- 通过增加使用气流（空气、氢气）或液体（水、油），来进行导体直接

冷却。

7.7.1　空气表面冷却

采用表面冷却的电机，其产生的全部热量通过电机的外表面（机壳）传递到周围空气中。表面冷却的电机可以用外部驱动的风扇冷却，也可以自冷却。表面冷却电机上的冷却气流如图7.11所示。

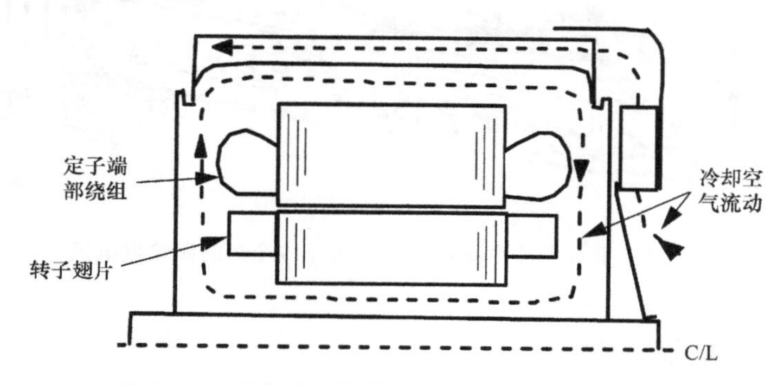

图7.11　外壳带有散热翅的TEFC笼型感应电机

7.7.2　内部冷却

采用内部冷却的电机，其产生的全部热量需传递给流经它的冷却空气。新的冷空气来自电机外部，如图7.12所示。

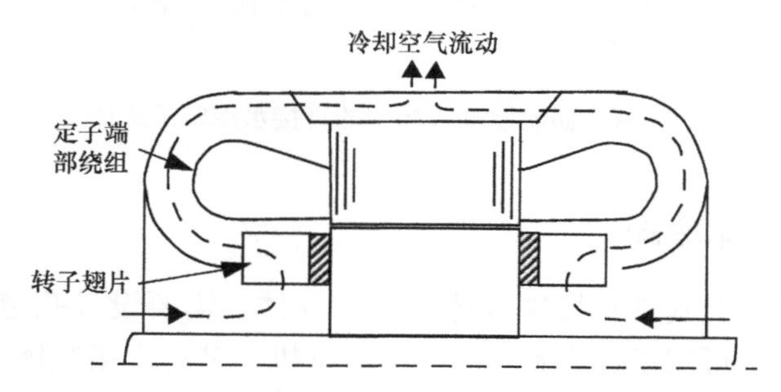

图7.12　典型的防滴型感应电机的气流路径，带有径向内部通风

7.7.3　循环冷却系统

具有循环冷却系统的电机，其热量首先传递给冷却介质，冷却介质再将热量传递到热交换器。这种冷却方法适用于自冷和外部冷却的电机。带有循环冷却系统的自冷涡轮发电机如图7.13所示。

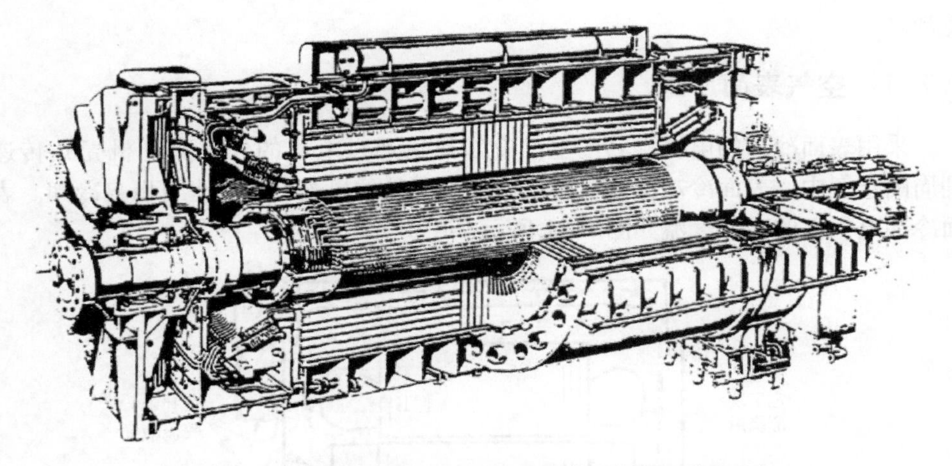

图 7.13 带有循环冷却系统和直接导体冷却的涡轮发电机

7.7.4 液体冷却

不能用气体有效冷却的电机部件可以由软化水或类似油的冷却剂冷却。图 7.14给出了两个直接水冷定子线棒的横截面图。

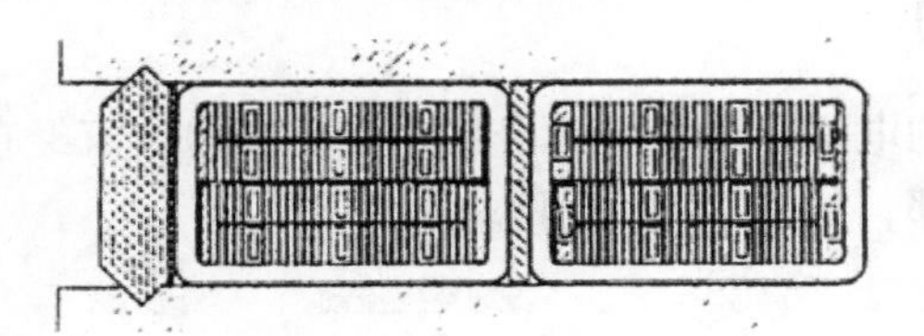

图 7.14 涡轮发电机槽中的直接水冷定子线棒

7.7.5 直接气体冷却

电机的部件，尤其是直接被气体冷却的导体，需要设计孔道让冷却气体通过。这种冷却方法可用于自冷和外部冷却的电机。带有直接气体（空气或氢气）冷却导体的涡轮发电机转子槽如图 7.15 所示[10]。

7.7.6 气体作为冷却介质

空气是电机最广泛使用的气体冷却介质。它用于表面、内部和循环冷却系统。冷却空气必须没有灰尘和颗粒，尤其是导电颗粒与灰尘，它们会降低电压强度，并减少电机中较小的冷却风道的横截面。因此，在开放式冷却系统中，冷却空气必须先进行过滤。在封闭式冷却系统（循环冷却系统）中，冷却空气不会

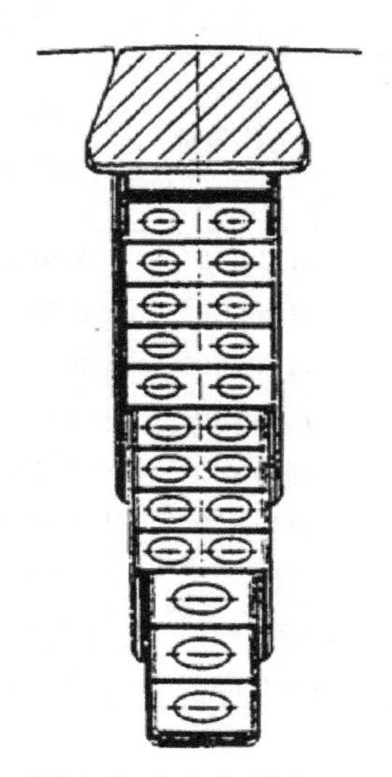

图7.15 带有直接气体冷却导体的涡轮发电机转子槽

离开冷却系统，因此不需要过滤。在功率非常大的电机中，几乎不可能过滤所需的冷却空气。例如，转速为3600r/min的100MVA涡轮发电机的重量为140t，损耗为1500kW。发电机需要50m³/s的空气进行冷却，相当于190t/h，每小时必须过滤的空气重量是发电机重量的1.37倍！

冷却空气吸收热量导致其温度上升，具体大小与流量的关系为

$$\Delta\Theta = \frac{8.879\times10^{-4}P_{\text{diss}}}{\text{CMS}}\ ℃或\ \text{K} \tag{7.113}$$

式中，CMS为空气流量，单位为m^3/s。

空气作为冷却介质的缺点是其相对较高的密度，这导致了较大的风摩耗。因此，在功率非常大的电机中，通常用氢气作为冷却介质。采用氢气作为冷却介质的电机冷却系统必须封闭，氢气压力最高可达6bar。与空气相比，氢气的优势在于其更高的传热能力、更小的风摩耗和更高的热导率。此外，氢气的冷却器和气体输送管道的横截面尺寸都比空气的小。另一方面，氢冷却电机的外壳必须密封且防爆。这种电机的轴也必须密封，并且需要辅助设备来生产氢气（例如，通过电解）。

表7.11给出了一些用于电机冷却的气体的热特性。根据方程$pV=mRT$，该表中的量随气体压力p的变化而变化，其结果为

$$\begin{aligned}\rho(p)&=k_{\rho}p\\ \nu(p)&=k_{\nu}p\end{aligned} \tag{7.114}$$

热导率$\varLambda$与气体压力无关。

表 7.11 1bar 压力下冷却液的热特性

	温度/℃	密度 ρ_m /(kg/m³)	单位密度物质的热容量 $c_p\rho_m$/(J/m³ · K)	运动黏度 ν/(m²/s)	热导率 Λ/(W/m · K)	比电阻 /Ω · m
水	20	998	4173×10^3	1.01×10^{-6}	0.598	$(2\sim5)\times10^3$
水	40	992	4145×10^3	0.66×10^{-6}	0.627	$(2\sim5)\times10^3$
水	60	983	4123×10^3	0.48×10^{-6}	0.652	$(2\sim5)\times10^3$
冷却油	20	800	1600×10^3	5.0×10^{-6}	0.147	$10^8\sim10^{14}$
冷却油	40	785	1640×10^3	3.3×10^{-6}	0.143	$10^8\sim10^{14}$
冷却油	60	770	1670×10^3	2.25×10^{-6}	0.14	$10^8\sim10^{14}$
变压器油	20	870	1760×10^3	36.5×10^{-6}	0.124	$10^8\sim10^{14}$
变压器油	40	850	1820×10^3	16.7×10^{-6}	0.123	$10^8\sim10^{14}$
变压器油	60	840	1860×10^3	8.7×10^{-6}	0.122	$10^8\sim10^{14}$

7.7.7 液体作为冷却介质

油用于冷却变压器绕组和铁心，以及电机中的定子绕组、铁心和压板。水具有更好的冷却能力，而且循环时所需的压力比油更低。水可用于冷却电机中的定转子绕组、铁心和压板。冷却水的电导率应低于 500μS/m，必须软化、去离子并具有低氧含量。随着热量的吸收，水温升高，温升估算为

$$\Delta\Theta = \frac{63.09P_{\mathrm{diss}}}{\mathrm{CCS}}\ ℃或K \tag{7.115}$$

式中，CCS 为水的流量，单位 cm³/s；P_{diss}的单位为 W。

液体冷却介质会与它们流过的空心导体表面相互作用，从而导致侵蚀、气穴和腐蚀。因此，铜冷却管中液体冷却剂的速度限制在 2m/s。不锈钢空心导体中的最大允许流速可以略高一些。常用冷却液的热特性见表 7.11。

7.8 等效热路

具有轴向和径向冷却的感应电机，图 7.16 所示为其四分之一截面的结构示意图。电机分为基本热元件或节点。图 7.17 是该电机的热交换图，显示了所有的热流路径。

表 7.3 是构建电机热流等效热路的基础。在最简单的形式中，径向冷却如图 7.12所示。转子上的两个风扇推动冷空气穿过绕组端部并吹拂铁心端部的表面。在较大功率的电机中，部分新鲜空气被引流到轴向转子通道中，该通道用作径向冷却风道的分配点，并将转子和定子上的各个铁心段分开。

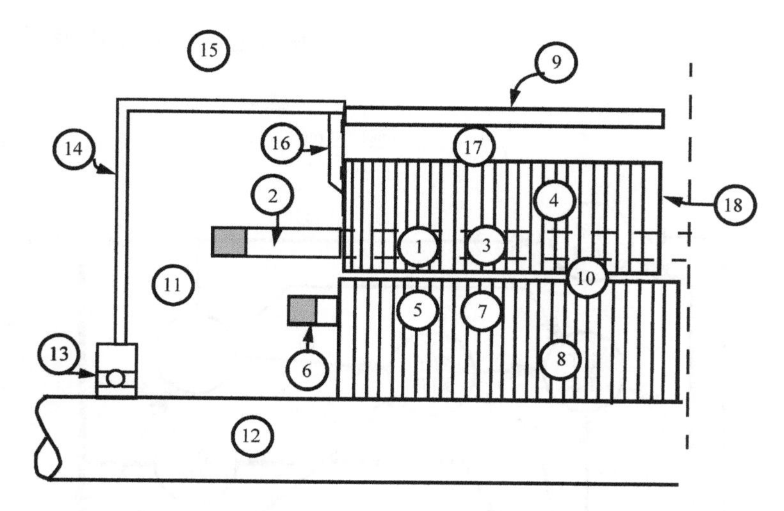

图7.16 感应电机的四分之一截面，显示主要热节点

1和5—定转子绕组，槽区域 2和6—定转子绕组，端部 3和7—定转子齿部 4和8—定转子铁心 9—机壳 10—气隙 11—端部剩余空腔 12—轴 13—轴承 14—端盖 15—外部空气 16—定子端部支撑件 17—轴向风道 18—径向风道

图7.17所示的等效热路的求解是一项艰巨的任务。可将该热网络进行适当简化，也能获得合理准确的答案。一般来说，电机主要的热源是铁和铜。由于导体和槽的绝缘，定子槽内铜 $Q_{cu,1}$ 与定子铁心 $Q_{fe,1}$ 之间的热传递不明显。相反，铜导体在轴向上的热传导很好，因此大部分热量要从绕组端部冷却。同样，对于转子，由于气隙中的空气可看作隔热体，热量 $Q_{cu,2}$ 从转子导条到定子的传递也很少。几乎所有转子热量都要从端环和从端环伸出的轴向延伸部分来散热，轴向延伸部分就是专门设计用来改善散热的。由于槽谐波，转子齿中产生的热量可能较多，但转子铁心内产生的热量可以忽略不计，因为与这部分损耗相关的磁通和转差率大小相关。假设没有冷却风道，并假设定子和转子导体产生的热量仅通过绕组端部散出，图7.18是对应的简化等效热路，可用于计算合理的温升估计值。在某些情况下，导体上的很多热量也可以通过铁心散出。这时，基于导体的热阻必须“耦合”到与铁心径向散热相关的热阻上，如图7.19所示。

定转子铁耗和铜耗的等效热阻已在7.3节中进行了介绍。定转子绕组端部的等效热阻如下

$$R_{ew}=\frac{1}{S_{ew}}\left(\frac{t_{ins}}{\Lambda_{ins}}+\frac{1}{\alpha_{ew}}\right) \tag{7.116}$$

式中，t_{ins} 为绕组绝缘的厚度；Λ_{ins} 为绕组绝缘的热导率；α_{ew} 为对流换热系数；S_{ew} 为暴露在空气中的线圈绕组端部表面积。

为了估算 $Q_{cu,1}$，可以从第6章式（6.84）中注意到，定子内表面单位面积耗散的功率密度为

$$p_{\text{diss}} = \frac{K_{s(\text{rms})} J_{s(\text{rms})}}{\sigma} \tag{7.117}$$

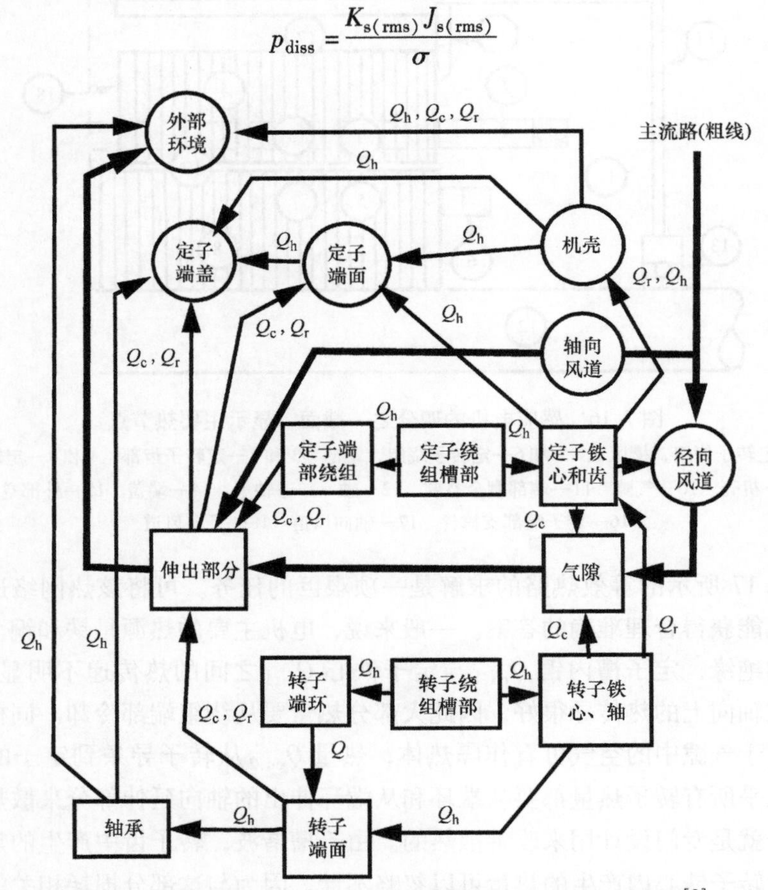

图 7.17 热流图，Q_h、Q_c和Q_r分别代表传导、对流和辐射[2]

定子铜的总功率损耗为

$$Q_{cu,1} = \frac{K_{s(\text{rms})} J_{s(\text{rms})}}{\sigma} (\pi D_{is} l_i) \frac{l_{coil,1}}{l_s} \tag{7.118}$$

式中，$l_{coil,1}$为定子一个线圈边的平均总长度，并且

$$\frac{l_{coil,1}}{l_s} \approx 1 + \frac{\pi D_{is}}{P l_s} \tag{7.119}$$

定子绕组端部的表面积为

$$S_{ew,1} = 2 N_c p_{coil,1} l_s \left(\frac{l_{coil,1}}{l_s} - 1 \right) \tag{7.120}$$

式中，N_c为定子线圈匝数；$p_{coil,1}$为绕组端部线圈束的横截面周长。单层绕组中

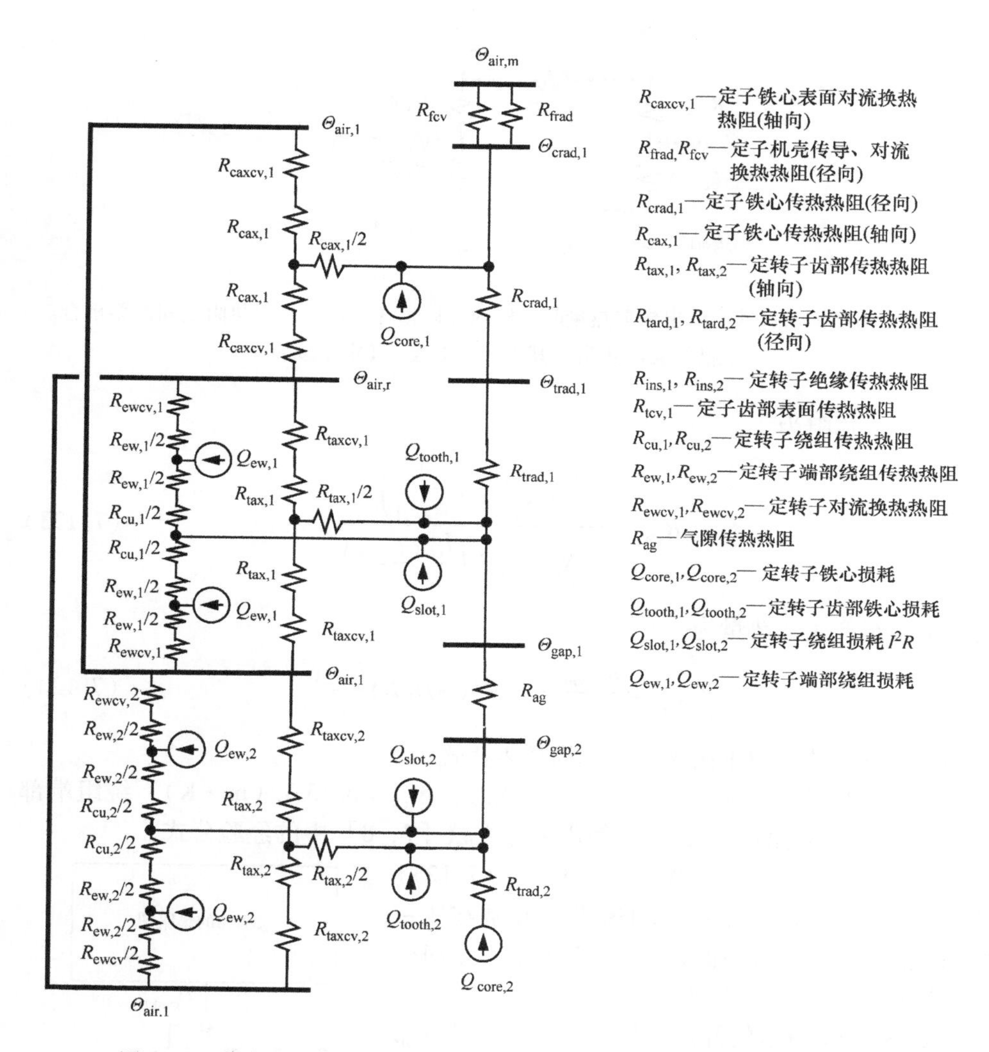

图 7.18 感应电机的等效热路，下标“1”和“2”分别表示定子和转子，下标“l”“m”和“r”表示电机左侧、中间和右侧的空气

一个线圈的周长为

$$p_{coil,1} = 2(h_s + \tau_s + t_{ave}) \tag{7.121}$$

双层绕组的为

$$p_{coil,1} = 2\left(\frac{h_s}{2} + \tau_s - t_{ave}\right) \tag{7.122}$$

式中，h_s为槽高；τ_s为定子槽距；t_{ave}为平均定子齿宽。

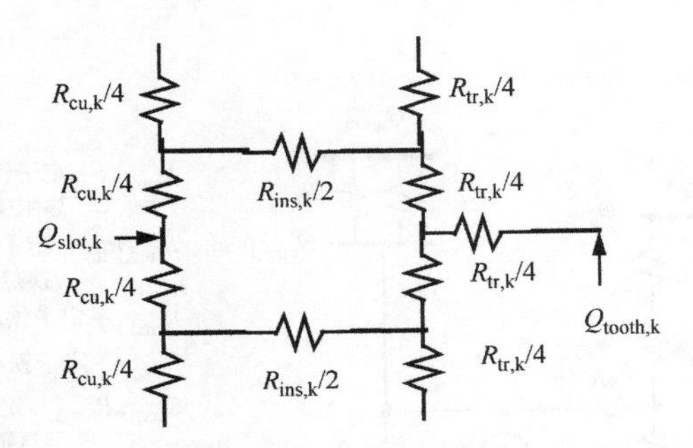

图 7.19 当导体通过铁心散出较多热量时，槽内导体损耗与齿部径向热阻之间需要耦合。$R_{ins,k}$是槽绝缘的热阻，其中 k 为 1 或 2（定子或转子）

因此，热阻为

$$R_{ew,1}=\frac{\left(\dfrac{t_{ins,1}}{\Lambda_{ins,1}}+\dfrac{1}{\alpha_{ew,1}}\right)}{2N_c p_{coil,1} l_s\left(\dfrac{l_{coil,1}}{l_s}-1\right)} \tag{7.123}$$

定子铜绕组产生的热量为

$$Q_{cu,1}=\frac{K_{s(rms)}J_{s(rms)}}{\sigma}(\pi D_{is}l_i)\frac{l_{coil,1}}{l_s} \tag{7.124}$$

采用类似的方法可以推出转子功率损耗表达式。

绝缘的热导率见表 7.4。对于 B 类绝缘，$\Lambda_{ins}=0.15\text{W}/(\text{m}\cdot\text{K})$。绕组端部对流换热系数 α_{ew} 的估算，可以使用参考文献［7，8］中的经验公式，

$$\alpha_{ew}\approx 20v_{air}^{0.6}\quad \text{W}/(\text{m}^2\cdot\text{K}) \tag{7.125}$$

式中，v_{air} 为冷却空气的平均速度，通常在 1～2m/s 之间。在转子冷却过程中，必须使用冷却空气和旋转转子散热翅之间的相对速度。

如图 7.12 所示的开放式防滴电机，根据 v_{air} 的大小，对流换热系数在 30～50 之间。对于循环空气冷却电机，例如 TEFC 电机中，对流换热系数为 20～30W/(m^2·K)。等效热路中需要用一个附加热阻来表示循环空气和外部空气之间的热交换，这种热交换包含了传导和对流。在强迫空气冷却和 H 级绝缘条件下，对流换热系数 α_{ew} 可达 90～100W/(m^2·K)。假设环境温度为 40℃，温升为 140℃（H 级绝缘），对应的热流密度为 1.4W/cm^2。图 7.20所示为全封闭风扇冷却电机

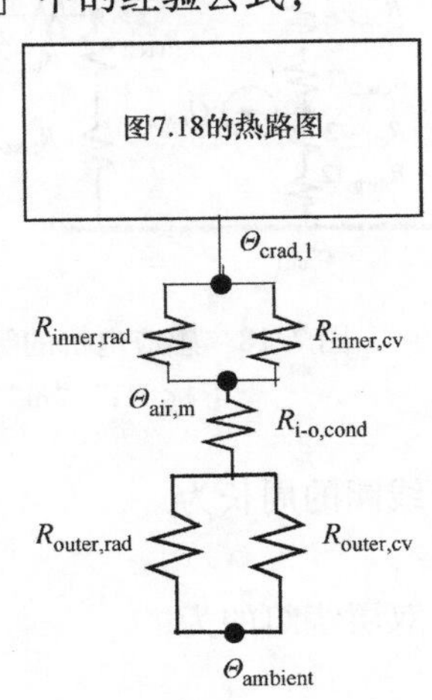

图 7.20 图 7.11 所示全封闭风扇冷却电机的等效热路

的等效热路。

如果导体热量通过铁心散出，还需要计算传热热阻 R_{ins}。与上述绕组端部的讨论类似，槽的热阻为

$$R_{ins}=\frac{t_{ins}}{\Lambda_{ins}S(b_s+2d_s)l_i} \tag{7.126}$$

式中，S 为（定子或转子）槽的数量；Λ_{ins} 为绝缘材料的热导率；b_s 为槽底部的宽度；d_s 为考虑槽壁实际周长的总深度。

7.9 示例10——250hp 感应电机的热分布

还是示例2~示例8 中的250hp 感应电机，图7.21 所示为该电机的冷却路径示意图。环境空气从左侧吸入电机，然后分成两条路径。一条用于冷却定子绕组端部和转子端环，这些空气通过定子外围通道到电机另一侧。另一部分空气被引导到转子上，沿气隙轴向流动再穿过径向冷却风道排到定子外围，并与来自另一路径的冷却空气汇合。最后，冷却空气被强制通过电机右侧的绕组端部和端环，并排到周围环境中。

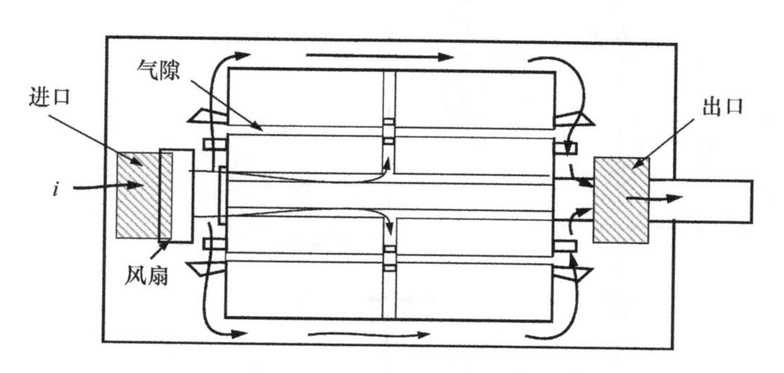

图7.21 250hp 感应电机的冷却布置

假设环境温度为30℃，端部区域的空气流量为500ft³[㊀]/min（0.236m³/s）。通过转子绕组端部的气流速度为3m/s，通过定子绕组的气流速度为2m/s。管道中的速度为2m/s，对流区域（定子外围）的平均速度为4m/s。（空气流量、空气压力和空气速度之间的相关性是热力学领域问题，这超出了本文范围）。

冷却系统的等效热路如图 7.22 所示。由于热路关于电机的中线是对称的，因此只需对电机的一侧进行建模，并通过对称性获得电机其余部分的温度分布。定子铜耗基本上通过绕组端部区域和冷却风道散出。类似地，转子导体损耗通过

㊀ $1ft^3=0.0283168m^3$。

暴露的端环和冷却管道散出。导体通过槽绝缘向铁心传热，用热阻 R_{ins} 表示。由于转子导条没有绝缘，热量可以从导条自由传递到转子铁心，中间热阻可以忽略不计，在等效热路图中用转子导条和转子齿热源之间的短路来表示。

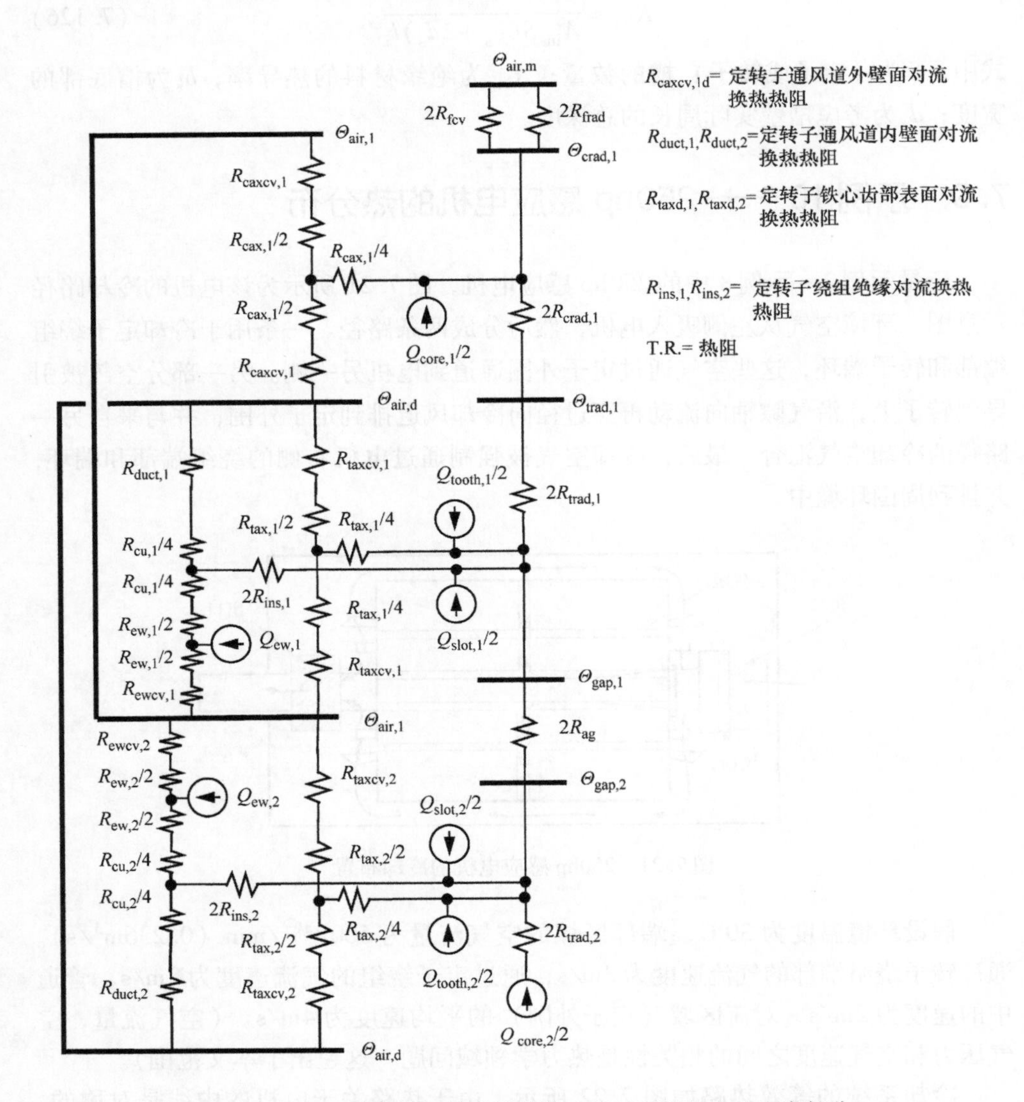

图 7.22　250hp 感应电机的等效热路，只显示了电机的左半部分，右半部分可以通过对称获得，下标“d”表示径向冷却风道壁

7.9.1 热量输入

从图5.33的等效电路可以确定，在额定线电压2400V（rms）和额定输出功率250hp（186.5kW）的条件下，定子和转子电流为

$$|I_1| = 56.6\text{A(rms)}$$

$$|I_2| = 50.1\text{A(rms)}$$

定子导体损耗为

$$P_{cu,1} = 3R_1 \ |I_1|^2 = 3 \times 0.323 \times 56.6^2 = 3104\text{W}$$

需要将槽内绕组部分和绕组端部部分的损耗分开，根据示例7，确定 l_{ew2} = 1.25in，l_{ew1} = 1.859in。$p\tau_{p(ave)} = 0.8 \times 10.32 = 8.25$in，那么电机一侧的绕组端部的周长为

$$\begin{aligned} l_{ew} &= 2l_{ew2} + 2\sqrt{l_{ew1}^2 + \left(\frac{p\tau_{p(ave)}}{2}\right)^2} \\ &= 2 \times 1.25 + 2\sqrt{1.859^2 + \left(\frac{8.25}{2}\right)^2} = 11.5\text{in} \end{aligned} \tag{7.127}$$

铁心的总长度为9.25in。通过简单的比例计算，在定子槽内绕组和每个绕组端部上耗散的功率为

$$P_{slot,1} = P_{cu,1}\frac{9.25}{9.25 + 11.5} = 1380\text{W}$$

$$P_{ew,1} = \frac{P_{cu,1}}{2}\ \frac{11.5}{9.25 + 11.5} = 860\text{W}$$

因此，由于定子铜损耗，注入图7.22等效热路的热量为 $Q_{slot,1}$ = 1380W，Q_{ew1} = 860W。

根据第5章的示例8，定子轭部和齿部的基本铁耗为

$$P_{core,1} = 630\text{W}$$

$$P_{tooth,1} = 290\text{W}$$

为了与定子正弦电流励磁相平衡，转子电流频率是转差率，值很小，转子铁心中的基本铁耗可以忽略不计。

参考表5.1，由于冲压或者局部应力会导致附加损耗。附加损耗可认为集中在定子轭部。如果从表中选择附加损耗的值为35%，则定子轭部产生的总热量为

$$Q_{core,1}=P_{core,1}+0.35(P_{core,1}+P_{tooth,1})=950\text{W}$$

杂散空载损耗主要产生于定子齿和转子齿中。对于具有半开口定子和转子槽的电机，杂散空载损耗的典型值为70%。如果该损耗在定子齿和转子齿之间平均分配，定子齿的总损耗以及图7.22中的一个热输入为

$$Q_{teeth,1}=P_{tooth,1}+0.35(P_{core,1}+P_{tooth,1})=290+0.35(630+290)=601.5\text{W}$$

杂散空载损耗的剩余部分在转子齿中

$$Q_{teeth,2}=0.35(P_{core,1}+P_{tooth,1})=0.35\times(630+290)=311.5\text{W}$$

由于转子在正常运行期间，转差率很小，转子轭部损耗可以忽略不计，即

$$Q_{core,2}=0$$

杂散负载损耗主要作为转子导体上的额外损耗。

转子电流

$$|I_2|=50.1\text{A(rms)}$$

根据第5章的示例7，正弦激励引起的转子导体损耗为

$$P_{cu,2}=3R_2\ |I_2|^2=3\times0.786\times50.1^2=5920\text{W}$$

同样从示例7中可以得到，转子电阻由两个部件组成，导条部分电阻 $r_b=43.7\times10^{-6}$ 和端环部分电阻为 23.40×10^{-6}。通过将转子损耗按两个电阻的比例进行划分，端环中的损耗为

$$Q_{ew,2}=\frac{23.40}{23.40+43.7}\times5920=2060\text{W}$$

转子导条中除了基本损耗外，还要包括杂散负载损耗造成的额外损耗。选择额定输出功率的0.4%作为杂散负载损耗，转子导体注入等效热路的总损耗为

$$Q_{slot,2}=\frac{43.7}{23.40+43.7}\times5920+\frac{0.4}{100}\times250\times746=4600\text{W}$$

7.9.2 热阻

现在计算热阻。首先考虑电机铁心部分的热阻。对于定子齿，需要计算轴向和径向热流的热阻。对于径向热流

$$R_{trad,1}=\frac{d_{ss}}{\Lambda_{i,rad}S_1l_i\left(\frac{t_{ts}+t_{bs}}{2}\right)} \tag{7.128}$$

根据第3章的示例2

$$d_{ss} = 2.2\text{in}$$
$$S_1 = 120$$
$$S_2 = 97$$
$$l_i = 9.25\text{in}$$
$$l_s = 10\text{in}$$
$$t_{ts} = 0.256\text{in}$$
$$t_{bs} = 0.369\text{in}$$

此外，根据表7.5，M-36硅钢片的热导率为

$$\Lambda_{i,rad} = 28\text{W/(m·K)}$$

因此

$$R_{trad,1} = \frac{2.2 \times \left(\frac{100}{2.54}\right)}{28 \times 120 \times 8.5 \times \left(\frac{0.256 + 0.369}{2}\right)} = 0.0097\text{K/W} \tag{7.129}$$

定子齿轴向的热流

$$R_{tax,1} = \frac{l_i}{\Lambda_{i,ax} S_1 d_{ss}\left(\frac{t_{ts} + t_{bs}}{2}\right)} \tag{7.130}$$

$$= \frac{8.5 \times 39.37}{0.6 \times 120 \times 2.2 \times \left(\frac{0.256 + 0.369}{2}\right)} = 6.76\text{K/W} \tag{7.131}$$

对于定子轭部，根据式（7.93），沿径向

$$R_{crad,1} = \frac{1}{32\pi\Lambda_{i,rad} l_i}\left\{D_{os}^2 - 3D_{bs}^2 + \frac{4D_{bs}^4}{(D_{os}^2 - D_{bs}^2)}\ln\left(\frac{D_{os}}{D_{bs}}\right)\right\} \tag{7.132}$$

式中，D_{os}为定子铁心的外径（$D_{os}=31.5\text{in}$）；D_{bs}为定子齿底部测得的定子铁心内径（$D_{bs}=31.5-2\times1.76=28$）。计算出式（7.132）的结果为

$$R_{crad,1} = 0.00084\text{K/W} \tag{7.133}$$

定子轭部的轴向热阻

$$R_{cax,1} = \frac{1}{\Lambda_{i,ax}}\left(\frac{l_i}{2}\right)\frac{4}{\pi}\frac{1}{(D_{os}^2 - D_{bs}^2)} \tag{7.134}$$

$$= \frac{1}{0.6} \times \left(\frac{8.5}{2}\right) \times \frac{4}{\pi} \times \frac{1}{(31.5^2 - 28.48^2)} \times \frac{100}{2.54} = 0.8168\text{K/W} \tag{7.135}$$

转子齿的径向热阻

$$R_{trad,2} = \frac{d_{s2}}{\Lambda_{i,rad} S_2 l_{ir}\left(\frac{t_{tr} + t_{br}}{2}\right)} \tag{7.136}$$

$$= \frac{0.67 \times \left(\frac{100}{2.54}\right)}{28 \times 97 \times 8.5 \times \left(\frac{0.392 + 0.348}{2}\right)} = 0.003\text{K/W} \tag{7.137}$$

转子齿的轴向热阻

$$R_{\mathrm{tax},2}=\frac{l_{\mathrm{i}}}{\Lambda_{\mathrm{i,ax}}S_2d_{\mathrm{s2}}\left(\dfrac{t_{\mathrm{tr}}+t_{\mathrm{br}}}{2}\right)} \tag{7.138}$$

$$=\frac{8.5\times\left(\dfrac{100}{2.54}\right)}{0.6\times97\times0.67\times\left(\dfrac{0.392+0.348}{2}\right)}=23.2\mathrm{K/W} \tag{7.139}$$

可以注意到，铁心在垂直于叠片平面的轴向热阻远大于径向热阻（90倍或更大）。因此，可忽略叠片的轴向热传递是完全合理的。转子轭部的热阻也可以忽略，因为从转子轭部到转轴或铁心端面的热传递可以忽略不计。最后，由于笼型感应电机的转子导条与转子槽之间没有绝缘，因此转子导体绝缘的热阻也可以忽略不计。

将250hp电机的等效热路进行简化，如图7.23所示。图中增加了额外的温度节点Θ_1、Θ_2和Θ_3，以便最后的求解。

现在计算其他的热阻。对于槽内的定子导体

$$R_{\mathrm{cu},1}=\frac{l_{\mathrm{s}}}{\Lambda_{\mathrm{cu}}S_1A_{\mathrm{cu},1}} \tag{7.140}$$

式中，$A_{\mathrm{cu},1}$为槽中铜的横截面积。根据示例4和表7.5

$$R_{\mathrm{cu},1}=\frac{9.25\times\left(\dfrac{100}{2.54}\right)}{360\times120\times6\times0.02553}=0.0275\mathrm{K/W} \tag{7.141}$$

绕组端部部分

$$R_{\mathrm{ew},1}=\frac{l_{\mathrm{ew},1}}{\Lambda_{\mathrm{cu}}S_1A_{\mathrm{cu},1}}=\frac{11.5}{9.25}\times0.0275=0.0342\mathrm{K/W} \tag{7.142}$$

转子导条

$$R_{\mathrm{cu},2}=\frac{l_{\mathrm{rb}}}{\Lambda_{\mathrm{cu}}S_2A_{\mathrm{cu},2}} \tag{7.143}$$

根据示例7，忽略斜槽

$$R_{\mathrm{cu},2}=\frac{9.25\times\left(\dfrac{100}{2.54}\right)}{360\times97\times(0.375\times0.5625)}=0.044\mathrm{K/W} \tag{7.144}$$

同样

$$R_{\mathrm{ew},2}=\frac{l_{\mathrm{ew},2}}{\Lambda_{\mathrm{cu}}S_2A_{\mathrm{cu},2}} \tag{7.145}$$

式中，$l_{\mathrm{ew},2}$和$A_{\mathrm{cu},2}$为一个转子绕组端部段的长度和横截面积。根据示例7，可以得到

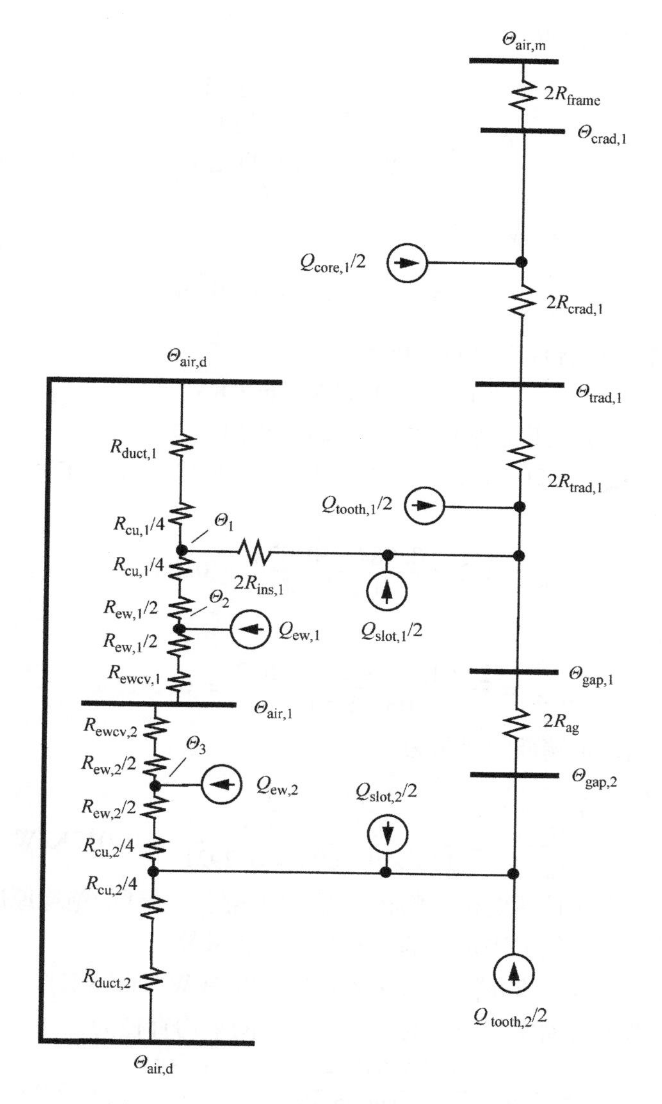

图7.23 忽略轴向叠片热流的简化热模型

$$\frac{l_{ew,2}}{A_{cu,2}}=\frac{1.625}{0.375\times0.5625}+\frac{0.71}{1.0\times0.75}=8.65 \tag{7.146}$$

因此

$$R_{ew,2}=\frac{8.56\times\left(\frac{100}{2.54}\right)}{360\times97}=0.0097\mathrm{K/W} \tag{7.147}$$

接下来计算从绕组和铁心的端部到循环空气的对流换热。对于电机一侧的端

部，根据式（7.123）得到

$$R_{\text{ewcv},1} = \frac{\left(\dfrac{t_{\text{ins},1}}{\Lambda_{\text{ins},1}} + \dfrac{1}{\alpha_{\text{ew},1}}\right)}{N_c p_{\text{coil},1} l_s \left(\dfrac{l_{\text{coil},1}}{l_s} - 1\right)} \tag{7.148}$$

假设绝缘厚度为78mils[⊖]或

$$t_{\text{ins},1} = \frac{0.078}{100/2.54} = 0.002\text{m} \tag{7.149}$$

根据表7.4，绝缘材料合成树脂的热导率为

$$\Lambda_{\text{ins},1} = 0.25\text{W/(m·K)} \tag{7.150}$$

绕组端部空气的对流换热系数由式（7.125）得出

$$\alpha_{\text{ew},1} = 20 \times v_{\text{air},1}^{0.6} = 20 \times 2^{0.6} = 30.3\text{W/(m}^2\text{·K)} \tag{7.151}$$

线圈的外周长为

$$p_{\text{coil},1} = 2 \times \frac{0.984 + 0.374}{100/2.54} = 0.0690\text{m} \tag{7.152}$$

单边端部的长度为

$$l_{\text{end},1} = \frac{2 \times 1.25 + 2 \times 4.527}{100/2.54} = 0.2921\text{m} \tag{7.153}$$

因此，电机一侧绕组端部的热阻为

$$R_{\text{ewcv},1} = \frac{\left(\dfrac{t_{\text{in},1}}{\Lambda_{\text{ins},1}} + \dfrac{1}{\alpha_{\text{ew},1}}\right)}{N_c p_{\text{coil},1} l_{\text{en},1}} = \frac{\dfrac{0.002}{0.25} + \dfrac{1}{30.3}}{120 \times 0.0690 \times 0.2921} = 0.017\text{K/W} \tag{7.154}$$

按照同样的方法计算电机一侧转子端环的热阻。端环的绝缘厚度为零，因此热阻完全由端环上的气流决定。端环的对流换热系数为

$$\alpha_{\text{ew},2} = 20 v_{\text{air},2}^{0.6} = 20 \times 3^{0.6} = 38.66\text{W/(m}^2\text{·K)} \tag{7.155}$$

端环的周长仅考虑流动空气经过的部分。端环的平均直径为

$$D_{\text{ring}} = \frac{D_{\text{or}} - 2 \times (0.047 + 0.04) - 0.572}{100/2.54} = 0.59\text{m} \tag{7.156}$$

端环的平均长度为

$$l_{\text{ring}} = \pi D_{\text{ring}} = 1.853\text{m} \tag{7.157}$$

端环的周长是

$$p_{\text{ring}} = \frac{2 \times (0.75 + 1.0)}{100/2.54} = 0.0089\text{m} \tag{7.158}$$

转子导条的端部直线部分的周长和长度分别为

⊖ $1\text{mil} = 25.4 \times 10^{-6}\text{m}$。

$$p_{\text{end},2}=\frac{2\times(0.5625+0.375)}{100/2.54}=0.0476\text{m} \tag{7.159}$$

$$l_{\text{ew},2}=\frac{1.625}{100/2.54}=0.0413\text{m} \tag{7.160}$$

类比式（7.143）可得

$$R_{\text{ewcv},2}=\frac{\left(\dfrac{1}{\alpha_{\text{ew},2}}\right)}{S_2p_{\text{end},2}l_{\text{ew},2}+p_{\text{ring}}l_{\text{ring}}} \tag{7.161}$$

$$=\frac{\dfrac{1}{38.66}}{97\times0.0476\times0.0413+0.089\times1.856}=0.0727\text{K/W} \tag{7.162}$$

接下来计算定子和转子冷却风道的热阻为

$$R_{\text{duct},1}=\frac{\dfrac{t_{\text{ins},1}}{\Lambda_{\text{ins},1}}+\dfrac{1}{\alpha_{\text{duct}}}}{S_1p_{\text{coil},1}l_{\text{duct}}} \tag{7.163}$$

已知 $t_{\text{ins},1}=0.002$，$\Lambda_{\text{ins},1}=0.25$，$S_1=120$。虽然冷却风道的对流换热系数未知，可以假设式（7.125）在这种条件下仍然合理有效。因此

$$\alpha_{\text{duct}}=20\times2^{0.6}=30.3\text{W/(m}^2\cdot\text{K)} \tag{7.164}$$

同样

$$p_{\text{coil},1}=\frac{2\times(2\times0.984+0.374)}{100/2.54}=0.991\text{m} \tag{7.165}$$

$$l_{\text{duct}}=\frac{3/8}{100/2.54}=0.0095\text{m} \tag{7.166}$$

定子冷却风道的热阻为

$$R_{\text{duct},1}=\frac{\dfrac{0.002}{0.25}+\dfrac{1}{30.3}}{120\times0.119\times0.0095}=0.302\text{K/W} \tag{7.167}$$

转子导条没有包裹绝缘材料，因此转子冷却风道的热阻为

$$R_{\text{duct},2}=\frac{\dfrac{1}{\alpha_{\text{duct}}}}{S_2p_{\text{bar},2}l_{\text{duct}}} \tag{7.168}$$

其中除了转子导条的周长之外，其他的量都是已知的

$$p_{\text{bar},2}=2\times\frac{(0.5625+0.375)}{39.37}=0.0476\text{m} \tag{7.169}$$

因此转子冷却风道的热阻为

$$R_{\text{duct},2}=\frac{\dfrac{1}{30.3}}{97\times0.0476\times0.0095}=0.7524\text{K/W} \tag{7.170}$$

已知定子导体周围的绝缘厚度为0.078in。绝缘材料与铁心槽表面之间不可

避免地还存在空气，假设空气层厚度为0.035in。绝缘材料和空气层对应的热阻应该串联起来。绝缘材料对应的热阻为

$$R_{\mathrm{ins,1a}} = \frac{t_{\mathrm{ins,1}}}{\Lambda_{\mathrm{ins,1}} S_1 (b_s + 2d_s) l_i} \tag{7.171}$$

$$= \frac{0.078 \times \left(\frac{100}{2.54}\right)}{0.25 \times 120 \times (0.374 + 2 \times 0.984) \times 8.5} \tag{7.172}$$

$$= 0.0051\mathrm{K/W} \tag{7.173}$$

绝缘材料和定子槽表面之间的空气层的热阻为

$$R_{\mathrm{ins,1b}} = \frac{t_{\mathrm{air}}}{\Lambda_{\mathrm{air}} S_1 (b_s + 2d_s) l_i} \tag{7.174}$$

$$= \frac{0.035 \times \left(\frac{100}{2.54}\right)}{0.03 \times 120 \times (0.374 + 2 \times 0.984) \times 8.5} \tag{7.175}$$

$$= 0.019\mathrm{K/W} \tag{7.176}$$

定子铁心和导体之间的总热阻为

$$R_{\mathrm{ins,1}} = R_{\mathrm{ins,1a}} + R_{\mathrm{ins,1b}} = 0.0051 + 0.019 = 0.0241\mathrm{K/W} \tag{7.177}$$

定转子间气隙的热阻为

$$R_{\mathrm{ag}} = \frac{g}{\Lambda_{\mathrm{air}} \pi D_{\mathrm{is}} l_i} \tag{7.178}$$

代入数据可得

$$R_{\mathrm{ag}} = \frac{0.04 \times 39.37}{0.025 \times 3.14159 \times 24.08 \times 8.5} = 0.0980\mathrm{K/W} \tag{7.179}$$

定子铁心中的热量会传递到定子外表面，然后通过辐射和对流传递给周围环境。辐射部分可根据式（7.112）计算，即

$$R_{\mathrm{frad}} = \frac{1}{\alpha_r A_{\mathrm{rad}}} = \frac{1}{\alpha_r \pi D_{\mathrm{os}} (l_i)} \tag{7.180}$$

对应辐射的等效对流换热系数取决于电机表面和周围空气之间的温差。由于此时的气温未知，必须估计一个温差。假设温差为50℃，则根据表7.10，$\alpha_r = 7.1\mathrm{W/(m^2 \cdot K)}$，热阻为

$$R_{\mathrm{frad}} = \frac{1}{7.1 \times \pi \times \left(\frac{31.5}{100/2.54}\right) \times \left(\frac{8.5}{100/2.54}\right)} = 0.260\mathrm{K/W} \tag{7.181}$$

最后，计算电机表面到空气的对流换热热阻。根据式（7.103），假设湍流和1bar压力，对流换热系数为

$$\alpha_c = 7.8 v^{0.78} = 7.8 \times 4^{0.78} = 23\mathrm{W/(m^2 \cdot K)} \tag{7.182}$$

因此

$$R_{\mathrm{fcv}} = \frac{1}{\alpha_{\mathrm{c}} A_{\mathrm{conw}}} \tag{7.183}$$

$$= \frac{1}{23 \times \pi \times \left(\dfrac{31.5}{100/2.54}\right) \times \left(\dfrac{8.5}{100/2.54}\right)} = 0.0801\mathrm{K/W} \tag{7.184}$$

辐射和对流换热两个热阻并联，即

$$R_{\mathrm{frame}} = \frac{R_{\mathrm{frad}} R_{\mathrm{fcv}}}{R_{\mathrm{frad}} + R_{\mathrm{fcv}}} = \frac{0.260 \times 0.0801}{0.260 + 0.0801} = 0.0612\mathrm{K/W} \tag{7.185}$$

根据图7.23，定义以下节点方程：

$$\frac{\Theta_{\mathrm{air,d}} - \Theta_1}{R_{\mathrm{duct,1}} + \dfrac{R_{\mathrm{cu,1}}}{4}} + \frac{\Theta_{\mathrm{air,d}} - \Theta_{\mathrm{gap,2}}}{\dfrac{R_{\mathrm{cu,2}}}{4} + R_{\mathrm{duct,2}}} = 0 \tag{7.186}$$

$$\frac{\Theta_1 - \Theta_{\mathrm{air,d}}}{R_{\mathrm{duct,1}} + \dfrac{R_{\mathrm{cu,1}}}{4}} + \frac{\Theta_1 - \Theta_2}{\dfrac{R_{\mathrm{cu,1}}}{4} + \dfrac{R_{\mathrm{ew,1}}}{2}} + \frac{\Theta_1 - \Theta_{\mathrm{gap,1}}}{2R_{\mathrm{ins,1}}} = 0 \tag{7.187}$$

$$\frac{\Theta_2 - \Theta_1}{\dfrac{R_{\mathrm{cu,1}}}{4} + \dfrac{R_{\mathrm{ew,1}}}{2}} + \frac{\Theta_2 - \Theta_{\mathrm{air,1}}}{\dfrac{R_{\mathrm{ew,1}}}{2} + R_{\mathrm{ewcv,1}}} = Q_{\mathrm{ew,1}} \tag{7.188}$$

$$\frac{\Theta_{\mathrm{air,1}} - \Theta_2}{\dfrac{R_{\mathrm{ew,1}}}{2} + R_{\mathrm{ewcv,1}}} + \frac{\Theta_{\mathrm{air,1}} - \Theta_3}{R_{\mathrm{ewcv,2}} + \dfrac{R_{\mathrm{ew,2}}}{2}} = 0 \tag{7.189}$$

$$\frac{\Theta_3 - \Theta_{\mathrm{air,1}}}{R_{\mathrm{ewcv,2}} + \dfrac{R_{\mathrm{ew,2}}}{2}} + \frac{\Theta_3 - \Theta_{\mathrm{gap,2}}}{\dfrac{R_{\mathrm{ew,2}}}{2} + \dfrac{R_{\mathrm{cu,2}}}{4}} = Q_{\mathrm{ew,2}} \tag{7.190}$$

$$\frac{\Theta_{\mathrm{gap,2}} - \Theta_{\mathrm{gap,1}}}{2R_{\mathrm{ag}}} + \frac{\Theta_{\mathrm{gap,2}} - \Theta_3}{\dfrac{R_{\mathrm{ew,2}}}{2} + \dfrac{R_{\mathrm{cu,2}}}{4}} + \frac{\Theta_{\mathrm{gap,2}} - \Theta_{\mathrm{air,d}}}{\dfrac{R_{\mathrm{cu,2}}}{4} + R_{\mathrm{duct,2}}} = \frac{Q_{\mathrm{slot,2}} + Q_{\mathrm{tooth,2}}}{2} \tag{7.191}$$

$$\frac{\Theta_{\mathrm{gap,1}} - \Theta_{\mathrm{gap,2}}}{2R_{\mathrm{ag}}} + \frac{\Theta_{\mathrm{gap,1}} - \Theta_{\mathrm{trad,1}}}{2R_{\mathrm{trad,1}}} + \frac{\Theta_{\mathrm{gap,1}} - \Theta_1}{2R_{\mathrm{ins,1}}} = \frac{Q_{\mathrm{slot,1}} + Q_{\mathrm{tooth,1}}}{2} \tag{7.192}$$

$$\frac{\Theta_{\mathrm{trad,1}} - \Theta_{\mathrm{crad,1}}}{2R_{\mathrm{crad,1}}} + \frac{\Theta_{\mathrm{trad,1}} - \Theta_{\mathrm{gap,1}}}{2R_{\mathrm{trad,1}}} = 0 \tag{7.193}$$

$$\frac{\Theta_{\mathrm{crad,1}} - \Theta_{\mathrm{air,m}}}{2R_{\mathrm{frame}}} + \frac{\Theta_{\mathrm{crad,1}} - \Theta_{\mathrm{trad,1}}}{2R_{\mathrm{crad,1}}} = \frac{Q_{\mathrm{core,1}}}{2} \tag{7.194}$$

应该注意的是，八个未知温度中的一些可以很容易地用代数方法消除，因为其中几个温度是一个节点上两个热流相加的结果。然而，用计算机求解这些方程是非常快的，因此可以保留完整的方程组。

电机中点温度$\Theta_{air,m}$可以这样来求解。注入电机入口侧空气的热量为

$$P_{diss}=\frac{P_{cu,1}}{2}+\frac{P_{cu,2}}{2}+\frac{Q_{core,1}}{2}+\frac{Q_{tooth,1}}{2}+\frac{Q_{tooth,2}}{2}$$

$$=\frac{3104+5920+950+930+644}{2}=5774\text{W} \tag{7.195}$$

根据式（7.113），CMS是空气流量，单位为m^3/s，从入口到电机中点的空气温升为

$$\Delta\Theta=\frac{8.879\times10^{-4}P_{diss}}{CMS} \tag{7.196}$$

空气流量为

$$CMS=\frac{CFM}{60\times3.28^3}=\frac{500}{60\times3.28^3}=0.236\text{m}^3/\text{s} \tag{7.197}$$

式中，CFM是以ft^3/min为单位的空气流量。因此

$$\Delta\Theta=\frac{8.879\times10^{-4}\times5774}{0.236}=22\text{K 或 }℃ \tag{7.198}$$

那么，电机中点处的冷却空气温度为

$$\Theta_{air,m}=\Theta_{air,1}+\Delta\Theta=30+22=52℃ \tag{7.199}$$

注意，该值本质上应与用于计算R_{rad}和R_{conv}时假设的50℃相同。不同的话可以通过迭代来收敛到更准确的答案。然而，考虑到所采用方法固有的误差，通常无法保证一定相同。

假设电机冷却空气从两侧对称进入，电机出口端的空气温度为

$$\Theta_{air,m}=\Theta_{air,exit}=30+22=52℃ \tag{7.200}$$

如果空气仅从电机左侧进入，则电机出口端的空气温度为

$$\Theta_{air,r}=\Theta_{air,exit}=30+2\times22=74℃ \tag{7.201}$$

式（7.199）表明电机中点处的空气温度与进气温度有关，因此九个温度方程中的式（7.189）是多余的。另外，$\Theta_{air,d}$实际上就等于入口温度，因为空气在进入管道之前并没有被加热，因此式（7.186）是多余的。实际上，$\Theta_{air,1}$是节点方程的参考节点。在这种情况下，可以根据高于环境温度的温升来计算所有温度。实际温度可以简单地通过将所有节点温升加环境温度来得到。本例中假设风道入口处的空气温度与环境温度基本相同，$\Theta_{air,1}$和$\Theta_{air,d}$设置为30℃。

剩下的七个节点方程写成矩阵形式来求解。矩阵方程为

$$[G_h]\cdot[\Theta]=[Q_h] \tag{7.202}$$

其中

$$[\Theta]^t=[\Theta_1,\Theta_2,\Theta_3,\Theta_{gap,2},\Theta_{gap,1},\Theta_{trad,1},\Theta_{crad,1}] \tag{7.203}$$

和

$$[Q_h] = \begin{bmatrix} \dfrac{\Theta_{air,d}}{R_{duct,1} + \dfrac{R_{cu,1}}{4}} \\ Q_{ew,1} + \dfrac{\Theta_{air,1}}{\dfrac{R_{ew,2}}{2} + R_{ewcv,1}} \\ Q_{ew,2} + \dfrac{\Theta_{air,1}}{\dfrac{R_{ew,2}}{2} + R_{ewcv,2}} \\ \dfrac{Q_{slot,2} + Q_{tooth,2}}{2} + \dfrac{Q_{air,d}}{\dfrac{R_{cu,2}}{4} + R_{duct,2}} \\ \dfrac{Q_{slot,1} + Q_{tooth,1}}{2} \\ 0 \\ \dfrac{Q_{core,1}}{2} + \dfrac{\Theta_{air,m}}{2R_{frame}} \end{bmatrix} \tag{7.204}$$

矩阵 $[G_h]$ 的定义如式（7.206）所示。主对角线上的 $R_1 \cdots R_7$ 等于连接到七个节点的热阻的倒数。例如

$$\frac{1}{R_1} = \frac{1}{R_{cu,1}/4 + R_{duct,1}} + \frac{1}{R_{cu,1}/4 + R_{ew,1}/2} \tag{7.205}$$

很多软件都可以轻松求出矩阵 $[G_h]$ 的逆，从而求解未知向量 $[\Theta]$。

$$[G_h] = \begin{bmatrix} \dfrac{1}{R_1} & -\dfrac{1}{\dfrac{R_{cu,1}}{4}+\dfrac{R_{ew,1}}{2}} & 0 & 0 & -\dfrac{1}{2R_{ins,1}} & 0 & 0 \\ -\dfrac{1}{\dfrac{R_{cu,1}}{4}+\dfrac{R_{ew,1}}{2}} & \dfrac{1}{R_2} & 0 & 0 & 0 & 0 & 0 \\ 0 & 0 & \dfrac{1}{R_3} & -\dfrac{1}{\dfrac{R_{ew,2}}{2}+\dfrac{R_{cu,2}}{4}} & 0 & 0 & 0 \\ 0 & 0 & -\dfrac{1}{\dfrac{R_{ew,2}}{2}+\dfrac{R_{cu,2}}{4}} & \dfrac{1}{R_4} & -\dfrac{1}{2R_{ag}} & 0 & 0 \\ -\dfrac{1}{2R_{ins,1}} & 0 & 0 & -\dfrac{1}{2R_{ag}} & \dfrac{1}{R_5} & -\dfrac{1}{2R_{trad,1}} & 0 \\ 0 & 0 & 0 & 0 & -\dfrac{1}{2R_{trad,1}} & \dfrac{1}{R_6} & -\dfrac{1}{2R_{crad,1}} \\ 0 & 0 & 0 & 0 & 0 & -\dfrac{1}{2R_{crad,1}} & \dfrac{1}{R_7} \end{bmatrix} \tag{7.206}$$

得到的解为

$$[\Theta] = \begin{bmatrix} \Theta_1 \\ \Theta_2 \\ \Theta_3 \\ \Theta_{gap,2} \\ \Theta_{gap,1} \\ \Theta_{trad,1} \\ \Theta_{crad,1} \end{bmatrix} = \begin{bmatrix} 132.2 \\ 98.0 \\ 423.2 \\ 477.2 \\ 218.6 \\ 205.3 \\ 193.8 \end{bmatrix} \tag{7.207}$$

可以看到，内部绕组温度为132℃，而绕组端部温度预计为98℃，这在F或H级绝缘材料的允许范围内（见表7.1）。不过，这个结果也表明该电机可能需要改进冷却方案。还可以注意到，转子的温度远高于定子，这是一个典型的结果。然而，通常情况下，转子导条不会配备散热片。无论如何，转子温度都远低于铜的熔点（1083℃）。

7.10 瞬态热流

7.10.1 外部产生的热量

到目前为止，分析了电机的稳态热分布，这是电机稳态运行的特征。当电机处于电气或机械瞬态过程中，热流量和/或对流换热系数的值会发生变化。因此，电机中的温度分布成为时间的函数。式（7.2）泊松偏微分方程中的热源是时变的，因此需要引入时间来计算瞬态的温度分布。然而，这种与时间相关的三维偏微分方程（傅里叶偏微分方程）很难求解。针对此问题，电机中的许多瞬态热问题可以将三维热分布简化为一维来求解。

对于均质各向同性物体中的一维热分布，可表示为

$$Q_{\mathrm{h}}\mathrm{d}t = (A\alpha_{\mathrm{c}}\Theta)\mathrm{d}t + (mc_{\mathrm{p}})\mathrm{d}\Theta \tag{7.208}$$

式中，$Q_{\mathrm{h}}\mathrm{d}t$ 为在时间间隔 dt 内施加在表面上的热能，单位为J；m 为物体的质量，单位为kg；c_{p}为比热容，单位为J/(kg·K)；Θ 为温升，单位为K；乘积 mc_{p}为物体的热容，单位为J/K；乘积 $A\alpha_{\mathrm{c}}$为与周围环境进行热交换的物体表面的热导率。用 C_{h}表示热容，即 $C_{\mathrm{h}} = mc_{\mathrm{p}}$，用 $R_{\mathrm{h}} = 1/A\alpha_{\mathrm{c}}$表示热阻。可以将式（7.208）表示为

$$Q_{\mathrm{h}}\mathrm{d}t = \frac{\Theta}{R_{\mathrm{h}}}\mathrm{d}t + C_{\mathrm{h}}\mathrm{d}\Theta \tag{7.209}$$

式（7.209）右侧的第一项是在物体和周围环境温度 Θ_{a}之间有温差时传递到

周围环境的热量。第二项 $C_h d\Theta$ 等于体内累积热能的增加。

在式（7.209）中设置 $d\Theta=0$，可得稳态时的温度 Θ_m。因此

$$\Theta_m = Q_h R_h \tag{7.210}$$

稳态时的温度正比于转化为热量的损耗大小和物体的热阻大小。定义

$$\tau_h = R_h C_h = \frac{mc_p}{A\alpha_c} \tag{7.211}$$

为物体的热时间常数，可以将式（7.209）写成

$$\Theta + \tau_h \frac{d\Theta}{dt} = \Theta_m \tag{7.212}$$

其解为

$$\Theta = \Theta_m K e^{-\frac{t}{\tau_h}} \tag{7.213}$$

从初始条件 $\Theta(0) = \Theta_0$ 可以计算得到积分常数 K，也就是说，时刻 $t=0$ 的温升等于 Θ_0。结果为

$$K = \Theta_0 - \Theta_m \tag{7.214}$$

因此，瞬态加热过程中的温升可以描述为

$$\Theta = \Theta_0 + (\Theta_m - \Theta_0)(1 - e^{-\frac{t}{\tau_h}}) \tag{7.215}$$

温升曲线如图 7.24 所示。

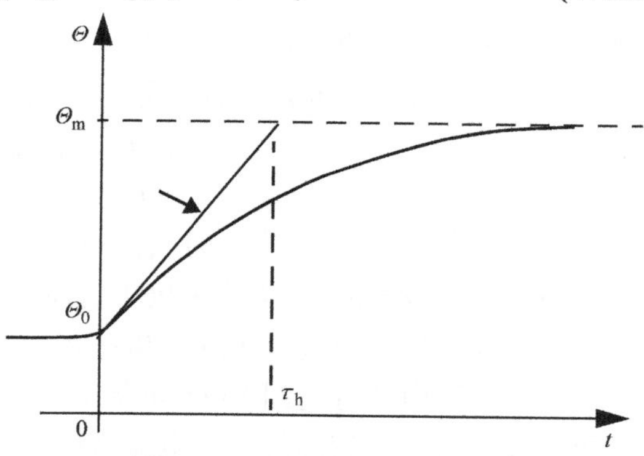

图 7.24 瞬态加热过程中均质体的温升曲线

在冷却过程中，物体的最终温升等于零，也就是说，式（7.212）中应假设 $\Theta_m=0$。

$$\Theta + \tau_h \frac{d\Theta}{dt} = 0 \tag{7.216}$$

设置初始条件 $\Theta(0) = \Theta_0$，可得

$$\Theta = \Theta_0 e^{-\frac{t}{\tau_h}} \tag{7.217}$$

冷却过程中均质体的温度下降曲线如图 7.25 所示。

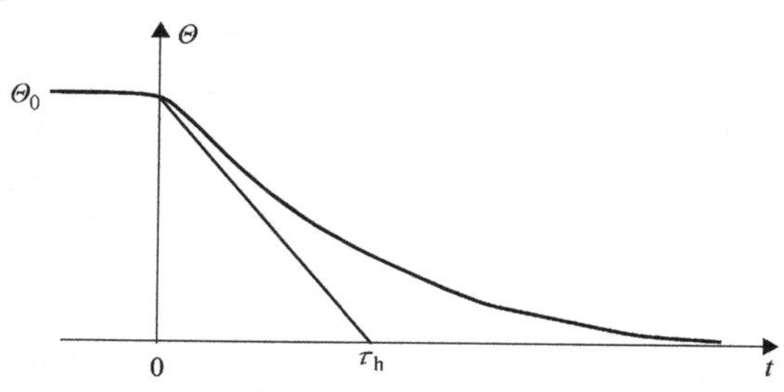

图 7.25 冷却过程中均质体的温度下降曲线

7.10.2 电机堵转时内部产生的热

感应电机的堵转是一种非正常运行状态，但当其实际发生时，会产生许多异常应力，设计时应提前进行考虑。电机内部和外部的许多部件的故障都可能导致电机堵转。例如，电机内绕组或外部馈线中断开一相，将导致起动转矩为零和其余两相绕组中产生大电流。端环或转子导条断裂有时会降低起动转矩，严重时造成电机堵转。感应电机的转矩与电压的二次方成正比，因此电机性能对线路电压很敏感。低电压或由于高起动电流而导致的电压调节不良是起动问题的常见原因。

当电机堵转时，如果保护方案不充分，由此产生的大电流会迅速造成损坏。电机堵转电流为额定电流的4~7倍。因此，根据设计，堵转时的电流密度可能高达40000A/in²。转子电流产生的所有热量很少能通过对流向外传递，只能短时间内储存在导条里。可以写出

$$\text{储存的能量} = \text{耗散的能量}$$

$$c_p\rho_m\left(\frac{\mathrm{d}\Theta}{\mathrm{d}t}\right)V_{bar} = \left(\rho J_{s(rms)}^2\right)V_{bar} \tag{7.218}$$

式中，ρ 为电阻率；$J_{s(rms)}$ 为电流密度的有效值；$c_p\rho_m$ 为导体材料的单位密度物质的热容量，等于比热容乘以导条密度。注意，这个量与热容 C_h 不同，但又有些相关，热容等于比热容乘以物体质量。上式可以写成

$$\frac{\mathrm{d}\Theta}{\mathrm{d}t} = \frac{J_{s(rms)}^2}{c_p\rho_m/\rho} \tag{7.219}$$

表7.12显示了不同材料的 $c_p\rho_m/\rho$ 值。根据该表，如果定子电流密度是15000A/in²（23A/mm²），那么温度上升率为3.5K/s，意味着35s内温度可以升高150℃。如果电流密度增加到40000A/in²（62A/mm²），温度上升率增加到25K/s，仅在5s内就可达到150℃的温升。一般来说，小型、重量轻、通风良好的电机设计具有相对较高的起动电流密度，与电机保护装置进行协调是这类电机的一个主要注意事项。

表7.12 100℃时不同材料的瞬态热系数 ［单位：J/(Ω·in⁴·K)］

材料	$c_p\rho_m/\rho^*$
铜	63.1×10^6
铸铝	20.0×10^6
铸锌	12.9×10^6
黄铜	15.6×10^6
铸青铜	10.6×10^6

7.10.3 热不稳定性

热不稳定性是载流导体热过载时可能出现的现象。导体的比电导率是温升的函数，定义为

$$\sigma(\Delta\Theta) = \frac{\sigma(20℃)}{1+\beta_c\Delta\Theta} \tag{7.220}$$

式中，σ（20℃）为20℃时的比电导率；$\Delta\Theta$ 为相对于20℃的温升；β_c为温度系数，铜的温度系数等于1/255(1/℃)。假设导体电阻对导体中的电流没有影响（也就是漏感占主导地位），I^2R 损耗与电阻成正比，而电阻与温度相关。因此，损耗和温升之间的正反馈效应取决于导体热参数。如果产生的损耗大于传递到导体周围的热能，理论上，累积的热能会增加到无限大。这导致导体温度升高，直到导体的熔点。当下式成立时，热不稳定性出现。

$$\frac{P_e(\Delta\Theta)}{A\alpha_c} > \frac{1}{\beta_c} \quad \text{对于铜:} \frac{P_e\Delta(20℃)}{A\alpha_c} > 255 \tag{7.221}$$

当通过铜导体的电流导致温度上升超过255℃时，铜导体变得不稳定。

热容对计算电机起动期间的温升具有相当重要的意义。通常，决定电机最终寿命的是这种瞬态的热流，而不是稳态的热流。瞬态情况下的等效热路与稳态的基本相同，只是电机主要部件（即定子轭、定子齿、定子绕组等）的热容不一样，还有与损耗输入节点并联的热容也不一样。一个具有二维热流的典型示例如图7.26所示。

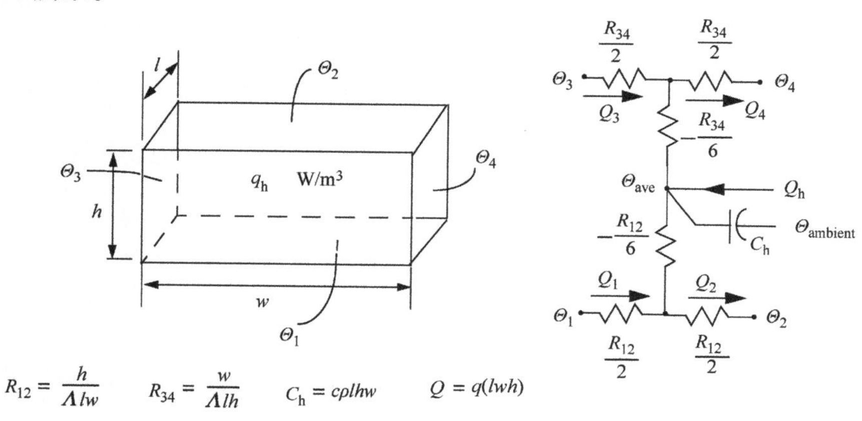

图7.26 包括热容的二维热流

7.11 总结

电机设计者永远不能只称自己为电气工程师。事实上，一个好的设计中几乎所有的最终限制因素都不属于电气工程的范畴，涉及机械应力、材料特性、转子

动力学，更不用说本章所讨论的热问题。在电气设计完成后对这些问题的管理和/或解决将最终决定电机是否能成功实现其预期用途。

参考文献

[1] G. Gotter, *Erwarmung und Kuhlung Elektrischer Maschinen*, Springer-Verlag, 1954.

[2] J. Perez and J. G. Kassakian, "Stationary thermal model for smooth air-gap rotating electric machines," *Electric Machines and Electromechanics*, vol. 3, pp. 285–303, 1979.

[3] V. Ostovic, *Thermal Design of Electric Machines*, UW Short Course, AC Machine Design, August 19–21, 1996.

[4] J. Saari, "Thermal Analysis of High-speed Induction Machines," Ph.D. Thesis, Acta Polytechnica Scandinavica Electrical Engineering Series No. 90, Helsinki University of Technology, Espoo, Finland, 1998.

[5] D. Roberts, "The Application of an Induction Motor Thermal Model to Motor Protection and Other Functions," Ph.D. Thesis, University of Liverpool, September 1986.

[6] C. R. Soderberg, "Steady flow of heat in large turbine generators," *AIEE Transactions*, vol. 50, June 1931, pp. 787–802.

[7] G. F. Luke, "The cooling of electrical machines," *AIEE Transactions*, vol. 42, 1923, pp. 636–652.

[8] G. F. Luke, "Surface Heat Transfer in Electric Machines with Forced Air Flow," *AIEE Transactions*, vol. 45, 1926, p. 1036–1047.

[9] J. Lindstrom, "Thermal Model of a Permanent-Magnet Motor for a Hybrid Vehicle," Technical Report, Chalmers University of Technology, Goteborg, Sweden, April 1999.

[10] B. Eck, *Ventilatoren*, Springer-Verlag, 1962.

第8章

永磁电机

随着现代铁氧体和稀土永磁体的发展，在注重损耗和效率的领域，永磁（Permanent Magnet，PM）电机得到了日益广泛的应用。一个典型的应用领域是伺服驱动系统，其中有些伺服电机需要长时间在接近零转速的状态下运行。在这些应用中，传统笼型感应电机的散热能力不足以保持电机（通常是其中的转子）温升在可接受的范围内。永磁电机采用永磁体替换励磁电流（在导磁部件中建立磁场所需的电流），因此能够大幅降低定子电流及其产生的损耗。随着能源成本越来越高，永磁电机的应用必将越来越多。

本章的基本目标是将永磁电机的工作要求与其尺寸、结构和材料特性联系起来。电机设计是科学和经验两方面的结合，文中将给出一些案例，但其参数仅为近似值，通用性有限。因此，本章的重点在于分析电机参数和特性随其尺寸的变化规律，以及为得到期望的特性，设计人员应该调整哪些电机参数。

为简化分析，本章将首先分析采用正弦波驱动、定子采用分布绕组、转子采用表贴钕铁硼（Nd - Fe - B）磁体的中大功率三相电机。进一步，将相同的原理应用于其他永磁材料（铁氧体，Sm - Co）和方波驱动的永磁电机。本章也将简要介绍内嵌式永磁电机（将永磁体放置在转子铁心中），但不做深入的分析。关于永磁电机的研究仍在快速发展，读者可以参考领域内的最新论文。

8.1 永磁体特性

一般情况下，铁磁材料不是由单一晶体构成，而是由轴方向随机的微小晶粒组成的集合体。对于一小块铁磁材料，其结构如图 8.1 所示。图中绘制出了一些晶粒，每个晶粒包含若干由小正方形表示的磁畴。晶粒之间的边界用粗实线表示，而细实线表示磁畴的边界和晶轴方向。未施加外部磁场时，不仅铁磁材料自身未被磁化，单个晶粒也处于未磁化状态。每个晶粒中的磁畴极性方向均沿易于磁化的方向，即沿三个晶轴方向。然而，相邻磁畴的极性是相反的，因此每个晶粒的总磁场非常小，可以忽略不计。

在图 8.1b 中，沿箭头指示的方向施加外部磁场 $\boldsymbol{H}$，一些极性与所施加磁场

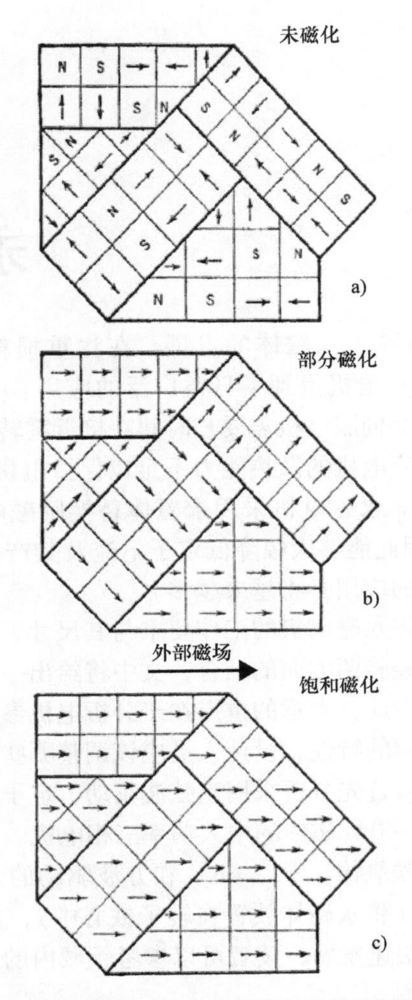

图 8.1　外部磁场增大过程中多晶材料的不同磁化阶段

方向相反或垂直的磁畴变得不稳定，并迅速旋转到一个易于磁化的方向上，这一方向与外部磁场方向相同或接近。上述变化过程对应磁化曲线的陡峭部分。当施加的磁场足够大时，所有的磁畴都将改变方向，如图 8.1b 所示。

一个磁畴内可能包含数百万个原子，由于每个磁畴极性的转变以毫秒为单位，因此磁化过程是以阶跃而非平稳连续的方式进行的。这种阶跃被称作 Barkhausen 阶跃或跳变。通过高灵敏度测量能够观察到这一阶跃特性。Barkhausen 阶跃在磁化曲线的陡峭段是最大的。

随着外部磁场进一步增大，磁化方向尚未与外部磁场 $\boldsymbol{H}$ 平行的磁畴逐渐旋转到 $\boldsymbol{H}$ 的方向。最终，所有磁畴的磁化方向均与外部磁场平行，如图 8.1c 所示。达到这一阶段的难度很大，需要非常强的外部磁场才能实现完全饱和磁化，这也是磁化曲线上部平坦的原因。

以上关于磁化过程的图示过于简化，但它定性解释了许多重要的现象。在磁化过程中，另一个重要现象是磁畴尺寸的变化。而且，磁化时不仅磁畴的大小发生了变化，整个试样的尺寸也发生了变化，这种效应称作磁致伸缩。

从第1章的分析已知，铁磁材料工作时产生的与外部磁场对齐的磁偶极子 $\boldsymbol{m}$ 定义了磁极化矢量 $\boldsymbol{M}$。

$$\boldsymbol{M} = N\boldsymbol{m} \tag{8.1}$$

式中，N 为单位体积内磁偶极子的数量。铁磁材料的磁场强度 $\boldsymbol{H}$ 由式（1.75）给出，为

$$\boldsymbol{H} = \frac{\boldsymbol{B}}{\mu_0} - \boldsymbol{M} \tag{8.2}$$

或表示为

$$\boldsymbol{B} = \mu_0(\boldsymbol{H} + \boldsymbol{M}) \tag{8.3}$$

在软磁材料中，例如普通钢，通常从式（8.3）中提取出磁场强度 $\boldsymbol{H}$，并将其写成

$$\boldsymbol{B} = \mu_0\left(1 + \frac{\boldsymbol{M}}{\boldsymbol{H}}\right)\boldsymbol{H} \tag{8.4}$$

进一步，因为 $\boldsymbol{M}$ 和 $\boldsymbol{H}$ 共线，可以定义

$$\mu_r = 1 + \frac{\boldsymbol{M}}{\boldsymbol{H}} \tag{8.5}$$

于是，得到了常见的公式

$$\boldsymbol{B} = \mu_0\mu_r\boldsymbol{H} \tag{8.6}$$

反之，如果用磁场强度 $\boldsymbol{H}$ 来表示 $\boldsymbol{M}$，根据式（8.5）有

$$\boldsymbol{M} = \frac{\mu - \mu_0}{\mu_0}\boldsymbol{H} = (\mu_r - 1)\boldsymbol{H} \tag{8.7}$$

8.2 磁滞

如果施加在铁磁材料上的磁场在达到饱和状态后开始减小，磁通密度 B 也将减小，但减小的速度会小于初始磁化曲线中磁通密度增加的速度。当 H 降低到0时，存在剩余磁通密度，或称为剩磁 B_r。

为了将 B 减小到0，必须施加一个反向的磁场 $-H_c$，如图8.2所示。这个磁场称为矫顽力 H_c。如果 H 沿负方向继续增大，铁磁材料将被反向磁化。开始时，反向磁化相对容易，而接近饱和状态时磁化变得困难。将磁场强度再次减小到

零，同样将产生一个剩余磁场或磁通密度 $-B_r$，为了将 B 减小到 0，必须施加一个矫顽力 $+H_c$。随着进一步增大磁场强度，铁磁材料将回归最初的极性并再次饱和。

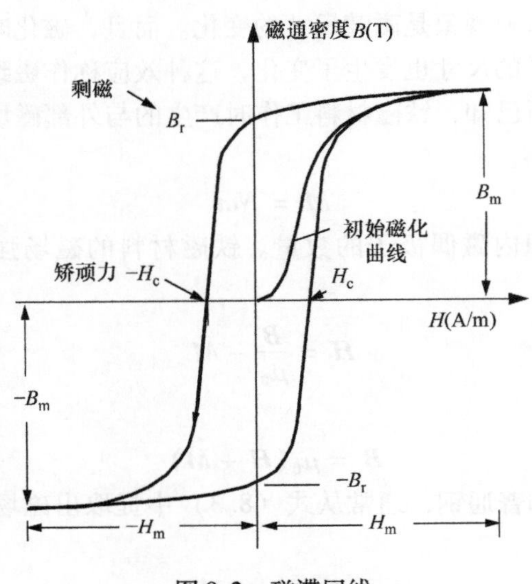

图 8.2　磁滞回线

磁通密度 B 滞后于磁场强度 H 引起外加磁场增大和减小时的磁化曲线不一致的现象称为磁滞，绘制出的环状磁化曲线称作磁滞回线（见图 8.2）。如果材料内的磁场达到磁化曲线两端的饱和点，则称为饱和磁滞回线或主磁滞回线。饱和磁滞回线的剩磁 B_r 称为保磁性，该回线上的矫顽力 H_c 称为矫顽性。因此，材料的保磁性和矫顽性分别为剩磁和矫顽力所能达到的最大值。对于给定的材料，$B-H$ 图中位于饱和磁滞回线外部的磁化状态点都无法达到，但内部任意一点都可以。

如图 8.3 所示，对于软磁或易于磁化的材料，其磁滞回线“细窄”，包围的面积小。比较来看，图中硬磁材料磁化曲线包围的面积大幅增加，并且其矫顽力 H_c 数倍于同样尺寸的软磁材料的矫顽力。

下面以图 8.4a 中的磁滞回线为例，关注磁化过程中磁导率是如何变化的。磁导率 μ 随 H 的变化曲线如图 8.4b 所示。当 $H=0$ 时，μ 为无穷大，而当 $B=0$ 时，$\mu=0$。对于材料的磁特性而言，这两种情况下的磁导率 μ 没有实际意义。因此，应当在具有实际意义的条件下使用磁导率 μ，例如，在初始或直流磁化曲线中。值得注意的是，最大磁导率一词特指初始磁化曲线的最大磁导率，而非磁滞回线或其他类型的磁化曲线。

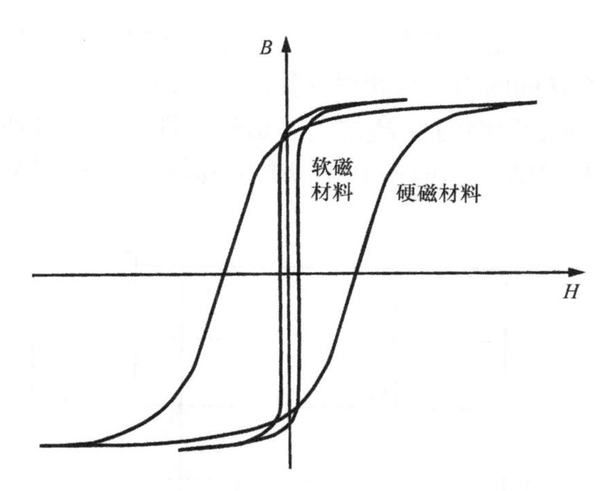

图8.3 软磁材料和硬磁材料的磁滞回线

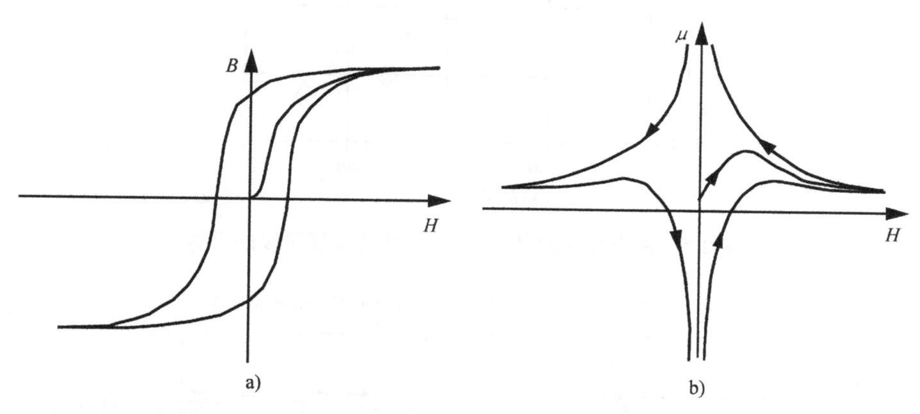

图8.4 a）磁滞回线；b）对应的磁导率曲线

8.3 永磁材料

稀土磁体，通常特指钕基磁体，在过去几十年中其性能得到了显著的改善，如图8.5所示。钕基磁体是一种合金，其确切组成是$Nd_2Fe_{14}B$，也可以包含更为复杂的成分。这种材料比钐钴磁体便宜，且比$SmCo_5$具有更高的剩磁、矫顽力和磁能积。遗憾的是，钕基磁体的抗腐蚀能力不佳且矫顽力随温度升高而迅速减小。为改善钕基磁体的高温特性，通常加入少量的其他材料，例如钴元素。Nd－Fe－B磁体牌号和成分多样，磁能积范围为200～400kJ/m^3（26～50MGOe）。制造这类磁体有两种不同的技术路线，包括通用汽车开发的快淬Magnaquench®工艺和住友合金首创的烧结工艺。

钕铁硼材料的典型退磁特性如图 8.6 所示，其中剩磁 B_r 通常在 1.1 ~ 1.2T，最高可达 1.4T，$B-H$ 间的斜率即相对回复磁导率约为 1.05。在反向磁场强度 H 到达磁极化矢量 $\boldsymbol{M}$ 开始塌缩的点 H_d 之前，退磁特性是线性可逆的。通常，60℃温度下，H_d 约为 -1.5MA/m，而在 100℃时 H_d 降低到约 -1MA/m。H_d 对应的磁通密度记为 B_d。

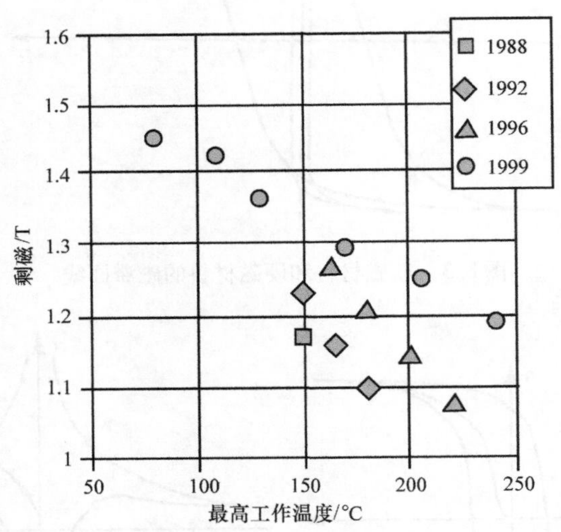

图 8.5　钕基稀土磁体在 20 世纪快速发展阶段的进展

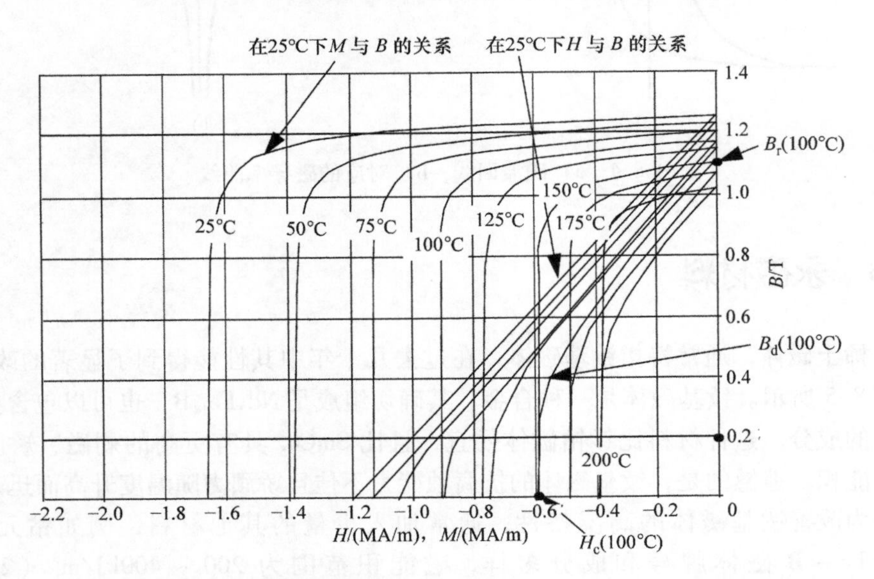

图 8.6　典型钕铁硼磁体的 $B-H$ 特性［79.6 * H(Oe) = H(A/m)］

为满足不同的性能需求和成本目标，钕铁硼磁体中的钕元素含量差别很大。因此，为了评估特定牌号磁体的适用性，需要建立相应的品质因数。最为常用的是磁体的“磁能积”，表示为

$$\text{磁能积} = \frac{B_r^2}{2\mu_{rm}\mu_0} \tag{8.8}$$

磁能积在评估磁体产生气隙磁场能量的有效性时最有用。对于工作在较大退磁磁场中的磁体，研究人员[1]还提出了一个等效的品质因数——退磁磁能积，表示为

$$\text{退磁磁能积} = \frac{B_r H_c}{4} \tag{8.9}$$

表8.1列出了一些钕铁硼磁体牌号及其各项品质因数。不同牌号磁体的温度敏感性由可逆的剩磁温度系数α和内禀矫顽力温度系数β表征。在两个不同温度下，这些牌号磁体的B_r与H_c值如图8.7所示。总体上看，具有最大剩磁的磁体并不一定是建立最大气隙剪应力目标下的首选。为了减小永磁体用量，通常选择矫顽力最大的牌号。而为了提高矫顽力，经常在磁体中添加少量的稀土元素镝，以满足一些严苛应用，例如永磁电机的要求。

表8.1　典型高性能钕铁硼磁体的性能

	B_r/T	α(%/℃)	H_c①/(MA/m)	β(%/℃)	20℃下的磁能积/(kJ/m³)	20℃下的退磁磁能积/(kJ/m³)	120℃下的磁能积/(kJ/m³)	120℃下的退磁磁能积/(kJ/m³)
N50	1.4	-0.1	-0.995	-0.61	390	349	316	123
N48M	1.37	-0.1	-1.17	-0.6	373	400	302	144
N45H	1.35	-0.1	-1.274	-0.59	363	430	294	158
N42SH	1.30	-0.1	-1.672	-0.55	337	544	272	220
N36UH	1.22	-0.09	-2.149	-0.5	296	656	245	298
N34Z	1.16	-0.1	-2.574	-0.45	267	739	216	365

① 此处的数据是内禀矫顽力，并不是矫顽力H_c。

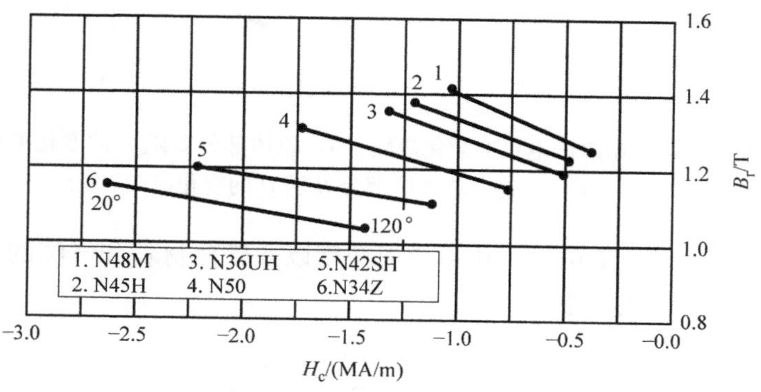

图8.7　钕铁硼磁体在20～120℃范围内H_c-B_r的变化趋势

8.4 磁体工作点的确定

与铁心相比，永磁体是硬磁材料，具有近似矩形的磁化特性。将磁体置于磁路中时，磁极化矢量 M 将作为等效磁动势源，驱动磁通在磁路中流动。例如，以图 8.8 所示的简单磁路为例，假定磁体与若干不存在磁滞（或磁滞效应可以忽略）的材料串联。注意到，永磁体的 $B-H$ 曲线可以视作两条曲线之和，其中一条为磁极化矢量 M 与 B 的关系曲线。另一条则是磁场强度 H 与 B 的线性关系曲线，这一曲线与空气的磁特性曲线类似，尽管 μ_{rm} 略大于 1（$\mu_{rm}=1.05\sim1.1$）。

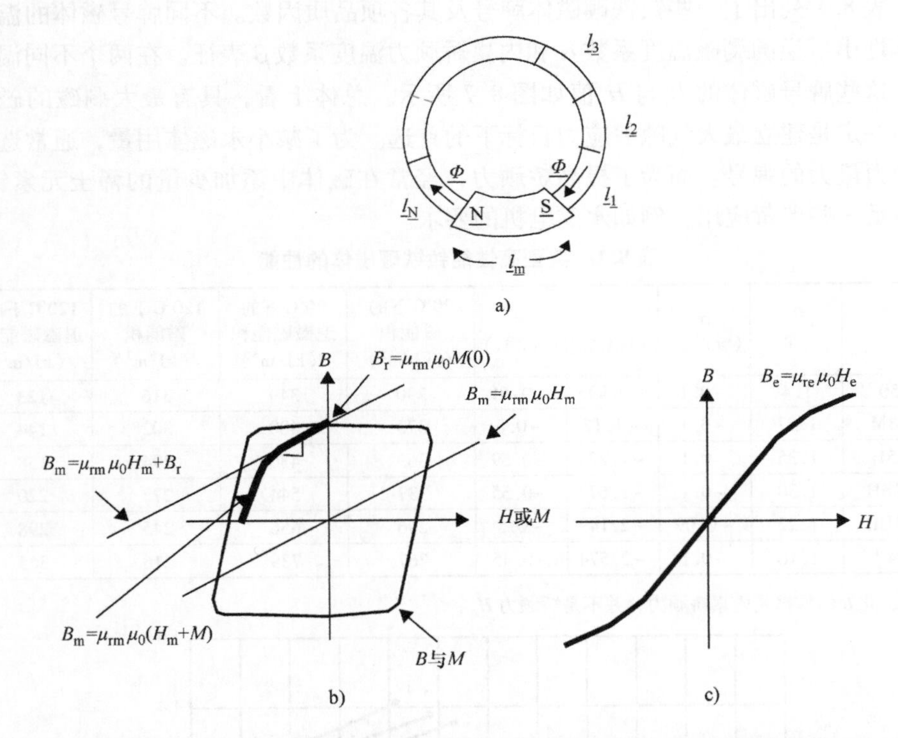

图 8.8 a）典型永磁电机的简化磁路；b）磁体部分 B 随 H 的变化关系；c）磁路中非磁体部分 B 随 H 的变化

与前面章节类似，l_e 可以看作由磁通密度以及铁磁材料和气隙的总磁压降计算得到的等效气隙长度，即

$$\mathcal{F}_e = H_e l_e = \sum_{n=1}^{N} H_n(B_n) l_n \tag{8.10}$$

式中，$\mathcal{F}_e$为不包含磁体部分的外部磁路总磁压降；$H_n(B_n)$表示磁场强度与磁通密度间的非线性关系。

磁路的工作点可以通过联立高斯定律和安培环路定理来求解。忽略漏磁通并假定环形磁路磁体和非磁体部分的截面积相等，则通过磁路任意截面的磁通保持不变，有

$$\Phi = B_m A_m = B_e A_e \tag{8.11}$$

式中，B_m和B_e分别为永磁体和外部磁路中的磁通密度。将图 8.8b、c 的纵坐标分别乘以A_m和A_e，可以确定上式成立。

上面的分析虽然建立了磁体内部和外部磁通密度间的关系，但磁通密度的精确值仍有待确定。这一数值可通过求解两条 $B-H$ 曲线上横坐标的约束条件得到。根据安培环路定律，沿磁路中心形成的闭合路径进行积分，由于该路径没有包围任何电流，则

$$\oint_{\text{circuit}} H\mathrm{d}l = H_m l_m + H_e l_e = 0 \tag{8.12}$$

因此，分别用l_m和l_e乘以磁体区域和非磁体区域 $B-H$ 曲线的横坐标，则两个新横坐标相加必须为0。此时，得到了两条调整后的 $B-H$ 曲线，如图 8.9 所示。通过在式（8.3）中乘以A_m，磁通密度与磁场强度间的非线性关系可以转化为

$$B_m A_m = \mu_{rm}\mu_0 A_m[H_m + M] = \Phi_m \tag{8.13}$$

同时，定义磁压降

$$H_m l_m = \mathcal{F}_M \tag{8.14}$$

$$M l_m = \mathcal{F}_m \tag{8.15}$$

$\mathcal{F}_M$可以视为等效于电路中的电压，而$\mathcal{F}_m$相当于戴维南内电动势。注意，对应戴维南电压降直线的斜率为

$$\frac{\Phi_m}{\mathcal{F}_m + \mathcal{F}_M} = \mu_{rm}\mu_0 \frac{A_m}{l_m} = \mathcal{P}_m \tag{8.16}$$

假定磁体的磁导率与空气相同，上式即为磁路中磁体部分的磁导。磁路中非磁体部分的情形与磁体部分类似，只是需要用μ_{re}替换μ_{rm}。因此，有

$$\frac{\Phi_e}{\mathcal{F}_e} = \mu_{re}\mu_0 \frac{A_e}{l_e} = \mathcal{P}_e \tag{8.17}$$

上述方程根据已知条件 $\Phi_m = \Phi_e$和$\mathcal{F}_m + \mathcal{F}_M + \mathcal{F}_e = 0$ 求解，其中最为简便的方法是设置

$$\mathcal{F}_m + \mathcal{F}_M = -\mathcal{F}_e \tag{8.18}$$

与 Φ_m随$\mathcal{F}_m + \mathcal{F}_M$的变化类似，在同一坐标系中绘制 Φ_e与 $-\mathcal{F}_e$的关系曲线，则上述方程可以通过构图法求解，如图 8.10 所示。

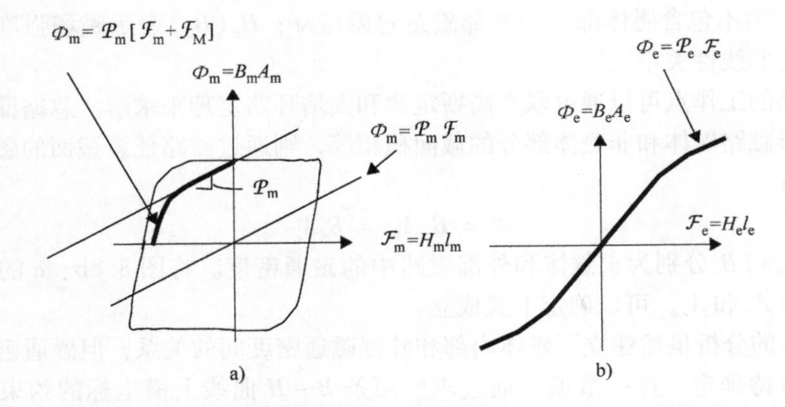

图 8.9　图 8.8 所示环形磁路调整坐标后的 $B-H$ 曲线：a）永磁部分；b）非永磁部分

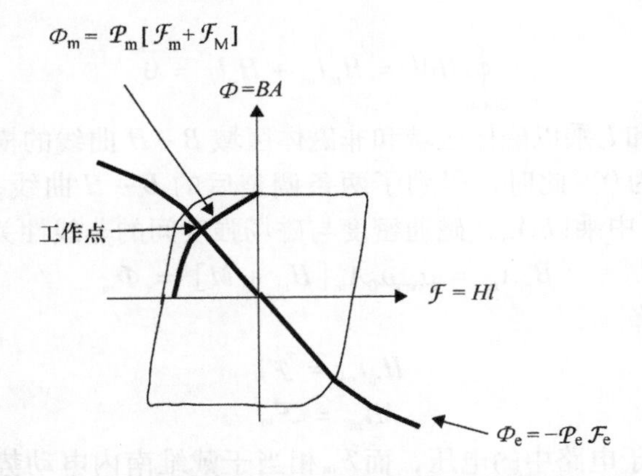

图 8.10　计算图 8.8 中磁路工作点的构图法

8.5　正弦波驱动表贴式永磁电机

图 8.11 所示为两极表贴式永磁电机的剖面图及其主要尺寸参数。定子上装有每相匝数沿圆周近似正弦分布的三相绕组。该电机接固定频率电源无法起动，因此必须由逆变器驱动运行。电机极数为 P，定子绕组由对称的正弦电流激励，产生的沿定子圆周分布的每极磁动势为

$$\mathcal{F}_s(\theta) = \mathcal{F}_{s1}\sin\left(\frac{P\theta}{2} - \omega_e t\right) \quad \text{A- t/m} \tag{8.19}$$

式中，ω_e为电流的角频率，单位为 rad/s。
其中，由式（2.73）可知

$$\mathcal{F}_{s1} = \frac{3}{2}\left(\frac{\pi}{4}\right)\left(\frac{k_1 N_s}{P}\right)I_s \tag{8.20}$$

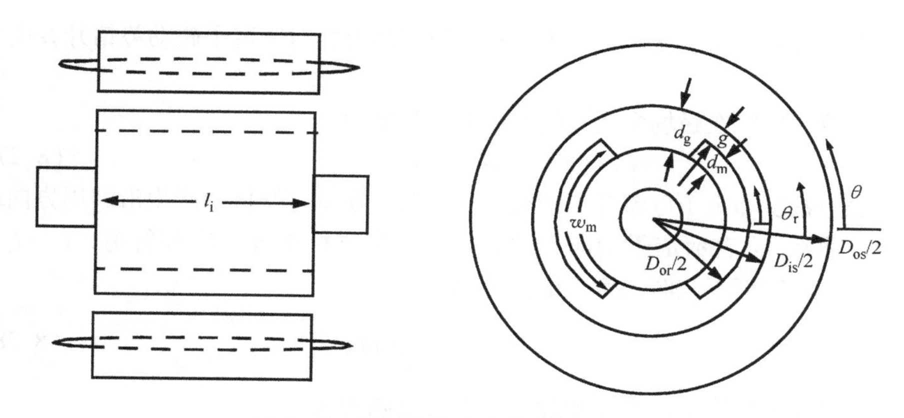

图 8.11 两极表贴式永磁电机的剖面图

由式（2.13）可知

$$B_{gs}(\theta) = \mu_0 \frac{\mathcal{F}_s(\theta)}{g_e} \tag{8.21}$$

产生气隙磁通密度 $B_{gs}(\theta)$的定子表面电流密度 $K_s(\theta)$，它与 $B_{gs}(\theta)$以及$\mathcal{F}_s(\theta)$在空间上正交。上式中，有效气隙 g_e包括了卡特系数和磁路饱和的影响。由于每极磁动势分布正比于表面电流密度沿圆周方向的积分，

$$\mathcal{F}_s(\theta) = \int_0^{2\pi} K_s(\theta) \frac{D_{is}}{2} \mathrm{d}\theta \tag{8.22}$$

则 $K_s(\theta)$与$\mathcal{F}_s(\theta)$的关系为

$$K_s(\theta) = \frac{2}{D_{is}} \frac{\mathrm{d}\mathcal{F}_s(\theta)}{\mathrm{d}\theta} \tag{8.23}$$

进一步可得

$$K_s(\theta) = \left(\frac{P}{D_{is}}\right)\mathcal{F}_{s1}\cos\left(\frac{P\theta}{2} - \omega_e t\right) \tag{8.24}$$

因此，面电流密度的基波幅值正比于每极磁动势的幅值，或表示为

$$K_{s1} = \left(\frac{P}{D_{is}}\right)\mathcal{F}_{s1} = \frac{6}{\pi}\frac{k_1 N_s}{D_{is}} I_s \quad \text{A/m} \tag{8.25}$$

式（8.25）中的 K_{s1}与第 6 章式（6.7）中的 K_{s1}虽然数值相等，但这里表示正弦分布的旋转电流的幅值，而在第 6 章中表示对应于多相电机每个槽中电流的幅值。

转子铁心表面安装有沿径向充磁的永磁体。在永磁体产生的气隙磁通密度中，只有空间基波分量 B_{gm1}与 K_{s1}相互作用产生转矩，即

$$B_{gm}(\theta) = B_{gm1}\sin\left(\frac{P}{2}\theta + \beta - \omega_e t\right) \quad \text{T} \tag{8.26}$$

其中，假定磁体与定子磁动势同步旋转，但空间上相对于定子磁动势错开β电角度。

回顾载流导体在磁场中受到的电磁力，其值为

$$\boldsymbol{F} = (\boldsymbol{B} \times \boldsymbol{l})I \quad \text{N} \tag{8.27}$$

式中，磁通密度和定子电流分别沿径向和轴向，在单个导体中产生沿圆周方向的电磁力。通常，l_e表示定子轴向有效长度，假定电机中没有冷却管道，$l_e \approx l_i + 2g$。使用电流密度形式时，定子电流可以表示为

$$\mathrm{d}I_s = K_s(\theta)\frac{D_{is}}{2}\mathrm{d}\theta \tag{8.28}$$

因此，沿整个电机定子内表面积分，得到总电磁力为

$$F = \int_0^{2\pi}\left[B_{gm1}\sin\left(\frac{P}{2}\theta + \beta - \omega_e t\right)\right]\left[K_{s1}\cos\left(\frac{P}{2}\theta - \omega_e t\right)\right]\frac{D_{is}}{2}l_e\mathrm{d}\theta \tag{8.29}$$

由式（8.29）可得

$$F = \frac{\pi}{2}D_{is}l_e B_{gm1}K_{s1}\sin\beta \tag{8.30}$$

式（8.30）也可以写成

$$F = \frac{\pi}{2}D_{is}l_e B_{gm1}K_{s1}\cos\varepsilon \tag{8.31}$$

其中，$\beta - \varepsilon = 90°$。由于角度$\varepsilon$反映了磁动势与气隙电压（气隙磁通的时间变化率）的相位关系，相当于在气隙处测量得到的功率因数角，因此常选择式（8.31）进行分析。

用磁动势来表示，式（8.31）可以写为

$$F = \frac{\pi}{2}Pl_e B_{gm1}\mathcal{F}_{s1}\cos\varepsilon \tag{8.32}$$

或者，表示为电流的形式

$$F = 3l_e B_{gm1}(k_1 N_s)I_s\cos\varepsilon \tag{8.33}$$

图8.12所示为永磁磁通小于和大于建立电机磁场所需的磁通时的向量图。

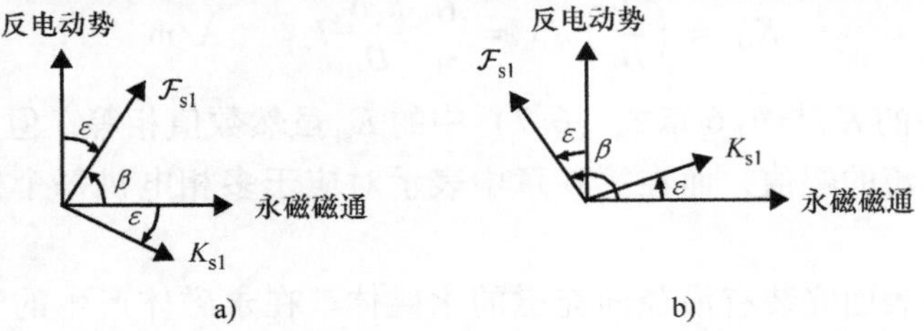

图8.12　永磁电机的向量图：a）永磁磁通小于建立电机磁场所需的磁通，$\mathcal{F}_{s1}$助磁；b）永磁磁通大于建立电机磁场所需的磁通，$\mathcal{F}_{s1}$去磁

当永磁磁通不足时，需要增加电枢磁动势以充分磁化铁心部分，此时 K_{s1} 滞后于永磁磁通。当永磁磁通充足时，电枢磁场将磁通量降低到满足气隙电压要求的值，此时 K_{s1} 超前于永磁磁通。

当永磁磁通和定子表面电流的最大值重合时，即 $\varepsilon=0$（或 $\beta=\pi/2$）时，施加到转子上的电磁力最大。

电机的转矩为

$$T_e = F\frac{D_{is}}{2} \tag{8.34}$$

或

$$T_e = \frac{\pi}{4}D_{is}^2 l_e B_{gm1} K_{s1}\cos\varepsilon \quad \mathrm{N\cdot m} \tag{8.35}$$

系数 $(\pi/4)D_{is}^2 l_e$ 可以近似认为是转子体积。因此，设计永磁电机时经常使用的一个品质因数为

$$\text{转矩}/(\text{转子体积}) = B_{gm1}K_{s1}\cos\varepsilon \tag{8.36}$$

式（8.35）也可以写成如下两种形式：

$$T_e = \frac{\pi}{4}PD_{is}l_e B_{gm1}\mathcal{F}_{s1}\cos\varepsilon \tag{8.37}$$

或

$$T_e = \frac{3}{2}(k_1 N_s I_s)B_{gm1}(D_{is}l_e)\cos\varepsilon \tag{8.38}$$

假定 $\varepsilon=0$，气隙表面单位面积 A 上平均电磁力 F 的最大值为

$$\left(\frac{F}{A}\right)_{avg} = \frac{B_{gm1}K_{s1}}{2} \quad \mathrm{N/m^2} \tag{8.39}$$

或写成

$$\left(\frac{F}{A}\right)_{avg} = B_{gm1(rms)}K_{s(rms)} \tag{8.40}$$

乘积 $B_{gm1}K_{s1}/2$ 即为第6章中讨论的磁剪应力 σ_m，也是比较各类电机常用的品质因数。通常，采用稀土磁体的全封闭式永磁电机的 σ_m 在 $10\sim20\mathrm{kN/m^2}$，铁氧体永磁电机的值为 $3\sim7\mathrm{kN/m^2}$。如果不借助于特殊的冷却技术，稀土永磁电机的磁剪应力上限约为 $25\mathrm{kN/m^2}$。

8.6 磁通密度限制

从图8.8可知，退磁曲线的直线部分可以表示为

$$B_m = \mu_0\mu_{rm}H_m + B_r \tag{8.41}$$

而在外磁路中，有

$$B_g = \mu_0 H_g \tag{8.42}$$

根据安培环路定理，假设外部磁路用一个有效气隙g_e代替，则

$$H_m d_m + H_g g_e = 0 \tag{8.43}$$

式中，d_m为磁体沿半径方向的厚度（长度）。

联立式（8.41）和式（8.42）可得

$$\frac{B_m - B_r}{\mu_0 \mu_{rm}} d_m + \frac{B_g}{\mu_0} g_e = 0 \tag{8.44}$$

假定永磁体产生的磁通与进入气隙的磁通相等，则

$$\Phi_m = \Phi_e \tag{8.45}$$

或

$$B_m A_m = B_g A_p \tag{8.46}$$

式中，$A_p = \tau_p l_e$为转子表面单个磁极的面积。使用式（8.46）消去B_g，则式（8.44）可以写为

$$B_m \left(\frac{d_m}{\mu_0 \mu_{rm}} + \frac{A_m}{A_p} \frac{g_e}{\mu_0} \right) = B_r \frac{d_m}{\mu_0 \mu_{rm}} \tag{8.47}$$

进一步有

$$B_m = B_r \left(\frac{\dfrac{d_m}{\mu_{rm}}}{\dfrac{d_m}{\mu_{rm}} + \dfrac{A_m g_e}{A_p}} \right) \tag{8.48}$$

假定外磁路的磁通密度B_e与气隙磁通密度B_g相等。则由式（8.46）可得

$$B_g = B_r \left(\frac{\dfrac{d_m}{\mu_{rm}}}{\dfrac{A_p d_m}{A_m \mu_{rm}} + g_e} \right) \tag{8.49}$$

如果永磁体的截面积与外磁路的截面积相等，则磁通密度B_m与B_g相等，则有

$$B_g = \frac{\dfrac{d_m}{\mu_{rm}}}{g_e + \dfrac{d_m}{\mu_{rm}}} B_r \quad \mathrm{T} \tag{8.50}$$

式中，g_e为有效气隙长度，由于定子开槽和铁心饱和的影响，g_e略大于实际气隙g。

在选取合适的B_g时，应当注意到式（8.39）中转矩取决于B_{g1}与K_{s1}的乘积。气隙磁通密度$B_g(\theta)$与定子齿的磁饱和程度有关，受定子齿宽限制，而面电流密度则受定子槽宽限制。与感应电机类似，当齿和槽各约占定子圆周的一半时，乘积$B_{g1}K_{s1}$有最大值。

由于齿部磁通密度的最大值在1.7~1.8T之间，气隙磁通密度最大值B_{gm}的合理范围为0.85~0.9T，为钕铁硼磁体剩磁B_r的70%~80%。为建立该气隙磁通密度，磁体径向长度（厚度或深度）d_m由式（8.49）计算，有

$$\frac{d_m}{g_e}=\frac{\mu_{rm}}{\frac{B_r}{B_{gm}}-\frac{A_g}{A_m}}=3.5\sim7 \tag{8.51}$$

与感应电机类似，物理气隙长度g的最小值根据机械限制确定。参考文献[2]给出了永磁电机气隙的经验公式

$$g=0.2+0.003\sqrt{D_{or}l_i/2}\quad \text{mm} \tag{8.52}$$

为了便于将充磁后的转子装入定子，气隙长度的最小值最好选择在1mm左右。对于需要护套固定的高速转子，气隙值应进一步增大。表贴式永磁体通常使用热固性环氧胶黏结在转子铁心上，该方法足以满足大多数转速的需要。而作为额外的防护措施，可以在转子表面绕制具有张力的玻璃纤维和Kevlar®纤维。

在表贴式永磁电机中，气隙磁通密度B_{gm}（θ）沿磁体宽度w_m（或极弧角度α_m）分布，如图8.13所示。当极数为P时，有

$$\frac{\alpha_m}{\pi}=\frac{Pw_m}{\pi D_{is}} \tag{8.53}$$

或

$$\alpha_m=\frac{Pw_m}{D_{is}}\quad \text{rad} \tag{8.54}$$

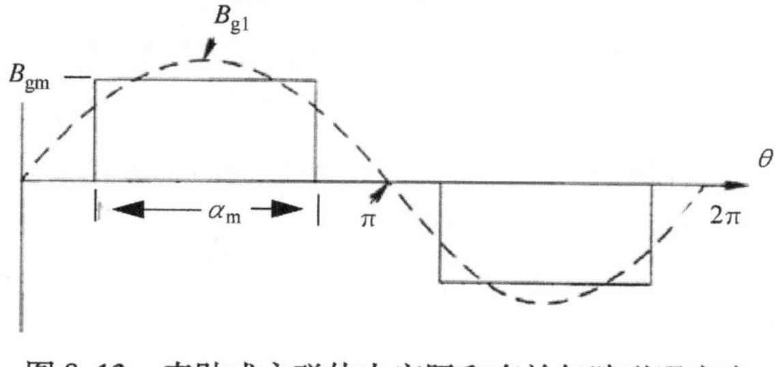

图8.13 表贴式永磁体中实际和有效气隙磁通密度

进一步可得气隙磁通密度空间基波分量（产生转矩的分量）B_{g1}为

$$B_{g1}=\frac{4}{\pi}B_{gm}\sin\frac{\alpha_m}{2}\quad \text{T} \tag{8.55}$$

在设计磁体宽度w_m时，应当注意到在极弧角度由120°增加到180°的过程中磁通密度基波分量仅增加15%，而磁体的体积和成本增加了50%。同时，轭部磁通以及定子轭部厚度d_{cs}和转子轭部厚度d_{cr}都按α_m的比例增加。

从铁耗最小的角度看，最佳磁体宽度可以根据方波气隙磁通密度产生的加权总谐波畸变率（Weighted Total Harmonic Distortion，WTHD）的最小值确定。

WTHD 通常表示为

$$\mathrm{WTHD} = \frac{\sqrt{\sum_{h=2}^{\infty}\left(\frac{B_{gh}}{h}\right)^2}}{B_{g1}} \tag{8.56}$$

式中，B_{gh}为气隙磁通密度谐波分量的幅值。由于图 8.13 中气隙磁通密度是半波对称的，因此偶数次谐波分量均为 0。奇数次谐波的幅值为

$$B_{gh} = \left(\frac{1}{h}\right)\left(\frac{4}{\pi}\right)B_{gm}\sin\left(h\,\frac{\alpha_m}{2}\right)\quad h = 3,5,\cdots \tag{8.57}$$

则有

$$\mathrm{WTHD} = \frac{\sqrt{\left[\frac{1}{3}\sin\left(3\,\frac{\alpha_m}{2}\right)\right]^2 + \left[\frac{1}{5}\sin\left(5\,\frac{\alpha_m}{2}\right)\right]^2 + \cdots}}{\sin\left(\frac{\alpha_m}{2}\right)} \tag{8.58}$$

WTHD 约在 $\alpha_m = 130°$时取得最小值。

直接使用未加权的气隙磁通密度总谐波畸变率的最小值也是合理的，此时

$$\mathrm{THD} = \sqrt{\left[\sin\left(3\,\frac{\alpha_m}{2}\right)\right]^2 + \left[\sin\left(5\,\frac{\alpha_m}{2}\right)\right]^2 + \cdots} \tag{8.59}$$

THD 约在 $\alpha_m = 125°$时取得最小值。

对于正弦波驱动的电机，α_m通常在 110° ~160°之间。对于常用的槽数，例如 24、36 和 48 槽等，α_m通常选择为 120°，以降低转矩波动。假定磁体为钕铁硼，气隙磁通密度的基波幅值 B_{gm1} 通常在 0.92 ~1.2T 范围内。

以气隙长度 $g = 1\mathrm{mm}$ 或有效气隙长度 $g_e = 1.2\mathrm{mm}$ 的电机为例，假定其满足 $A_g/A_m = 1$ 和 $\mu_{rm} = 1$。当剩磁为 1.2T，气隙磁通密度为 0.9T 时

$$\frac{d_m}{d_m + g_e} = \frac{B_{gm}}{B_r} = \frac{0.9}{1.2} = 0.75$$

那么，永磁体的厚度应为

$$d_m = \frac{0.75\times 1.2}{1-0.75} \approx 3.6\mathrm{mm}$$

如果磁体宽度为极距的 2/3，即 $\alpha_m = 120°$，则气隙磁通密度的基波幅值为

$$B_{g1} = \left(\frac{4}{\pi}\right)\times 0.9\sin\left(\frac{\pi}{3}\right) = 0.99\mathrm{T}$$

需要注意磁体厚度与电机尺寸之间的关系。随着转矩增大，永磁体用量将以外形尺寸的二次方（k^2）的比例增加，而系统的体积将随外形尺寸的三次方（k^3）增加。因此，在电机尺寸增大过程中，单位体积内永磁体的用量将减小。

8.7 电流密度限制

单位功率产生的铜耗是电机设计过程中的一个重要品质因数，在6.9节中已经讨论过。在永磁电机中，相应的表达式为

$$P_{\mathrm{mech}} = T_{\mathrm{e,rated}}\frac{2\omega_{\mathrm{e}}}{P} = \frac{\pi}{2P}B_{\mathrm{g1}}K_{\mathrm{s1}}D_{\mathrm{is}}^{2}l_{\mathrm{e}}\omega_{\mathrm{e}}\cos\varepsilon \quad \mathrm{W} \tag{8.60}$$

其中

$$K_{\mathrm{s1}} = \sqrt{2}K_{\mathrm{s(rms)}} \tag{8.61}$$

假定输出功率为额定值，则单位功率产生的铜耗为

$$P_{\mathrm{cu(pu)}} = \frac{\sqrt{2}P\rho_{\mathrm{cu}}\left[l_{\mathrm{s}} + v_{\mathrm{e}}\dfrac{(\pi D_{\mathrm{is}})}{P}\right]K_{\mathrm{s(rms)}}}{k_{1}D_{\mathrm{is}}l_{\mathrm{e}}k_{\mathrm{cu}}d_{\mathrm{s}}\omega_{\mathrm{e}}B_{\mathrm{g1}}\cos\varepsilon} \tag{8.62}$$

除了将 $\eta_{\mathrm{gap}}\cos\phi_{\mathrm{gap}}$ 替换为 $\cos\varepsilon$ 外，上面的结果与式（6.101）和式（6.102）相同。以参数 D_{is} 和 $K_{\mathrm{s(rms)}}$ 为变量，并对其他参数做合理假设，求解式（8.60）和式（8.62），可以得到功率和单位功率产生的铜耗的初步估计值。在6.9.2节中，举例说明了该方法的计算过程。

8.8 长径比选择

转子的基本形状和转子长度与电机直径之比（长径比）有关。转子长径比的选取可以按照不同的准则进行。一种是使定子绕组损耗最小的形状，其本质上是使正比于极距的绕组端部长度最小。由第6章的定义可知

$$v_{\mathrm{e}} = \frac{l_{\mathrm{ew}}}{\tau_{\mathrm{p}}} = \frac{Pl_{\mathrm{ew}}}{\pi D_{\mathrm{is}}} \tag{8.63}$$

永磁电机的典型应用是高性能驱动领域，其通常要求电机要有较快的加速度特性。在这种情况下，电机长径比的选取应当使转矩惯量比最大。以直径为 D_{or}、长度为 l_{s}、密度为 ρ_{i} 的实心转子为例，假设永磁体密度低于转子铁心且磁体间空隙的影响由转轴端部和风扇的惯量补偿。此时，转子的转动惯量为

$$J_{\mathrm{r}} = \rho_{\mathrm{i}}\pi\frac{D_{\mathrm{or}}^{2}}{4}l_{\mathrm{r}}\left(\frac{D_{\mathrm{or}}^{2}}{8}\right) \quad \mathrm{kg\cdot m^{2}} \tag{8.64}$$

假定 $D_{\mathrm{is}} \approx D_{\mathrm{or}}$ 且 $l_{\mathrm{r}} = l_{\mathrm{s}}$，由式（8.35）和式（8.64）计算得到额定转矩下电机的角加速度为

$$\frac{T_{\mathrm{e,rated}}}{J_{\mathrm{r}}} = \frac{8B_{\mathrm{gm1}}K_{\mathrm{s1}}}{\rho_{\mathrm{i}}D_{\mathrm{or}}^{2}} \quad \mathrm{rad/s^{2}} \tag{8.65}$$

在机械结构可行的条件下，选择尽可能小的D_{or}能够增大电机的转矩惯量比。然而，减小D_{or}时散热的难度将增大，因此D_{or}的下限受散热问题制约。

8.9 铁心涡流损耗

为了计算定子总损耗，需要估算铁心损耗。如第5章所述，正常频率范围内的定子铁心损耗可以很容易地获得。在常规磁通密度和频率范围内，铁心损耗近似为

$$p_{cs} = k_e B^2 \omega_e^2 \quad \mathrm{W/m^3} \tag{8.66}$$

对于厚度为0.63mm（25mil）、含硅量3.25%的硅钢片，k_e的典型值为0.11。

上面计算得到的是磁通密度正弦变化时的铁心损耗值。然而，在永磁电机中，当磁体的边缘掠过定子齿时，齿部的磁通密度迅速增大，而在磁体覆盖定子齿后其内部的磁通密度保持相对稳定。因此，应当将铁心损耗表示为磁通密度时间变化率的函数。对于正弦变化的磁通密度，有

$$\left(\frac{\mathrm{d}B}{\mathrm{d}t}\right)_{\mathrm{rms}} = \frac{B\omega_e}{\sqrt{2}} \tag{8.67}$$

因此，可以推导瞬时铁耗的另一个表达式为

$$p_c = 2k_e\left(\frac{\mathrm{d}B}{\mathrm{d}t}\right)^2 \quad \mathrm{W/m^3} \tag{8.68}$$

8.9.1 齿部涡流损耗

近似地，如图8.14所示，在磁体边缘掠过定子齿顶宽度t_t所需的时间ΔT内，可以认为定子齿部磁通密度B_{ts}线性增加到B_{tsm}。

$$\Delta T = \frac{t_t}{v} = \frac{Pt_t}{\omega_e D_{is}} \tag{8.69}$$

因此，在这一时段内有

$$\frac{\mathrm{d}B_{tsm}}{\mathrm{d}t} = \frac{D_{is}\omega_e B_{tsm}}{Pt_t} \tag{8.70}$$

在1个周期内，磁通密度变化4次，则磁通密度变化时段的占比为

$$\frac{4\Delta T}{T} = \frac{2Pt_t}{\pi D_{is}} \tag{8.71}$$

在其他时段内，涡流损耗可以忽略不计。联立式（8.68）、式（8.70）和式（8.71），得到定子齿部单位体积内的铁耗为

$$p_t = 2k_e\left(\frac{4\Delta T}{T}\right)\left(\frac{\mathrm{d}B_{ts}}{\mathrm{d}t}\right)^2 = \frac{4k_e D_{is}}{\pi P t_t}(B_{tsm}\omega_e)^2 \quad \mathrm{W/m^3} \tag{8.72}$$

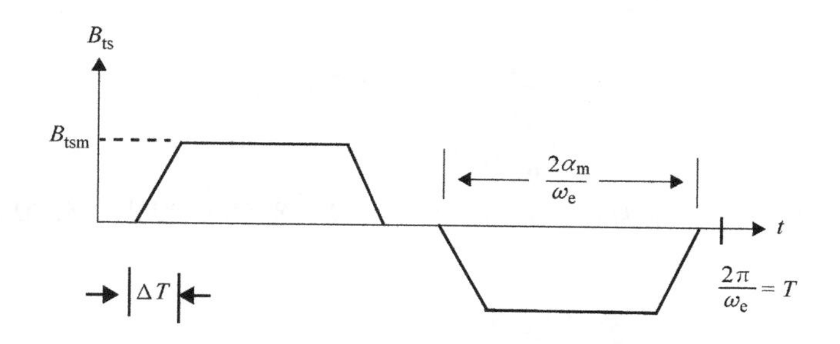

图 8.14 定子齿部磁通密度随时间的变化

为简单分析，假设定子齿宽与槽宽相等，则 $t_t = b_o$。如果定子槽数为 S_1，则有

$$S_1 = \frac{\pi D_{is}}{t_t + b_o} = \frac{\pi D_{is}}{2t_t} \tag{8.73}$$

因此，齿部单位体积内的铁耗为

$$p_t = \frac{8k_c S_1}{\pi^2 P}(B_{tsm}\omega_e)^2 \quad \text{W/m}^3 \tag{8.74}$$

定子齿部的体积为

$$V_{ts} = l_i\left[\frac{\pi}{4}(D_{is} + 2d_s)^2 - \frac{\pi}{4}D_{is}^2 - \pi D_{is} d_s \frac{b_s}{b_s + t_r}\right] \tag{8.75}$$

假设定子采用平行槽结构，且 $t_r = b_s$，则定子齿部的体积为

$$V_{ts} = \frac{\pi}{2} l_i d_s (D_{is} + 2d_s) \quad \text{m}^3 \tag{8.76}$$

齿部最大磁通密度出现的位置靠近定子内表面，其值为

$$B_{tsm} = \frac{t_t + b_o}{t_t} B_{gm} \approx 2B_{gm} \tag{8.77}$$

如果忽略沿梯形齿半径方向磁通密度逐渐降低的影响，定子齿部的铁耗由下式求得

$$P_{ts} = \frac{32}{\pi P} k_c S_1 d_s l_i \left(\frac{D_{is}}{2} + d_s\right)(B_{gm}\omega_e)^2 \quad \text{W} \tag{8.78}$$

注意，这部分损耗随槽数线性增加，因为减小齿宽将增大定子齿部的磁通密度变化率。

8.9.2 轭部涡流损耗

当磁体转过一个磁体宽度 w_m 的距离时，定子轭部磁通密度可以看作由 $-B_{cm}$ 线性增加到 $+B_{cm}$，即在这一时段内有

$$\frac{\mathrm{d}B_{cs}}{\mathrm{d}t}=\frac{2B_{cm}}{(w_m/v)} \tag{8.79}$$

$$=\frac{2B_{cm}}{\left(\dfrac{Pw_m}{\omega_e D_{is}}\right)}=\frac{2\omega_e B_{cm}}{\alpha_m}\quad \mathrm{T/s} \tag{8.80}$$

磁通密度变化时段的占比为 α_m/π。因此，由式（8.68）和式（8.80）可得涡流损耗密度为

$$p_c=2k_c\left(\frac{2\omega_e B_{cm}}{\alpha_m}\right)^2\frac{\alpha_m}{\pi} \tag{8.81}$$

$$=\frac{8}{\pi}\frac{k_c}{\alpha_m}(\omega_e B_{cm})^2\quad \mathrm{W/m^3} \tag{8.82}$$

定子轭部的体积估算为

$$V_y\approx\pi(D_{is}+2d_s+d_{cs})d_{cs}l_i\quad \mathrm{m^3} \tag{8.83}$$

则定子轭部的涡流损耗为

$$P_{cs}=\frac{8k_c}{\alpha_m}(D_{is}+2d_s+d_{cs})d_{cs}l_i\omega_e^2B_{cm}^2\quad \mathrm{W} \tag{8.84}$$

也可以写成变量为气隙磁通密度 B_{gm} 的形式。由于

$$B_{cm}d_{cs}l_i=B_{gm}\frac{\alpha_m D_{is}}{2P}l_i \tag{8.85}$$

则定子轭部的涡流损耗为

$$P_{cs}=\left(\frac{2k_c}{P^2}\right)\alpha_m\frac{(D_{is}+2d_s+d_{cs})}{d_{cs}}D_{is}^2l_i\omega_e^2B_{gm}^2\quad \mathrm{W} \tag{8.86}$$

上述对铁心涡流损耗的计算包含了一些近似处理，但研究表明其结果与测量值相当吻合。但对于采用平行槽的小功率电机，由于沿半径方向，定子齿部磁通密度下降明显，计算结果会高估定子齿部的损耗。

电机损耗主要包括定子绕组损耗［见式（5.42）］和涡流损耗［见式（8.78）和式（8.86）］。由于有效气隙较大且转子不开槽，对于感应电机中占比较大的杂散损耗，在永磁电机中可以忽略。同样，得益于较大的有效气隙和相对高的磁体电阻率（约为 $1.5\times10^{-6}\Omega\cdot\mathrm{m}$）[3]，采用合理分布的定子绕组时，空间谐波产生的转子涡流损耗也可以忽略。风摩和其他摩擦损耗与感应电机中的相关损耗类似。

8.10 等效电路参数

本节将概述永磁电机等效电路模型中的主要参数。图 8.15 给出了永磁电机稳态等效电路[4]，其中磁体产生的磁动势用电流源 I_f 表示。转速为 $\omega_r=2\omega_e/P$

rad/s 时，空载相电压的峰值可以通过第 3 章的分析得到。定子漏感 L_{ls}，包括槽漏感、绕组端部漏感、谐波漏感和齿顶漏感，已在第 4 章和 8.6 节中详细讨论。磁化电感 L_{ms} 与转子结构密切相关，当转子采用表贴式永磁体时，电机的磁化电感相对容易得到，下面将深入分析。r_s 为定子铜耗电阻，用式（5.42）计算。电阻 r_e 表示定子铁心内的涡流损耗，将在 8.10.3 节中详细讨论。r_h 代表磁滞损耗，其值较大时可采用与感应电机相同的方法计算（见 5.12 节）。

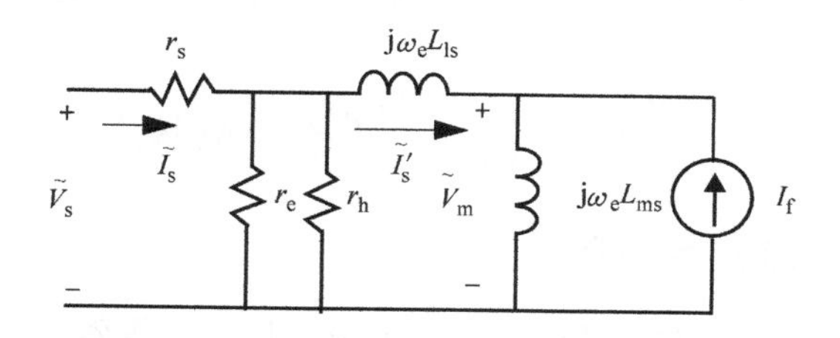

图 8.15 表贴式永磁电机的稳态等效电路

8.10.1 磁化电感

由于永磁材料的增量磁导率近似与空气相等，采用表贴式钕铁硼或钐钴永磁体的永磁电机本质上为隐极电机。因此，这类电机磁化电感的形式与感应电机相同。根据式（3.76）和式（8.25），L_{ms} 可以用气隙磁通密度和定子面电流密度表示

$$L_{ms} = \left(\frac{12}{\pi}\right)\frac{(k_1 N_s)^2 B_{g1} l_e}{P K_{s1}} \quad \text{H} \tag{8.87}$$

或者，如式（3.83）一样，表示为几何尺寸的函数

$$L_{ms} = \left(\frac{3}{2}\right)\left(\frac{8}{\pi}\right)\left(\frac{k_1 N_s}{P}\right)^2 \mu_0 \frac{D_{is} l_e}{d_g} \quad \text{H} \tag{8.88}$$

其中，有效气隙长度 g_e 被替换为包含永磁体厚度 d_m 的等效气隙长度 d_g。

注意，磁化电感反比于定子内表面与转子铁心外表面（永磁体底面）间的等效气隙长度 d_g。对于常规永磁电机，等效气隙长度在 5 ~ 10mm 范围内，而在感应电机中则为 0.5 ~ 1mm。因此，感应电机磁化电感的标幺值在 1 ~ 3 之间，而永磁电机磁化电感标幺值为 0.1 ~ 0.5。

与感应电机类似，随着极数增加，磁化电感减小。在转矩增大过程中，d_m 基本保持不变，而定子内径 D_{is} 增大。同时，面电流密度 $K_{s(rms)}$ 增大，而气隙磁通密度 B_{g1} 基本保持不变。因此，随着转矩等级的提高，磁化电感及其标幺值将会增大。

8.10.2 电流源

在图 8.15 所示的等效电路中，磁体产生的磁动势表示为电流源 I_f 的幅值。由式（6.36）可知

$$V_{gap} = \frac{2}{P}k_1N_sB_{gm1}D_{is}l_e\omega_e \quad \text{V(峰值)} \tag{8.89}$$

式中，B_{gm1} 为磁体产生的气隙磁通密度的基波幅值。由此，磁体磁场等效电流源的幅值为

$$I_f = \frac{V_{gap}}{\omega_eL_{ms}} = \left(\frac{\pi}{6}\right)\frac{Pd_gB_{gm1}}{\mu_0k_1N_s} \quad \text{A(峰值)} \tag{8.90}$$

8.10.3 铁心涡流损耗电阻

由于假定铁心涡流损耗与 $B\omega_e$ 的二次方成正比，在等效电路中可以将其表示为恒定的电阻 r_e。注意，在图 8.15 中，铁心涡流损耗电阻跨接在整个定子感应电动势上，而非接在磁化电感 L_{ms} 两端。这是考虑到齿部和轭部的磁通密度正比于定子总磁链，而定子总磁链为空间分布的气隙磁通和漏磁通之和。

在图 8.15 所示的等效电路中，对应定子涡流损耗的电阻为

$$r_e = \frac{V_{1-1}^2}{P_{ts}+P_{cs}} \quad \Omega \tag{8.91}$$

其中

$$V_{1-1} = \left(\frac{L_{ls}+L_{ms}}{L_{ms}}\right)V_{1-1,gap} = \sqrt{3}\left(\frac{L_{ls}+L_{ms}}{L_{ms}}\right)V_{gap} \tag{8.92}$$

$$= \frac{2\sqrt{3}}{P}k_1N_sB_{g1}D_{is}l_e\omega_e\left(\frac{L_{ls}+L_{ms}}{L_{ms}}\right) \quad \text{V(峰值)} \tag{8.93}$$

式中

$$B_{g1} = \frac{4}{\pi}B_{gm}\sin\frac{\alpha_m}{2} \quad \text{T} \tag{8.94}$$

P_{ts} 和 P_{cs} 分别由式（8.78）和式（8.86）给出。计算得到的 r_e 为

$$r_e = \frac{48(k_1N_s)^2\left(\sin\frac{\alpha_m}{2}\right)^2D_{is}^2l_e}{16p\pi k_cS_1d_s\left(\frac{D_{is}}{2}+d_s\right)+\pi^2k_c\alpha_m\frac{D_{is}+2d_s+d_{cs}}{d_{cs}}D_{is}^2}\left(\frac{L_{ls}+L_{ms}}{L_{ms}}\right)^2 \quad \Omega \tag{8.95}$$

由于电压的标幺值始终为 1，涡流损耗电阻的标幺值为损耗标幺值的倒数。

8.10.4 反电动势等效电路

在图 8.15 中，磁化电感上的电压降可以表示为

$$\widetilde{V}_{m} = j\omega_{e}L_{ms}(\widetilde{I}'_{s} + \widetilde{I}_{f}) \tag{8.96}$$

定义

$$\widetilde{E}_{i} = j\omega_{e}L_{ms}\widetilde{I}_{f} \tag{8.97}$$

则有

$$\widetilde{V}_{m} = j\omega_{e}L_{ms}\widetilde{I}'_{s} + \widetilde{E}_{i} \tag{8.98}$$

因此，图8.16所示的等效电路中各方程的含义与图8.15相同。$\widetilde{E}_{i}$为转子旋转时定子绕组感应的反电动势。虽然概念上区别不大，但图8.15比图8.16更有优势，因为图8.15中只有一个参数（L_{ms}）受磁路饱和的影响，而图8.16中有两个参数（L_{ms}和E_{i}）受磁路饱和的影响。

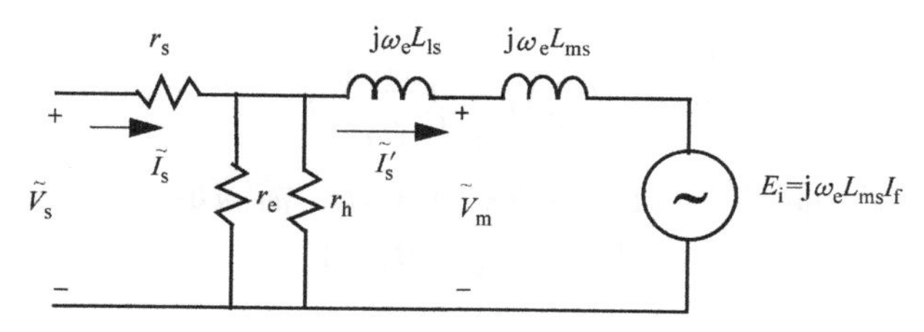

图8.16 采用反电动势表示的表贴式永磁电机相等效电路

8.11 温度限制和冷却能力

永磁电机定子上的温度限制与感应电机类似。如第6章所述，对于B级和F级绝缘，绕组绝缘的最高温度分别不应超过130℃和155℃。在转子中，磁体为关键部件。对于钕铁硼磁体，其最大反向磁场强度H_{d}随着温度升高而快速下降。为使暂态过程中磁体磁通密度不至于减小到0，即磁场强度$H \approx B_{r}/\mu_{rm}\mu_{0}$，对于目前常用的磁体，温度不应超过100℃。因此，定子绕组绝缘的最高温度通常限定在110～115℃附近。

永磁电机使用的通风方法与感应电机类似。主要区别为：1）虽然转子损耗主要为实心转轴的损耗，但如果定子为开口槽，磁体内的涡流损耗也相当可观；2）转子的温度上限通常低于定子。

8.12 磁体退磁保护

如8.5节所述，磁体工作时必须防止反向去磁磁场超过H_{d}，换言之，磁体内部磁通密度不能低于对应于磁极化矢量$\boldsymbol{M}$拐点的磁通密度B_{d}，因为超过拐点时$\boldsymbol{M}$将迅速减小。对于现有的钕铁硼磁体，100℃时B_{d}约为－0.2T。逆变器施加过大的定子电流或定子绕组短路都将降低磁体内部的磁通密度。

8.12.1 最大稳态电流时的磁体退磁保护

图 8.17 表明，正常工作时永磁电机磁体磁场的中心在定子面电流密度最大值处。定子电流产生的磁场对磁体磁场的影响为：磁体的前沿部分磁通密度增大；磁体后缘部分磁通密度减小。

作用于气隙的电枢磁动势的最大值由定子电流决定，由式（3.63）可知

$$\mathcal{F}_{s1} = \left(\frac{3}{2}\right)\left(\frac{4}{\pi}\right)\left(\frac{k_1 N_s}{P}\right) I_s \quad \text{A-t} \tag{8.99}$$

根据式（3.77），定子电流单独作用时，在气隙或磁体中产生的磁通密度最大值 B_{g1} 为

$$B_{g1} = \left(\frac{3}{2}\right)\left(\frac{4}{\pi}\right)\frac{\mu_0 k_1 N_s}{P d_g} I_s \quad \text{T} \tag{8.100}$$

对于任意定转子磁场间的夹角 β，为保护永磁体，需满足

$$B_{g1} \leqslant B_m - B_d \quad \text{T} \tag{8.101}$$

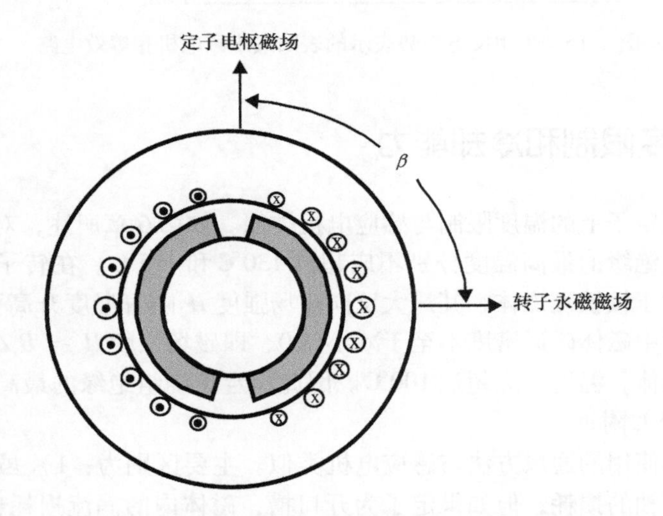

图 8.17 夹角 $\beta=90°$ 时定转子磁场间的位置关系

由式（8.48）可知，本例中 A_m 与 A_g 相等，则有

$$B_m = B_r\left(\frac{d_m}{d_m + \mu_{rm} g_e}\right) \tag{8.102}$$

联立式（8.101）和式（8.102），可得

$$B_{g1} \leqslant \frac{B_r d_m - B_d(d_m + \mu_{rm} g_e)}{(d_m + \mu_{rm} g_e)} \tag{8.103}$$

进一步，联立式（8.100）和式（8.103），为避免磁体退磁，稳态定子电流有效

值最大为

$$I_{s(max)} \leqslant \frac{\pi P d_g}{6\mu_0 k_1 N_s}\left[\frac{B_r d_m - B_d(d_m + \mu_{rm} g_e)}{(d_m + \mu_{rm} g_e)}\right] \tag{8.104}$$

忽略磁路饱和效应，假定磁体的磁导率等于空气磁导率，则有 $d_m + \mu_{rm} g_e = d_m + g_e = d_g$。由此，式（8.104）简化为

$$I_{s(max)} \leqslant \frac{P\pi}{6\mu_0(k_1 N_s)}(B_r d_m - B_d d_g) \quad A \tag{8.105}$$

上式也可以表示为以式（6.38）为基准的标幺值形式，有

$$I_{s(max)} \leqslant \frac{P}{\mu_0}\frac{(B_r d_m - B_d d_g)}{D_{is} K_s} \quad pu \tag{8.106}$$

式中，$K_s = \sqrt{2} K_{s(rms)}$ 为稳态面电流密度的额定值。

上式中最重要的一点是最大电流与电机的极数成正比。在标幺值形式下 K_s 为常数，电机极数 P 增加时永磁体宽度和电枢去磁磁场减小。同样需要注意的是，最大电流反比于 D_{is} 和 K_s，而两者均随转矩的增大而增大。因此，在大电机中，最大电流上限的标幺值将减小。由于 $d_m \approx d_g$，最大电流上限近似正比于永磁体厚度。

电机设计过程中的一个重要指标是短时过载电流下输出的峰值转矩，其决定转子和负载的最大加速度。当角度 β 设置为 90°时，由式（8.106）可知，气隙电压和转速的标幺值为 1，峰值转矩和最大电流的标幺值相等。值得注意的是，上面的分析假定电流过载时对应磁体前沿部分的定子齿部的磁通密度饱和程度不高。

为提高最大转矩输出能力，需要较小的磁化电感以减小定子电流产生的去磁磁场。这一特性可以通过采用更大的磁体厚度和转子极数实现。例如，在 6 倍额定电流范围内，参考文献［5］中的 5kW 永磁电机的转矩和电流都满足线性关系。

8.12.2 暂态过程的磁体退磁保护

磁体的另一个退磁风险来源于可能发生的定子绕组短路[5]，其中三相短路是最为典型的故障。考虑图 8.15 中的等效电路，忽略各项电阻时，稳态短路电流为

$$I_s = \frac{L_{ms}}{L_{ls} + L_{ms}} I_f \tag{8.107}$$

暂态短路电流包括式（8.107）表示的正弦分量和峰值为 kI_S（$0 \leqslant k \leqslant 1$）的直流分量，该直流分量的衰减时间常数为

$$\tau_1 = \frac{L_{ms} + L_{ls}}{r_s} \tag{8.108}$$

图 8.18 所示为某相绕组在磁链最大时刻发生短路的暂态电流波形。如果时间常数 τ_1 大于半个电周期，则定子电流的峰值能达到 $2I_S$。此时，最大稳态电流必须限制为式（8.104）的一半，即

$$I_{s(max)} = \frac{\pi P d_g}{12\mu_0 k_1 N_s}\left[\frac{B_r d_m - B_d(d_m + \mu_{rm} g_e)}{(d_m + \mu_{rm} g_e)}\right] \text{ A} \tag{8.109}$$

联立式（8.107）和式（8.90）可得

$$I_{s(max)} = \frac{L_{ms}}{L_{ls} + L_{ms}} I_f = \frac{L_{ms}}{L_{ls} + L_{ms}} \frac{\pi P B_{gm1} d_g}{6k_1 N_s \mu_0} \tag{8.110}$$

进一步，由简化后的式（8.105）可得

$$\frac{P\pi}{6\mu_0(k_1 N_s)}(B_r d_m - B_d d_g) \geqslant \frac{L_{ms}}{L_{ls} + L_{ms}} \frac{\pi P B_{gm1} d_g}{6k_1 N_s \mu_0} \tag{8.111}$$

其中，根据式（8.55）可知

$$B_{gm1} = \frac{4}{\pi} B_{gm} \sin\frac{\alpha_m}{2} \tag{8.112}$$

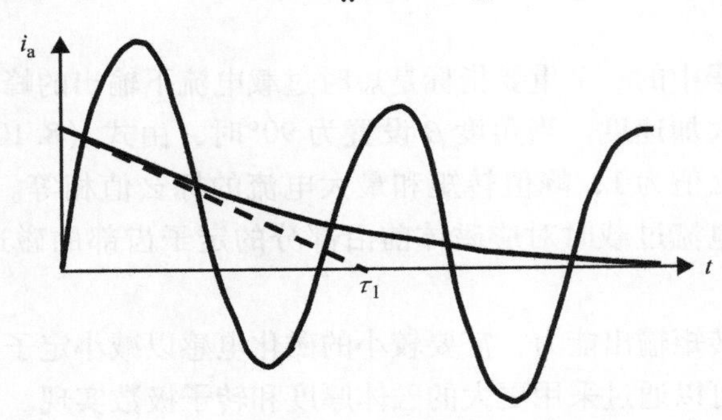

图 8.18 短路时定子电流暂态过程

在求解 L_{ls}/L_{ms} 时，设定 $B_{gm} = B_r(d_m/d_g)$，计算得到的避免磁体退磁所需的定子漏感 L_{ls} 为

$$\frac{L_{ls}}{L_{ms}} \geqslant \left(\frac{\frac{4}{\pi} B_r d_m \sin\frac{\alpha_m}{2}}{B_r d_m - B_d d_g}\right) - 1 \tag{8.113}$$

综上所述，为了保证磁体的可靠性，设计方向可以为增大定子漏感和/或减小磁化电感。增大上述电感比的主要方法是增大等效气隙长度 d_g，即选取更大的气隙或磁体厚度。同时，采用深槽结构和相对小的转子长度也会增加漏感。对于采用散嵌绕组的小功率电机，填充部分定子槽口或有目的地设计深槽定子也能够增大漏感。但对于采用预制成型绕组的大功率电机，这些方法难度较大。另

外，增大电机极数也能够增大槽漏感分量。

对于大功率永磁电机，抗短路能力是设计工作中一个关键的考虑因素，但对于小功率电机不太重要。对于后者，可以很容易地将磁化电感设计得很小，而将定子漏感设计得较大。同时，随着功率的减小，定子阻抗的标幺值增大［见式（8.88）］。由式（8.108）可知，电阻增加将使衰减时间常数 τ_1 远小于半个电周期。此时，电感比的表达式变为

$$\frac{L_{ls}}{L_{ms}} \geqslant \left(\frac{\frac{4}{\pi}B_r d_m \sin\frac{\alpha_m}{2}e^{-\frac{\pi}{2\omega\tau_1}}}{B_r d_m - B_d d_g}\right) - 1 \tag{8.114}$$

另外，需要指出的是，其他故障类型，例如线－线短路，产生的峰值电流大于以上计算得到的两个标幺值。如果电机存在单相短路的可能，良好的设计方案应当留有3～4倍的电流裕量。

8.13 弱磁设计

对于某些应用，由逆变器驱动的永磁电机需要以恒功率方式运行到最大转速。在这一转速区间内，表贴式永磁电机恒功率弱磁能力有限。下面分析提高恒功率扩速运行能力的设计参数[6]。

忽略损耗元件 r_s、r_h 和 r_e，图8.15中的等效电路可以使用诺顿定理进行简化。等效电感可以通过测量代表磁体的电流源开路时的电路电抗得到。显然，

$$L'_{ms} = L_{ls} + L_{ms} \tag{8.115}$$

等效电流源可以通过定子短路试验时测量短路电流得到。首先，短路时定子漏感两端的电压为

$$V_f = \frac{\omega_e L_{ls} L_{ms}}{L_{ls} + L_{ms}} I_f \tag{8.116}$$

定子漏感上的电流为短路电流，定义为 I'_f，有

$$I'_f = \frac{V_f}{\omega_e L_{ls}} = \frac{L_{ms}}{L_{ls} + L_{ms}} I_f \tag{8.117}$$

得到的等效电路如图8.19所示。

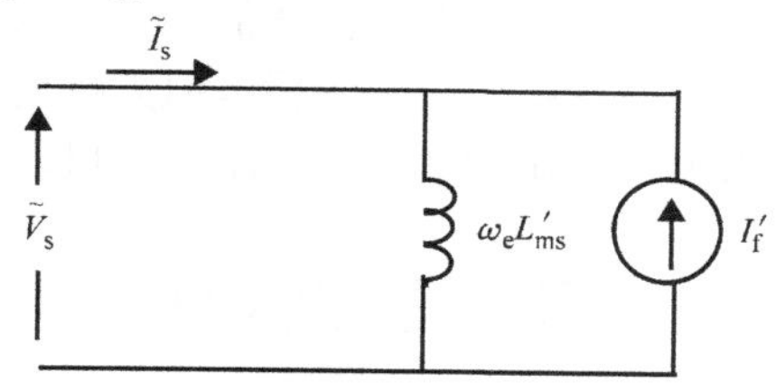

图8.19 简化等效电路

当电流角 $\beta = 90°$ 时，能够获得最大的输出转矩，这一结论在达到逆变器可用电压上限对应的机械转速 Ω_r 或电角频率 ω_e 之前都是成立的。由于电流 I'_f 和 I_s 正交，达到电压上限的工作点对应的转速（基速）为

$$\omega_{e,base} = \frac{V_{s(max)}}{L'_{ms}\sqrt{(T_f^2 + I_s^2)}} \quad \text{rad/s} \tag{8.118}$$

为工作在更高转速，电流角β必须大于90°（见图8.12b），且电机为超前功率因数运行。假定电流为正弦量的幅值，此时电机的转矩和角频率分别为

$$T_e = \frac{3}{2}\omega_e L'_{ms} I'_f I_s \sin\beta \quad \text{N}\cdot\text{m} \tag{8.119}$$

$$\omega_e = \frac{V_{s(max)}}{L'_{ms}[(I'_f + I_s\cos\beta)^2 + (I_s\sin\beta)^2]^{1/2}} \quad \text{rad/s} \tag{8.120}$$

当$\beta=180°$时，转矩为0，角频率为

$$\omega_{e,max} = \frac{V_{s(max)}}{L'_{ms}(I'_f - I_s)} \quad \text{rad/s} \tag{8.121}$$

增大恒功率转速比唯一有效的设计方向是增大等效电感$L'_{ms}=L_{ls}+L_{ms}$。增大L_{ms}和L_{ls}的方法已在8.12.2节中讨论过。或者，在逆变器和电机间串接外部电感，其能够扩大弱磁范围但会降低最大转矩输出能力及基速［见式（8.118)］。另外，使用每极每相槽数小于1的分数槽绕组也能够增大定子漏感[7,8]，这一方法通常用于电机极数较多时。然而，电机极数一般不是限制因素，因为在1200～3600r/min这个转速级别下，通过提高逆变器的频率就可以达到更多的极数。事实上，使用分数槽绕组最终受定子铁耗的限制。

式（8.121）的分母与各“未加撇号”的变量间的关系为

$$L'_{ms}(I'_f - I_s) = L_{ms}I_f - (L_{ms} + L_{ls})I_s \tag{8.122}$$

当上式为0时，$\omega_{e,max}$为无穷大，表示电机具有无限大的恒功率弱磁范围。此时，电流I_f需要满足[9]

$$I_f = \left(\frac{L_{ms} + L_{ls}}{L_{ms}}\right)I_{s,rated} \tag{8.123}$$

或者，就反电动势（见图8.16）而言，应满足

$$E_i = X_s I_{s,rated} \tag{8.124}$$

对于表贴式永磁电机，由于其同步电感的标幺值仅为0.1～0.5，当达到电流上限时，反电动势相对较低。因此，这类电机的转矩输出能力不佳，体积和重量较大。然而，弱磁扩速的难题在采用埋入式或内嵌式磁体的电机中得到显著改善，因为其同步电感的标幺值大幅增加。另外，内嵌式永磁电机能够设计成具有较大磁阻转矩的类型，磁阻转矩可以达到甚至超过40%的额定转矩。

8.14　埋入式永磁电机

表贴式永磁电机只是永磁电机多种磁体布置方式中的一种。埋入式永磁电机是另外一种方式，如图8.20所示，从结构角度看，这种装配方法磁体的可靠性

更高。和表贴式永磁电机相比，此类永磁电机的输出最大转矩有所增大，凸极效应的存在使其转速范围也更宽[6]。

埋入式（凸极）永磁电机的等效电路如图 8.21 所示。为简化分析，忽略其中的电阻，则该等效电路对应于下面的两个方程

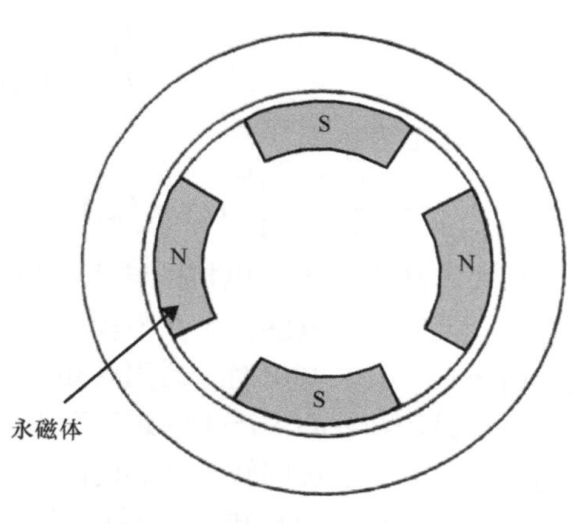

图 8.20 4 极埋入式永磁电机

$$V_{qs}=\omega_e(L_{ls}+L_{md})I_{ds}+\omega_e L_{md}I_f \tag{8.125}$$

$$V_{ds}=-\omega_e(L_{ls}+L_{mq})I_{qs} \tag{8.126}$$

忽略损耗并采用正弦量幅值形式表示，根据输入功率等于输出功率，有

$$P_{in}=P_{out}=\frac{3}{2}(V_{qs}I_{qs}+V_{ds}I_{ds}) \tag{8.127}$$

$$P_{out}=\frac{3}{2}[\omega_e(L_{ls}+L_{md})I_{ds}I_{qs}-\omega_e(L_{ls}+L_{mq})I_{ds}I_{qs}+\omega_e L_{md}I_{qs}I_f] \tag{8.128}$$

$$=\frac{3}{2}\omega_e[(L_{md}-L_{mq})I_{ds}I_{qs}+L_{md}I_{qs}I_f] \tag{8.129}$$

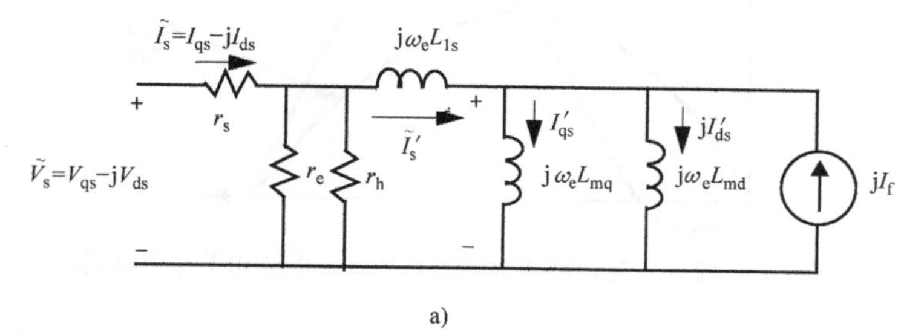

反电动势(q轴/实轴)　$\mathcal{F}_{qs1}$　$\mathcal{F}_{s1}$　ε　β　$\mathcal{F}_{ds1}$　虚轴　永磁磁通(d轴)　K_{s1}　$\beta<90°$

反电动势(q轴/实轴)　$\mathcal{F}_{s1}$　$\mathcal{F}_{qs1}$　ε　β　$\mathcal{F}_{ds1}$　K_{s1}　虚轴　永磁磁通(d轴)　$\beta>90°$

b)

图 8.21 a）每相稳态等效电路；b）凸极永磁电机向量图

磁动势矢量$\mathcal{F}_{s1}$的方向与定子电流 I_s的方向一致，则有

$$I_{qs} = I_s \sin\beta \tag{8.130}$$

$$I_{ds} = I_s \cos\beta \tag{8.131}$$

因此，电磁转矩为

$$T_e = \frac{P_{out}}{\omega_e} = \frac{3}{4}(L_{md} - L_{mq}) I_s^2 \sin 2\beta + \frac{3}{2} L_{md} I_s I_f \sin\beta \quad \text{N} \cdot \text{m} \tag{8.132}$$

表贴式与埋入式永磁电机的转矩－电流角特性对比如图 8.22 所示。由于 q 轴电感明显大于 d 轴电感，当 β 为较小的正值时，式中第一项转矩（磁阻转矩）为负，而当 $90° < \beta < 180°$ 时，磁阻转矩为正。因此，最大转矩在 $\beta > 90°$ 时取得，此时，定子磁场在铁心中产生的磁通牵引转子磁体并输出正电磁转矩。受定子齿部磁饱和的限制，磁极间转子铁心内的磁通密度并不比磁体磁通密度高很多。因此，将磁体宽度等效为与转子极距相同，即 $\alpha_m = 180°$。埋入式和表贴式永磁电机的最大转矩比近似为

$$\frac{T_{埋入式}}{T_{表贴式}} \approx \frac{1}{\sin\left(\frac{\alpha_m}{2}\right)} \tag{8.133}$$

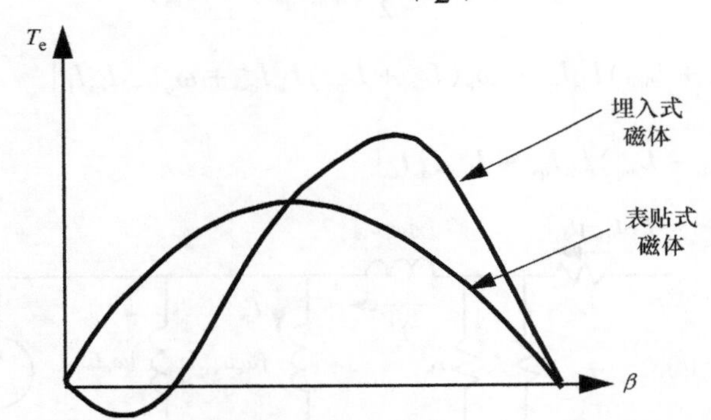

图 8.22　埋入式与表贴式永磁电机转矩－电流角关系曲线对比

在埋入式永磁电机中，最大转矩对应的 $\beta \approx 180 - \alpha_m/2$。上式适用的最小极弧角度 $\alpha_m = 90°$，小于该角度时凸极效应对转矩的贡献基本消失。相比于表贴式永磁电机，埋入式永磁电机的磁体用量减小时输出的转矩反而增大。例如，将 $\alpha_m = 120°$ 的表贴式磁体替换为 $\alpha_m = 90°$ 的埋入式磁体时，最大转矩将增大约 15%。

为了使埋入式结构的优势最大化，电机的气隙应当均匀并尽可能得小。在设计埋入式永磁电机定子轭部厚度时，应当认为轭部磁通等于 $\alpha_m = 180°$ 时产生的磁通。除此之外，其他设计限制与表贴式永磁电机类似。这种结构的主要缺点是磁体前后缘磁通急剧变化而产生的定子铁耗，由于埋入式永磁电机气隙较小，这一问题更为突出。

8.14.1 短路退磁保护

当埋入式永磁电机短路时，定子磁场也与永磁磁场反向。定子磁场在每极磁体两侧的转子铁心区域产生反向磁场，这将减小气隙净磁通。短路时，气隙磁通产生的定子磁链与漏磁链数值相等、方向相反。

对于定子时间常数 τ_1 较大的最恶劣情形，短路时磁体退磁保护的判据由下式确定[5]，

$$\frac{L_{\mathrm{ls}}}{L_{\mathrm{ms}}} \geqslant \left[\frac{8\left[\sin\alpha_{\mathrm{m}} - \dfrac{B_{\mathrm{s}}d_{\mathrm{g}}}{B_{\mathrm{r}}d_{\mathrm{m}}}(1-\sin\alpha_{\mathrm{m}})\right]}{\pi\left(1-\dfrac{B_{\mathrm{d}}d_{\mathrm{g}}}{B_{\mathrm{r}}d_{\mathrm{m}}}\right)} - \left(\frac{2\alpha_{\mathrm{m}}+\sin 2\alpha_{\mathrm{m}}}{\pi}\right)\right] \tag{8.134}$$

式中，磁化电感 L_{ms} 与表贴式永磁电机相同，用式（8.88）计算；B_{s} 为当极间气隙外侧的定子齿充分饱和时极间气隙中的磁通密度。

8.14.2 弱磁

采用埋入式磁极结构也能够扩大恒功率运行范围。当 β 增大到 $180°-\alpha_{\mathrm{m}}/2$ 以上时，有效气隙磁通减小，从而允许在更高转速下运行。忽略漏感的影响，转矩为0时的最大电角频率与最大转矩对应的极限角频率间的关系为[6]

$$\frac{\omega_{\mathrm{e,max}}}{\omega_{\mathrm{e,base}}} = \frac{1}{2\sin\left(\dfrac{\alpha_{\mathrm{m}}}{2}\right)-1} \tag{8.135}$$

当 $\alpha_{\mathrm{m}}=90°$ 时，角频率比约为2.4。$\alpha_{\mathrm{m}}=60°$ 时，弱磁转速范围为无穷大。然而，减小磁体宽度将大幅降低反电动势，从而需要更大的定子磁动势以获得所需的输出转矩，而这将导致电机体积增大。这一过程与表贴式永磁电机（见8.13节）大致相同。

在埋入式永磁电机中，漏感的存在也能够增大转速范围。同样，采用外部串联电感拓展转速上限将以基速 $\omega_{\mathrm{e,base}}$ 下降为代价，除非提高逆变器的电压等级。

8.15 齿槽转矩

齿槽转矩由转子旋转过程中磁体与定子齿间磁路磁阻的变化而产生。不采用抑制措施时，齿槽转矩的标幺值可以高达0.25。降低齿槽转矩的方法之一是将定子槽或转子磁体倾斜一个槽距 τ_{s}，如图8.23所示[10]。斜槽或斜极会使定子或转子的加工难度增加。减小齿槽转矩的另一种方法是合理选取磁体宽度 w_{m}。实验证明[10]，当槽宽和齿宽相等时，使齿槽转矩最小的磁体宽度 w_{m} 与槽距 τ_{s} 应满

足的关系为

$$w_m \approx (m + 0.14)\tau_s \tag{8.136}$$

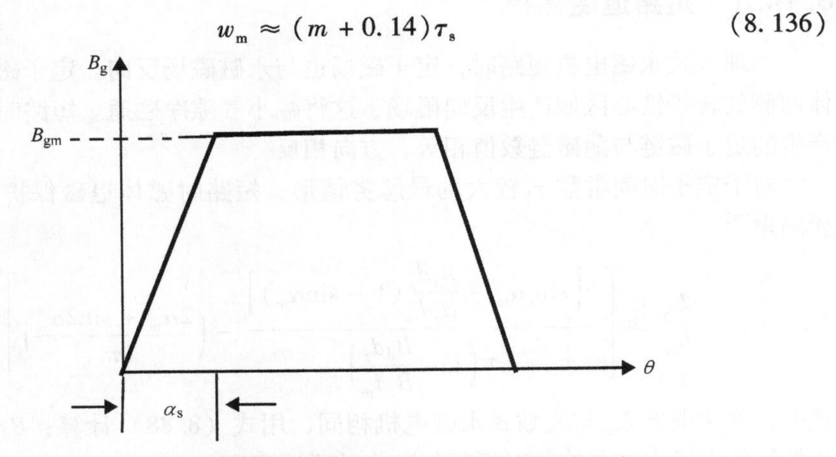

图 8.23　倾斜单个槽距时磁体产生的有效气隙磁通密度

式中，m 为整数，表示单个极面下使齿槽转矩最小时的定子齿数。例如，考虑每极每相槽数 $q = 3$ 的正弦波驱动电机，合理的磁体宽度为 $6.14\tau_s$、$7.14\tau_s$ 或 $8.14\tau_s$，对应的极弧角度 α_m 分别为 122.8°、142.8°和162.8°。

当槽宽 $w_s \approx 0.5\tau_s$ 时，上述方法对齿槽转矩的抑制最有效。此时，磁体两端产生的齿槽转矩均近似为正弦变化，合理选择定子槽宽度时，齿槽转矩的基波分量相互抵消。对于槽数为 S_1 的定子，齿槽转矩基波分量的频率为 $S_1\omega_e$ rad/s。

在某些情况下，对于4、8 和 12 极电机，通过将相邻磁极对错开 $90°/S_1$ 电角度可以消除齿槽转矩的二次谐波，齿槽转矩能够进一步降低。

8.16　纹波转矩

除齿槽转矩外，转子磁体与定子电枢磁动势相互作用可能产生纹波转矩。对于正弦波驱动的电机，气隙磁通密度 5 次和 7 次空间谐波分别与定子电流密度分布中的 5 次和 7 次谐波相互作用，产生频率为 $6\omega_e$ 的纹波转矩，即

$$T_{e6} = \frac{\pi}{4}D_{is}^2 l_e B_{gh} K_{sh} \quad \text{N} \cdot \text{m} \tag{8.137}$$

由前面章节的分析可知，磁通密度谐波的有效值与基波的关系为

$$\frac{B_{gh}}{B_{g1}} = \frac{1}{h}\sin\left(h\frac{\alpha_m}{2}\right) \tag{8.138}$$

其中，h =5 或 7。

电流密度谐波的有效值与基波的关系为

$$\frac{K_{sh}}{K_{s1}} = \left(\frac{1}{h}\right)\frac{k_h}{k_1} \tag{8.139}$$

式中，k_h为绕组因数（包括分布因数、节距因数和斜槽因数）。值得注意的是，对于任意谐波分量，以上两个比值以至少 $1/h$ 的比例衰减，因此6次纹波转矩的标幺值

$$\frac{T_{e6}}{T_1} \leqslant \frac{1}{h^2} \tag{8.140}$$

通常，合理设计绕组的分布和节距能够大幅降低6次纹波转矩分量。

8.17 铁氧体电机

铁氧体的单位成本远低于钕铁硼和钐钴材料，其剩磁 B_r通常在0.3～0.4T之间，如图8.24所示，即约为钕铁硼磁体的1/3。铁氧体的相对回复磁导率约为1.05。剩磁温度系数通常为-0.2%/℃，约为钕铁硼的2倍。20℃时，最大反向磁场强度 H_d的上限约为-200kA/m。与钕铁硼不同的是，当温度不超过100℃时，H_d随温度的升高而增大，幅度约为0.4%/℃，而剩磁仍随温度的升高而减小。

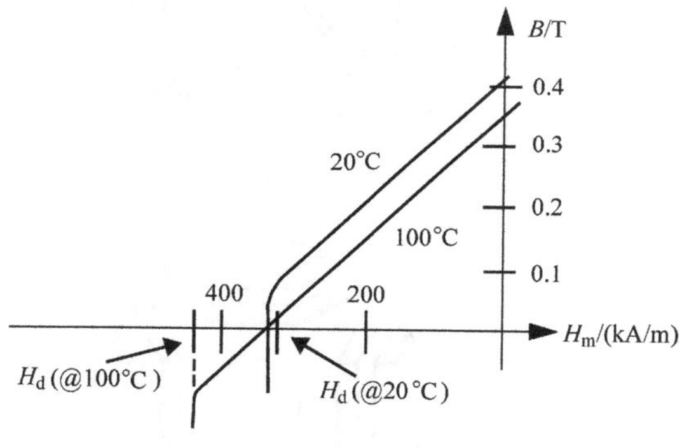

图8.24 典型铁氧体磁体的退磁特性

如图8.25所示，永磁电机可以采用表贴式铁氧体方案。采用厚度 d_m为5～10mm的铁氧体时，永磁体产生的气隙磁通密度 B_{gm}通常在0.25～0.3T范围内。因此，所需的定子齿宽 w_t远小于槽距 τ_s的一半，为槽宽 w_s留有更大的空间，进而可以增大面电流密度 K_{s1}。然而，如8.11节分析的那样，这类电机也受冷却条件的限制。

为了尽量增大气隙磁通，需要设计尽可能小的气隙磁阻。如图8.25所示，定子常采用半闭口槽，其齿尖部分

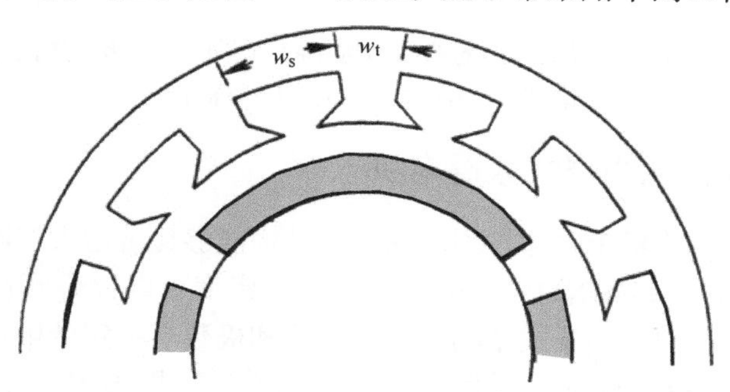

图8.25 表贴式铁氧体磁体的永磁电机

构成尽可能小的槽开口。这类定子结构适用于采用散嵌绕组的小功率电机，其线圈可以通过槽开口逐匝嵌入定子槽中。由于气隙磁通密度 B_{gm} 相对较低，采用径向布置铁氧体磁体时电机轭部尺寸相对较小。因此，小功率电机可以设计为轭部尺寸较小的两极结构。

8.18　内嵌式永磁电机

永磁电机家族中数量最多的一类为内嵌式永磁电机。图 8.26 所示为这类电机常见的一些转子结构。显然，详尽分析各类内嵌式永磁电机超出了本书的范围，但可以通过对典型结构的讨论，阐明这类电机所涉及的问题。

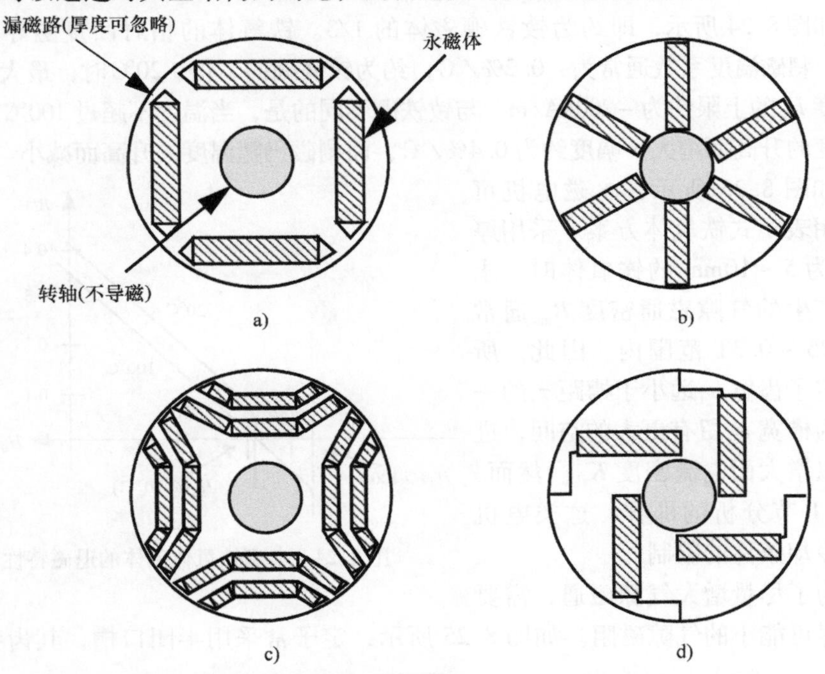

图 8.26　4 极内嵌式磁体的典型结构：a）径向充磁；b）周向充磁；c）两层径向充磁；d）不对称分布

8.18.1　周向充磁内嵌式永磁电机

通过将铁氧体或稀土磁体排列成辐条式结构能够显著增大气隙磁通密度，如图 8.27 所示。由于永磁体周向充磁，气隙磁通密度可以提升到比磁体自身磁通密度更大的值。然而，辐条式结构对转子尺寸和极数有一定的限制。以极弧长度为（$\pi D_{or}-Pd_{m}$）/P、弧面下磁体产生的气隙磁通密度为 B_{g} 的转子为例，每极磁通由相邻两块磁体产生（忽略边缘效应）。因此，有

$$B_g\left(\frac{\pi D_{or}-Pd_m}{P}\right)=2w_mB_m \tag{8.141}$$

式中，B_m为磁体内磁通密度。

磁体与不导磁铁心接触位置的半径为r_{ir}，有

$$r_{ir}=Pd_m/2\pi \tag{8.142}$$

因此，磁体的宽度为

$$w_m=r_{or}-r_{ir}=r_{or}-Pd_m/2\pi \tag{8.143}$$

联立式（8.141）和式（8.143）可得

$$\frac{B_g}{B_m}=\frac{P}{\pi} \tag{8.144}$$

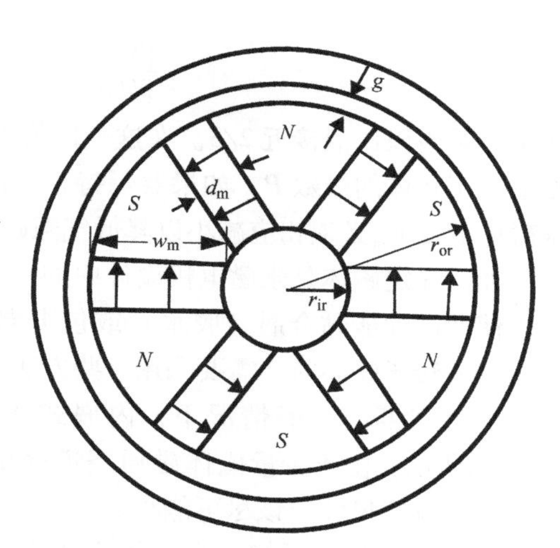

图8.27 采用理想化辐条式磁体的永磁电机

因此，当极数为4或更大时，气隙磁通密度将高于磁体内部的磁通密度。当极数较多时，通常为8极或以上，可以利用这种聚磁效应提高铁氧体建立气隙磁场的能力。

以穿过一块磁体和两个气隙的闭合磁路为例，气隙的有效长度为g_e。对于该磁路，有

$$H_md_m+2g_e\frac{B_g}{\mu_0}=0 \tag{8.145}$$

根据5.4节的分析可知，磁体内部的特性可以表示为

$$B_m=B_r+\mu_{rm}\mu_0H_m \tag{8.146}$$

联立式（8.141）~式(8.143)有

$$\frac{B_g}{B_r}=\frac{P}{\pi+2\mu_{rm}Pg_e/d_m} \tag{8.147}$$

和

$$\frac{B_m}{B_r}=\frac{\pi}{\pi+2\mu_{rm}Pg_e/d_m} \tag{8.148}$$

因此，当磁体剩磁为B_r、极数为P、有效气隙长度为g_e时，产生特定气隙磁通密度B_g所需的磁体宽度w_m为

$$w_m=\frac{2P\mu_{rm}g_e}{\left(P\dfrac{B_r}{B_g}-\pi\right)} \tag{8.149}$$

对于图8.27所示的转子结构，转子圆周上径向磁通密度为B_{gm}的部分所占比例为

$$\frac{\text{极弧}}{\text{极距}}=1-\frac{P}{\pi}\frac{d_{\mathrm{m}}}{D_{\mathrm{or}}} \tag{8.150}$$

通常，希望该比值接近2/3。在这一比值下，转子外径 D_{or}大于磁体厚度 d_m的程度取决于具体的极数 P。如果要保持合适的极弧系数，则随着转子外径的减小，永磁体宽度 w_m必须相应减小以降低气隙磁通密度。

如何固定磁体是永磁电机设计中的一个重要问题。当磁体贴于转子表面时，可以使用高性能黏合剂（胶水）或包裹绑扎带将磁体固定到转子铁心上。而当磁体嵌入转子铁心时，需要采用一些方法使气隙尽可能小，从而最大限度地增大气隙磁通密度。一般情况下，内嵌式永磁电机使用窄磁桥来固定磁体，如图 8.28所示。由于少量磁体磁通绕道磁桥部分形成短路降低了磁体的利用率，所以磁桥宽度尺寸应该尽可能小。

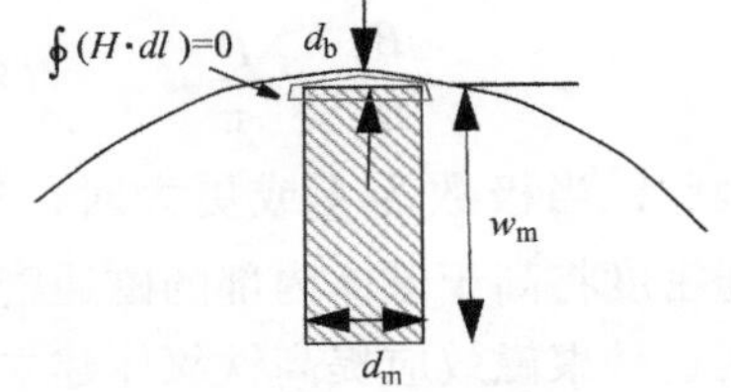

图 8.28 固定磁体的磁桥

从上面的分析可知，为了将磁体固定在转子上，需要以损失磁体磁通中流经磁桥的部分为代价。在穿过磁体和磁桥的闭合磁路上使用安培环路定理，如图 8.28 所示，假定磁场强度 $\boldsymbol{H}$ 与闭合磁路 $\boldsymbol{l}$ 的方向相同，则

$$\oint \boldsymbol{H}\cdot \mathrm{d}\boldsymbol{l}=H_{\mathrm{m}}d_{\mathrm{m}}+H_{\mathrm{b}}d_{\mathrm{b}}=0 \tag{8.151}$$

式中，H_m和 H_b分别为磁体内部和磁桥中的磁场强度。由于 d_m和 d_b基本相等，则

$$H_{\mathrm{b}}\approx -H_{\mathrm{m}} \tag{8.152}$$

同时

$$B_{\mathrm{m}}=B_{\mathrm{r}}+\mu_{\mathrm{rm}}\mu_0 H_{\mathrm{m}} \tag{8.153}$$

因此

$$H_{\mathrm{m}}=-H_{\mathrm{b}}=\frac{B_{\mathrm{m}}-B_{\mathrm{r}}}{\mu_{\mathrm{rm}}\mu_0} \tag{8.154}$$

进一步，由式（8.148）可得

$$H_{\mathrm{b}}=\frac{B_{\mathrm{r}}\left(1-\dfrac{\pi}{\pi+2\mu_{\mathrm{rm}}Pg_{\mathrm{e}}/w_{\mathrm{m}}}\right)}{\mu_{\mathrm{rm}}\mu_0} \tag{8.155}$$

$$=\frac{B_{\mathrm{r}}(2\mu_{\mathrm{rm}}Pg_{\mathrm{e}}/w_{\mathrm{m}})}{\mu_0\mu_{\mathrm{rm}}(\pi+2\mu_{\mathrm{rm}}Pg_{\mathrm{e}}/w_{\mathrm{m}})} \tag{8.156}$$

H_b的大小决定了磁桥两端的磁压降，从而影响磁桥内的磁通。磁桥上的磁通与损失的磁体磁通相等，因此有

$$B_{\mathrm{b}}d_{\mathrm{b}}l_{\mathrm{e}}=B_{\mathrm{m}}w_{\mathrm{x}}L_{\mathrm{i}} \tag{8.157}$$

如果 $l_e\approx l_i$，则

$$w_X = \frac{B_b}{B_m}d_b = \frac{B_b}{B_r}\left(\frac{\pi + 2\mu_{rm}Pg_e/w_m}{\pi}\right)d_m \tag{8.158}$$

式中，B_b为对应于式（8.155）中H_b的磁通密度值，由转子铁心材料的$B-H$特性曲线得到。近似地，对于常规的导磁材料，可以假定$B_b \approx 2T$。

多数情况下，在磁体宽度方向的另一端设置有第二个磁桥。假设这两个磁桥宽度相等，两个磁桥的存在将使气隙磁通密度下降到

$$B_{gm} = \frac{PB_r}{\pi + 2\mu_{rm}Pg_e/d_m}\left(\frac{d_m - 2d_X}{d_m}\right) \tag{8.159}$$

产生特定气隙磁通密度B_{gm}的转子结构设计完成后，应当采用8.6节的方法计算气隙磁通密度的基波分量。同时，定子部分按照前面讨论的方法设计。

8.19 总结

本章对永磁电机的设计进行了简要介绍，其目的是使读者深入理解永磁励磁对几何尺寸和参数的影响。应该意识到，永磁电机设计包含的具体内容很多，尝试在单个章节中涵盖这些内容通常不适用于所关注的特定情形。关于永磁电机的更多内容，读者可以参考一些专门讲述永磁电机设计的书[12-15]。

致谢

本章在很大程度上借鉴了 G. R. Slemon 和 T. Sebastian 在 IEEE 工业应用协会主办的研讨会上展示的研究成果。作者非常感谢这些重要工作，其构成了本章内容的主要部分。

参考文献

[1] R. J. Parker, *Advances in Permanent Magnetism*, John Wiley & Sons, 1990, pp. 37–42.
[2] M. G. Say, *The Performance and Design of Alternating Current Machines*, Pitman, 1948.
[3] T. Sebastian and G. R. Slemon, "Transient modelling and performance of variable speed permanent magnet motors," *IEEE Transactions on Industry Applications*, vol. IA-25, no. 1, January/February 1989, pp. 101–107.
[4] T. Sebastian, G. R. Slemon, and M. A. Rahman, "Modelling of permanent magnet synchronous motors," *IEEE Transactions on Magnetics*, vol. MAG-22, no. 5, September 1986, pp. 1069–1071.
[5] T. Sebastian and G. R. Slemon, "Transient torque and short circuit capabilities of variable speed permanent magnet motors," *IEEE Transactions on Magnetics*, vol. MAG-23, no. 5, September 1987, pp. 3619–3621.
[6] T. Sebastian and G. R. Slemon, "Operating limits of inverter driven permanent magnet motor drives," *IEEE Transactions on Industry Applications*, vol. IA-23, no. 2, March/April 1987, pp. 327–333.
[7] J. Cros and P. Viarouge, "Synthesis of high performance PM motors with concentrated windings," *IEEE Transactions on Energy Conversion*, vol. 17, no. 2, June 2002, pp. 248–253.
[8] F. Magnussen and C. Sadarangani, "Winding Factors and Joule Losses of Permanent Magnet

Machines with Concentrated Windings," in Proceedings of the IEEE International Electric Machines and Drives Conference (IEMDC), Madison, WI, March 2003, pp. 333–339.
[9] R. Schiferl and T. A. Lipo, "Power capability of salient pole permanent magnet synchronous motors in variable speed drive applications," *IEEE Transactions on Industry Applications*, vol. 26, no. 1, January/February 1990, pp. 115–123.
[10] J. De La Ree and N. Boules, "Torque production in permanent magnet synchronous motors," *IEEE Industry Applications Society Annual Meeting Conference Record*, October 1987, pp. 15–20.
[11] T. Li and G. R. Slemon, "Reduction of cogging torque in permanent magnet motors," *IEEE Transactions on Magnetics*, vol. MAG-24, no. 6, November 1988, pp. 2901–2903.
[12] J. C. Gieras and M. Wing, *Permanent Magnet Motor Technology – Design and Applications*, Marcel Dekker, New York, 1997.
[13] D. C. Hanselman, *Brushless Permanent-Magnet Motor Design*, McGraw Hill, New York, 1994.
[14] J. R. Hendershot and T. J. E. Miller, "Design of Brushless Permanent-Magnet Machines," Motor Design Books. 2010.
[15] S. A. Nasar, I. Boldea, and L. E. Unnewehr, *Permanent Magnet, Reluctance, and Self-Synchronous Motors*, CRC Press, Boca Raton, 1993.

第 9 章

同步电机的电磁设计

感应电机的设计实际上仅涉及两种不同的结构：笼型转子电机和绕线转子电机。同步电机家族则更为庞大：主要有隐极转子同步电机、凸极转子同步电机、磁阻电机以及永磁电机四大类别。尽管这些电机在设计上存在一些共同点，但它们之间的差异也比较大，不能够按同一类型处理，必须分别研究。本章将主要阐述凸极转子同步电机的设计。所幸的是，在感应电机里学习到的内容在本章仍有用，因而无需再从基础原理开始分析同步电机。

9.1 计算每极有效磁通

第 3 章详细阐明了感应电机磁路中磁通和磁动势的计算。由于感应电机结构的对称性，也就是说定转子的绕组对称分布，且气隙长度均匀，因此三相中任一相的等效电路均相同，仅需计算一相的电路参数，基于此可得到“相”等效电路。而在凸极同步电机中，气隙不再均匀。再加上励磁绕组绕在转子凸极上，转子绕组也不再对称。于是从每相看过去，各自的等效电路均与转子的实时位置有关。然而，可以将定子等效电路分为两部分电路来分析同步电机。其中一部分电路描绘磁轴（也称直轴）上的磁通和电流的行为；另一部分电路则表征磁极间（也称交轴）的磁通和电流的行为。两部分电路相对于转子轴线是固定的，因此它们随转子旋转，或者说其参考系随转子旋转。

感应电机和同步电机之间一项重要的区别是感应电机中电功率仅从定子这一个端口进入或离开电机，而同步电机由于转子励磁绕组需要通电，因此是一个双端口系统。另外同步电机几乎总是将磁路，尤其是转子极，设计在相当高的饱和状态。因此，为得到电机的可用参数，可简单地采用叠加法。先计算励磁绕组产生的磁通，再单独计算定子磁动势，之后再将两者的结果叠加。一般来说这样叠加是不可行的，因此必须在电机的代表性工况下，通常是尽量接近额定负载和功率因数时进行求解。幸运的是，通过扩展开路条件下的计算结果可较为准确地估测满载时的结果。因此，有必要首先集中研究开路工况。

前文在分析感应电机时，是先从气隙处开始，再逐渐往外推进的。这也是同步电机的分析步骤。然而，同步电机的转子凸极会带来额外的复杂度。因此，先假定存在一种理想的极面形状，使电机气隙均匀，且可忽略极间区域的磁通。这样的结构与尺寸如图 9.1 所示。

受磁极形状影响，不管气隙磁场是单独由励磁绕组，或单独由定子绕组电流，抑或两者共同产生，气隙磁场分布都不能假定为正弦形。分析工作将从计算定子电流直轴分量对应的磁化电感开始。

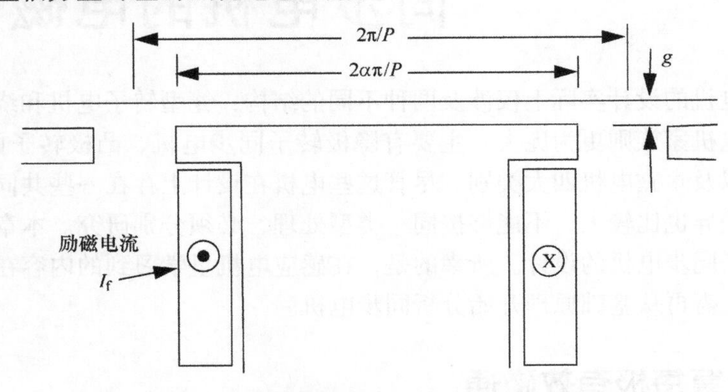

图 9.1 简化的凸极同步电机极面形状

9.2 计算直轴和交轴磁化电感

首先假定电机定子由三相对称正弦电压激励，从而可得到匀速旋转的定子磁动势。同步电机的定子绕组布置与感应电机本质上没有区别。因此磁动势分布可用第 2 章中的方法计算。若忽略高次谐波，定子磁动势在气隙中以同步速旋转，可表示为

$$\mathcal{F}_s = \mathcal{F}_{s1}\cos\left(\frac{P\theta}{2} - \omega_e t\right) \tag{9.1}$$

式中，$\mathcal{F}_{s1}$为定子磁动势的基波分量幅值，可用式（2.73）求出，具体为

$$\mathcal{F}_{s1} = \left(\frac{3}{2}\right)\left(\frac{4}{\pi}\right)\left(\frac{k_1 N_t}{P}\right)\frac{I_s}{C_s} = \left(\frac{3}{2}\right)\left(\frac{4}{\pi}\right)\left(\frac{k_1 N_s}{P}\right)I_s \tag{9.2}$$

式中，I_s为定子三相中任一相的电流幅值；N_s是每相串联匝数；为与转子励磁电路区分，代表定子并联支路数的符号 C 也添加了下标 s。

电流的 $d-q$ 分量由式（2.76）和式（2.77）定义，对 P 个磁极中的任何一个而言，在对称情况下，定子磁动势的 $d-q$ 分量幅值可由式（2.78）和式（2.79）计算得出。d 轴分量幅值为

$$\mathcal{F}_{\mathrm{ds1}} = \frac{3}{2}\left(\frac{4}{\pi}\right)\frac{(k_1N_t)}{P}\left(\frac{I_s}{C_s}\cos\varepsilon\right) = \frac{3}{2}\left(\frac{4}{\pi}\right)\left(\frac{k_1N_s}{P}\right)I_d \tag{9.3}$$

q 轴分量幅值为

$$\mathcal{F}_{\mathrm{qs1}} = \frac{3}{2}\left(\frac{4}{\pi}\right)\frac{(k_1N_t)}{P}\left(\frac{I_s}{C_s}\sin\varepsilon\right) = \frac{3}{2}\left(\frac{4}{\pi}\right)\left(\frac{k_1N_s}{P}\right)I_q \tag{9.4}$$

式中，I_d和I_q与2.10节中的两相电流I_x和I_y等效，但却是在同步旋转坐标系中表达的，即

$$I_d = I_s\cos\varepsilon \tag{9.5}$$

和

$$I_q = I_s\sin\varepsilon \tag{9.6}$$

角度ε是定子磁动势幅值空间位置与d轴的夹角，称作磁动势角。磁动势的两个分量产生了各自的气隙磁场。因此3.10节中的B_g（θ）可认为是由两个分量B_{gd}（θ）和B_{gq}（θ）组成的。

为计算直轴气隙自感，可假设电机仅由定子磁动势的直轴分量激励。漏感的问题暂时先不考虑。考虑图9.1中的简化结构，假定气隙长度在凸极均匀，在极间为无限大。再进一步假设磁力线垂直穿过气隙，且极间的边缘效应和其他各种漏磁通均忽略。在一个极面下对气隙磁通密度积分，并与正弦分布的绕组函数相乘，可得直轴定子每极气隙磁链或“磁化”磁链［实际上就是式（1.146）］为

$$\lambda_{\mathrm{mdp}} = l_e\frac{D_{is}}{2}\int_{-\pi/P}^{\pi/P}N_{ds}(\theta)B_{gd}(\theta)\mathrm{d}\theta \tag{9.7}$$

忽略空间谐波，电流I_{ds}对应的绕组函数为

$$N_{ds}(\theta) = \left(\frac{4}{\pi}\right)\left(\frac{k_1N_t}{P}\right)\cos\left(\frac{P\theta}{2}\right) \tag{9.8}$$

假定极弧$2\alpha\pi/P$下的气隙均匀，由$\mathcal{F}_{ds}$产生的直轴磁通密度B_{gd}（θ）在这一区域是幅值为B_{gd1}的正弦波，而在其他区域为0，则式（9.7）可展开为

$$\lambda_{\mathrm{mdp}} = \frac{4}{\pi}\left(\frac{k_1N_t}{P}\right)\int_{-(\alpha\pi)/P}^{\alpha\pi/P}B_{gd1}\cos^2\left(\frac{P\theta}{2}\right)l_e\frac{D_{is}}{2}\mathrm{d}\theta \tag{9.9}$$

$$= \frac{2}{\pi}\left(\frac{k_1N_t}{P}\right)B_{gd1}\tau_p l_e\left[\frac{\alpha\pi + \sin\alpha\pi}{\pi}\right] \tag{9.10}$$

式中，极距

$$\tau_p = \frac{\pi D_{is}}{P}$$

B_{gd1}是d轴磁动势在$\alpha=1$，即电机气隙均匀的情况下，产生的气隙磁通密度基波幅值。

根据串联的极数得到d轴总气隙磁链为

$$\lambda_{md} = \frac{P}{C_s}\lambda_{mdp} = \frac{2}{\pi}k_1 N_s B_{gd1}\tau_p l_e k_d \tag{9.11}$$

式中，$N_s = N_t/C_s$，k_d的定义为

$$k_d = \frac{\alpha\pi + \sin\alpha\pi}{\pi} \tag{9.12}$$

由定义可知，直轴磁化电感可由定子直轴电流产生的磁链除以定子电流直轴分量得到，即

$$L_{md} = \frac{\lambda_{md}}{I_d} \tag{9.13}$$

因此，由式（9.11）和式（9.3）可得

$$L_{md} = \left(\frac{12}{\pi^2}\right)\frac{(k_1^2 N_s^2)}{P}\left(\frac{B_{gd1}}{\mathcal{F}_{ds1}}\right)\tau_p l_e k_d \tag{9.14}$$

若$\mathcal{F}_{ds1}$中也计及了铁心的磁压降，则上式也适用于考虑铁心影响的情况。直轴磁动势幅值$\mathcal{F}_{ds1}$与气隙磁通密度基波幅值的关系见式（3.77），即

$$\mathcal{F}_{ds1} = \frac{B_{gd1}}{\mu_0}g_e \tag{9.15}$$

式中，g_e为电机既考虑边缘效应（卡特系数）又考虑饱和之后的 d 轴有效气隙长度。最后得到

$$L_{md} = \left(\frac{12}{\pi^2}\right)\left(\frac{k_1^2 N_s^2}{P}\right)\mu_0 \frac{\tau_p l_e}{g_e}k_d \tag{9.16}$$

该结果除系数k_d外，其他都与式（3.80）相同。k_d随极弧标幺值 α 变化的曲线如图 9.2 所示。

交轴磁化电感可通过类似的方法求得。这时需将以同步速旋转的定子磁动势与交轴对齐，或者假想励磁只有 q 轴定子磁动势。P 极电机交轴总气隙磁链的表达式为

$$\lambda_{mq} = P\frac{D_{is}}{2}l_e \int_{-\alpha\pi/P}^{\alpha\pi/P} N_{qs}(\theta)B_{gq}(\theta)\mathrm{d}\theta \tag{9.17}$$

式中，绕组函数 N_{qs}（θ）由式（2.83）的基波分量定义。于是式（9.17）变为

$$\lambda_{mq} = \left(\frac{2}{\pi}\right)k_1 N_s B_{gq1}\tau_p l_e k_q \tag{9.18}$$

式中，τ_p =（πD_{is}）/P，并且

$$k_q = \left[\frac{\alpha\pi - \sin\alpha\pi}{\pi}\right] \tag{9.19}$$

通过式（9.4），可得交轴磁化电感为

$$L_{mq} = \left(\frac{12}{\pi}\right)\left(\frac{k_1^2 N_s^2}{P}\right)\frac{B_{gq1}}{\mathcal{F}_{qs1}}\tau_p l_e\left[\frac{\alpha\pi - \sin\alpha\pi}{\pi}\right] \tag{9.20}$$

应用式（3.78）可得

$$L_{mq}=\left(\frac{12}{\pi^2}\right)\left(\frac{k_1^2N_s^2}{P}\right)\mu_0\frac{\tau_p l_e}{g_e}k_q \tag{9.21}$$

式中，理想情况下k_q为

$$k_q=\frac{\alpha\pi-\sin\alpha\pi}{\pi} \tag{9.22}$$

图9.2中也给出了k_q的曲线。有效气隙长度g_e仍为极面处的气隙长度g经饱和修正，考虑槽口的卡特系数修正，以及考虑极面曲率修正后的值。由于该值是相对于具有均匀气隙的隐极电机而言的，因此与d轴等效气隙大小相同。q轴磁通也会通过由d轴励磁导致饱和的铁心部分（即所谓的交叉饱和现象），因此铁心磁路的饱和对q轴电感计算也有影响。若q轴气隙长度实际值明显与d轴气隙长度有差别，则需要用另一个下标来标识不同的气隙。

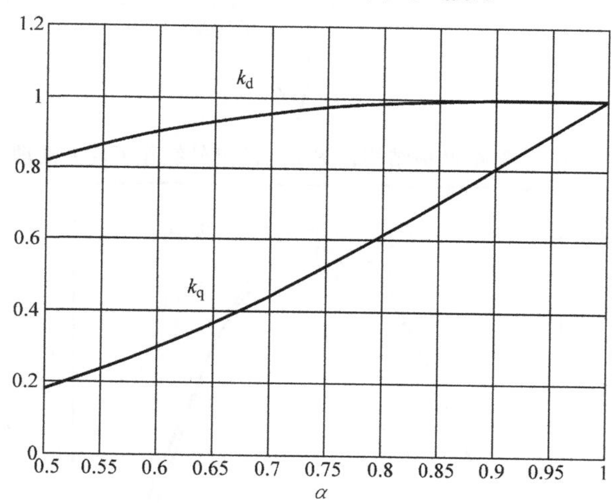

图9.2　k_d和k_q理想值随极弧标幺值α变化的曲线

当然，以上计算仅是对实际情况的一种近似，因为计算是基于对极面下磁通密度分布的许多假设基础上的。在实际情况中，由于转子极面下的磁通密度分布不再均匀，求解以上问题的过程要复杂得多。实际电机中极面经常是如图9.3所示的锥形，在极面中线处气隙长度有最小值g_{min}，在极面边缘处气隙长度有最大值g_{max}。

极面的锥度和边缘效应两种因素结合导致实际的磁链计算任务要困难得多。

图9.4所示为Wieseman[1]所做的经典研究中的磁通密度计算结果。他用曲线网格磁通绘图技术详尽研究了150多种不同凸极形状下的磁通密度波形。其他解析法所得结果可参考文献［2］，但精确度并未提高太多。当今的有限元算法

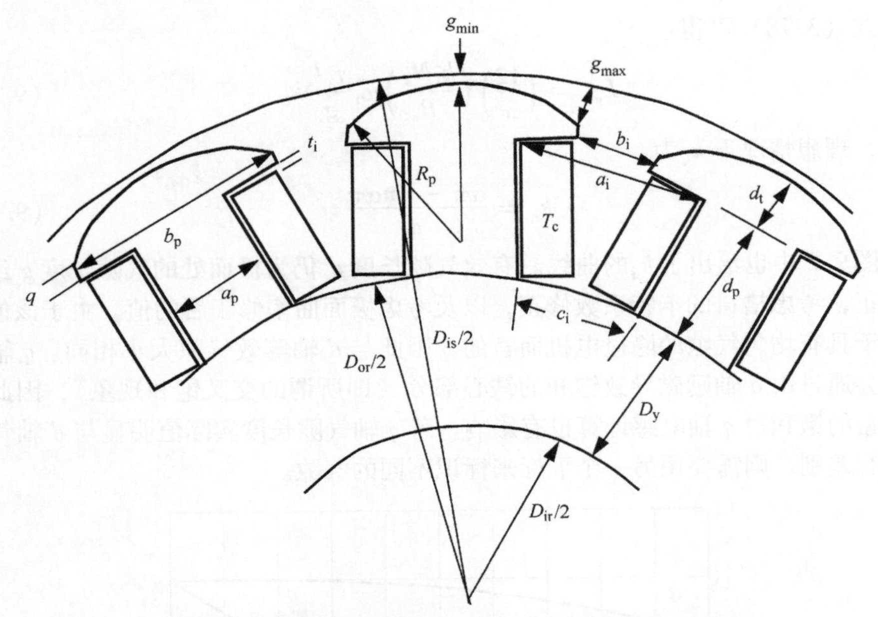

图 9.3　实际的凸极结构，图中对凸极外缘作了放大处理

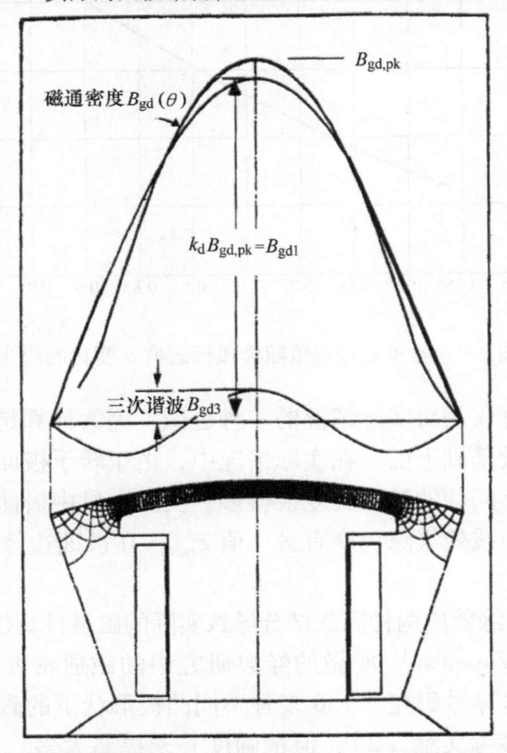

图 9.4　无励磁电流，仅有 d 轴电枢电流时的气隙磁通密度[1]

可得到这些问题更为精确的计算结果。

对于比图 9.1 所示更为复杂的结构，要计算 d 轴电枢电流产生的基波磁场，可以按照 Wieseman 的方法，将凸极外形看作是两个形状系数的函数，即极弧与极距之比和最大气隙与最小气隙之比。图 9.5 给出了两组曲线，它们与Wieseman

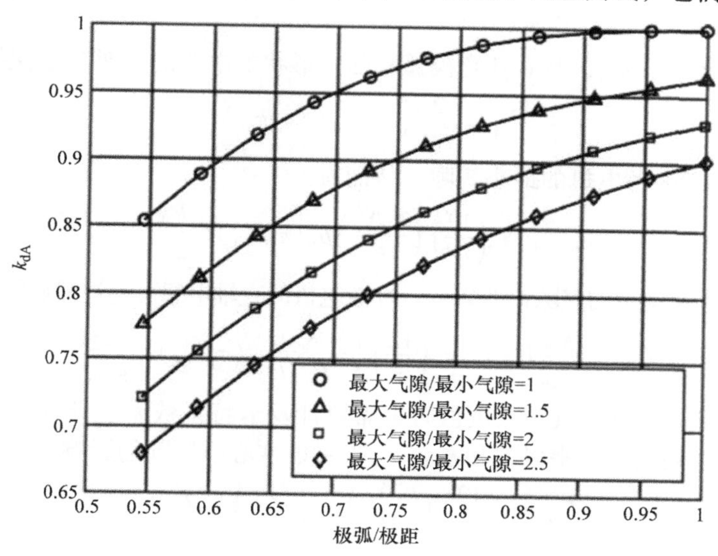

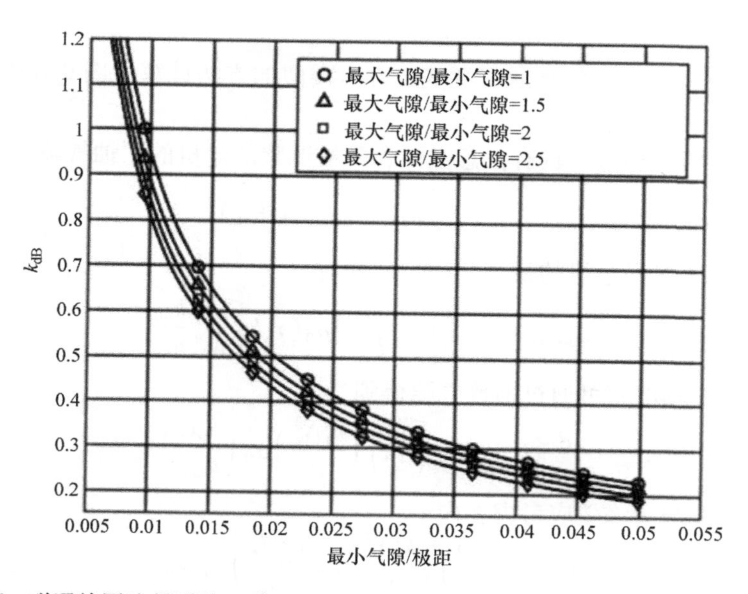

图 9.5　磁通绘图法得到的 k_d 曲线：$k_d=k_{dA}k_{dB}$，$B_{gd1}=k_dB_{gdm}$（来自 Wieseman[1]）

的计算结果类似，根据这些数据可直接计算磁链和相应的电感。不同之处在于Wieseman采用了平面几何（不考虑曲率），而图9.5则考虑了由电机圆柱形状带来的曲率效应。具体而言，用一台常见的4极电机作为参考，其内径 $D_{is}=200cm$，最小气隙为2mm。其他直径和极数的电机与参考电机相比，形状系数仅略有不同。

根据形状系数 k_{dA}，具有任意极弧和凸极形状的电机的 d 轴气隙磁链为

$$\lambda_{md}=\frac{2}{\pi}k_1N_sB_{gd1}l_e(\tau_pk_{dA})\tag{9.23}$$

系数 k_{dB} 是基于参考电机的最小气隙，从而有

$$L_{md,ref}=\left(\frac{12}{\pi^2}\right)\left(\frac{k_1^2N_s^2}{P}\right)\mu_0(\tau_pk_{dA})l_e\frac{k_{dB}}{g_{ref}}\tag{9.24}$$

式中，g_{ref} 为参考电机的气隙，即2mm。任意电机的直轴电感可通过缩放气隙来得到

$$L_{md}=\frac{g_{ref}}{g_{min}}L_{md,ref}=\left(\frac{12}{\pi^2}\right)\left(\frac{k_1^2N_s^2}{P}\right)\mu_0(\tau_pk_{dA})l_e\frac{k_{dB}}{g_{min}}\tag{9.25}$$

需注意此处在计算气隙长度值时也需要计及卡特系数 k_c。此外若考虑饱和，等效气隙长度还需通过乘以饱和系数 k_{sat} 来考虑铁心磁压降的影响。于是最后有

$$L_{md}=\left(\frac{12}{\pi^2}\right)\left(\frac{k_1^2N_s^2}{P}\right)\mu_0\left(\frac{\tau_pl_e}{g_e}\right)k_{dA}k_{dB}\tag{9.26}$$

式中

$$g_e=k_ck_{sat}g_{min}\tag{9.27}$$

q 轴电枢电流产生的磁通密度基波可由类似的方法计算。图9.6给出了类似的 k_q 曲线。

根据形状系数 k_{qA}，具有任意极弧和凸极形状的电机的 q 轴气隙磁链为

$$\lambda_{mq}=\frac{2}{\pi}k_1N_sB_{gq1}l_e(\tau_pk_{qA})\tag{9.28}$$

系数 k_{qB} 是基于参考电机的最小气隙，从而有

$$L_{mq,ref}=\left(\frac{12}{\pi^2}\right)\left(\frac{k_1^2N_s^2}{P}\right)\mu_0(\tau_pk_{qA})l_e\frac{k_{qB}}{g_{ref}}\tag{9.29}$$

任意电机的交轴电感可通过缩放气隙得到

$$L_{mq}=\frac{g_{ref}}{g_{min}}L_{mq,ref}=\left(\frac{12}{\pi^2}\right)\left(\frac{k_1^2N_s^2}{P}\right)\mu_0\left(\frac{\tau_pl_e}{g_{min}}\right)k_{qA}k_{qB}\tag{9.30}$$

最后，将饱和与边缘效应考虑在内，

$$L_{mq}=\left(\frac{12}{\pi^2}\right)\left(\frac{k_1^2N_s^2}{P}\right)\mu_0\left(\frac{\tau_pl_e}{g_e}\right)k_{qA}k_{qB}\tag{9.31}$$

式中，g_e 与前文定义是一致的

$$g_e=k_ck_{sat}g_{min}\tag{9.32}$$

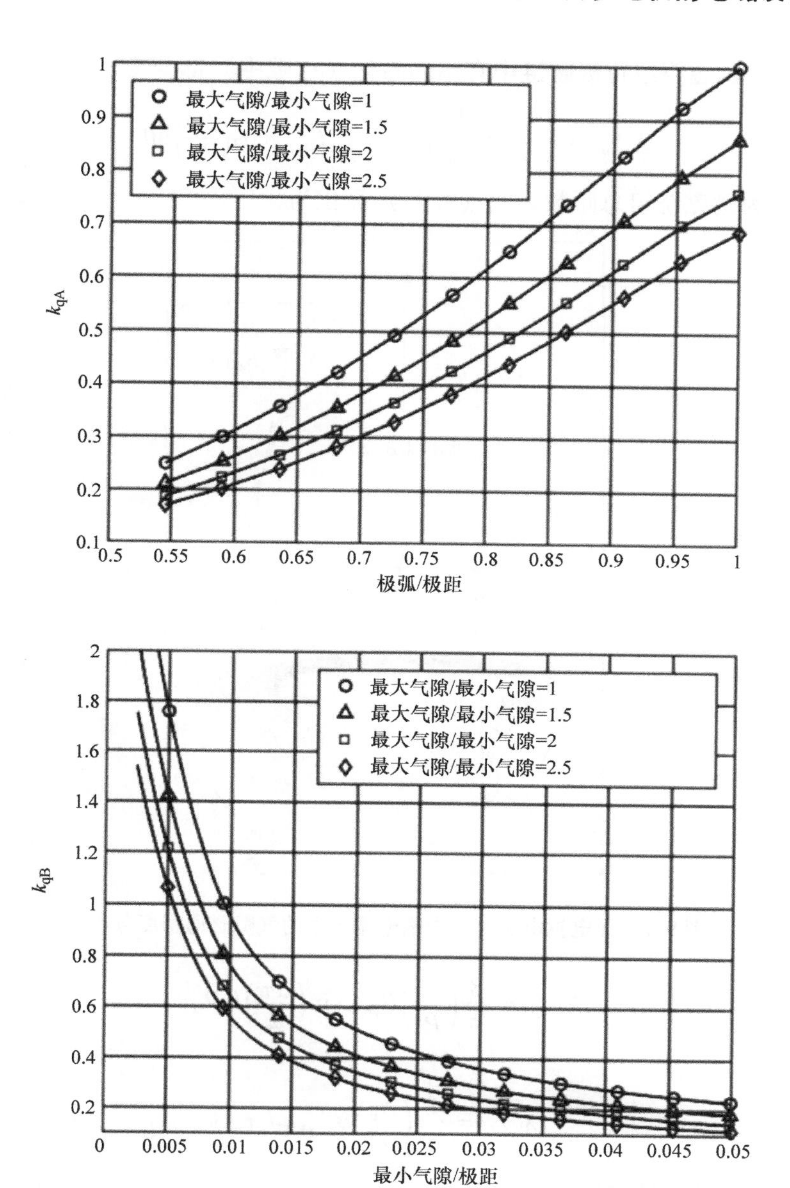

图 9.6　磁通绘图法得到的 k_q 曲线：$k_q = k_{qA}k_{qB}$，$B_{gq1} = k_qB_{gqm}$（来自 Wieseman[1]）

9.3　计算励磁绕组磁化电感

接下来考虑励磁绕组电感的磁化部分。图 9.7 给出了仅励磁绕组通电时的磁场分布图。首先假设 B_{gf}（θ）在整个极面下恒定且等于 $B_{gf,pk}$。用方波的基波分

量来表示，励磁绕组每极磁链中有用的磁化（气隙中）部分为

$$\lambda_{mfp1} = \left(\frac{N_{tf}}{P}\right) l_e \frac{D_{is}}{2}\left(\frac{4}{\pi}\right)\int_{-\alpha\pi/P}^{\alpha\pi/P} B_{gf,pk}\cos\left(\frac{P\theta}{2}\right)d\theta \tag{9.33}$$

式中，N_{tf}为励磁绕组总匝数。式（9.33）简化为

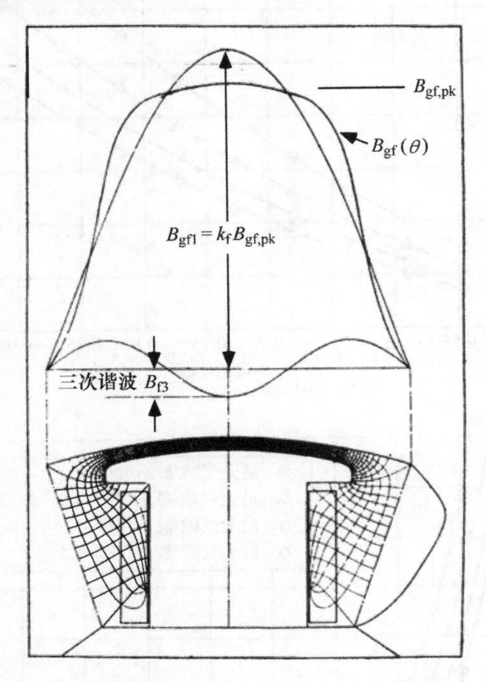

图9.7　无电枢电流时，励磁电流产生的气隙磁通密度分布[1]

$$\lambda_{mfp1} = \frac{8}{\pi}\left(\frac{N_{tf}}{P^2}\right) B_{gf,pk}\sin\left(\frac{\alpha\pi}{2}\right) l_e D_{is} \tag{9.34}$$

或

$$\lambda_{mfp1} = \frac{8}{\pi^2}\left(\frac{N_{tf}}{P}\right) B_{gf,pk} k_f l_e \tau_p \tag{9.35}$$

所有磁极的串联总磁链为

$$\lambda_{mf1} = \frac{P}{C_f}\lambda_{mfp1} = \frac{8}{\pi^2} N_f B_{gf,pk} k_f l_e \tau_p \tag{9.36}$$

式中，C_f为励磁绕组并联支路数，$N_f = N_{tf}/C_f$，以及

$$k_f = \sin\left(\frac{\alpha\pi}{2}\right) \tag{9.37}$$

可以把（8/π）$k_f B_{gf,pk}$看作是磁通密度基波幅值B_{gf1}。式（9.33）~式(9.36）中专门添加了下标1来表示励磁绕组磁化磁链的基波分量。

更为准确的励磁磁场计算需要采用有限元法。对 Wieseman 的工作加以拓展，当极面下气隙不均匀时，可将气隙磁通密度幅值乘以 k_f 来较为准确地估算开路时气隙磁链的基波幅值。其中，k_f 是图 9.8 中 k_{fA} 和 k_{fB} 的乘积。从图中可知，C_f 个并联支路中每个支路的励磁磁链为

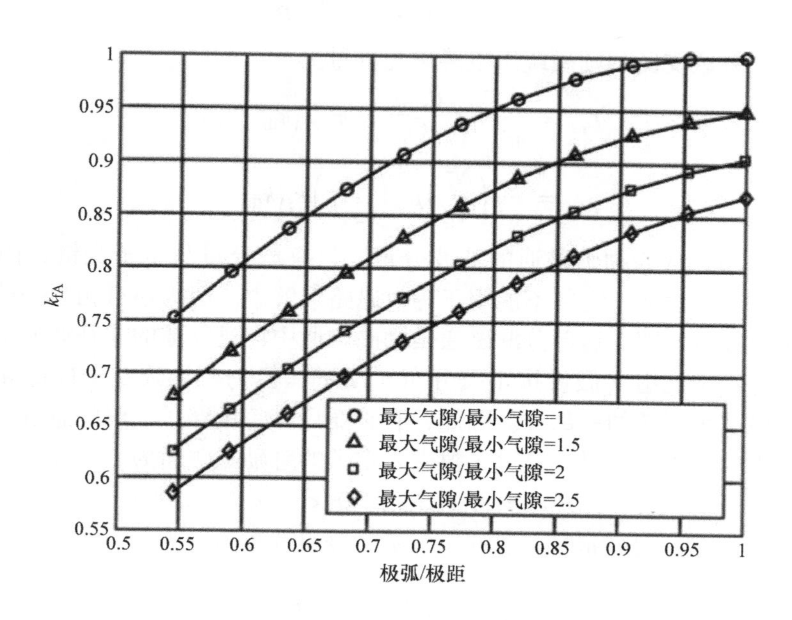

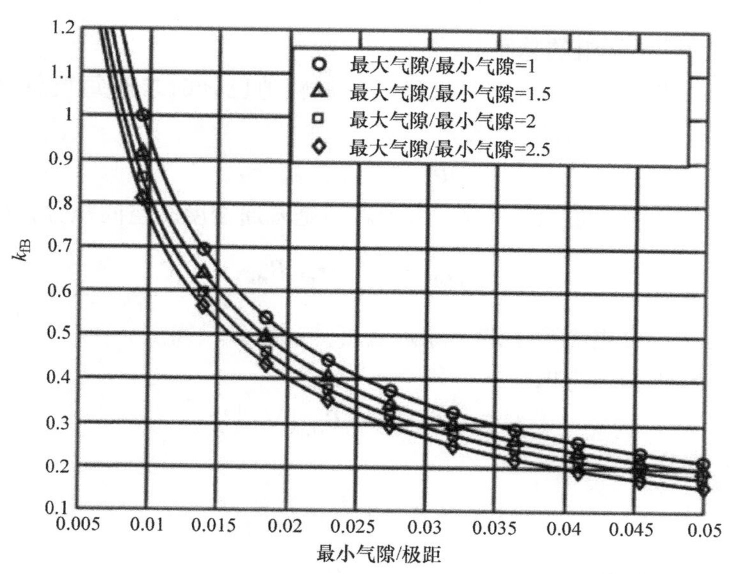

图 9.8　由有限元结果得到的 k_f 计算曲线，$k_f = k_{fA} k_{fB}$

$$\lambda_{\mathrm{mf1}} = \frac{8}{\pi^2} N_{\mathrm{f}} B_{\mathrm{gf,pk}} l_{\mathrm{e}} \tau_{\mathrm{p}} k_{\mathrm{fA}} k_{\mathrm{fB}} \tag{9.38}$$

由于每个磁路的磁压降为

$$\mathcal{F}_{\mathrm{fp}} = \frac{N_{\mathrm{f}}(I_{\mathrm{f}}/C_{\mathrm{f}})}{(P/C_{\mathrm{f}})} = \frac{N_{\mathrm{f}} I_{\mathrm{f}}}{P} \tag{9.39}$$

则对应 C_{f} 个并联支路的励磁绕组电感磁化分量为

$$L_{\mathrm{mf}} = \frac{8}{\pi^2} N_{\mathrm{f}}^2 \left(\frac{B_{\mathrm{gf,pk}}}{\mathcal{F}_{\mathrm{fp}}}\right) l_{\mathrm{e}} \tau_{\mathrm{p}} k_{\mathrm{fA}} k_{\mathrm{fB}} \tag{9.40}$$

$$= \frac{8}{\pi^2} \left(\frac{N_{\mathrm{f}}^2}{P}\right) \mu_0 \left(\frac{l_{\mathrm{e}} \tau_{\mathrm{p}}}{g_{\mathrm{e}}}\right) k_{\mathrm{fA}} k_{\mathrm{fB}} \tag{9.41}$$

式（9.38）代表励磁磁通的基波分量，只有该分量与定子交链，因此也称其为可用分量。然而，它并不能用于等效磁路求解中，因为还有相当一部分励磁漏磁通也会穿过气隙。这部分漏磁通是励磁磁通中穿过气隙的非基波分量。这一部分并不与定子绕组（假设按正弦分布）交链，但仍会导致定子齿部和轭部饱和，是励磁绕组漏感的一部分。因此，有必要计算每极穿过气隙的总磁通。当采用图 9.1 中的理想形状时，穿过气隙进入定子的总励磁磁通为

$$\Phi_{\mathrm{fp}} = \alpha l_{\mathrm{e}} \tau_{\mathrm{p}} B_{\mathrm{gf,pk}} \quad 0 < \alpha < 1 \tag{9.42}$$

假设极面下气隙均匀分布时，总的每极励磁绕组气隙磁链为

$$\lambda_{\mathrm{mfp}} = \frac{N_{\mathrm{tf}}}{P} (\alpha B_{\mathrm{gf,pk}}) \tau_{\mathrm{p}} l_{\mathrm{e}} \tag{9.43}$$

式中，N_{tf} 仍为励磁绕组的总匝数。

Wieseman 也计算了用来在每极磁通基波幅值已知时求解每极总气隙磁通的曲线，如图 9.9 所示。计算公式为

$$\Phi_{\mathrm{mfp}} = k_{\phi} \Phi_{\mathrm{mfp1}} \tag{9.44}$$

式中，Φ_{mfp1} 为气隙磁通基波分量。由于磁通是磁通密度的空间积分，可得

$$\Phi_{\mathrm{mfp1}} = \left(\frac{2}{\pi}\right) \tau_{\mathrm{p}} l_{\mathrm{e}} B_{\mathrm{gf1}} \tag{9.45}$$

式中，B_{gf1} 为由励磁电流产生的气隙磁通密度基波分量幅值。
从之前关于 k_{f} 的讨论可知，

$$B_{\mathrm{gf1}} = k_{\mathrm{f}} B_{\mathrm{gf,pk}} \tag{9.46}$$

式（9.44）最终可写为

$$\Phi_{\mathrm{mfp}} = k_{\phi} k_{\mathrm{f}} \left(\frac{2}{\pi}\right) \tau_{\mathrm{p}} l_{\mathrm{e}} B_{\mathrm{gf,pk}} \tag{9.47}$$

式中，$B_{\mathrm{gf,pk}}$ 为磁极中线处的磁通密度最大值。

产生该磁通密度的每极磁动势一般由励磁曲线决定，可以写出

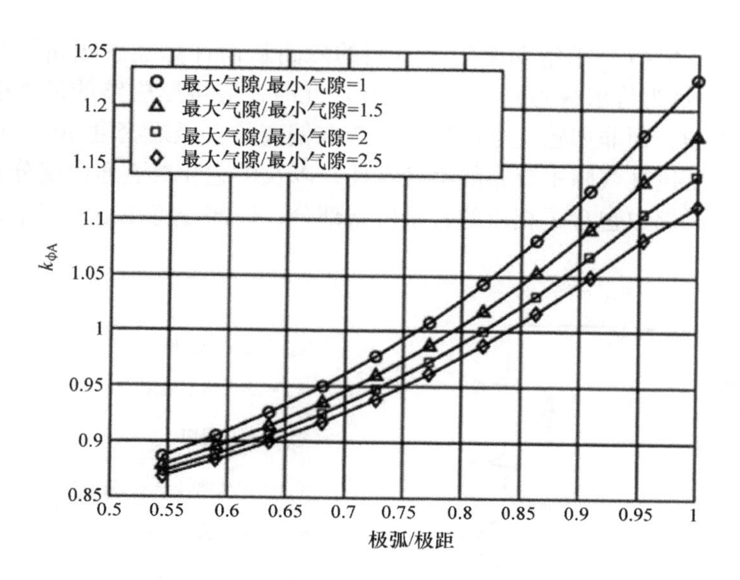

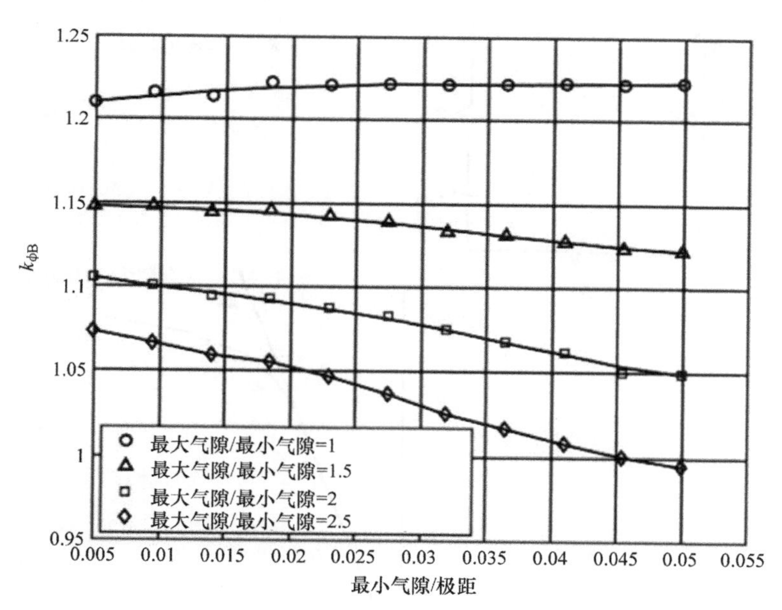

图 9.9　计及极面曲率的 $k_\phi = k_{\phi A} k_{\phi B}$ 曲线，$\phi_{fp} = k_\phi \phi_{fp1}$

$$\mathcal{F}_{fp} = \frac{N_{tf}}{P}\frac{I_f}{C_f} \tag{9.48}$$

式中，N_{tf}为 P 极下 C_f个并联支路的励磁绕组总匝数。注意这种情况下，励磁绕组实际上是集中在每极下等效的单个“槽”内的，因此节距因数和分布因数均为 1。

这时可用式（9.47）求解两个定子极间的磁路从而计算励磁磁路的开路磁压降。图9.10所示为待求解磁路的简化表达。此时，应按照磁路的最大磁通密度点选取定子齿槽，而非如感应电机那样，选取偏离最大磁通密度30°的点。这样做是因为磁通密度在气隙中分布的不确定性，以及磁饱和对磁通密度分布的影响。注意该等效磁路也包含了相应的转子磁路部分，该部分将在后一节中讨论。

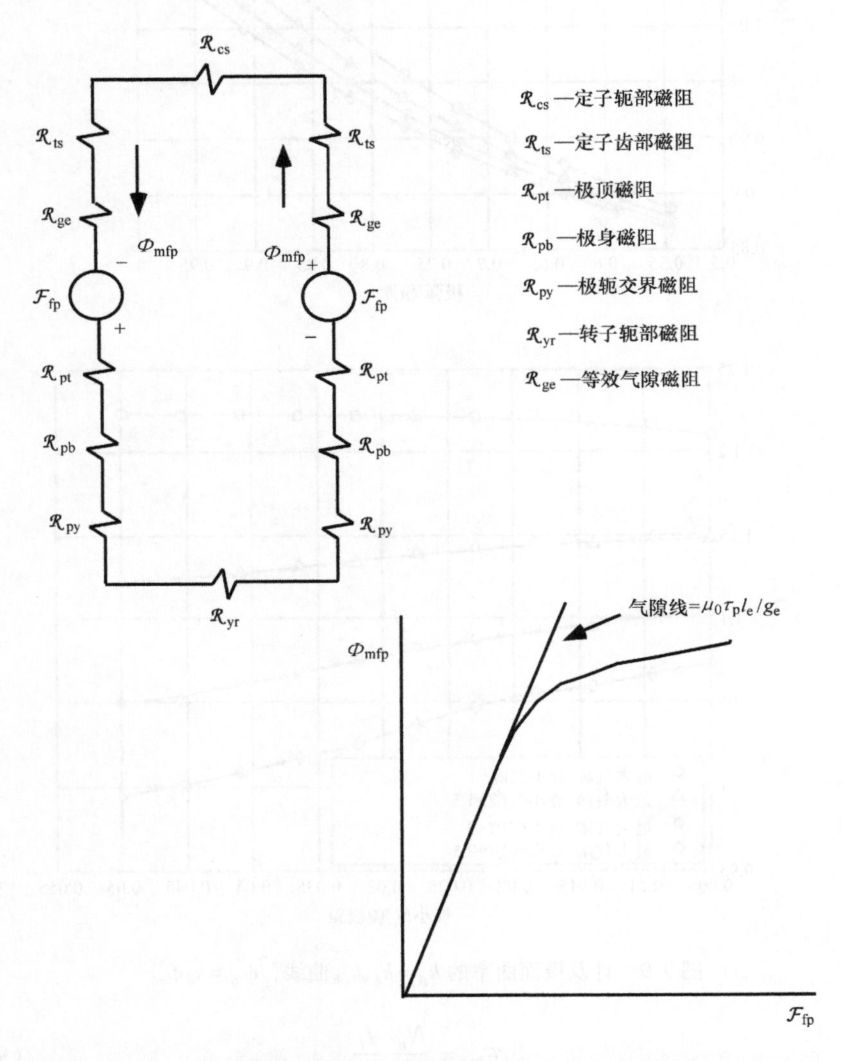

图9.10　只有励磁绕组电流时的一对极的磁路，以及所得的等效励磁曲线

对应励磁磁通Φ_{mfp}的每极磁链为

$$\lambda_{mfp} = \frac{N_{tf}}{P}\Phi_{mfp} = k_\phi \lambda_{mfp1} \tag{9.49}$$

那么，d 轴磁化（气隙）总磁链为

$$\lambda_{mf} = \lambda_{mfp}\frac{P}{C_f} = \left(\frac{8}{\pi^2}\right)\frac{N_{tf}}{C_f}k_f k_\phi \tau_p l_e B_{gf,pk} \tag{9.50}$$

式中，C_f为励磁绕组的并联支路数。

由于

$$I_f = \frac{\mathcal{F}_{fp}PC_f}{N_{tf}} \tag{9.51}$$

则励磁电感的磁化部分为

$$L_{mf} = \frac{\lambda_{mf}}{I_f} = \left(\frac{8}{\pi^2}\right)k_f k_\phi \tau_p l_e \frac{B_{gf,pk}}{\mathcal{F}_{fp}}\frac{N_{tf}^2}{PC_f^2} \tag{9.52}$$

励磁绕组总匝数 N_{tf}与串联匝数 N_f的关系为 $N_f = N_{tf}/C_f$，因此，励磁绕组磁化电感可写为

$$L_{mf} = \left(\frac{8}{\pi^2}\right)k_f k_\phi \tau_p l_e \frac{B_{gf,pk}}{\mathcal{F}_{fp}}\frac{N_f^2}{P} \tag{9.53}$$

另外，由于定子绕组和励磁绕组磁动势所产生的磁通密度基波幅值一致（见图 9.10），则有

$$B_{gd1} = k_f B_{gf,pk} = k_d B_{gd,pk} \tag{9.54}$$

无论磁场来源于定子绕组还是励磁绕组，为产生 B_{gd1} 所需的磁动势是一致的，即

$$\mathcal{F}_{fp} = \mathcal{F}_{dp} \tag{9.55}$$

在这种情况下

$$L_{mf} = \left(\frac{8}{\pi^2}\right)(\tau_p l_e)k_\phi k_d\left(\frac{B_{gd,pk}}{\mathcal{F}_{dp}}\right)\frac{N_f^2}{P} \tag{9.56}$$

又从式（9.15）可知，励磁电感的气隙分量可写为

$$L_{mf} = \left(\frac{8}{\pi^2}\right)\left(\mu_0\frac{\tau_p l_e}{g_e}\right)k_\phi k_d\frac{N_f^2}{P} \tag{9.57}$$

仅考虑式（9.45）所示的励磁磁通基波分量，重复以上过程可计算得到磁化电感。那么，对应交链定子绕组的有效磁通部分的励磁磁化电感为

$$L_{mf1} = \left(\frac{8}{\pi^2}\right)\left(\mu_0\frac{\tau_p l_e}{g_e}\right)k_d\frac{N_f^2}{P} \tag{9.58}$$

并非所有励磁绕组产生的磁通都会交链定子绕组，那么式（9.52）和式（9.58）之间的差值必定为漏磁通分量。可正式定义极面励磁漏感为

$$L_{l,pf} = L_{mf} - L_{mf1} = \left(\frac{8}{\pi^2}\right)\mu_0\frac{\tau_p l_e}{g_e}k_d(k_\phi - 1)\frac{N_f^2}{P} \tag{9.59}$$

值得一提的是，类似式（9.59）的分量也存在于定子电流产生的气隙磁通中。因为并非所有的定子气隙磁通均为基波分量。就算是在气隙均匀，且一个极距下磁通密度按正弦波分布的理想情况下，转子极间的空缺也会导致谐波分量。Wieseman 并未给出考虑这一效应的曲线。但这些磁通分量本质上是与基波相对应的奇次谐波分量，幅值相对较小。定子极面漏感将会在之后章节中由另一种方法计算。

9.4 计算直轴互感

现在将图 9.10 中的励磁曲线与电路参数联系起来。也就是说，必须计算与励磁电流导致的开路定子电压对应的互感。励磁绕组产生的每极有效磁通已由气隙磁通密度的幅值经式（9.45）算得为

$$\Phi_{\mathrm{mfp1}} = \left(\frac{2}{\pi}\right)\tau_{\mathrm{p}} l_{\mathrm{e}} B_{\mathrm{f1}} \tag{9.60}$$

或由式（9.46）算得为

$$\Phi_{\mathrm{mfp1}} = \left(\frac{2}{\pi}\right)\tau_{\mathrm{p}} l_{\mathrm{e}} k_{\mathrm{f}} B_{\mathrm{f,pk}} \tag{9.61}$$

该磁通与单个极下按正弦分布的，总有效串联匝数为 $k_1 N_{\mathrm{s}}/P$ 的定子绕组交链。因此，对单个极而言，由励磁磁场产生的，与定子绕组交链的磁链为

$$\lambda_{\mathrm{dfp}} = \int_{-\pi/P}^{\pi/P} N_{\mathrm{ds}}(\theta) B_{\mathrm{f}}(\theta)\,\mathrm{d}\theta \tag{9.62}$$

定子绕组分布函数 N_{ds}（θ）的基波分量可按 2.10 节中的方式分为等效的两相分量。于是根据将 a、b、c 分量转换为 d、q 分量的变换要求，系数 3/2 重新出现，即

$$N_{\mathrm{ds}}(\theta) = \frac{3}{2}\left(\frac{4}{\pi}\right)\left(\frac{k_1 N_{\mathrm{t}}}{P}\right)\cos\left(\frac{P\theta}{2}\right) \tag{9.63}$$

气隙励磁磁通在极弧（$\alpha\pi$）/P 下保持恒定，因此，对应的每极 d 轴磁链为

$$\lambda_{\mathrm{dfp}} = \left(\frac{6}{\pi}\right)\left(\frac{k_1 N_{\mathrm{t}}}{P}\right) B_{\mathrm{f,pk}} \int_{-\alpha\pi/P}^{\alpha\pi/P} \cos\left(\frac{P\theta}{2}\right) l_{\mathrm{e}} \frac{D_{\mathrm{is}}}{2}\mathrm{d}\theta \tag{9.64}$$

$$= \left(\frac{12}{\pi^2}\right)\left(\frac{k_1 N_{\mathrm{t}}}{P}\right)\sin\left(\frac{\alpha\pi}{2}\right) B_{\mathrm{f,pk}} l_{\mathrm{e}} \tau_{\mathrm{p}} \tag{9.65}$$

对于所有 P/C_{s} 个串联在一起的定子磁极而言，总磁链为

$$\lambda_{\mathrm{df}} = \left(\frac{12}{\pi^2}\right)\left(\frac{k_1 N_{\mathrm{t}}}{C_{\mathrm{s}}}\right)\tau_{\mathrm{p}} l_{\mathrm{e}} k_{\mathrm{f}} B_{\mathrm{f,pk}} \tag{9.66}$$

$$= \left(\frac{12}{\pi^2}\right)(k_1 N_{\mathrm{s}})\tau_{\mathrm{p}} l_{\mathrm{e}} k_{\mathrm{f}} B_{\mathrm{f,pk}} \tag{9.67}$$

式中

$$k_{\mathrm{f}} = \sin\left(\frac{\alpha\pi}{2}\right) \tag{9.68}$$

励磁绕组和 d 轴电枢绕组之间的互感 L_{df}可定义为

$$L_{\mathrm{df}} = \frac{\lambda_{\mathrm{df}}}{I_{\mathrm{f}}} \tag{9.69}$$

代入式（9.67）和式（9.48），可得

$$L_{\mathrm{df}} = \left(\frac{12}{\pi^2}\right)\left(\frac{k_1 N_{\mathrm{s}}}{P}\right)\left(\frac{N_{\mathrm{tf}}}{C_{\mathrm{f}}}\right)k_{\mathrm{f}}\left(\frac{B_{\mathrm{f,pk}}}{\mathcal{F}_{\mathrm{fp}}}\right)\tau_{\mathrm{p}} l_{\mathrm{e}} \tag{9.70}$$

$N_{\mathrm{tf}}/C_{\mathrm{f}}$就是励磁绕组的串联匝数 N_{f}，则上式可写为

$$L_{\mathrm{df}} = \left(\frac{12}{\pi^2}\right)\left(\frac{k_1 N_{\mathrm{s}} N_{\mathrm{f}}}{P}\right)k_{\mathrm{f}}\left(\frac{B_{\mathrm{f,pk}}}{\mathcal{F}_{\mathrm{fp}}}\right)\tau_{\mathrm{p}} l_{\mathrm{e}} \tag{9.71}$$

从9.3节可知，由于定子磁动势和励磁磁动势产生的基波磁通密度相等，可表示为

$$B_{\mathrm{gd1}} = k_{\mathrm{f}} B_{\mathrm{f,pk}} = k_{\mathrm{d}} B_{\mathrm{gd,pk}} \tag{9.72}$$

以及

$$\mathcal{F}_{\mathrm{dp}} = \mathcal{F}_{\mathrm{fp}}$$

这时式（9.71）可写为

$$L_{\mathrm{df}} = \left(\frac{12}{\pi^2}\right)\left(\frac{k_1 N_{\mathrm{s}} N_{\mathrm{f}}}{P}\right)\left(\frac{\mu_0 \tau_{\mathrm{p}} l_{\mathrm{e}}}{g_{\mathrm{e}}}\right) \tag{9.73}$$

这里请再次注意该式与式（3.80）的相似性。

气隙磁通密度与每极磁动势之比在计算同步电机电感时再次成为一个关键参数。一般而言，为提高精度，该比值必须像9.2节中那样，通过求解磁路得到。如果忽略饱和，可以得到与磁性材料特性无关的互感表达式。这样得到的电感定义为沿气隙线的电感。

得到不饱和情况下的励磁绕组和定子电枢绕组间的互感之后，可将图9.10转换为以线端电量表示的特性曲线。若电机以同步转速 ω_{e}旋转，则开路电压为

$$V_{\mathrm{s(oc)}} = \omega_{\mathrm{e}} L_{\mathrm{df}} I_{\mathrm{f}} \tag{9.74}$$

L_{df}的实际饱和值可由式（9.70）得到。沿气隙线的理想的 L_{df}不饱和值是忽略了铁心中的磁压降，可将式（8.58）中的 g_{e}用其不饱和值来代替进行计算得到，即 $g_{\mathrm{e}} = k_{\mathrm{c}} g_{\min}$，其中 k_{c}为计及磁极中心对面的定子开槽效应的卡特系数。对应9.3节中的样例，开路端电压随励磁电流变化的饱和曲线如图9.11所示。该曲线实质上与图9.10中的励磁曲线是成比例的。

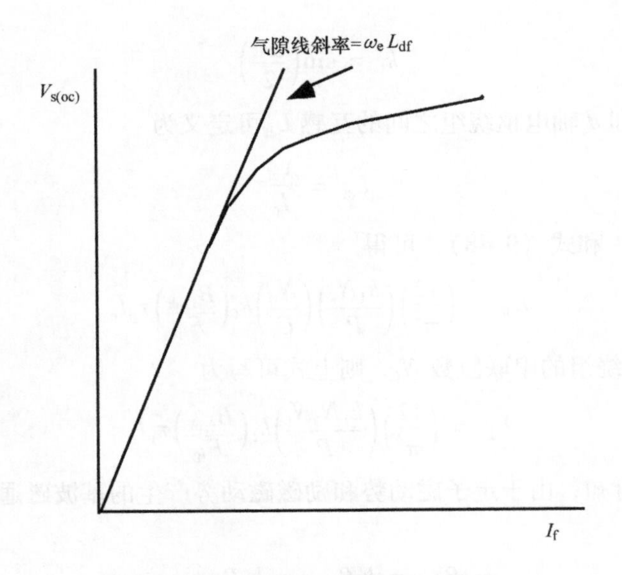

图 9.11　典型的开路电压饱和曲线

9.5　计算转子磁极漏磁导

励磁绕组电流产生的漏磁通，除了在上文已经阐述过的穿越气隙的部分之外，还存在其他漏磁通，它们的路径仅在转子侧。尽管漏磁通一般都非常小，它们对铁心饱和的影响也可以忽略不计，但对磁极而言并非如此，因为磁极漏磁通相对而言是比较大的。为计算漏磁通所绘的磁极结构如图 9.12 所示。其中可见三种主要漏磁通分量，分别是极身漏磁通、极尖漏磁通和极端部漏磁通。第四种分量，极顶漏磁通已通过磁通系数 k_ϕ 考虑。

首先考虑极身漏磁导。该分量可简单地通过假设极间空间为包含 $2N_{tf}/P$ 匝导体的大号转子槽来计算。这时需将转子磁极向彼此倾斜，从而可在直角坐标系中近似表示转子的圆柱形外形，图 9.13 描述了所需求解的问题。由于励磁绕组绕在磁极上，极间空间并未被全部填充，但“槽”中的匝数分布仍可认为是自上而下均匀分布的。对应高度为 x 处，厚度为 dx 的条状带的微分比磁导为

$$\mathrm{d}p_{pb} = \frac{\mu_0 \mathrm{d}x}{a_i + \dfrac{c_i - a_i}{d_p}x} \tag{9.75}$$

对应该条状带的微分磁通为

$$\mathrm{d}\Phi_{\mathrm{pb}} = \mathcal{F}_{\mathrm{f}} l_{\mathrm{e}} \mathrm{d}p_{\mathrm{pb}} = 2\frac{N_{\mathrm{tf}}}{P}\left(\frac{I_{\mathrm{f}}}{C_{\mathrm{f}}}\right)\left(\frac{x}{d_{\mathrm{p}}}\right) l_{\mathrm{e}} \mathrm{d}p_{\mathrm{pb}} \tag{9.76}$$

$$= \left(\frac{2N_{\mathrm{tf}}I_{\mathrm{f}}}{C_{\mathrm{f}}P}\right)\left(\frac{x}{d_{\mathrm{p}}}\right) l_{\mathrm{e}} \mathrm{d}p_{\mathrm{pb}} \tag{9.77}$$

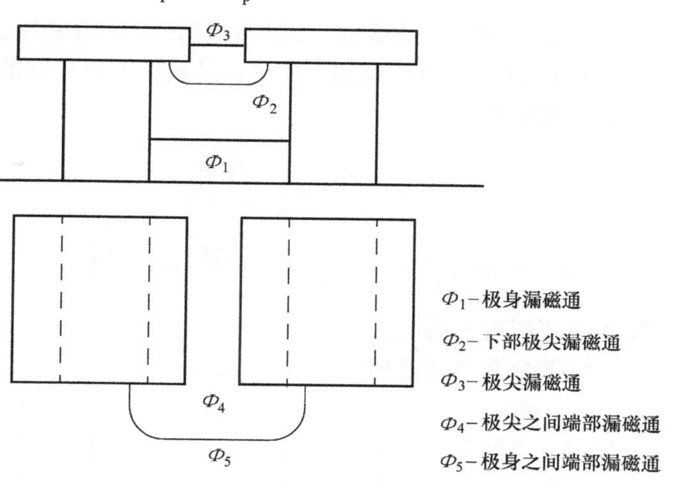

图 9.12　磁极漏磁通示意图

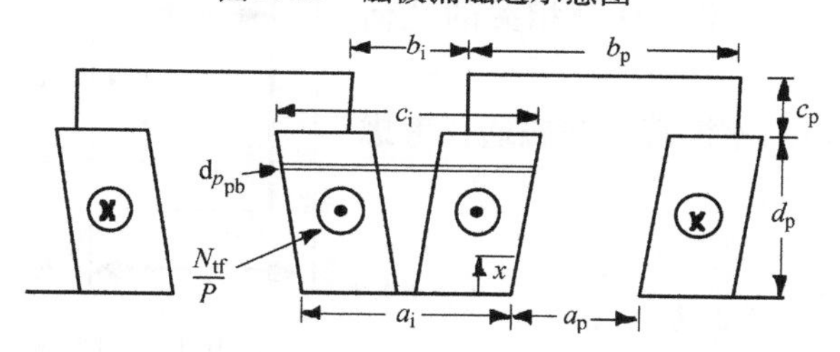

图 9.13　待求解磁路

由 $\mathrm{d}\Phi_{\mathrm{pb}}$产生的磁链为

$$\mathrm{d}\lambda_{\mathrm{pb}} = \frac{\mu_0\left(\frac{N_{\mathrm{tf}}}{P}\right)^2 2\left(\frac{I_{\mathrm{f}}}{C_{\mathrm{f}}}\right)\left(\frac{x}{d_{\mathrm{p}}}\right)^2}{a_i + \frac{c_i - a_i}{d_{\mathrm{p}}}x} l_{\mathrm{e}} \mathrm{d}x \tag{9.78}$$

在 0 ~ d_{p}范围内积分可得

$$\lambda_{\mathrm{pb}} = 2\mu_0\left(\frac{I_{\mathrm{f}}}{C_{\mathrm{f}}}\right)\left(\frac{N_{\mathrm{tf}}}{P}\right)^2 l_{\mathrm{e}}\left(\frac{d_{\mathrm{p}}}{c_i - a_i}\right)\left[\frac{1}{2} - \frac{a_i}{(c_i - a_i)} + \frac{a_i^2}{(c_i - a_i)^2}\ln\left(\frac{c_i}{a_i}\right)\right] \tag{9.79}$$

每单位轴向长度上对应极身漏磁通的磁导为

$$p_{\mathrm{pb}} = 2\mu_0\left(\frac{d_{\mathrm{p}}}{c_i - a_i}\right)\left[\frac{1}{2} - \frac{a_i}{(c_i - a_i)} + \frac{a_i^2}{(c_i - a_i)^2}\ln\left(\frac{c_i}{a_i}\right)\right] \tag{9.80}$$

第二个漏磁通分量对应由一个极尖穿越极间空间到达相邻极尖的磁通。继续假定磁通垂直地穿过“槽”，则极尖漏磁通可简单地表示为

$$p_{pt} = 2\mu_0 \frac{c_p}{b_i} \tag{9.81}$$

由于磁力线从极尖“膨出”的效应，式（9.81）给出的磁导会偏小。为修正这一误差，如图 9.12 所示，可以添加一个对应从极尖下方出发的磁通附加项。修正后的每单位长度磁导可写为

$$p_{pt} = 2\mu_0 \frac{c_p}{b_i} + 2\int_0^{c_i/2} \frac{\mu_0 \mathrm{d}r}{\pi r + b_i} \tag{9.82}$$

$$p_{pt} = 2\mu_0 \left\{ \frac{c_p}{b_i} + \frac{1}{\pi}\ln\left[1 + \frac{\pi}{2}\ \frac{(c_i - b_i)}{b_i}\right]\right\} \tag{9.83}$$

前文已假定磁极顶部表面的磁通全部到达定子表面，因此该部分漏磁通已由磁通系数 k_ϕ 计及。

所需考虑的最后一个漏磁通分量为磁极端部漏磁通。该部分漏磁通在轴向上由电机端部膨出。图 9.14 给出了计算相关的几何尺寸。

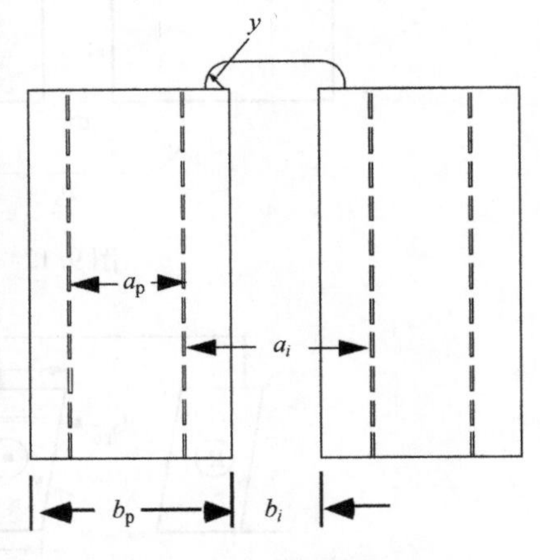

图 9.14　计算磁极端部漏磁通的磁极尺寸

对于极尖区域的磁极端部漏磁通，考虑磁极的两端，可得到

$$\mathcal{P}_{pet} = 2\mu_0 \int_0^{b_p/2} \frac{2c_p \mathrm{d}y}{b_i + \pi y} \tag{9.84}$$

经过化简可得

$$\mathcal{P}_{pet} = \mu_0 \frac{4c_p}{\pi}\ln\left(1 + \frac{\pi}{2}\ \frac{b_p}{b_i}\right) \tag{9.85}$$

类似地，对由极身区域出发的磁极端部漏磁通有

$$\mathcal{P}_{peb} = \mu_0 \int_0^{(a_p+b_p)/2} \frac{2d_p}{\left[\dfrac{(a_i + c_i)}{2} + \pi y\right]}\mathrm{d}y \tag{9.86}$$

在此基础上

$$\mathcal{P}_{peb} = \mu_0 \frac{2d_p}{\pi}\ln\left[1 + \pi\frac{a_p + b_p}{a_i + c_i}\right] \tag{9.87}$$

每极磁极端部总漏磁导为

$$\mathcal{P}_{pel} = \mathcal{P}_{pet} + \mathcal{P}_{peb} \tag{9.88}$$

每极总漏磁导为

$$\mathcal{P}_{pl} = \mathcal{P}_{pe1} + (p_{bp} + p_{pt})l_e \tag{9.89}$$

这样，每极励磁总漏磁链可写为

$$\lambda_{plf} = \frac{I_f}{C_f}\left(\frac{N_{tf}}{P}\right)^2 \mathcal{P}_{pl} \tag{9.90}$$

所有串联磁极的总漏磁链则为

$$\frac{P\lambda_{plf}}{C_f} = \frac{I_f}{P}\left(\frac{N_{tf}}{C_f}\right)^2 \mathcal{P}_{pl} = \frac{I_f}{P}N_f^2 \mathcal{P}_{pl} \tag{9.91}$$

不穿过气隙的这部分漏磁通对应的总漏感为

$$L_{lfpb} = \frac{P\lambda_{plf}}{I_f C_f} = \frac{N_f^2}{P}\mathcal{P}_{pl} \tag{9.92}$$

最后，励磁绕组的漏感等于式（9.59）表示的极面漏感和式（9.92）表示的漏感相加得到，正式地写为

$$L_{lf} = L_{lfpb} + L_{lfpf} \tag{9.93}$$

9.6 凸极同步电机的定子漏感

由于同步电机的电枢绕组绕制方式与感应电机相同，两者的定子漏感也极为相似。也就是说，同步电机的漏感可按与感应电机相似的方式，分为槽漏感、端部漏感、相带漏感和锯齿形漏感等几个分量。4.4～4.8节中关于槽漏感和端部漏感的内容对同步电机电枢同样适用。但由于凸极效应，需要对锯齿形漏感和相带漏感加以修正。

9.6.1 凸极电机的锯齿形漏感或齿顶漏感

同步电机和感应电机的一大区别是同步电机具有单独的励磁绕组，因此无需很小的气隙来降低磁化电流。因此，与感应电机相比，同步电机的气隙相对较大。增大的气隙导致了多种变化，其中有些是有益的，另一些却是不受欢迎的。励磁损耗显然会随气隙的增大而增加，这时为保证定子铁心和导体的利用率，为了在定子铁心中达到同样的磁通密度就需要更大的励磁电流。增大的励磁电流也会导致转子磁极更加饱和。然而，增大的气隙会降低杂散损耗，从而抵消一部分增大的励磁损耗。此外，增大的气隙可以限制稳态短路电流，使之与额定电流差距不大。

较大的气隙也会导致某些之前穿过气隙的磁力线流向绕过转子表面的路径。由于凸极同步电机的转子笼（阻尼绕组）通常嵌在转子表面下方，转子开槽的效应不再重要。计算锯齿形漏磁通所用的示意图为图9.15。注意该磁通分量可

以分为两部分：一部分的路径接近半圆，并完全处于气隙中；另一部分在相关槽中闭合之前两次穿越气隙。通常把没有到达转子表面的磁通分量称为齿顶漏磁通。然而以上两部分磁通均包含在锯齿形漏感中。另外要注意的是，该计算考虑了 9.3 节中由 k_ϕ系数计算的极面漏磁通的定子侧等效。

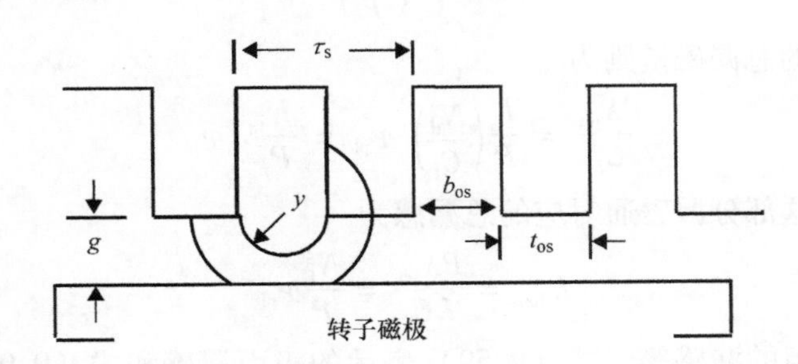

图 9.15　计算凸极电机锯齿形漏感的结构

半圆形分量可通过截取一个单元磁通管，之后对所有可能的微分磁通管进行积分而得到。锯齿形漏磁导的齿顶部分可表示为

$$\mathcal{P}_1 = \int_{b_{os}/2}^{g} \frac{\mu_0 l_e \mathrm{d}r}{\pi r} \tag{9.94}$$

求取积分后可得

$$\mathcal{P}_1 = \frac{\mu_0}{\pi} l_e \ln\left(\frac{2g}{\tau_s - t_{os}}\right) \tag{9.95}$$

若假定其余的磁力线都直接穿过气隙，那么由定子至转子的磁通的磁阻为

$$R_2 = \frac{g}{\mu_0\left(\frac{\tau_s}{2} - g\right) l_e} \tag{9.96}$$

对应由定子至转子，之后再返回的磁通的磁阻可简单认为是两倍的R_2。磁导则是两倍R_2的倒数，即

$$\mathcal{P}_2 = \mu_0 \frac{l_e(\tau_s - 2g)}{4g} \tag{9.97}$$

每单位长度的锯齿形漏磁导则为

$$p_{zzq} = \mu_0\left[\frac{\tau_s - 2g}{4g} + \frac{1}{\pi}\left(\ln\frac{2g}{\tau_s - t_{os}}\right)\right] \tag{9.98}$$

式（9.98）可用于计算与极面间隔气隙 g 的任意槽的锯齿形漏感。由于多数凸极电机极面是锥形的，所以很难直接用该式计算每相对应的漏感。

对于某相绕组而言，一般有两个极限的转子对齐位置。当转子磁极与定子某相的磁场轴对齐时，该相的参数对应 d 轴等效电路的参数。当转子磁极与定子某相的磁场轴正交时，则可获得 q 轴等效电路的参数。转子位置与某相磁场轴对齐和正交的情况如图9.16所示，其中定子绕组相带为60°。由于该相的磁化电感可对应直轴或交轴磁化电感，因此根据转子位置，该相的漏感也可对应为直轴或交轴漏感。

从图9.16可发现，当a相磁场轴与 q 轴对齐时，a相的导体正好集中在转子极面下。首先考虑这种情况，之后再考虑导体的中线与 d 轴对齐的情况。尽管极面外形存在多种变化，这里仍假定气隙由最大值处线性地过渡到最小处。实际上，磁极的极面通常被构造为圆弧形，其半径比由电机中心线处测得的转子最大半径略小。两个不同半径的异心圆弧（定子内表面和转子极面）之间的差几乎是线性的。因此，气隙长度可用圆周角 θ 表达为

$$g = g_{\min} + (g_{\max} - g_{\min})\frac{2\theta}{\alpha\pi} \tag{9.99}$$

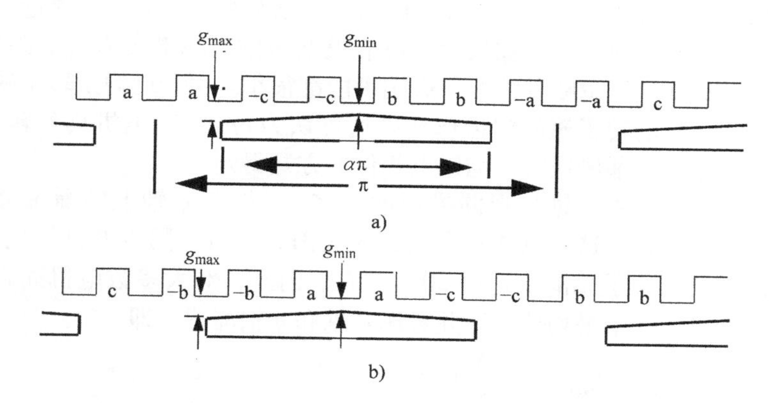

图9.16 a相导体在其磁场轴与转子磁极对齐时（上图，d 轴）以及偏移90°电角度时（下图，q 轴）的位置，相带为60°

绕组为60°相带，那么相带上的平均气隙长度为

$$g_{e(ave)} = \frac{6}{\pi}\int_0^{\pi/6}\left[g_{e(min)} + (g_{e(max)} - g_{e(min)})\frac{2\theta}{\alpha\pi}\right]d\theta \tag{9.100}$$

式中，$g_{e(max)}$ 和 $g_{e(min)}$ 为考虑了开槽效应后的最大和最小气隙长度。式（9.100）最终变为

$$g_{e(ave)} = g_{e(min)} + \frac{1}{6\alpha}[g_{e(max)} - g_{e(min)}] \tag{9.101}$$

根据4.10节内容，60°相带的整距绕组，q 轴锯齿形漏感为

$$L_{zzq} = 12N_s^2 l_e \frac{p_{zzq}}{S_1} \tag{9.102}$$

式中，p_{zzq} 可由式（9.98）得到，把 $g_{e(ave)}$ 作为有效气隙长度。如果需要考虑短距

对锯齿形漏感的降低作用，可再次应用4.10节中讨论的内容。结果变为

$$L_{zzq} = 12\frac{N_s^2}{S_1}l_e\frac{(21p-5)}{16}p_{zzq} \quad 2/3 \leqslant p \leqslant 1 \tag{9.103}$$

d 轴等效电路对应转子磁极与相绕组轴线对齐的时候，如图9.16a所示。此时该相定子导体分布在极间，所有的锯齿形漏磁通均为齿顶漏磁通。观察图9.16a可知，令 $2g$ 等于 τ_s，通过式（9.98）来快速计算漏磁导，其结果为

$$p_{zzd} = \frac{\mu_0}{\pi}\ln\left(\frac{\tau_s}{\tau_s - t_{os}}\right) \tag{9.104}$$

考虑短距之后，相应的 d 轴锯齿形漏感变为

$$L_{zzd} = 12\frac{N_s^2}{S_1}l_e\frac{(21p-5)}{16}p_{zzd} \quad 2/3 \leqslant p \leqslant 1 \tag{9.105}$$

注意该结果与气隙长度无关。当存在短距时，一部分相绕组导体会靠近转子极的边缘。由于此处磁极对应的气隙最大，可假设漏磁磁力线继续沿气隙路径前进，而非跃至转子表面。无论哪种情况，影响可能都很小。由于已假定转子槽嵌在转子极面下方，相应的转子笼的锯齿形漏磁通可认为是0。若电机具备转子开槽，则转子导条的锯齿形漏磁通可由与以上相似的方式得到。

值得注意的是，由于锯齿形漏磁通的存在，d 轴和 q 轴上的漏感会有所不同。就电机分析而言，这一点并不会造成太大困难。由于同步电机的气隙较大，锯齿形漏磁通仅占定子总漏磁通的20%左右。因此，对大多数电机而言，其影响很小，通常可用一个平均值来一并考虑 d 轴和 q 轴漏感，即

$$L_{zzd} = L_{zzq} = 12\frac{N_s^2}{S_1}l_e\frac{(21p-5)}{16}p_{zz} \quad 2/3 \leqslant p \leqslant 1 \tag{9.106}$$

式中

$$p_{zz} = \mu_0\left\{\frac{\tau_s - 2g_{e(ave)}}{8g_{e(ave)}} + \left(\frac{1}{2\pi}\right)\ln\left(\frac{2g_{e(ave)}\tau_s}{(\tau_s - t_{os})^2}\right)\right\} \tag{9.107}$$

定子其他漏感在本质上与感应电机相同。式（5.42）可再次用来计算定子电阻。于是，同步电机定子总漏感为

$$L_{ls} = L_{sl} + L_{ew} + L_{zz} + L_{lk} \tag{9.108}$$

式中，L_{sl}、L_{ew}、L_{zz} 以及 L_{lk} 分别为槽、端部、锯齿形以及相带漏感。与感应电机类似，对具备阻尼绕组（与感应电机中的笼型绕组等效）的同步电机而言，其相带漏感项足够小，可忽略不计。阻尼绕组带来的附加问题将在下一节中考虑。

9.7 阻尼绕组参数

由于阻尼绕组对应的英文单词（amortisseur winding）源自法语中的“mort”，其含义为死亡（death），因此在英语中阻尼绕组有时也用“杀手”（killer）绕组

来表示。这一称谓也非常贴切，因为阻尼绕组通常用来“杀死”当负载急剧变化时转子速度中的振荡，与之等效的表达是 damper winding，具有抑制振荡的意思。除了嵌放在凸极内部的结构特点外，阻尼绕组与感应电机的笼型绕组有同样的特性。图 9.17 所示为两种主流阻尼绕组的结构图，根据端环是否连续分成：连续型和断续型。本书中将详细阐述断续型结构（其在两者中分析难度更大一些），连续型结构的分析就留给读者自行完成。

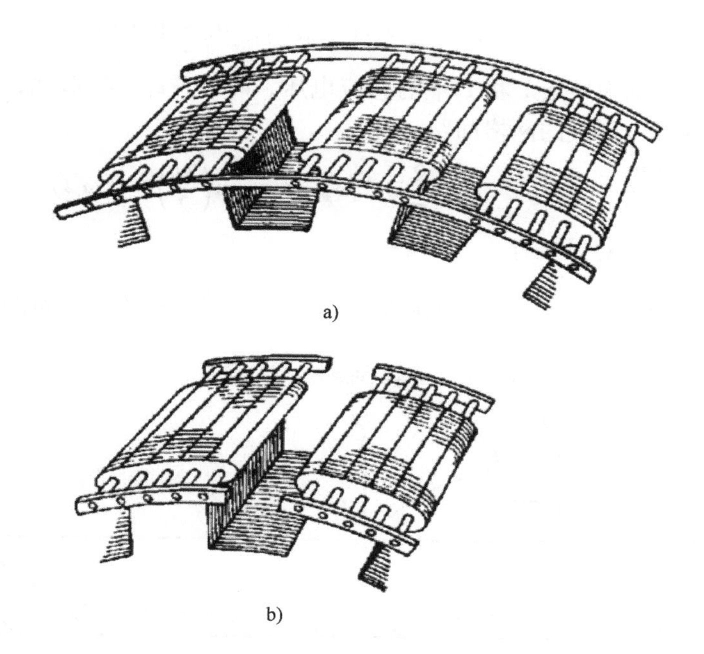

a)

b)

图 9.17　a）连续型和 b）断续型阻尼绕组

图 9.18 给出了转子导条沿极面分布的简化示意图，所有导条在转子上大致等距分布，导条上方的小槽口没有在图中画出。导条之间的距离由电角度表示，而空间角度 θ 为机械角度，则 1 - 1′导条对的磁链为

$$\Phi_{1-1'} = B_{gd1}\int_{-\gamma/p}^{\gamma/p}\cos\left(\frac{P\theta}{2}\right)(\sin\omega_e t)\,l_e\left(\frac{D_{or}}{2}\right)\mathrm{d}\theta \tag{9.109}$$

$$= \frac{2B_{gd1}l_e D_{or}}{P}\sin\left(\frac{\gamma}{2}\right)\sin\omega_e t \tag{9.110}$$

式中，D_{or}为 d 轴处的转子外径。回顾 9.2 节可知

$$B_{gd1} = k_d B_{gd,pk} \tag{9.111}$$

以及

$$D_{\mathrm{or}} = \frac{P\tau_{\mathrm{p}}}{\pi} \tag{9.112}$$

因此式（9.110）可写为

$$\Phi_{1-1'} = \frac{2}{\pi}k_{\mathrm{d}}B_{\mathrm{gd,pk}}l_{\mathrm{e}}D_{\mathrm{or}}\sin\left(\frac{\gamma}{2}\right)\sin\omega_{\mathrm{e}}t \tag{9.113}$$

该网格回路感应的电压为

$$\frac{\mathrm{d}\Phi_{1-1'}}{\mathrm{d}t} = e_1 - e'_1 = \frac{2}{\pi}\omega_{\mathrm{e}}k_{\mathrm{d}}B_{\mathrm{gd,pk}}l_{\mathrm{e}}\tau_{\mathrm{p}}\sin\left(\frac{\gamma}{2}\right)\cos(\omega_{\mathrm{e}}t) \tag{9.114}$$

式中，e_1和e'_1分别为导条1和$1'$中的感应电压，$e'_1 = -e_1$。类似地，导条$2-2'$及相应的端环部分形成的网格回路，有

$$\frac{\mathrm{d}\Phi_{2-2'}}{\mathrm{d}t} = e_2 - e'_2 = \frac{2}{\pi}\omega_{\mathrm{e}}k_{\mathrm{d}}B_{\mathrm{gd,pk}}l_{\mathrm{e}}\tau_{\mathrm{p}}\sin\left(\frac{3\gamma}{2}\right)\cos(\omega_{\mathrm{e}}t) \tag{9.115}$$

依此类推，对第n对导条有

$$\frac{\mathrm{d}\Phi_{n-n'}}{\mathrm{d}t} = e_n - e'_n = \frac{2}{\pi}\omega_{\mathrm{e}}k_{\mathrm{d}}B_{\mathrm{gd,pk}}l_{\mathrm{e}}\tau_{\mathrm{p}}\sin\left[\frac{(2n-1)\gamma}{2}\right]\cos(\omega_{\mathrm{e}}t) \tag{9.116}$$

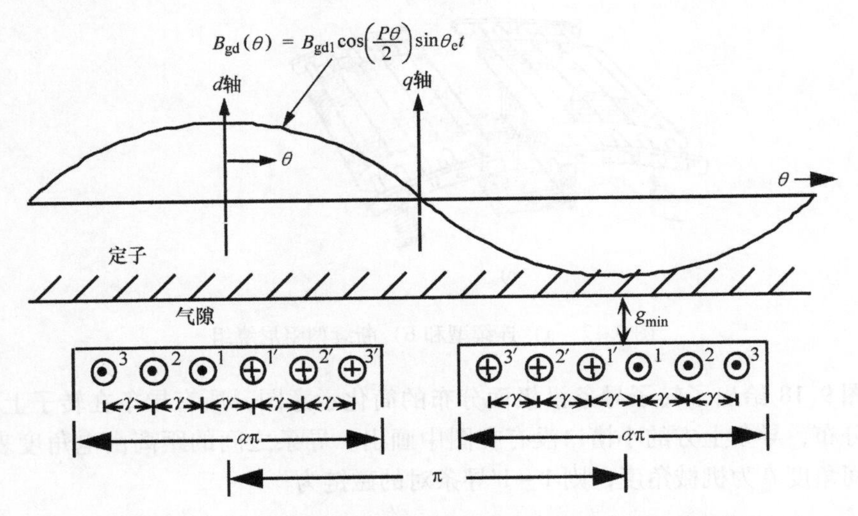

图9.18　转子极面上的阻尼导条位置（假设每极有6个导条，且导条受交变气隙磁通密度变化的影响）

若R_{b}和L_{b}分别代表单个导条的电阻和漏感，R_{e}和L_{e}分别代表一个端环段的电阻和漏感，对于网格回路$1-1'$有

$$\frac{\mathrm{d}\Phi_{1-1'}}{\mathrm{d}t} = 2e_1 = 2R_{\mathrm{b}}i_{\mathrm{b1}} + 2L_{\mathrm{b}}\frac{\mathrm{d}i_{\mathrm{b1}}}{\mathrm{d}t} + 2R_{\mathrm{e}}i_{\mathrm{e1}} + 2L_{\mathrm{e}}\frac{\mathrm{d}i_{\mathrm{e1}}}{\mathrm{d}t} \tag{9.117}$$

式中，i_{b1}和i_{e1}分别为导条和端环中的电流。

对于网格回路 2 - 2′，则有

$$\frac{\mathrm{d}\Phi_{2-2'}}{\mathrm{d}t} = 2e_2 = 2R_\mathrm{b}i_\mathrm{b2} + 2L_\mathrm{b}\frac{\mathrm{d}i_\mathrm{b2}}{\mathrm{d}t} + 4R_\mathrm{e}i_\mathrm{e2} + 4L_\mathrm{e}\frac{\mathrm{d}i_\mathrm{e2}}{\mathrm{d}t} + 2R_\mathrm{e}i_\mathrm{e1} + 2L_\mathrm{e}\frac{\mathrm{d}i_\mathrm{e1}}{\mathrm{d}t} \tag{9.118}$$

对于第 n 个网格回路则可依此类推。

端环中的电流可通过以下约束以导条电流表示为

$$i_\mathrm{e1} = i_\mathrm{b1} + i_\mathrm{b2} + i_\mathrm{b3} + \cdots + i_{\mathrm{b}n} \tag{9.119}$$

$$i_\mathrm{e2} = i_\mathrm{b2} + i_\mathrm{b3} + i_\mathrm{b4} + \cdots + i_{\mathrm{b}n} \tag{9.120}$$

$$i_\mathrm{e3} = i_\mathrm{b3} + i_\mathrm{b4} + i_\mathrm{b5} + \cdots + i_{\mathrm{b}n} \tag{9.121}$$

依此类推，至最后一个端环，其电流为

$$i_{\mathrm{e}n} = i_{\mathrm{b}n} \tag{9.122}$$

导条 1 - 1′所在的网格回路电压方程可写为

$$\frac{\mathrm{d}\Phi_{1-1'}}{\mathrm{d}t} = 2e_1 = 2R_\mathrm{b}i_\mathrm{b1} + 2L_\mathrm{b}\frac{\mathrm{d}i_\mathrm{b1}}{\mathrm{d}t} + 2R_\mathrm{e}(i_\mathrm{b1} + i_\mathrm{b2} + i_\mathrm{b3} + \cdots + i_{\mathrm{b}n}) + 2L_\mathrm{e}\frac{\mathrm{d}(i_\mathrm{b1} + i_\mathrm{b2} + i_\mathrm{b3} + \cdots + i_{\mathrm{b}n})}{\mathrm{d}t} \tag{9.123}$$

其他网格回路电压方程可依此类推。

最终，以上方程可写为矩阵方程的形式

$$\frac{\mathrm{d}}{\mathrm{d}t}\begin{bmatrix}\Phi_{1-1'}\\ \Phi_{2-2'}\\ \Phi_{3-3'}\\ \vdots\\ \Phi_{n-n'}\end{bmatrix} = 2\begin{bmatrix}e_1\\ e_2\\ e_3\\ \vdots\\ e_n\end{bmatrix} = \begin{bmatrix}2(R_\mathrm{b}+R_\mathrm{e}) & 2R_\mathrm{e} & 2R_\mathrm{e} & 2R_\mathrm{e} & \cdots & 2R_\mathrm{e}\\ 2R_\mathrm{e} & 2R_\mathrm{b}+6R_\mathrm{e} & 6R_\mathrm{e} & 6R_\mathrm{e} & \cdots & 6R_\mathrm{e}\\ 2R_\mathrm{e} & 6R_\mathrm{e} & 2R_\mathrm{b}+10R_\mathrm{e} & 10R_\mathrm{e} & \cdots & 10R_\mathrm{e}\\ \vdots & \vdots & \vdots & \vdots & & \vdots\\ 2R_\mathrm{e} & 6R_\mathrm{e} & 10R_\mathrm{e} & 14R_\mathrm{e} & \cdots & 2R_\mathrm{b}+2(N_\mathrm{b}-1)R_\mathrm{e}\end{bmatrix}\begin{bmatrix}i_\mathrm{b1}\\ i_\mathrm{b2}\\ i_\mathrm{b3}\\ \vdots\\ i_{\mathrm{b}n}\end{bmatrix} + \begin{bmatrix}2(L_\mathrm{b}+L_\mathrm{e}) & 2L_\mathrm{e} & 2L_\mathrm{e} & 2L_\mathrm{e} & \cdots & 2L_\mathrm{e}\\ 2L_\mathrm{e} & 2L_\mathrm{b}+6L_\mathrm{e} & 6L_\mathrm{e} & 6L_\mathrm{e} & \cdots & 6L_\mathrm{e}\\ 2L_\mathrm{e} & 6L_\mathrm{e} & 2L_\mathrm{b}+10L_\mathrm{e} & 10L_\mathrm{e} & \cdots & 10L_\mathrm{e}\\ \vdots & \vdots & \vdots & \vdots & & \vdots\\ 2L_\mathrm{e} & 6L_\mathrm{e} & 10L_\mathrm{e} & 14L_\mathrm{e} & \cdots & 2L_\mathrm{b}+2(N_\mathrm{b}-1)L_\mathrm{e}\end{bmatrix} \times \frac{\mathrm{d}}{\mathrm{d}t}\begin{bmatrix}i_\mathrm{b1}\\ i_\mathrm{b2}\\ i_\mathrm{b3}\\ \vdots\\ i_{\mathrm{b}n}\end{bmatrix} \tag{9.124}$$

式中，N_b为每极导条数（为偶数）。将其写为简化形式，即

$$\frac{\mathrm{d}}{\mathrm{d}t}[\Phi] = [e] = [R][i] + [L]\frac{\mathrm{d}}{\mathrm{d}t}[i] \tag{9.125}$$

式（9.125）为相互耦合的、以每个导条中的电流为独立状态变量的 n 阶微分方程组。但若将式（9.124）写为如下形式，则可对其进行进一步简化，即

$$\frac{1}{2}\frac{\mathrm{d}}{\mathrm{d}t}\begin{bmatrix}\phi_{1-1'}\\ \phi_{2-2'}\\ \phi_{3-3'}\\ \vdots\\ \phi_{n-n'}\end{bmatrix}=\begin{bmatrix}e_1\\ e_2\\ e_3\\ \vdots\\ e_n\end{bmatrix}=R_b\begin{bmatrix}1+\frac{R_e}{R_b} & \frac{R_e}{R_b} & \frac{R_e}{R_b} & \frac{R_e}{R_b} & \cdots & \frac{R_e}{R_b}\\ \frac{R_e}{R_b} & 1+\frac{3R_e}{R_b} & \frac{3R_e}{R_b} & \frac{3R_e}{R_b} & \cdots & \frac{3R_e}{R_b}\\ \frac{R_e}{R_b} & \frac{3R_e}{R_b} & 1+\frac{5R_e}{R_b} & \frac{5R_e}{R_b} & \cdots & \frac{5R_e}{R_b}\\ \vdots & \vdots & \vdots & \vdots & & \vdots\\ \frac{R_e}{R_b} & \frac{3R_e}{R_b} & \frac{5R_e}{R_b} & \frac{7R_e}{R_b} & \cdots & 1+(N_b-1)\frac{R_e}{R_b}\end{bmatrix}\begin{bmatrix}i_{b1}\\ i_{b2}\\ i_{b3}\\ \vdots\\ i_{bn}\end{bmatrix}$$

$$+L_b\begin{bmatrix}1+\frac{L_e}{L_b} & \frac{L_e}{L_b} & \frac{L_e}{L_b} & \frac{L_e}{L_b} & \cdots & \frac{L_e}{L_b}\\ \frac{L_e}{L_b} & 1+3\frac{L_e}{L_b} & 3\frac{L_e}{L_b} & 3\frac{L_e}{L_b} & \cdots & 3\frac{L_e}{L_b}\\ \frac{L_e}{L_b} & 3\frac{L_e}{L_b} & 1+5\frac{L_e}{L_b} & 5\frac{L_e}{L_b} & \cdots & 5\frac{L_e}{L_b}\\ \vdots & \vdots & \vdots & \vdots & & \vdots\\ \frac{L_e}{L_b} & 3\frac{L_e}{L_b} & 5\frac{L_e}{L_b} & 7\frac{L_e}{L_b} & \cdots & 1+(N_b-1)\frac{L_e}{L_b}\end{bmatrix}\times\frac{\mathrm{d}}{\mathrm{d}t}\begin{bmatrix}i_{b1}\\ i_{b2}\\ i_{b3}\\ \vdots\\ i_{bn}\end{bmatrix}\tag{9.126}$$

实际上，以下假设是大致正确的，即

$$\frac{R_e}{R_b}\approx\frac{L_e}{L_b}\tag{9.127}$$

这时式（9.126）中的两个大矩阵实质上是相等的。用［S］代表两个 $n\times n$ 矩阵，则式（9.125）可写为

$$[e_b]=R_b[S][i_b]+L_b[S]\frac{\mathrm{d}}{\mathrm{d}t}[i_b]\tag{9.128}$$

将该方程乘以［S］的逆矩阵，则有

$$L_b[S]^{-1}[S]\frac{\mathrm{d}}{\mathrm{d}t}[i_b]+R_b[S]^{-1}[S][i_b]=[S]^{-1}[e_b]\tag{9.129}$$

进一步简化为

$$L_b\frac{\mathrm{d}}{\mathrm{d}t}[i_b]+R_b[i_b]=[S]^{-1}[e_b]\tag{9.130}$$

由于所有 n 个导条的电压都加载在相同的电阻 R_b 和电感 L_b 上，因此这 n 个电流同相位。若其中一个导条的电流已知，其余所有导条中的电流均可通过式（9.130）中隐含的比例得到。

以上推导中假设导条数目为偶数，如果导条数目为奇数，只要适当调整电压矢量 $[e_b]$，也可以得到同样的结果。这种情况下，将位于磁极中心线上的导条作为b0导条。受 d 轴气隙磁通的影响，该导条中没有电流流通，因此式（9.130）实质上无需改变。$[S]$ 矩阵写为

$$[S]_{odd}=\begin{bmatrix}1+2\dfrac{L_e}{L_b} & 2\dfrac{L_e}{L_b} & 2\dfrac{L_e}{L_b} & 2\dfrac{L_e}{L_b} & \cdots & 2\dfrac{L_e}{L_b}\\ 2\dfrac{L_e}{L_b} & 1+4\dfrac{L_e}{L_b} & 4\dfrac{L_e}{L_b} & 4\dfrac{L_e}{L_b} & \cdots & 4\dfrac{L_e}{L_b}\\ 2\dfrac{L_e}{L_b} & 4\dfrac{L_e}{L_b} & 1+6\dfrac{L_e}{L_b} & 6\dfrac{L_e}{L_b} & \cdots & 6\dfrac{L_e}{L_b}\\ \vdots & \vdots & \vdots & \vdots & & \vdots\\ 2\dfrac{L_e}{L_b} & 4\dfrac{L_e}{L_b} & 6\dfrac{L_e}{L_b} & 8\dfrac{L_e}{L_b} & \cdots & 1+(N_b-1)\dfrac{L_e}{L_b}\end{bmatrix} \tag{9.131}$$

定义导条电压幅值或基值为

$$E_b=\frac{\omega_e k_d B_{gd1} l_e D_{or}}{P} \tag{9.132}$$

则系统方程可写为

$$L_b\frac{\mathrm{d}}{\mathrm{d}t}[i_b]+R_b[i_b]=E_b\cos(\omega_e t)[S]^{-1}[e_{b,pu}] \tag{9.133}$$

式中

$$[e_{b,pu}]=\begin{bmatrix}\sin\left(\dfrac{\gamma}{2}\right)\\ \sin\left(\dfrac{3\gamma}{2}\right)\\ \sin\left(\dfrac{5\gamma}{2}\right)\\ \vdots\\ \sin\left(\dfrac{(2n-1)\gamma}{2}\right)\end{bmatrix} \tag{9.134}$$

稳态下有

$$[i_b]=\frac{E_b}{Z_b}\cos(\omega_e t-\phi_b)[S]^{-1}[e_{b,pu}] \tag{9.135}$$

式中

$$Z_b=\sqrt{R_b^2+(\omega_e L_b)^2} \tag{9.136}$$

$$\phi_b=\mathrm{atan}\left(\frac{\omega_e L_b}{R_b}\right) \tag{9.137}$$

由式（9.135）可知，所有导条电流均同相位地正弦振荡。可看出导条中的电流分布包含在矩阵乘积 $[S]^{-1}$ $[e_{b,pu}]$ 中。该乘积可看作导条电流的标幺表达式，即

$$[i_{b,pu}] = [S]^{-1}[e_{b,pu}] \tag{9.138}$$

若将导条电流看作是由克罗内克（Kronecker）δ 函数或“冲击”函数组成的，则由之产生的每极 d 轴磁动势可解析表达为

$$\mathcal{F}_{bd,pu}(\theta) = \int_0^{\pi}\left[\sum_{k=1}^{N_b} i_{b,pu}(k)\delta(k)\right]d\theta \tag{9.139}$$

式中，N_b为每极导条数。图9.19给出了典型的导条标幺电流和相应的标幺气隙磁动势波形。

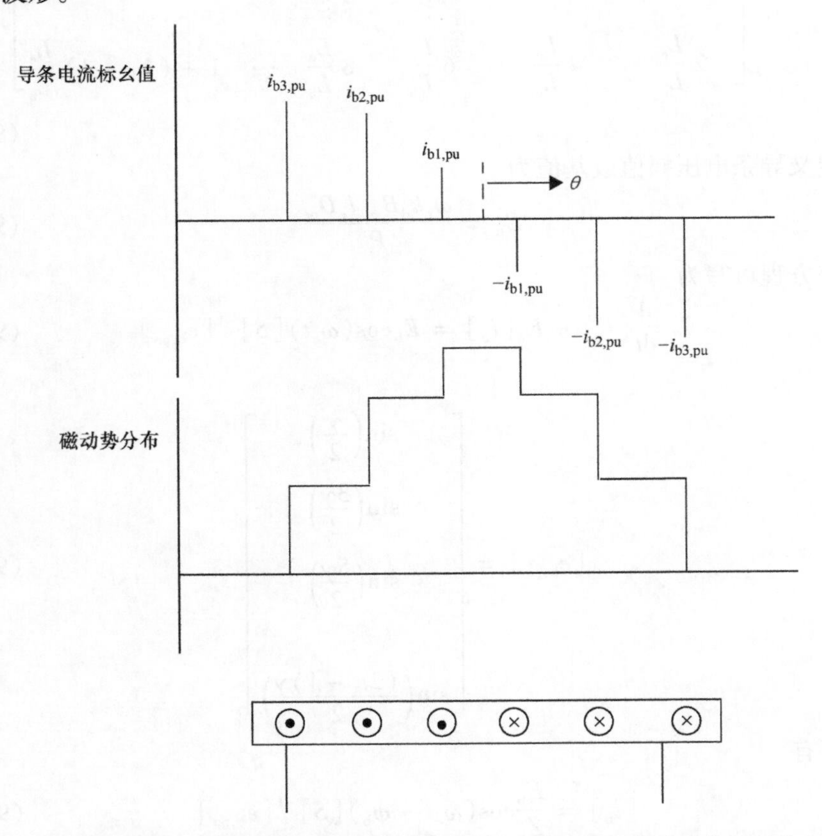

图9.19 导条电流标幺值和由之产生的磁动势分布。注意这些电流并非按正弦分布

图9.19中包含基波分量的磁动势谐波可在不同的 $R_e/R_b = L_e/L_b$ 比值下，分别导出并绘制。该磁动势作用在气隙中，产生了一个匝链励磁绕组和 d 轴定子绕组的气隙磁通密度分量。定义 $I_b = E_b/Z_b$，则 d 轴转子导条磁动势可写为

$$\mathcal{F}_{\mathrm{bd}}(\theta) = I_{\mathrm{b}}\mathcal{F}_{\mathrm{bd,pu}}(\theta) \tag{9.140}$$

$\mathcal{F}_{\mathrm{bd,pu}}(\theta)$ 的基波分量为产生匝链励磁绕组和定子绕组的磁动势可用部分。假设所有磁极上的转子导条分布一致，则基波分量可定义为

$$\mathcal{F}_{\mathrm{bd,pu1}} = \frac{2}{\pi}\int_{-(\alpha\pi)/P}^{(\alpha\pi)/P} \mathcal{F}_{\mathrm{bd,pu}}(\theta)\cos\left(\frac{P\theta}{2}\right)\mathrm{d}\theta \tag{9.141}$$

再次定义 θ 的原点为磁极中线。$\mathcal{F}_{\mathrm{bd,pu1}}$ 与阻尼导条绕组因数的对应关系为

$$\mathcal{F}_{\mathrm{bd,pu1}} = \frac{4}{\pi}k_{\mathrm{bd}} \tag{9.142}$$

$4/\pi$ 项是因为绕组因数基于方波绕组分布的谐波分量，而非正弦分布。

高次奇谐波则看作是一种漏磁通分量。

$$k_{\mathrm{bd,h}} = \frac{2}{\pi}\int_{-(\alpha\pi)/P}^{(\alpha\pi)/P} \mathcal{F}_{\mathrm{bd,pu}}(\theta)\cos\left(\frac{hP}{2}\theta\right)\mathrm{d}\theta \quad h = 3,5,7,\cdots \tag{9.143}$$

与储存在由导条电流产生的高次谐波磁场中能量相关的漏感，则可通过以下定义关联至导条自身的电感，即

$$L_{\mathrm{lkd}} = k_{\mathrm{lkd}}L_{\mathrm{b}} \tag{9.144}$$

式中

$$k_{\mathrm{lkd}} = \sqrt{\sum_{h=3,5,7,\cdots}^{\infty} k_{\mathrm{bd},h}} \tag{9.145}$$

9.8　阻尼绕组的互感与磁化电感

阻尼绕组的磁化电感计算与励磁绕组大致相同，只是这时磁动势在磁极上的分布假设为正弦。结果为

$$\lambda_{\mathrm{mkd}} = B_{\mathrm{kd,pk}}\left(\frac{2}{\pi}\right)\int_{-(\alpha\pi)/P}^{(\alpha\pi)/P} N_{\mathrm{b}}\cos\left(\frac{P\theta}{2}\right)\mathrm{d}\theta$$

$$L_{\mathrm{mkd}} = \left(\frac{8}{\pi^2}\right)\frac{(k_{\mathrm{bd}}N_{\mathrm{b}})^2}{P}k_{\mathrm{d}}\left(\frac{\mu_0\tau_{\mathrm{p}}l_{\mathrm{e}}}{g_{\mathrm{e}}}\right) \tag{9.146}$$

由于每个极上的电流各自独立，且在每个极上均一致，因此可认为等效并联支路数等于极数。类似地，导条电路与定子绕组、励磁绕组之间的互感分别为

$$L_{\mathrm{dkd}} = \left(\frac{12}{\pi^2}\right)\left(\frac{k_1N_{\mathrm{s}}k_{\mathrm{bd}}N_{\mathrm{b}}}{P}\right)k_{\mathrm{d}}\left(\frac{\mu_0\tau_{\mathrm{p}}l_{\mathrm{e}}}{g_{\mathrm{e}}}\right) \tag{9.147}$$

$$L_{\mathrm{fkd}} = \left(\frac{8}{\pi^2}\right)\left(\frac{k_{\mathrm{f}}N_{\mathrm{f}}k_{\mathrm{bd}}N_{\mathrm{b}}}{P}\right)k_{\mathrm{d}}\left(\frac{\mu_0\tau_{\mathrm{p}}l_{\mathrm{e}}}{g_{\mathrm{e}}}\right) \tag{9.148}$$

9.9 直轴等效电路

在之前推导的所有直轴磁化电感和互感的基础上，可进一步确定 d 轴的等效电路。在大多数电机中，定子绕组和励磁绕组具有不同的并联支路数。此外，阻尼绕组既非串联也非并联，因此需要像感应电机中那样，将转子电路用匝数比折算到定子侧。

现在假设 d 轴上所有绕组均有电流流通，磁链 λ_{md} 则包含来自所有三个 d 轴绕组的磁链分量。为避免混淆，可首先推导出基于电机单个极下的电路。这时，可从式（9.16）、式（9.69）和式（9.147）得出定子磁链的气隙分量为

$$\lambda_{mdp}=\frac{\lambda_{md}}{(P/C_s)}=\frac{L_{md}}{(P/C_s)}i_d+\frac{L_{df}}{(P/C_s)}i_f+\frac{L_{dkd}}{(P/C_s)}i_{kd} \tag{9.149}$$

经过整理，上式可重写为

$$\lambda_{mdp}=\left(\frac{12}{\pi^2}\right)\frac{(k_1N_t)^2}{P^2}k_d\mathcal{P}_p\left(\frac{i_d}{C_s}\right)+\left(\frac{12}{\pi^2}\right)\frac{(k_1N_t)(N_{tf})}{P^2}k_d\mathcal{P}_p\left(\frac{i_f}{C_f}\right)+\left(\frac{12}{\pi^2}\right)\frac{(k_1N_t)(k_{bd}N_b)}{P^2}k_d\mathcal{P}_p i_{kd} \tag{9.150}$$

其中，由式（3.82）可知

$$\mathcal{P}_p=\frac{\mu_0\tau_p l_e}{g_e} \tag{9.151}$$

式中，系数"$12/\pi^2$"出现在基于定子的表达式中，而式（9.159）和式（9.160）中的系数"$8/\pi^2$"是基于转子的表达式。这是由 dq 变换的非互逆性所导致的。

式（9.150）可重写为

$$\lambda_{mdp}=\frac{12}{\pi^2}\frac{(k_1N_t)^2}{C_sP^2}k_d\mathcal{P}_p i_d+\frac{12}{\pi^2}\frac{(k_1N_t)^2}{C_sP^2}k_d\mathcal{P}_p\left[\frac{2}{3}\left(\frac{C_s}{C_f}\right)\frac{N_{tf}}{(k_1N_t)}i_f\right]+\frac{12}{\pi^2}\frac{(k_1N_t)^2}{C_sP^2}k_d\mathcal{P}_p\left[\frac{2}{3}C_s\frac{k_{bd}N_b}{(k_1N_t)}i_{kd}\right] \tag{9.152}$$

定义

$$L_{mdp}=\frac{12}{\pi^2}\frac{(k_1N_t)^2}{P}k_d\mathcal{P}_p \tag{9.153}$$

$$i'_f=\frac{2}{3}\left(\frac{C_s}{C_f}\right)\frac{(N_{tf})}{(k_1N_t)}i_f=\frac{2}{3}\frac{(N_f)}{(k_1N_s)}i_f \tag{9.154}$$

$$i'_{kd}=\frac{2}{3}C_s\frac{(k_{bd}N_b)}{(k_1N_t)}i_{kd}=\frac{2}{3}\frac{(k_{bd}N_b)}{(k_1N_s)}i_{kd} \tag{9.155}$$

则式（9.152）可写为

$$\lambda_{\text{mdp}} = \frac{L_{\text{mdp}}}{C_s P}(i_d + i'_f + i'_{kd}) \tag{9.156}$$

或者对 P/C_s 个串联的极而言

$$\lambda_{\text{md}} = \frac{P}{C_s}\lambda_{\text{mdp}} = L_{\text{md}}(i_d + i'_f + i'_{kd}) \tag{9.157}$$

式中，L_{md} 由式（9.16）定义为

$$L_{\text{md}} = \left(\frac{12}{\pi^2}\right)\frac{(k_1 N_s)^2}{P}\mu_0 \frac{\tau_p l_e}{g_e} k_d$$

相应地，对励磁绕组和阻尼绕组有

$$\lambda_{\text{mfp}} = \frac{\lambda_{\text{mf}}}{(P/C_f)} = \frac{L_{\text{mf1}}}{(P/C_f)}i_f + \frac{L_{\text{df}}}{(P/C_f)}i_d + \frac{L_{\text{fkd}}}{(P/C_f)}i_{kd} \tag{9.158}$$

或

$$\lambda_{\text{mfp}} = \frac{8}{\pi^2}\ \frac{N_{\text{tf}}^2}{P^2}k_d \mathcal{P}_p\left(\frac{i_f}{C_f}\right) + \frac{12}{\pi^2}\ \frac{(k_1 N_t)(N_{\text{tf}})}{P^2}k_d \mathcal{P}_p\left(\frac{i_d}{C_s}\right) + \frac{8}{\pi^2}\ \frac{(N_{\text{tf}})(k_{\text{bd}} N_b)}{P^2}k_d \mathcal{P}_p i_{kd} \tag{9.159}$$

与之前类似，式（9.159）可先乘以（$k_1 N_t$）/（N_{tf}），得到

$$\left(\frac{k_1 N_t}{N_{\text{tf}}}\right)\lambda_{\text{mfp}} = \frac{8}{\pi^2}\ \frac{(N_{\text{tf}})(k_1 N_t)}{P^2}k_d \mathcal{P}_p\left(\frac{i_f}{C_f}\right) + \frac{12}{\pi^2}\ \frac{(k_1 N_t)^2}{P^2}k_d \mathcal{P}_p\left(\frac{i_d}{C_s}\right) + \frac{8}{\pi^2}\ \frac{(k_1 N_t)(k_{\text{bd}} N_b)}{P^2}k_d \mathcal{P}_p i_{kd} \tag{9.160}$$

定义

$$\lambda'_{\text{mfp}} = \frac{(k_1 N_t)}{N_{\text{tf}}}\lambda_{\text{mfp}} \tag{9.161}$$

并进一步整理可得

$$\lambda'_{\text{mfp}} = \frac{12}{\pi^2}\ \frac{(k_1 N_t)^2}{C_s P^2}k_d \mathcal{P}_p\left[\frac{3}{2}\left(\frac{C_s}{C_f}\right)\left(\frac{N_{\text{tf}}}{k_1 N_t}\right)i_f\right] + \frac{12}{\pi^2}\ \frac{(k_1 N_t)^2}{C_s P^2}k_d \mathcal{P}_p i_d + \frac{12}{\pi^2}\ \frac{(k_1 N_t)^2}{C_s P^2}k_d \mathcal{P}_p\left[\frac{2}{3}C_s\ \frac{(k_{\text{bd}} N_b)}{(k_1 N_t)}i_{kd}\right] \tag{9.162}$$

之后利用式（9.153）~式(9.155）可得

$$\lambda'_{\text{mfp}} = \frac{12}{\pi^2}\ \frac{(k_1 N_t)^2}{C_s P^2}k_d \mathcal{P}_p(i'_f + i_d + i'_{kd}) \tag{9.163}$$

或简化为

$$\lambda'_{\text{mfp}} = \frac{L_{\text{mdp}}}{C_s P}(i'_f + i_d + i'_{kd}) \tag{9.164}$$

式中，i'_{f}、i'_{kd}、L_{mdp}分别由式（9.154）、式（9.155）和式（9.153）定义。

此时，对整个定子相绕组而言，励磁气隙磁链为

$$\lambda'_{\mathrm{mf}} = \left(\frac{P}{C_{\mathrm{s}}}\right)\lambda'_{\mathrm{mfp}} \tag{9.165}$$

而

$$\left(\frac{P}{C_{\mathrm{s}}}\right)\frac{L_{\mathrm{mdp}}}{C_{\mathrm{s}}P} = \left(\frac{P}{C_{\mathrm{s}}}\right)\left(\frac{12}{\pi^2}\right)\frac{(k_1N_{\mathrm{t}})^2}{C_{\mathrm{s}}P^2}k_{\mathrm{d}}\mathcal{P}_{\mathrm{p}} = \frac{12}{\pi}\frac{(k_1N_{\mathrm{s}})^2}{P}k_{\mathrm{d}}\mathcal{P}_{\mathrm{p}} = L_{\mathrm{md}} \tag{9.166}$$

从而有

$$\lambda'_{\mathrm{mf}} = L_{\mathrm{md}}(i'_{\mathrm{f}} + i_{\mathrm{d}} + i'_{\mathrm{kd}}) \tag{9.167}$$

最后，对于d轴的阻尼绕组有

$$\lambda_{\mathrm{mkdp}} = \lambda_{\mathrm{mkd}} = L_{\mathrm{mkd}}i_{\mathrm{kd}} + L_{\mathrm{dkd}}i_{\mathrm{d}} + L_{\mathrm{fkd}}i_{\mathrm{f}} \tag{9.168}$$

或可展开为

$$\lambda_{\mathrm{mkdp}} = \frac{8}{\pi^2}(k_{\mathrm{bd}}N_{\mathrm{b}})^2k_{\mathrm{d}}\mathcal{P}_{\mathrm{p}}i_{\mathrm{kd}} + \frac{12}{\pi^2}\frac{(k_1N_{\mathrm{t}})(k_{\mathrm{bd}}N_{\mathrm{b}})}{P}k_{\mathrm{d}}\mathcal{P}_{\mathrm{p}}\frac{i_{\mathrm{d}}}{C_{\mathrm{s}}} + \frac{8}{\pi^2}\frac{(N_{\mathrm{tf}})(k_{\mathrm{bd}}N_{\mathrm{b}})}{P}k_{\mathrm{d}}\mathcal{P}_{\mathrm{p}}\frac{i_{\mathrm{f}}}{C_{\mathrm{f}}} \tag{9.169}$$

上式可同样归算至定子单个相中

$$\begin{aligned}\left(\frac{k_1N_{\mathrm{t}}}{k_{\mathrm{bd}}N_{\mathrm{b}}}\right)\lambda_{\mathrm{mkdp}} &= \frac{8}{\pi^2}(k_{\mathrm{bd}}N_{\mathrm{b}})(k_1N_{\mathrm{t}})k_{\mathrm{d}}\mathcal{P}_{\mathrm{p}}i_{\mathrm{kd}} + \frac{12}{\pi^2}\frac{(k_1N_{\mathrm{t}})^2}{P}k_{\mathrm{d}}\mathcal{P}_{\mathrm{p}}\frac{i_{\mathrm{d}}}{C_{\mathrm{s}}}\\ &\quad + \frac{8}{\pi^2}\frac{(N_{\mathrm{tf}})(k_1N_{\mathrm{t}})}{P}k_{\mathrm{d}}\mathcal{P}_{\mathrm{p}}\frac{i_{\mathrm{f}}}{C_{\mathrm{f}}}\end{aligned} \tag{9.170}$$

最终得到所有串联极的磁链为

$$\lambda'_{\mathrm{mkd}} = L_{\mathrm{md}}(i'_{\mathrm{kd}} + i_{\mathrm{d}} + i'_{\mathrm{f}}) \tag{9.171}$$

式中

$$\lambda'_{\mathrm{mkd}} = \left(\frac{k_1N_{\mathrm{t}}}{k_{\mathrm{bd}}N_{\mathrm{b}}}\right)\left(\frac{1}{C_{\mathrm{s}}}\right)\lambda_{\mathrm{mkdp}} \tag{9.172}$$

注意由式（9.167）和式（9.172）可知，$\lambda'_{\mathrm{mf}} = \lambda'_{\mathrm{mkd}} = \lambda_{\mathrm{md}}$。

9.10　转子参数归算至定子侧

推导d轴等效电路的最后一步是将励磁绕组和阻尼绕组的参数归算至定子侧，用定子的匝数和相数来表示。励磁绕组每极下的电路可由以下微分方程描述

$$v_{\mathrm{fp}} = r_{\mathrm{fp}}i_{\mathrm{fp}} + L_{\mathrm{lfp}}\frac{\mathrm{d}i_{\mathrm{fp}}}{\mathrm{d}t} + \frac{\mathrm{d}\lambda_{\mathrm{mfp}}}{\mathrm{d}t} \tag{9.173}$$

式中，每个变量下标中最后一个字母 p 表示该变量为对应“每极”的量。将该方程乘以（k_1N_{t}）/（N_{tf}）可得

$$\left(\frac{k_1 N_t}{N_{tf}}\right)v_{fp} = \left(\frac{k_1 N_t}{N_{tf}}\right)r_{fp}\left(\frac{i_f}{C_f}\right) + \left(\frac{k_1 N_t}{N_{tf}}\right)L_{lfp}\frac{d}{dt}\left(\frac{i_f}{C_f}\right) + \frac{d\left(\frac{k_1 N_t}{N_{tf}}\right)\lambda_{mfp}}{dt} \tag{9.174}$$

回顾式（9.161）可知，对总的励磁电压有

$$\frac{C_f}{P}\left(\frac{k_1 N_t}{N_{tf}}\right)v_f = \left(\frac{k_1 N_t}{N_{tf}}\right)r_{fp}\frac{i_f}{C_f} + \left(\frac{k_1 N_t}{N_{tf}}\right)L_{lfp}\frac{d}{dt}\left(\frac{i_f}{C_f}\right) + \frac{d\lambda'_{mfp}}{dt} \tag{9.175}$$

整理上式并注意式（9.154）中的定义可得

$$\begin{aligned}\frac{C_f}{P}\left(\frac{k_1 N_t}{N_{tf}}\right)v_f = {}& \frac{3}{2}\frac{1}{C_s}\left(\frac{k_1 N_t}{N_{tf}}\right)^2 r_{fp}\left[\frac{2}{3}\left(\frac{C_s}{C_f}\right)\frac{(N_{tf})}{(k_1 N_t)}i_f\right] \\ & + \frac{3}{2}\frac{1}{C_s}\left(\frac{k_1 N_t}{N_{tf}}\right)^2 L_{lfp}\frac{d}{dt}\left[\frac{2}{3}\left(\frac{C_s}{C_f}\right)\frac{(N_{tf})}{k_1 N_t}i_f\right] + \frac{d\lambda'_{mfp}}{dt}\end{aligned} \tag{9.176}$$

每极的电感和电阻可由以下两式关联至由励磁绕组端口量得的实际励磁电阻 r_f 和漏感 L_{lf}

$$r_{fp} = \frac{C_f^2}{P}r_f \tag{9.177}$$

$$L_{lfp} = \frac{C_f^2}{P}L_{lf} \tag{9.178}$$

将式（9.176）乘以 P/C_s，并利用式（9.177）和式（9.178），可得

$$\begin{aligned}\frac{C_f}{C_s}\left(\frac{k_1 N_t}{N_{tf}}\right)v_f = {}& \frac{3}{2}\frac{C_f}{C_s}\left[\left(\frac{k_1 N_t}{N_{tf}}\right)^2 r_f\right]\left[\frac{2}{3}\left(\frac{C_s}{C_f}\right)\frac{(N_{tf})}{k_1 N_t}i_f\right] \\ & + \frac{3}{2}\frac{C_f}{C_s}\left(\frac{k_1 N_t}{N_{tf}}\right)^2 L_{lf}\left(\frac{d}{dt}\left[\frac{2}{3}\left(\frac{C_s}{C_f}\right)\frac{(N_{tf})}{(k_1 N_t)}i_f\right]\right) + \frac{d}{dt}\left(\frac{P}{C_s}\lambda_{mfp}\right)\end{aligned} \tag{9.179}$$

注意式（9.154）并作如下定义

$$r'_f = \frac{3}{2}\left(\frac{C_f}{C_s}\right)^2\left(\frac{k_1 N_t}{N_{tf}}\right)^2 r_f = \frac{3}{2}\left(\frac{k_1 N_s}{N_f}\right)^2 r_f \tag{9.180}$$

$$L'_{lf} = \frac{3}{2}\left(\frac{C_f}{C_s}\right)^2\left(\frac{k_1 N_t}{N_{tf}}\right)^2 L_{lf} = \frac{3}{2}\left(\frac{k_1 N_s}{N_f}\right)^2 L_{lf} \tag{9.181}$$

$$v'_f = \frac{C_f}{C_s}\left(\frac{k_1 N_t}{N_{tf}}\right)v_f = \left(\frac{k_1 N_s}{N_f}\right)v_f \tag{9.182}$$

$$i'_f = \frac{2}{3}\left(\frac{C_s}{C_f}\right)\frac{(N_{tf})}{(k_1 N_t)}i_f = \frac{2}{3}\left(\frac{N_f}{k_1 N_s}\right)i_f \tag{9.183}$$

最终可得

$$v'_f = r'_f i'_f + L'_{lf}\frac{di'_f}{dt} + \frac{d\lambda'_{mf}}{dt} \tag{9.184}$$

式中，λ'_{mf} 由式（9.167）定义。

直轴阻尼绕组电路可通过同样的方式归算至定子侧。归算后的结果为

$$v'_{kd} = 0 = r'_{kd} i'_{kd} + L'_{lkd} \frac{di'_{kd}}{dt} + \frac{d\lambda'_{mkd}}{dt} \tag{9.185}$$

式中

$$r'_{kd} = \frac{3}{2} \frac{1}{C_s^2} \left(\frac{k_1 N_t}{k_{bd} N_b}\right)^2 r_b = \frac{3}{2} \left(\frac{k_1 N_s}{k_{bd} N_b}\right)^2 r_b \tag{9.186}$$

$$L'_{lkd} = \frac{3}{2} \frac{1}{C_s^2} \left(\frac{k_1 N_t}{k_{bd} N_b}\right)^2 L_{be} = \frac{3}{2} \left(\frac{k_1 N_s}{k_{bd} N_b}\right)^2 L_{be} \tag{9.187}$$

L_{be}需要考虑式（9.143）所示的阻尼绕组电流产生的高次谐波气隙磁通密度所引发的气隙漏磁通。也就是说，$L_{be} = (1 + k_{bar,h}) L_b$。电励磁凸极同步电机的完整 d 轴等效电路如图 9.20 所示。

在该电路中，极面漏磁通的影响已由励磁绕组漏感计及。正式写为

$$L''_{lf} = L'_{lf,pf} + L'_{lf} \tag{9.188}$$

极面漏感 $L'_{lf,pf}$已考虑了 9.5 节和 9.6 节中的极身漏磁通、齿顶漏磁通在内的所有励磁漏感。L'_{lkd}则包括了 9.7 节中的导条电感和谐波漏感。所有这些电感必须按与之前类似的方式归算至定子侧。

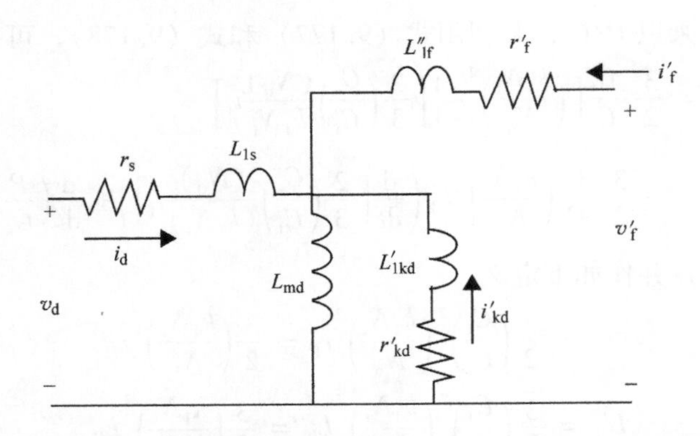

图 9.20 电励磁凸极同步电机的完整 d 轴等效电路。其中未绘出由派克变换带来的速度电动势

9.11 交轴等效电路

交轴等效电路参数可由与直轴相似的方式得到。再次假定阻尼绕组为断续型，每极有 6 个导条。阻尼绕组回路由定子磁通激励，此时对准转子 q 轴，如图 9.21所示。请注意，与图 9.18 相比，转子导条已被重新编号。

由图可见，这种情况下转子导条电路可由以下方程组描述

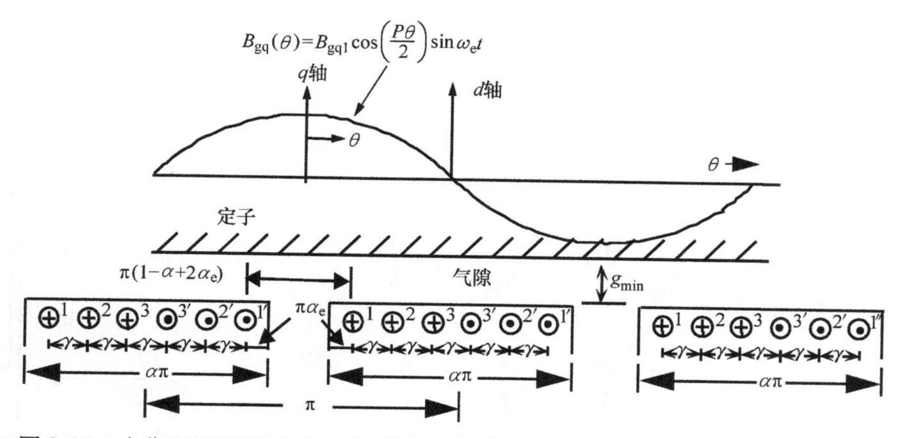

图9.21　由位于极间区域（q轴）的交变气隙磁通密度激励的断续型阻尼绕组导条

$$
\frac{\mathrm{d}}{\mathrm{d}t}\begin{bmatrix}\Phi_{12}\\ \Phi_{23}\\ \Phi_{34}\\ \vdots\\ \Phi_{n-1,n}\end{bmatrix}=\begin{bmatrix}e_1-e_2\\ e_2-e_3\\ e_3-e_4\\ \vdots\\ e_{n-1}-e_n\end{bmatrix}=R_b\begin{bmatrix}1+\frac{2R_e}{R_b} & -1 & 0 & 0 & \cdots & 0 & 0\\ \frac{2R_e}{R_b} & 1+\frac{2R_e}{R_b} & -1 & 0 & \cdots & 0 & 0\\ \frac{2R_e}{R_b} & \frac{2R_e}{R_b} & 1+\frac{2R_e}{R_b} & -1 & \cdots & 0 & 0\\ \vdots & \vdots & \vdots & \vdots & & \vdots & 0\\ \frac{2R_e}{R_b} & \frac{2R_e}{R_b} & \frac{2R_e}{R_b} & \frac{2R_e}{R_b} & \cdots & 1+\frac{2R_e}{R_b} & -1\end{bmatrix}\begin{bmatrix}i_{b1}\\ i_{b2}\\ i_{b3}\\ \vdots\\ i_{bn}\end{bmatrix}
$$

$$
+L_b\begin{bmatrix}1+\frac{2L_e}{L_b} & -1 & 0 & 0 & \cdots & 0 & 0\\ \frac{2L_e}{L_b} & 1+\frac{2L_e}{L_b} & -1 & 0 & \cdots & 0 & 0\\ \frac{2L_e}{L_b} & \frac{2L_e}{L_b} & 1+\frac{2L_e}{L_b} & -1 & \cdots & 0 & 0\\ \vdots & \vdots & \vdots & \vdots & & \vdots & 0\\ \frac{2L_e}{L_b} & \frac{2L_e}{L_b} & \frac{2L_e}{L_b} & \frac{2L_e}{L_b} & \cdots & 1+\frac{2L_e}{L_b} & -1\end{bmatrix}\times\frac{\mathrm{d}}{\mathrm{d}t}\begin{bmatrix}i_{b1}\\ i_{b2}\\ i_{b3}\\ \vdots\\ i_{bn}\end{bmatrix}
$$

(9.189)

再次观察其中两个关联矩阵的对称性，可用与式（9.129）相似的方式求取电流对时间的微分。但这时电感矩阵不再是方阵，其逆矩阵不复存在。这一问题可通过引入以下约束来解决。

$$
i_{bn}=-(i_{b1}+i_{b2}+\cdots+i_{b,n-1}) \tag{9.190}
$$

式（9.189）变为

$$\frac{\mathrm{d}}{\mathrm{d}t}\begin{bmatrix}\Phi_{12}\\ \Phi_{23}\\ \Phi_{34}\\ \vdots\\ \Phi_{n,n-1}\end{bmatrix}=\begin{bmatrix}e_1-e_2\\ e_2-e_3\\ e_3-e_4\\ \vdots\\ e_{n-1}-e_n\end{bmatrix}=R_\mathrm{b}\begin{bmatrix}1+\frac{2R_\mathrm{e}}{R_\mathrm{b}} & -1 & 0 & 0 & \cdots & 0 & 0\\ \frac{2R_\mathrm{e}}{R_\mathrm{b}} & 1+\frac{2R_\mathrm{e}}{R_\mathrm{b}} & -1 & 0 & \cdots & 0 & 0\\ \frac{2R_\mathrm{e}}{R_\mathrm{b}} & \frac{2R_\mathrm{e}}{R_\mathrm{b}} & 1+\frac{2R_\mathrm{e}}{R_\mathrm{b}} & -1 & \cdots & 0 & 0\\ \vdots & \vdots & \vdots & \vdots & & \vdots & 0\\ \frac{2R_\mathrm{e}}{R_\mathrm{b}} & \frac{2R_\mathrm{e}}{R_\mathrm{b}} & \frac{2R_\mathrm{e}}{R_\mathrm{b}} & \frac{2R_\mathrm{e}}{R_\mathrm{b}} & \cdots & 1+\frac{2R_\mathrm{e}}{R_\mathrm{b}} & -1\\ 1+\frac{2R_\mathrm{e}}{R_\mathrm{b}} & 1+\frac{2R_\mathrm{e}}{R_\mathrm{b}} & 1+\frac{2R_\mathrm{e}}{R_\mathrm{b}} & 1+\frac{2R_\mathrm{e}}{R_\mathrm{b}} & \cdots & 1+\frac{2R_\mathrm{e}}{R_\mathrm{b}} & 2+\frac{2R_\mathrm{e}}{R_\mathrm{b}}\end{bmatrix}\begin{bmatrix}i_\mathrm{b1}\\ i_\mathrm{b2}\\ i_\mathrm{b3}\\ \vdots\\ i_{\mathrm{b},n-1}\end{bmatrix}$$

$$+L_\mathrm{b}\begin{bmatrix}1+\frac{2L_\mathrm{e}}{L_\mathrm{b}} & -1 & 0 & 0 & \cdots & 0 & 0\\ \frac{2L_\mathrm{e}}{L_\mathrm{b}} & 1+\frac{2L_\mathrm{e}}{L_\mathrm{b}} & -1 & 0 & \cdots & 0 & 0\\ \frac{2L_\mathrm{e}}{L_\mathrm{b}} & \frac{2L_\mathrm{e}}{L_\mathrm{b}} & 1+\frac{2L_\mathrm{e}}{L_\mathrm{b}} & -1 & \cdots & 0 & 0\\ \vdots & \vdots & \vdots & \vdots & & \vdots & 0\\ \frac{2L_\mathrm{e}}{L_\mathrm{b}} & \frac{2L_\mathrm{e}}{L_\mathrm{b}} & \frac{2L_\mathrm{e}}{L_\mathrm{b}} & \frac{2L_\mathrm{e}}{L_\mathrm{b}} & \cdots & 1+\frac{2L_\mathrm{e}}{L_\mathrm{b}} & -1\\ 1+\frac{2L_\mathrm{e}}{L_\mathrm{b}} & 1+\frac{2L_\mathrm{e}}{L_\mathrm{b}} & 1+\frac{2L_\mathrm{e}}{L_\mathrm{b}} & 1+\frac{2L_\mathrm{e}}{L_\mathrm{b}} & \cdots & 1+\frac{2L_\mathrm{e}}{L_\mathrm{b}} & 2+\frac{2L_\mathrm{e}}{L_\mathrm{b}}\end{bmatrix}\times\frac{\mathrm{d}}{\mathrm{d}t}\begin{bmatrix}i_\mathrm{b1}\\ i_\mathrm{b2}\\ i_\mathrm{b3}\\ \vdots\\ i_{\mathrm{b},n-1}\end{bmatrix} \tag{9.191}$$

同样地，将以上矩阵方程简写为

$$[e_\mathrm{b}]=R_\mathrm{b}[S_1][i_\mathrm{b}]+L_\mathrm{b}\frac{\mathrm{d}}{\mathrm{d}t}[S_2][i_\mathrm{b}] \tag{9.192}$$

式中

$$[S_1]=[S_2]=[S]$$

则方程组变为

$$L_\mathrm{b}\frac{\mathrm{d}}{\mathrm{d}t}[i_\mathrm{b}]+R_\mathrm{b}[i_\mathrm{b}]=[S]^{-1}[e_\mathrm{b}] \tag{9.193}$$

同样地，导条电流的最终表达式彼此不存在耦合，因此流经导条的电流均同相，仅幅值有所不同。

这种情况下，$[e_\mathrm{b}]$ 可按下述方式得到。参考图 9.21，与 1、2 号导条交链

的磁链为

$$\Phi_{12} = \frac{k_{q}B_{gq,pk}l_{e}D_{or}}{2}\sin\omega_{e}t\int_{\frac{[(1-\alpha+2\alpha_{e})]\pi/2}{P}}^{[(1-\alpha+2\alpha_{e})]\pi/2+\gamma}\cos\frac{P\theta}{2}d\theta \tag{9.194}$$

式中，$B_{gq,pk}$为当电机在 q 轴激励时气隙磁通密度的最大值，并且

$$k_{q}B_{gq,pk} = B_{gq1} \tag{9.195}$$

D_{or}是在转子 d 轴处的直径。求解以上积分，并将结果对时间求导可得

$$\frac{d\Phi_{12}}{dt} = e_{1} - e_{2} = \frac{\omega_{e}k_{q}B_{gq,pk}l_{e}D_{or}}{2}\cos\omega_{e}t \times \left\{\sin\frac{1}{2}\left(\left[\frac{1-\alpha}{2}+\alpha_{e}\right]\pi+\gamma\right) - \sin\frac{1}{2}\left(\left[\frac{1-\alpha}{2}+\alpha_{e}\right]\pi\right)\right\} \tag{9.196}$$

类似地

$$\frac{d\Phi_{23}}{dt} = e_{2} - e_{3} = \frac{\omega_{e}k_{q}B_{gq,pk}l_{e}D_{or}}{2}\cos\omega_{e}t \times \left\{\sin\frac{1}{2}\left(\left[\frac{1-\alpha}{2}+\alpha_{e}\right]\pi+2\gamma\right) - \sin\frac{1}{2}\left(\left[\frac{1-\alpha}{2}+\alpha_{e}\right]\pi+\gamma\right)\right\} \tag{9.197}$$

依此类推，可得到任意的$(d\Phi_{n-1,n})/(dt)$。基于以下基值将式（9.193）标幺化

$$E_{b} = \frac{\omega_{e}k_{q}B_{gq,pk}l_{e}D_{or}}{2} \tag{9.198}$$

如此可得

$$L_{b}\frac{d}{dt}[i_{b}] + R_{b}[i_{b}] = E_{b}\cos\omega_{e}t[S]^{-1}[e_{b,pu}] \tag{9.199}$$

式（9.199）的解为

$$[i_{b}] = \frac{E_{b}}{Z_{b}}\cos(\omega_{e}t-\phi_{b})[S]^{-1}[e_{b,pu}] \tag{9.200}$$

式中

$$[e_{b,pu}] = \begin{bmatrix} \sin\frac{1}{2}\left(\left[\frac{1-\alpha}{2}+\alpha_{e}\right]\pi+\gamma\right) - \sin\left(\frac{1}{2}\left[\frac{1-\alpha}{2}+\alpha_{e}\right]\pi\right) \\ \sin\frac{1}{2}\left(\left[\frac{1-\alpha}{2}+\alpha_{e}\right]\pi+2\gamma\right) - \sin\left(\frac{1}{2}\left[\frac{1-\alpha}{2}+\alpha_{e}\right]\pi+\gamma\right) \\ \vdots \\ \sin\frac{1}{2}\left(\left[\frac{1-\alpha}{2}+\alpha_{e}\right]\pi+(n-1)\gamma\right) - \sin\left(\frac{1}{2}\left[\frac{1-\alpha}{2}+\alpha_{e}\right]\pi+(n-2)\gamma\right) \end{bmatrix} \tag{9.201}$$

图 9.22 所示为对应每极 6 个导条的典型交轴电流分布和相应的磁动势。注意在磁极中心附近的导条内部电流实际上是与由点号和叉号标识的假定电流正方向相反的。显而易见，当由交轴电流激励时，最边上的导条承受最大的电流应力。这一现象在电机由半导体开关电源供电，且电机的功率因数被控为较高时（此时定子电流存在很大的交轴分量）会产生重要的影响。再次注意交轴转子导条电流产生的磁动势与导条电流的关系为

$$\mathcal{F}_{bq}(\theta) = N_b\left(\int_0^{2\pi}\left[\sum_{k=1}^{N_b} i_{b,pu}(k)\delta(k)\right]\right)d\theta \tag{9.202}$$

式中，$\delta(k)$为脉冲函数。

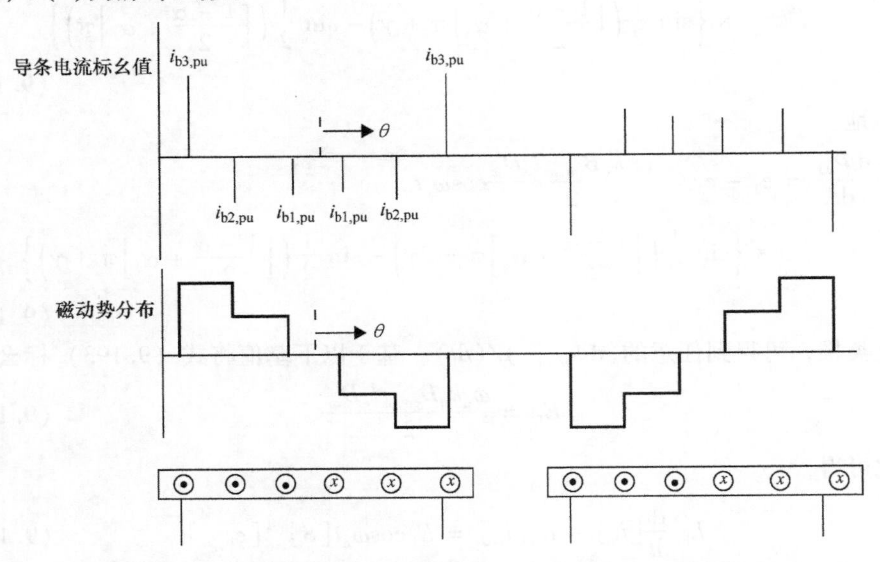

图 9.22　交轴电流激励下断续型阻尼绕组的导条电流标幺值与相应的磁动势分布

尽管以上仅考虑了具有偶数个导条的特殊情况，当导条数目为奇数时，结果在本质上也是一样的，只需令 $e_{b,n}=0$，其中 $n=(N_b+1)/2$ 代表最中间的导条。另外一种重要的阻尼绕组结构是连续型。尽管端环连续这一特点在 d 轴等效电路中并不重要，但在 q 轴上会有很大影响。图 9.23 所示为这种情况下典型的导条电流和磁动势分布。

磁动势可以表示为

$$\mathcal{F}_{bq}(\theta) = I_b\mathcal{F}_{bq,pu}(\theta) \tag{9.203}$$

$\mathcal{F}_{bq,pu}(\theta)$ 的基波分量可由交轴导条因数 k_{bq}定义

$$\mathcal{F}_{bq,pu1} = \frac{2}{\pi}\int_{-(\alpha\pi)/P}^{(\alpha\pi)/P}\mathcal{F}_{bq,pu}(\theta)\sin\left(\frac{P}{2}\theta\right)d\theta \tag{9.204}$$

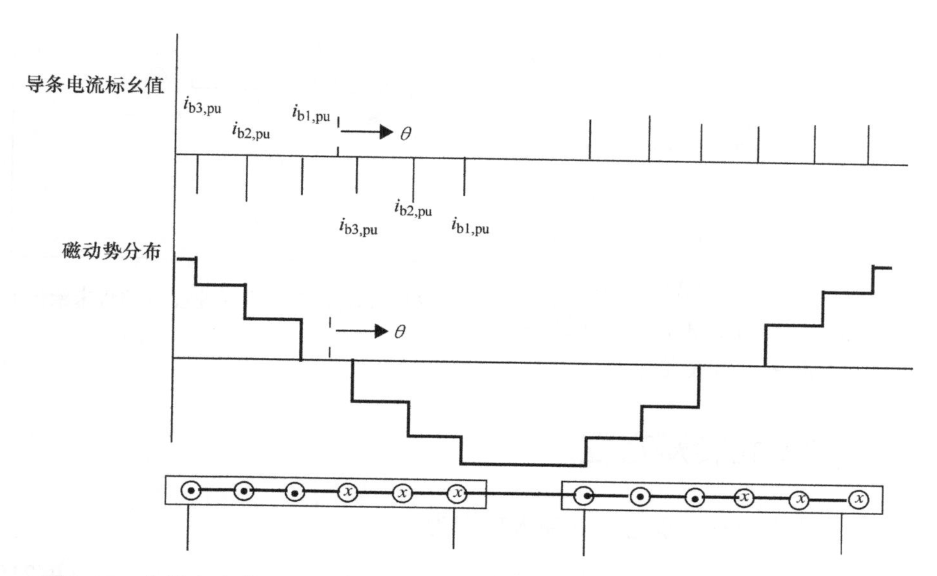

图9.23 交轴电流激励下连续型阻尼绕组的导条电流标幺值与相应的磁动势分布

有

$$k_{bq} = \left(\frac{\pi}{4}\right)\mathcal{F}_{bq,pu1} \tag{9.205}$$

非基波分量可同样视为漏磁通分量，即

$$L_{qb,h} = k_{lkq}L_b \tag{9.206}$$

式中

$$k_{lkq} = \sqrt{\sum_{h=3,5,7}^{\infty} k_{bq,h}} \tag{9.207}$$

再次利用9.10节中的方式，将导条参数归算至定子侧，最终结果为

$$v_q = r_s i_q + L_{ls}\frac{di_q}{dt} + \frac{d\lambda_{mq}}{dt} \tag{9.208}$$

$$0 = r'_{kq}i'_{kq} + L'_{lkq}\frac{di'_{kq}}{dt} + \frac{d\lambda_{mq}}{dt} \tag{9.209}$$

式中

$$\lambda_{mq} = L_{mq}(i_q + i'_{kq}) \tag{9.210}$$

以上各式中

$$r'_{kq} = \frac{3}{2}\left(\frac{k_1 N_s}{k_{bq}N_b}\right)^2 r_b \tag{9.211}$$

$$L'_{lkq} = \frac{3}{2}\left(\frac{k_1 N_s}{k_{bq}N_b}\right)^2 L_{be} \tag{9.212}$$

$$i'_{kq} = \frac{2}{3}\left(\frac{k_{bq}N_b}{k_1N_s}\right)i_{bq} \quad (9.213)$$

$$L_{mq} = \left(\frac{12}{\pi^2}\right)\frac{(k_1N_s)^2}{P}\mu_0\frac{\tau_p l_e}{g_e}k_q \quad (9.214)$$

完整的 q 轴等效电路如图 9.24 所示。其中，L_{be}既要计及气隙磁通密度高次谐波对应的气隙漏磁通，也要包括转子槽和端环带来的漏磁通。

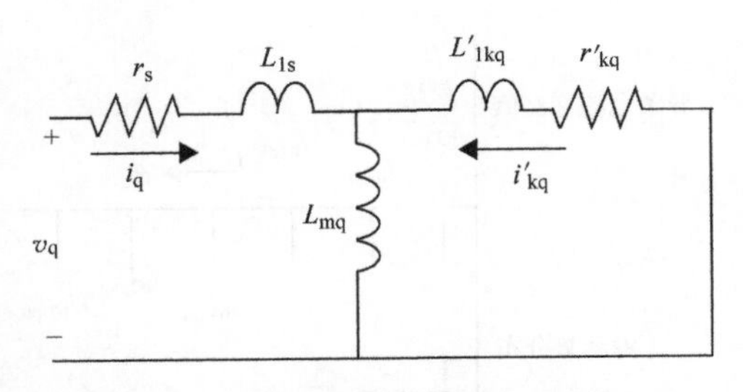

图 9.24　q 轴等效电路（速度电动势未绘出）

9.12　功率和转矩方程

假定同步电机处于稳态，其输入功率为

$$P_e = \frac{3}{2}(v_q i_q + v_d i_d) \quad (9.215)$$

式中，系数“3/2”是由三相到两相的变换带来的，这在 2.10 节中已经讨论过。暂时忽略 d 轴和 q 轴定子电路中的电阻，并假定 dq 轴不旋转，则电压 v_d和 v_q等于相应轴上的磁链对时间的导数。

如图 9.25 所示，假定三相正弦激励，正弦变化的磁链对时间的变化率（电压）则超前相应的磁链 90°电角度，从而有

$$P_e = \frac{3}{2}(\omega_e\lambda_d i_q - \omega_e\lambda_q i_d) \quad (9.216)$$

由电角速度和机械角速度的关系 $\omega_e = (P/2)\ \omega_r$可知

$$P_e = \frac{3}{2}\left(\frac{P}{2}\right)\omega_r(\lambda_d i_q - \lambda_q i_d) \quad (9.217)$$

由于在稳态下

$$\lambda_q = (L_{ls} + L_{mq})I_q \quad (9.218)$$

$$\lambda_d = (L_{ls} + L_{md})(I_d + I'_f) \quad (9.219)$$

转矩方程可写为

$$T_e = \frac{P_e}{\omega_r} = \frac{3}{2}\left(\frac{P}{2}\right)[L_{md}(I_d + I'_f)I_q - L_{mq}I_qI_d] \quad (9.220)$$

可见转矩由两项组成，分别为反作用转矩（励磁转矩）和磁阻转矩，即

$$T_e = T_{e,fd} + T_{e,rel} \quad (9.221)$$

式中

$$T_{e,fd} = \frac{3}{2}\left(\frac{P}{2}\right)L_{md}I_qI'_f \quad (9.222)$$

$$T_{e,rel}=\frac{3}{2}\left(\frac{P}{2}\right)(L_{md}-L_{mq})I_dI_q \tag{9.223}$$

式中

$$L_{md}=\frac{12}{\pi}\left(\frac{k_1N_s}{P}\right)^2\left(\mu_0\frac{D_{is}l_e}{g_e}\right)k_d \tag{9.224}$$

以及

$$L_{mq}=\frac{12}{\pi}\left(\frac{k_1N_s}{P}\right)^2\left(\mu_0\frac{D_{is}l_e}{g_e}\right)k_q \tag{9.225}$$

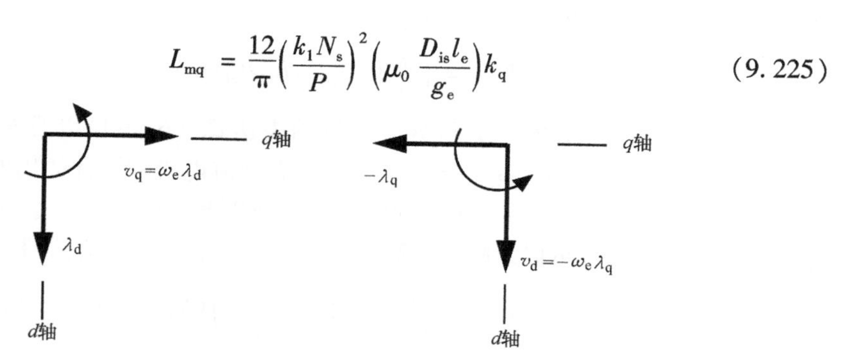

图9.25 同步旋转的 dq 电压矢量及相应的磁链矢量

由式（8.25）可知，对应三相系统的电流片幅值为

$$K_{s1}=\left(\frac{P}{D_{is}}\right)\mathcal{F}_{s1}=\frac{6}{\pi}\left(\frac{k_1N_s}{D_{is}}\right)I_s \tag{9.226}$$

对应等效的两相系统的电流片的 q 轴分量为

$$K_{q1}=\frac{6}{\pi}\left(\frac{k_1N_s}{D_{is}}\right)I_q \tag{9.227}$$

以上两个电流片的关系为

$$K_{q1}=K_{s1}\cos\varepsilon=\frac{6}{\pi}\left(\frac{k_1N_s}{D_{is}}\right)I_s\cos\varepsilon \tag{9.228}$$

式中，ε 为第8章中定义的磁动势角度，对应电流片 K_{s1} 幅值与磁场轴（这种情况下是励磁绕组轴线）之间的空间角度。

将式（9.224）和式（9.227）代入式（9.222），可得励磁转矩为

$$T_{e,fd}=\frac{3}{2}\left(\frac{P}{2}\right)\left[\frac{12}{\pi}\left(\frac{k_1N_s}{P}\right)^2\left(\mu_0\frac{D_{is}l_e}{g_e}\right)k_d\right]\left(\frac{K_{q1}I'_f}{\frac{6}{\pi}\left(\frac{k_1N_s}{D_{is}}\right)}\right) \tag{9.229}$$

利用式（9.228）

$$T_{e,fd}=\frac{3}{2}\left(\frac{P}{2}\right)\left[\frac{12}{\pi}\left(\frac{k_1N_s}{P}\right)^2\left(\mu_0\frac{D_{is}l_e}{g_e}\right)k_d\right]\left(\frac{K_{s1}I'_f\cos\varepsilon}{\frac{6}{\pi}\left(\frac{k_1N_s}{D_{is}}\right)}\right) \tag{9.230}$$

化简之后可得

$$T_{e,fd} = \frac{3}{2}\left(\frac{k_1 N_s}{P}\right)\left(\mu_0 \frac{D_{is}^2 l_e}{g_e}\right) k_d (K_{s1} I'_f \cos\varepsilon) \tag{9.231}$$

由励磁电流产生的气隙磁通密度为

$$B_{gf1} = \frac{\mu_0 \mathcal{F}_{f1}}{g_e} = \mu_0 \frac{3}{2}\left(\frac{4}{\pi}\right)\left(\frac{k_1 N_s}{P}\right) k_d \left(\frac{I'_f}{g_e}\right) \tag{9.232}$$

用上式替代式（9.230）中的励磁电流 I'_f 则有

$$T_{e,fd} = \left(\frac{\pi}{4}\right)(D_{is}^2 l_e) K_{s1} B_{gf1} \cos\varepsilon \tag{9.233}$$

值得注意的是，该结果本质上与感应电机的表达式（6.16）以及永磁电机的表达式（8.35）是一样的。这一结论是几乎所有交流电机的设计的出发点。

转矩方程（9.221）中的第二项对应电机凸极产生的转矩，这部分一般远小于反作用转矩，通常可以忽略。磁阻转矩表达式可利用以下方式进行展开

$$L_{md} - L_{mq} = \frac{12}{\pi}\left(\frac{k_1 N_s}{P}\right)^2 \mu_0 \left(\frac{D_{is} l_e}{g_e}\right)(k_d - k_q) \tag{9.234}$$

因此

$$T_{e,rel} = \frac{3}{2}\left(\frac{P}{2}\right)\frac{12}{\pi}\left(\frac{k_1 N_s}{P}\right)^2 \mu_0 \left(\frac{D_{is} l_e}{g_e}\right)(k_d - k_q) I_d I_q \tag{9.235}$$

进一步将下式代入

$$K_{q1} = K_{s1} \sin\varepsilon = \frac{6}{\pi}\left(\frac{k_1 N_s}{D_{is}}\right) I_q \tag{9.236}$$

$$B_{gd1} = B_{g1} \cos\varepsilon = \mu_0 \frac{6}{\pi}\left(\frac{k_1 N_s}{P}\right)\frac{I_d}{g_e} \tag{9.237}$$

从而可得

$$T_{e,rel} = \frac{\pi}{4}(D_{is}^2 l_e)(k_d - k_q) B_{g1} K_{s1} \left(\frac{\sin 2\varepsilon}{2}\right) \tag{9.238}$$

上式中气隙磁通密度 B_{g1} 是由直轴电枢电流本身，而非励磁电流产生的。由此式可见，磁阻转矩不随着极数或励磁绕组匝数变化。

另一种表达磁阻转矩的方式是将之写为面电流密度的函数。这时，在式（9.236）的基础上，有

$$K_{d1} = K_{s1} \cos\varepsilon = \frac{6}{\pi}\left(\frac{k_1 N_s}{D_{is}}\right) I_d \tag{9.239}$$

这时磁阻转矩可写为

$$T_{e,rel} = \frac{\pi}{4}\left(\frac{1}{P}\right)\left(\mu_0 \frac{D_{is}^3 l_e}{g_e}\right)(k_d - k_q) K_{s1}^2 \left(\frac{\sin 2\varepsilon}{2}\right) \tag{9.240}$$

尽管在设计同步电机时通常忽略磁阻转矩，但以上公式在设计仅依靠凸极产生转矩的同步磁阻电机时则可作为设计的出发点。

9.13 磁剪应力

电励磁同步电机的设计过程与感应电机大体一致，其面电流密度和电流密度的限制可按6.8节和6.9节中的值设置。Liwschitz-Garik提供了用于估计电励磁同步电机磁剪应力和长径比的曲线，如图9.26和图9.27所示。其磁剪应力在11~22kN/m^{2}的范围内变化，而笼型感应电机的这一范围为5~19kN/m^2。Liwschitz-Garik提到对于不具备水冷的大型凸极同步电机，σ_m甚至可达34kN/m^2。同步电机更经常地具有较小的长径比，这意味着与相近的感应电机相比，其直径较大，长度较短。这一趋势可部分归因于同步电机转子上为磁极结构和相应的励磁绕组提供的额外空间。

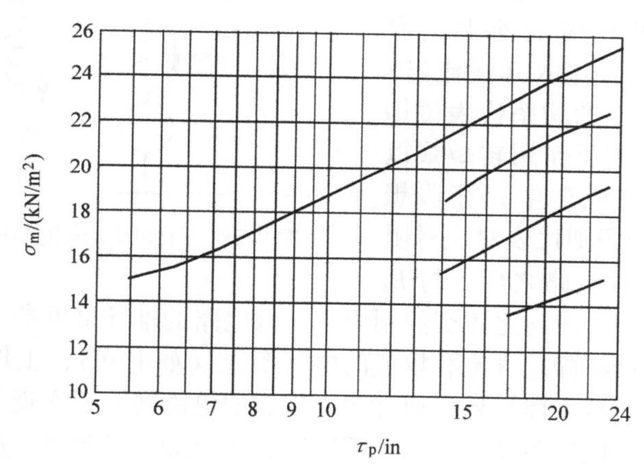

图9.26 电励磁凸极同步电机磁剪应力σ_m随着极距τ_p变化的曲线（源自参考文献［3］）

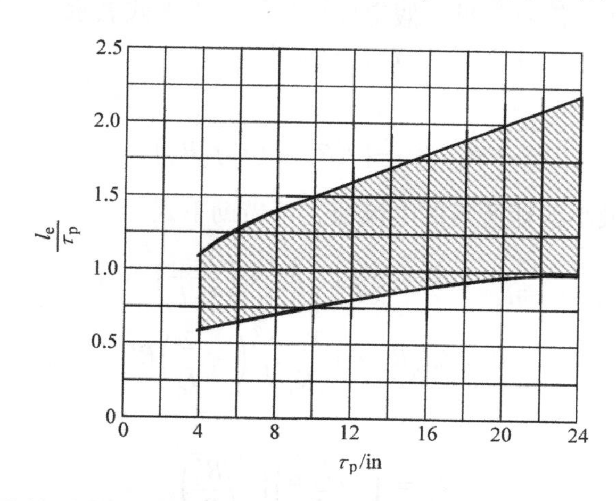

图9.27 电励磁凸极同步电机有效铁心长度与极距之比（长径比）随极距变化的曲线[3]

9.14 励磁电流总则

与感应电机和永磁电机不同，电励磁同步电机是一个双端口，而非单端口系统。为了使设计的电机达到期望的转矩，可以用多种不同的电枢电流和励磁电流组合方案来实现，因为电机转矩等于这两者的乘积。一般来说，电枢电流的 d 轴分量由功率因数要求决定。同步发电机一般要设计为在达到额定端电压时功率因数为1，从而完全满足电机的励磁需求，有时甚至需达到0.9或0.8的超前功率因数，从而为感性负载提供磁化电流。

图9.28中的相等效电路可用于求解调节端电压和功率因数所需的电流分量（以及相应的面电流密度）。在该电路中，流入（或流出）电压源 $\widetilde{E}_i = \widetilde{X}_{md}\, i'_f$ 的功率代表磁场功率（励磁转矩或反作用转矩乘以转速），而消耗（或产生）在假想的电阻 R_{rel} 上的功率则代表对应磁阻转矩的功率。求解电路之后，与 $\widetilde{E}_i$ 同相的电流分量即 I_q 而与之正交的则为 I_d。该电路的推导可见参考文献［4］。

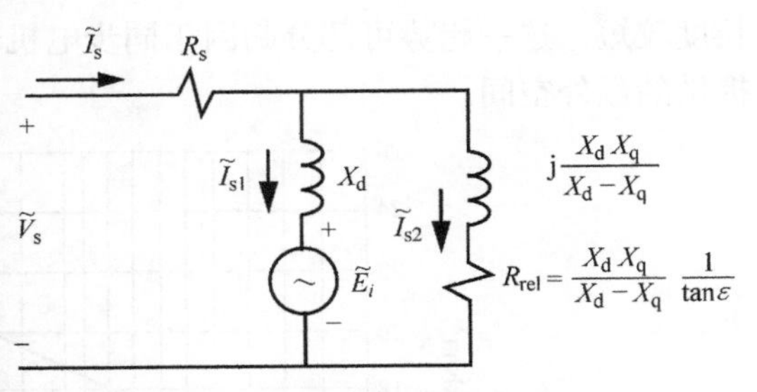

图9.28 凸极同步电机的相等效电路

当同步电机接在固定频率和幅值的电压源上（如电网），工作在电动机模式时，其需求与发电机大体一致，通常要在特定的电磁转矩下实现单位功率因数运行。然而在当今的电机驱动中，功率因数问题不再如电机效率一般重要。因电机驱动须在不同的转速和转矩条件下运行，需要控制功率源（逆变器和励磁电源）以实现损耗最小化。简单起见，假定反作用转矩由下式表示

$$T_{e,fd} = K_T I_q I'_f \tag{9.241}$$

对应的铜耗为

$$P_{cu} = \frac{3}{2}\left[I_q^2 R_s + (I'_f)^2 R'_f\right] \tag{9.242}$$

为求得实现最小铜耗所需的电流值，可借助下式

$$\frac{\partial P_{cu}}{\partial I_q} = 0 = \frac{\partial}{\partial I_q}\left[I_q^2 R_s + \left(\frac{T_{e,fd}}{K_T I_q}\right)^2 R'_f\right] \tag{9.243}$$

$$0 = 2 I_q R_s + \left(\frac{T_{e,fd}}{K_T}\right)^2\left(-\frac{2}{I_q^3}\right) R'_f \tag{9.244}$$

求解后可得

$$I_q = \left(\sqrt{\frac{T_{e,fd}}{K_T}}\right)\left(\sqrt[4]{\frac{R'_f}{R_s}}\right) \tag{9.245}$$

$$I'_{f} = \left(\sqrt{\frac{T_{e,fd}}{K_{T}}}\right)\left(\sqrt[4]{\frac{R_{s}}{R'_{f}}}\right) \tag{9.246}$$

因此，若令 I_d为 0，且对任何转矩和转速值，均维持以下关系，即可实现铜耗最小化。

$$\frac{I_q}{I'_f} = \sqrt{\left(\frac{R'_f}{R_s}\right)} \tag{9.247}$$

带“′”的值是归算至定子侧的，利用式（9.180）和式（9.183）将之转换为实际的励磁电阻和电流

$$R_f = \frac{2}{3}\left(\frac{N_f}{k_1 N_s}\right)^2 R'_f \tag{9.248}$$

$$I_f = \frac{3}{2}\frac{(k_1 N_s)}{(N_f)}I'_f \tag{9.249}$$

因此，用实际值表示时，式（9.247）可写为

$$\frac{I_q}{I_f} = \frac{3}{2}\left(\frac{k_1 N_s}{N_f}\right)^2 \sqrt{\frac{R_f}{R_s}} \tag{9.250}$$

可以增加电流的 d 轴分量，借助相对较小的磁阻转矩来增强转矩，如果要使效率最大化，转子转速必须足够大，以便

$$\frac{3}{2}I_d^2 R_s < \omega_r T_{e,rel} \tag{9.251}$$

9.15 总结

本章再次较为浅显地介绍了同步电机的设计问题。为获得满意的设计，关键是需要在功率密度和散热能力之间取得平衡。第 9 章中的内容能够为达到这一平衡提供一个较为合理的起始点。对这一主题的详尽讨论超出了本书的范围。然而，读者可通过阅读参考文献［5，6］来获取相关的重要信息。可惜的是，这一主题的最全信息是记录在诸如参考文献［7］之类的德语文献中。

参考文献

[1] R. W. Wieseman, “Graphical determination of magnetic fields. practical applications to salient-pole synchronous machine design”, *Trans. AIEE*, vol. 46 1927, pp. 141–148.

[2] D. Ginsberg, A. L. Jokl, and Blum “Calculation of no-load wave shape of salient-pole a-c generators”, *Trans. AIEE*, part III Power Apparatus and Systems, October 1953, vol. 72, no. 2, pp. 974–980.

[3] M. Liwschitz-Garik and C. C. Whipple, *Electric Machinery*, vol. 2 *AC Machines*, 2nd edition, Van Nostrand Publishers, 1961.

[4] T. A. Lipo, *Analysis of Synchronous Machines*, 2nd edition, CRC Press, 2012.

[5] M. G. Say, *The Performance and Design of Alternating Current Machines*, 3rd edition, Pitman, 1958.

[6] J. H. Walker, *Large Synchronous Machines*, Clarendon Press, Oxford, 1981.

[7] W. Schuisky, *Berechnung Electrischer Maschinen*, Springer-Verlag, Vienna, 1960 (in German).

第 10 章

磁路的有限元求解

本书前文所采用的基于磁通路径的求解方法为电机设计提供了一种不可或缺的、快速并较为精确的近似计算方法。基于此类方法，电机每个结构单元的磁导均可直接与相应的几何尺寸（槽高、齿宽、铁心长度等）关联，由此可更好地理解电机尺寸与相关参数（电阻、电感）的影响规律。另一种目前已足够自动化，可用于电机设计的分析方法是有限单元法（以下简称有限元法）。这种方法具有更高的精度，并且在不同求解区域的几何形状、边界条件、材料特性等方面提供了近乎无限的灵活度。然而，分析人员依然需要将求解得到的场分布与电机的电路参数关联起来。

有限元法的详细描述本身是一门很深的学问，超出了本书的范围。但是对立志从事电机设计的学员而言，仅仅将有限元软件当作一个“黑箱”来获取结果，从知识结构上来说是差强人意的。这类学员应该对现代有限元软件这一“魔法斗篷”背后的实现方式感兴趣。基于此，本章将介绍一阶三角有限元法的基本原理及其在二维线性和非线性静磁场问题中的应用。

10.1 二维磁场问题的数学表述

首先考虑图 10.1 中的磁场区域。这一区域由空气、铁磁材料以及载流导体等特定的广义二维区域组成。假设区域内采用 xy 坐标系。磁场的“输入”可假定为垂直于 xy 平面（z 方向）的电流（电流密度）分量。多数电机应用均可将分析区域分为三类主要子域：空气、铁磁材料以及导体，不同子域应用不同的场方程。

基于麦克斯韦方程组，相关的场方程为

$$\nabla\times \boldsymbol{H} = \boldsymbol{J} \tag{10.1}$$

$$\nabla\cdot \boldsymbol{B} = 0 \tag{10.2}$$

以及各子域的材料特性方程为

$$\boldsymbol{B} = \mu_r \mu_0 \boldsymbol{H} \tag{10.3}$$

式中，$\boldsymbol{H}$ 为磁场强度，矢量，单位为 At/m；$\boldsymbol{J}$ 为电流密度，矢量，单位为$\mathrm{A/m^2}$；

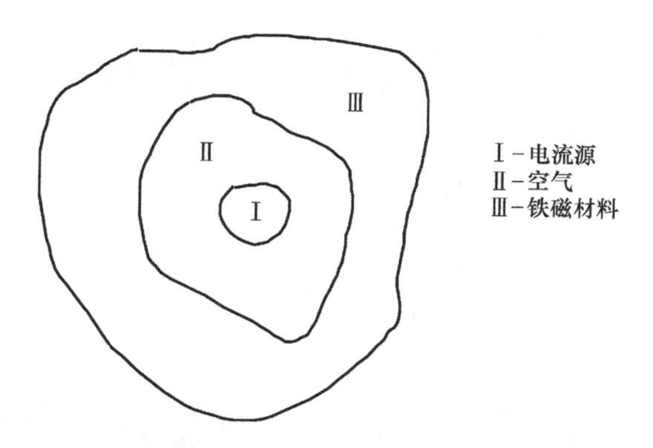

图 10.1　包含空气、电流源以及铁磁材料的二维区域

$\boldsymbol{B}$ 为磁通密度，矢量，单位为 $\mathrm{Wb/m^2}$；μ_r为相对磁导率；μ_0为真空磁导率。

重新引入矢量磁位 $\boldsymbol{A}$，单位为 A/m，且满足：

$$\boldsymbol{B}=\nabla\times\boldsymbol{A} \tag{10.4}$$

在直角坐标系下，这一方程可写为其等效形式

$$\boldsymbol{B}=\det\begin{bmatrix}\boldsymbol{u}_x & \boldsymbol{u}_y & \boldsymbol{u}_z\\ \dfrac{\partial}{\partial x} & \dfrac{\partial}{\partial y} & \dfrac{\partial}{\partial z}\\ A_x & A_y & A_z\end{bmatrix} \tag{10.5}$$

式中，A_x、A_y、A_z分别为 $\boldsymbol{A}$ 在右手直角坐标系下的 x、y、z 分量；$\boldsymbol{u}_x$、$\boldsymbol{u}_y$、$\boldsymbol{u}_z$为相应方向上的单位矢量。

回顾第 1 章，式（1.24）定义了磁矢量位为

$$\boldsymbol{A}=\frac{\mu_0}{4\pi}\int_V\frac{\boldsymbol{J}}{R}\mathrm{d}V \tag{10.6}$$

如假定电流密度仅存在于 z 向上，显然地，相应的矢量磁位 $\boldsymbol{A}$ 也只有 z 向上的分量。

将式（10.1）中的 $\boldsymbol{H}$ 用 $\boldsymbol{B}$、$\mu_r\mu_0$以及 $\boldsymbol{A}$ 表达，则有

$$\nabla\times\boldsymbol{H}=\nabla\times\left(\frac{1}{\mu_r\mu_0}\boldsymbol{B}\right)=\nabla\times\left(\frac{1}{\mu_r\mu_0}\nabla\times\boldsymbol{A}\right)=\boldsymbol{J} \tag{10.7}$$

将此式展开，则有

$$\boldsymbol{J}\Leftarrow\nabla\times\left(\frac{1}{\mu_r\mu_0}\det\begin{bmatrix}\boldsymbol{u}_x & \boldsymbol{u}_y & \boldsymbol{u}_z\\ \dfrac{\partial}{\partial x} & \dfrac{\partial}{\partial y} & \dfrac{\partial}{\partial z}\\ 0 & 0 & A_z\end{bmatrix}\right) \tag{10.8}$$

或

$$J = \nabla\times\left\{\frac{1}{\mu_r\mu_0}\left[\frac{\partial A_z}{\partial y}\boldsymbol{u}_x - \frac{\partial A_z}{\partial x}\boldsymbol{u}_y\right]\right\} \tag{10.9}$$

式（10.9）可进一步展开为

$$J = \det\begin{bmatrix} \boldsymbol{u}_x & \boldsymbol{u}_y & \boldsymbol{u}_z \\ \dfrac{\partial}{\partial x} & \dfrac{\partial}{\partial y} & \dfrac{\partial}{\partial z} \\ \dfrac{1}{\mu_r\mu_0}\left(\dfrac{\partial A_z}{\partial y}\right) & \dfrac{-1}{\mu_r\mu_0}\left(\dfrac{\partial A_z}{\partial x}\right) & 0 \end{bmatrix} \tag{10.10}$$

$$= -\left[\frac{\partial}{\partial x}\left(v\frac{\partial A_z}{\partial x}\right) + \frac{\partial}{\partial y}\left(v\frac{\partial A_z}{\partial y}\right)\right]\boldsymbol{u}_z + \frac{\partial}{\partial z}\left(v\frac{\partial A_z}{\partial x}\right)\boldsymbol{u}_x + \frac{\partial}{\partial z}\left(v\frac{\partial A_z}{\partial y}\right)\boldsymbol{u}_y \tag{10.11}$$

式中，v 为磁阻率，用于替代 $1/(\mu_r\mu_0)$。

式（10.11）中，因电流密度 $\boldsymbol{J}$ 仅含 z 向分量 $J_z\boldsymbol{u}_z$，最后两项为0。为进一步化简，略去 u_z，该二维场方程可写为标量形式

$$\frac{\partial}{\partial x}\left(v\frac{\partial A_z}{\partial x}\right) + \frac{\partial}{\partial y}\left(v\frac{\partial A_z}{\partial y}\right) = -J_z \tag{10.12}$$

其中，v 是常数或是关于 A_z 的方程，因此式（10.12）可称作线性或非线性场问题的准泊松方程。因此，式（10.12）中下标 z 可省去，进一步简化为

$$\frac{\partial}{\partial x}\left(v\frac{\partial A}{\partial x}\right) + \frac{\partial}{\partial y}\left(v\frac{\partial A}{\partial y}\right) = -J \tag{10.13}$$

有些情况下磁阻率 v 可以是正交各向异性的——含有两个正交分量。这种情况可认作是各向异性磁阻率的一种特殊情况。如此式（10.13）可写为

$$\frac{\partial}{\partial x}\left(v_x\frac{\partial A}{\partial x}\right) + \frac{\partial}{\partial y}\left(v_y\frac{\partial A}{\partial y}\right) = -J \tag{10.14}$$

在图10.1所示的不同区域中，以下场方程结合合适的边界条件可以唯一地定义其电磁场。

区域Ⅰ：（源或电流区域）此处磁导率为真空磁导率，可直接应用泊松方程：

$$v_o\frac{\partial^2 A}{\partial x^2} + v_o\frac{\partial^2 A}{\partial y^2} = -J \tag{10.15}$$

区域Ⅱ：（拉普拉斯或无电流空气域）

$$v_o\frac{\partial^2 A}{\partial x^2} + v_o\frac{\partial^2 A}{\partial y^2} = 0 \tag{10.16}$$

区域Ⅲ：（无电流铁磁区域）该区域适用所谓的准拉普拉斯方程，即

$$\frac{\partial}{\partial x}\left(v\frac{\partial A}{\partial x}\right) + \frac{\partial}{\partial y}\left(v\frac{\partial A}{\partial y}\right) = 0 \tag{10.17}$$

显然式（10.1）~式（10.3）可由式（10.12）单个方程所表示。

10.2 矢量磁位的意义

对于二维静磁场问题，利用矢量磁位的概念可有效地将未知方程数从 2 个（B_x 和 B_y）减到 1 个（A_z）。A 的意义可通过穿过平面 S 的磁通来体现。根据高斯定律

$$\Phi_S = \int_S \boldsymbol{B} \cdot \mathrm{d}\boldsymbol{S}$$

再由式（10.4）

$$\Phi_S = \int_S \nabla \times \boldsymbol{A} \cdot \mathrm{d}\boldsymbol{S}$$

应用斯托克斯定理，

$$\Phi_S = \int_S \nabla \times \boldsymbol{A} \cdot \mathrm{d}\boldsymbol{S} = \int_l \boldsymbol{A} \cdot \mathrm{d}\boldsymbol{l}$$

式中，线积分的路径 l 是包络面 S 的闭合曲线。在二维问题中，$\boldsymbol{A}$ 仅有 z 分量。因此，穿过长度为 l_z，垂直于 xy 平面，且跨 x_1、y_1 和 x_2、y_2 两点的曲面的磁通 Φ_S 可简单地解出为

$$\Phi_S = l_z[A(x_1, y_1) - A(x_2, y_2)] \tag{10.18}$$

式中，l_z为物体在垂直于 xy 平面方向上的长度。由此可见，矢量磁位本身的物理意义是指定面上单位长度的磁通。

另一个值得注意的点是，由于

$$\boldsymbol{B} = \nabla \times \boldsymbol{A}$$

以及

$$\boldsymbol{A} = A_z(x, y)\boldsymbol{u}_z$$

若定义 $A_z(x, y) = A$，则对二维问题而言有

$$B_x = \frac{\partial A}{\partial y} \tag{10.19}$$

及

$$B_y = -\frac{\partial A}{\partial x} \tag{10.20}$$

因此

$$|\boldsymbol{B}| = B = \sqrt{\left(\frac{\partial A}{\partial x}\right)^2 + \left(\frac{\partial A}{\partial y}\right)^2} \tag{10.21}$$

10.3 变分方法

求解准泊松方程有若干种方法。比如：

1）数值松弛法。

2）基于有限差分法对微分算子直接离散化。

3）变分法。

4）积分函数法。

本书仅讨论变分法及其与有限单元离散的应用。变分法包含构造多种近似函数，从而将系统内储存的能量最小化。可证明该近似函数就是满足给定边界条件的微分方程的所需解。

变分法的优势在于：

1）与相应的有限差分近似相比，近似函数可以是包含更高次泰勒级数的高阶多项式。

2）可证明在变分方法中，边界条件是隐含在能量方程中的。

3）在数学上是一种严谨的、可以得出收敛的唯一解的方法。

4）由于系统中的储能是最主要的变量，任何使储能最小化的逼近函数集或函数的线性组合都必然能得出唯一解。

10.4 非线性泛函和最小值条件

几乎任何工程领域中都存在对应相关场问题的偏微分方程的变分描述。也就是说，若是某个场存在，肯定需要将诸如能量之类的某种标量最小化，而最小化的条件就是该场的场微分方程。能量函数可由代表矢量位和电流密度的函数表示。因此，能量的表达式可称为泛函。因能量与方向无关，表征能量的泛函显然是一个标量。

如第1章所述，若材料的磁导率为常数，对应系统任意一点处磁场的能量密度为

$$w_k = \frac{1}{2}\boldsymbol{B}\cdot\boldsymbol{H} = \frac{1}{2}\mu_r\mu_0|\boldsymbol{H}|^2 = \frac{1}{2}\frac{|\boldsymbol{B}|^2}{\mu_r\mu_0}$$

一般情况下，若材料为非线性，则有

$$w_k = \int_0^B \boldsymbol{H}\cdot d\boldsymbol{B} \tag{10.22}$$

式（10.22）中的能量密度单位为J/m^3。储存在体积V内的能量可由式（10.22）在相应体积V内的体积分求得。

一般来说，式（10.22）仅代表系统能量中储存在磁场内的部分。更精确的能量表达式可由麦克斯韦方程组推导。对$\nabla\cdot(\boldsymbol{E}\times\boldsymbol{H})$应用矢量等效可得到

$$\nabla\cdot(\boldsymbol{E}\times\boldsymbol{H})=\boldsymbol{H}\cdot(\nabla\times\boldsymbol{E})-\boldsymbol{E}\cdot(\nabla\times\boldsymbol{H})\tag{10.23}$$

忽略位移电流，由麦克斯韦方程组可知

$$\nabla\times\boldsymbol{H}=\boldsymbol{J}\tag{10.24}$$

以及

$$\nabla\times\boldsymbol{E}=-\frac{\partial\boldsymbol{B}}{\partial t}\tag{10.25}$$

式（10.23）可写为

$$\nabla\cdot(\boldsymbol{E}\times\boldsymbol{H})=-\left(\boldsymbol{H}\cdot\frac{\partial\boldsymbol{B}}{\partial t}\right)-\boldsymbol{J}\cdot\boldsymbol{E}\tag{10.26}$$

对其在问题所在体积内进行体积分，即

$$\iiint_V\nabla\cdot(\boldsymbol{E}\times\boldsymbol{H})\mathrm{d}V=-\iiint_V\boldsymbol{H}\cdot\frac{\partial\boldsymbol{B}}{\partial t}\mathrm{d}V-\iiint_V\boldsymbol{J}\cdot\boldsymbol{E}\mathrm{d}V\tag{10.27}$$

最终，将高斯定律［式（1.35）］代入上式整理后，可得

$$\oint_S\boldsymbol{E}\times\boldsymbol{H}\cdot\mathrm{d}\boldsymbol{S}+\iiint_V\boldsymbol{E}\cdot\boldsymbol{J}\mathrm{d}V+\iiint_V\boldsymbol{H}\cdot\frac{\partial B}{\partial t}\mathrm{d}V=0\tag{10.28}$$

式中，S为包络体积V的表面。式中第一项代表进入或离开体积V的功率。面S可认为由三个面组成：①研究问题所在的xy平面；②与xy平面平行且距离为l的平面；③连接两个平面的圆柱面。因电流密度矢量$\boldsymbol{J}$在z方向上，$\boldsymbol{E}$和$\boldsymbol{H}$矢量则均存在于两个平行平面上，且无沿z轴的分量。其矢积$\boldsymbol{E}\times\boldsymbol{H}$则仅含$z$向分量。两平面相应的$\boldsymbol{E}\times\boldsymbol{H}$矢量方向相同，但对应的单位矢量方向相反。最后圆柱表面上不存在$\boldsymbol{E}\times\boldsymbol{H}$的法向分量，所以其对应的积分项为0。因此可得到以下结果：

$$\oint_S(\boldsymbol{E}\times\boldsymbol{H})\cdot\mathrm{d}\boldsymbol{S}=\int_{(x,y,z=0\text{ 平面})}(\boldsymbol{E}\times\boldsymbol{H})\cdot\boldsymbol{u}_z\mathrm{d}S+\int_{(x,y,z=1\text{平面})}(\boldsymbol{E}\times\boldsymbol{H})\cdot(-\boldsymbol{u}_z)\mathrm{d}S$$
$$+\int_{\text{圆柱}}(\boldsymbol{E}\times\boldsymbol{H})\cdot(-\boldsymbol{u}_r)\mathrm{d}S\tag{10.29}$$
$$=P_{\mathrm{surf}}(x,y)-P_{\mathrm{surf}}(x,y)+0=0\tag{10.30}$$

式（10.28）则可化简为

$$\iiint_V\boldsymbol{E}\cdot\boldsymbol{J}\mathrm{d}V+\iiint_V\boldsymbol{H}\cdot\frac{\partial\boldsymbol{B}}{\partial t}\mathrm{d}V=0\tag{10.31}$$

上式中第二项显然是与磁场中储能的变化率相关。本章末尾的附录中证明了该项正是式（10.22）的体积分的时间微分，即

$$P_{\mathrm{mag}}=\iiint_V\boldsymbol{H}\cdot\frac{\partial\boldsymbol{B}}{\partial t}\mathrm{d}V=\frac{\partial}{\partial t}\iiint_V\left[\int_0^B\boldsymbol{H}\cdot\mathrm{d}\boldsymbol{B}\right]\mathrm{d}V\tag{10.32}$$

式（10.31）中第一项代表了进入系统的电功率P_e。利用以下公式，可将P_e用矢量磁位$\boldsymbol{A}$表示，这样比用$\boldsymbol{B}$表示更为方便。首先$\boldsymbol{A}$的定义为

$$\boldsymbol{B}=\nabla\times\boldsymbol{A}\tag{10.33}$$

以及法拉第电磁感应定律

$$\nabla\times \boldsymbol{E} = -\frac{\partial}{\partial t}\boldsymbol{B} \tag{10.34}$$

两者结合

$$\nabla\times \boldsymbol{E} = -\frac{\partial}{\partial t}(\nabla\times \boldsymbol{A}) \tag{10.35}$$

于是

$$\boldsymbol{E} = -\frac{\partial}{\partial t}(\boldsymbol{A} - \nabla\phi) \tag{10.36}$$

$\nabla\phi$ 是一个标量的梯度，该项必须加入上式以使其完备。其原理是对任何标量 ϕ 而言，

$$\nabla\times(\nabla\phi) = 0 \tag{10.37}$$

该项起到的作用类似于不定积分中常数项的作用。若假定静电场电动势可忽略，式（10.36）可简化为

$$\boldsymbol{E} = -\frac{\partial}{\partial t}\boldsymbol{A} \tag{10.38}$$

将该结果代入输入电功率 P_e 的表达式可得

$$P_e = -\iiint_V \frac{\partial \boldsymbol{A}}{\partial t}\cdot \boldsymbol{J}\mathrm{d}V \tag{10.39}$$

假定 $\boldsymbol{A}$ 与 $\boldsymbol{J}$ 同向，并对其作与式（10.32）中 $\boldsymbol{B}$ 和 $\boldsymbol{H}$ 一致处理，则有

$$P_e = -\frac{\partial}{\partial t}\iiint_V\left(\int_0^A \boldsymbol{J}\cdot \mathrm{d}\boldsymbol{A}\right)\mathrm{d}V \tag{10.40}$$

式（10.32）与式（10.42）的时间积分分别是磁场总储能和输入电能

$$W_{mag} = \iiint_V\left[\int_0^B \boldsymbol{H}\cdot \mathrm{d}\boldsymbol{B}\right]\mathrm{d}V \tag{10.41}$$

$$W_e = -\iiint_V\left(\int_0^A \boldsymbol{J}\cdot \mathrm{d}\boldsymbol{A}\right)\mathrm{d}V \tag{10.42}$$

为使式（10.31）所示的功率守恒方程成立，磁场能量与电能之和需达到极大值

$$W_{mag} + W_e = \iiint_V\left[\int_0^B \boldsymbol{H}\cdot \mathrm{d}\boldsymbol{B}\right]\mathrm{d}V - \iiint_V\left(\int_0^A \boldsymbol{J}\cdot \mathrm{d}\boldsymbol{A}\right)\mathrm{d}V = W_{max} \tag{10.43}$$

以上系统的电能与磁场能量之和可定义为一个泛函（函数的函数）。当该泛函达到极大值时，功率守恒方程（10.28）成立。

实际上，由于本书仅考虑问题的二维解，且 $\boldsymbol{J}$ 的分布可认为是已知量，该泛函可进一步化简。输入能量密度是电能表达式的体积分式中的被积函数，即

$$w_e = -\int_0^A \boldsymbol{J} \cdot \mathrm{d}\boldsymbol{A} \tag{10.44}$$

一般来说，电流密度 $\boldsymbol{J}$ 的具体分布是未知的。但在本书所关心的准静态场中，在满足合理精度的条件下，可假定电流密度均匀分布于载流导体内部，且在其他区域均为 0。因此，若 $\boldsymbol{J}$ 为给定的输入，即

$$w_s = -\boldsymbol{J} \cdot \int_0^A \mathrm{d}A = -\boldsymbol{J} \cdot A \tag{10.45}$$

由 $\boldsymbol{J}$ 和 $\boldsymbol{A}$ 所定义的场仅在 xy 平面内变化（且方向均沿 z 轴）。因此，所需的能量泛函仅需用面积分，而非体积分来表示。同时考虑能量源和储能，所需的泛函可写为

$$F = \iint_S \left[\int_0^B \boldsymbol{H} \cdot \mathrm{d}\boldsymbol{B} - \boldsymbol{J} \cdot \boldsymbol{A} \right] \mathrm{d}S \tag{10.46}$$

或用各轴分量来表示，即

$$F = \iint_S \left[\int_0^{B_x} H_x \mathrm{d}B_x + \int_0^{B_y} H_y \mathrm{d}B_y - J_z A_z \right] \mathrm{d}S \tag{10.47}$$

$$= \iint_S \left[\int_0^{B_x} \nu_x B_x \mathrm{d}B_x + \int_0^{B_y} \nu_y B_y \mathrm{d}B_y - J_z A_z \right] \mathrm{d}S \tag{10.48}$$

式中

$$\nu_x = \frac{1}{\mu_{rx}\mu_0} \tag{10.49}$$

$$\nu_y = \frac{1}{\mu_{ry}\mu_0} \tag{10.50}$$

若材料磁特性为线性，则

$$\int_0^{B_x} H_x \mathrm{d}B_x = \frac{\nu}{2} B_x^2 \quad \int_0^{B_y} H_y \mathrm{d}B_y = \frac{\nu}{2} B_y^2 \tag{10.51}$$

所以

$$F = \iint_S \left[\frac{\nu}{2} B_x^2 + \frac{\nu}{2} B_y^2 - J_z A_z \right] \mathrm{d}S \tag{10.52}$$

由于

$$B_x = \frac{\partial A_z}{\partial y}$$

$$B_y = -\frac{\partial A_z}{\partial x}$$

线性情况下能量泛函可写为另一种形式，即

$$F = \iint_S \left[\frac{\nu}{2}\left(\frac{\partial A}{\partial x}\right)^2 + \frac{\nu}{2}\left(\frac{\partial A}{\partial y}\right)^2 - JA \right] \mathrm{d}S \tag{10.53}$$

式中隐含了下标 z。注意以上能量泛函的单位是 J/m。如果是非线性材料，务必留意式（10.47）不可化简为式（10.52），其原因是

$$\int \boldsymbol{H} \cdot \mathrm{d}\boldsymbol{B} \neq \frac{\nu}{2}|\boldsymbol{B}|^2$$

10.5　有限元法介绍

由于场所在区域是非同质的，甚至可能是各向异性、非线性或两者兼备的，式（10.53）所示泛函的最小值很难直接求得精确解，因此需要构造满足边界条件，且能够给出足够精度解的近似函数集。求解区域可任意划分成如图 10.2 所示的一组三角形。划分三角形时唯一需要满足的标准是所有节点要互相连接。基于由节点 i、j、k 所构成的一个典型三角形，可定义一个一阶函数。该一阶函数用来对 i、j、k 节点处的函数值进行插值。对 i、j、k 节点所围三角形内的任意一点而言，可定义该一阶函数为

$$A = \alpha_1 + \alpha_2 x + \alpha_3 y \tag{10.54}$$

在 i、j、k 三个节点上，矢量磁位等于

$$A_i = \alpha_1 + \alpha_2 x_i + \alpha_3 y_i \tag{10.55}$$

$$A_j = \alpha_1 + \alpha_2 x_j + \alpha_3 y_j \tag{10.56}$$

$$A_k = \alpha_1 + \alpha_2 x_k + \alpha_3 y_k \tag{10.57}$$

式（10.55）~式(10.57）可写为矩阵形式：

$$\begin{bmatrix} A_i \\ A_j \\ A_k \end{bmatrix} = \begin{bmatrix} 1 & x_i & y_i \\ 1 & x_j & y_j \\ 1 & x_k & y_k \end{bmatrix} \cdot \begin{bmatrix} \alpha_1 \\ \alpha_2 \\ \alpha_3 \end{bmatrix} \tag{10.58}$$

由此可得

$$\begin{bmatrix} \alpha_1 \\ \alpha_2 \\ \alpha_3 \end{bmatrix} = \begin{bmatrix} 1 & x_i & y_i \\ 1 & x_j & y_j \\ 1 & x_k & y_k \end{bmatrix}^{-1} \cdot \begin{bmatrix} A_i \\ A_j \\ A_k \end{bmatrix} \tag{10.59}$$

将其中的逆矩阵显式写出，可得

$$\begin{bmatrix} \alpha_1 \\ \alpha_2 \\ \alpha_3 \end{bmatrix} = \frac{1}{2\Delta} \begin{bmatrix} a_i & a_j & a_k \\ b_i & b_j & b_k \\ c_i & c_j & c_k \end{bmatrix} \cdot \begin{bmatrix} A_i \\ A_j \\ A_k \end{bmatrix} \tag{10.60}$$

式中

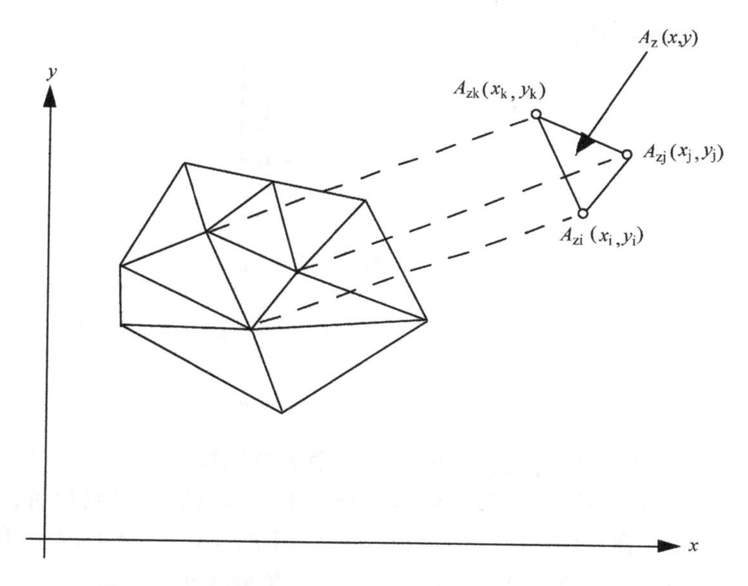

图10.2 含有节点 i、j、k 所在单元的典型三角网格

$$a_i = x_j y_k - x_k y_j \tag{10.61}$$

$$b_i = y_j - y_k \tag{10.62}$$

$$c_i = x_k - x_j \tag{10.63}$$

$$a_j = x_k y_i - x_i y_k \tag{10.64}$$

$$b_j = y_k - y_i \tag{10.65}$$

$$c_j = x_i - x_k \tag{10.66}$$

$$a_k = x_i y_j - x_j y_i \tag{10.67}$$

$$b_k = y_i - y_j \tag{10.68}$$

$$c_k = x_j - x_i \tag{10.69}$$

$$\Delta = \frac{1}{2}[(x_j y_k - x_k y_j) + x_i(y_j - y_k) + y_i(x_k - x_j)] \tag{10.70}$$

Δ 正好是节点 i、j、k 节点所围三角形的面积。

将 α_1、α_2、α_3从式（10.60）代入式（10.54）可得

$$A = \frac{1}{2\Delta}[(a_i A_i + a_j A_j + a_k A_k) + (b_i A_i + b_j A_j + b_k A_k)x + (c_i A_i + c_j A_j + c_k A_k)y] \tag{10.71}$$

或

$$A = \frac{1}{2\Delta}[(a_i + b_i x + c_i y)A_i + (a_j + b_j x + c_j y)A_j + (a_k + b_k x + c_k y)A_k] \tag{10.72}$$

式（10.72）可写为向量形式

$$A = [N_i, N_j, N_k] \cdot \begin{bmatrix} A_i \\ A_j \\ A_k \end{bmatrix} \tag{10.73}$$

式中

$$N_i = \frac{1}{2\Delta}(a_i + b_i x + c_i y)$$

$$N_j = \frac{1}{2\Delta}(a_j + b_j x + c_j y)$$

$$N_k = \frac{1}{2\Delta}(a_k + b_k x + c_k y)$$

式中，N_i、N_j、N_k被称作有限元离散化过程中的形函数。

形函数是 x 和 y 的线性函数。将节点坐标带入所选取的形函数后，得到相应的节点势。因此，在点$(x, y) = (x_i, y_i)$处可得 $N_i = 1$、$N_j = 0$、$N_k = 0$，而在点$(x, y) = (x_j, y_j)$处有 $N_i = 0$、$N_j = 1$、$N_k = 0$，依此类推。

10.6 三角单元中的磁通密度和磁阻率

前文已知

$$\boldsymbol{B} = \nabla \times \boldsymbol{A}$$

推出二维磁场

$$B_x = \frac{\partial A}{\partial y}$$

$$B_y = -\frac{\partial A}{\partial x}$$

因此，由式（10.71）可得

$$B_x = \frac{1}{2\Delta}(c_i A_i + c_j A_j + c_k A_k) \tag{10.74}$$

相应地

$$B_y = -\frac{1}{2\Delta}(b_i A_i + b_j A_j + b_k A_k) \tag{10.75}$$

因此

$$|B| = \sqrt{B_x^2 + B_y^2} \tag{10.76}$$

$$= \frac{1}{2\Delta}\sqrt{(b_i A_i + b_j A_j + b_k A_k)^2 + (c_i A_i + c_j A_j + c_k A_k)^2} \tag{10.77}$$

可见在某个特定三角单元内磁通密度 B 为恒定值。由于磁阻率 υ 也是 B 幅值的函数，因此在三角单元内部也为恒定值。

10.7 泛函最小化

至此，已经得出通过节点处 A 值表达的每个三角单元内 A 的近似函数。如 10.4 节所述，式（10.47）所定义的泛函 F 必须达到最小值，理想情况下就是为 0。在每个单元内的能量可由将能量泛函 F 相对每个节点势求最小值得到，即

$$\frac{\partial F}{\partial A_i}=0;\quad \frac{\partial F}{\partial A_j}=0;\quad \frac{\partial F}{\partial A_k}=0 \tag{10.78}$$

对节点 i 而言，有

$$\frac{\partial F}{\partial A_i}=0=\iint_s\left\{\frac{\partial}{\partial A_i}\left[\int_0^B \upsilon B\mathrm{d}B\right]-\frac{\partial}{\partial A_i}JA\right\}\mathrm{d}S \tag{10.79}$$

$$=\iint_S\left\{\frac{\partial}{\partial B}\left[\int_0^B \upsilon B\mathrm{d}B\right]\frac{\partial}{\partial A_i}(B)-\frac{\partial}{\partial A_i}(JA)\right\}\mathrm{d}S \tag{10.80}$$

$$=\iint_S\left[\upsilon B\frac{\partial}{\partial A_i}(B)-\frac{\partial}{\partial A_i}(JA)\right]\mathrm{d}S \tag{10.81}$$

结合式（10.21），上式可写为

$$\frac{\partial F}{\partial A_i}=\iint_S\left[\upsilon B\frac{\partial}{\partial A_i}\sqrt{\left(\frac{\partial A}{\partial x}\right)^2+\left(\frac{\partial A}{\partial y}\right)^2}-\frac{\partial}{\partial A_i}(JA)\right]\mathrm{d}S \tag{10.82}$$

为简化上式写法，可定义

$$A_x=\frac{\partial A}{\partial x}$$

$$A_y=\frac{\partial A}{\partial y}$$

于是

$$\frac{\partial F}{\partial A_i}=\iint_S \upsilon B\left\{\frac{\partial}{\partial A_x}\sqrt{A_x^2+A_y^2}\cdot\frac{\partial A_x}{\partial A_i}+\frac{\partial}{\partial A_y}\sqrt{A_x^2+A_y^2}\cdot\frac{\partial A_y}{\partial A_i}-\frac{\partial}{\partial A_i}(JA)\right\}\mathrm{d}S \tag{10.83}$$

$$=\iint_S\left[\left(\upsilon B\left(\frac{1}{2}\right)2\frac{A_x}{B}\frac{\partial A_x}{\partial A_i}+\upsilon B\left(\frac{1}{2}\right)2\frac{A_y}{B}\frac{\partial A_y}{\partial A_i}\right)-\frac{\partial}{\partial A_i}(JA)\right]\mathrm{d}S \tag{10.84}$$

$$=\iint_S\left\{\upsilon\left[\frac{\partial A}{\partial x}\frac{\partial}{\partial A_i}\left(\frac{\partial A}{\partial x}\right)+\frac{\partial A}{\partial y}\frac{\partial}{\partial A_i}\left(\frac{\partial A}{\partial y}\right)\right]-\frac{\partial}{\partial A_i}(JA)\right\}\mathrm{d}S \tag{10.85}$$

但是，由于

$$A=\frac{1}{2\Delta}\left[(a_i+b_ix+c_iy)A_i+(a_j+b_jx+c_jy)A_j+(a_k+b_kx+c_ky)A_k\right]$$

则

$$\frac{\partial A}{\partial x}=\frac{1}{2\Delta}(b_iA_i+b_jA_j+b_kA_k)$$

$$\frac{\partial A}{\partial y}=\frac{1}{2\Delta}(c_iA_i+c_jA_j+c_kA_k)$$

并且

$$\frac{\partial}{\partial A_i}\frac{\partial A}{\partial x}=\frac{b_i}{2\Delta}$$

$$\frac{\partial}{\partial A_i}\frac{\partial A}{\partial y}=\frac{c_i}{2\Delta}$$

式（10.85）则可简化为

$$\frac{\partial F}{\partial A_i}=\iint_S\Big\{\upsilon\Big[\frac{b_iA_i+b_jA_j+b_kA_k}{(2\Delta)(2\Delta)}b_i+\frac{c_iA_i+c_jA_j+c_kA_k}{(2\Delta)(2\Delta)}c_i\Big]-\frac{\partial}{\partial A_i}\frac{J}{2\Delta}((a_i+b_ix+c_iy)A_i+(a_j+b_jx+c_jy)A_j+(a_k+b_kx+c_ky)A_k)\Big\}\mathrm{d}S \tag{10.86}$$

$$=\iint_S\frac{\upsilon}{4\Delta^2}[(b_i^2+c_i^2),(b_ib_j+c_ic_j),(b_ib_k+c_ic_k)]\cdot\begin{bmatrix}A_i\\A_j\\A_k\end{bmatrix}\cdot\mathrm{d}S-J\iint_S\frac{(a_i+b_ix+c_iy)}{2\Delta}\cdot\mathrm{d}S=0 \tag{10.87}$$

用同样的方法推导$\frac{\partial F}{\partial A_j}$和$\frac{\partial F}{\partial A_k}$，并将结果写成矩阵形式，可得到

$$\begin{bmatrix}\frac{\partial F}{\partial A_i}\\\frac{\partial F}{\partial A_j}\\\frac{\partial F}{\partial A_k}\end{bmatrix}=\frac{1}{4\Delta^2}\begin{bmatrix}(b_i^2+c_i^2)&(b_ib_j+c_ic_j)&(b_ib_k+c_ic_k)\\(b_jb_i+c_jc_i)&(b_j^2+c_j^2)&(b_jb_k+c_jc_k)\\(b_kb_i+c_kc_i)&(b_kb_j+c_kc_j)&(b_k^2+c_k^2)\end{bmatrix}\cdot\begin{bmatrix}A_i\\A_j\\A_k\end{bmatrix}\cdot\iint_S\upsilon\mathrm{d}S-\frac{J}{2\Delta}\begin{vmatrix}\iint_S(a_i+b_ix+c_iy)\mathrm{d}S\\\iint_S(a_j+b_jx+c_jy)\mathrm{d}S\\\iint_S(a_k+b_kx+c_ky)\mathrm{d}S\end{vmatrix}=\begin{bmatrix}0\\0\\0\end{bmatrix} \tag{10.88}$$

由式(10.77)可知B以及磁阻率υ在三角形内部均为恒定值，则

$$\iint_S v\mathrm{d}S = \Delta \cdot v \tag{10.89}$$

式（10.88）可进一步写成如下更紧凑的形式

$$\begin{bmatrix} \dfrac{\partial F}{\partial A_i} \\ \dfrac{\partial F}{\partial A_j} \\ \dfrac{\partial F}{\partial A_k} \end{bmatrix} = \begin{bmatrix} S_{ii} & S_{ij} & S_{ik} \\ S_{ji} & S_{jj} & S_{jk} \\ S_{ki} & S_{kj} & S_{kk} \end{bmatrix} \cdot \begin{bmatrix} A_i \\ A_j \\ A_k \end{bmatrix} - \frac{J}{2\Delta} \begin{bmatrix} \iint_S (a_i + b_i x + c_i y)\mathrm{d}S \\ \iint_S (a_j + b_j x + c_j y)\mathrm{d}S \\ \iint_S (a_k + b_k x + c_k y)\mathrm{d}S \end{bmatrix} \tag{10.90}$$

式中

$$S_{ii} = \frac{v(b_i^2 + c_i^2)}{4\Delta}$$

$$S_{ij} = \frac{v(b_i b_j + c_i c_j)}{4\Delta} = S_{ji}$$

$$S_{ik} = \frac{v(b_i b_k + c_i c_k)}{4\Delta} = S_{ki}$$

$$S_{jj} = \frac{v(b_j^2 + c_j^2)}{4\Delta}$$

$$S_{jk} = \frac{v(b_j b_k + c_j c_k)}{4\Delta} = S_{kj}$$

$$S_{kk} = \frac{v(b_k^2 + c_k^2)}{4\Delta}$$

现在需要对式（10.90）中的面积分进行求解。求解此类积分最简单的方法是数值积分法。读者可参考相关教科书中的诸如高斯（Gauss）、高斯－勒让德（Gauss－Legendre）、牛顿－柯特斯（Newton－Coates）等方法来实现。对当前问题而言，可基于三角形的质心进行简单的近似。

由于三角形面积上的积分相当于在其质心处对加权函数进行积分，于是可得

$$\iint_S (a_i + b_i x + c_i y)\mathrm{d}S = \iint_S (a_i + b_i \bar{x} + c_i \bar{y})\mathrm{d}S \tag{10.91}$$

式中

$$\bar{x} = \frac{(x_i + x_j + x_k)}{3} \tag{10.92}$$

$$\bar{y} = \frac{(y_i + y_j + y_k)}{3} \tag{10.93}$$

式中，$\bar{x}$ 和$\bar{y}$是三角形“重心”的 x 和 y 坐标。将式（10.61）~式(10.63）以及式（10.92)、式（10.93）代入式（10.91)，可得

$$\iint_S (a_i + b_i x + c_i y)\mathrm{d}S = \iint_S \Big[(x_j y_k - x_k y_j) + (y_j - y_k)\frac{(x_i + x_j + x_k)}{3} + (x_k - x_j)\frac{(y_i + y_j + y_k)}{3} \Big]\mathrm{d}S \tag{10.94}$$

$$= \frac{1}{3}[3x_j y_k - 3x_k y_j + x_i y_j - x_i y_k + x_j y_j - x_j y_k + x_k y_j - x_k y_k + x_k y_i - x_j y_i + x_k y_j - x_j y_j + x_k y_k - x_j y_k]\iint_S \mathrm{d}S \tag{10.95}$$

$$= \frac{1}{3}[(x_j y_k - x_k y_j) + x_i(y_j - y_k) + y_i(x_k - x_j)]\iint_S \mathrm{d}S \tag{10.96}$$

$$= \frac{2\Delta}{3}\int_S \mathrm{d}S \tag{10.97}$$

$$= \frac{2\Delta^2}{3} \tag{10.98}$$

因此

$$\frac{J}{2\Delta}\iint_S (a_i + b_i x + c_i y)\mathrm{d}S = \frac{J}{2\Delta}\cdot\frac{2\Delta^2}{3} = \frac{J\Delta}{3} \tag{10.99}$$

类似地

$$\frac{J}{2\Delta}\iint_S (a_j + b_j x + c_j y)\mathrm{d}S = \frac{J\Delta}{3} \tag{10.100}$$

$$\frac{J}{2\Delta}\iint_S (a_k + b_k x + c_k y)\mathrm{d}S = \frac{J\Delta}{3} \tag{10.101}$$

因此，对式（10.88）而言，对所研究的三角形，其泛函最小值矩阵方程为

$$\begin{bmatrix} \dfrac{\partial F}{\partial A_i} \\ \dfrac{\partial F}{\partial A_j} \\ \dfrac{\partial F}{\partial A_k} \end{bmatrix} = \begin{bmatrix} S_{ii} & S_{ij} & S_{ik} \\ S_{ji} & S_{jj} & S_{jk} \\ S_{ki} & S_{kj} & S_{kk} \end{bmatrix}\cdot\begin{bmatrix} A_i \\ A_j \\ A_k \end{bmatrix} - \frac{J\Delta}{3}\begin{bmatrix} 1 \\ 1 \\ 1 \end{bmatrix} = \begin{bmatrix} 0 \\ 0 \\ 0 \end{bmatrix} \tag{10.102}$$

因此，对每个三角形而言，有限元法需求解以下形式的三维方程组

$$\begin{bmatrix} S_{ii} & S_{ij} & S_{ik} \\ S_{ji} & S_{jj} & S_{jk} \\ S_{ki} & S_{kj} & S_{kk} \end{bmatrix}\cdot\begin{bmatrix} A_i \\ A_j \\ A_k \end{bmatrix} = \frac{J\Delta}{3}\begin{bmatrix} 1 \\ 1 \\ 1 \end{bmatrix} \tag{10.103}$$

式中，$J\Delta$ 等于流过相应三角单元截面的电流 I。

10.8　构建刚度矩阵方程

一般来说，在网格划分中，特定的节点 i 可以是任意数量三角单元的端点。考虑图 10.3 所示 3 个三角单元组成的网格，为表达方便，其节点用编号 1、2、3 等数字而非 i、j、k 等字母表示。对三角单元“1”

$$\begin{bmatrix} S_{11,1} & S_{12,1} & S_{13,1} \\ S_{21,1} & S_{22,1} & S_{23,1} \\ S_{31,1} & S_{32,1} & S_{33,1} \end{bmatrix} \cdot \begin{bmatrix} A_1 \\ A_2 \\ A_3 \end{bmatrix} = \frac{J_1 \Delta_1}{3} \begin{bmatrix} 1 \\ 1 \\ 1 \end{bmatrix} \tag{10.104}$$

式（10.104）可扩充为

$$\begin{bmatrix} S_{11,1} & S_{12,1} & S_{13,1} & 0 & 0 \\ S_{21,1} & S_{22,1} & S_{23,1} & 0 & 0 \\ S_{31,1} & S_{32,1} & S_{33,1} & 0 & 0 \\ 0 & 0 & 0 & 0 & 0 \\ 0 & 0 & 0 & 0 & 0 \end{bmatrix} \cdot \begin{bmatrix} A_1 \\ A_2 \\ A_3 \\ A_4 \\ A_5 \end{bmatrix} = \frac{J_1 \Delta_1}{3} \begin{bmatrix} 1 \\ 1 \\ 1 \\ 0 \\ 0 \end{bmatrix} \tag{10.105}$$

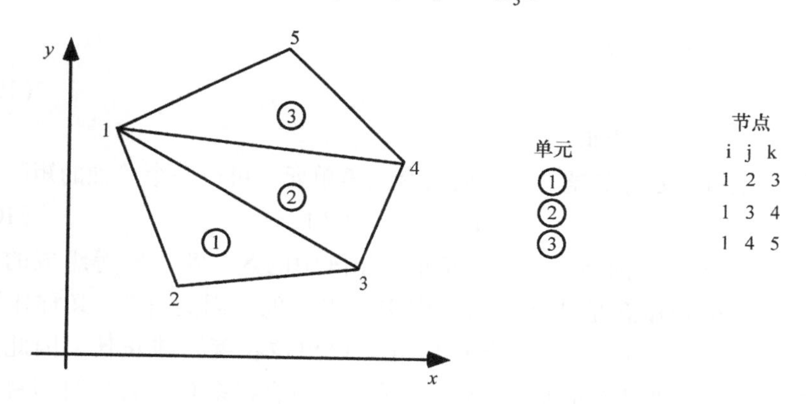

图 10.3　包含 5 个节点 3 个三角单元的三角形网格

类似地，对三角单元“2”

$$\begin{bmatrix} S_{11,2} & 0 & S_{13,2} & S_{14,2} & 0 \\ 0 & 0 & 0 & 0 & 0 \\ S_{31,2} & 0 & S_{33,2} & S_{34,2} & 0 \\ S_{41,2} & 0 & S_{43,2} & S_{44,2} & 0 \\ 0 & 0 & 0 & 0 & 0 \end{bmatrix} \cdot \begin{bmatrix} A_1 \\ A_2 \\ A_3 \\ A_4 \\ A_5 \end{bmatrix} = \frac{J_2 \Delta_2}{3} \begin{bmatrix} 1 \\ 0 \\ 1 \\ 1 \\ 0 \end{bmatrix}$$

对三角单元“3”

$$\begin{bmatrix} S_{11,3} & 0 & 0 & S_{14,3} & S_{15,3} \\ 0 & 0 & 0 & 0 & 0 \\ 0 & 0 & 0 & 0 & 0 \\ S_{41,3} & 0 & 0 & S_{44,3} & S_{45,3} \\ S_{51,3} & 0 & 0 & S_{54,3} & S_{55,3} \end{bmatrix} \cdot \begin{bmatrix} A_1 \\ A_2 \\ A_3 \\ A_4 \\ A_5 \end{bmatrix} = \frac{J_3\Delta_3}{3}\begin{bmatrix} 1 \\ 0 \\ 0 \\ 1 \\ 1 \end{bmatrix}$$

将以上三个方程相加，可得

$$\begin{bmatrix} (S_{11,1}+S_{11,2}+S_{11,3}) & S_{12,1} & (S_{13,1}+S_{13,2}) & (S_{14,2}+S_{14,3}) & S_{15,3} \\ S_{21,1} & S_{22,1} & S_{23,1} & 0 & 0 \\ (S_{31,1}+S_{31,2}) & S_{32,1} & (S_{33,1}+S_{33,2}) & S_{34,2} & 0 \\ (S_{41,2}+S_{41,3}) & 0 & S_{43,2} & (S_{44,2}+S_{44,3}) & S_{45,3} \\ S_{51,3} & 0 & 0 & S_{54,3} & S_{55,3} \end{bmatrix} \cdot \begin{bmatrix} A_1 \\ A_2 \\ A_3 \\ A_4 \\ A_5 \end{bmatrix}$$

$$= \frac{1}{3}\begin{bmatrix} I_1+I_2+I_3 \\ I_1 \\ I_1+I_2 \\ I_2+I_3 \\ I_3 \end{bmatrix} \tag{10.106}$$

式中，$I_1 = J_1\Delta_1$，余者类似。

若将以上过程延伸到整个场域的所有三角单元，可得一个单独的矩阵方程

$$[S]\cdot[A]=[T] \tag{10.107}$$

式中，[S] 是由整个网格中每个三角单元矩阵中的 S_{ii}、S_{ij}、S_{ik}等组成的矩阵组合而成。这一矩阵概念是从结构力学中引申出来的，因此 [S] 又称作刚度矩阵。由于在磁场问题中，该矩阵与磁阻（乘以单位长度）成正比，因此又称为磁阻率矩阵。特别要注意的是，[S] 是稀疏（包含很多0元素）且对称、有界和正定的。类似地，[T] 矩阵是由对应三角单元矩阵方程中等号右边的项组合而成的。该矩阵仅在载流三角单元相连的节点上有非零值。考察式（10.106）可见，矩阵 [T] 可简单地将与每行对应节点相连的所有单元电流相加，并乘以1/3得到。矩阵 [A] 是未知矢量位。

10.9 边界条件

磁场通常会无限远地延伸到磁性装置周围的空气中，因此对应的场问题不可能直接由有限单元求解。为使问题可解，需要合理地选取磁性装置周边区域的边

界。该边界可简单地定义为一条矢量位为常数的曲线（也即磁力线）。矢量位边界曲线可选取任意常数，通常为0。由于边界上节点的矢量位为已知常量，因此这些节点无需求解，[S] 和 [T] 矩阵需要作相应的修改。比如，若将图 10.3 中节点 2 的矢量位定为 A_0，则式（10.106）需修改为

$$\begin{bmatrix} (S_{11,1}+S_{11,2}+S_{11,3}) & S_{12,1} & (S_{13,1}+S_{13,2}) & (S_{14,2}+S_{14,3}) & S_{15,3} \\ 0 & 1 & 0 & 0 & 0 \\ (S_{31,1}+S_{31,2}) & S_{32,1} & (S_{33,1}+S_{33,2}) & S_{34,2} & 0 \\ (S_{41,2}+S_{41,3}) & 0 & S_{43,2} & (S_{44,2}+S_{44,3}) & S_{45,3} \\ S_{51,3} & 0 & 0 & S_{54,3} & S_{55,3} \end{bmatrix} \cdot \begin{bmatrix} A_1 \\ A_2 \\ A_3 \\ A_4 \\ A_5 \end{bmatrix} = \frac{1}{3}\begin{bmatrix} I_1+I_2+I_3 \\ 3A_0 \\ I_1+I_2 \\ I_2+I_3 \\ I_3 \end{bmatrix} \tag{10.108}$$

如此在式（10.108）的解中，A_2的解自动固定为 A_0，同时也不影响该节点与其余节点的耦合。

另一类边界条件是所谓的诺伊曼（Neumann）边界条件。该边界条件下，等矢量位线也即磁力线与边界正交。这类边界条件通常存在于对称轴上。如仅将边界上节点的矢量位当作变量，该类条件即可自动满足。只有求解问题内相邻的节点会与边界上的矢量节点一起构建矩阵方程的行。事实上，边界上节点另一边的磁阻率可认为是0（磁导率无穷大），从而迫使等位线与该部分边界正交。

第三类边界条件是存在两部分边界上的诺伊曼条件。这种情况下，由于对称性，两边界上的矢量位可完全相等，或同值但异号。这种情况下必须加入额外的约束。比如，若图 10.3 满足奇诺伊曼边界条件，则节点 4 和节点 2 的矢量位同值异号，即

$$A_4 = -A_2 \tag{10.109}$$

因此，式（10.106）中的第四行无需求解。该矩阵方程可改写为

$$\begin{bmatrix} (S_{11,1}+S_{11,2}+S_{11,3}) & S_{12,1} & (S_{13,1}+S_{13,2}) & (S_{14,2}+S_{14,3}) & S_{15,3} \\ S_{21,1} & S_{22,1} & S_{23,1} & S_{24,2} & 0 \\ (S_{31,1}+S_{31,2}) & S_{32,1} & (S_{33,1}+S_{33,2}) & S_{34,2} & 0 \\ 0 & 1 & 0 & 1 & 0 \\ S_{51,3} & 0 & 0 & S_{54,3} & S_{55,3} \end{bmatrix} \cdot \begin{bmatrix} A_1 \\ A_2 \\ A_3 \\ A_4 \\ A_5 \end{bmatrix}$$

$$
= \frac{1}{3}\begin{bmatrix} I_1 + I_2 + I_3 \\ I_1 \\ I_1 + I_2 \\ 0 \\ I_3 \end{bmatrix} \tag{10.110}
$$

需要注意的是，如此引入约束会破坏矩阵［S］的对称性，从而使某些高效的对称矩阵求逆方法失效。因此更好的方案是将该节点直接从矩阵方程中删除，从而有

$$
\begin{bmatrix} (S_{11,1} + S_{11,2} + S_{11,3}) & S_{12,1} & (S_{13,1} + S_{13,2}) & S_{15,3} \\ S_{21,1} & S_{22,1} & S_{23,1} & 0 \\ (S_{31,1} + S_{31,2}) & S_{32,1} & (S_{33,1} + S_{33,2}) & 0 \\ S_{51,3} & 0 & 0 & S_{55,3} \end{bmatrix} \cdot \begin{bmatrix} A_1 \\ A_2 \\ A_3 \\ A_5 \end{bmatrix} = \frac{1}{3}\begin{bmatrix} I_1 + I_2 + I_3 \\ I_1 \\ I_1 + I_2 \\ I_3 \end{bmatrix} \tag{10.111}
$$

注意此时［S］仍如之前一样是有界的。还可以构建另外一个矩阵（或向量）来记录为保持对称性而删掉的节点。偶对称的约束可用相似的方法处理。

10.10 有限元问题的逐步求解

现在考虑如图 10.4 所示的带有气隙的简单铁心电感。整个电感气隙为 0 时的尺寸是 6×6×1。铁心绕有铜线圈，其绕线窗口的电流密度为 1000A/in^2。线圈的另一边在可动衔铁的另外一侧。现在要求解气隙为 1/2in 时的磁场。

第 1 步：划分网格。首先要确定三角单元的总数目以及相应的位置。一般来说，场密度高的地方单元数量也要相应增多。当铁心为非线性材料时，气隙中的单元数量要增多，这一点尤为重要。图 10.5 给出了一种典型的网格划分。

第 2 步：三角单元和节点编号。三角单元可采用任何一种连贯的方式编号，然后进行节点的编号。任一单元需分配三个节点编号。节点需要沿之字形进行编号，以保证单元间的耦合主要集中在矩阵的对角线附近。每个单元对应的节点需沿顺时针或逆时针连续地记录在计算机中。

第 3 步：计算每个单元的坐标和面积。在计算机中，每个三角单元会分配以下属性，并保存在数组中：①沿逆时针顺序的三个节点编号；②三个节点的 x 和 y 坐标；③单元的面积（因该值保持恒定，可在求解前直接计算）；④代表该单元对应材料的数字编号（具体是哪种导磁材料，或者非导磁材料）；⑤该单元内的电流密度（假定为恒定值）。

第 4 步：定义边界条件。这一步中边界条件将建立问题求解的约束。图 10.4

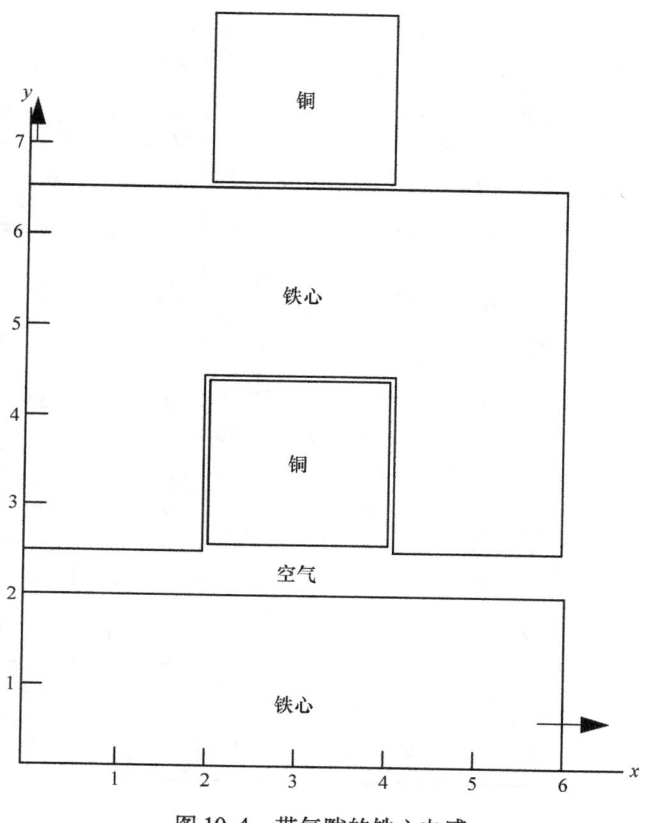

图 10.4　带气隙的铁心电感

所示例子中，电感的外表面定义为 0 位面。但要注意，这种定义方法也给结果施加了限制，即磁力线不能通过外表面，气隙两侧的边缘效应以及从电感铁心外的线圈部分发出的漏磁通从而无法计及。

第 5 步：构建 [S] 和 [T] 矩阵。这一步可在第 3 步得到的数组基础上构建 [S] 和 [T] 矩阵。可参考 10.8 节中的示例，通过逐个计及每个三角单元对总矩阵的贡献来构建这两个矩阵。

第 6 步：求解方程组。求解过程如图 10.6 中的流程所示：

1）求解式（10.107），得到节点位 [A]。

2）每个单元的磁通密度可由式（10.74）和式（10.75）得到。

3）每个单元的磁阻率可由相应材料的 $B-H$ 特性和该单元已知的 B 求得。

4）更新单元磁阻率。通常每个单元的磁阻率需缓慢更新以避免求解振荡。实际当中可采用所谓的和弦法。在第 i 次迭代中，单元 k 的磁阻率 v_i^k 可由下式确定

$$v_i^k = v_{i-1}^k + \kappa_a(v_{i-1(\text{calc})}^k - v_{i-1}^k) \tag{10.112}$$

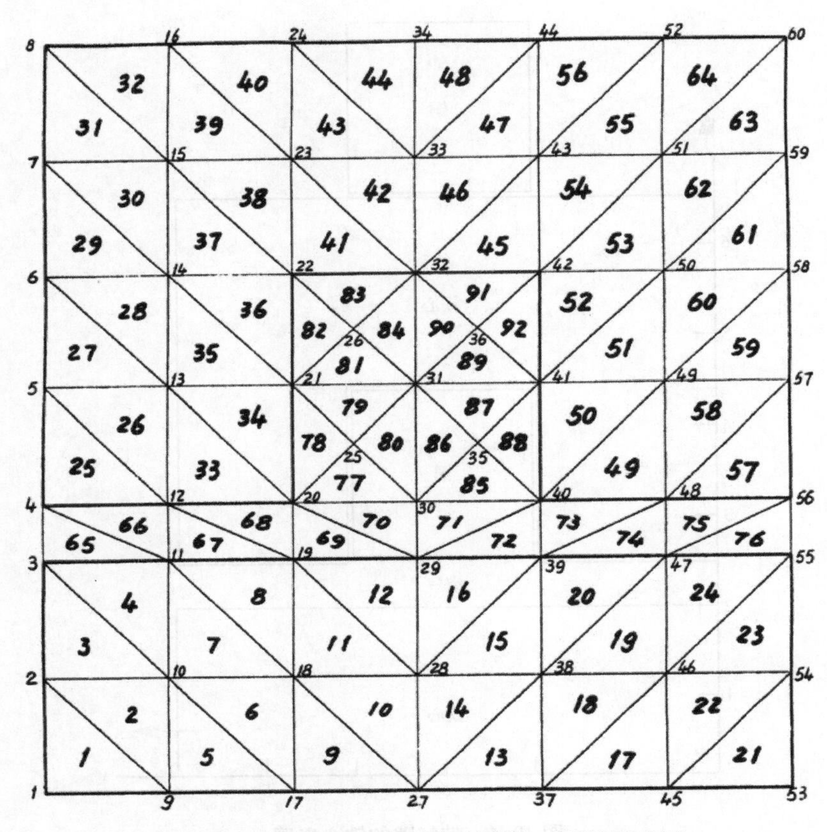

图 10.5　对应图 10.4 中电感示例的三角形网格划分

式中，κ_a 为加速常数，常取 0.10；$v_{i-1(\text{calc})}^{k}$ 为第 $i-1$ 次迭代中由矢量位解求得的单元磁通密度所确定的磁阻率。第一次迭代（$i=1$）时，每种材料的所有单元可定为相同的磁阻率。或者为加速收敛，可采用同一套网格下（但电流激励可能不同）上一次非线性求解所得的磁阻率。

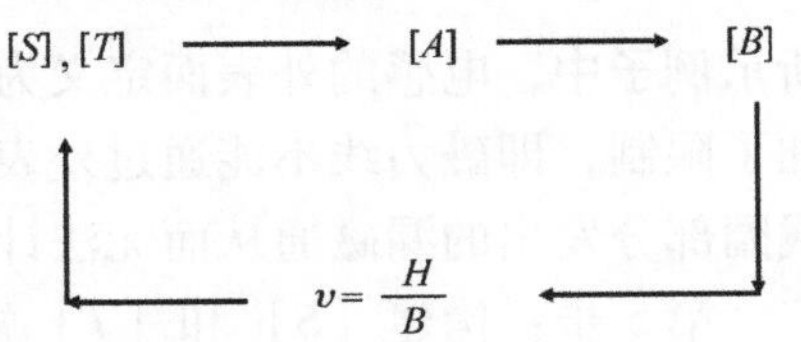

图 10.6　非线性有限元矩阵方程求解流程简示图

5）重新计算［S］矩阵。算法回归至由式（10.107）求解［A］，即第 1）步。当以下两个条件均满足时，可认为非线性迭代求解已收敛至正确的结果。

$$\frac{\sqrt{\sum_{k=1}^{n_e}\left|B_i^k-B_{i-1}^k\right|^2}}{\sqrt{\sum_{k=1}^{n_e}\left(B_i^k\right)^2}} \leqslant B_{\text{error}} \tag{10.113}$$

以及

$$\frac{\sqrt{\sum_{k=1}^{n} |A_{zi}^{k} - A_{zi-1}^{k}|^2}}{\sqrt{\sum_{k=1}^{n} (A_{zi}^{k})^2}} \leqslant A_{\text{error}} \tag{10.114}$$

式中，n_e为求解区域的总单元数；B_i^k为单元 k 在第 i 次迭代时计算所得的磁通密度；n 为总节点数；A_{zi}^k为节点 k 在第 i 次迭代时求得的矢量磁位。B_{error}和 A_{error}的值通常取为 0.01。图 10.7 所示为非线性有限元方程求解的流程图。

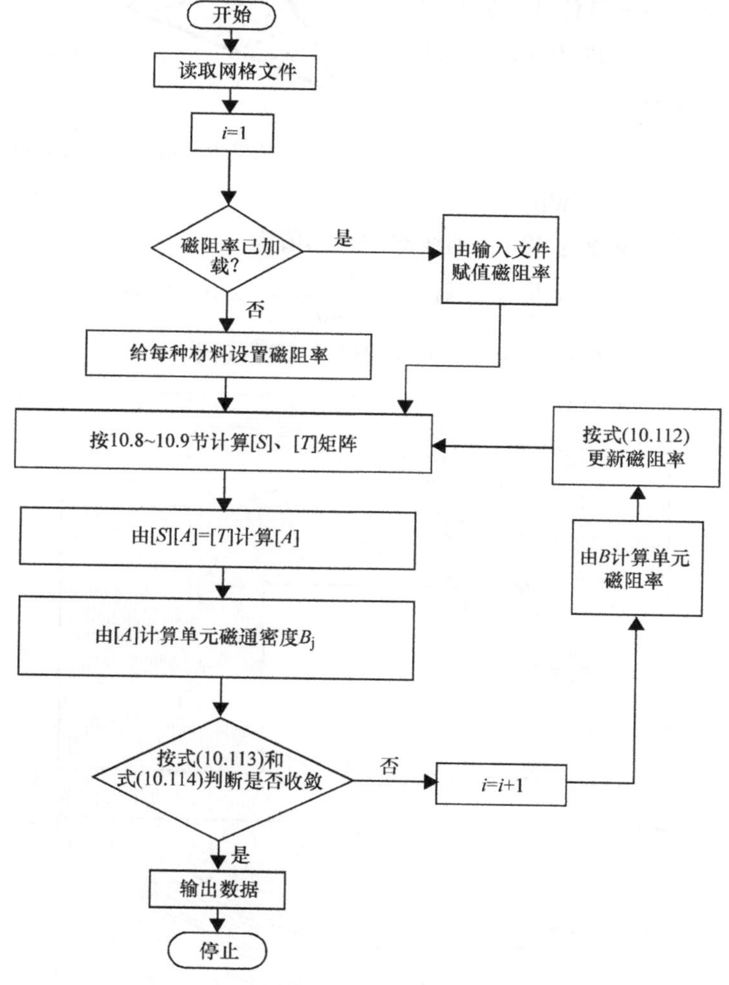

图 10.7　有限元方程求解的流程图

第 7 步：绘制场图。磁力线就是等矢量位线，记录矢量位的极大值和极小

值，并设 N_{ep} 是所需等位线的总数，则

$$\Delta A = \frac{A_{max} - A_{min}}{N_{ep}} \tag{10.115}$$

在各个单元的每个边上按 ΔA 的整数倍确定各个矢量位点，如图 10.8 所示，用直线将两个边上矢量位相等的点连起来就得到了等矢量位线。

第 8 步：计算集总参数值。由矢量位可计算穿过任意曲面的单位厚度上的磁力线数目。如图 10.9 所示，其中最大的等位线对应的磁矢量位 A_{max} 是 1.51×10^{-2}W/m。若电感厚度为 1in，则通过铁心本体的磁通为

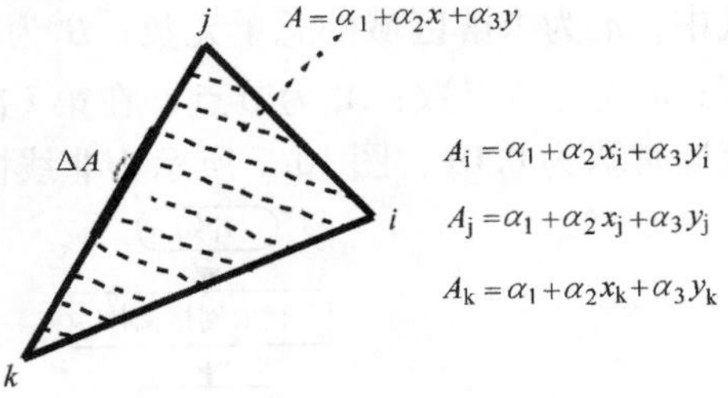

$$\begin{aligned}\Phi &= 1.51 \times 10^{-2} \times \frac{1}{39.37} \\ &= 3.84 \times 10^{-4}\text{Wb}\end{aligned}$$

$A = \alpha_1 + \alpha_2 x + \alpha_3 y$

ΔA

$A_i = \alpha_1 + \alpha_2 x_i + \alpha_3 y_i$

$A_j = \alpha_1 + \alpha_2 x_j + \alpha_3 y_j$

$A_k = \alpha_1 + \alpha_2 x_k + \alpha_3 y_k$

图 10.8　从单个三角单元的边绘制等矢量位线

若线圈有 100 匝，电流为 40A，则线圈的电感值为

$$L = N\frac{\phi}{i} = 100 \times \frac{3.84 \times 10^{-4}}{40} = 0.96\text{mH}$$

该示例问题的求解可见附录 B 中的 MATLAB®代码。

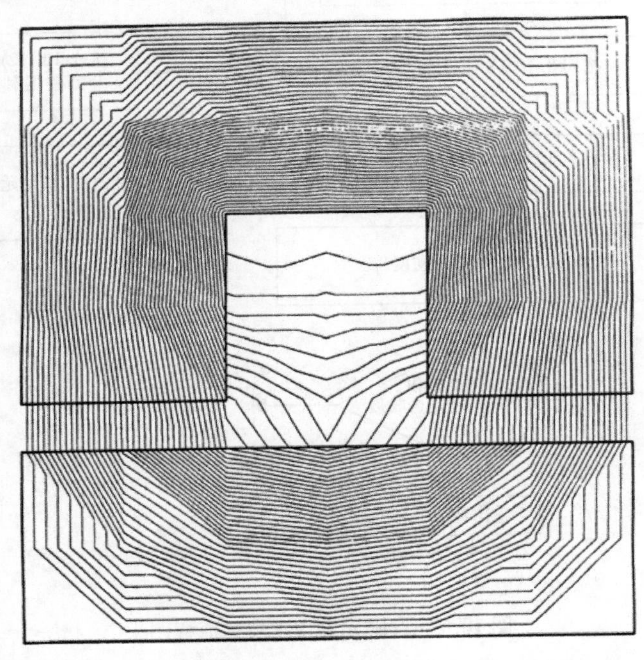

图 10.9　图 10.4 所示铁心电感的最终磁力线结果

10.11 永磁体的有限元模型

目前为止，在本章所阐述的一阶有限元求解方法中，一直假定场是由相应区域内的电流源所激励的。另一个可能的激励源是永磁体。图 10.10 所示为永磁体在第二象限的 $B-H$ 特性。这一特性适用于与磁化方向平行的磁场。这一方向上的磁场可由以下本构方程描述

$$H = \upsilon B - H_c \tag{10.116}$$

式中，磁阻率 υ 为磁通密度 B 的函数；H_c 为定义为正值常量的矫顽力。在与磁化方向垂直的方向上，矫顽力为 0，本构方程变为常见的形式

$$H = \upsilon_q B \tag{10.117}$$

式中，υ_q 为永磁体在与磁化方向垂直的方向上的磁阻率。Binns、Low 和 Jabbar[4] 通过实验证实，在一块稀土永磁体样本中，υ_q 与 υ 的差距在 12% 以内。该差距足够小，并不会给结果带来显著影响，因此本构方程可以用如下单一的矢量关系表达

$$\boldsymbol{H} = \upsilon \boldsymbol{B} - \boldsymbol{H}_c \tag{10.118}$$

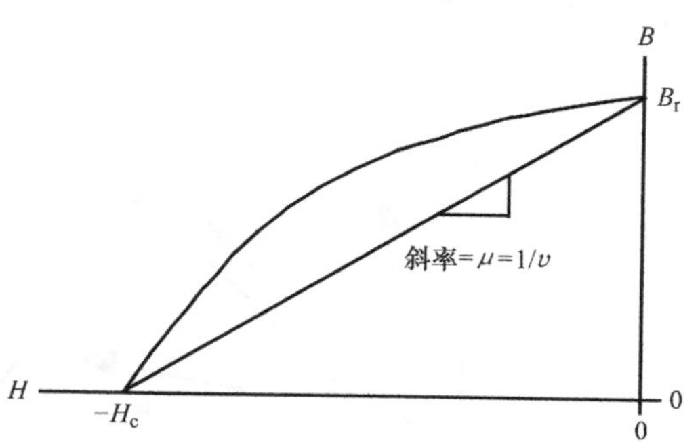

图 10.10 永磁体在第二象限的 $B-H$ 曲线

B_r—剩余磁通密度 H_c—矫顽力

$\boldsymbol{H}_c$ 矢量朝向磁化方向（即从南极到北极），幅值等于矫顽力。永磁体磁阻率 υ 则可由图 10.10 所示的 $B-H$ 曲线求出。根据麦克斯韦方程组中的安培定律

$$\nabla \times \boldsymbol{H} = \boldsymbol{J} \tag{10.119}$$

将式（10.118）代入可得

$$\nabla \times [\upsilon \boldsymbol{B} - \boldsymbol{H}_c] = \boldsymbol{J} \tag{10.120}$$

根据式（10.4），上式可写为

$$\nabla \times (\upsilon \nabla \times \boldsymbol{A}) = \boldsymbol{J} + \nabla \times \boldsymbol{H}_c \tag{10.121}$$

由于 $\boldsymbol{H}_c$ 在永磁体内部是常量，且在永磁体边缘不连续，上式中旋度仅在永磁体

边缘有非零值。

在有限元公式中，式（10.13）的等效形式可改写为

$$\frac{\partial}{\partial x}\left(v\frac{\partial A}{\partial x}\right)+\frac{\partial}{\partial y}\left(v\frac{\partial A}{\partial y}\right)=-J-J_{\mathrm{pm}} \tag{10.122}$$

式中，J_{pm}为永磁体边缘上的等效电流。将求解区域离散化为一阶有限单元，并使相应的偏微分方程组的泛函最小值成立，即式（10.122），可得以下有限元矩阵方程

$$[S]\cdot[A]=[T]+[T_{\mathrm{pm}}] \tag{10.123}$$

式中，$[S]$、$[A]$、$[T]$ 矩阵定义与前文相同，$[T_{\mathrm{pm}}]$ 则是包含永磁体激励相关所有等效节点电流的向量。

等效节点电流可通过以下方式计算。如图 10.11 所示为有限元求解区域内两个相邻的单元，两者各自的磁化强度矢量分别为 $\boldsymbol{H}_{\mathrm{c1}}$ 和 $\boldsymbol{H}_{\mathrm{c2}}$。$H$ 值在材料交界面上切向的非连续性可用沿两单元共同边界上的面电流来体现。所需的面电流密度 J_{pm12} 可由 $\boldsymbol{H}_{\mathrm{c1}}$ 和 $\boldsymbol{H}_{\mathrm{c2}}$ 在两单元共同边界上的切向分量得到

$$J_{\mathrm{pm12}}=\frac{(H_{\mathrm{c1}x}-H_{\mathrm{c2}x})(x_1-x_2)+(H_{\mathrm{c1}y}-H_{\mathrm{c2}y})(y_1-y_2)}{l_{12}} \tag{10.124}$$

在单元边界上的总电流 I_{12} 为

$$I_{12}=l_{12}J_{\mathrm{pm12}} \tag{10.125}$$

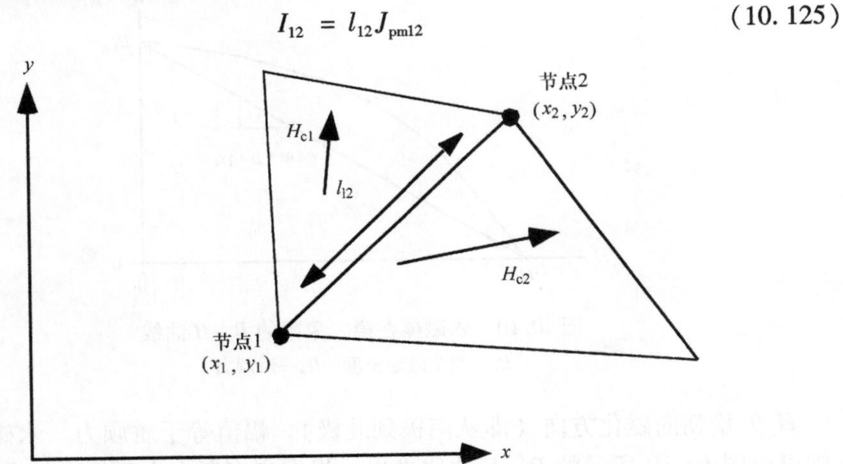

图 10.11 永磁体单元的交界面

$H_{\mathrm{c1}}=H_{\mathrm{c1}x}u_x+H_{\mathrm{c1}y}u_y \quad H_{\mathrm{c2}}=H_{\mathrm{c2}x}u_x+H_{\mathrm{c2}y}u_y$

该面电流可平均分配在边界的两个节点上（图 10.11 所示的节点 1 和节点 2）以得到式（10.123）中 $[T_{\mathrm{pm}}]$ 中的节点电流向量。考虑求解区域的所有永磁材料单元，$[T_{\mathrm{pm}}]$ 可构建为

$$[T_{\mathrm{pm}}]=[T_{\mathrm{pm1}},T_{\mathrm{pm2}},\cdots,T_{\mathrm{pm}n}]^{t} \tag{10.126}$$

式中

$$T_{\mathrm{pmi}} = \sum_{k} \frac{1}{2}\boldsymbol{H}_{\mathrm{ck}} \cdot \boldsymbol{l}_{\mathrm{k}} \tag{10.127}$$

以上求和是在节点 i 处对所有端点为 i 的单元进行的。其中 $\boldsymbol{H}_{\mathrm{ck}}$ 是单元 k 的矫顽力矢量。如图 10.12 所示，长度矢量 $\boldsymbol{l}_k$ 是将所有由节点 i 出发，两个单元共有的长度矢量相加得到的。因此长度矢量的模 $\bar{l}_k$ 与相应单元中在节点 i 另一侧的边长相等，方向与该边平行，且绕节点 i 指向逆时针方向。到此，电流源和永磁体这两种磁场源，均可通过［T］和［T_{pm}］计及。

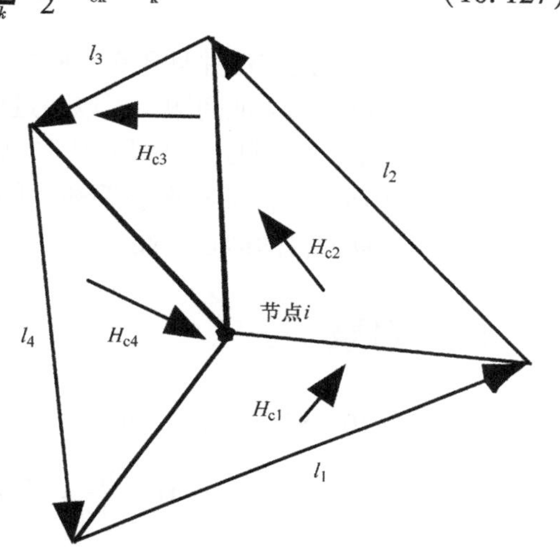

图 10.12　永磁体有限元模型中的节点电流计算

一个典型的永磁电机有限元磁场分布如图 10.13 所示[5]。需要特别注意的是，该结果是仅在四个极中的一个极上求得的。因此应在铁心的两个边沿上施加奇对称边界条件约束，正如 10.10 节中所讨论的那样。

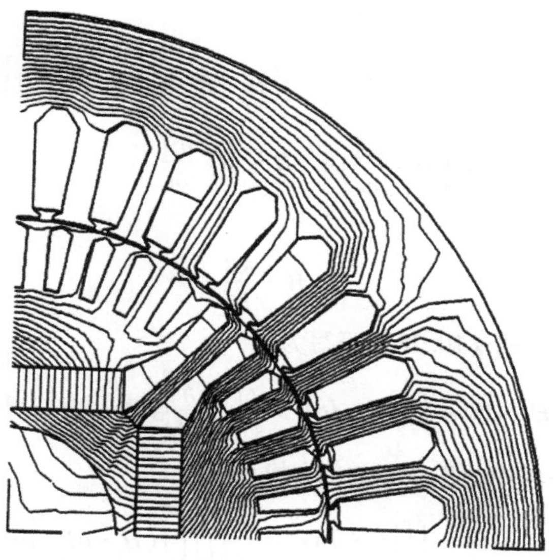

图 10.13　永磁电机在满载和额定电压下运行时的等矢量位线图

10.12 总结

有限元方法应用广泛并且还在不断发展，本章仅能做个介绍。毋庸置疑，读者无需自己编程求解类似问题，可以通过使用不同的软件来完成，其中有些甚至是免费的。但是，“废料进，废品出”的原则永远都适用。直接拿别人的程序当作“黑箱”用而对其内部实现缺乏基本的了解，往往会得到错误、无意义的结果。编写这一章的目的即在于此。

10.13 附录

为将式（10.28）中的第三项与式（10.23）联系起来，需证明

$$\boldsymbol{H}\cdot\frac{\partial \boldsymbol{B}}{\partial t}=\frac{\partial}{\partial t}\int_0^B(\boldsymbol{H}\cdot \mathrm{d}\boldsymbol{B}) \tag{10.A.1}$$

首先，根据微分的链式法则可得到

$$\frac{\partial}{\partial t}\int_0^B(\boldsymbol{H}\cdot \mathrm{d}\boldsymbol{B})=\left[\frac{\partial}{\partial B}\int_0^B(\boldsymbol{H}\cdot \mathrm{d}\boldsymbol{B})\right]\frac{\partial B}{\partial t}+\left[\frac{\partial}{\partial H}\int_0^B(\boldsymbol{H}\cdot \mathrm{d}\boldsymbol{B})\right]\frac{\partial H}{\partial t} \tag{10.A.2}$$

$$=\boldsymbol{H}\cdot\frac{\partial \boldsymbol{B}}{\partial t}+\left[\frac{\partial}{\partial H}\int_0^B(\boldsymbol{H}\cdot \mathrm{d}\boldsymbol{B})\right]\frac{\partial H}{\partial t} \tag{10.A.3}$$

对其中的积分项进行分部积分可得

$$\frac{\partial}{\partial t}\int_0^B(\boldsymbol{H}\cdot \mathrm{d}\boldsymbol{B})=\boldsymbol{H}\cdot\frac{\partial \boldsymbol{B}}{\partial t}+\left[\frac{\partial}{\partial H}\left(\boldsymbol{H}\cdot\boldsymbol{B}-\int_0^H(\boldsymbol{B}\cdot \mathrm{d}\boldsymbol{H})\right)\right]\frac{\partial H}{\partial t} \tag{10.A.4}$$

$$=\left(\boldsymbol{H}\cdot\frac{\partial \boldsymbol{B}}{\partial t}\right)+(\boldsymbol{B}-\boldsymbol{B})\frac{\partial H}{\partial t} \tag{10.A.5}$$

最终得到

$$=\boldsymbol{H}\cdot\frac{\partial \boldsymbol{B}}{\partial t} \tag{10.A.6}$$

利用式（10.A.6），式（10.28）可写为

$$\int_S \boldsymbol{E}\times\boldsymbol{H}\cdot \mathrm{d}\boldsymbol{S}+\iiint_V \boldsymbol{E}\cdot\boldsymbol{J}\mathrm{d}V+\iiint_V\left[\frac{\partial}{\partial t}\int_0^B(\boldsymbol{H}\cdot \mathrm{d}\boldsymbol{B})\right]\mathrm{d}V=0 \tag{10.A.7}$$

将等式左边最后一项中的积分和微分交换可得

$$\int_S \boldsymbol{E}\times\boldsymbol{H}\cdot \mathrm{d}\boldsymbol{S}+\iiint_V \boldsymbol{E}\cdot\boldsymbol{J}\mathrm{d}V+\frac{\partial}{\partial t}\iiint_V\left[\int_0^B(\boldsymbol{H}\cdot \mathrm{d}\boldsymbol{B})\right]\mathrm{d}V=0 \tag{10.A.8}$$

左侧的三重积分代表磁场储能的时间变化率。对这一项进行积分得到磁场储能为

$$W_m = \iiint\left(\int_0^B (\boldsymbol{H} \cdot \mathrm{d}\boldsymbol{B})\right)\mathrm{d}V \tag{10.A.9}$$

注意以上体积分的被积函数显然是磁场的能量密度，即

$$w_m = \int_0^B (\boldsymbol{H} \cdot \mathrm{d}\boldsymbol{B}) \tag{10.A.10}$$

该式与式（10.23）一致。如此也证明了该表达式的合理性。

参考文献

[1] A. Stratton, *Electromagnetic Theory*, McGraw-Hill, New York, 1941, pp. 131–132.

[2] P. Sylvester and M. V. K. Chari, "Finite element solution of saturable magnetic field problems," *IEEE Transactions on Power Apparatus and Systems*, vol. PAS-89, no. 7, September/October 1970, pp. 1642–1652.

[3] J. R. Brauer, "Saturated Magnetic Energy Functional for Finite Element Analysis of Electric Machines," IEEE PES Winter Meeting, Paper C75- 151-6, January 26–31, 1975, p.

[4] K. J. Binns, T. S. Low, and M. A. Jabbar, "Behaviour of a polymer-bonded rare-earth magnet under excitation in two directions at right angles," *IEE Proceedings*, vol. 130, Pt. B, no. 1, January 1983, pp. 25–32.

[5] R. Schiferl, "Design Considerations for Salient Pole, Permanent Magnet Synchronous Motors in Variable Speed Drive Applications," Ph.D. Thesis, University of Wisconsin, September 1987.

附　　录

附录A　导条电流计算

```
% 计算机械转速
% 感应电机转速转矩特性计算程序
% 采用每相等效电路模型。计算转子电阻和漏抗时根据转子导条形状考虑了趋肤效应

for index=1:3          % 对转子尺寸的三种情况进行迭代

% 感应电机参数
r1 = 0.435;                      % 等效电路中的定子电阻
l1 = 3.32/377;                   % 等效电路中的定子漏抗
lm = 81.4/377;                   % 等效电路中的磁化电抗
re = 0.78e-06;                   % 一个转子槽距范围内的端环电阻
leff = 9.06*2.54;                % 定子铁心长度范围内的转子导条有效长度(cm)
lgross = 13.95*2.54;             % 导条总长度(cm),包括铁心外的延伸部分和散热风道内的
rslots = 97.;                    % 转子槽数
ns = 240;                        % 定子匝数
lend = 1.986e-08;                % 转子端环漏抗
lbhar = 0.259e-6;                % 一根导条的转子谐波漏感
lbtop = 0.947e-6;                % 导条在空气部分中的漏感
rho = 2.1e-06;                   % 转子导条材料的电阻率(Ω·cm)
v = 2400/sqrt(3);                % 电压
u = 4*pi*1.e-09;                 % H/cm
bardepthbase = .5625*2.54;       % 转子导条深度(cm)
barwidthbase = .375*2.54;        % 转子导条宽度(cm)
k =.91;                          % 绕组系数(包含短距、分布和斜槽)
p =8.;                           % 电机极数
fop=60;
we = 2*pi*fop;
slices = 100;

bardepth = bardepthbase*index/2;
barwidth = 2*barwidthbase/index;
% 感应电机转子矩阵,元素排列为(高度,宽度),单位为cm
for i=1:slices
rm(i,1)=bardepth/slices;
rm(i,2)=barwidth;
end

% 确定转子导条的“切片”数量
number=slices;

for count=1:100    % 迭代计算转子参数以及等效电路电流和电机输出转矩,转差率范围为0.01~1.0
slip = 0.01*count;
s(count)=0.01*count;
```

```
% 确定转子导条每个“切片”的电阻
for n= 1:number
resist(n)=(lgross*rho)/(rm(n,1)* rm(n,2));
end

% 确定转子导条每个“切片”的漏抗
for n=1:number
leak(n)=2*pi*slip*fop*u*leff*rm(n,1)/ rm(n,2);
end

% 初始电流设置为0.001A，所有结果最终都将按比例缩放到所施加的电压
current(1)=0.001;
currentsum=0.001;
for n=2:number
current(n)=resist(n-1)*current(n-1)/resist(n) + j*leak(n-1)*currentsum/
  resist(n);
currentsum=currentsum+current(n);
end
% 确定气隙处的电压
magvolts= resist(number)*current(number) +
j*(leak(number)+slip*we*lbtop)*currentsum;

% 确定等效导条电阻和电抗
z = magvolts/currentsum;
resistbar = real(z);
reactbar = imag(z);

% 将转子电阻归算到定子侧
reflected onto the stator rber=(resistbar+
re/(2*(sin((pi*p)/(2*rslots)))^2));
rr(count) = 12*k*k*ns*ns*(2*rbe)/rslots;
rrref=rr(count);

% 将转子电抗归算到定子侧
llr= (reactbar/(2*pi*slip*fop)) + lend/(2*(sin((pi*p)/(2*rslots)))^2 + lbhar);
lr(count) = 12*k*k*ns*ns*(2*llr)/rslots;
lrref=lr(count);

% 感应电机等效电路模型

% 组合转子和磁化电抗
zeq(count)=((j*we*lm*rr(count)/s(count))-(we*we*lr(count)*lm))
  /(rr(count)/s(count) +
j*we*(lm+lr(count)));

% 计算定子电流
is(count) = v / (r1 + j*we*l1 + zeq(count));

% 计算磁化电抗两端的电压
determine voltage across the magnetizing reactance
vm(count) = v - is(count)*(r1 + j*we*l1);

% 计算转子电流
ir(count) = vm(count)/(j*we*lr(count) + rr(count)/s(count));
```

```
% 计算机械转速
speed(count) = 3600*(2/p) *(1-s(count));
power(count) = 3*abs(ir(count))^2*rr(count)*(1-s(count))/s(count);
powert(count) = p*power(count)/(2*we);

% 计算输出转矩
torque(count) = 3*(abs(ir(count))^2)* rr(count) / (s(count)*2*we/p);
if index==1
            rout1 (count)=rr(count);
            lout1 (count)=lr(count);
            tout1 (count)=torque(count);
elseif index==2
            rout2(count)=rr(count);
            lout2(count)=lr(count);
            tout2(count)=torque(count);
else
            rout3(count)=rr(count);
end
end
end
```

附录B　FEM示例

```
% 第10章示例的FEM计算代码(MATLAB)
% 由Wen Ouyang编写
% 为清晰起见，网格以直接的方式生成
% 物理模型和X，Y符号
```

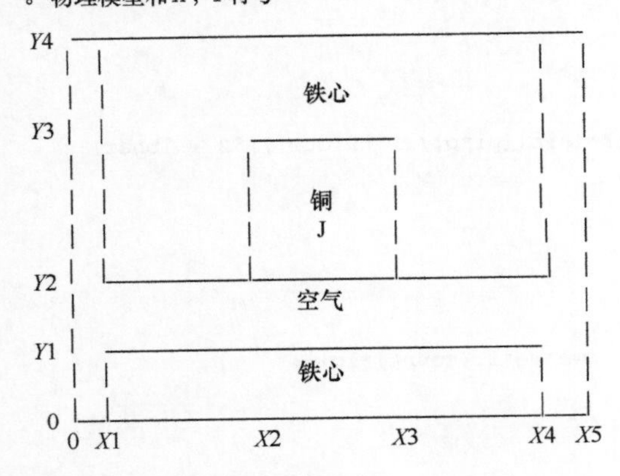


```
clear all; close all; clc;

% ---------------------------------------------------------------------(1)
% 参数

% 定义1010钢片的BH曲线 (A/m)
BH=[  0          0;      0.2003   238.7;      0.3204   318.3;
      0.40045  358.1;     0.50055  437.7;      0.5606   477.5;
      0.7908   636.6;     0.931    795.8;      1.1014  1114.1;
```

```
      1.2016   1273.2;      1.302    1591.5;      1.4028   2228.2;
      1.524    3183.1;      1.626    4774.6;      1.698    6366.2;
      1.73     7957.7;      1.87    15915.5;      1.99      31831;
      2.04    47746.5;      2.07      63662;      2.095   79577.5;
      2.2      159155;      2.4      318310];

% 常数

    u0=4*pi*1e-7;           % 真空磁导率
    ur_air=1.0000004;       % 空气的相对磁导率
    ur_cop=0.999991;        % 铜的相对磁导率
    acc=0.1;                % 加速因子
    Berror=0.01;            % B的误差控制因子
    Aerror=0.01;            % A的误差控制因子
    Bmax=2;                 % 饱和水平极限
    inTome=2.54/100;        % in到m的变换比例

% 尺寸，相对上一点的值，单位为in

    X1 = 0.5;               % 左侧空气区域宽度
    X2 = 2;                 % 左侧齿宽
    X3 = 2;                 % 槽宽
    X4 = 2;                 % 右侧齿宽
    X5 = 0.5;               % 右侧空气区域宽度

    Y1 = 2;                 % 底部铁心高度
    Y2 = 0.5;               % 气隙高度
    Y3 = 2;                 % 线圈高度
    Y4 = 2;                 % 轭部高度

% 初始值

  Binit=0.5;                % 初始值，单位为T
  vinit=interp1(BH(:,1),BH(:,2),Binit,'linear')/Binit;

  Aboundary=0;              % 边界条件设为0
  J=1000;                   % A/in², 电流密度
  J = J*2^2/(2*2.54/100)^2 %A/m², 电流密度

  status=0;                 % 如果为1，表示结果收敛
  Loop=0;                   % 循环变量

%----------------------------------------------------------------(2)
% 划分网格并得到节点数目

dx = 0.5/3;    % X方向网格步长，这是一个全局设置
% 检查dx，使其与X1=0.5,X2=X3=X4=2,X5=0.5相匹配

dy1 = 0.4;    % 底部铁心Y方向网格步长，注意Y1=2
dy2 = 0.1;    % 气隙Y方向网格步长，注意气隙=0.5
dy3 = 0.4;  % 上部铁心齿部Y方向网格步长，注意Y3=2
dy4 = 1.0;  % 上部铁心轭部Y方向网格步长，注意Y4=2
```

```
% 节点数目信息
x1=round(X1/dx+1);   x2=round(x1+X2/dx);         x3=round(x2+X3/dx);
x4=round(x3+X4/dx); x5=round(x4+X5/dx);

NodeX=x5;        % X方向节点

y1=round(Y1/dy1+1); y2=round(y1+Y2/dy2);    y3=round(y2+Y3/dy3);
y4=round(y3+Y4/dy4);

NodeY=y4;        % Y方向节点

TotalNodes=round(NodeX*NodeY);
TotalMeshes=round((NodeX-1)*(NodeY-1)*2);

% 为具有实际节点坐标(以m为单位)的节点开发节点矩阵
% 每个节点对应于每一行,节点从下到上、从左到右编号

Nodes=zeros(TotalNodes,2);

% 从下到上、从左到右
for i=1:NodeY;                    % Y坐标
    for j=1:NodeX;                % X坐标
        if i<=y1;                 % 底部铁心区域
            Nodes((i-1)*NodeX+j,:)=[(j-1)*dx,(i-1)*dy1]*inTome;
        end
        if (i>y1)&(i<=y2);  % air region
            Nodes((i-1)*NodeX+j,:)=[(j-1)*dx,Y1+(i-y1)*dy2,]*inTome;
        end
        if (i>y2)&(i<=y3);  % Top iron tooth region
            Nodes((i-1)*NodeX+j,:)=[(j-1)*dx,Y1+Y2+(i-y2)*dy3]*inTome;
        end
        if (i>y3);               % Top yoke region
                             Nodes((i-1)*NodeX+j,:)=[(j-1)*dx,Y1+Y2+Y3+(i-y3)
                             *dy4]*inTome;

        end
    end
end

%-----------------------------------------------------------------(3)
% 为网格和顶点编号
% 指定材料编号和初始磁阻率
% 计算三角形面积

A=zeros(TotalNodes,1);
B=zeros(TotalMeshes,1);
delta=zeros(TotalMeshes,1);

% 网格单元矩阵MEM,每行用于每个网格,每个网格具有3个节点,材料编号和磁阻。
% 材料  0: 空气
%       1: 铁心
%       2: 铜

MEM=zeros(TotalMeshes,5);

for i=1:(NodeY-1);
```

```
    for j=1:(NodeX-1);
        if i<y1                       % 空气和铁心
            if (j<x1)|(j>=x4)         % 空气
                Material=0;
                v=1/(u0*ur_air);
            else                      % 铁心
                Material=1;
                v=vinit;
            end
        end

        if (i>=y1)&(i<y2)             % 空气
            Material=0;
            v=1/(u0*ur_air);
        end

        if (i>=y2)&(i<y3)             % 空气，铁心和铜
        if (j<x1)|(j>=x4)             % 空气
                Material=0;
                v=1/(u0*ur_air);
            elseif (j>=x2)&(j<x3)     % 铜
                Material=2;
                v=1/(u0*ur_cop);
            else                      % 铁心
                Material=1;
                v=vinit;
            end
        end

        if (i>=y3)&(i<y4)             % 空气和铁心
            if (j<x1)|(j>=x4)         % 空气
                Material=0;
                v=1/(u0*ur_air);
            else                      % 铁心
                Material=1;
                v=vinit;
            end
        end

        elemBot=((j-1)*2+1)+((i-1)*2*(NodeX-1));
                                      % 底部三角形的序列号
        elemTop=elemBot+1;            % 顶部三角形的序列号

        vert1=j+(i-1)*NodeX;          % 左下角顶点的节点编号
        vert2=vert1+1;                % 右下角顶点的节点编号
        vert3=vert1+NodeX;            % 左上角顶点的节点编号
        vert4=vert3+1;                % 右上角顶点的节点编号

        MEM(elemBot,:)=[vert1,vert2,vert3,Material,v];
        MEM(elemTop,:)=[vert3,vert2,vert4,Material,v];

        B(elemBot)=Binit;             % B单元的初始值
        B(elemTop)=Binit;
    end
end
```

```
% 计算三角形的面积，存储在按单元编号索引的三角形向量中

 for index=1:TotalMeshes

  i=MEM(index,1);     j=MEM(index,2);     k=MEM(index,3);

   xi=Nodes(i,1);     yi=Nodes(i,2);      xj=Nodes(j,1);
   yj=Nodes(j,2);     xk=Nodes(k,1);      yk=Nodes(k,2);

   area=((xj*yk-xk*yj)+xi*(yj-yk)+yi*(xk-xj))/2;
   delta(index)=area;
 end

% ----------------------------------------------------------------(4)
% [S] 和 [T] 矩阵和边界条件

S=zeros(TotalNodes,TotalNodes);
T=zeros(TotalNodes,1);

for index=1:TotalMeshes

   i=MEM(index,1);     j=MEM(index,2);     k=MEM(index,3);

   xi=Nodes(i,1);     yi=Nodes(i,2);      xj=Nodes(j,1);
   yj=Nodes(j,2);     xk=Nodes(k,1);      yk=Nodes(k,2);

   ai=xj*yk-xk*yj;          bi=yj-yk;         ci=xk-xj;
   aj=yi*xk-xi*yk;          bj=yk-yi;         cj=xi-xk;
   ak=xi*yj-xj*yi;          bk=yi-yj;         ck=xj-xi;

   S(i,i)=S(i,i)+MEM(index,5)*(bi^2+ci^2)/(4*delta(index));
   S(i,j)=S(i,j)+MEM(index,5)*(bi*bj+ci*cj)/(4*delta(index));
   S(i,k)=S(i,k)+MEM(index,5)*(bi*bk+ci*ck)/(4*delta(index));
   S(j,i)=S(i,j);
   S(j,j)=S(j,j)+MEM(index,5)*(bj^2+cj^2)/(4*delta(index));
   S(j,k)=S(j,k)+MEM(index,5)*(bj*bk+cj*ck)/(4*delta(index));
   S(k,i)=S(i,k);
   S(k,j)=S(j,k);
   S(k,k)=S(k,k)+MEM(index,5)*(bk^2+ck^2)/(4*delta(index));
end

% 边界条件，边界全部设置为零

% 底部和顶部线条
   for j=1:NodeX

       ZeroNode1=j;
       ZeroNode2=NodeX*(NodeY-1)+j;

       S(ZeroNode1,:)=zeros(1,size(Nodes,1));
                                              % entire row set to zeros
       S(ZeroNode1,ZeroNode1)=1;              % set the diagonal to one
       T(ZeroNode1)=Aboundary;                % A=0
```

```
        S(ZeroNode2,:)=zeros(1,size(Nodes,1));
                                                % entire row set to zeros
        S(ZeroNode2,ZeroNode2)=1;               % set the diagonal to one
        T(ZeroNode2)=Aboundary;                 % A=0
    end

% 右边和左边线条
    for i=1:NodeY

        ZeroNode1=i*NodeX;
        ZeroNode2=(i-1)*NodeX+1;

        S(ZeroNode1,:)=zeros(1,size(Nodes,1));
                                                % 整行设置为0
        S(ZeroNode1,ZeroNode1)=1;               % 对角线设置为1
        T(ZeroNode1)=Aboundary;                 % A=0

        S(ZeroNode2,:)=zeros(1,size(Nodes,1));  % 整行设置为0
        S(ZeroNode2,ZeroNode2)=1;               % 对角线设置为1
        T(ZeroNode2)=Aboundary;                 % A=0
    end

% 铜区域的电流密度
    N=1:TotalNodes
        I=0;
        for index=1:TotalMeshes
            i=MEM(index,1);
            j=MEM(index,2);
            k=MEM(index,3);
            if ((N==i)|(N==j)|(N==k))&(MEM(index,4)==2)
                I=I+J*delta(index);
            end
        end
        if (I~=0)
            T(N)=I/3;
        end
    end

%-----------------------------------------------------------------(5)
% 计算直到B和A收敛
while ~status                          % 直到收敛

    Loop=Loop+1;        Aold=A;        Bold=B;

    A=S\T;                             % 通过inv(S)*T计算A的新值

% 更新网格单元的磁阻并计算场能

    for index=1:TotalMeshes

        i=MEM(index,1);        j=MEM(index,2);        k=MEM(index,3);

        xi=Nodes(i,1);         yi=Nodes(i,2);         xj=Nodes(j,1);
        yj=Nodes(j,2);         xk=Nodes(k,1);         yk=Nodes(k,2);
```

```
    ai=xj*yk-xk*yj;              bi=yj-yk;              ci=xk-xj;
    aj=yi*xk-xi*yk;              bj=yk-yi;              cj=xi-xk;
    ak=xi*yj-xj*yi;              bk=yi-yj;              ck=xj-xi;

% 更新每个单元的磁通密度

Bx=(1/(2*delta(index)))*(ci*A(MEM(index,1))+cj*A(MEM(index,2))+ck*A
(MEM(index,3)));
By=(-1/(2*delta(index)))*(bi*A(MEM(index,1))+bj*A(MEM(index,2))+bk*A
(MEM(index,3)));

    B(index)=sqrt(Bx^2+By^2);
    if B(index)>=Bmax                % 饱和控制
       B(index)=Bmax;
    end

    % 更新磁阻率，v

    if (MEM(index,4)==1)             % 铁心
       vcalc=interp1(BH(:,1),BH(:,2),B(index),'linear')/B(index);

    elseif (MEM(index,4)==2)        % 铜
       vcalc=1/(ur_cop*u0);
    else
       vcalc=1/(ur_air*u0);        % 空气
    end

    v=MEM(index,5)+acc*(vcalc-MEM(index,5));
    MEM(index,5)=v;

    % 更新[S]
    S=zeros(TotalNodes,TotalNodes);
    for index_1=1:TotalMeshes

       i=MEM(index_1,1);    j=MEM(index_1,2);    k=MEM(index_1,3);

       xi=Nodes(i,1);      yi=Nodes(i,2);       xj=Nodes(j,1);
       yj=Nodes(j,2);      xk=Nodes(k,1);       yk=Nodes(k,2);

       ai=xj*yk-xk*yj;           bi=yj-yk;         ci=xk-xj;
       aj=yi*xk-xi*yk;           bj=yk-yi;         cj=xi-xk;
       ak=xi*yj-xj*yi;           bk=yi-yj;         ck=xj-xi;

       S(i,i)=S(i,i)+MEM(index_1,5)*(bi^2+ci^2)/(4*delta(index_1));
       S(i,j)=S(i,j)+MEM(index_1,5)*(bi*bj+ci*cj)/(4*delta(index_1));
       S(i,k)=S(i,k)+MEM(index_1,5)*(bi*bk+ci*ck)/(4*delta(index_1));
       S(j,i)=S(i,j);
       S(j,j)=S(j,j)+MEM(index_1,5)*(bj^2+cj^2)/(4*delta(index_1));
       S(j,k)=S(j,k)+MEM(index_1,5)*(bj*bk+cj*ck)/(4*delta(index_1));
       S(k,i)=S(i,k);
       S(k,j)=S(j,k);
       S(k,k)=S(k,k)+MEM(index_1,5)*(bk^2+ck^2)/(4*delta(index_1));
    end
```

```
  % 计算每个单元的能量
        Energy(index)=B(index)^2*delta(index)*MEM(index,5)/2;

    end % index 的循环结束

  % 再次设定边界条件

    % 左边和右边线条
    for i=1:NodeY

        ZeroNode1=i*NodeX;
      S(ZeroNode1,:)=zeros(1,size(Nodes,1));
                                              % 全行设置为0
      S(ZeroNode1,ZeroNode1)=1;               % 对角线设置为1
      T(ZeroNode1)=Aboundary;                 % A=0

      S(ZeroNode2,:)=zeros(1,size(Nodes,1));
                                              % 全行设置为0
      S(ZeroNode2,ZeroNode2)=1;               % 对角线设置为1
      T(ZeroNode2)=Aboundary;                 % A=0
  end

  % 底部和上部线条
  for j=1:NodeX

      ZeroNode1=j;
      ZeroNode2=NodeX*(NodeY-1)+j;

      S(ZeroNode1,:)=zeros(1,size(Nodes,1));
                                              % 全行设置为0
      S(ZeroNode1,ZeroNode1)=1;               % 对角线设置为1
      T(ZeroNode1)=Aboundary;                 % A=0

      S(ZeroNode2,:)=zeros(1,size(Nodes,1));
                                              % 全行设置为0
      S(ZeroNode2,ZeroNode2)=1;               % 对角线设置为1
      T(ZeroNode2)=Aboundary;                 % A=0
  end

  deltaB=abs(B-Bold);                         % 检查B的收敛性
  deltaA=abs(A-Aold);                         % 检查A的收敛性

              status=(sqrt(sum(deltaB.^2))/sqrt(sum(B.^2))<=Berror)&
              (sqrt(sum(deltaA.^2))/sqrt(sum(A.^2))<=Aerror);

  disp('Loop='); disp(Loop);
  if Loop >=50              % 循环控制
      break;
  end
end                         % while 的循环结束

%-----------------------------------------------------------------(6)
% 画出磁力线、模型和网格

  TotalEnergy=sum(Energy);
  TotalFlux=max(A);
```

```
Az=zeros(NodeY,NodeX);              % 以模型格式重新排列Az分布

Xaxis=zeros(NodeX,1);
Yaxis=zeros(NodeY,1);

for i=1:NodeY
    for j=1:NodeX
        Az(i,j)=A(j+(i-1)*NodeX);
    end
end

% 查找材料关键节点的X坐标值 (in)

for j=1:NodeX
    if(j<=x1)              Xaxis(j)=(j-1)*dx;end
    if(j>x1)&(j<=x2)       Xaxis(j)=(j-x1)*dx+X1;end
    if(j>x2)&(j<=x3)       Xaxis(j)=(j-x2)*dx+X1+X2; end
    if(j>x3)&(j<=x4)       Xaxis(j)=(j-x3)*dx+X1+X2+X3; end
    if(j>x4)&(j<=x5)       Xaxis(j)=(j-x4)*dx+X1+X2+X3+X4; end
end

for i=1:NodeY
    if(i<=y1)             Yaxis(i)=(i-1)*dy1; end
    if(i>y1)&(i<=y2)      Yaxis(i)=(i-y1)*dy2+Y1; end
    if(i>y2)&(i<=y3)      Yaxis(i)=(i-y2)*dy3+Y1+Y2; end
    if(i>y3)&(i<=y4)      Yaxis(i)=(i-y3)*dy4+Y1+Y2+Y3; end
end

% 画图模式
    PP(1,:)=[0,                 0];
    PP(2,:)=[X1,                0];
    PP(3,:)=[X1+X2+X3+X4,        0];
    PP(4,:)=[X1+X2+X3+X4+X5,0];
    PP(5,:)=[X1,                Y1];
    PP(6,:)=[X1+X2+X3+X4,        Y1];
    PP(7,:)=[X1,                Y1+Y2];
    PP(8,:)=[X1+X2,             Y1+Y2];
    PP(9,:)=[X1+X2+X3,           Y1+Y2];
    PP(10,:)=[X1+X2+X3+X4,   Y1+Y2];
    PP(11,:)=[X1+X2,            Y1+Y2+Y3];
    PP(12,:)=[X1+X2+X3,         Y1+Y2+Y3];
    PP(13,:)=[0,               Y1+Y2+Y3+Y4];
    PP(14,:)=[X1,              Y1+Y2+Y3+Y4];
    PP(15,:)=[X1+X2+X3+X4,   Y1+Y2+Y3+Y4];
    PP(16,:)=[X1+X2+X3+X4+X5,Y1+Y2+Y3+Y4];

% 画铁心
    IronX1=[PP(2,1) PP(5,1) PP(6,1) PP(3,1)];
    IronY1=[PP(2,2) PP(5,2) PP(6,2) PP(3,2)];
    IronX2=[PP(7,1)PP(8,1)PP(11,1) PP(12,1),PP(9,1),PP(10,1), PP(15,1),
PP(14,1)];
    IronY2=[PP(7,2)PP(8,2)PP(11,2),PP(12,2),PP(9,2),PP(10,2),
PP(15,2),PP(14,2)];
```

```
% 画铜区域
    CopX1=[PP(8,1) PP(9,1) PP(12,1) PP(11,1)];
    CopY1=[PP(8,2) PP(9,2) PP(12,2) PP(11,2)];

    figure(1);
    fill(IronX1,IronY1,'y'); hold on;
    fill(IronX2,IronY2,'y'); hold on;
    fill(CopX1,CopY1,'r');hold on;
    axis equal; axis([0 7 0 6.5]);

    contour(Xaxis,Yaxis,Az,30,'b');
    disp('Amax='); disp(TotalFlux);

% 画网格
    figure(2);

    fill(IronX1,IronY1,'y'); hold on;
    fill(IronX2,IronY2,'y'); hold on;
    fill(CopX1,CopY1,'r');   hold on;
    axis equal; axis([0 7 0 6.5]);

    for index=1:TotalMeshes

        i=MEM(index,1);          j=MEM(index,2);          k=MEM(index,3);

  xi=Nodes(i,1)/inTome; yi=Nodes(i,2)/inTome;    xj=Nodes(j,1)/inTome;
  yj=Nodes(j,2)/inTome; xk=Nodes(k,1)/inTome; yk=Nodes(k,2)/inTome;

line([xi,xj],[yi,yj]); line([xj,xk],[yj,yk]);  line([xk,xi], [yk,yi]);

    end
```

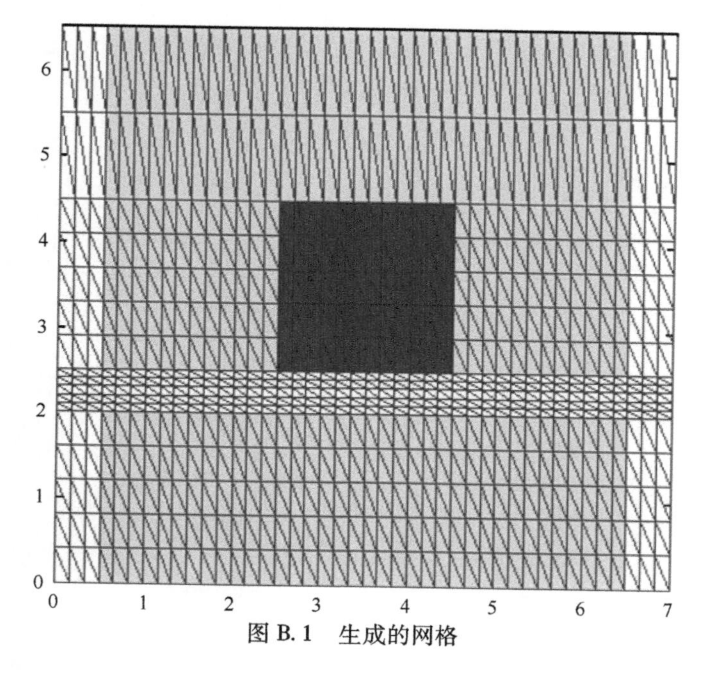

图 B.1 生成的网格

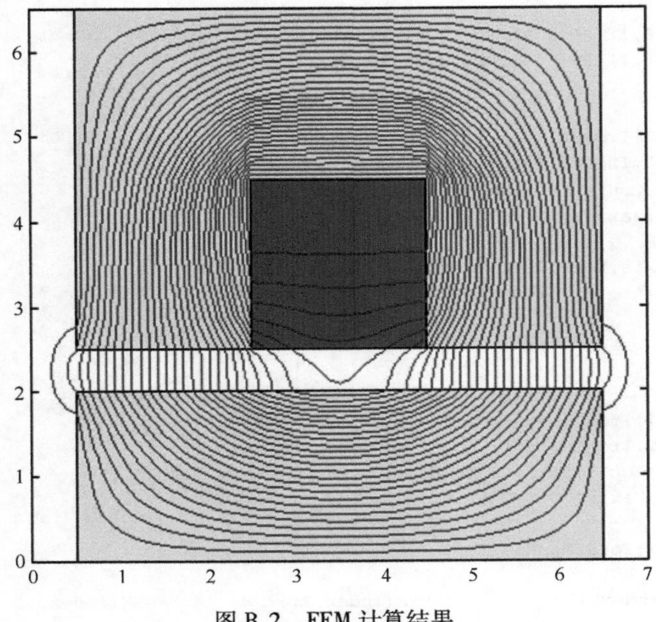

图 B.2　FEM 计算结果